WiWi klipp & klar

Reihe herausgegeben von
Peter Schuster, Schmalkalden, Deutschland

WiWi klipp & klar steht für verständliche Einführungen und prägnante Darstellungen aller wirtschaftswissenschaftlichen Bereiche. Jeder Band ist didaktisch aufbereitet und behandelt ein Teilgebiet der Betriebs- oder Volkswirtschaftslehre, indem alle wichtigen Kenntnisse aufgezeigt werden, die in Studium und Berufspraxis benötigt werden.

Vertiefungsfragen und Verweise auf weiterführende Literatur helfen insbesondere bei der Prüfungsvorbereitung im Studium und zum Anregen und Auffinden weiterer Informationen. Alle Autoren der Reihe sind fundierte und akademisch geschulte Kenner ihres Gebietes und liefern innovative Darstellungen – WiWi klipp & klar.

Weitere Bände in der Reihe http://www.springer.com/series/15236

Björn Christensen · Sören Christensen ·
Martin Missong

Statistik klipp & klar

 Springer Gabler

Björn Christensen
Fachbereich Wirtschaft
Fachhochschule Kiel
Kiel, Deutschland

Sören Christensen
Mathematisches Seminar
Christian-Albrechts-Universität zu Kiel
Kiel, Deutschland

Martin Missong
Fachbereich Wirtschaftswissenschaft
Universität Bremen
Bremen, Deutschland

ISSN 2569-2194   ISSN 2569-2216   (electronic)
WiWi klipp & klar
ISBN 978-3-658-27217-3   ISBN 978-3-658-27218-0   (eBook)
https://doi.org/10.1007/978-3-658-27218-0

Die Deutsche Nationalbibliothek verzeichnet diese Publikation in der Deutschen National-
bibliografie; detaillierte bibliografische Daten sind im Internet über http://dnb.d-nb.de abrufbar.

Springer Gabler
© Springer Fachmedien Wiesbaden GmbH, ein Teil von Springer Nature 2019

Springer Gabler ist ein Imprint der eingetragenen Gesellschaft Springer Fachmedien Wiesbaden
GmbH und ist ein Teil von Springer Nature.
Die Anschrift der Gesellschaft ist: Abraham-Lincoln-Str. 46, 65189 Wiesbaden, Germany

Dieses Buch ist Gerd Hansen gewidmet,
dessen charismatischer Lehrstil uns in der
eigenen Lehre ein steter Ansporn ist.

Vorwort

Quantitative Datenanalysen sind in einer Wissensgesellschaft eine unverzichtbare Quelle der Informationsgewinnung und Wissensgenerierung. Erschienen Kenntnisse der Anwendung quantitativer Auswertungsverfahren sowie die Interpretation quantitativer Ergebnisse lange als eine vornehmlich für die wissenschaftliche Forschung bedeutsame Qualifikation, so ist heute der Umgang mit statistischen Methoden eine Schlüsselkompetenz auf dem gesamten Arbeitsmarkt über nahezu alle Berufsfelder hinweg. Dazu tragen nicht zuletzt die ubiquitäre Datenverfügbarkeit sowie die Möglichkeiten bei, Daten digital für Analyse- und Prognosezwecke nutzen zu können.

Damit entstehen sowohl zusätzliche Ausbildungsbedarfe als auch die Erfordernis einer Profilierung didaktischer Konzepte in der Vermittlung quantitativer Methodenkompetenzen. Vor dem Hintergrund einer wachsenden Zahl von methodisch Interessierten mit immer heterogeneren analytischen Vorkenntnissen gilt es beispielsweise, bei der Vermittlung statistischer Methoden zunächst soweit wie möglich den (vermeintlich) abstrakten Formalismus zurückzuhalten und den Detaillierungsgrad in der Darstellung statistischer Methoden zu reduzieren. Es erscheint sinnvoll, den anwendungsorientierten Blick auf diese Methoden noch weiter zu betonen und dabei herauszustellen, dass die quantitative Datenanalyse nicht alleine ein Teilgebiet der Angewandten Mathematik darstellt, sondern in weiten Teilen argumentativen Charakter besitzt – angefangen bei der Formulierung der Fragestellung über die Auswahl der Methoden bis hin zum Abwägen, zur Interpretation und zur Diskussion quantitativer Analyseergebnisse.

Aus der Digitalisierung von Informationen und der rasanten Entwicklung digitalen Daten- und Informationsaustausches geht jedoch nicht allein ein gesteigerter Bedarf an Kenntnissen von Verfahren der Datenanalyse hervor, sondern an anderer Stelle ein ebenfalls deutlich angestiegenes Angebot medialer Informationsmöglichkeiten über statistische Verfahren. Zu nahezu allen – grundlegenden wie elaborierten – statistischen Verfahren finden sich im weltweiten Datennetz Informationen, die sich in sehr unterschiedlichem Grad einer formalen Darstellung bedienen. Die Form der Darstellung reicht von der textgebundenen Präsentation bis hin zur audio-visuellen Vermittlung in Form von Lehrvideos. Dazu findet man stets auch Anwendungsbeispiele und Übungsaufgaben zum Selbststudium.

Diese beiden Entwicklungen – das Anwachsen sowohl eines interessierten, immer weniger fachgebundenen Interessentenkreises als auch der öffentlich verfügbaren Informationen zu quantitativen Methoden – haben unmittelbare Konsequenzen für die Entwicklung eines modernen statistischen Lehrbuchs auf Grundlagenniveau: Zum ersten muss es den „Blick von oben" auf das statistische Methodenspektrum entfalten und damit eine Orientierung bieten, welche Verfahren der Datenanalyse in bestimmten Anwendungssituationen sinnvoll und möglich sind. Dabei soll der Fokus auf der Intention dieser Verfahren liegen und sich die Darstellung in formal-mathematischer Hinsicht – mit Verweis auf allgemein verfügbare weitergehende Informationsquellen – auf ein Minimum beschränken. Zum zweiten sollte dieser Blick aus der Vogelperspektive die Verbindungen zwischen den Teilgebieten der Statistik sowie zwischen den einzelnen Verfahren betonen, um ein tiefgehendes Verständnis zu fördern und die statistischen Methodenlehre nicht als loses System einzelner, mehr oder weniger disparater Analysemethoden erscheinen zu lassen. Zum dritten sollte das präsentierte Methodenspektrum weit genug gefasst sein, um dem Kreis der Leserinnen und Leser eigene praxistaugliche Anwendungen zu ermöglichen, oder – wo nötig – zu betonen, in welche Richtung der aufgezeigte „Methodenbaukasten" für die gegebene Fragestellung ergänzt werden müsste, um zu belastbaren Ergebnissen zu gelangen.

Das vorliegende Lehrbuch versucht, diesen drei didaktischen und inhaltlichen Anforderungen ein Stück weit gerecht zu werden. Der Praxisbezug wird hergestellt zum einen durch reale Beispiele und zum anderen durch das Aufgreifen von Medieninhalten, die auf statistische Erhebungen Bezug nehmen und empirische Datenbefunde – mitunter bemerkenswert falsch – interpretieren. An vielen Stellen wird die formale Darstellung durch grafische Illustrationen ergänzt, wenn möglich sogar (nahezu) gänzlich ersetzt. Die grafische Analyse wird auch dazu verwendet, die Beziehung zwischen verschiedenen statistischen Konzepten anschaulich zu illustrieren. Der „Weitwinkel" der inhaltlichen Perspektive unterliegt in einer Lehrbuchreihe, die als „WiWi klipp & klar" bewusst auf einen kompakten Buchumfang zielt, klaren Begrenzungen. Den bestehenden Freiraum haben wir dazu genutzt, die Verfahren zur Abhängigkeitsmessung zu betonen, da Fragestellungen zur Interaktion beobachtbarer Größen zumindest die wirtschaftswissenschaftliche Datenanalyse dominieren. Hier entgehen wir der in einführenden statistischen Lehrbüchern mitunter zu beobachtenden Beschränkung auf den (für praktische Anwendung i. d. R. unzulänglichen) zweidimensionalen Zusammenhang zwischen statistischen Merkmalen oder Zufallsvariablen. Mit einer (rudimentären) Darstellung und Diskussion der multiplen linearen Regression und dem multiplen Linearen Modell wird zum einen die Anwendungstauglichkeit verbessert und zum anderen eine Brücke zur Ökonometrie als spezifisch wirtschaftswissenschaftlichem Anwendungsgebiet der quantitativen Methodenlehre geschlagen.

Wir hoffen, dass dieser für uns Autoren „erste Schritt" in Richtung eines auf eine allgemeine Stärkung der „Statistical Literacy" ausgerichteten Lehrprogramms in der Leserschaft ein weiter aufgeschlossenes Interesse an statistischem Arbeiten und der quantitativen Datenanalyse wecken wird. Diese Hoffnung wird genährt durch den Umstand, dass sich viele der hier präsentierten Beispiele und Illustrationen in unseren Vorlesungsskripten u. a. zur „Analyse von Wirtschaftsdaten", „Statistik", „Mathematischen Stochastik" und zur „Einführung in die Ökonometrie" didaktisch bewährt haben. Auch unsere Rückgriffe auf die – ebenfalls im Springer-Verlag erschienenen – Sammlungen populärwissenschaftlicher Kolumnen „Achtung: Statistik" von Björn und Sören Christensen müssten dazu beitragen, dass auch eine heterogene, vielfältig interessierte Leserschaft die Statistik nie als „trockenes" oder gar „abstraktes" Wissensgebiet wahrnimmt. Damit es als ergänzende Lektüre zu „klassischen" und stärker formal orientierten Lehrbüchern sehr gut geeignet sein kann, hat das Buch an vielen Stellen (noch) einen starken Bezug zu etablierten Lehrkonzepten und Inhalten. Schließlich würden wir uns freuen, wenn dieser Band ein tiefergehendes Verständnis quantitativer Methoden, ihrer Systematik und ihrer Zusammenhänge auch bei analytisch weniger aufgeschlossenen Interessenten fördert, den sachgerechten Umgang mit Statistik im Alltag und (evtl. nur vermeintlich) datengestützten medialen Aussagen schult und vielleicht sogar Appetit auf eigene quantitativ-empirische Forschung weckt!

Kiel, im August 2019

Björn Christensen
Sören Christensen
Martin Missong

Inhaltsverzeichnis

Abbildungsverzeichnis

Einleitung: Was ist und was soll Statistik?

© Springer Fachmedien Wiesbaden GmbH, ein Teil von Springer Nature 2019
B. Christensen et al., *Statistik klipp & klar*, WiWi klipp & klar,
https://doi.org/10.1007/978-3-658-27218-0_1

Lernziele

Nach der Lektüre dieses Kapitels sollten Sie wissen,

--- warum Statistikkenntnisse in der Informationsgesellschaft eine Schlüsselqualifikation darstellen,
--- welche Ziele dieses Buch verfolgt,
--- und wie statistische Methoden sinnvoll kategorisiert werden können.

Erwähnt man als Statistiker in einem Gespräch den eigenen Beruf, erhält man oft eine der folgenden beiden Reaktionen:

1. „Statistiken kann man doch sowieso nicht trauen!" – darauf folgen dann aktuelle Beispiele, bei denen an Zahlen so gedreht wurde, dass ein völlig verzerrter Eindruck entsteht.
2. „Statistik braucht man überall" – diese Einleitung des Gesprächspartners wird dann oft mit Fällen aus dem Berufsleben fortgesetzt und mit der Feststellung, dass der praktische Einsatz von Statistik im Studium viel zu wenig behandelt wurde.

Diese auf den ersten Blick widersprüchlichen Sichtweisen auf die Statistik (oft werden sogar beide nacheinander geäußert) stellen wir daher an den Beginn dieses Lehrbuchs. Wir denken nämlich, dass beide schon die Ziele dieses Buchs verdeutlichen: Wir möchten Ihnen einerseits das Rüstzeug an die Hand geben, mit dem Sie Fehler beim Umgang mit Statistik zielsicher erkennen. Andererseits möchten wir Sie in die Lage versetzen, statistisches Wissen aktiv, etwa im Beruf, einbringen zu können. Grundlage hierfür ist, dass erst einmal die fachlichen Hintergründe statistischer Konzepte erläutert werden. Anschließend werden wir in den einzelnen Kapiteln und Abschnitten dieses Buches den praktischen Einsatz darstellen. Dazu nutzen wir insbesondere echte oder realitätsnahe Beispiele aus den Medien und der Praxis. Dabei werden wir immer wieder auf mögliche „Fallstricke" beim Einsatz der jeweiligen statistischen Verfahren eingehen, um einen reflektierten Einsatz zu ermöglichen.

Da viele der Leser vermutlich momentan am Beginn des Studiums stehen, fangen wir damit an, die beiden oben genannten Sicht-

weisen auf die Statistik mit Leben zu füllen. Dies geschieht in den kommenden beiden Abschnitten. Anschließend geben wir einen Überblick, in welche Teilbereiche sich das Fach *Statistik* eigentlich gliedert und wie sich dies im Aufbau des Buchs widerspiegelt.

1.1 „Statistiken kann man doch nicht trauen"

... oder, wie der Volksmund es formuliert, „Traue keiner Statistik, die du nicht selbst gefälscht hast".

Starten wir mit folgendem Beispiel: In einer Studie, die im „The Journal of Pediatrics" veröffentlicht wurde (Suglia et al. 2013), wurden Daten von etwa 3000 fünfjährigen Kindern statistisch ausgewertet. Dabei wurde nachgewiesen, dass Kinder, die übermäßig viele Softdrinks konsumieren, ein aggressiveres Verhalten an den Tag legen als Kinder, die weniger oder keine zuckerhaltigen Getränke zu sich nehmen. Das Ganze wurde mit umfangreichen Statistiken belegt. Die Studie schließt mit der offenen Forschungsfrage, worin der inhaltliche Grund für dieses Ergebnis zu suchen sei. In den Medien wurde die Meldung über dieses Forschungsergebnis häufig derart aufgegriffen, dass der Konsum von zuckerhaltigen Getränken bei Kindern statistisch nachweisbar das Aggressionspotenzial fördert.

Auch ohne Kenntnisse über die detaillierten statistischen Berechnungen – die gar nicht in Zweifel gezogen werden sollen – kann man sich leicht überlegen, dass mittels des beschriebenen Untersuchungsdesigns über die Frage nach der Ursache-Wirkungs-Beziehung kaum eine valide Aussage getroffen werden kann. Denn es wurde ja nur festgestellt und statistisch untermauert, dass Kinder, die mehr Softdrinks konsumieren, aggressiver sind. Dies könnte seine Ursache aber auch darin haben, dass weniger gut erzogene Kinder zum einen mehr zuckerhaltige Getränke konsumieren (wer erlaubt seinen Kindern schon den Konsum zuckerhaltiger Getränke in größeren Mengen?) und zum anderen aufgrund der (mangelnden) Erziehung auch ein aggressiveres Verhalten an den Tag legen. Einen Wirkungszusammenhang der Art „Der Konsum von zuckerhaltigen Getränken führt zu aggressiverem Verhalten" kann daraus erst einmal keineswegs abgeleitet werden.

Das Beispiel zeigt also, dass statistische Analysen häufig nicht einfache inhaltliche Implikationen zulassen. Nur, woran erkennt man dies?

Nehmen Sie ein zweites Beispiel: Am 9. Januar 2012 wurde der „Familienreport 2011" des Bundesministeriums für Familie, Senioren, Frauen und Jugend veröffentlicht (BMFSFJ 2011). In der zugehörigen Pressemitteilung (BMFSFJ 2012) schrieb das Ministerium damals: „25,4 Prozent der Kinder in Deutschland bleiben Einzelkinder." Dies erweckte den Eindruck, dass Deutschland keine „Einzelkinderrepublik" sei. Im Familienreport fand sich hierzu allerdings eine weitere Zahl: „Im Jahr 2010 lebt in etwas mehr als der Hälfte aller Familien (lediglich) ein minderjähriges Kind (53 Prozent)", die eher den Eindruck erweckte, dass in Deutschland Einzelkinder die Regel sind. Wie passen diese Zahlen zusammen? – Die Lösung ist nicht schwer: Nehmen Sie als vereinfachendes Beispiel zwei Familien, in einer leben zwei Kinder, in der anderen lebt lediglich ein Kind. Dann würde in 50% der Familien lediglich ein Kind leben (eher „Einzelkinderrepublik"), allerdings hätten zwei von drei Kindern Geschwister (eher keine „Einzelkinderrepublik"), da ja jedes der beiden Kinder in der Familie mit zwei Kindern jeweils ein Geschwisterkind hat. Beide Aussagen schließen sich also gar nicht aus, sondern die Kennzahlen geben ein und denselben Sachverhalt unterschiedlich betrachtet wieder. Es ist also enorm wichtig, statistische Kennzahlen gut zu durchdenken, um diese richtig inhaltlich einordnen zu können.

Abschließend sei noch ein weiteres Beispiel aufgegriffen: Im Jahre 2015 war ein Meinungsforschungsinstitut der Frage nachgegangen, welcher Anteil an Personen im Rahmen einer Befragung zugibt, schon einmal fremdgegangen zu sein. Hierzu wurden pro Bundesland 100 Menschen befragt und die Ergebnisse wurden dann auf Bundeslandebene ausgewertet und miteinander verglichen. Hierbei gab es

Bundesländer, die eine höhere „Fremdgehquote" aufwiesen als andere Bundesländer. Das Medienecho war enorm und es wurde landauf landab diskutiert, woran die Unterschiede denn wohl inhaltlich liegen mochten. Allerdings stellt sich die Frage, wie die ermittelten Ergebnisse aus statistischer Sicht zu bewerten sind. – Ein Aspekt mag die geringe Anzahl der Befragungsteilnehmer je Bundesland berühren: Wenn nur 100 Personen pro Bundesland befragt wurden, wie groß mag eigentlich der Zufallseinfluss auf die Ergebnisse sein? Denn es ist ja leicht einsichtig, dass bei 100 (zufällig) Befragten schon durch Zufall nicht immer das exakt gleiche Ergebnis herauskommen wird. Mal mögen durch Zufall etwas mehr „Fremdgeher" in die Stichprobe hineingeraten, mal durch Zufall etwas weniger. Wie sind die ermittelten „Fremdgehquoten" je Bundesland also inhaltlich einzuordnen? Können die Unterschiede zwischen den Bundeslandergebnissen in der Studie also überhaupt sinnvoll interpretiert werden? Wir werden dieses Beispiel auf Basis statistischer Überlegungen im Kapitel 4 noch einmal aufgreifen.

Die Beispiele zeigen, dass uns statistische Auswertungen an vielen Stellen begegnen, z. B. im wissenschaftlichen Kontext, in Pressemeldungen aus Politik und Wirtschaft oder auch in Meinungsumfragen. Dabei sind „Negativbeispiele" hoffentlich in der Minderheit, allerdings ist es elementar wichtig, Statistik richtig einordnen und kritisch hinterfragen zu können. Ansonsten besteht die Gefahr, dass mit Statistiken (bewusst oder unbewusst) ein falscher Eindruck erweckt wird. Ein mündiger Umgang hiermit setzt aber offenkundig Kenntnisse über statistische Methoden voraus. Diese zu vermitteln ist ein Ziel des vorliegenden Buchs.

1.2 „Statistik braucht man überall"

Die im vorangegangenen Abschnitt dargestellten Beispiele zeigen bereits, dass Statistik ein breites Einsatzgebiet findet. Hierzu zählen exemplarisch die folgenden Felder (selbstredend ohne auch nur annähernden Anspruch auf Vollständigkeit, da den Einsatzgebieten der

Statistik kaum inhaltliche Grenzen gesetzt sind):

1. Statistiken werden vielfältig in den Medien, aber auch in Pressemitteilungen von Unternehmen und aus der Politik eingesetzt, um Sachverhalte kompakt darzustellen und Inhalte zu untermauern.
2. Statistiken dienen dazu, bei komplexen Sachverhalten das Wesentliche zu erfassen. Als Beispiel seien Bilanzen genannt, in denen Konventionen getroffen wurden, um mittels statistischer Kennzahlen Unternehmen hinsichtlich ihrer Vermögens-, Finanz- und Ertragslage beurteilen zu können.
3. Ebenfalls z. B. in Unternehmen besteht häufig Interesse daran, Prognosen über zukünftige Entwicklungen als Grundlage von Planungen anzufertigen. Diese können qualitativer Natur sein, häufig werden diese aber quantitativ mittels Statistik erstellt.
4. Prozess- und Qualitätskontrollen sind ein weiteres Einsatzgebiet, in dem Statistiken als Grundlage der Bewertung dienen. So kann kein Medikament ohne umfangreiche statistische Untersuchungen zur Marktreife gebracht werden.
5. Statistiken spielen aber auch in der Rechtsprechung eine Rolle, sei es in Strafrechtsfällen (Ab welcher prognostizierten Rückfallquote sollte ein Gewaltverbrecher in Sicherungsverwahrung genommen werden?) oder in Wirtschaftsrechtsfällen (Kann eine Steuerstraftat nachgewiesen werden?).
6. und, und, und...

Wahrscheinlich reicht es, wenn Sie sich ein paar Minuten selber Gedanken darüber machen, wo Ihnen überall Statistik im Alltag begegnet oder wo Sie sich einen sinnvollen Einsatz vorstellen können, um zu verdeutlichen, dass ein Leben ohne Statistik kaum denkbar erscheint. Hinzu kommt, dass in der heutigen digitalen Welt zum einen immer mehr Daten einfach verfügbar sind und somit für Analyse- und Prognosezwecke genutzt werden können. Zum anderen lässt moderne IT es zu, Datenanalysen und -prognosen vielfältig in Geschäftsmodelle zu integrieren. Wenn Sie mit Ihrer Geldkarte an irgendeinem Terminal bezahlen, läuft im Hintergrund – auch ohne dass Sie es merken – mit Sicherheit ein System, das prognostiziert, ob Ihre Zahlung mit hoher Wahrscheinlichkeit betrügerisch ist. In diesem Fall würde die Zahlung nicht zugelassen. Und jeder von uns ist mittlerweile daran gewöhnt, dass einem beim Besuch der großen Online-Marktplätze – basierend auf vergangenem Nutzungsverhalten – Vorschläge für bestimmte Produkte unterbreitet werden. Natürlich basieren auch diese auf statistischen Verfahren. Es ist also wenig erstaunlich, dass das Berufsbild „Data Science" aktuell einer enormen Nachfrage am Arbeitsmarkt unterliegt. Wer eine fundierte Ausbildung in Statistik genossen hat, legt demnach den Grundstein für eine Tätigkeit in einem der gefragtesten Bereiche des Wirtschaftslebens.

1.3 Eine klassische Gliederung

Die vorangehenden Ausführungen zeigen, dass die statistische Datenanalyse in einem sehr großen Anwendungsgebiet anzutreffen ist und „Statistik" offensichtlich ein breites Spektrum an Methoden umfasst. Diese Methoden müssen sinnvoll strukturiert werden. Eine grundlegende Struktur ergibt sich aus der Einschätzung des Informationsgehalts der vorliegenden Einzeldaten. Aus dem Blickwinkel der *Beschreibenden Statistik* – auch *Deskriptive Statistik* genannt – besitzen die Daten „zu viel Information" in dem Sinne, dass erst eine Verdichtung bzw. Zusammenfassung der Daten Strukturen offenlegt, die bedeutsam erscheinen. Die Beschreibende Statistik verdichtet also vorhandene Daten über Kennzahlen sinnvoll, ohne dass nach Möglichkeit zu viel an Informationen verloren geht. Aus Sicht der *Schließenden Statistik* – auch *Induktive Statistik* genannt – besitzen die Daten dagegen „zu wenig Information", weil sie nur den Teil (Stichprobe) eines umfassenderen Kollektivs (Grundgesamtheit) repräsentieren, über das man eigentlich Aussagen treffen will. Beide Sichtweisen lassen sich am Beispiel der „Sonntagsfrage" des ZDF-Politbarometers veranschaulichen: Die Forschungsgruppe Wahlen

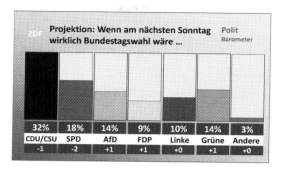

Abb. 1.1 Ergebnis der „Sonntagsfrage" am 29. Juni 2018 (Quelle: ZDF 2018)

führt regelmäßig im Auftrag des ZDF eine Befragung von ca. 1250 zufällig ausgewählten Personen zu deren politischen Einschätzungen durch. In jeder Umfrage wird dabei gefragt, welche Partei die Befragte oder der Befragte wählen würde, wenn am nächsten Sonntag Bundestagswahl wäre. Aus diesen Antworten wird dann eine Prognose für die Stimmenanteile in der gesamten Wahlbevölkerung errechnet. In Abb. 1.1 ist beispielhaft das Ergebnis der Sonntagsfrage vom 29. Juni 2018 wiedergegeben.

Die 1250 einzelnen Antworten der Befragten sind zunächst wenig hilfreich. Erst das Ergebnis einer Auszählung der Antworten – d. h. die Berechnung der (prozentualen) Häufigkeiten, mit der die jeweiligen Parteien genannt werden oder die Berechnung von Frauen- und Männeranteilen unter den jeweiligen Parteinennungen – lässt Strukturen des beobachteten Datensatzes erkennen. Das Auszählen der Daten stellt dabei eine grundlegende Methode der Beschreibenden Statistik dar.

Aber auch die beste Beschreibung der 1250 vorliegenden Daten ist aus gesellschaftspolitischer Sicht zunächst uninteressant. Erst die Verallgemeinerung der gemessenen Werte auf die gesamte Wahlbevölkerung, d. h. die Prognose der Stimmenanteile in ganz Deutschland, lässt die Analyse des Politbarometers gesellschaftlich relevant erscheinen. Dieser Rückschluss von den Eigenschaften der Stichprobe der 1250 Befragten aus dem übergeordneten Kollektiv, der gesamten Wahlbevölkerung, auf eben jene „Grundgesamtheit", ist Gegenstand der Schließenden Statistik.

Dieser Rückschluss ist stets mit Unsicherheit behaftet und niemals exakt. Grund dafür ist die Auswahl der speziellen Stichprobe, die dem Rückschluss zugrunde liegt. Wäre zufällig eine andere Stichprobe, also andere Befragte, ausgewählt worden, so wäre das Ergebnis anders ausgefallen. Diese Tatsache macht die Analyse des Politbarometers jedoch nicht wertlos. Die Auswahl der Stichprobe bringt einen Zufallseinfluss in die induktive Analyse, und das Fehlerausmaß, das sich hieraus im Rückschluss ergibt, kann unter bestimmten Umständen abgeschätzt werden, nämlich mit Hilfe der *Wahrscheinlichkeitsrechnung*. Ein Voraussetzung dafür ist, – grob formuliert – dass jedes Element der Grundgesamtheit (hier: der Wahlbevölkerung) mit gleicher Wahrscheinlichkeit in die Stichprobe (hier: die ZDF Polibarometer-Umfrage) gelangt. Umgangssprachlich wird dies als „Repräsentativität" der Stichprobe bezeichnet. Dazu sind u. U. ausgeklügelte Auswahlmechanismen notwendig, wie die diesbezügliche Angabe des Politbarometers zeigt, vgl. Abb. 1.2.

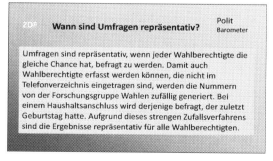

Abb. 1.2 Repräsentativität im ZDF Politbarometer (Quelle: ZDF 2018)

Das Berechnen der „Unsicherheitsmarge" mit Hilfe der Rechenregeln der Wahrscheinlichkeitsrechnung und die Kommunikation der resultierenden Ergebnisse kann komplex sein, wie folgendes Beispiel zeigt. Da die Prognose der Stimmenanteile wegen des Zufallscharakters der Stichprobe nicht exakt ist, gibt das Politbarometer die in Abb. 1.3 dargestellte Erläuterung.

Wie genau sind die Umfragen?	Polit Barometer

Auch repräsentative Umfragen sind Wahrscheinlichkeitsaussagen und damit nicht 100-prozentig genau. Ein Beispiel: bei der Projektion entscheiden sich 40 Prozent für eine Partei. Die Fehlertoleranz beträgt dabei rund +/- 3 Prozentpunkte. Das heißt, der Anteil dieser Partei bei allen Wahlberechtigten liegt zwischen 37 und 43 Prozent. Allerdings sind diese Werte nicht alle gleich wahrscheinlich. So ist die Wahrscheinlichkeit, dass der wahre Wert im Zentrum des Fehlerintervalls liegt, wesentlich größer als dass er am Rand des Fehlerintervalls liegt.

▫ Abb. 1.3 Genauigkeit im ZDF Politbarometer (Quelle: ZDF 2018)

Diese Erklärung ist insofern missverständlich, als nicht gefolgert werden darf, dass der Stimmenanteil einer Partei, für die 40% prognostiziert werden, mit Sicherheit zwischen 37% und 43% liegt. Richtiger wäre vielmehr die Aussage: „Der Stimmenanteil der betreffenden Partei in der Wahlbevölkerung liegt mit einer Vertrauenswürdigkeit von 95% zwischen 37% und 43%.". Nicht nur die mathematische Berechnung der Marge von $+/- 3\%$, sondern auch die Definition einer „Vertrauenswürdigkeit von 95%" erfordern eine tiefere Befassung mit den mathematischen und den entscheidungslogischen Grundlagen der Induktiven Statistik.[1]

Die vorangehend skizzierte klassische Einteilung in die Beschreibende und die Schließende Statistik, wobei letztere die Wahrscheinlichkeitsrechnung als mathematische Grundlage nutzt, ist in der ▫ Abb. 1.5 illustriert. Sie bestimmt den Aufbau des vorliegenden Buches.

1.4 Die Gliederung dieses Buches

Der traditionellen Gliederung folgend ist der anschließende Teil des Buches *klipp und klar* in die Kapitel

2 Beschreibende Statistik,
3 Wahrscheinlichkeitsrechnung,
4 Schließende Statistik

gegliedert. Das Schlusskapitel 5 zum Linearen Modell hat zwei Funktionen: Zum einen führt es als anschauliches Anwendungsbeispiel Methoden aus den drei vorangehenden Kapitel zusammen. Zum anderen widmet es sich einer Fragestellung, die sich in wirtschafts- und sozialwissenschaftlichen Analysen regelmäßig als zentral erweist, nämlich der Messung der Abhängigkeitsstruktur zwischen (sozio-) ökonomischen Größen. Dabei geht es nicht allein um die Fragen, **ob** beispielsweise eine Erhöhung des Mindestlohns die Beschäftigung verringert, ob eine Erhöhung der Werbeausgaben den Umsatz eines Unternehmens steigert oder ob das Einkommen der Eltern die Bildungschancen der Kinder beeinflusst, sondern konkreter darum, **wie stark** dieser Effekt ist und wie man die Unsicherheit bei seiner Messung beschreiben und möglichst weit verringern kann.

Die zentrale Bedeutung der Abhängigkeitsmessung in den Wirtschafts- und Sozialwissenschaften äußert sich darin, dass sich ein eigenständiger Zweig der statistischen Abhängigkeitsanalyse, die *Ökonometrie*, als unverzichtbarer „Methodenbaukasten" für empirische Wirtschaftsanalysen etabliert hat. Das Schlusskapitel dieses Buches kann damit als ein Ausblick auf die Ökonometrie gesehen werden.

Die Bedeutung und die Allgegenwart der Analyse von Zusammenhängen lässt sich wiederum an der Politbarometerumfrage illustrieren: Regelmäßig werden dort Einschätzungen zu aktuellen gesellschaftlichen oder politischen Phänomenen abgefragt und nach Parteipräferenz gegliedert dargestellt. Diese Darstellung zielt ausschließlich auf eine Visualisierung von Abhängigkeiten. Ein Beispiel liefert das in ▫ Abb. 1.4 wiedergegebene Detailergebnis des ZDF Politbarometers.[2]

---

[1] Wir kommen auf dieses Beispiel im Abschnitt zur Intervallschätzung (Abschnitt 4.3) zurück und liefern anschauliche Lösungen beider Fragen.

[2] Die Frage der Spaltung von CDU und CSU war zum Zeitpunkt der Umfrage aktuell, weil sich der damalige CSU-Vorsitzende und Innenminister Seehofer und die damalige CDU-Vorsitzende und Bundeskanzlerin Merkel in der Flüchtlingspolitik heftig zerstritten hatten.

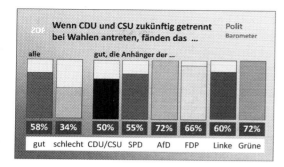

◻ Abb. 1.4 Detailergebnis im ZDF Politbarometer (Quelle: ZDF 2018)

Offensichtlich besteht eine deutliche Abhängigkeit zwischen der Parteipräferenz und der Einschätzung einer Trennung von CDU und CSU, da sich die „Befürworteranteile" in den Parteien stark unterscheiden.[3]

Wegen der erheblichen Bedeutung der Analyse von Zusammenhängen und der Tatsache, dass man bereits in der Tagespresse und den übrigen Informationsmedien alltäglich mit Datenbefunden konfrontiert wird, die statistische Zusammenhänge aufzeigen (sollen), haben wir in diesem Buch insgesamt der Abhängigkeitsmessung besonderen Raum gegeben.

Zusammenfassung

Im Zuge der Digitalisierung und der ständigen Verfügbarkeit von Daten begegnen uns statistische Analysen nicht mehr vorrangig im wissenschaftlichen Kontext. Sie haben vielmehr branchenübergreifend die Arbeitswelt erobert und auch im Alltag werden wir in den Medien mit Datenauswertungen konfrontiert, die Sachverhalte kompakt darstellen und Inhalte untermauern sollen.

Die sachgerechte Rezeption statistischer Analysen ist damit zu einer grundlegenden Kompetenz im Alltag wie im Beruf geworden. Um diese Kompetenz zu erwerben, ist zum einen die Kenntnis statistischer Methoden, zum anderen die Vermeidung von Fehlschlüssen aus Datenerhebungen erforderlich. Beiden Lernzielen widmet sich das vorliegende Buch.

Aus der Vielfalt empirischer Fragestellungen resultiert ein breites Spektrum statistischer Methoden, die

zweckmäßig strukturiert werden müssen. Als fundamental erweist sich die Trennung in beschreibende und schließende statistische Verfahren: In der Beschreibenden Statistik wird der Versuch unternommen, vorhandene Daten mittels ausgewählter Kennzahlen zu verdichten, ohne dabei allzu viele Informationen aus den Daten zu verlieren. In der Schließenden Statistik ist es dagegen nicht das Ziel, die Eigenschaften der erhobenen Stichprobe zu beschreiben, sondern Aussagen über eine breiter gefasste Grundgesamtheit abzuleiten. Diese Informationen sind mit Unsicherheit behaftet, die man versucht mit Hilfe der Wahrscheinlichkeitsrechnung zu quantifizieren.

Literaturverzeichnis

BMFSFJ (2011). Familienreport 2011. https://www.bmfsfj.de/blob/93788/8c65d31750cc03b9d3eedeed7cc661fc/familienreport-2011-data.pdf.

BMFSFJ (2012). Pressemitteilung zum Familienreport 2011: Eltern wünschen sich mehr Zeit für die Familie. https://www.bmfsfj.de/blob/93788/8c65d31750cc03b9d3eedeed7cc661fc/familienreport-2011-data.pdf.

Suglia, S. F., Solnick, S., und Hemenway, D. (2013). Soft drinks consumption is associated with behavior problems in 5-year-olds. *The Journal of pediatrics*, 163(5): 1323–1328.

ZDF (2018). ZDF-Politbarometer. https://www.zdf.de/politik/politbarometer/180629-regierungsparteien-verlieren-opposition-legt-zu-100.html.

---

[3] Die konkrete Messung der Stärke des Zusammenhangs auf Basis der dargestellten sog. bedingten Häufigkeiten wird in Abschnitt 2.4.2 eingehend erläutert.

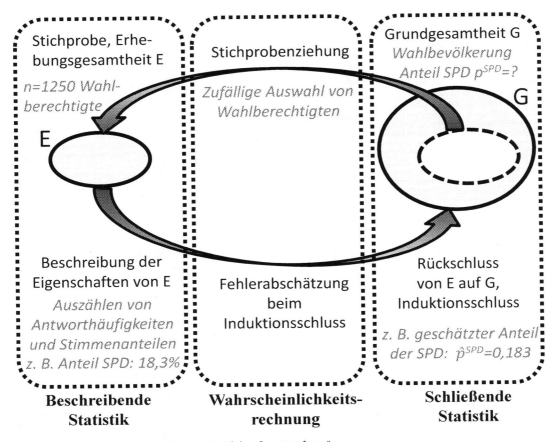

○ **Abb. 1.5** Teilgebiete der Statistik am Beispiel der „Sonntagsfrage"

Beschreibende Statistik

© Springer Fachmedien Wiesbaden GmbH, ein Teil von Springer Nature 2019
B. Christensen et al., *Statistik klipp & klar*, WiWi klipp & klar,
https://doi.org/10.1007/978-3-658-27218-0_2

Aufgabe der Beschreibenden Statistik ist das Erkennen von Strukturen in einem gegebenen Datensatz. Dazu werden die erhobenen Phänomene bzw. die Eigenschaften des Datensatzes zunächst in Zahlen „übersetzt". Bei dieser Übersetzung bzw. Kodierung müssen bestimmte Regeln beachtet werden, um sinnvoll mit den Daten „weiterrechnen" zu können. Dabei wird deutlich, dass in Zahlen unterschiedliche Informationen stecken können, sodass bestimmte Berechnungen in einem Fall sinnvoll, die Ergebnisse in einem anderen Fall jedoch nicht interpretierbar sein können. Diese vielleicht etwas kryptisch erscheinenden Vorbemerkungen werden an einem Beispieldatensatz anschaulich erklärt.

Bevor wir aber mit diesem ersten großen Kapitel dieses Buchs beginnen, möchten wir auch noch darauf hinweisen, welchen Teil der Datenanalyse wir in diesem Buch nur am Rande behandeln, obwohl er in der Praxis einen wichtigen Teil ausmacht: die Gewinnung der Daten, die dann statistisch behandelt werden. Hier müssen zwei Punkte unterschieden werden.

1. Die *Qualität der Daten*: Hier gilt der Grundsatz „Shit in, shit out", d. h. wenn die zugrundeliegenden Daten nicht verlässlich sind, kann auch die beste Datenanalyse in der Regel wenig Hilfreiches zutage fördern. Und die Qualität der Daten ist oft zu hinterfragen. So geben in Umfragen zur Anzahl von Sexualpartnern die heterosexuellen Männer im Schnitt einen doppelt so großen Wert an wie heterosexuelle Frauen (Mitchell et al. 2019), was vermutlich auf eine fehlerhafte Selbsteinschätzung zurückzuführen sein dürfte.

2. Die *Aufbereitung der Daten*: Möchte man eine Fragestellung statistisch untersuchen, müssen alle relevanten Daten so verfügbar sein, dass man etwas damit anfangen kann, also typischerweise in einer gemeinsamen Datenbank liegen. Dies ist oft in der Praxis nicht der Fall. In nicht wenigen der Projekte, die wir durchgeführt haben, war dies die größte Herausforderung.

In diesem Buch nutzen wir aber die Freiheit der Theorie und stellen diese Probleme hinten an. Wir nehmen also für die folgenden Beispiele stets an, dass die Daten schön aufbereitet vorliegen. Zwischendurch kommen wir aber in Beispielen auch immer wieder auf die Datenqualität zu sprechen.

Zur Erarbeitung der Methoden gehen wir auch nicht von einer spezifischen (ökonomischen) Fragestellung aus, sondern widmen uns der übergeordneten Frage: Wie kann ich den Datensatz sinnvoll darstellen und zusammenfassen, um mögliche Muster und Strukturen zu erkennen?

2.1 Datenarten

Lernziele
Nach diesem Abschnitt sollten Sie wissen,

--- dass statistische Daten grundsätzlich als Zahlen verarbeitet werden,
--- dass diese Zahlen aber unterschiedlich „informativ" sind und
--- welche Regeln bei der „Kodierung" der Erhebungsdaten zu beachten sind.

Bevor man zur Analyse von Daten schreitet, muss man sich zuerst klarmachen, welche Informationen man eigentlich vorliegen hat. Dazu ist es zweckmäßig, unterschiedliche Arten von Daten zu unterscheiden.

Als Beispieldatensatz dient eine (fiktive) Erhebung der Angaben von Tourismuszentralen 33 deutscher Badeorte an der Nord- und Ostsee. In der folgenden Tabelle sind auszugsweise sechs Eigenschaften bzw. Merkmale der 33 Badeorte aufgelistet. Das sind im einzelnen

- das Bundesland,
- die Unterscheidung zwischen Nordsee- und Ostseeanrainern,
- Antworten auf die Frage: „Was erwarten Sie für die Zahl der Übernachtungen in den kommenden 5 Jahren in Relation zu heute?",
- Antworten auf die Frage: „Für wie wichtig erachten Sie die digitale Infrastruktur (WLAN etc.) in den Unterkünften für die Gewinnung von Übernachtungsgästen?",
- die Anzahl der Beherbergungsbetriebe bzw. Unterkünfte (Hotels, Pensionen, Ferienwohnungsanbieter) und
- die Anzahl der Übernachtungen pro Jahr in Tsd.

Diese Eigenschaften werden im Folgenden als *Merkmale* bezeichnet. Sie werden konventionsgemäß mit Großbuchstaben bezeichnet, hier in folgender Weise:

Merkmal	Kurzbeschreibung
A	Bundesland
B	Küste
C	Erwartete Änderung der Übernachtungszahlen
D	Wichtigkeit WLAN etc.
X	Anzahl Unterkünfte
Y	Übernachtungen pro Jahr

In der Tabelle 2.1 sind die Erhebungsdaten wiedergegeben.

Um mit den Daten „rechnen" zu können, werden die Eigenschaften zunächst in Zahlen übersetzt bzw. *kodiert*. Eine mögliche Kodierung ist in der folgenden Tabelle wiedergegeben. Dabei werden die Ausprägungen konventionsgemäß mit Kleinbuchstaben und die Anzahl der Ausprägungen mit k bezeichnet. Das Merkmal C: „Prognose der Übernachtungen" besitzt also $k = 5$ Ausprägungen c_i. Für die Ausprägungen wurden die folgenden Codes verwendet:

A: Bundesland ($k = 3$)	
MV	$a_1 = 1$
SH	$a_2 = 2$
NI	$a_3 = 3$

B: Küste ($k = 2$)	
Nordsee	$b_1 = 0$
Ostsee	$b_2 = 1$

C: Progn. Übernachtungen ($k = 5$)	
deutlich geringer	$c_1 = -2$
eher geringer	$c_2 = -1$
unverändert	$c_3 = 0$
eher höher	$c_4 = 1$
deutlich höher	$c_5 = 2$

D: Wichtigkeit IT ($k = 4$)	
unwichtig	$d_1 = 1$
wenig wichtig	$d_2 = 2$
wichtig	$d_3 = 3$
sehr wichtig	$d_4 = 4$

Mit dieser Notation erhält man eine kompaktere Darstellung der Datenliste, vgl. Tabelle 2.2.

Diese Übersetzung von verbalen Eigenschaftsausprägungen in die Zahlen ist zweckmäßig. Es muss jedoch stets berücksichtigt werden, dass die Zahlen in Tabelle 2.2 unterschiedliche Informationsgehalte bzgl. der gemessenen Eigenschaften widerspiegeln und damit selbst unterschiedlich informativ sind. So ist beispielsweise der Mittelwert („Durchschnitt") der 33 Beobachtungen bzgl. der Übernachtungszahlen, 150,3, sinnvoll interpretierbar (in den 33 Orten erfolgen jährlich durchschnittlich 150.300 Übernachtungen), der Mittelwert der 33 Bundesland-Daten, 1,97, jedoch nicht – die Zuweisung der drei Zahlen 1, 2 und 3 zu den Bundesländern ist ja willkürlich erfolgt.

Beispiel. Wie oben erwähnt sind die hier verwendeten Daten fiktiv, sodass wir uns keine Sorgen um die Entstehung machen müssen. Bei einer real durchgeführten Umfrage zur Urlaubssituation an den Promenaden von Ostseestränden wurde vor einigen Jahren aber folgender Modus gewählt: „Um eine subjektive Auswahl der Befragungsteilnehmer auszuschließen", wurde den Befragern die Regel an die Hand gegeben, bei ankommenden Gruppen die dem Aussehen nach älteste Person zu befragen. Hauptergebnis der Untersuchung war – wenig überraschend – dass die Gäste an der Ostsee (scheinbar) sehr alt waren.

Die Merkmale weisen also einen unterschiedlichen Informationsgehalt auf, der bei der Kodierung berücksichtigt werden muss. Man unterscheidet hier drei Merkmalsarten. Den niedrigsten Informationsgehalt besitzen die sog. *qualitativen Merkmale*. Hier kann nur zwischen gleich und ungleich unterschieden werden. Die Merkmale „Küste" und „Bundesland" stellen qualitative Merkmale dar. Bei ihrer Codierung können für die jeweiligen Ausprägungen beliebige verschiedene Zahlen verwendet werden, Reihenfolge und Abstände sind irrelevant. Konventionsgemäß weist man einem binären Merkmal wie „Küste" die Zahlen 0 und 1 für die beiden Ausprägungen zu, dies ist jedoch nicht zwingend.

◻ Tabelle 2.1 Beispieldatensatz

Nr.	A	B	C	D	X	Y
1	SH	Nordsee	unverändert	wichtig	66	211,4
2	SH	Nordsee	eher mehr	wichtig	68	190,9
3	NI	Nordsee	eher mehr	wichtig	38	85,0
4	SH	Nordsee	eher mehr	wenig wichtig	30	103,7
5	SH	Nordsee	unverändert	wichtig	23	54,3
6	NI	Nordsee	unverändert	unwichtig	48	135,6
7	SH	Nordsee	deutlich mehr	wichtig	52	103,8
8	NI	Nordsee	eher weniger	unwichtig	36	148,8
9	MV	Ostsee	unverändert	wichtig	70	152,4
10	MV	Ostsee	eher weniger	wichtig	36	128,2
11	SH	Ostsee	deutlich weniger	wenig wichtig	65	211,9
12	NI	Nordsee	unverändert	wichtig	52	193,4
13	SH	Nordsee	eher mehr	unwichtig	35	105,6
14	NI	Nordsee	eher mehr	sehr wichtig	58	126,2
15	SH	Nordsee	unverändert	wenig wichtig	56	164,4
16	NI	Nordsee	eher weniger	wichtig	68	125,1
17	SH	Ostsee	unverändert	wichtig	65	172,9
18	NI	Nordsee	eher weniger	wichtig	77	137,1
19	NI	Nordsee	unverändert	wichtig	52	170,2
20	SH	Nordsee	eher weniger	wenig wichtig	79	234,1
21	NI	Nordsee	deutlich mehr	sehr wichtig	52	174,4
22	SH	Ostsee	deutlich weniger	wichtig	34	73,2
23	MV	Ostsee	eher weniger	wichtig	21	41,8
24	SH	Nordsee	eher mehr	wichtig	47	143,5
25	MV	Ostsee	eher weniger	wichtig	67	176,1
26	MV	Ostsee	unverändert	wichtig	43	141,9
27	NI	Nordsee	deutlich weniger	wenig wichtig	81	188,9
28	MV	Ostsee	unverändert	wichtig	69	132,2
29	SH	Ostsee	unverändert	sehr wichtig	41	146,7
30	MV	Ostsee	unverändert	sehr wichtig	49	164,5
31	MV	Ostsee	eher mehr	wichtig	67	183,2
32	SH	Ostsee	eher weniger	wenig wichtig	64	206,7
33	MV	Ostsee	eher weniger	sehr wichtig	65	232,1

Bei *komparativen Merkmalen* ist die Reihenfolge der Ausprägungen und damit die Reihenfolge der zugewiesenen Zahlen bedeutsam: Übergeordneten Ausprägungen muss eine höhere Zahl zugewiesen werden. Im Beispiel ist die Ausprägung „unverändert" der Ausprägung „deutlich geringer" übergeordnet und muss deshalb eine höhere Zahl zugewiesen bekommen. Die Reihenfolge der Zahlen trägt damit eine Information, die Abstände zwischen den Zahlen sind dagegen unerheblich. Die oben getroffene Wahl von $c_1 < c_3$ mit $c_1 = -2$ und $c_3 = 0$ ist also willkürlich, eine alternative Kodierung gemäß

Progn. Übernachtungen	
deutlich geringer	-12
eher geringer	13
unverändert	45
eher höher	46
deutlich höher	1000

ist ebenso zulässig.

Die Abstandsinformation ist dagegen bei *quantitativen Merkmalen* interpretierbar. Im Beispiel sind die Anzahl der Betriebe und die Anzahl der Übernachtungen quantitative Merkmale, die Differenzen in den Übernachtungszahlen zwischen jeweils zwei Badeorten lassen sich sinnvoll vergleichen. Quantitative

Merkmale besitzen in diesem Sinne den höchsten Informationsgehalt.

Wird bei der Kodierung der Informationsgehalt der Daten bzgl. Gleich- und Ungleichheit, Reihenfolge und Abständen der Merkmalsausprägungen beachtet und auf die zugewiesenen Zahlen übertragen, so spricht man von einer „relationstreuen Abbildung" oder *Skalierung*. Qualitative Merkmale bezeichnet man als *Nominalskalen*, komparative Merkmale als *Ordinalskalen* und quantitative Merkmale als *Kardinalskalen*. In ◼ Abb. 2.1 sind die Unterschiede zwischen den Merkmalstypen illustriert.

Da die Zahlen in einem Datensatz je nach zugrunde liegendem Merkmalstyp unterschiedlichen Informationsgehalt besitzen, müssen

Qualitatives Merkmal / Nominalskala
Nur gleich und ungleich kann unterschieden werden

Komparatives Merkmal / Ordinalskala
Auch die Reihenfolge ist sinnvoll interpretierbar

Quantitatives Merkmal / Kardinalskala
Auch die Abstände sind sinnvoll interpretierbar

◼ **Abb. 2.1** Skalenniveaus und Merkmalsarten

sich auch die Auswertungsmethoden je nach Merkmalstyp unterscheiden (oben wurde bereits beispielhaft bemerkt, dass die Berechnung des Durchschnittswertes bei quantitativen Merkmalen sinnvoll ist, bei qualitativen Merkmalen dagegen nicht). Eine Unterscheidung nach Merkmalstypen beeinflusst bereits die Wahl einer geeigneten grafischen Darstellung der Daten. Das wird im folgenden Abschnitt 2.2 illustriert. Grundlage ist eine elementare Verdichtung des Datensatzes: Das Auszählen. Zu jeder Ausprägung i eines statistischen Merkmals lässt sich die jeweilige *absolute Häufigkeit*, also die Anzahl des Auftretens, und die *relative Häufigkeit*, also der Anteil, angeben. Wir schreiben:

◼ **Tabelle 2.2** Kodierter Beispieldatensatz

Nr.	A	B	C	D	X	Y
1	2	0	0	3	66	211,4
2	2	0	1	3	68	190,9
3	3	0	1	3	38	85,0
4	2	0	1	2	30	103,7
5	2	0	0	3	23	54,3
6	3	0	0	1	48	135,6
7	2	0	2	3	52	103,8
8	3	0	-1	1	36	148,8
9	1	1	0	3	70	152,4
10	1	1	-1	3	36	128,2
11	2	1	-2	2	65	211,9
12	3	0	0	3	52	193,4
13	2	0	1	1	35	105,6
14	3	0	1	4	58	126,2
15	2	0	0	2	56	164,4
16	3	0	-1	3	68	125,1
17	2	1	0	3	65	172,9
18	3	0	-1	3	77	137,1
19	3	0	0	3	52	170,2
20	2	0	-1	2	79	234,1
21	3	0	2	4	52	174,4
22	2	1	-2	3	34	73,2
23	1	1	-1	3	21	41,8
24	2	0	1	3	47	143,5
25	1	1	-1	3	67	176,1
26	1	1	0	3	43	141,9
27	3	0	-2	2	81	188,9
28	1	1	0	3	69	132,2
29	2	1	0	4	41	146,7
30	1	1	0	4	49	164,5
31	1	1	1	3	67	183,2
32	2	1	-1	2	64	206,7
33	1	1	-1	4	65	232,1

Absolute und relative Häufigkeiten

Absolute Häufigkeit: n_i (Anzahl)

Relative Häufigkeit: $f_i = n_i/n$ (Anteil)

Da statistische Merkmale stets so definiert werden, dass jeder Beobachtung genau eine Ausprägung zugeordnet werden kann, summieren sich die absoluten Häufigkeiten stets zum Erhebungsumfang n und die relativen Häufigkeiten dementsprechend stets zu 1 bzw. 100%.

Gerade in der Befragungsforschung sind allerdings auch Situationen bekannt, in denen *Mehrfachantworten* möglich sind. Solche Eigenschaften lassen sich zu einem nicht häufbaren statistischen Merkmal machen, indem neben den Einzelkategorien eine Ausprägung für „mehrere Antworten" eingefügt wird oder jede Antwortmöglichkeit als einzelnes Merkmal abgebildet wird.

Zusammenfassung

Um Berechnungen mit dem Ziel der Datenauswertung zu ermöglichen, sind Ausprägungen statistischer Merkmale stets als Zahlen definiert. Diese besitzen aber i. d. R. einen unterschiedlichen Informationsgehalt (Skalenniveau): Bei komparativen Merkmalen lässt sich die Reihenfolge der Zahlen interpretieren, bei quantitativen Merkmalen auch deren Abstand. Das muss bei der Analyse berücksichtigt werden: Je nach Merkmalsart sind deshalb bestimmte grafische Darstellungen und Berechnungen sinnvoll, andere u. U. nicht.

Wiederholungsfragen

1. Welche Skalenniveaus würden Sie den folgenden Merkmalen zuordnen: Geschlecht, Bruttomonatseinkommen in €, Hotelsterne, Alter in Jahren, Dienstgrade bei der Bundeswehr, Geburtsland.
2. Können Sie für die folgenden Merkmale sinnvolle Kodierungen vornehmen? Geschlecht, Bruttomonatseinkommen in €, Hotelsterne, Alter in Jahren, Dienstgrade bei der Bundeswehr, Geburtsland.

2.2 Grafische Darstellung der Daten

Die grafische Darstellung von Daten ist das, was viele Menschen am meisten mit Statistik verbinden, da Abbildungen in den Medien so prominent vorkommen. Welche Darstellungen dabei sinnvoll sind, hängt eng mit der Art der Daten (wie im vorangehenden Abschnitt diskutiert) zusammen. Das erläutern wir in diesem Abschnitt ausführlich. Dabei beschränken wir uns bewusst auf die Betrachtung einzelner Merkmale. Das *Streuungsdiagramm* als gebräuchliche Darstellungsform für die gemeinsame Verteilung zweier quantitativer Merkmale wird in Abschnitt 2.6.1 vorgestellt.

Lernziele

Nach der Lektüre dieses Abschnitts sollten Sie

— wissen, wie die gesamte Information, die in Ihren Daten steckt, bei der Erstellung von Datengrafiken ausgenutzt werden kann,
— die wichtigsten Darstellungsformen für qualitative, komparative und quantitative Merkmale kennen
— und davor geschützt sein, typische Fehler bei der Datendarstellung zu begehen!

2.2.1 Qualitative Merkmale: Häufigkeitsdiagramme

Bei qualitativen Merkmalen lassen sich die Häufigkeiten z. B. als Stab-, Säulen- oder Kreisdiagramm darstellen.[4]

Im Beispieldatensatz erhält man für die Bundesländer folgende Häufigkeiten

Bundes-land	Anzahl n_i	Anteil f_i	Dezi-maldar-stellung	Prozent-darstel-lung
MV	9	9/33	0,273	27,3%
SH	14	14/33	0,424	42,4%
NI	10	10/33	0,303	30,3%
$\sum$	33	33/33	1	100,0%

und die in ◘ Abb. 2.2 dargestellten Häufigkeitsdiagramme.

2.2.2 Komparative Merkmale: Kumulierte Häufigkeiten

Bei komparativen Daten tritt zur Unterscheidung der verschiedenen Ausprägungen die Ordnungsstruktur hinzu, d. h. die interpretierbare Reihenfolge der Ausprägungen. Dadurch lassen sich auch die sogenannten *kumulierten relativen Häufigkeiten* F_i bzw. *kumulierte Anteile* interpretieren. Sie geben zu

---

[4] Da Stabdiagramme in Tabellenkalkulationsprogrammen wie Microsoft Excel typischerweise nicht implementiert sind, werden stattdessen i. d. R. Säulendiagramme verwendet. Dabei ist zu beachten, dass die Breite der Säulen nicht interpretierbar ist! Um Fehlinterpretationen zu vermeiden, werden in der Schließenden Statistik keine Säulendiagramme verwendet, wenn Stabdiagramme angebracht sind.

a) Säulendiagramm

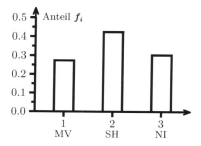

b) Kreisdiagramm

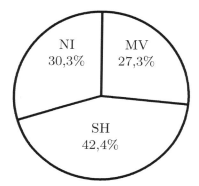

◻ **Abb. 2.2** Häufigkeiten der Bundesländer

a) relative Häufigkeiten

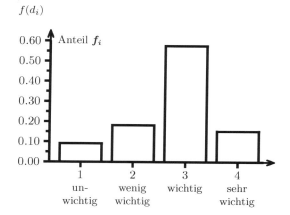

b) kumulierte Häufigkeiten $F(d_i)$

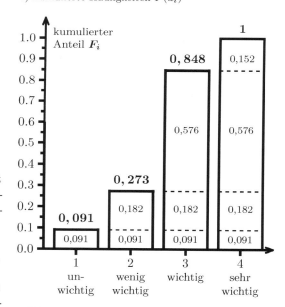

◻ **Abb. 2.3** Kumulierte Häufigkeiten

jeder Ausprägung an, mit welcher Häufigkeit diese **oder eine geringere** Ausprägung beobachtet wird. Für das Merkmal D gilt beispielsweise

$$F(d_2) = F_2 = f_1 + f_2 = 0,091 + 0,182 = 0,273,$$

d. h. 27,3% der Befragten halten die digitale Infrastruktur in den Unterkünften für höchstens „wenig wichtig", vgl. ◻ Abb. 2.3.

2.2.3 Quantitative Merkmale: Histogramm und Verteilungsfunktion

Bei quantitativen Merkmalen bietet sich zunächst eine Einteilung der Beobachtungen in k Größenklassen an. Der Index i bezeichnet dann die jeweilige Klasse. Dabei muss darauf geachtet werden, dass innerhalb der Klassen die Werte der Klassenuntergrenzen x_i^u in-

begriffen, die Werte der Klassenobergrenzen x_i^o allerdings ausgeschlossen sind. Würde man sowohl die Klassenuntergrenzen als auch die Klassenobergrenzen in jeder Klasse einschließen, so würde dies zu einer „Doppelzuordnung" von Beobachtungswerten auf den Klassengrenzen in zwei Klassen führen. Für die folgende Tabelle sind $k = 7$ Klassen für die Anzahl der Beherbergungsbetriebe (Merkmal X) gewählt und ausgezählt worden:

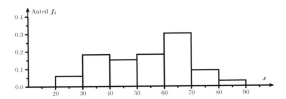

◘ Abb. 2.4 Häufigkeitsdiagramm

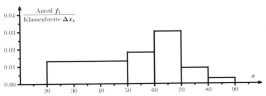

◘ Abb. 2.6 Histogramm

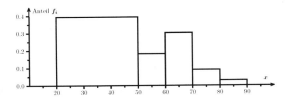

◘ Abb. 2.5 Unbefriedigendes Häufigkeitsdiagramm

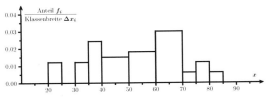

◘ Abb. 2.7 Alternatives Histogramm

Klassenbereich $[x_i^u\ ;\ x_i^o)$	Anzahl n_i	Anteil f_i
20 bis unter 30	2	0,060
30 bis unter 40	6	0,182
40 bis unter 50	5	0,152
50 bis unter 60	6	0,182
60 bis unter 70	10	0,303
70 bis unter 80	3	0,091
80 bis unter 90	1	0,030
Insgesamt	**33**	**1**

Damit erhält man das in ◘ Abb. 2.4 dargestellte Häufigkeitsdiagramm.

Diese Darstellungsform kann jedoch in die Irre führen, sobald die Klassengrenzen nicht mehr im gleichem Abstand gewählt werden. Wir illustrieren dies, indem wir die ersten drei Größenklassen zu einer einzigen Klasse zusammenfassen, die dann von 20 bis unter 50 reicht:

Klassenbereich $[x_i^u\ ;\ x_i^o)$	Klassenbreite Δx_i	Anteil f_i	Anteil/ Kl.breite $f_i/\Delta x_i$
$[20\ ;\ 50)$	30	0,394	0,0131
$[50\ ;\ 60)$	10	0,182	0,0182
$[60\ ;\ 70)$	10	0,303	0,0303
$[70\ ;\ 80)$	10	0,091	0,0091
$[80\ ;\ 90)$	10	0,030	0,0030

Die Darstellung in ◘ Abb. 2.5 ist deshalb irreführend, weil sie den falschen Eindruck erweckt, dass deutlich mehr als die Hälfte

der Badeorte in die breite erste Klasse fallen würden. Grund für diesen Trugschluss ist die Verarbeitung des optischen Signals durch das menschliche Hirn: Es setzt automatisch die Flächen der zweidimensionalen Darstellung zueinander ins Verhältnis, was in dieser Darstellung unsinnig ist. Die zugrunde liegende Konvention des menschlichen Sehens lässt sich jedoch ausnutzen, um zu einer sinnvollen Darstellungsform der Klassenhäufigkeiten zu gelangen: Die Anteile f_i müssen lediglich durch die jeweilige Klassenbreite Δx_i dividiert werden. Dieser Quotient wird als *Häufigkeitsdichte* bezeichnet. Die grafische Darstellung der Häufigkeitsdichte wird *Histogramm* genannt und ist in ◘ Abb. 2.6 wiedergegeben.

Im Histogramm entspricht die **Fläche** der Rechtecke konstruktionsbedingt der jeweiligen relativen Häufigkeit f_i, da die Grundseite des Rechtecks jeweils Δx_i und die Höhe $f_i/\Delta x_i$, das Produkt mithin $\Delta x_i \times f_i/\Delta x_i = f_i$ beträgt. In ◘ Abb. 2.7 ist ein alternatives Histogramm dargestellt, das auf einer anderen Klassenaufteilung beruht.

Anhand der Gestalt des Histogramms lässt sich beurteilen, ob eine Häufigkeitsverteilung als „rechtsschief" (bzw. „linkssteil") oder „linksschief" (bzw. „rechtssteil") bezeichnet werden kann. ◘ Abb. 2.8 gibt ein Beispiel.

Eine weitere Möglichkeit der grafischen Darstellung bietet das Konzept der *empirischen Verteilungsfunktion* $F(x)$. Sie kann in

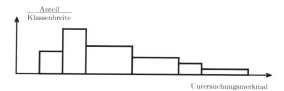

Abb. 2.8 Linkssteile bzw. rechtsschiefe Häufigkeitsverteilung

sofern als Verallgemeinerung des Konzepts der kumulierten Häufigkeiten aufgefasst werden, als sie jeder reellen Zahl x die Häufigkeit zuweist, mit der der Wert x im Datensatz beobachtet **oder unterschritten** wird:

Empirische Verteilungsfunktion

$$F(x) = n(x_i \leq x)/n$$

Die Werte der Verteilungsfunktion stellen damit Unterschreitungshäufigkeiten dar. Sie geben an, welcher Anteil der Beobachtungen höchstens x beträgt. $F(x)$ liegt damit stets zwischen 0 und 1, unterhalb des Minimums gilt $F(x) = 0$, oberhalb des größten Beobachtungswertes entsprechend $F(x) = 1$. An den Beobachtungswerten x_i weist die Verteilungsfunktion Sprungstellen auf. In ◘ Abb. 2.9 ist die Verteilungsfunktion für das Merkmal X mit einem Ablesebeispiel dargestellt: $F(57) = 18/33 = 0,545$, denn 18 der 33 Badeorte weisen bis zu 57 Unterkünfte auf.

Bei klassierten Daten ist $F(x)$ nur an den Klassengrenzen bekannt. Man verbindet diese Punkte dann linear und spricht von der *approximierenden Verteilungsfunktion* $F^*(x)$. In ◘ Abb. 2.10 ist die Verteilungsfunktion für die klassierten Daten der Unterkunftszahlen dargestellt. Dabei wurden die Klassengrenzen verwendet, die bereits dem Histogramm aus ◘ Abb. 2.6 zugrunde lagen. Auch hier findet sich ein Ablesebeispiel: Sind nur die klassierten Daten bekannt, so lässt sich der Anteil der Orte mit bis zu 57 Unterkünften approximativ bzw. näherungsweise aus ◘ Abb. 2.10 als 52,1% ablesen, $F^*(57) \approx 0,52$.

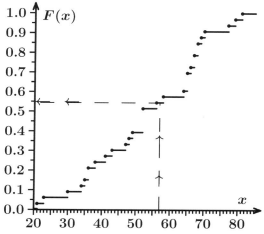

Abb. 2.9 Empirische Verteilungsfunktion

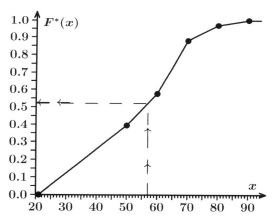

Abb. 2.10 Approximierende Verteilungsfunktion

Hintergrundinformation

Die Darstellung der Daten mit Hilfe der (approximierenden) Verteilungsfunktion ist in der Beschreibenden Statistik wenig üblich, viel häufiger finden sich Histogrammdarstellungen. In der Schließenden Statistik erweist sich dagegen die Verteilungsfunktion als ein zentrales Konzept zur Charakterisierung der Verteilung von *Zufallsvariablen*. Nach der Beschäftigung mit der Verteilungsfunktion von Zufallsvariablen in Abschnitt 3.3 wird auch der Zusammenhang zwischen approximierender Verteilungsfunktion und dem Histogramm bzw. zwischen $F^*(x)$ und $f^*(x)$ klar.

2.2.4 Fehler bei grafischen Darstellungen

Die graphische Datenauswertung spielt eine so große Rolle, da man auf einen Blick einen Eindruck von sehr komplexen Situationen erhalten kann. So wird immer wieder etwas scherzhaft kolportiert, dass in Dimension 2 das Auge der beste Statistiker sei. Dieser Vorteil kann aber auch zum Nachteil werden: Man kann durch unpassende Darstellungen einen ganz falschen Eindruck von der Datenstruktur erzeugen. Im Folgenden weisen wir auf einige oft begangene Fehler hin.

Diagramme mit falschen Proportionen

Man denkt vielleicht im ersten Moment, dass dies in Zeiten von einfach bedienbaren Tabellenkalkulationsprogrammen nicht passieren kann, es geschieht aber – auch in seriösen Medien – sehr oft: Die Diagramme passen einfach nicht zu den Zahlen. Einzelne Säulen sind zu lang oder kurz geraten. Ein Beispiel fand sich in der Frankfurter Rundschau vom 18.8.2012. Zugrunde lag der Abbildung eine Befragung von 1011 Personen zu der Frage, welches Land als Heimat empfunden wird, siehe ◘ Abb. 2.11. In dieser Grafik war vieles

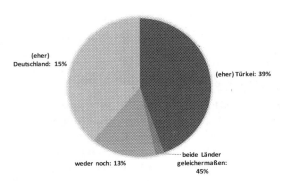

◘ **Abb. 2.11** Heimatland (Quelle: FR 2012)

schiefgelaufen: Zum einen waren die Beschriftungen um eine Position im Uhrzeigersinn vertauscht worden und zum anderen hätten statt der „13%" „2%" ausgewiesen werden müssen.

Oft scheinen solche Fehler einfach auf Unachtsamkeit zu basieren, an manchen Stellen

ist man da aber nicht so sicher. Eine beeindruckende Zusammenstellung weiterer Beispiele findet sich unter BILDblog 2019.

Abgeschnittene Achsen

Aber auch mit korrekten zugrundeliegenden Daten kann ein falscher Eindruck vermittelt werden. So etwa, wenn bei Säulendiagrammen die Achsen abgeschnitten dargestellt werden und dann sogar noch die Achsenbeschriftung mit der Skaleneinteilung fehlt. In ◘ Abb. 2.12 findet sich eines von vielen Beispielen.

a) Wie in der Zeitung dargestellt

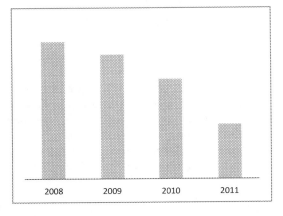

b) Mit „vollständiger" y-Achse

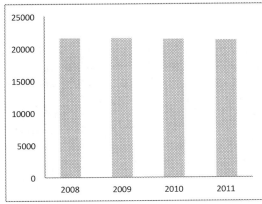

◘ **Abb. 2.12** Apothekenschwund in Deutschland (Quelle: Handelsblatt 2012)

Während ◘ Abb. 2.12 a den Eindruck eines dramatischen Apothekensterbens vermittelt, erscheint der Rückgang gemäß ◘ Abb. 2.12 b, die zusätzlich die Information zum Bestand an Apotheken transportiert, weniger spektakulär.

Dimension der Darstellung

Wie oben schon dargestellt, assoziiert das menschliche Hirn die Größe zweidimensionaler Objekte typischerweise nicht mit ihrer Seitenlänge, sondern mit ihrem Flächeninhalt. Wir hatten diesem Phänomen bereits bei der Konstruktion des Histogrammms Rechnung getragen, vgl. die Diskussion zu ◘ Abb. 2.5. Es wird manchmal genutzt, um Veränderungen größer erscheinen zu lassen, als sie tatsächlich sind. In ◘ Abb. 2.13 a) entspricht die **Höhe** der Kinderwagen proportional dem jeweiligen Kindergeldbetrag und die Breite ist einfach mit angepasst worden, in ◘ Abb. 2.13 b) dagegen die **Fläche**. Da das menschliche Auge instinktiv die Flächen zueinander ins Verhältnis setzt, ist allein die flächentreue Darstellung adäquat. In ◘ Abb. 2.13 a) würde man also den falschen Eindruck gewinnen, das Kindergeld sei viel stärker als von 112,48€ auf 154,00€ erhöht worden.

Zusammenfassung

Häufigkeiten werden i. d. R. als Säulen- oder Kreisdiagramme dargestellt. Sofern die Daten eine Ordnungsstruktur aufweisen, können neben den Häufigkeiten auch die kumulierten Häufigkeiten interpretiert und visualisiert werden. Bei quantitativen Daten tritt die Abstandsinformation dazu, die bei den grafischen Darstellungsformen Box-Plot, Verteilungsfunktion und Histogramm berücksichtigt wird.

Da die grafische Darstellung zumeist als zweidimensionale Abbildung erfolgt, ist bei der Visualisierung stets darauf zu achten, dass das Auge instinktiv Flächen zueinander in Beziehung setzt und die Darstellung deshalb flächentreu erfolgen muss. Neben falschen Proportionen begünstigen häufig auch abgeschnittene Achsen in Diagrammen Fehlschlüsse bei der Interpretation der Datengrafiken.

Wiederholungsfragen

1. Warum stellt man für qualitative Merkmale keine kumulierten Häufigkeiten dar?

a) Wie von der Bundesregierung dargestellt

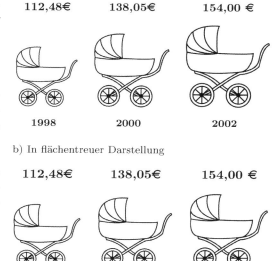

112,48€　　138,05€　　154,00 €

1998　　　2000　　　2002

b) In flächentreuer Darstellung

112,48€　　138,05€　　154,00 €

1998　　　2000　　　2002

◘ **Abb. 2.13** Entwicklung des Kindergelds für das erste und zweite Kind (Quelle: Presse- und Informationsamt der Bundesregierung 2003)

2. Warum wird im Histogramm über den Merkmalsklassen die Häufigkeitsdichte und nicht die relative Klassenhäufigkeit abgetragen?
3. Was gibt die Verteilungsfunktion an?
4. Welche typischen Fehler sollte man bei der grafischen Darstellung vermeiden?

2.3 Messen von „Lage" und „Streuung" der Daten

Das Auszählen der Daten bzw. die Berechnung der Häufigkeiten stellt eine erste Zusammenfassung der Daten dar. Die grafische Darstellung der Häufigkeiten zeigt bereits, wo die Daten „liegen" und wie unterschiedlich die Beobachtungen verteilt sind. Diese beiden Eigenschaften, die einen Datensatz charakterisieren, können durch einzelne Maßzahlen noch kompakter zusammengefasst werden. Im Folgenden werden hierzu geeignete und deshalb gebräuchliche Berechnungen vorgestellt. Die resultierenden Maßzahlen, wie beispielsweise der Median oder die Varianz, werden ausführlich diskutiert. In der Praxis dienen Maßzahlen in erster Linie dazu, Häufigkeitsverteilungen im Hinblick auf die untersuchten Phänomene zu vergleichen. Solche Vergleiche stehen im Mittelpunkt der Übungsaufgaben am Ende des Kapitels.

Lernziele

Nach der Lektüre dieses Abschnitts sollten Sie wissen,

~ wie man Daten sinnvoll auf einen „typischen" Wert verdichten kann,

~ wie man die „Unterschiedlichkeit" der Beobachtung messen kann und

~ dass statistische Maßzahlen in erster Linie dem Vergleich dienen (und deshalb der Wert einer Maßzahl für sich gesehen nicht unbedingt interpretierbar sein muss).

2.3.1 Lagemessung

Mittelwerte

Ziel der Messung der „Lage" der Verteilung ist die Ermittlung eines „typischen", also eines „charakteristischen" Werts der Verteilung. Bei quantitativen Daten liegt es nahe, den *Mittelwert*, also das *arithmetische Mittel*, der n Beobachtungswerte x_i, $i = 1, \ldots, n$ zu verwenden. Im Beispiel erhält man für das Merkmal X: „Anzahl der Beherbergungsbetriebe":

$$\overline{x} = \frac{\sum_{i=1}^{n} x_i}{n} = \frac{1774}{33} = 53,76 \quad ,$$

d. h. die 33 Badeorte weisen im Mittel 53,76 Beherbergungsbetriebe auf.

Da bei der Berechnung des arithmetischen Mittels jede Beobachtung in gleicher Weise berücksichtigt wird, spricht man auch von einem gleichgewichteten Mittel (oder, sprachlich etwas ungenauer, von einem „ungewichteten" Mittel). Mitunter ist es jedoch sinnvoll, die Einzelwerte bei der Durchschnittsbildung

unterschiedlich zu behandeln. Das ist insbesondere bei klassierten Daten regelmäßig der Fall. Im Datensatz erhält man beispielsweise $\overline{y} = 150,3$, d. h. im Mittel weist jeder Badeort 150.300 Übernachtungen pro Jahr auf. Bei den 19 Nordseeorten liegt die mittlere Übernachtungszahl $\overline{y}^{Nord}$ bei 147.200 Übernachtungen, an der Ostsee beträgt $\overline{y}^{Ost}$ dagegen 154.600. Das Mittel aus diesen beiden Werten, $(\overline{y}^{Nord} + \overline{y}^{Ost})/2$, beträgt 150.900 und stimmt nicht mit dem Gesamtmittel $\overline{y}$ überein. Das liegt daran, dass beide Teilmittelwerte mit gleichem Gewicht $1/2$ in die Berechnung des arithmetischen Mittels eingehen. Tatsächlich weisen jedoch mehr Badeorte eine mittlere Übernachtungszahl von 147.200 auf, schließlich liegen von den 33 Orten 19 an der Nordsee und nur 14 an der Ostsee. Die entsprechenden Anteile müssen also bei der Mittelung berücksichtigt werden, um das Gesamtmittel exakt zu reproduzieren. Das *gewichtete arithmetische Mittel* $\overline{x}^g$ ist definiert als

$$\overline{x}^g = \sum_{i=1}^{n} g_i x_i \quad \text{mit} \quad \sum_{i=1}^{n} g_i = 1 \quad .$$

Im vorliegenden Beispiel dienen als Gewichte g_i die „Küstenanteile", d. h. $g^{Nord} = 19/33 = 0,576$ und $g^{Ost} = 14/33 = 0,424$. Damit erhält man das Gesamtmittel als gewogenes Mittel der beiden Teilmittel:

$$\overline{y}^g = g^{Nord}\overline{y}^{Nord} + g^{Ost}\overline{y}^{Ost} = 150,3 = \overline{y} \quad .$$

Hintergrundinformation

Sie kennen die Berechnung gewogener Mittel im Studium von der Berechnung Ihrer Durchschnittsnote auf Basis einzelner Leistungsnachweise. Hier werden die Einzelnoten gemäß der Anzahl der Leistungspunkte der betreffenden Veranstaltungen gewichtet, das Gewicht jeder Note ist der Anteil der zugehörigen Leistungspunkte an der Gesamtzahl der Leistungspunkte aller Veranstaltungen.

Hintergrundinformation

Neben den im Text aufgegriffenen Mittelwerten wollen wir hier zwei besondere Situationen darstellen, in denen eine andere Art der Mittelung verwendet werden sollte. Dies lässt sich anhand zweier Beispiele verdeutlichen:

Auch wenn dies heute kaum mehr vorstellbar ist, gab es in der Vergangenheit durchaus Zeiten, in denen es hohe Verzinsung auf angelegtes Kapital gab. Stellen wir uns vor, 100 € würden für zwei Jahre mit einem jährlichen Zinssatz zu 10% angelegt. Dann hätte der Anleger am Ende der zwei Jahren 121 €, da am Ende des ersten Jahres das Kapital auf 110 € angewachsen wäre, welches im zweiten Jahr wiederum mit 10% verzinst würde. Würde man nun aus dem Endkapital und dem Anfangskapital errechnen, dass das Anfangskapital um 21% angewachsen ist und würde daraus mittels des arithmetischen Mittels berechnen, dass das „durchschnittliche" jährliche Wachstum 10,5% betragen haben müsste, ist dies offenkundig irreführend. Denn dabei hätte man den „Zinseszinseffekt" unterschlagen.

Aus diesem Grunde lässt sich bei Wachstumsvorgängen – also beispielsweise bei Verzinsungen von Kapital inklusive Zinseszinseffekt oder beim Wirtschaftswachstum – nicht das arithmetische Mittel anwenden. Stattdessen muss das *geometrische Mittel* verwendet werden, das berücksichtigt, dass die Wachstumsvorgänge multiplikativ von Zeitperiode zu Zeitperiode wirken. Das *geometrische Mittel* errechnet sich als

$$\bar{x}_G = \sqrt[n]{\frac{\text{Endwert}}{\text{Anfangswert}}} = q = (1+i)$$

wobei q als *Wachstumsfaktor* und i als *Wachstumsrate* bezeichnet wird.

Im Beispiel ergibt sich $\bar{x}_G = \sqrt[2]{\frac{121}{100}} = 1,1 = (1+0,1)$. Die mittlere Verzinsung liegt also bei $i = 0,1 = 10\%$.

Das *geometrische Mittel* muss immer angewandt werden, wenn Mittelwerte aus Wachstumsvorgängen ermittelt werden, um den „Zinseszinseffekt" zu berücksichtigen.

Als zweites Beispiel stellen Sie sich die folgende Situation vor: Sie fahren mit einem Auto 10 km konstant mit 100 $\frac{km}{h}$, anschließend 10 km konstant mit 50 $\frac{km}{h}$. Wie schnell sind Sie im Durchschnitt über die ganze Strecke von 20 km gefah-

ren? – Intuitiv mag man denken, dass die Durchschnittsgeschwindigkeit bei 75 $\frac{km}{h}$ gelegen haben müsste, welches aber nicht der Fall ist, wie sich leicht ausrechnen lässt:

Für die ersten 10 km benötigt man $\frac{1}{10}h$, für die zweiten 10 km benötigt man $\frac{2}{10}h$, zusammen hat man für die gesamten 20 km also $\frac{3}{10}h$ benötigt. Dies ergibt insgesamt eine Durchschnittsgeschwindigkeit von $\frac{20km}{\frac{3}{10}h} = 66,\bar{6}\frac{km}{h}$.

Wie ist dieser Wert inhaltlich zu erklären? – Die Bezugsgröße ist die Zeit, die man für jede Strecke benötigt hat. Und für die zweite Strecke benötigt man doppelt so lange wie für die erste Strecke.

Können Sie sich anhand dieser Überlegung erklären, wieso die von Bordcomputern ausgegebene Durchschnittsgeschwindigkeit häufig viel niedriger liegt als man denkt? Und warum der Durchschnittsverbrauch von Autos häufig niedriger im Bordcomputer angezeigt wird, auch wenn der Momentanverbrauch bei Stadtfahrten extrem hoch ist?

Beim Vorliegen von Merkmalen, die als Quotient definiert sind, wobei sich der Zähler und die Häufigkeit auf dieselbe Größe beziehen, kann man also nicht einfach das arithmetische Mittel anwenden. Stattdessen müsste man das sogenannte *harmonische Mittel* anwenden, welches hier nicht weiter formal dargestellt werden soll. Hierfür sei zum Beispiel auf Fahrmeir et al. 2016, S. 63 f., verwiesen. Es reicht aber eigentlich aus, dass man „in Habachtstellung" ist, sobald Merkmale als Quotient definiert sind, wobei sich der Zähler und die Häufigkeit auf dieselbe Größe beziehen. Am einfachsten kann man dann die Zähler- und die Nennergrößen einzeln ausrechnen und daraus den Mittelwert bestimmen.

Median

Zwar erscheint die Wahl des Mittelwerts als Lagemaß intuitiv plausibel, allerdings nicht immer hilfreich. Wenn nämlich etwa der Gründer von Amazon, Jeff Bezos, als einer der reichsten Menschen der Welt einen Blick in dieses Buch werfen würde, wäre der mittlere Leser vermutlich Millionär, was die Vermögensverhältnisse der Leserschaft vermutlich nur unzureichend beschreibt. Eine wichtige Alternative zum arithmetischen Mittel ist der sogenannte *Median*, der den Datensatz anschaulich (wenn auch etwas ungenau, s. u.) gesprochen in zwei gleiche Teile trennt: Eine Hälfte besitzt eine kleinere Ausprägung als den Median, die andere Hälfte liegt über diesem Wert. Um den Median zu ermitteln, müssen also zunächst die Beobachtungen der Reihe nach aufsteigend angeordnet werden. Diese Anordnung nennt man die *Rangwertreihe*, in der jede Beobachtung eine bestimmte Position aufweist. Auf der Position 1 steht der kleinste Wert, das Minimum, und auf der Position n findet sich das Maximum. Der Median steht in der Mitte der Rangwertreihe, d. h. auf der Position $n/2$. Bei einer ungeraden Anzahl von Beobachtungswerten ist jedoch $n/2$ keine ganze Zahl. In diesem Fall wählt man die nächste auf $n/2$ folgende ganze Zahl als Positionsnummer des Medians. Im Beispiel mit $n = 33$ ist der Median also der 17. Wert in der Rangwertreihe. In der folgenden Tabelle ist die Rangwertreihe des Merkmals X aufgelistet. Der Median auf Position 17 beträgt 52, d. h. grob gesprochen besitzt eine Hälfte der Orte bis zu 52 Beherbergungsbetriebe, die andere Hälfte liegt darüber. Die Bezeichnung „grob gesprochen" gilt dabei generell in mehrerlei Hinsicht: Zum einen gibt es bei einer ungeraden Anzahl der Orte keine „Hälfte". Zum anderen kann der Median in einer *Bindung* stehen, d. h. auf den benachbarten Positionen findet sich dann der gleiche Wert (wie hier in der Bindung auf den Positionen 14 bis 17 der Rangwertreihe).

Hintergrundinformation

Dass bei einer ungeraden Anzahl n von Beobachtungen als Median der Wert an der Position $n/2 + 1 = (n + 1)/2$ der Rangwertreihe gewählt wird, erscheint sinnvoll, wie das Beispiel illustriert: Bei $n = 33$ ist das der Wert auf der Position 17, es gibt 16 Positionen darunter und ebenso viele Positionen darüber. Bei geradem n stehen die beiden Werte auf den Positionen $n/2$ und $n/2 + 1$ „in der Mitte der Rangwertreihe"; würde der Datensatz nur $n = 30$ Orte umfassen also die Werte auf den Positionen 15 und 16. Nach der hier beschriebenen Konvention wählt man dann den Wert auf Position $n/2$, bei $n = 30$ Orten also den 15. Wert der Rangwertreihe (und nicht den Wert auf der 16. Position). Mitunter wird alternativ vorgeschlagen, bei einer geraden Anzahl n von Beobachtungen zu Bestimmung des Medians zwischen den Werten auf den Positionen $n/2$ und $n/2 + 1$ zu mitteln. Diese Berechnungsart ist beispielsweise in Microsoft Excel implementiert.

◘ **Tabelle 2.3** Rangwertreihe des Merkmals X

Position	x	
1	21	← Minimum
2	23	
3	30	
4	34	
5	35	
6	36	
7	36	← 20%-Quantil
8	38	
9	41	← unteres Quartil
10	43	
11	47	
12	48	
13	49	
14	52	
15	52	
16	52	
17	52	← Median
18	56	
19	58	
20	64	
21	65	
22	65	
23	65	
24	66	
25	67	← oberes Quartil
26	67	
27	68	
28	68	
29	69	
30	70	
31	77	
32	79	
33	81	← Maximum

Quantile

Das Konstruktionsprinzip des Medians lässt sich verallgemeinern: So kann man beispielsweise fragen, welcher Wert von (ungefähr)

20% der Beobachtungen unterschritten und dementsprechend von (ungefähr) 80% der Werte überschritten wird. Das ist das sogenannte *Quantil* zur Ordnung 20% oder kurz: Das 20%–Quantil. Bestimmt wird es ganz analog zum Median, dem 50%-Quantil: Das Quantil zur Ordnung 20% findet sich an der Position $n \times 0,2$ bzw. der nächsten auf $n \times 0,2$ folgenden ganzzahligen Position der Rangwertreihe, hier also (wegen $33 \times 0,2 = 6,6$) auf der Position 7: Ca. 20% der Badeorte haben bis zu 36 Beherbergungsbetriebe (und ca. 80% mehr als 36 Betriebe), vgl. Tabelle 2.3 im vorangegangenen Abschnitt.

Für einen beliebigen Anteil p gilt damit: Das Quantil zur Ordnung $p \times 100\%$ steht an der Position $n \times p$ der Rangwertreihe, sofern $n \times p$ eine ganze Zahl darstellt. Andernfalls ist die Position die nächste auf $n \times p$ folgende ganze Zahl.

Aus dieser Definition folgt eine alternative Berechnungsvorschrift: Das Quantil zur Ordnung $p \times 100\%$ ist der kleinste Beobachtungswert, dessen kumulierte Häufigkeit den Wert p erreicht oder überschreitet.

In praktischen Anwendungen werden neben dem Median häufig die Quantile zur Ordnung $p = 0,25$ und $p = 0,75$ interpretiert. Sie geben die Grenzen an, bis zu denen die Viertel der kleinsten bzw. größten Beobachtungen des Datensatzes reichen. Diese beiden Quantile werden deshalb als *unteres Quartil* und *oberes Quartil* des Datensatzes bezeichnet. Das obere Quartil im Beispieldatensatz ist 67 (wegen $n \times 0,75 = 24,75$ an Position 25 der Rangwertreihe, s. o.), d. h. ca. drei Viertel der Badeorte haben bis zu 67 Beherbergungsbetriebe. Populär ist auch die Verwendung der sog. *Dezile* , das sind die Quantile zur Ordnung 10% (1. Dezil), zur Ordnung 20% (2. Dezil) usw. Der Median kann also auch als 5. Dezil, als mittleres Quartil oder als Quantil zur Ordnung 50% bezeichnet werden. *Perzentile* sind analog Quantile zur Ordnung 1% (1. Perzentil), 2% (2. Perzentil) usw.

Durch den Bezug zur Rangwertreihe berücksichtigen die Quantile offensichtlich nur die Ordnungsstruktur des Datensatzes, d. h. die „größer"-und-„kleiner"-Beziehungen zwischen den Beobachtungen. Die Abstände der Beobachtungswerte voneinander bleiben unberücksichtigt. Das hat zwei wichtige Konsequenzen: Zum einen lassen sich Quantile auch für komparative Merkmale sinnvoll betrachten. Zum anderen reagieren sie unempfindlich auf extreme Beobachtungswerte. Diese wichtige Eigenschaft wird in dem folgenden Beispiel veranschaulicht:

Beispiel. Quantile verarbeiten – anders als beispielsweise das arithmetische Mittel – nur die Rangfolge der Beobachtungswerte, nicht die Höhe oder die Abstände der Beobachtungswerte voneinander. So weisen die beiden Datensätze (1, 2, 3, 6, 8) und (1, 2, 3, 6, 488) offensichtlich denselben Median (nämlich 3), aber deutlich unterschiedliche Mittelwerte auf (4 vs. 100). Extrem kleine und extrem große Beobachtungen beeinflussen den Median – im Gegensatz zum Mittelwert – offensichtlich nicht: Man sagt, der Median ist „unempfindlich gegenüber Ausreißern". Insbesondere bei Erhebungen, bei denen besonders kleine und besonders große Werte evtl. Messfehler enthalten oder aus anderen Gründen wenig zuverlässig erscheinen, kann es sinnvoll sein, bei quantitativen Daten auf eine Berücksichtigung der Abstandsinformation zu verzichten und den Median oder andere Quantile zur Lagemessung zu verwenden. Auch sachlogische Erwägungen können eine Rolle spielen: Ändert sich inhaltlich die mittlere Einkommenssituation in einer Gruppe, wenn der Reichste sein Einkommen verzehnfacht und sich sonst nichts ändert? Der Median als Lagemaß „beantwortet" diese Frage mit „Nein", während der Mittelwert eine gestiegene durchschnittliche Einkommensposition ausweist. Insbesondere bei der Analyse von Einkommensverteilungen werden wegen der angesprochenen Aspekte regelmäßig Quantile zur Charakterisierung der Verteilungen herangezogen.

Beispiel. Um den Wohlstand eines Landes zu beurteilen, wird häufig als eine wichtige Kennzahl das Bruttoinlandsprodukt pro Kopf herangezogen, also das mittlere Einkommen.

Der westafrikanische Staat Äquatorialguinea weist mit 12.727 US$ pro Kopf ein ähnlich hohes Bruttoinlandsprodukt pro Kopf auf wie Kroatien mit 13.138 US$ pro Kopf (Schätzung Internationaler Währungsfonds für 2017). Gleichzeitig wird geschätzt (offizielle Statistiken existieren nicht), dass der Bevölkerungsanteil von Menschen mit weniger als 2 US$ verfügbarem Einkommen pro Tag – also Menschen, die in absoluter Armut leben – bei gut 70% liegen dürfte.

Wie beurteilen Sie für dies Beispiel die Kennzahlen des mittleren Einkommens bzw. des Medianeinkommens?

Modus

Bei qualitativen Daten kann die Lagemessung allein anhand der Häufigkeiten erfolgen, die Merkmalsausprägungen sind ja willkürlich festgelegt, eine Reihenfolge oder Abstände lassen sich nicht interpretieren. Man wählt deshalb als charakteristischen Wert diejenige Ausprägung, die am häufigsten beobachtet wird. Das ist der *Modus* der Verteilung. Beim qualitativen Merkmal A: „Bundesland" ist der Modus a_2, denn $f(a_2) > f(a_1), f(a_3)$, die meisten Badeorte liegen in Schleswig-Holstein.

2.3.2 Streuungsmessung

„Wenn man den Kopf in der Sauna hat und die Füße im Kühlschrank, spricht der Statistiker von einer angenehmen mittleren Temperatur." Dieses Zitat wird dem ehemaligen bayerischen Ministerpräsidenten und CSU-Vorsitzenden Franz Josef Strauß zugeschrieben. Es verdeutlicht, dass beim reinen Betrachten von Lagemaßen als Kennzahlen immer Informationen verloren gehen, manchmal auch wesentliche. Eine weitere Angabe, die man mindestens zur Beurteilung von Datensätzen heranziehen sollte, ist die Streuung von Daten. Damit beschäftigen wir uns nun.

Spannweite und Quartilsabstand

Um zu messen, wie unterschiedlich die Beobachtungswerte sind, d. h. wie stark sie streuen, liegt es bei quantitativen Merkmalen nahe, den Abstand der kleinsten von der größten Beobachtung heranzuziehen. Das ist die sogenannte *Spannweite* der Verteilung. Beim Beispielmerkmal X zeigt der Blick auf die Rang-

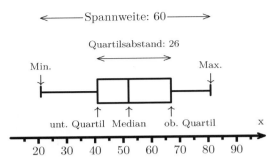

❑ **Abb. 2.14** Box-Plot

wertreihe, dass die Spannweite 81-21=60 beträgt, alle Beobachtungen verteilen sich auf einem Intervall, das 60 Einheiten breit ist. Auch der Abstand der Quartile, der sog. *Quartilsabstand*, misst die Streuung der Daten. Im Beispiel erhält man einen Quartilsabstand von $67 - 41 = 26$, d. h. (ca.) die Hälfte der Beobachtungen drängt sich auf einem 26 Einheiten breiten Intervall.

Diese Idee der Streuungsmessung führt zu einer weiteren, häufig verwendeten Darstellung quantitativer Datensätze, dem sog. *Box-Plot* (auf Deutsch: Schachteldiagramm oder Kastengrafik). Zur Erstellung wird über der Werteachse ein Kasten eingezeichnet, dessen linke und rechte Seite auf Höhe des unteren und des oberen Quartils liegen. Innerhalb des Kastens wird der Median durch einen vertikalen Strich angezeigt. Zusätzlich können horizontale Linien links und rechts des Kastens bis zum Minimum bzw. Maximum geführt werden. Dieser „Schnurrbart" führt dazu, dass die resultierende Grafik mitunter auch als „Box and Whiskers-Plot" bezeichnet wird. In ❑ Abb. 2.14 ist der Box-Plot für das Merkmal X aus dem Beispieldatensatz dargestellt. Auch Spannweite und Quartilsabstand sind angegeben.

Mittlere absolute Abweichung vom Mittelwert

Spannweite und Quartilsabstand verarbeiten zur Bestimmung der Streuung jeweils nur zwei Werte des Datensatzes; die Abstandsinformation, die in den übrigen Daten steckt, wird ignoriert. Eine alternative Streuungsmessung, die Abstände und damit die Unterschiedlichkeit aller Werte berücksichtigt, lässt sich ebenfalls einfach bewerkstelligen. Typischerweise verwendet man das arithmetische Mittel der Beobachtungswerte, $\overline{x}$, als Bezugspunkt und misst, wie stark die Beobachtungen von $\overline{x}$ insgesamt abweichen. Naheliegend, aber vorschnell wäre es, die mittlere Abweichung aller Beobachtungen von $\overline{x}$ zur Streuungsmessung heranzuziehen, denn diese mittlere Abweichung ist für jeden Datensatz stets gleich null:

$$\frac{1}{n}\sum_{i=1}^{n}(x_i - \overline{x}) = \frac{1}{n}\left(\sum_{i=1}^{n}x_i - \sum_{i=1}^{n}\overline{x}\right)$$
$$= \frac{1}{n}\left(\sum_{i=1}^{n}x_i - (\overline{x} + \ldots + \overline{x})\right)$$
$$= \frac{\sum_{i=1}^{n}x_i}{n} - \frac{n\overline{x}}{n}$$
$$= \overline{x} - \overline{x}$$
$$= 0$$

Grund dafür ist formal die Definition des arithmetischen Mittels. Inhaltlich ist es die Tatsache, dass sich die positiven Abweichungen der überdurchschnittlichen Beobachtungen und die negativen Abweichungen der unterdurchschnittlichen Werte gegenseitig aufheben. Um das zu vermeiden, lässt sich ein „Trick" anwenden, indem man entweder die Beträge der Abstände aggregiert oder deren Quadrate. Beide Alternativen vermeiden negative Abstandskomponenten bei der Bildung des Streuungsmaßes. Im ersten Fall erhält man den *mittleren absoluten Abstand* vom Mittelwert,

$$MAA = \frac{1}{n}\sum_{i=1}^{n}|x_i - \overline{x}| \quad .$$

Der zweite Fall wird im folgenden Absatz dargestellt.

Varianz und Standardabweichung

Da beim Weiterrechnen mit Beträgen Fallunterscheidungen nötig werden können, verwendet man (auch im Hinblick auf die Abhängigkeitsmessung und die Schließende Statistik)

jedoch in aller Regel die quadrierten Abstände vom Mittelwert. Das resultierende Streuungsmaß ist die *(empirische) Varianz* S^2:

$$S^2 = \frac{1}{n}\sum_{i=1}^{n}(x_i - \overline{x})^2$$

Möchte man verdeutlichen, dass S^2 zu dem Datensatz $x_1, ..., x_n$ gebildet wird, schreibt man auch $S^2 = S_x^2$.

Das Prinzip der Streuungsmessung mit Hilfe der Varianz lässt sich anschaulich grafisch darstellen, denn die Summanden $(x_i - \overline{x})^2$ stellen Quadrate dar, deren Fläche in Summe (bzw. im Mittel) umso größer ist, je unterschiedlicher die Daten sind bzw. je stärker die Beobachtungen vom Mittelwert abweichen.

◻ Abb. 2.15 illustriert diesen Umstand. Beim Vergleich der Datensätze unter b) und c) in dieser wird auch deutlich, dass die Varianz im Gegensatz zur Spannweite alle Daten zur Streuungsmessung (und nicht nur zwei Beobachtungen) berücksichtigt: Die Spannweite stimmt in beiden Datensätzen überein, die Varianz ist jedoch unter c) höher, da auch die „inneren" Beobachtungen zwischen Minimum und Maximum stärker vom Mittelwert abweichen.

So anschaulich sich die Varianz auch grafisch darstellen lässt, so wenig interpretierbar sind die einzelnen Varianzwerte. Handelt es sich bei den in ◻ Abb. 2.15 dargestellten Daten beispielsweise um Eurobeträge, so beträgt die Varianz unter a) $0,61 €^2$:

$$S^2 = \frac{1}{4}\left((2,00€ - 3,00€)^2 + \ldots\right.$$
$$\left. + (3,90€ - 3,00€)^2\right) = 0,61€^2$$

Die Einheit „Quadrateuro" und damit der Betrag der Varianz lässt sich nicht sinnvoll interpretieren. Zieht man die Wurzel aus der Varianz, so erhält man die sog. *Standardabweichung* S:

$$S = \sqrt{S^2} \quad ,$$

im Beispiel unter 2.15 a also $\sqrt{0,61€^2} = 0,781€$. Die Standardabweichung wird zwar stets in derselben Einheit gemessen wie das

a) Datensatz (2,00; 2,50; 3,60; 3,90)

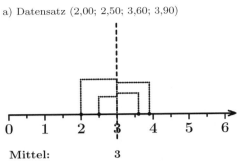

Mittel:	3
Spannweite:	1, 9
Varianz:	0, 61

b) Datensatz (1,00; 1,60; 4,00; 5,40)

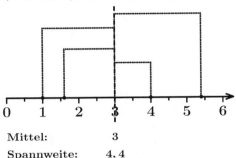

Mittel:	3
Spannweite:	4, 4
Varianz:	3, 18

c) Datensatz (1,00; 1,10; 4,50; 5,40)

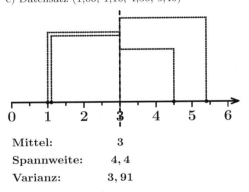

Mittel:	3
Spannweite:	4, 4
Varianz:	3, 91

◻ Abb. 2.15 Visualisierung der Varianz

zugrunde liegende Merkmal, besser interpretierbar als die Varianz ist sie jedoch nicht. Im Beispiel müsste man das sehr ungelenk formulieren: „Die standardisierte Abweichung vom Mittelwert beträgt 78, 1 *ct*, wobei die Standardisierung in dem Sinne zu verstehen ist, dass die Wurzel aus der mittleren quadratischen Abweichung der Beobachtungen um das

arithmetische Mittel gezogen wird." Demgegenüber lässt sich der mittlere absolute Abstand MAA als Streuungsmaß durchaus interpretieren:

$$MAA = \frac{1}{4}\left(|2,00\text{€} - 3,00\text{€}| + \ldots \right.$$
$$\left. + |3,90\text{€} - 3,00\text{€}|\right) = 0,75\text{€} \quad,$$

d. h. im Mittel weichen die Beträge um 75 *ct* nach oben oder unten vom Mittelwert ab.

Dass Varianz- und Standardabweichungswerte sich nicht sinnvoll interpretieren lassen, heißt jedoch nicht, dass sie untauglich wären: Sie dienen stets dem Vergleich verschiedener Verteilungen! Im Beispiel aus ◻ Abb. 2.15 lässt sich klar erkennen, dass die Streuung im Sinne der Varianz im Datensatz unter a) am kleinsten, im Datensatz unter c) dagegen am größten ist. Beim Vergleich von Varianzen ist zu beachten, dass durch das quadratische Konzept Beobachtungen, die weit vom Mittelwert entfernt sind, die Varianz überproportional vergrößern, während bei der Berechnung der mittleren absoluten Abweichung MAA jede Beobachtung das Maß linear beeinflusst.

Aber Achtung: Wir haben uns bei der Verwendung der Beispiele das Leben relativ leicht gemacht, denn die Mittelwerte der Daten sind in allen drei Beispielen gleich. Was ist aber, wenn sich die Datensätze im Mittelwert deutlich unterscheiden oder sogar die zugrundeliegenden Merkmalsarten gar nicht vergleichbar sind? – Nehmen Sie als Beispiel zwei Kindergruppen, bei denen die Streuung des Taschengeldes verglichen werden soll. Wenn nun die eine Gruppe Kinder einer 1. Klasse und die andere Gruppe Kinder einer 6. Klasse umfassen, dürfte zu erwarten sein, dass sich die mittlere Taschengeldhöhe unterscheidet. Eine höhere Streuung in der Taschengeldhöhe in der zweiten Gruppe gegenüber der ersten Gruppe dürfte Sie dann wohl kaum erstaunen. Um auch in solchen Fällen die Standardabweichungen vergleichen zu können, kann man diese mit dem arithmetischen Mittel normieren. Die so gebildete Kennzahl wird als *Variationskoeffizient* bezeichnet und ist wie folgt definiert:

$$VK = \frac{S}{\bar{x}}$$

Für weitere Berechnungen kann es hilfreich sein, eine alternative Darstellung der Varianz zu kennen, nämlich $S^2 = \overline{x^2} - \overline{x}^2$, wobei $\overline{x^2}$ das Mittel der quadrierten Beobachtungen bezeichnet:

$$\overline{x^2} = \frac{1}{n} \sum_{i=1}^{n} x_i^2$$

Es gilt also

$$S^2 = \frac{1}{n} \sum_{i=1}^{n} (x_i - \overline{x})^2 = \overline{x^2} - \overline{x}^2 \quad .$$

Der Beweis dieser Umformung ist in die Übungsaufgaben delegiert (siehe Aufgabe 3). Sie kann aber leicht anhand des Datensatzes unter 2.15 a illustriert werden: Hier gilt

$$\overline{x^2} = 1/4((2,00\text{€})^2 + \ldots + (3,90\text{€})^2) = 9,61\text{€}^2$$

und damit

$$S^2 = 9,61\text{€}^2 - 3,00^2\text{€}^2 = 0,61\text{€}^2.$$

Für komparative Daten hat sich bislang noch kein Streuungsmaß etabliert. Bei qualitativen Daten darf das Streuungsmaß wiederum nur von den beobachteten Häufigkeiten abhängen, da Rangfolge und Abstände der Ausprägungen nicht sinnvoll interpretierbar sind. Ein geeignetes Maß ist die sogenannte *normierte Entropie*, definiert als

$$NE = - \sum_{i=1}^{n} (f_i \log_2 f_i) / \log_2 k \quad .$$

Sie liegt stets im Intervall $[0; 1]$ und nimmt den Extremwert 0 an, wenn keine Streuung herrscht, also alle Beobachtungen gleich sind, und den Extremwert 1, wenn alle k Ausprägungen gleich oft vorkommen. Für das Beispielmerkmal A: „Bundesland" erhält man

$$NE = - \frac{0,30 \log_2 0,30 + \ldots + 0,27 \log_2 0,27}{\log_2 3}$$
$$= 0,983 \quad ,$$

d. h. die Verteilung der untersuchten Orte auf die Bundesländer ist sehr gleichmäßig,

die Streuung sehr hoch: Würde jedes Bundesland 11 der 33 Badeorte aufweisen (maximale Streuung), wäre $NE = 1$, lägen dagegen alle Orte im gleichen Bundesland, so wäre $NE = 0$, es gäbe keine Unterschiede zwischen den Beobachtungen bzw. keine Streuung des Merkmals A.

Zusammenfassung

Bei der Bestimmung eines typischen Wertes eines Datensatzes gilt es wiederum, das Skalenniveau der Daten zu berücksichtigen: Die Berechnung des Durchschnittswertes setzt voraus, dass die Abstände der Beobachtungen interpretierbar sind. Der Median als populäres Lagemaß verarbeitet dagegen allein die Ordnungsinformation und ist deshalb bereits bei komparativen Merkmalen anwendbar.

Die Streuungsmessung ist in praktischen Anwendungen meist auf quantitative Daten beschränkt. Hier hat sich die Varianz (bzw. die Standardabweichung) als Maßzahl etabliert. Das dahinterliegende quadratische Konzept lässt sich inhaltlich gut rechtfertigen, führt aber dazu, dass sich der numerische Wert der Varianz bzw. der Standardabweichung nicht interpretieren lässt. Dennoch kann mit Hilfe dieser Maßzahl die Unterschiedlichkeit der Beobachtungen in verschiedenen Datensätzen aussagekräftig verglichen werden. Dieses Ergebnis lässt sich verallgemeinern:

Maßzahlen dienen i. d. R. dem Vergleich von Datensätzen bzw. Häufigkeitsverteilungen. Deshalb muss der konkrete Wert einer statistischen Maßzahl nicht immer interpretierbar sein. Entscheidend ist die Relation der Maßzahlen für die verschiedenen Datensätze. Dieses Verhältnis lässt sich stets vergleichend interpretieren.

Wiederholungsfragen

1. Welche typischen Lagemaße kennen Sie und wie unterscheiden sich diese?
2. Welche Arten der Mittelung gibt es und in welchen Situationen ist es nicht sinnvoll, das arithmetische Mittel zu verwenden?
3. Welche typischen Streuungsmaße kennen Sie und wie unterscheiden sich diese?

2.4 Abhängigkeitsmessung bei qualitativen Merkmalen

In der Wirtschaftswissenschaft zielen statistische Analysen sehr häufig auf den Zusammenhang zwischen verschiedenen statistischen Merkmalen: Führt eine Erhöhung des Mindestlohns zu einer Änderung der Arbeitslosenquote? Sind Frauen bei Finanzinvestitionen risikoscheuer als Männer? Hängt die individuelle Nachfrage nach Öko-Produkten von der Schulbildung der Konsumentinnen und Konsumenten ab?

Gerade bei der *Abhängigkeitsmessung* – auch als *Assoziationsmessung* bezeichnet – ist das Skalenniveau der beteiligten Merkmale zu berücksichtigen, um Fehlschlüsse zu vermeiden. Aus diesem Grund ist in diesem Kapitel jedem Skalenniveau ein eigener Abschnitt zur Abhängigkeitsmessung gewidmet.

Lernziele

Nach diesem Abschnitt sollten Sie

⸺ wissen, dass die gemeinsame Häufigkeitsverteilung zweier Merkmale Grundlage für die Abhängigkeitsmessung ist,

⸺ gemeinsame und bedingte Häufigkeiten berechnen und interpretieren können,

⸺ das Konzept statistischer Unabhängigkeit kennen und

⸺ das Konzept der Kontingenz zur Abhängigkeitsmessung verstanden haben.

2.4.1 Gemeinsame Häufigkeiten

Während „Lage" und „Streuung" Eigenschaften sind, die sich auf die Häufigkeitsverteilungen einzelner Merkmale beziehen, erfordert die Messung der Abhängigkeit oder Assoziation zweier Merkmale die Betrachtung der gemeinsamen Häufigkeitsverteilung der beiden Merkmale. Im Beispiel der Badeorte könnte z. B. von Interesse sein, ob die Prognose der Übernachtungszahlen sich an der Nordsee und an der Ostsee unterscheidet. Dazu muss der Datensatz nach den Merkmalen

C und B gleichzeitig gegliedert werden.[5] Für das Merkmal C: „Einschätzung der Entwicklung der Übernachtungszahlen" wurden die 5 Ausprägungen $c_1 = -2$ für „deutlich weniger" bis $c_5 = 2$ für „deutlich mehr" definiert, für das Merkmal B: „Küste" die beiden Ausprägungen $b_1 = 0$ für „Nordsee" und $b_2 = 1$ für „Ostsee". Um in der Notation ausreichend zwischen den Merkmalen zu unterscheiden, wählt man zum einen unterschiedliche Symbole für die Anzahl der Ausprägungen, z. B. $k = 5$ für die fünf Ausprägungen von C und $l = 2$ für die beiden Ausprägungen von B. Zum anderen verwendet man unterschiedliche Indizes für die beiden Merkmale, z. B. i beim Merkmal C und j beim Merkmal B. C besitzt dann die Ausprägungen c_i, $i = 1, \ldots, k$ und B die Ausprägungen b_j, $j = 1, \ldots, l$. Mit dieser Notation lassen sich nun die sogenannten *gemeinsamen Häufigkeiten* $n(c_i, b_j) = n_{i,j}$ definieren.[6] Sie geben an, wie viele Untersuchungseinheiten bezüglich C die Ausprägung c_i und gleichzeitig bezüglich B die Ausprägung b_j aufweisen. Im Beispiel gilt etwa $n(c_5, b_1) = n_{5,1} = 2$: Genau 2 Badeorte liegen an der Nordsee und schätzen die Änderung der Übernachtungszahlen mit „deutlich mehr" ein (nämlich die Orte Nr. 7 und Nr. 21). Die gemeinsamen Häufigkeiten werden in der sogenannten *Kontingenztabelle* zusammengefasst. Für die absoluten

---

[5] In diesem einleitenden Abschnitt betrachten wir also ein komparatives und ein qualitatives Merkmal. Das soll Sie nicht verwirren: Wir erhalten dadurch ein anschauliches Beispiel, an dem grundlegende Konzepte wie die gemeinsame und bedingte Häufigkeitsverteilungen widerspruchsfrei eingeführt werden können. Die Ordnungsinformation des Merkmals C wird nicht ausgenutzt. Erst bei der Herleitung einer Maßzahl in Abschnitt 2.4.4 beschränken wir uns dann explizit auf die Betrachtung zweier qualitativer Merkmale.

[6] Dabei weichen wir insofern von statistischen Konvention ab, als wir die absoluten Häufigkeiten genau wie die relativen Häufigkeiten auf den Merkmalsausprägungen definieren. $n(b_1)$ bezeichnet also die Anzahl der Badeorte an der Nordsee. Häufig werden absolute Häufigkeiten dagegen auf Mengen definiert. Bezeichnet man beispielsweise die Menge der Nordsee-Badeorte mit B_1, dann lautet die betreffende Häufigkeit $n(B_1)$. Da diese Unterscheidung für unsere weiteren Betrachtungen nicht wesentlich ist, verzichten wir auf diese zusätzliche Notation.

Häufigkeiten erhält man im Beispiel die folgende Kontingenztabelle der absoluten Häufigkeiten der beiden Merkmale C: „Erwartete Änderung der Übernachtungszahlen" und B: „Küste":

	b_1	b_2	$n(c_i)$
c_1	1	2	3
c_2	4	5	9
c_3	6	6	12
c_4	6	1	7
c_5	2	0	2
$n(b_j)$	19	14	33

Die Summen in der letzten Spalte geben die Häufigkeiten der c_i, n_i bzw. $n(c_i)$, wieder, die nun als *Randhäufigkeiten* bezeichnet werden – ebenso wie die Summen in der letzten Zeile, die $n(b_j)$ bzw. n_j.

2.4.2 Bedingte Häufigkeiten

Um zu analysieren, inwieweit sich die Prognosen an Nord- und Ostsee unterscheiden, muss das Merkmal C getrennt nach b_1 und b_2 ausgewertet werden. Die resultierenden Häufigkeiten werden als *bedingte Häufigkeiten* von c bei gegebener Ausprägung von B bezeichnet und folgendermaßen definiert:

$$f(c_i|b_j) = \frac{n(c_i, b_j)}{n(b_j)}$$

Ein Beispiel ist $f(c_5|b_1) = n(c_5, b_1)/n(b_1)$, die bedingte Häufigkeit von c_5, also einer „deutlich mehr"-Einschätzung bezüglich künftiger Übernachtungszahlen, gegeben b_1, also beschränkt auf die Badeorte an der Nordsee. Sie beträgt 10,5%, denn 2 der 19 Nordseestädte geben „deutlich mehr" an: $f(c_5|b_1) = n(c_5, b_1)/n(b_1) = 2/19 = 0,105$. Der Anteil der Ostseeanrainer, der keine Änderung der Übernachtungszahlen erwartet, ist dagegen die bedingte Häufigkeit von c_3 gegeben b_2 und beträgt 42,9%, denn $f(c_3|b_2) = n(c_3, b_2)/n(b_2) = 6/14 = 0,429$.

Ein Vergleich der beiden bedingten Häufigkeitsverteilungen $f(c|b_1)$ für die Nordsee und $f(c|b_2)$ für die Ostsee, zeigt, dass die Entwicklung der Übernachtungszahlen an der Nordsee tendenziell positiver beurteilt wird als an der Ostsee, vgl. ◘ Abb. 2.16.

a) Nordsee (b_1)

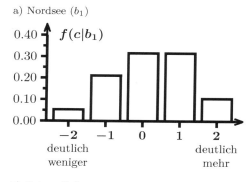

b) Ostsee (b_2)

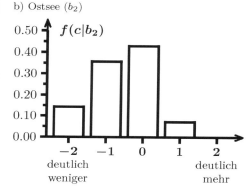

◘ **Abb. 2.16** Bedingte Häufigkeiten $f(c_i|b_j)$

Die Unterschiede in den bedingten Häufigkeiten weisen also auf eine Abhängigkeit zwischen den Merkmalen „Küste" und „Einschätzung der Entwicklung der Übernachtungszahlen" hin. Tatsächlich begegnen uns im Alltag ganz regelmäßig Darstellungen von bedingten Häufigkeiten, die Abhängigkeiten illustrieren sollen. Erinnern wir uns an die in Abschnitt 1.3 angesprochene ZDF-Politbarometerumfrage, die untersucht, inwieweit die Bevölkerung ein getrenntes Antreten von CDU und CSU bei Bundestagswahlen befürwortet und ob diese Einschätzung von der Parteipräferenz abhängt, vgl. ◘ Abb. 1.4 in Kapitel 1. Hier ist zu vermuten, dass ein Zusammenhang zwischen den beiden Merkmalen besteht, dass beispielsweise CDU-Anhängerinnen und -Anhänger eine andere Meinung haben als Befragte, die eine andere Partei präferieren. Diese Vermutung wird durch das Befragungsergebnis bestätigt, das in ◘ Abb. 2.17 erneut reproduziert ist.

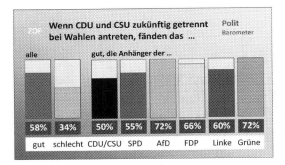

◘ **Abb. 2.17** Bedingte Häufigkeiten im ZDF-Politbarometer (Quelle: ZDF 2018)

Tatsächlich handelt es sich bei den im rechten Teil der Grafik dargestellten Anteilen um bedingte Häufigkeiten: Während im linken Teil die Randhäufigkeiten des Merkmals T: „Trennung CDU/CSU" mit t_1 für „gut" angegeben sind, wird im rechten Teil nach der Parteipräferenz, dem Merkmal P mit den Ausprägungen p_j: p_1 für „CDU/CSU", p_2 für „SPD" usw. differenziert. Dargestellt sind offensichtlich die bedingten Häufigkeiten $f(t_1|p_j)$.

Hintergrundinformation

Beim Umgang mit bedingten Häufigkeiten ist stets darauf zu achten, dass das bedingende Merkmal geeignet gewählt wird, denn offensichtlich bezeichnet $f(c_i|b_j)$ eine sachlich andere Häufigkeit als $f(b_j|c_i)$. Im Beispiel ist $f(c_3|b_2) = n(c_3,b_2)/n(b_2)$ der Anteil der Ostseeorte, die keine Änderung der Übernachtungszahlen erwarten (6 von 14 bzw. 42,9%), während $f(b_2|c_3) = n(c_3,b_2)/n(c_3)$ den Anteil der Ostseeorte an allen Orten bezeichnet, die keine Änderung der Übernachtungszahlen erwarten (6 von 12 bzw. 50%).

Beispiel. Oft wird nicht sprachlich klar zwischen bedingten Häufigkeiten und unbedingten Häufigkeiten unterschieden, was teils zu skurrilen Folgerungen führt. So behaupteten die Verbraucherzentralen der Länder vor einiger Zeit, dass jede zweite Inkassoforderung unberechtigt sei (siehe auch Christensen und Christensen, 2018). Dies klingt in der Tat besorgniserregend hoch. Aber wie kam dies zustande? –

Für die Inkassostudie wurden von Mai bis August von den Verbraucherzentralen 1413 Inkassofälle erfasst und ausgewertet, wobei von diesen jeder zweite Fall zu beanstanden war. Man würde also davon ausgehen, dass es sich um die (unbedingte) relative Häufigkeit bei zufällig ausgewählten Fällen handelt. Das stimmt aber nicht, hier wurden bedingte Häufigkeiten angegeben. Es wurden nämlich ausschließlich Fälle von Verbrauchern in die Auswertung einbezogen, die sich mit Fragen oder Beschwerden an die Verbraucherzentralen wandten. Es handelt sich also um auf diese Gruppe bedingte Werte. Und bei diesen kam heraus, dass von den Inkassoforderungen jede zweite unberechtigt war. Da sich erfahrungsgemäß in erster Linie diejenigen beschweren, die etwas zu beanstanden haben, dürfte die wirkliche Zahl glücklicherweise weitaus niedriger liegen.

2.4.3 Statistische Unabhängigkeit

Unterschiede in den bedingten Häufigkeiten spiegeln einen Zusammenhang zwischen den untersuchten Merkmalen wider. Damit lässt sich auch die *statistische Unabhängigkeit* zweier Merkmale definieren:

Statistische Unabhängigkeit

Zwei Merkmale A und B mit den Ausprägungen a_i, $i = 1, \ldots, k$ und b_j, $j = 1, \ldots, l$ heißen *statistisch unabhängig*, wenn die bedingten Häufigkeiten $f(a_i|b_j)$ nicht von j abhängen, d. h. für alle $i = 1, \ldots, k$, $j, j' = 1, \ldots, l$ gilt $f(a_i|b_j) = f(a_i|b_{j'})$. Dann stimmen die bedingten Häufigkeiten $f(a_i|b_j)$ auch mit den Randhäufigkeiten $f(a_i)$ überein. Aus dieser Definition folgt auch, dass im Fall der statistischen Unabhängigkeit $f(b_j|a_i) = f(b_j)$ für alle i und j gilt.

Inhaltlich bedeutet statistische Unabhängigkeit also, dass die bedingten Häufigkeiten $f(a_i|b_j)$ bzw. $f(b_j|a_i)$ von der Wahl der Bedingung b_j bzw. a_i unabhängig sind.

Wären also im Tourismus-Beispiel die Merkmale C und B unabhängig, dann müssten die beiden in ◘ Abb. 2.16 dargestellten Häufigkeitsverteilungen $f(c_i|b_1)$ und $f(c_i|b_2)$, d. h. die Erwartungen bzgl. der Entwicklung der Übernachtungszahlen an Nord- und Ostsee, übereinstimmen, was nicht der Fall ist. Im Politbarometer-Beispiel schätzten 58% der Befragten eine Trennung von CDU und CSU als „gut" ein (Merkmal T, Ausprägung t_1). Wären die Einschätzung der Trennung und die Parteipräferenz (Merkmal P, Ausprägungen p_i) unabhängig, müsste die „gut"-Quote innerhalb aller Parteien jeweils immer 58% betragen ($f(t_1) = f(t_1|p_1) = f(t_1|p_2) = ...$). Das Schaubild sähe dann wie in ◘ Abb. 2.18 dargestellt aus.

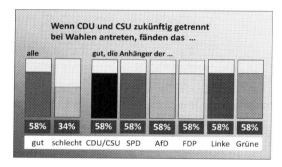

◘ **Abb. 2.18** Fiktives Politbaromater-Ergebnis

Der (hypothetische) Zustand der Unabhängigkeit bildet einen „Ankerpunkt" bei der statistischen Assoziationsmessung: Will man die Stärke der Abhängigkeit zwischen zwei Merkmalen mit einem statistischen Maß beziffern, so muss man feststellen, wie weit der Datensatz vom Zustand der Unabhängigkeit abweicht. Dabei ist auch das Skalenniveau der Merkmale zu beachten: Da komparative und quantitative Merkmalswerte sinnvoll gereiht werden können, lässt sich hier neben der Stärke auch die Richtung der Abhängigkeit feststellen (z. B.: „Orte, in denen die digitale Infrastruktur als **wichtiger** eingestuft wird, erwarten tendenziell auch eher **steigende** Übernachtungszahlen"). Bei quantitativen Merkmalen lässt sich zudem das Ausmaß der Abhängigkeit quantifizieren (z. B.: „Jedes zusätzliche Hotel in einem Badeort steigert die Übernachtungszahlen pro Jahr um ca. 2000."). Des-

halb ist es sinnvoll, Konzepte zur Abhängigkeitsmessung getrennt für jedes Skalenniveau zu entwickeln. Das geschieht in den folgenden Abschnitten.

2.4.4 Abhängigkeitsmaße bei qualitativen Merkmalen

Die Kontingenztabelle der absoluten Häufigkeiten der beiden qualitativen Merkmale A: „Bundesland" und B: „Küste" sieht folgendermaßen aus:

	b_1	b_2	$n(a_i)$
a_1	0	9	9
a_2	9	5	14
a_3	10	0	10
$n(b_j)$	19	14	33

Beide Merkmale weisen eine sehr starke Abhängigkeit auf, da Niedersachsen nicht über eine Ostsee- und Mecklenburg–Vorpommern nicht über eine Nordseeküste verfügt (also $n(a_1, b_1) = n(a_3, b_2) = 0$ bzw. $f(b_2|a_1) = f(b_1|a_3) = 1$). Ein Abhängigkeitsmaß muss also hier einen sehr hohen Wert annehmen. Ein geeignetes Abhängigkeitsmaß ist die *Cramérsche Kontingenz* V. Sie liegt zwischen den beiden Extremwerten 0 und 1. $V = 0$ gilt, wenn die beiden betrachteten Merkmale statistisch unabhängig sind, während $V = 1$ eine vollständige Abhängigkeit in dem Sinne bezeichnet, dass mit der Ausprägung des einen Merkmals die Ausprägung des zweiten Merkmals festgelegt ist. Für die Merkmale A und B ist also eine Cramérsche Kontingenz nahe bei eins zu vermuten. Im Folgenden wird das Abhängigkeitsmaß zunächst eingeführt und anschließend angewendet. Tatsächlich erhält man $V = 0,775$.

Ausgangspunkt von Kontingenzmaßen ist die hypothetische Situation der Unabhängigkeit und die Frage: „Wie müsste die Kontingenztabelle aussehen, wenn die beiden Merkmale unabhängig wären?". In unserem Beispiel wissen wir, dass insgesamt 19 der 33 Badeorte, das sind 57,58%, an der Nordsee liegen. Gemäß der oben gegebenen Definition der Unabhängigkeit müssten bei Unabhängigkeit von „Bundesland" und „Küste" auch in jedem einzelnen Bundesland 57,58% der Orte an der Nordsee liegen. Das entspräche der Forderung $f(b_1|a_i) = f(b_1) \ (= 0,5758)$ für $i = 1, \ 2, \ 3$ und, da es nur die beiden Ausprägungen b_1 und b_2 für „Nordsee" und „Ostsee" gibt, würde dies auch bedeuten $f(b_2|a_i) = f(b_2) \ (= 0,4242)$ für $i = 1, 2, 3$, d. h. in jedem Bundesland müssten 42,42% der Orte an der Ostsee liegen.

Indifferenzhäufigkeiten

Im nächsten Schritt werden die (fiktiven) gemeinsamen Häufigkeiten $n^*_{i,j}$ berechnet, die man im Fall der Unabhängigkeit beobachten müsste. Diese hypothetischen Häufigkeiten werden *Indifferenzhäufigkeiten* genannt. Im Beispiel wissen wir z. B., dass $n(a_1) = 9$ Orte in Mecklenburg-Vorpommern liegen. Lägen von diesen 9 Orten 57,6% $(= f(b_1))$ an der Nordsee, müsste man dort $n^*_{1,1} = n(a_1)f(b_1) = 9 \times 0,5758 = 5,18$ Nordsee-Orte und entsprechend $n^*_{1,2} = 3,82$ Ostsee-Orte beobachten. Diese beiden Indifferenzhäufigkeiten sind aus drei Gründen fiktiv: Zum einen gibt es in der Realität nur ganzzahlige Anzahlen von Beobachtungen. Zum zweiten wird die Unabhängigkeit der Merkmale unterstellt. Zum dritten gibt es in Mecklenburg-Vorpommern keine Nordseeküste. Diese Einwände sind aber unerheblich: die $n^*_{i,j}$ sollen ja nicht inhaltlich interpretiert, sondern lediglich als Referenzgrößen des hypothetischen Unabhängigkeitszustandes verwendet werden.

Die Häufigkeit $n^*_{1,1}$ hätte auch ausgehend von folgender Überlegung berechnet werden können: Im Datensatz liegen $n(b_1) = 19$ Orte an der Nordsee und, wegen $f(a_1) = 9/33 = 0,2727$, 27,27% aller Orte in Mecklenburg-Vorpommern. Bei Unabhängigkeit müssten also auch von den 19 Nordseeorten (wegen der Forderung $f(a_1|b_1) = f(a_1)$) 27,27% in Mecklenburg-Vorpommern liegen, also $n^*_{1,1} = n(b_1)f(a_1) = 19 \times 0,2727 = 5,18$. Dass beide Berechnungsarten zum gleichen Ergebnis führen, folgt aus der Definition der Rand-

häufigkeiten $f(a_1) = n(a_1)/n$ bzw. $f(b_1) = n(b_1)/n$:

$$\begin{aligned} n^*_{1,1} &= n(a_1)f(b_1) = n(a_1)\frac{n(b_1)}{n} \\ &= \frac{n(a_1)n(b_1)}{n} \\ &= \frac{n(a_1)}{n}n(b_1) = f(a_1)n(b_1) \quad . \end{aligned}$$

Diese Berechnungsvorschrift lässt sich nun verallgemeinern und man erhält die folgende Definition:

Indifferenzhäufigkeiten

... $n^*_{i,j}$ bei Unabhängigkeit zweier Merkmale A und B:

$$\begin{aligned} n^*_{i,j} &= n(a_i)f(b_j) = \frac{n(a_i)n(b_j)}{n} \\ &= f(a_i)n(b_j) \end{aligned}$$

Kontingenzmaße

Im nächsten Schritt werden die Indifferenzhäufigkeiten in der sog. *Indifferenztabelle* zusammengefasst und der Kontingenztabelle gegenübergestellt:

	Indifferenz-tabelle			Kontingenz-tabelle	
	b_1	b_2		b_1	b_2
a_1	5,18	3,82	a_1	0	9
a_2	8,06	5,94	a_2	9	5
a_3	5,76	4,24	a_3	10	0

Das Cramérsche Kontingenzmaß berechnet nun den Abstand zwischen der Indifferenz- und der Kontingenztabelle folgendermaßen: Ausgangspunkt sind die relativen Abweichungen der $n^*_{i,j}$ von den $n_{i,j}$, d. h. die Größen $(n^*_{i,j} - n_{i,j})/n^*_{i,j}$. Diese werden über alle $k \times l$ Felder der Häufigkeitstabelle addiert. Damit sich positive und negative Abweichungen nicht aufheben, werden die relativen Differenzen zuvor quadriert, und, damit Abweichungen in stärker besetzten Feldern auch stärker gewichtet werden, mit den relativen Indifferenzhäufigkeiten $f^*_{i,j} = n^*_{i,j}/n$ gewichtet.

Die resultierende Summe ist die sog. *Mittlere Quadratische Kontingenz* Φ^2:

Mittlere Quadratische Kontingenz Φ^2

... zweier Merkmale A und B:

$$\Phi^2 = \sum_{i=1}^{k} \sum_{j=1}^{l} \left(\frac{n_{i,j}^* - n_{i,j}}{n_{i,j}^*} \right)^2 \frac{n_{i,j}^*}{n}$$

$$= \frac{1}{n} \sum_{i=1}^{k} \sum_{j=1}^{l} \frac{(n_{i,j}^* - n_{i,j})^2}{n_{i,j}^*} \quad .$$

Im Beispiel erhalten wir

$$\Phi^2 = \frac{1}{33} \left(\frac{(0 - 5,18)^2}{5,18} + \frac{(9 - 3,82)^2}{3,82} + \ldots \right.$$
$$\left. + \frac{(10 - 5,76)^2}{5,76} + \frac{(0 - 4,24)^2}{4,24} \right)$$
$$= 0,6012 \quad .$$

Die Mittlere Quadratische Kontingenz hängt noch von der Dimension der Häufigkeitstabelle ab, d. h. von der Zeilenzahl k und Spaltenzahl l. Eine Normierung auf das Intervall $[0; 1]$ erfolgt durch die Berechnung der *Cramérschen Kontingenz V*. Diese ist definiert wie folgt:

Cramérsche Kontingenz V

... zweier Merkmale A und B:

$$V = \sqrt{\frac{\Phi^2}{\min\{k-1, l-1\}}} \ , \quad 0 \le V \le 1$$

Darin bezeichnet $\min\{k-1, l-1\}$ die kleinere der beiden folgenden Zahlen: Anzahl der Ausprägungen von A, vermindert um 1, und Anzahl der Ausprägungen von B, vermindert um 1.

Im Beispiel erhalten wir

$$V = \sqrt{\frac{0,6012}{\min\{3-1, 2-1\}}} = \sqrt{\frac{0,6012}{1}} = 0,775.$$

Der absolute Wert 0,775 der Cramérschen Kontingenz lässt sich dabei als Zahl nicht interpretieren.

Wir erinnern uns jedoch an die Aussagen zu den Extremwerten der Cramérschen Kontingenz in der Einleitung zu diesem Abschnitt: V nimmt den Wert 0 an, wenn A und B unabhängig sind, die Indifferenz- und die Kontingenztabelle also übereinstimmen (dann gilt stets $n_{i,j}^* = n_{i,j}$ und alle Summanden in Φ^2 sind null). Das lässt sich im Beispiel illustrieren: Rundet man die Häufigkeiten in der Indifferenztabelle auf ganze Zahlen, so müssten bei Unabhängigkeit von A und B folgende gemeinsamen Häufigkeiten beobachtet werden:

	b_1	b_2	$n(a_i)$
a_1	5	4	9
a_2	8	6	14
a_3	6	4	10
$n(b_j)$	19	14	33

Tatsächlich erhält man in diesem Fall $\Phi^2 = 0,0012$ und $V = 0,035 \approx 0$.

Herrscht dagegen eine vollkommene Abhängigkeit zwischen A und B, nimmt V den Extremwert 1 an. Im vorliegenden Beispiel wäre eine vollständige Abhängigkeit dann gegeben, wenn in jedem Bundesland alle Orte jeweils an ein- und derselben Küste liegen würden. In Niedersachsen und in Mecklenburg-Vorpommern ist das bereits (notwendigerweise) der Fall. Lägen die 14 schleswig-holsteinischen Badeorte allesamt an der Nordsee, so erhielten wir

	b_1	b_2	$n(a_i)$
a_1	0	9	9
a_2	14	0	14
a_3	10	0	10
$n(b_j)$	24	9	33

mit $V = \Phi^2 = 1$.

Im Beispiel erhielten wir $V = 0,775$. Dieser Wert zeigt also eine deutliche Abhängigkeit zwischen „Bundesland" und „Küste" an. Wie bereits bei der Diskussion der Varianz erläutert, müssen die numerischen Werte statistischer Maßzahlen nicht notwendigerweise interpretierbar sein: Für Vergleichszwecke ist das nicht erforderlich. Wendet man das Kontingenzkonzept beispielsweise auf die in Abschnitt 2.4.1 dargestellte Kontingenztabelle der beiden Merkmale B („Küste") und C („Erwartungen bzgl. der Übernachtungszahlen") an, so erhält man $V_{B,C} = 0,2332$. Wegen $V_{B,C} < V_{A,B}$ kann man also argumentieren, dass die Abhängigkeit zwischen „Bundesland" und „Küste" deutlich stärker ist als der Zusammenhang zwischen „Erwartungen bzgl. der Übernachtungszahlen" und „Küste".

Die Berechnung der Zahlenwerte der Kontingenzmaße im Beispiel diente in erster Linie zum Verständnis dieser Maßzahlen. Wenn Sie mit einem realen Datensatz arbeiten, lassen Sie die Berechnungen natürlich ganz automatisch durch eine Statistik-Software durchführen.

Im letztgenannten Beispiel war es legitim, den Zusammenhang zwischen dem qualitativen Merkmal B und dem komparativen Merkmal C anhand eines Kontingenzmaßes zu untersuchen, da das qualitative Merkmal „Küste" keine Rangfolge zulässt. Will man dagegen die Abhängigkeit zwischen zwei komparativen Merkmalen erfassen, so ist an Stelle der Kontingenzmaße eine Maßzahl heranzuziehen, die zusätzlich die Richtung der Abhängigkeit erfasst. Die Ableitung solcher Maße ist Gegenstand des weiter unten folgenden Abschnitts 2.5.

2.4.5 Simpson's Paradoxon

Misst man die Abhängigkeit zwischen zwei Merkmalen, so muss man sicherstellen, dass keine weiteren Merkmale auf die Beziehung zwischen den betrachteten beiden Merkmalen einwirken. Solche Drittvariablen können die Ergebnisse einer bivariaten Assoziationsanalyse massiv beeinflussen, ja, sogar umkehren. Dieses Phänomen ist unter dem Namen *Simpson's Paradoxon* bekannt und wird im Folgenden an einem fiktiven Beispiel illustriert:

Eine Firma will ein Navigationsgerät auf den Markt bringen, bei dem entweder ein Sprecher oder eine Sprecherin die Navigationsbefehle ausspricht. Eine Wahlmöglichkeit ist aus Kostengründen nicht vorgesehen. Die Marktforschungsabteilung soll Daten zur Entscheidungsunterstützung liefern. Sie lässt deshalb 400 Probandinnen und Probanden das Gerät testen. Bei 200 Teilnehmenden wird

ein Navi mit männlicher, bei den übrigen 200 ein Navi mit weiblicher Stimme bereitgestellt. Die Geräte unterscheiden sich allein bzgl. der Stimmausgabe. Anschließend wird die Zufriedenheit der teilnehmenden Prüferinnen und Prüfer mit dem Gerät abgefragt. Die Merkmale sind also

Merkmal A: „Stimme" mit den Ausprägungen

$a_1 = 0$ für „Sprecher"
$a_2 = 1$ für „Sprecherin"

Merkmal B: „Zufriedenheit" mit den Ausprägungen

$b_1 = 0$ für „unzufrieden"
$b_2 = 1$ für „zufrieden"

Das Ergebnis der Analyse ist in folgender Kontingenztabelle wiedergegeben:

	b_1	b_2	$\sum$
a_1	128	72	200
a_2	62	138	200
$\sum$	190	210	400

Offensichtlich besteht eine Abhängigkeit zwischen der Zufriedenheit und der Stimme: Bei der männlichen Stimme sind nur 36% der Befragten mit dem Navi zufrieden, bei einer weiblichen Stimme dagegen 69% ($f(b_2|a_1) = 72/200 = 0,36$; $f(b_2|a_2) = 138/200 = 0,69$). Die Cramérsche Kontingenz beträgt $V_{A,B} = 0,33$. Diese Abhängigkeit verschwindet jedoch vollkommen, wenn zusätzlich das Geschlecht der Befragten berücksichtigt wird:

Merkmal C: „Geschlecht der Teilnehmenden" mit den Ausprägungen

$c_1 = 0$ für „männlich"
$c_2 = 1$ für „weiblich"

Getrennt nach Geschlecht erhält man folgende bivariaten Kontingenztabellen bzgl. A und B:

Männer c_1

	b_1	b_2	$\sum$
a_1	120	40	160
a_2	30	10	40
$\sum$	150	50	200

Frauen c_2

	b_1	b_2	$\sum$
a_1	8	32	40
a_2	32	128	160
$\sum$	40	160	200

Die Stimme hat demnach bei den Männern keine Wirkung auf die Beurteilung: Sowohl bei einem Sprecher als auch bei einer Sprecherin sind nur ein Viertel der Männer mit dem Gerät zufrieden ($f(b_2|a_1, c_1) = f(b_2|a_2, c_1) = 0,25 = f(b_2|c_1)$). Bei den Frauen sind Stimme und Beurteilung ebenfalls statistisch unabhängig, sowohl bei einem Sprecher als auch bei einer Sprecherin beträgt die Zufriedenheitsquote 80 % ($f(b_2|a_1, c_2) = f(b_2|a_2, c_2) = 0,8 = f(b_2|c_2)$). Die beiden Kontingenzmaße $V_{A,B}^{\text{Männer}}$ und $V_{A,B}^{\text{Frauen}}$ sind folglich null.

Warum **scheint** die Beurteilung bei der Aggregation über die Geschlechter von der Stimme abzuhängen? Offensichtlich, weil die Frauen insgesamt zufriedener mit dem Navigationsgerät sind als die Männer, und die teilnehmenden Testerinnen (durch Zufall?) deutlich häufiger eine Sprecherin präsentiert bekamen als die Männer. Bei der Zusammenfassung äußert sich diese Kombination von allgemeiner Unzufriedenheit und vorwiegend weiblicher Stimme fälschlicherweise als Zusammenhang zwischen „Stimme" und „Zufriedenheit".

Im vorliegenden Beispiel hätte sich eine solche „*Scheinkorrelation*" offenbar leicht vermeiden lassen, wenn einem gleichen Teil der Männer und Frauen jeweils ein Gerät mit männlicher Stimme überlassen worden wäre. Häufig ist eine solche „Neutralisierung" dritter bzw. weiterer Merkmale in der praktischen Anwendung nicht möglich. Dann bietet eine multivariate an Stelle der bivariaten Analyse einen Ausweg. Wir kommen darauf im Abschnitt 2.7.3 zur Mehrfachregression und später im Kapitel 5 zum Linearen Modell zurück.

Tatsächlich spielen solche Effekte in der Realität häufig eine Rolle. Bekannt wurde *Simpson's Paradoxon*, als im Jahre 1973 an der University of California, Berkeley mehr Männer als Frauen zugelassen wurden. Es stand also der Verdacht der Diskriminierung im Raum, siehe Bickel et al. 1975. Bei genaue-

rer Betrachtung der nach Geschlecht differenzierten Zulassungszahlen je Fakultät zeigte sich jedoch, dass keine (so offensichtliche) Diskriminierung vorlag. Die Erklärung lag darin, dass sich Frauen tendenziell eher an den Fakultäten bewarben, an denen es für beide Geschlechter niedrigere Zulassungsquoten gab, während Männer sich eher an Fakultäten bewarben, an denen generell höhere Zulassungsquoten vorlagen.

Zusammenfassung

Um Abhängigkeiten zwischen Merkmalen untersuchen zu können, müssen deren gemeinsame Häufigkeiten bekannt sein bzw. ausgezählt werden. Auf den gemeinsamen Häufigkeiten beruht das Konzept der bedingten Häufigkeiten, mit dem sich anschaulich der Zustand statistischer Unabhängigkeit definieren lässt. Kontingenzmaße verwenden die statistische Unabhängigkeit als „Referenzpunkt" zur Abhängigkeitsmessung und geben an, wie stark die beobachtete gemeinsame Häufigkeitsverteilung vom (fiktiven) Zustand statistischer Unabhängigkeit abweicht.

Wiederholungsfragen

1. Wie stellt man typischerweise gemeinsame Häufigkeiten dar?
2. Was sagt eine bedingte Häufigkeiten aus und worauf muss bei der Interpretation besonders geachtet werden?
3. Was bedeutet statistische Unabhängigkeit?
4. Was ist die grundlegende Idee bei der Herleitung von Kontingenzmaßen?
5. Warum ist es wichtig zu prüfen, ob weitere Merkmale bei der Beurteilung von Abhängigkeiten zweier Merkmale einbezogen werden sollten?

2.5 Abhängigkeitsmessung bei komparativen Merkmalen

Lernziele

Nach diesem Abschnitt sollten Sie wissen,

- dass die Ordnungsinformation komparativer Merkmale die Messung der Richtung der Abhängigkeit erlaubt und

— wie durch Paarvergleiche diese Richtungsinformation zusammengefasst werden kann.

Betrachtet man die gemeinsame Verteilung der beiden komparativen Merkmale im Datensatz, so erhält man folgende Kontingenztabelle der Merkmale C: „Erwartete Änderung der Übernachtungszahlen" und D: „Einschätzung der Wichtigkeit von WLAN etc.":

	d_1	d_2	d_3	d_4	$n(c_i)$
c_1	0	2	1	0	3
c_2	1	2	5	1	9
c_3	1	1	8	2	12
c_4	1	1	4	1	7
c_5	0	0	1	1	2
$n(d_j)$	3	6	19	5	33

Im Hinblick auf eine Abhängigkeit zwischen C und D wäre zu fragen, ob Orte, in denen die digitale Infrastruktur der Unterkünfte als wichtiger eingeschätzt wird, eher steigende oder eher fallende Übernachtungszahlen erwarten, ob eine „höhere" Ausprägung von C also tendenziell mit einer „höheren" oder einer „niedrigeren" Ausprägung von D verbunden ist. Hier liegt es nahe, jeweils Paare von Badeorten (allgemein: Untersuchungseinheiten) zu betrachten und aus der Zusammenfassung der Paarvergleiche ein Abhängigkeitsmaß (Assoziationsmaß) zu konstruieren.

2.5.1 Konkordante Paare

Betrachten wir im Beispielsatz (Tabelle 2.1) den Ort Nr. 5. Hier werden gleichbleibende Übernachtungszahlen erwartet und die digitale Infrastruktur als wichtig erachtet (Ort Nr. 5: c_3, d_3). Ort Nr. 11 weist dagegen bzgl. beider Merkmale jeweils eine kleinere Ausprägung auf: Dort werden „deutlich weniger" Übernachtungen gezählt und die Ausstattung der Unterkünfte mit WLAN etc. als „wenig wichtig" angesehen (Ort Nr. 11: c_1, d_2). Ort 5 und Ort 11 bilden damit ein sog. *konkordantes Paar* . Konkordante Paare zeichnen sich dadurch aus, dass ein Partner bzgl. beider Merkmale eine höhere Ausprägung aufweist als der andere. Dementsprechend bilden auch

Ort 5 und Ort 14 ein konkordantes Paar (Ort Nr. 14: c_4, d_4). Im Abschnitt 2.5.5 wird gezeigt, dass sich im vorliegenden Datensatz insgesamt 163 konkordante Paare von Badeorten finden lassen. Bezeichnet man die Gesamtzahl aller konkordanten Paare mit N^k, so gilt hier: $N^k = 163$.

2.5.2 Diskordante Paare

Paare, bei denen einer der Partner bzgl. des einen Merkmals eine höhere, bzgl. des zweiten Merkmals jedoch eine geringere Ausprägung aufweist als der andere Partner, werden *diskordante Paare* genannt. Im vorliegenden Datensatz bilden beispielsweise Ort 5 (mit den Ausprägungen c_3, d_3) und Ort 33 ein diskordantes Paar, denn in Ort 33 werden zwar „eher weniger" Übernachtungen erwartet, die digitale Infrastruktur jedoch als „sehr wichtig" eingeschätzt (Ort Nr. 14: c_2, d_4). Auch Ort 4 bildet mit Ort 5 ein diskordantes Paar: Dort ist zwar die Ausprägung bzgl. C größer, bzgl. D jedoch geringer als in Ort 5 (Ort Nr. 4: c_4, d_2). Insgesamt finden sich im Beispieldatensatz $N^d = 86$ diskordante Paare, die Berechnung ist in Abschnitt 2.5.5 skizziert.

2.5.3 Neutrale Paare

Alle Paare, die bzgl. des einen und/oder des anderen Merkmals dieselbe Ausprägung aufweisen, werden als *neutrales Paar* bezeichnet. So bilden beispielsweise Ort 5 (mit den Ausprägungen c_3, d_3) und Ort 6 ein neutrales Paar, denn beide erwarten keine Änderung der Übernachtungszahlen (Ort 6: c_3, d_1). In einem Datensatz mit n Beobachtungen gibt es insgesamt $N^g = n(n-1)/2$ Paare. Die Anzahl N^n der neutralen Paare ist damit $N^n = N^g - N^k - N^d$. Im Beispiel mit $n = 33$ lassen sich also $N^g = 33 \times 32/2 = 528$ Paare bilden. Von diesen 528 Paaren sind $N^n = 528 - 163 - 86 = 279$ neutral.

2.5.4 Konkordanzmaße

Mit dieser Vorarbeit lassen sich leicht gerichtete Abhängigkeitsmaße konstruieren, nämlich die sog. *Konkordanzmaße* : Eine gleichgerichtete Abhängigkeit existiert nach diesem Modell immer dann, wenn die Anzahl der konkordanten Paare die Anzahl der diskordanten Paare übersteigt: $N^k > N^d$. Eine gegenläufige Assoziation liegt entsprechend dann vor, wenn $N^d > N^k$. Es liegt deshalb nahe, die Differenz $N^k - N^d$ zur Grundlage eines Abhängigkeitsmaßes zu machen. Dazu sollte die absolute Differenz noch auf eine sinnvolle Größe bezogen und dadurch eine Normierung erreicht werden. Das γ-*Maß von Goodman und Kruskal* wählt die Gesamtzahl der konkordanten und diskordanten Paare $N^k + N^d$ als Bezugsgröße, während *Kendall's* τ die Differenz auf die Zahl N^g aller möglichen Paare bezieht:

> **Konkordanzmaße**
>
> — γ-Maß von Goodman und Kruskal
>
> $$\gamma = \frac{N^k - N^d}{N^k + N^d}$$
>
> — Kendalls's τ
>
> $$\tau = \frac{N^k - N^d}{N^g} = \frac{N^k - N^d}{n(n-1)/2}$$

Beide Maße liegen stets zwischen den Extremwerten -1 und 1 und ihr Vorzeichen gibt die Richtung der Abhängigkeit an. Sofern neutrale Paare vorliegen (die Rangwertreihen also Bindungen enthalten), ist Kendall's τ vom Betrag her stets geringer als γ und erreicht die Extremwerte 1 und -1 nicht.

Im Beispiel erhält man $\gamma = (163 - 86)/(163 + 86) = 0,309$ und $\tau = (163 - 86)/528 = 0,146$.

2.5.5 Berechnung von N^k und N^d

In der Praxis rechnet man die Konkordanzmaße natürlich nicht per Hand aus. Dies kann

der Computer viel schneller und zuverlässiger. Um die Maße aber besser zu verstehen, skizzieren wir hier die Berechnung per Hand doch einmal. Eilige Leserinnen und Leser können diesen Abschnitt gefahrlos überblättern.

Fasst man die Verteilung der Einzeldaten wie oben geschehen in einer Kontingenztabelle zusammen, so lassen sich die konkordanten und diskordanten Paare in einfacher Weise wie folgt auszählen: Starten wir wieder mit Ort Nr. 5, der die Ausprägungen c_3 und d_3 aufweist. Die Tabelle zeigt, dass sieben weitere Orte die gleiche Kombination von Ausprägungen aufweisen. Wo finden sich nun die Erhebungselemente, die mit diesen 8 Orten konkordante Paare bilden? In der Kontingenztabelle stehen die Häufigkeiten konkordanter Partner offensichtlich „links oberhalb" der Zelle (c_3, d_3) und „rechts unterhalb" von (c_3, d_3). In der folgenden Darstellung der Kontingenztabelle sind die zu (c_3, d_3) konkordanten Beobachtungen hervorgehoben:

	d_1	d_2	d_3	d_4	$n(c_i)$
c_1	0	2	1	0	3
c_2	1	2	5	1	9
c_3	1	1	⑧	2	12
c_4	1	1	4	1	7
c_5	0	0	1	1	2
$n(d_j)$	3	6	19	5	33

Will man die Gesamtzahl der konkordanten Paare auszählen, ist also zunächst zu jeder Zelle (c_i, d_j) der Kontingenztabelle die Summe aller Häufigkeiten zu berechnen, die „rechts unterhalb" von (c_i, d_j) stehen, also sowohl bzgl. C eine höhere Ausprägung als c_i als auch bzgl. D eine größere Ausprägung als d_j aufweisen. Um Doppelzählungen zu vermeiden, bleiben die Häufigkeiten „links oberhalb" unberücksichtigt (das konkordante Paar (Ort Nr. 5; Ort Nr. 11) ist schließlich dasselbe Paar wie (Ort Nr. 11; Ort Nr. 5)). In der folgenden Tabelle sind diese summierten Häufigkeiten „rechts unterhalb" von (c_i, d_j) für jede Zelle wiedergegeben:

	d_1	d_2	d_3	d_4
c_1	27	23	5	-
c_2	19	17	4	-
c_3	8	7	②	-
c_4	2	2	1	-
c_5	-	-	-	-

Im nächsten Schritt sind diese Häufigkeiten jeweils mit der beobachteten Häufigkeit $n(c_i, d_j)$ zu multiplizieren, denn jede einzelne der $n(c_i, d_j)$ Beobachtungen bildet mit den „rechts unterhalb" liegenden Beobachtungen jeweils ein konkordantes Paar. Addiert man nun diese Produkte, so erhält man die gesuchte Anzahl N^k:

$$N^k = 0 \times 27 + 2 \times 23 + 1 \times 5 + 1 \times 19 + \dots$$
$$+ 4 \times 1 = 163$$

Zur Bestimmung von N^d wird analog vorgegangen. Zur Veranschaulichung sind in der folgenden Darstellung der Kontingenztabelle beispielhaft die Häufigkeiten der Beobachtungen markiert, die zu (c_3, d_3) diskordant sind. Sie liegen „rechts oberhalb" bzw. „links unterhalb" von (c_3, d_3):

	d_1	d_2	d_3	d_4	$n(c_i)$
c_1	0	2	1	0	3
c_2	1	2	5	1	9
c_3	1	1	⑧	2	12
c_4	1	1	4	1	7
c_5	0	0	1	1	2
$n(d_j)$	3	6	19	5	33

Um Doppelzählungen zu vermeiden, werden hier die Häufigkeiten „rechts oberhalb" vernachlässigt und für jede Kombination (c_i, d_j) die Summe der verbleibenden Diskordanzhäufigkeiten, d. h. die summierten Häufigkeiten „links unterhalb" von (c_i, d_j) gebildet:

	d_1	d_2	d_3	d_4
c_1	-	3	7	25
c_2	-	2	4	17
c_3	-	1	②	7
c_4	-	0	0	1
c_5	-	-	-	-

Anschließend wird jedes $n(c_i, d_j)$ mit den zugehörigen summierten Häufigkeiten multipliziert und die Produkte zu N^d aufaddiert. Im Beispiel erhalten wir:

$$N^d = 2 \times 3 + 1 \times 7 + 0 \times 25 + 2 \times 2 + \dots$$
$$+ 1 \times 1 = 86$$

Beispiel. Das Institut der deutschen Wirtschaft, Köln, führt jährlich eine Verbandsumfrage unter 48 deutschen Wirtschaftsverbänden von „Automobilbau" bis „Zeitschriftenverlage" durch. Die Ergebnisse sind über die Internetseiten des „Informationsdienst des Instituts der deutschen Wirtschaft, iwd" abrufbar, die folgenden Ergebnisse unter Institut der deutschen Wirtschaft 2018, 2019. Unter anderem werden folgende Fragen gestellt: „Welches Produktionsergebnis erwartet Ihr Wirtschaftszweig für das laufende Jahr im Vergleich zum Vorjahr?":

Merkmal V: „Produktionserwartung" mit den Ausprägungen

$v_1 = 1$ für „etwas niedriger"
$v_2 = 2$ für „gleichbleibend"
$v_3 = 3$ für „etwas höher"
$v_4 = 4$ für „wesentlich höher"

und „Wie werden sich die Investitionen im laufenden Jahr im Vergleich zum Vorjahr in Ihrem Wirtschaftszweig entwickeln?":

Merkmal W: „Investitionserwartung" mit den Ausprägungen

$w_1 = 1$	für „weniger werden"
$w_2 = 2$	für „gleich bleiben"
$w_3 = 3$	für „mehr werden".

Zwischen der Produktionserwartung und der Investitionserwartung ist ein gleichgerichteter Zusammenhang zu vermuten. Tatsächlich lässt sich diese Abhängigkeit sowohl für das Jahr 2018 wie für das Jahr 2019 feststellen: Aus den Häufigkeitstabellen beider Jahre

2019					
	v_1	v_2	v_3	v_4	$n(w_i)$
w_1	3	1	1	0	5
w_2	4	5	12	0	21
w_3	3	4	13	2	22
$n(v_j)$	10	10	26	2	48

2018					
	v_1	v_2	v_3	v_4	$n(w_i)$
w_1	1	1	0	0	2
w_2	1	6	13	0	20
w_3	0	6	18	2	26
$n(v_j)$	2	13	31	2	48

erhält man $N^k_{2018} = 250 > N^d_{2018} = 79$ und $N^k_{2019} = 312 > N^d_{2019} = 122$. Gleichzeitig erkennt man, dass die Abhängigkeit zwischen den beiden Erwartungen im Verlauf beider Jahre abgenommen hat, denn $\gamma_{2019} = 0,438 < \gamma_{2018} = 0,520$.

Zusammenfassung

Bei komparativen Merkmalen lässt sich die Ordnungsinformation bei der Abhängigkeitsmessung berücksichtigen. Damit kann nicht allein die Stärke, sondern auch die Richtung der Abhängigkeit gemessen werden: Liegt bei einer höheren Ausprägung des einen Merkmals im Mittel auch eine höhere Ausprägung oder umgekehrt eine niedrigere Ausprägung des zweiten Merkmals vor? Im ersten Fall spricht man von einem gleichgerichteten, im zweiten Fall von einem gegenläufigen Zusammenhang.

Konkordanzmaße ermitteln Richtung und Stärke des Zusammenhangs durch paarweise Vergleiche. Dazu werden alle möglichen Paare zweier Erhebungselemente, die sich im Datensatz bilden lassen, hinsichtlich der jeweiligen Merkmalswerte verglichen und ausgezählt.

> **Wiederholungsfragen**
>
> 1. Was versteht man unter einem diskordanten Beobachtungspaar?
> 2. Warum ist im Fall von komparativen Merkmalen ein Konkordanzmaß informativer als ein Kontingenzmaß?

2.6 Abhängigkeitsmessung bei quantitativen Merkmalen 1: Korrelation

Im vorangegangenen Abschnitt wurden Abhängigkeitsmaße für qualitative und komparative Merkmale vorgestellt. Im vorliegenden Abschnitt sollen nun Abhängigkeitsmaße für zwei quantitative Merkmale eingeführt werden. Häufig ist es von großem Interesse zu untersuchen, ob es einen statistischen Zusammenhang zwischen zwei quantitativen Merkmalen gibt. Und wenn es einen Zusammenhang gibt, interessiert uns, in welche Richtung diese Abhängigkeit wirkt und wie stark sie ist. Dieser Frage kann man mittels der *Kovarianz* und darauf aufbauend mit dem *Korrelationskoeffizienten* (kurz: *Korrelation*) nachgehen.

Lernziele

Nach dem Studium dieses Abschnitts sollten Sie

- wissen, wie sich der Korrelationskoeffizient berechnen lässt und was er aussagt,
- typische Fallstricke kennen, die bei der Interpretation von Korrelationen auftreten können.

2.6.1 Korrelation und Co.

Im Folgenden wollen wir erneut auf das Tourismus-Beispiel in Abschnitt 2.1 zurückgreifen und uns lediglich mit den beiden Merkmalen „Anzahl Beherbergungsbetriebe" und „Übernachtungen/Jahr" beschäftigen. Es liegt auf der Hand, dass bei einer größeren Anzahl an Beherbergungsbetrieben (X) auch eine größere Anzahl an Übernachtungen/Jahr (Y) vorliegen dürfte. Dies scheint sich bereits bei Inaugenscheinnahme der Daten in Tabelle 2.1 zu bestätigen. Deutlicher lässt sich die Vermutung bewerten, wenn die Daten in einem *Streudiagramm* abgetragen werden, siehe ◘ Abb. 2.19.

Tatsächlich scheint es so zu sein, dass mit einer höheren Anzahl an Beherbergungsbetrieben auch eine höhere Anzahl an Übernachtungen/Jahr einhergeht, denn die Punktwolke der Beobachtungen verläuft „von links unten nach rechts oben". Um dies konkret zu machen, misst man, wie gut sich die Punktwolke der Beobachtungen durch eine Gerade beschreiben lässt. Diese lineare Abhängigkeit wird *Korrelation* genannt. Wird der Datensatz am besten durch eine steigende Gerade beschrieben, spricht man von *positiver Korrelation*, ist die Gerade fallend, so sind die beiden Größen *negativ korreliert*. Liegen alle Be-

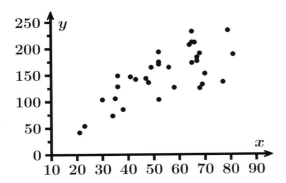

◘ Abb. 2.19 Streudiagramm der Merkmale X und Y im Tourismus-Beispiel

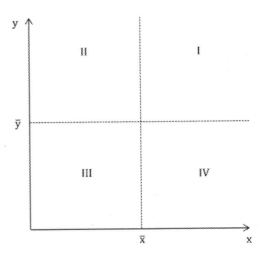

◘ Abb. 2.21 Quadranten der Vorzeichen bei der Korrelation

obachtungen exakt auf einer Geraden, so sagt man, die beiden Merkmale sind *vollständig miteinander korreliert*. Dies ist aber natürlich in der Praxis nur höchst selten der Fall. In der ◘ Abb. 2.20 ist die Gerade eingezeichnet, die den Zusammenhang zwischen der Anzahl der Beherbergungsbetriebe und der Anzahl Übernachtungen/Jahr beschreibt.[7]

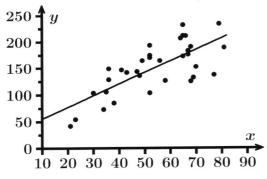

◘ Abb. 2.20 Streudiagramm der Merkmale X und Y im Tourismus-Beispiel mit beschreibender Geraden

Wie lässt sich diese Überlegung nun in ein formales Maß übertragen, das zum einen die Richtung und zum anderen die Stärke des Zusammenhangs abbildet? – Am einfachsten kann man sich dies verdeutlichen, indem man das Streudiagramm schematisch in vier Quadranten einteilt. Die Quadranten sind dabei

derart gewählt, dass die jeweiligen Mittelwerte der beiden Merkmale die Trennungslinien darstellen, vgl. ◘ Abb. 2.21.

Wenn nun viele Beobachtungen in den Quadranten I und III liegen, würden wir von einem positiven Zusammenhang sprechen. Liegen hingegen viele Beobachtungen in den Quadranten II und IV, würden wir von einem negativen Zusammenhang sprechen. Und sind die Beobachtungen über alle Quadranten gleichmäßig verteilt, liegt kein linearer Zusammenhang vor. Genau diese Überlegung wird durch die sogenannte *(empirische) Kovarianz* S_{xy} formal beschrieben:

$$S_{xy} = \frac{1}{n} \sum_{i=1}^{n} (x_i - \bar{x})(y_i - \bar{y})$$

Wir können uns leicht überlegen, ob der Term $(x_i - \bar{x})(y_i - \bar{y})$ für eine ausgewählte Beobachtung positiv oder negativ wird, je nachdem, in welchem Quadranten eine Beobachtung liegt:

Quadrant	$(x_i - \bar{x})$	$(y_i - \bar{y})$	$(x_i - \bar{x})(y_i - \bar{y})$
I	positiv	positiv	positiv
II	negativ	positiv	negativ
III	negativ	negativ	positiv
IV	positiv	negativ	negativ

---

[7] Die Gerade wurde anhand der Kleinst-Quadrat-Methode bestimmt, die in Abschnitt 2.7 erläutert wird.

Die Kovarianz ist dann das arithmetische Mittel der Terme $(x_i - \bar{x})(y_i - \bar{y})$. Nicht ganz so einfach ist ersichtlich, dass die Kovarianz umso größere Werte annimmt, je dichter die einzelnen Beobachtungen an der Geraden (☐ Abb. 2.20) liegen, je stärker also der Zusammenhang ist. An dieser Stelle wird daher aus Vereinfachungsgründen darauf verzichtet, dies darzustellen.

Die Kovarianz lässt sich dabei auch in alternativer formaler Form darstellen, wobei der Beweis analog zu dem Beweis bei der Varianz erfolgt (vgl. Übungsaufgabe 3):

$$S_{xy} = \frac{1}{n} \sum_{i=1}^{n} (x_i - \bar{x})(y_i - \bar{y}) = \frac{1}{n} \sum_{i=1}^{n} x_i y_i - \bar{x} \cdot \bar{y}$$

Die Kovarianz selbst stellt noch kein zufriedenstellendes Zusammenhangsmaß dar: S_{xy} hängt noch von den Einheiten ab, in denen X und Y gemessen werden. Eine geeignete Normierung mit den Standardabweichungen beider Merkmale führt zum *Korrelationskoeffizienten* r_{xy}:

$$r_{xy} = \frac{S_{xy}}{S_x S_y} \text{ mit } -1 \leq r_{xy} \leq 1$$

Der Wertebereich für r_{xy} beruht auf der sog. Cauchy-Schwarz-Ungleichung, aus der $|S_{xy}| \leq S_x S_y$ folgt.[8] Der Korrelationskoeffizient misst Richtung und Stärke des linearen Zusammenhangs zwischen den Merkmalen. Sein Betrag ist umso größer, je dichter die Beobachtungspunkte an einer Geraden der Form $y = a_0 + a_1 x$ liegen. Das Vorzeichen des Korrelationskoeffizienten entspricht dabei dem Vorzeichen des Steigungsparameters a_1 dieser Geraden. Ist $S_{xy} = r_{xy} = 0$, so nennt man die Merkmale X und Y *unkorreliert*, d. h. es besteht kein linearer Zusammenhang zwischen X und Y. Das heißt jedoch nicht, dass auch keine andere (nichtlineare) Abhängigkeit zwischen den beiden Merkmalen vorliegt. Es gilt also: Sind zwei Merkmale unabhängig, so sind sie auch unkorreliert. Der Umkehrschluss gilt jedoch nicht!

Der Korrelationskoeffizient r_{xy} dient (als dimensionslose Maßzahl) in erster Linie zum Vergleich der linearen Abhängigkeitsstruktur verschiedener bivariater Verteilungen. Der Absolutbetrag des Korrelationskoeffizienten ist inhaltlich nicht zu interpretieren. Mitunter werden jedoch Eckpunkte für eine Interpretation dahingehend vorgeschlagen, ab wann eine Korrelation als „stark" oder „schwach" zu bezeichnen ist, wie z. B. in Schlittgen 2012, S. 179.

2.6.2 Fallstricke beim Umgang mit Abhängigkeitsmaßen

Insgesamt gilt es, die folgenden Fallstricke bei der inhaltlichen Interpretation von statistischen Korrelationen zu beachten (siehe auch Christensen und Christensen 2015, 2018 für einige dieser Beispiele und weitere):

1. Eine Korrelation stellt lediglich einen **statistischen** Zusammenhang dar und nicht zwangsläufig auch einen **inhaltlichen** (kausalen) Zusammenhang. Insbesondere kann auch ein zufälliger Zusammenhang vorliegen.

   Gerade in Zeiten, in denen immer mehr Daten einfach digital verfügbar sind, wird man immer Merkmalspaare finden, die einen starken positiven oder negativen Korrelationskoeffizient aufweisen, welches aber zumeist dem Zufall geschuldet sein dürfte. Frei nach dem Motto „Wenn man nur genügend Affen an Schreibmaschinen setzen würde und diese würden sehr lange sinnlos auf den Tastaturen herumtippen, würden dabei mit Sicherheit auch genügend sinnvolle Sätze herauskommen – rein durch Zufall..."[9].

   Beispiel. Besonders skurrile Beispiele von Korrelationen über die Zeit hat dabei Tyler Vigen zusammengetragen (siehe Vigen 2019): Selbstmorde sind danach mit Wissenschaftsausgaben korreliert, genauso wie die Anzahl

---

[8] Diese Ungleichung erklären wir hier nicht weiter, hoffen aber, dass Sie uns vertrauen. Wenn nicht, können Sie auch etwa in Shikhman 2019 nachsehen.

[9] Dieses *Theorem des unendlich tippenden Affen* kann man übrigens mathematisch beweisen, siehe etwa Irle 2005, S. 54.

an Personen, die beim Fischen ertrunken sind, und die Heiratsquote in Kentucky.

Beispiel. Für die Jahre 1960 bis 2010 sind in Deutschland die Anzahl der Störche und die Anzahl der Geburten tendenziell zurückgegangen. Die Korrelation zwischen beiden Merkmalen ist positiv.

2. Eine dritte Variable „im Hintergrund" kann den Zusammenhang von zwei Variablen inhaltlich erklären, ohne dass zwischen den beiden betrachteten Variablen ein direkter inhaltlicher Zusammenhang besteht.

Beispiel. Je Kreis bzw. kreisfreie Stadt in Deutschland kann nachgewiesen werden, dass die Anzahl Geburten/Einwohner tendenziell größer ist, wenn auch die Anzahl der Störche/Einwohner höher liegt. Überlegen Sie vielleicht einmal selber: Welches mag die „Variable im Hintergrund" sein, die den gefundenen statistischen Zusammenhang erklären kann? Überlegen Sie, was Kreise und kreisfreie Städte in Deutschland hinsichtlich der Anzahl der Geburten/Einwohner und der Anzahl der Störche/Einwohner systematisch unterscheiden mag?

Beispiel. Im New England Journal of Medicine (Messerli 2012) erschien die ◘ Abb. 2.22. Überlegen Sie vielleicht einmal selber: Welche „Variable im Hintergrund" mag die Länderdaten systematisch unterscheiden vor dem Hintergrund, dass diese Variable sowohl den wissenschaftlichen Erfolg, Nobelpreise zu gewinnen, als auch den pro Kopf Schokoladenkonsum positiv beeinflussen mag?

3. Eine Korrelation kann zwar einen Zusammenhang statistisch beschreiben, sie kann aber keine Aussage dazu treffen, in welcher Wirkungsrichtung der Zusammenhang inhaltlich besteht.

Beispiel. Meldung am 8. Juni 2013 auf SPIEGEL Online: „Teilzeitjobs machen Männer krank" (SPIEGEL Online 2013). Auf Basis von Krankenkassendaten wurde der statistische Zusammenhang zwischen dem Gesundheitszustand und dem Umfang der Berufstätigkeit untersucht. Genauer wurde weiter berichtet: „(...) Teilzeitarbeiter werden häufiger depressiv und nehmen mehr Psychopharmaka als Kollegen mit Vollzeitjobs (...)".
Überlegen Sie selber: Gibt es vielleicht inhaltlich nachvollziehbar auch die Möglichkeit, dass ein Zusammenhang mit genau konträrer Wirkungsrichtung vorliegt? Kann mittels der Korrelation vor diesem Hintergrund beantwortet werden, ob eine geringere Wochenarbeitszeit tatsächlich die Häufigkeit für das Auftreten einer psychischen Erkrankung erhöht?

Beispiel. Die erotische Roman-Trilogie „Shades of Grey" der Britin E.L. James hat sich weltweit mehr als 70 Millionen Mal verkauft und führte wochenlang die Bestsellerlisten vieler Länder an. Wesentlicher Teil der Handlung ist die Beziehung zwischen der Literaturstudentin Ana Stele und dem Milliardär Christian Grey. Aufmerksamkeit erregten die Romane dabei vor allem durch die explizite Beschreibung der Sexualpraktiken, die als wesentliches Element Dominanz und Sadismus enthalten. Bei solchen Themen wird natürlich in der Öffentlichkeit viel über mögliche negative Auswirkungen des Werks auf die Entwicklung junger Frauen diskutiert. Und tatsächlich scheint eine großangelegte Studie – veröffentlicht im Journal of Women's Health (Bonomi et al. 2014) – dies bestätigt zu haben. Als wesentlicher Teil der zugrundeliegenden Studie wurden mehr als 600 junge Frauen detailliert zu ihren Neigungen und ihrem Verhalten interviewt. In der Tat stellte sich dabei statistisch abgesichert heraus, dass sich junge Leserinnen der Trilogie im Vergleich zu Nicht-Leserinnen vermehrt zu Stalkern und Gewalttätern hingezogen fühlen, wechselnde Sexualpartner haben, häufiger übermäßig Alkohol konsumieren und unter Essstörungen leiden.
Überlegen Sie vielleicht einmal selber: Kann auf Basis des Untersuchungsdesigns sicher

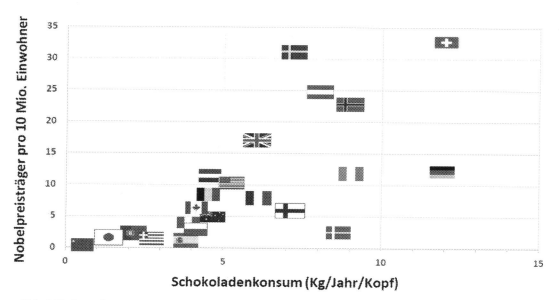

◘ Abb. 2.22 Streudiagramm zum Schokoladenkonsum und Nobelpreisen (Quelle: Messerli 2012)

abgeleitet werden, dass das Lesen des Buches Ursache für das beschriebene Verhalten ist?

4. Ausreißer und nicht-lineare Zusammenhänge können zu „verzerrten Interpretationen" auf Basis von Korrelationen führen.

Beispiel. Die ◘ Abb. 2.23 beschreibt das sogenannte *Anscombe Quartett* (Anscombe 1973). In allen vier Fällen liegt ein identischer Korrelationskoeffizient ($r_{xy} = 0,816$) trotz offensichtlich unterschiedlicher Zusammenhänge vor.
Überlegen Sie vielleicht einmal selber: Worin liegen die Unterschiede in den Abbildungen begründet? Ist es jeweils sinnvoll, den Korrelationskoeffizienten als Zusammenhangsmaß zu verwenden?

5. Werden bereits verzerrte Daten in der Analyse untersucht, kann es zu falschen vermeintlichen Zusammenhängen kommen („Shit in, shit out").

Beispiel. In einer medizinischen Studie aus Kanada, erschienen im Canadian Medical Association Journal (Redelmeier et al. 2014), wurden Frauen untersucht, die sich nach einem Verkehrsunfall ärztlich auf gesund-

heitliche Folgen des Unfalls untersuchen ließen. Es konnte dabei nicht unterschieden werden, ob die Frauen Verursacher des Unfalls waren oder nicht. Als Ergebnis ergab sich, dass sich Frauen gleichen Alters überproportional häufig nach einem Unfall medizinisch haben untersuchen lassen, wenn sie schwanger waren gegenüber Frauen, die nicht schwanger waren.[10] Die Ergebnisse der Studie wurden dahingehend interpretiert, dass Frauen, die schwanger sind, offenkundig mehr Verkehrsunfälle verursachen als nicht-schwangere Frauen.
Überlegen Sie vielleicht einmal selber: Gibt es ggf. auch eine andere Erklärung für den gefundenen Zusammenhang? Könnte die selektive Ausgangsdatenlage also vielleicht den gefundenen Zusammenhang erklären?

Beispiel. Im Juli 2013 wurde eine gemeinsame Studie der Tierärztlichen Hochschule Hannover, der Universität Leipzig und des

---

[10] Es lag beim zweiten Merkmal – der Schwangerschaft – also kein metrisches Merkmal vor. Insofern wurde der Zusammenhang nicht mittels der Korrelation untersucht. Trotzdem kann das Beispiel sehr schön veranschaulichen, dass eine von vornherein verzerrte Datenlage ein vermeintliches Ergebnis eines Zusammenhangs verursachen kann.

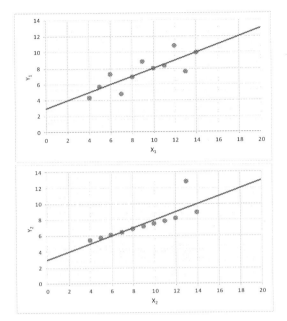

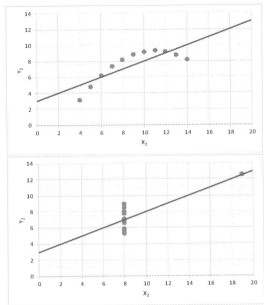

◨ **Abb. 2.23** Anscombe's Quartett (Quelle: Anscombe 1973)

Bundesinstituts für Risikobewertung vorgestellt, in der der Antibiotikaeinsatz in der Nutztierhaltung untersucht wurde, siehe van Rennings et al. 2013. Die darin ausgewiesenen Antibiotikamengen waren erschreckend hoch. Allerdings war die Teilnahme an der Studie freiwillig. Es steht dabei zu befürchten, dass gerade Landwirte mit einem wenig verantwortungsvollen Antibiotikaeinsatz die Teilnahme an der Studie verweigerten. Die in der Studie ausgewiesenen Einsatzmengen dürften in Wirklichkeit also Untergrenzen darstellen. Solche systematischen Fehlerquellen werden bei der statistischen Auswertung natürlich nicht mit berücksichtigt.

rer Zusammenhang vor, dann gilt $r_{xy} = -1$. Besteht gar kein linearer Zusammenhang, dann gilt $r_{xy} = 0$.

2. Bei der inhaltlichen Interpretation ist zu beachten:

   — Eine Korrelation stellt lediglich einen **statistischen** und nicht zwangsläufig auch einen **inhaltlichen** Zusammenhang dar.
   — Eine dritte Variable „im Hintergrund" kann den Zusammenhang von zwei Variablen inhaltlich erklären.
   — Eine Aussage zur Wirkungsrichtung ist auf Basis einer Korrelation nicht möglich.
   — Ausreißer und nicht-lineare Zusammenhänge können nicht sinnvoll abgebildet werden.
   — Werden bereits verzerrte Daten in der Analyse untersucht, kann es zu falschen vermeintlichen Zusammenhängen kommen.

Zusammenfassung

1. Der Korrelationskoeffizient

$$r_{xy} = \frac{S_{xy}}{S_x S_y}$$

beschreibt statistisch den linearen Zusammenhang zwischen zwei quantitativen Merkmalen. Liegt ein perfekter positiver linearer Zusammenhang vor, dann gilt $r_{xy} = 1$, liegt ein perfekter negativer linea-

Wiederholungsfragen

1. Wie ist der Korrelationskoeffizient definiert und wie interpretiert man dies graphisch?
2. Können Sie mehrere Beispiele nennen, bei denen der Wert des Korrelationskoeffizienten in die Irre leiten kann?

2.7 Abhängigkeitsmessung bei quantitativen Merkmalen 2: Regression

Die *Regressionsanalyse* stellt eine besondere Form der Assoziations-Analyse dar. Ziel der *bivariaten Regressionsanalyse* – dies heißt „zwischen zwei Merkmalen" – ist es, jeder Ausprägung des einen Merkmals einen „typischen" Wert des zweiten Merkmals zuzuordnen, konkret also jedem y-Wert ein für dieses y charakteristischen Wert $x(y)$ oder jedem x-Wert ein für dieses x typisches $y(x)$ zuzuweisen. Diese Darstellung zeigt, dass die Merkmale asymmetrisch behandelt werden: Der Regressand, d. h. das „abhängige" Merkmal im Falle einer Regression von Y auf X, $y(x)$, also das Merkmal Y, wird durch den Regressor, d. h. das „unabhängige" Merkmal X, erklärt.

Dabei ist stets zu beachten, dass die Richtung der Abhängigkeit durch das Regressionsverfahren vorgegeben wird. Allerdings kann daraus zunächst kein Kausalzusammenhang, d. h. keine Ursache-Wirkungs-Beziehung, abgeleitet werden. Solche Kausalzusammenhänge können allein durch substanzwissenschaftliche Aussagen auf Basis theoretischer Überlegungen begründet werden. Ein reiner Blick auf die Daten reicht also nicht aus. Die deskriptive Regressionsanalyse als statistisches Analyseverfahren dient hier allein als „Handwerkszeug" zur Beschreibung der Zusammenhänge, die zwischen zwei (oder mehr) Merkmalen in einem gegebenen Datensatz beobachtet werden.

Es existieren für jedes Skalenniveau spezifische Regressionsverfahren. Im Folgenden wird ein spezielles Regressionsverfahren für quantitative Merkmale vorgestellt, das sehr häufig in wirtschaftswissenschaftlichen Untersuchungen Anwendung findet, nämlich die *Methode der Kleinst-Quadrat-Regression* (kurz: *KQ-Regression*) für Einzeldaten. Häufig betrachtet man dabei einen linearen Zusammenhang. Deshalb wird das Verfahren auch als *Lineare Kleinstquadrat-Regression* bezeichnet. Dieser Ansatz findet in erweiterter Form heute in vielen Praxisfällen Anwendung, z.B. im sogenannten regressionsbasierten Mietpreisspiegel.

Lernziele

Nach dem Studium dieses Abschnitts sollten Sie

- die grundlegende Idee der Regressionsanalyse verstanden haben,
- die Regressionsanalyse dahingehend anwenden können, dass Sie die Regressionsgerade mit ihren Parametern auf Basis empirischer Daten berechnen und interpretieren können,
- wissen, was unter dem Bestimmtheitsmaß R^2 zu verstehen ist.

2.7.1 Lineare Kleinstquadrat-Regression für Einzeldaten

Im Rahmen der Abhängigkeitsanalyse wurde anhand des Korrelationskoeffizienten überprüft, wie gut sich die Abhängigkeit der beobachteten Merkmalswerte im Streudiagramm durch eine Gerade beschreiben lässt. Ziel der linearen Regressionsanalyse ist es, die Parameter dieser sogenannten *Regressionsgeraden* $y(x) = a_0 + a_1 x$ zu bestimmen. Im Folgenden wird die Bestimmung der „besten" Parameter a_0 und a_1 beschrieben, d. h. der Parameter, für die die zugehörige Gerade den Datensatz „am besten" beschreibt. Was wir darunter verstehen, muss natürlich erst erklärt werden. Im denkbaren umgekehrten Fall, d. h. $x(y) = b_0 + b_1 y$ erfolgt die Bestimmung optimaler Werte für b_0 und b_1 analog.

Zur Bestimmung der Koeffizienten muss ein Kriterium verwendet werden, das misst, wie „gut" sich eine Gerade mit den Parametern a_0 und a_1 den Daten anpasst; anhand dieses Kriteriums können dann die geschätzten Parameter $\hat{a}_0$ und $\hat{a}_1$ ausgewählt werden, die die „beste" Anpassung bewirken. Dazu werden die vertikalen Abstände v_i (diese werden auch als *Residuen* bezeichnet) zwischen der Regressionsgeraden und den Beobachtungen betrachtet. Es gilt

$$y_i = a_0 + a_1 x_i + v_i.$$

Die Gleichung beschreibt also, dass die empirischen Datenpunkte im Normalfall nicht auf der Regressionsgerade liegen und sich ein Wert y_i durch den Abschnitt auf der Regressionsgeraden zuzüglich des jeweiligen vertikalen Abstands v_i beschreiben lässt. Einige empirische Datenpunkte werden dabei über der Regressionsgerade liegen, andere darunter, denn ansonsten würde die gewählte Regressionsgerade den Zusammenhang nicht typisiert abbilden, d. h. die Anpassung wäre nicht gut, siehe ◻ Abb. 2.24. Eine „gute" Anpassung bedeutet, dass die vertikalen Abweichungen v_i der beobachteten Merkmalswerte von den zugehörigen Werten der Regressionsgerade „im Durchschnitt" möglichst klein sind.

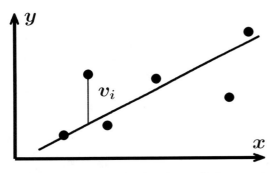

◻ **Abb. 2.24** Anpassung der Geraden an die Datenpunkte

Die oben dargestellte Gleichung für die Regressiongerade lässt sich auch umstellen, um die vertikalen Abweichungen, also die *Residuen* zu beschreiben:

$$v_i = y_i - (a_0 + a_1 x_i)$$

Wir müssen uns nun noch einmal das Ziel des Verfahrens vor Augen führen: Die Residuen v_i sollen „im Durchschnitt" möglichst klein werden, damit die Regressionsgerade „ideal" in der empirischen Punktwolke liegt. Wir müssen also alle v_i „möglichst klein" werden lassen. Da es ja aber positive und negative Abweichungen gibt, würden sich diese bei der Aggregation der n einzelnen Werte v_i neutralisieren. Die naheliegendste Idee, um dies

zu verhindern, wäre nun, stattdessen die Beträge der Residuen zu benutzen. Aber Beträge sind schwierig zu handhaben; schließlich müsste man bei allen Rechnungen eine Fallunterscheidung durchführen, je nachdem, ob positive oder negative Werte vorliegen. Um diese Probleme zu umgehen und um größere Abweichungen stärker bei der Minimierung der Abstände zu berücksichtigen, werden die Residuen v_i stattdessen quadriert. Diese quadrierten Residuen werden dann gemeinsam betrachtet, d. h. addiert, und als *Residuenquadratsumme* bezeichnet. Die Residuenquadratsumme RQS lautet

$$RQS(a_0, a_1) = \sum_{i=1}^{n} v_i^2 = \sum_{i=1}^{n} (y_i - (a_0 + a_1 x_i))^2.$$

Die Summe der Residuenquadrate ist eine Funktion der Geradenparameter a_0 und a_1 und gesucht sind die Parameterwerte, die die Residuenquadratsumme RQS möglichst klein werden lassen. Man ist also mit der Frage konfrontiert, einen Ausdruck zu minimieren. Wie man das macht, kennen Sie aber aus der Vorlesung zur Analysis. Sie sehen also: Alles hängt mit allem zusammen. Aber keine Sorge, wir führen diese Rechnung hier jetzt nur einmal durch. Wenn Sie später Regressionsanalysen durchführen, können sie einfach die Formel nutzen bzw. ein Computerprogramm Ihrer Wahl anwenden.

Wir nutzen also das aus der Analysis bekannte Verfahren der *partiellen Ableitungen*. Die Minimierung von $RQS(a_0, a_1)$ bezüglich a_0 und a_1 führt zu den *Kleinst-Quadrat-Koeffizienten* (auch als *KQ-Koeffizienten* bezeichnet) $\hat{a}_0$ und $\hat{a}_1$.

Die partiellen Ableitungen der Residuenquadratsumme lauten:

$$\frac{\partial RQS(a_0, a_1)}{\partial a_0} = -2 \sum_i (y_i - (a_0 + a_1 x_i))$$

$$\frac{\partial RQS(a_0, a_1)}{\partial a_1} = 2 \sum_i (y_i - (a_0 + a_1 x_i)) \times (-x_i)$$

$$= -2 \sum_i (y_i x_i - (a_0 x_i + a_1 x_i^2))$$

Nullsetzen der Ableitungen führt zu den sog. *Normalgleichungen*:

$$\sum_i (y_i - (\hat{a}_0 + \hat{a}_1 x_i)) \overset{!}{=} 0,$$

$$\sum_i (y_i x_i - (\hat{a}_0 x_i + \hat{a}_1 x_i^2)) \overset{!}{=} 0$$

d. h.

$$\sum_i y_i = \hat{a}_0 \sum_i 1 + \hat{a}_1 \sum_i x_i$$

bzw. $\overline{y} = \hat{a}_0 + \hat{a}_1 \overline{x}$,

$$\sum_i x_i y_i = \hat{a}_0 \sum_i x_i + \hat{a}_1 \sum_i x_i^2$$

bzw. $\overline{xy} = \hat{a}_0 \overline{x} + \hat{a}_1 \overline{x^2}$.

Auflösen der ersten Normalgleichung nach $\hat{a}_0$ führt zu:

$$\hat{a}_0 = \overline{y} - \hat{a}_1 \overline{x},$$

welches die Formel für den ersten geschätzten Geradengleichungsparameter $\hat{a}_0$ ist. Dies wird nun in die zweite Normalgleichung eingesetzt:

$$\overline{xy} = (\overline{y} - \hat{a}_1 \overline{x})\overline{x} + \hat{a}_1 \overline{x^2}$$

$$= \overline{x} \cdot \overline{y} - \hat{a}_1 \overline{x}^2 + \hat{a}_1 \overline{x^2}$$

bzw. $\overline{xy} - \overline{x} \cdot \overline{y} = \hat{a}_1 (\overline{x^2} - \overline{x}^2)$

Daraus folgt

$$\hat{a}_1 = \frac{\overline{xy} - \overline{x} \cdot \overline{y}}{\overline{x^2} - \overline{x}^2} = \frac{S_{xy}}{S_x^2},$$

welches die Formel für den zweiten geschätzten Geradengleichungsparameter $\hat{a}_1$ ist.

Die ausgleichende Regressionsgerade (*KQ-Gerade*) lautet also:

$$\hat{y}(x) = \hat{a}_0 + \hat{a}_1 x \text{ mit } \hat{a}_0 = \overline{y} - \hat{a}_1 \overline{x}$$

$$\text{und } \hat{a}_1 = \frac{S_{xy}}{S_x^2}.$$

Man muss sich das gerade Berechnete noch einmal verdeutlichen: Wir können also – nur basierend auf der Anwendung der Minimierung der Residuenquadratsumme bezüglich der a_0 und a_1 – die optimalen Parameter $\hat{a}_0$ und $\hat{a}_1$ bestimmen und dies rein basierend auf den empirischen Werten x_i und y_i, denn nichts anderes wird in den Gleichungen für $\hat{a}_0$ und $\hat{a}_1$ benötigt. Dies bedeutet

aber auch, dass jeder unter Anwendung dieses Verfahrens die gleiche Regressiongerade erhalten wird. Und alles, was Sie zur Beschreibung brauchen, sind Kenngrößen, die Sie vorher schon kannten: $\overline{x}$, $\overline{y}$, S_x^2, S_{xy}.

Mittels der Regressionsgeraden lassen sich nun auch die empirischen Fehler des geschätzten Regressionsmodells berechnen, die auch als *empirische Residuen* bezeichnet werden. Sie errechnen sich als Differenz der empirischen y_i-Werte und der durch die Regressionsgeraden geschätzten $\hat{y}_i$-Werte:

$$\hat{v}_i = y_i - \hat{y}_i = y_i - \hat{a}_0 - \hat{a}_1 x_i$$

2.7.2 Streuungszerlegung und einfaches Bestimmtheitsmaß R^2

Ob eine Regressionsgerade eine sinnvolle Beschreibung der Daten liefert, ist – wie oben beschrieben – erst einmal unklar. In diesem Abschnitt geben wir eine Maßzahl an, die einen ersten Eindruck vermittelt, ob eine Regression überhaupt sinnvoll ist. Diese basiert auf folgender Überlegung: Die Regressionsgerade beschreibt den Datensatz offenbar umso besser, je dichter die Beobachtungen an der KQ-Geraden liegen, d. h. je weniger die Punkte um die Regressionsgerade streuen. Formal misst dies die Varianz der empirischen KQ-Residuen $\hat{v}$:

$$S_{\hat{v}}^2 = \frac{1}{n} \sum_i (\hat{v}_i - \overline{\hat{v}}_i)^2 = \frac{1}{n} \sum_i \hat{v}_i^2$$

Letzterer Schritt gilt, da man zeigen kann, dass $\overline{\hat{v}}_i = 0$ gilt.

Die ◻ Abb. 2.25 illustriert diesen Sachverhalt. Dort sind zwei Stichproben wiedergegeben. Zusätzlich zur Indizierung der $\hat{v}$ durch gepunktete Linien im oberen Bereich der Grafik sind im unteren Diagramm die $\hat{v}_i$ separat aufgetragen. Die an der $\hat{v}$-Achse eingezeichneten nach innen gerichteten Striche geben die Höhe der $\hat{v}$-Werte an und sollen einen zusätzlichen Eindruck von der unterschiedlichen Streuung in den beiden Stichproben vermitteln.

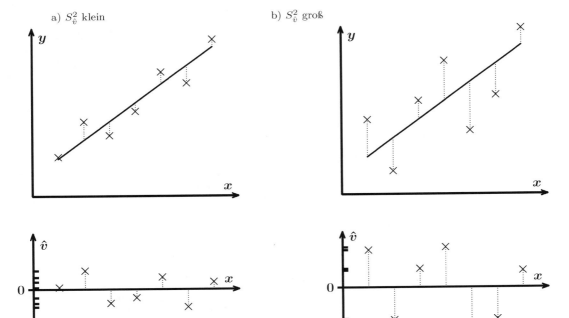

□ **Abb. 2.25** Varianz der empirischen KQ-Residuen $\hat{v}$

Die Varianz der KQ-Residuen kann jedoch nicht unmittelbar als „Gütemaß" für die Regression verwendet werden, da sie z. B. noch von den Einheiten abhängt, in denen y gemessen wird. Eine Normierung ist jedoch möglich, und zwar auf Basis der folgenden *Streuungszerlegung*: Für die KQ-Regression gilt stets

$$S_y^2 = S_{\hat{y}}^2 + S_{\hat{v}}^2 \quad .$$

Man kann diese Formel natürlich einfach „glauben", für die Interessierten sei im Folgenden der Beweis skizziert:

$$S_y^2 = \frac{1}{n}\sum_i (y_i - \overline{y})^2 = \frac{1}{n}\sum_i (\hat{v}_i + \hat{y}_i - \overline{y})^2$$

$$= \frac{1}{n}\sum_i \hat{v}_i^2 + \frac{1}{n}\sum_i (\hat{y}_i - \overline{y})^2$$

$$+ \frac{2}{n}\left(\hat{a}_0 \underbrace{\sum_i \hat{v}_i}_{=0} + \hat{a}_1 \underbrace{\sum_i \hat{v}_i x_i}_{=0} - \overline{y} \underbrace{\sum_i \hat{v}_i}_{=0} \right)$$

$$= S_{\hat{v}}^2 + S_{\hat{y}}^2$$

Darin bezeichnet S_y^2 die Gesamtvarianz von y und $S_{\hat{v}}^2$ wie oben beschrieben die Streuung der Beobachtungen UM die Regressionsgerade, d. h. den Teil der y-Unterschiede, der durch die Regression nicht beschrieben bzw. nicht erklärt werden kann. Die Varianz der $\hat{y}$-Werte, $S_{\hat{y}}^2$, gibt an, wie unterschiedlich die durch die Regressionsgerade an den Stellen x_i vorhergesagten Werte $\hat{y}(x_i) = \hat{y}_i$ sind:

$$S_{\hat{y}}^2 = \frac{1}{n}\sum_i (\hat{y}_i - \overline{y})^2 = \frac{1}{n}\sum_i (\hat{y}_i - \overline{y})^2$$

$S_{\hat{y}}^2$ kann demnach als Streuung der Werte AUF der Regressionsgeraden interpretiert werden und damit als der Betrag der Streuung von y, der durch die Regression erklärt bzw. beschrieben wird, d. h. auf die Unterschiede in den x_i zurückgeführt wird.

Die Streuungszerlegung bedeutet also folgendes: Die Gesamtvarianz der Beobachtungswerte von Y, S_y^2, setzt sich zusammen aus der erklärten Varianz durch die Regressionsgerade, $S_{\hat{y}}^2$, zuzüglich der Varianz, die gerade nicht durch die Regressionsgerade erklärt wird, $S_{\hat{v}}^2$.

Die ◪ Abb. 2.26 verdeutlicht diesen Sachverhalt: In a) liefert die Regressionsgerade keinerlei Erklärung für Y, da für jeden Wert x_i derselbe Wert $\hat{y}_i$ ($= \bar{\hat{y}} = \bar{y}$) prognostiziert wird. Folglich gilt hier $S_{\hat{y}}^2 = 0$. Im Fall b) ist dagegen $S_{\hat{y}}^2 > 0$, es werden zu jedem x_i unterschiedliche Werte für Y prognostiziert und folglich Unterschiede in den Merkmalswerten von Y (zu einem gewissen Teil) durch Unterschiede in den Realisationen von X beschrieben.

a) $S_{\hat{y}}^2 = 0$

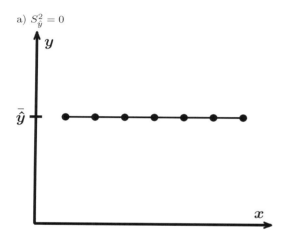

b) $S_{\hat{y}}^2 > 0$

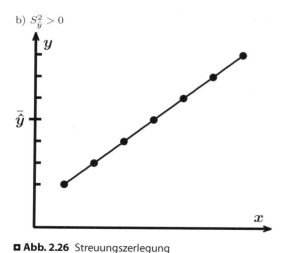

◪ **Abb. 2.26** Streuungszerlegung

Offenbar ist die Erklärungskraft der KQ-Regression umso größer, je größer $S_{\hat{y}}^2$ im Verhältnis zur Gesamtvarianz S_y^2 und damit auch zur Residuenvarianz $S_{\hat{v}}^2$ ist.

Als Maß für die Güte der Regression kann somit (unter Ausnutzung der Varianzzerlegung) der Anteil der „erklärten" Varianz an der Gesamtvarianz von Y herangezogen werden. Diese Überlegung führt zum sogenannten *einfachen Bestimmtheitsmaß*:

$$R_{y|x}^2 = S_{\hat{y}}^2/S_y^2 = 1 - S_{\hat{v}}^2/S_y^2, \quad 0 \le R_{y|x}^2 \le 1.$$

Da $\hat{y}$ eine affine Funktion von x ist, $\hat{y} = \hat{a}_0 + \hat{a}_1 x$, ist die Varianz von $\hat{y}$ proportional zur Varianz von x. Es gilt

$$S_{\hat{y}}^2 = \hat{a}_1^2 S_x^2 = (S_{xy}/S_x^2)^2 S_x^2 = S_{xy}^2/S_x^2$$

und das einfache Bestimmtheitsmaß entspricht dem quadrierten Korrelationskoeffizienten:

$$R_{y|x}^2 = S_{\hat{y}}^2/S_y^2 = \frac{S_{xy}^2}{S_x^2 S_y^2} = \left(\frac{S_{xy}}{S_x S_y}\right)^2$$
$$= (r_{xy})^2$$

Das einfache Bestimmtheitsmaß erreicht deshalb die Extremwerte 0 und 1 in den gleichen Fällen wie der Korrelationskoeffizient. Ferner gilt, dass die Bestimmtheitsmaße von Regression und Umkehrregression übereinstimmen:

$$R_{y|x}^2 = \frac{\hat{a}_1^2 S_x^2}{S_y^2} = \frac{S_{xy}^2}{S_x^2 S_y^2} = \frac{\hat{b}_1^2 S_y^2}{S_x^2} = R_{x|y}^2.$$

In ◪ Abb. 2.27 ist die Gütemessung mit Hilfe des einfachen Bestimmtheitsmaßes anhand des Vergleichs zweier Regressionen illustriert. In den beiden Datensätzen unter a) und b) stimmen die Varianzen von Y überein. In beiden Datensätzen werden die Y-Werte $4, 6, 8, 10, 12, 14$ und 16 beobachtet, jeweils indiziert durch die dünnen nach innen gerichteten Teilstriche an der y-Achse. Unter a) liegen die Beobachtungen im Streuungsdiagramm exakt auf einer Geraden, die damit der ausgleichenden Regressionsgeraden entspricht. Die Werte $\hat{y}_i$ (indiziert durch die kurzen nach innen gerichteten Teilstriche an der y-Achse) stimmen also bei jedem Datenpunkt mit den Beobachtungen y_i überein. Folglich gilt $S_{\hat{y}}^2 = S_y^2$ (und damit $S_{\hat{v}}^2 = 0$) bzw. $R^2 = R_{y|x}^2 = 1$, d. h. die Regression erklärt die Abhängigkeit zwischen X und Y vollständig bzw. zu 100%. Im Fall b) ist dagegen die Anpassung unvollständig: Es gilt $S_{\hat{y}}^2 < S_y^2$ (erkennbar auch am Vergleich der nach innen gerichteten Teilstriche an der y-Achse), die Punkte streuen deutlich um die zugehörige Regressionsgerade ($S_{\hat{v}}^2 > 0$). Das Bestimmtheitsmaß beträgt $R^2 = 0,287$, d. h. nur 28,7% der Gesamtvarianz von Y (Unterschiedlichkeit der Y-Werte) kann durch die Regression erklärt werden (auf die Unterschiedlichkeit der x_i zurückgeführt werden). Die Reststreuung beträgt $1 - R^2 = 0,713$, d. h. 71,3% der Streuung von Y bleiben durch die Regressionsgerade unerklärt.

Die Bedeutung des einfachen Bestimmtheitsmaßes in der Regressionsanalyse zur Gütemessung ist also enorm: Mittels eines einfachen Maßes kann beurteilt werden, inwiefern die Werte der Größe X mittels eines linearen geschätzten Zusammenhangs die Werte der Größe Y erklären können. Bei niedrigen Werten für das einfache Bestimmtheitsmaß (nahe 0) erklärt X die Werte von Y nur unzureichend. Dies kann daran liegen, dass entweder kein Erklärungsgehalt vorliegt und/oder, dass kein linearer Zusammenhang vorliegt. Liegt hingegen ein hoher Wert (nahe 1) für das einfache Bestimmtheitsmaß vor, spricht erst einmal nichts gegen den unterstellten linearen Zusammenhang zwischen X und Y und die Werte von X können die Werte von Y zu einem hohen Anteil erklären.

Bei der Interpretation des R^2-Werts ist allerdings auch Vorsicht geboten:

— Auch ein R^2-Wert nahe bei 0 sagt nicht, dass X keine Erklärungskraft für Y besitzt, etwa wenn ein nichtlinearer Zusammenhang vorliegt.

— Ähnlich wie im vorigen Abschnitt 2.6.2 beschrieben, können vom R^2-Wert keine Rückschlüsse auf inhaltliche Zusammenhänge gezogen werden.

— Auch über Signifikanz kann nur mit Hilfe des R^2-Werts keine Aussage getroffen werden. Dazu kommen wir erst zum Schluss dieses Buchs im Kapitel zur Ökonometrie zurück, siehe Abschnitt 5.4.

Beispiel. Im Beispieldatensatz für die Einzeldaten der Erhebung der Angaben von Tourismuszentralen 33 deutscher Badeorte der Nord- und Ostsee (siehe Tabelle 2.1) lässt sich die Frage: „Welche typische Übernachtungszahl ergibt sich für einen Badeort mit 50 Beherbergungsbetrieben?" mit Hilfe einer Regressionsanalyse beantworten. Wir hatten die Anzahl der Unterkünfte mit X und die Anzahl der Übernachtungen pro Jahr in Tsd. mit Y bezeichnet. Durch die Fragestellung ist damit die Richtung der Regression vorgegeben: Gesucht ist $y(x) = \hat{a}_0 + \hat{a}_1 x$. Das Beispiel verdeutlicht, dass mit dieser Wahl der Untersuchungsrichtung keine Ursache-Wirkungbeziehung unterstellt werden darf: Es ist keineswegs klar, ob zusätzliche Unterkünfte zusätzliche Übernachtungen bewirken oder ob erhöhte Übernachtungszahlen die Einrichtung zusätzlicher Unterkünfte nach sich ziehen. Das ist für die Beantwortung der Ausgangsfrage aber auch nicht wesentlich.

Es ergeben sich folgende Mittelwerte und Varianzen:

$$\overline{x} = 53,758 \quad \overline{y} = 150,309 \quad S_x^2 = 263,314$$
$$S_y^2 = 2285,678 \quad S_{xy} = 571,502$$

Daraus erhält man die Koeffizienten der KQ-Regression:

$$\hat{a}_1 = S_{xy}/S_x^2 = 571,502/263,314$$
$$= 2,170 \, ,$$
$$\hat{a}_0 = \overline{y} - \hat{a}_1 \overline{x} = 150,309 - 2,170 \times 53,758$$
$$= 33,654 \, .$$

Die Regressionsgerade lautet demnach

$$\hat{y}(x) = 33,654 + 2,170x,$$

sie ist in ◘ Abb. 2.28 im Streudiagramm eingetragen.

Der Steigungskoeffizient, 2,170 lässt sich dahingehend interpretieren, dass im vorliegenden Datensatz mit jedem zusätzlichen Beherbergungsbetrieb gemäß der Regressionsgerade 2.170 zusätzliche Übernachtungen in einem Ort verbunden sind. Der Y-Achsenabschnitt $\hat{a} = \hat{y}(x = 0) = 33,654$ ist in diesem Fall nicht sinnvoll zu interpretieren, da der zugrunde liegende Wert $x = 0$ keinen Sinn ergibt:

a) $R^2_{y|x} = 1$

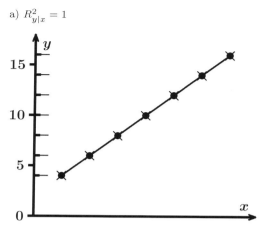

b) $R^2_{y|x} = 0,287$

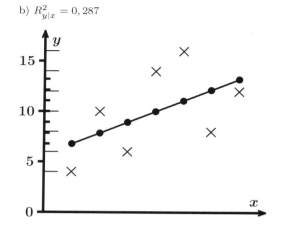

◼ **Abb. 2.27** Einfaches Bestimmtheitsmaß

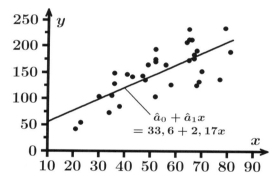

$\hat{a}_0 + \hat{a}_1 x$
$= 33,6 + 2,17x$

◼ **Abb. 2.28** Regressionsgerade im Tourismusbeispiel

Wenn es keine Unterkünfte gibt ($x = 0$), wäre eine sinnvolle „typische" Übernachtungszahl ebenfalls null (und nicht 33.654). $\hat{a}_0 = 33,654$ stellt also hier lediglich eine technische Größe dar, die sicherstellt, dass die Regressionsgerade im beobachteten Wertebereich von X, hier also von $x = 21$ bis $x = 81$, eine bestmögliche Anpassung an die Daten aufweist.

Auch das einfache Bestimmtheitsmaß lässt sich leicht berechnen:

$$R^2_{y|x} = \frac{S^2_{xy}}{S^2_x S^2_y} = \frac{571,502^2}{263,314 \times 2285,678} = 0,543$$

Alleine die Anzahl der Beherbergungsbetriebe erklärt also die Unterschiede in den Übernachtungszahlen zu etwa 54%.

Beispiel. Für 25 zufällig ausgewählte Mietwohnungen ähnlicher Größe in einer Region sind die Quadratmeterpreise sowie die Jahre seit der letzten grundlegenden Renovierung erfasst worden. Die Ergebnisse finden Sie in Tabelle 2.4 und auch in ◼ Abb. 2.29.

◼ **Tabelle 2.4** Datensatz zum Mietpreisbeispiel

Nr.	X: Jahre seit Renov.	Y: m^2-Preis
1	17	6,80
2	30	4,15
3	0	8,95
4	12	7,26
5	18	7,52
6	13	6,20
7	7	8,28
8	26	3,92
9	2	7,27
10	9	7,14
11	19	6,70
12	11	8,15
13	26	4,32
14	21	5,22
15	28	3,12
16	29	3,40
17	14	6,52
18	4	8,50
19	5	7,52
20	3	8,16
21	1	7,81
22	26	5,60
23	14	8,35
24	21	5,00
25	18	6,10

Die Vermutung liegt nahe, dass bei lange zurückliegender Renovierung die Mietpreise je Quadratmeter niedriger sein sollten. Ein einfacher grafischer Abtrag der Daten bestätigt diese Vermutung.

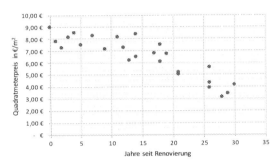

◘ **Abb. 2.29** Datenpunkte im Mietpreisbeispiel

Für die 25 Einzeldaten der ausgewählten Wohnungen ergeben sich bzgl. der Merkmale X: „Jahre seit Renovierung" und Y: „Quadratmeterpreis" folgende Mittelwerte und Varianzen:

$$\overline{x} = 14,960 \quad \overline{y} = 6,478 \quad S_x^2 = 85,958$$
$$S_y^2 = 2,819 \quad S_{xy} = -13,750$$

Daraus erhält man die Koeffizienten der KQ-Regression:

$$\hat{a}_1 = S_{xy}/S_x^2 = -13,750/85,958$$
$$= -0,160$$
$$\hat{a}_0 = \overline{y} - \hat{a}_1\overline{x} = 6,478 - (-0,160) \times 14,960$$
$$= 8,872 .$$

Die Regressionsgerade lautet demnach $\hat{y}(x) = 8,872 - 0,160x$. Gemäß der Geradengleichung wäre bei einer grundlegenden Renovierung, die 7 Jahre zurückliegt, mit einer Quadratmetermiete von von $\hat{y}(7) = 7,75 \frac{Euro}{m^2}$ zu rechnen.

Vielleicht mögen Sie einmal selber nachdenken, wie die geschätzten Parameter zu interpretieren sind. Konkret:

— Wie ist der Steigungsparameter der Regressionsgeraden zu interpretieren?
— Und wie ist der Y-Achsenabschnitt zu interpretieren?

Weitergehende Hinweise zur Interpretation der Parameter finden sich auch in einer folgenden Box.

Auch das einfache Bestimmtheitsmaß lässt sich leicht berechnen:

$$R_{y|x}^2 = \frac{S_{xy}^2}{S_x^2 S_y^2} = \frac{(-13,750)^2}{85,958 \times 2,819} = 0,780.$$

Alleine die Jahre seit Renovierung erklären also die Unterschiede in den Quadratmeterpreisen zu 78%. Dieser Wert ist in der Realität vermutlich zu hoch, es handelt sich an dieser Stelle aber auch nur um ein exemplarisches Beispiel.

Sowohl die Berechnung der Regressionsgeraden als auch die Berechnung des einfachen Bestimmtheitsmaßes lässt sich einfach beispielsweise auch in Excel umsetzen mittels „Trendlinie hinzufügen", wie der ◘ Abb. 2.30 zu entnehmen ist. Die geringfügigen Abweichungen in den ausgewiesenen Werten liegen in Rundungsdifferenzen begründet.

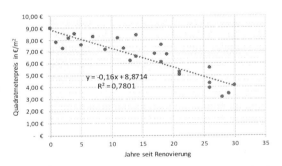

◘ **Abb. 2.30** Datenpunkte, geschätzte Regressionsgerade und Regressionsgleichung im Mietpreisbeispiel

---

Hintergrundinformation

Der Steigungskoeffizient $\hat{a}_1$ gibt an, mit wieviel zusätzlichen Einheiten von Y ein Zuwachs von X um eine Einheit im vorliegenden Datensatz gemäß dem Regressionszusammenhang verbunden ist.

Das Absolutglied $\hat{a}_0$ gibt an, welcher Y–Wert für $x = 0$ gemäß der Regressionsgerade typisch ist. $\hat{a}_0$ ist nur dann aussagekräftig, wenn einerseits $x = 0$ sinnvoll interpretierbar ist und andererseits auch Werte um $x = 0$ im Datensatz beobachtet werden. Schließlich ist die Regressionsgerade berechnet worden, um die **tatsächlich erhobenen** Daten möglichst gut zu beschreiben.

2.7.3 Multiple Regressionsanalyse

Die oben dargestellte Einfachregression beschreibt das Merkmal y allein in Abhängigkeit des Merkmals x. In ökonomischen Anwendungen – wie auch in vielen anderen Fällen – muss jedoch stets davon ausgegangen werden, dass die Beobachtungen das Zusammenwirken von mehr als zwei Variablen widerspiegeln. Im Rahmen der beschreibenden KQ-Regression ist es in einfacher Weise möglich, den Einfluss mehrerer Merkmale (Regressoren) auf y (den Regressanden) anhand einer linearen Regressionsgleichung der Form

$$y(x_1, x_2, \ldots, x_k) = a_0 + a_1 x_1 + a_2 x_2 + \ldots + a_k x_k + v$$

zu bestimmen.

Im ersten Moment mag das sehr schwierig erscheinen, da hier eine grafische Darstellung nicht mehr so einfach möglich ist. Wenn man sich aber auf das Rechnen beschränkt, ändert sich allerdings nur wenig. Das Vorgehen zur Bestimmung der KQ-Koeffizienten $\hat{a}_0$, $\hat{a}_1$, ..., $\hat{a}_k$ ist dabei analog zum Vorgehen in der Einfachregression: Die Residuenquadratsumme wird minimiert. Dazu werden die $k + 1$ partiellen Ableitungen der Residuenquadratsumme nach a_0, a_1 und a_k gebildet, gleich null gesetzt und das resultierende Gleichungssystem nach den KQ-Koeffizienten $\hat{a}_0$, $\hat{a}_1$, ..., $\hat{a}_k$ aufgelöst.

Für die Zweifachregression ($k = 2$):

$$y_i = a_0 + a_1 x_{1i} + a_2 x_{2i} + v_i \qquad (2.1)$$

erhält man aus der Minimierung der Residuenquadratsumme

$$RSS(a_0, a_1, a_2) = \sum_{i=1}^{n} v_i^2$$

$$= \sum_{i=1}^{n} (y_i - (a_0 + a_1 x_{1i} + a_2 x_{2i}))^2$$

durch Nullsetzen der drei partiellen Ableitungen

$$\frac{\partial RSS(\hat{a}_0, \hat{a}_1, \hat{a}_2)}{\partial \hat{a}_0}$$
$$= 2 \sum_i (y_i - (\hat{a}_0 + \hat{a}_1 x_{1i} + \hat{a}_2 x_{2i}))(-1) \overset{!}{=} 0$$
$$\frac{\partial RSS(\hat{a}_0, \hat{a}_1, \hat{a}_2)}{\partial \hat{a}_1}$$
$$= 2 \sum_i (y_i - (\hat{a}_0 + \hat{a}_1 x_{1i} + \hat{a}_2 x_{2i}))(-x_{1i}) \overset{!}{=} 0$$
$$\frac{\partial RSS(\hat{a}_0, \hat{a}_1, \hat{a}_2)}{\partial \hat{a}_2}$$
$$= 2 \sum_i (y_i - (\hat{a}_0 + \hat{a}_1 x_{1i} + \hat{a}_2 x_{2i}))(-x_{2i}) \overset{!}{=} 0.$$

Es ergeben sich die drei Normalgleichungen

$$\sum_i (y_i - (\hat{a}_0 + \hat{a}_1 x_{1i} + \hat{a}_2 x_{2i})) = 0$$
$$\sum_i (y_i - (\hat{a}_0 + \hat{a}_1 x_{1i} + \hat{a}_2 x_{2i})) x_{1i} = 0$$
$$\sum_i (y_i - (\hat{a}_0 + \hat{a}_1 x_{1i} + \hat{a}_2 x_{2i})) x_{2i} = 0 \quad .$$

Löst man dieses Gleichungssystem nach $\hat{a}_0$, $\hat{a}_1$ und $\hat{a}_2$ auf, so ergibt sich nach einigen Umformungen:

$$\hat{a}_0 = \overline{y} - \hat{a}_1 \overline{x_1} - \hat{a}_2 \overline{x_2} \quad ,$$
$$\hat{a}_1 = \frac{S_{x_1 y} S_{x_2}^2 - S_{x_2 y} S_{x_1 x_2}}{S_{x_1}^2 S_{x_2}^2 - (S_{x_1 x_2})^2} \quad ,$$
$$\hat{a}_2 = \frac{S_{x_1}^2 S_{x_2 y} - S_{x_1 y} S_{x_1 x_2}}{S_{x_1}^2 S_{x_2}^2 - (S_{x_1 x_2})^2}.$$

Dieses Ergebnis weist starke Analogien zum Fall der Einfachregression auf:

Zum einen sind die KQ-Koeffizienten weiterhin Funktionen allein der Mittelwerte, Varianzen und Kovarianzen des Datensatzes, es sind also keine weiteren Informationen als durch die empirischen Werte notwendig.

Auch bei der Zweifachregression gilt die Streuungszerlegung $S_y^2 = S_{\hat{y}}^2 + S_{\hat{v}}^2$. Als Gütemaß kann deshalb weiterhin der Anteil der erklärten an der Gesamtstreuung herangezogen werden. Das *multiple Bestimmtheitsmaß* lässt sich im Fall der Zweifachregression gemäß

$$R^2_{y|x_1x_2} = \frac{S^2_{\hat{y}}}{S^2_y} = \frac{\hat{a}_1 S_{x_1y} + \hat{a}_2 S_{x_2y}}{S^2_y}$$

berechnen.

Im allgemeinen Fall der k-fach-Regression $y = a_0 + a_1x_1 + a_2x_2 + \ldots + a_kx_k + v$ gelten diese Aussagen analog. Wir ersparen Ihnen an dieser Stelle die formale Darstellung. Man kann sich vorstellen, dass die sich ergebenden Formeln sehr kompliziert sind. Diese Formeln sind aber einfach darstellbar, wenn man sich der Matrizendarstellung bedient. Wenn Sie einmal einen Blick in ein entsprechendes Buch zur multiplen Regression werfen, werden Sie dies feststellen können (siehe etwa Fahrmeir et al. 2016, Abschnitt 12.2.3).

Beispiel. Ein Unternehmen stellt Kühlanlagen her. Es bezieht Spezialwärmetauscher von einem Zulieferbetrieb. Der Abfüllanlagenhersteller hat festgestellt, dass der Preis, der ihm für die Wärmetauscher in Rechnung gestellt wird, zum einen von der Arbeitszeit, zum anderen vom Materialverbrauch abhängt. Es besteht also ein mehrdimensionaler (dreidimensionaler) Zusammenhang zwischen den Größen

y: Wärmetauscherpreis in €
x_1: Arbeitszeit in Stunden
x_2: Materialverbrauch einer Edelstahllegierung, gemessen in kg

Für die letzten 10 Wärmetauscher, die bei dem Zulieferer in Auftrag gegeben wurden, liegen die Daten y_i, x_{1i} und x_{2i}, $i = 1, \ldots, n$, $n = 10$, vor, siehe Tabelle 2.5.
Es soll untersucht werden, ob der Zusammenhang durch eine lineare Beziehung der Form

$$y_i(x_1, x_2) = a_0 + a_1x_{1i} + a_2x_{2i}$$

gut beschrieben werden kann. Dazu wird eine Zweifachregression nach der KQ-Methode durchgeführt. Aus den gegebenen Daten erhält man folgende Mittelwerte und (Ko-)Varianzen:

$$\overline{y} = 488,9 \quad S^2_y = 11768,69$$
$$\overline{x_1} = 5,1 \quad S_{x_1y} = 158,36 \quad S^2_{x_1} = 2,272$$
$$\overline{x_2} = 0,92 \quad S_{x_2y} = 14,232 \quad S_{x_1x_2} = 0,152$$
$$S^2_{x_2} = 0,0296$$

□ **Tabelle 2.5** Daten des Spezialwärmetauscher-Beispiels

i	y_i	x_{1i}	x_{2i}	i	Preis y_i	Arbeits-zeit x_{1i}	Material-einsatz x_{2i}
1	y_1	$x_{1;1}$	$x_{2;1}$	1	422	4, 1	0, 9
2	y_2	$x_{1;2}$	$x_{2;2}$	2	380	3, 5	0, 8
3	y_3	$x_{1;3}$	$x_{2;3}$	3	507	4, 5	1, 2
4	y_4	$x_{1;4}$	$x_{2;4}$	4	642	7, 4	1
5	y_5	$x_{1;5}$	$x_{2;5}$	5	428	5, 0	0, 7
6	y_6	$x_{1;6}$	$x_{2;6}$	6	318	3, 0	0, 6
7	y_7	$x_{1;7}$	$x_{2;7}$	7	593	6, 5	1, 0
8	y_8	$x_{1;8}$	$x_{2;8}$	8	656	7, 5	1, 1
9	y_9	$x_{1;9}$	$x_{2;9}$	9	420	4, 0	0, 9
10	y_{10}	$x_{1;10}$	$x_{2;10}$	10	523	5, 5	1, 0

Mit Hilfe dieser Mittelwerte und Varianzen (sog. erste und zweite Momente der gemeinsamen Verteilung) lassen sich nun die KQ-Koeffizienten der linearen Regressionsgleichung

$$\hat{y} = \hat{a}_0 + \hat{a}_1x_{1i} + \hat{a}_2x_{2i}$$

nach den oben angegebenen Formeln bestimmen. In der Praxis werden Sie hierfür natürlich geeignete Software verwenden. Selbst in Tabellenkalkulationsprogrammen wie Microsoft Excel sind Routinen für die multiple Regression implementiert. Wir geben die Berechnungen hier jedoch explizit an, damit Sie jeden Schritt der Regressionsanalyse nachvollziehen können:

$$\hat{a}_1 = \frac{S_{x_1y}S^2_{x_2} - S_{x_2y}S_{x_1x_2}}{S^2_{x_1}S^2_{x_2} - (S_{x_1x_2})^2}$$
$$= \frac{158,36 \times 0,0296 - 14,232 \times 0,152}{2,272 \times 0,0296 - (0,152)^2}$$
$$= 57,18$$

$$\hat{a}_2 = \frac{S^2_{x_1}S_{x_2y} - S_{x_1y}S_{x_1x_2}}{S^2_{x_1}S^2_{x_2} - (S_{x_1x_2})^2}$$
$$= \frac{2,272 \times 14,232 - 158,36 \times 0,152}{2,272 \times 0,0296 - (0,152)^2}$$
$$= 187,20$$

$$\hat{a}_0 = \overline{y} - \hat{a}_1\overline{x_1} - \hat{a}_2\overline{x_2}$$
$$= 488,90 - 57,18 \times 5,10 - 187,20 \times 0,92$$
$$= 25,074$$

Die Regressionsgleichung lautet damit

$$\hat{y} = 25,074 + 57,18x_1 + 187,20x_2.$$

Wie sind diese Werte nun konkret zu interpretieren? – Jede **zusätzliche** Arbeitsstunde verteuert gemäß dieser Regressionsbeziehung den Wärmetauscher um 57,18 €, jedes **zusätzliche** kg Material führt zu einer Preissteigerung von 187,20 € (und dementsprechend jedes zusätzliche Gramm zu 0,187 € Preissteigerung).

Bestellt der Betrieb einen Wärmetauscher, der in der Fertigung 3 Stunden Arbeitszeit und 1 kg Materialaufwand erfordert, so wird dieser Wärmetauscher ca.

$$\hat{y}(x_1 = 3, x_2 = 1)$$
$$= 25,074 + 57,18 \times 3 + 187,20 \times 1$$
$$= 383,81 \ (\text{€})$$

kosten. Der tatsächliche Preis dürfte nur unwesentlich vom geschätzten Preis 383,81 € abweichen, da die Regressionsgleichung den Zusammenhang zwischen Preis, Zeit- und Materialaufwand fast perfekt beschreibt: Das multiple Bestimmtheitsmaß der Regression beträgt

$$R^2_{y|x_1 x_2} = \frac{\hat{a}_1 S_{x_1 y} + \hat{a}_2 S_{x_2 y}}{S^2_y}$$
$$= \frac{57,18 \times 158,36 + 187,20 \times 14,232}{11768,69}$$
$$= 0,996,$$

d. h. die Regression erklärt 99,6% der Streuung der Wärmetauscherpreise.

Worin liegt nun der Vorteil davon, dass in der Regressionsschätzung nicht nur ein möglicher Einflussfaktor (Arbeitszeit oder Materialverbrauch) berücksichtigt wird, sondern beide zugleich? – Dies lässt sich gut erkennen, wenn man dem Ergebnis der oben dargestellten Regressionsergebnisse die der jeweiligen Einfachregression gegenüberstellt:

Der Anlagenhersteller würde die Kosten von zusätzlicher Arbeitszeit und zusätzlichem Material bei der Produktion der Wärmetauscher grob überschätzen, wenn er **fälschlicherweise** nur die bivariaten Zusammenhänge zwischen y und x_1 (Arbeitszeit) bzw. zwischen y

und x_2 (Materialverbrauch) in (getrennten) Einfachregressionen analysieren würde, wie die folgenden Berechnungen zeigen:

Man erhält für den Steigungskoeffizienten $\hat{b}_1$ in der Regressionsgerade $\hat{y} = \hat{b}_0 + \hat{b}_1 x_1$

$$\hat{b}_1 = S_{x_1 y}/S^2_{x_1} = 158,36/2,272 = 69,70.$$

Mit 69,70 € wird der Einfluss einer zusätzlichen Arbeitsstunde auf den Wärmetauscherpreis überschätzt, da ein höherer Arbeitseinsatz im Mittel auch mit einem höheren Materialaufwand einhergeht ($S_{x_1 x_2} > 0$). Der Materialaufwand bleibt in der Einfachregression $\hat{y} = \hat{b}_0 + \hat{b}_1 x_1$ jedoch unberücksichtigt. Er wird nur indirekt über den Arbeitsaufwand erfasst. Daher übernimmt der „Arbeitszeitparameter" $\hat{b}_1$ einen Teil des preissteigernden Einfluss des (ignorierten) Materialaufwandes sozusagen „mit". Auf dieses Phänomen wird im Abschnitt 5.2 zu den Annahmen im Linearen Modell noch eingegangen.

Im folgenden Beispiel geben wir einen Ausblick, wie sich mittels der KQ-Methode auch Situationen behandeln lassen, die auf den ersten Blick nicht in das oben beschriebene Setting fallen.

Beispiel. Im Beispiel zum Zusammenhang der Mietpreise pro Quadratmeter und der Jahre seit Renovierung der Wohnungen (siehe Abschnitt 2.7.2) wurde ein vereinfachter Datensatz mit lediglich 25 Beobachtungen verwendet.[11] Im Folgenden wird ein weiterer Datensatz betrachtet, dem 1000 Wohnungen zugrunde liegen. Die zu erklärende Größe ist weiterhin Y:„Quadratmeterpreis". Neben den Jahren seit Renovierung, x_1: „Jahre seit Renovierung", ist leicht einsichtig, dass es weitere mögliche Einflüsse auf den Quadratmeterpreis gibt. Wir betrachten jetzt exemplarisch die Gartenfläche und die Etage.

---

[11] Der Zusammenhang zwischen den „Jahren seit der Renovierung" und dem „Quadratmeterpreis" war dabei sehr hoch; dies war aus didaktischen Gründen so gewählt. Im nun folgenden Datensatz ist dies nicht der Fall; er ist dadurch realistischer. Die beiden Datensätze haben so nichts direkt miteinander zu tun. Insbesondere stellt der erste Datensatz keine Stichprobe des zweiten dar.

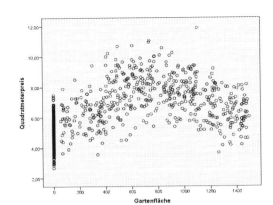

◘ **Abb. 2.31** Datenpunkte Gartenfläche und Mietpreis

Das Vorgehen dabei gemäß der oben dargestellten Theorie ist allerdings nicht ohne weiteres möglich. Eine einfache Aufnahme von x_2:„Gartenfläche in Quadratmetern" (wenn kein Garten vorhanden ist, ist dieses Merkmal mit „0" kodiert) würde nämlich einen linearen Zusammenhang unterstellen. Zur Gartenfläche kann aber als Hypothese angenommen werden, dass ein zusätzlicher Garten den Quadratmeterpreis der Wohnung zwar erhöhen könnte. Allerdings mag ein Garten vor allem dann den Mietpreis in die Höhe schnellen lassen, wenn der Garten nicht zu groß ist, da sich ansonsten die umfängliche Gartenarbeit negativ auswirken könnte. In der ◘ Abb. 2.31 sind die Mietpreise gegen die Gartengröße abgetragen. Tatsächlich lässt sich beobachten, dass bis zu etwa 800 Quadratmetern ein positiver Einfluss auf die Miete vorliegt, darüber hinaus sinken die Mieten wieder.

Um derartige möglicherweise nicht-lineare Einflüsse abzubilden, können beispielsweise quadratische Einflüsse im Rahmen der Regressionsanalyse analysiert werden. Hierzu wird eine zweite Variable gebildet, die die quadrierte Gartenfläche umfasst, x_3: „Gartenfläche quadrat":

$$x_3 = x_2^2$$

Darüber hinaus kann man sich vorstellen, dass Wohnungen im Erdgeschoss sowie im obersten Geschoss besonders beliebt sind. Im Datensatz sind Wohnungen aus dem Erdgeschoss sowie aus dem ersten, dem zweiten und dem dritten Stockwerk enthalten. Tatsächlich liegt der mittlere Quadratmeterpreis im Datensatz bei 6,24 €, im ersten Stock bei 5,96 €, im zweiten Stock bei 6,08 € und im dritten Stock bei 6,40 €. Die Annahme scheint sich also zumindest in dieser deskriptiven Auswertung zu bestätigen.

Es ist leicht ersichtlich, dass es auf Basis dieses Befunds nicht sinnvoll ist, das Merkmal „Stockwerk" einfach mit den Werte 0, 1, 2 und 3 (oder alternativ 1, 2, 3 und 4) einfließen zu lassen, denn in diesem Fall würde die Regressionsanalyse einen linearen Zusammenhang zwischen den Mietpreisen und den Stockwerken suchen. Es liegt aber ein U-förmiger Verlauf (besonders hohe Mietpreise im Erdgeschoss sowie im dritten Stock) vor. Um dies im Regressionsmodell adäquat abzubilden, bietet es sich an, die Stockwerkzahl mittels sogenannter *Dummy-Variablen* zu berücksichtigen. Je Stockwerk wird in diesem Fall eine binäre Kodierung vorgenommen, d. h. sofern das betreffende Stockwerk vorliegt, wird das Merkmal mit „1" kodiert, ansonsten mit „0". Es müssen also weitere Merkmale geschaffen werden: x_4: „1. Stock", x_5: „2. Stock" sowie x_6: „3. Stock". Dem aufmerksamen Leser mag auffallen, dass hierbei nicht das Erdgeschoss als eigenes Merkmal berücksichtigt wird. Dies hat seinen Grund darin, dass es sich hierbei um eine redundante Information handeln würde, denn wenn eine Wohnung nicht im ersten, im zweiten oder im dritten Stock liegt, muss sie im Erdgeschoss liegen. Dies wird im Modell nicht extra ausgewiesen (genauer könnte die Regressionsanalyse dies auch nicht berücksichtigen) und so lautet die lineare Gleichung, die durch die Regressionsanalyse beschrieben werden soll, im vorliegenden Fall

$$y_i = a_0 + a_1 x_{1i} + a_2 x_{2i} + a_3 x_{3i} + a_4 x_{4i} + a_5 x_{5i} + a_6 x_{6i}.$$

Berechnet man die Regressionsanalyse (mittels Computer), erhält man das folgende Ergebnis:

$$\hat{y} = 6,420 - 0,08 x_1 + 0,00741 x_2 - 0,0000047 x_3 - 0,391 x_4 - 0,335 x_5 + 0,00517 x_6$$

Wie lässt sich dieses nun konkret interpretieren? – Jedes Jahr, das eine Renovierung zusätzlich zurückliegt, senkt den Quadratmeterpreis um 0,08

€. Bei dem Einfluss der Gartenfläche ist die Interpretation schon schwieriger: Ein Garten von 700 Quadratmetern würde den Mietpreis wie folgt beeinflussen:

$$0,00741 \times 700 - 0,0000047 \times 700^2 = 2,88$$

Die Miete würde also – gegenüber dem Fall, dass kein Garten vorliegt – um 2,88 € steigen. Wäre der Garten beispielsweise 1400 Quadratmeter groß, betrüge der zusätzliche Quadratmeterpreis lediglich 1,16 €. Es spiegelt sich also der erwartete Effekt wider, dass der Garten bis zu einer gewissen Größe den Quadratmeterpreis deutlicher erhöht als bei einem sehr großen Garten.

Lässt sich auch ermitteln, bei welcher Größe des Gartens ein maximaler positiver Einfluss auf den Quadratmeterpreis der Miete vorliegt? – Hierzu kann man auf die aus der Analysis bekannten Bedingungen für Extrempunkte zurückgreifen. Hierbei rufen wir uns in Erinnerung, dass

$$x_3 = x_2^2$$

gilt, und stellen die Regressionsgleichung entsprechend dar

$$\hat{y} = 6,420 - 0,080x_1 + 0,00741x_2$$
$$- 0,0000047x_2^2 - 0,391x_4 - 0,335x_5$$
$$+ 0,00517x_6.$$

Die notwendige Bedingung, um den Extrempunkt zu finden, lautet dann:

$$\frac{\partial \hat{y}}{\partial x_2} = 0,00741 - 0,0000047 \cdot 2x_2 \overset{!}{=} 0$$

Nach entsprechender Umformung erhält man

$$x_2 = 788,30.$$

Der Extremwert, also der größte Einfluss auf den Quadratmeterpreis der Miete, liegt also bei einer Gartengröße von gut 788 Quadratmetern vor. Da in x_2 eine nach unten geöffnete Parabel vorliegt, ist dies auch tatsächlich der Hochpunkt.

Und wie lassen sich die Einflüsse der Stockwerke auf den Mietpreis interpretieren? – Basis ist eine Wohnung im Erdgeschoss, die ja nicht extra in der Regressionsanalyse aufgenommen wurde. Eine Wohnung im ersten Stock (x_4) senkt den Quadratmeterpreis gegenüber einer Erdgeschosswohnung um gerundet 0,39 €, eine Wohnung im zweiten Stock (x_5) senkt den Quadratmeterpreis gerundet um 0,34 €. Eine Wohnung im dritten Stock (x_6) ist nahezu genau so teuer, wie eine Erdgeschosswohnung: Der Quadratmeterpreis sinkt lediglich gerundet um 0,01 €.

Mittels der Regressionsanalyse lassen sich auf Basis des Datensatzes nun auch für verschiedene alternative Wohnungen Mietpreise in diesem Modell berechnen. So wäre für eine Wohnung, die vor 7 Jahren renoviert wurde, die keinen Garten hat und die im dritten Stock liegt, ein Quadratmeterpreis von 5,87 € zu erwarten, da

$$\hat{y} = 6,420 - 0,080 \times 7 + 0,00741 \times 0$$
$$- 0,0000047 \times 0 - 0,391 \times 0$$
$$- 0,335 \times 0 + 0,00517 \times 1$$
$$\approx 5,87.$$

Abschließend sei noch auf das Ergebnis der Regressionsanalyse hinsichtlich des multiplen Bestimmtheitsmaßes verwiesen:

$$R^2 = 0,731$$

D. h. die Regression erklärt 73,1% der Streuung der Quadratmeterpreise für die Mietwohnungen im Datensatz, wenn die Jahre seit Renovierung der Wohnungen, die Größe des Gartens inklusive eines quadratischen Einflusses sowie die Stockwerke berücksichtigt werden.[12]

Zusammenfassung

Ziel der *bivariaten Regressionsanalyse* – dies heißt „zwischen zwei Merkmalen" – ist es, jeder Ausprägung des einen Merkmals einen „typischen" Wert des zweiten Merkmals zuzuordnen. Die Merkmale werden also asymmetrisch behandelt: Der Regressand, d. h. das „abhängige" Merkmal im Falle einer Regression von y auf x, $y(x)$, also das Merkmal y, wird durch den Regressor, d. h. das „unabhängige" Merkmal x, erklärt. Hierfür werden bei

---

[12] Beachten Sie, dass ein Vergleich dieses R^2-Werts mit dem aus Abschnitt 2.7.2 insbesondere deshalb nicht sinnvoll ist, da dort ein alternativer Datensatz genutzt wurde, der keine Stichprobe des hier vorliegenden Datensatz darstellt.

der linearen Regressionsanalyse die Parameter der sogenannten *Regressionsgerade* $\hat{y}(x) = \hat{a}_0 + \hat{a}_1 x$ so bestimmt, dass die Datenlage idealtypisch beschreibt. Der derart ermittelte Steigungskoeffizient $\hat{a}_1$ gibt an, wie sich die Werte gemäß der Regressionsgeraden für das abhängige Merkmal verändern, wenn sich das unabhängige Merkmal um eine Merkmalsausprägung erhöht. Der Y-Achsenabschnitt $\hat{a}_0$ ist eine theoretische Größe, die häufig nicht sinnvoll zu interpretieren ist. Er gibt an, welchen Wert das abhängige Merkmal gemäß der Regressionsgeraden annehmen müsste, wenn das unabhängige Merkmal den Wert 0 annehmen würde. Um zu bestimmen, wie gut die Regressionsgerade den Zusammenhang zwischen den beiden Merkmalen beschreibt, verwendet man das *Bestimmtheitsmaß* R^2. Die Idee dahinter ist, dass die Regressionsgerade den Datensatz offenbar umso besser beschreibt, je dichter die Beobachtungen an der Regressionsgeraden liegen. Das Bestimmtheitsmaß kann dabei Werte zwischen 0 (kein Erklärungsgehalt) und 1 (vollständiger Erklärungsgehalt, d.h. die Werte des unabhängigen Merkmals erklären über die Regressionsgerade die Werte des abhängigen Merkmals perfekt) annehmen.

Wiederholungsfragen

1. Können Sie die Idee der Regressionsanalyse in eigenen Worten erklären?
2. Was unterscheidet die bivariate und die multiple Regressionsanalyse?
3. Können Sie die geschätzten Parameter der Regressionsanalyse interpretieren?
4. Können Sie die Werte des Bestimmtheitsmaßes R^2 inhaltlich interpretieren und von der Höhe einordnen?

■ **Weiterführende Literatur**

Weitere Lehrbücher: Fahrmeir, L., Heumann, C., Künstler, R., Pigeot, I., und Tutz, G. (2016). *Statistik: Der Weg zur Datenanalyse.* Springer-Verlag Mittag, H.-J. (2017). *Statistik: eine Einführung mit interaktiven Elementen.* Springer-Verlag

Buch mit vielen Aufgaben: Fahrmeir, L., Künstler, R., Pigeot, I., Tutz, G., Caputo, A., und Lang, S. (2013). *Arbeitsbuch Statistik.* Springer-Verlag

2.8 Übungsaufgaben zu Kap. 2

1. Die Box-Plots in der folgenden Grafik fassen Daten zu den Strecken zusammen, die 100 Fußballer an einem Spieltag im Laufe eines Fußballspiels jeweils in der ersten und der zweiten Halbzeit zurückgelegt haben. Dabei wurden nur Spieler berücksichtigt, die die volle Spielzeit auf dem Platz standen.

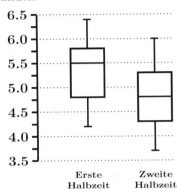

Beurteilen Sie folgende Aussagen:

a) *„In der zweiten Halbzeit läuft kein Spieler mehr als 6 km.“*

b) *„In der ersten Halbzeit legen die Spieler tendenziell größere Entfernungen zurück als in der zweiten Halbzeit“.*

c) *„In der ersten Halbzeit legt die Hälfte der Spieler mehr als 5 km zurück.“*

d) *„Während in der ersten Halbzeit noch drei Viertel der Spieler mehr als ca. 4,8 Kilometer zurücklegen, gilt das in der zweiten Hälfte nur noch für die Hälfte der Spieler.“*

e) *„Die Unterschiede in den Laufleistungen einzelner Spieler in den beiden Halbzeiten sind gering.“.*

f) *„Spieler, die in der ersten Halbzeit wenig laufen, tun dies auch in der zweiten Halbzeit.“*

2. In der folgenden Abbildung ist die Verteilung der monatlichen Einkommen von Alleinerziehenden mit einem Kind und Paaren mit einem Kind wiedergegeben. Vergleichen Sie die beiden Verteilungen und bestimmen Sie für beide Haushaltstypen jeweils näherungsweise den Median.

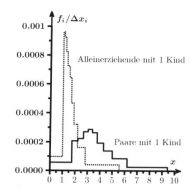

3. Zeigen Sie, dass folgende Umformung der „konventionellen" Varianzformel korrekt ist:

$$S^2 = \frac{1}{n}\sum_{i=1}^{n}(x_i - \overline{x})^2 = \overline{x^2} - \overline{x}^2 \quad ,$$

wobei $\overline{x^2}$ den Mittelwert der quadrierten Beobachtungen bezeichnet: $\overline{x^2} = \sum_{i=1}^{n} x_i^2/n$.

4. Eine Universität will mit einer weitreichenden Kampagne den Anteil von Studentinnen in den MINT-Studienfächern (Mathematik, Informatik, Naturwissenschaften, Technik) erhöhen. Um den Erfolg der Kampagne zu beurteilen, werden die Studienanfänger nach Geschlecht (Merkmal A mit den Ausprägungen $a_1 = 0$ für „männlich" und $a_2 = 1$ für „weiblich") und Studienfach (Merkmal B mit den Ausprägungen $b_1 = 0$ für „MINT" und $b_2 = 1$ für „nicht MINT") gegliedert und die Zahlen im Studienjahr vor Beginn der Kampagne mit den Häufigkeiten im Studienjahr nach der Kampagne verglichen. Die Häufigkeitsverteilungen lauten:

| **vorher** | | nicht | |
| | MINT | MINT | |
	b_1	b_2	$\sum$
M a_1	487	929	1416
W a_2	197	842	1039
$\sum$	684	1771	2455

| **nachher** | | nicht | |
| | MINT | MINT | |
	b_1	b_2	$\sum$
M a_1	427	935	1362
W a_2	237	1623	1860
$\sum$	664	2558	3222

Die Universitätsleitung behauptet:

> „Die Kampagne war extrem erfolgreich, der Zusammenhang zwischen Geschlecht und Studienfachwahl konnte deutlich verringert werden. Das manifestiert sich in den Studentinnenzahlen in den MINT-Fächern: Betrug der Frauenanteil bei den MINT-Erstsemestern vor der Kampagne nur 28,8%, so ist er auf nun 35,7% deutlich angestiegen!"

Können Sie dem zustimmen?

5. Am 8.9.2015 vermeldete das Statistische Bundesamt im Rahmen einer Pressemitteilung, dass im Jahr 2014 30,0% der Bevölkerung mit Migrationshintergrund Abitur oder Fachhochschulreife gehabt hätten, der entsprechende Anteil bei Personen ohne Migrationshintergrund hätte hingegen nur 28,5% betragen. Zugrundegelegt wurden bei dieser Auswertung Personen ab 15 Jahre.

Beurteilen Sie diese Meldung vor dem Hintergrund, wie sich die Bevölkerung mit und ohne Migrationshintergrund vermutlich hinsichtlich des Alters zusammensetzt sowie der Entwicklung der Schulabschlüsse in den vergangenen Jahrzehnten.

6. In einer Studie zur intergenerativen Mobilität wurde die räumliche Entfernung von Eltern, die keine Kinder mehr im Haushalt haben, zu ihrem nächstwohnenden Kind untersucht. Ferner wurde die Schulbildung des Kindes erfragt. Diese Merkmale wurden wie folgt kodiert:

Merkmal V: „Entfernung zu Eltern" mit den Ausprägungen „Kind lebt ..."

$v_1 = 1$ für „im gleichen Ort"

$v_2 = 2$ für „in anderem Ort, weniger als eine Fahrstunde entfernt"

$v_3 = 3$ für „in anderem Ort, mehr als eine Fahrstunde entfernt"

Merkmal W: „Schulbildung des Kindes" mit den Ausprägungen

$w_1 = 1$ für „Hauptschule oder vergleichbar"

$w_2 = 2$ für „Realschule oder vergleichbar"

$w_3 = 3$ für „(Fach-) Hochschulreife"

Das Ergebnis der Befragung von $n = 616$ Familien ist in der folgenden Kontingenztabelle zusammengefasst:

	v_1	v_2	v_3	$n(w_i)$
v_1	67	48	21	136
v_2	88	125	51	264
v_3	34	78	104	216
$n(v_j)$	189	251	176	616

a) Besteht ein Zusammenhang zwischen Schulbildung und Entfernung zu den Eltern? Argumentieren Sie anhand bedingter Häufigkeiten!

b) Warum sollte ein Konkordanzmaß herangezogen werden, um die Abhängigkeit der beiden Merkmale zu messen?

c) Nehmen Sie Stellung zu folgender Aussage:

> *„Je geringer der Schulabschluss des Kindes, desto größer ist tendenziell die Wohnentfernung zu den Eltern."*

Argumentieren Sie anhand einer geeigneten statistischen Maßzahl.

7. Im Rahmen der sogenannten PASTA (Physical Activity Trough Sustainable Transport Approaches)-Studie der EU aus dem Jahr 2016 wurden unter anderem 11.000 Freiwillige in sieben europäischen Städten dazu befragt, welches Verkehrsmittel sie regelmäßig nutzen und wie lange sie täglich unterwegs sind (siehe PASTA project 2016). Es kam heraus, dass eine negative Korrelation zwischen regelmäßigem Radfahren (bei Kontrolle von Alter und weiteren Faktoren) und dem Körpergewicht besteht. Die Ergebnisse wurden dann so dargestellt, dass durch regelmäßiges Fahrradfahren Übergewicht vermieden und somit die Gesundheit gefördert werden kann.

Fällt Ihnen eine andere Interpretation der Ergebnisse ein?

8. Anfang 2014 machte der sogenannte „Chart of Doom" (◨ Abb. 2.32) die Runde in den sozialen Medien. Er stellte die Verläufe des Dow Jones-Index von 1928 bis 1929 und von 2012 bis 2014 im Vergleich dar. Und tatsächlich schien der Name des Charts auf den ersten Blick Programm zu sein: Scheinbar wiesen die Dow Jones-Verläufe in beiden Zeitperioden einen frappierend ähnlichen Verlauf auf, wobei der Dow Jones Ende 1929 dann plötzlich massiv an Wert verloren hatte und eine längere Periode starker Verluste einsetzte. Und genau dieses Ereignis stand zum damaligen Zeitpunkt nach dem „Chart of Doom" vermeintlich kurz bevor, wenn man annahm, dass die beiden Kurvenverläufe auch weiterhin parallele Verläufe aufweisen würden.

Hätten Sie aus dem damaligen Zeitpunkt Anfang 2014 heraus allein aufgrund des „Chart of Doom" Sorgen um den Dow Jones haben müssen?

9. Ein Unternehmen, das Software per Download anbietet, tritt an Sie als potenziellen Investor heran. Das Unternehmen gibt an, per bivariater Regressionsanalyse (Y: „Umsatz in €", X: „Werbeausgaben in €") herausgefunden zu haben, dass für jeden zusätzlich eingesetzten € in der Werbung der Umsatz linear um 2 € steigt. Da die Software entwickelt ist, sei zusätzlicher Umsatz mit Gewinn gleichzusetzen. Deshalb sollen Sie 1 Mio. € investieren und würden dafür garantiert 1,5 Mio. € zurückerhalten. Sie erfragen daraufhin die Ergebnisse der Regressionsanalyse und erhalten folgende:

$$\hat{a}_0 = 0{,}017,$$

$$\hat{a}_1 = 2{,}03,$$

$$R^2 = 0{,}014.$$

Handelstage ab dem 1.2.1928 (blau) bzw. ab dem 15.6.2012 (rote Linie)

☐ **Abb. 2.32** „Chart of Doom" (Quelle: Stooq 2019)

Wie beurteilen Sie das Angebot auf dieser Grundlage?

10. Ein weiteres Unternehmen, das gleichfalls Software per Download anbietet, tritt ebenfalls an Sie als potenziellen Investor heran. Das Unternehmen gibt analog zum Unternehmen in der vorherigen Aufgabe an, per bivariater Regressionsanalyse herausgefunden zu haben, dass der Umsatz mit jedem zusätzlich investierten € in die Werbung steigt. Sie erhalten die folgenden Regressionsergebnisse:

$$\hat{a}_0 = 0,017,$$
$$\hat{a}_1 = 0,41,$$
$$R^2 = 0,983.$$

Sollten Sie auf Basis der übersandten Ergebnisse investieren?

11. Die jährliche Veröffentlichung der Ergebnisse der Berechnungen zum sogenannten *Gender Pay Gap* durch das Statistische Bundesamt erregt regelmäßig die Gemüter. Unter dem „Gender Pay Gap" wird verstanden, wie viel geringer der durchschnittliche Bruttostundenverdienst der Frauen im Vergleich zum durchschnittlichen Bruttostundenverdienst der Männer liegt. Im Jahre 2018 lag der Gender Pay Gap bei 21% (siehe für diesen und die folgenden Werte Beck 2018). Neben diesem – präziser als – „unbereinigter Gender Pay Gap" berechneten Wert wird auch ein „bereinigte Gender Pay Gap" seitens des Statistischen Bundesamtes ausgewiesen. Hierbei werden mittels der multiplen Regressionsanalyse Lohnfunktionen für Männer und Frauen unter Einbeziehung von Arbeitsplatzinformationen über die Branchen und Berufe, in denen Frauen und Männer tätig sind, sowie ungleich verteilte Arbeitsplatzanforderungen hinsichtlich Führung und Qualifikation geschätzt. Hinterher wird ausgerechnet, wie groß der – trotz Einbeziehung der Arbeitsplatzinformationen – unerklärliche Unterschied in den Bezahlungen ist. Der „bereinigte Gender Pay Gap" betrug im Jahre 2014 (aktuellst verfügbare Daten) 5,6% in Deutschland.

a) Diskutieren Sie die Ergebnisse. Worin liegt der inhaltliche Unterschied in den Ergebnissen des „unbereinigte Gender Pay Gap" von 21% und des „bereinigte Gender Pay Gap" von 6%.

b) Stellen die ausgewiesenen knapp 6% des „bereinigte Gender Pay Gap" sicher eine Form der Diskriminierung dar?

c) Beurteilen Sie vor dem Hintergrund das Lohntransparenzgesetz, wonach Beschäftigte (unter bestimmten Voraussetzungen) das Recht haben zu erfahren, wie Kollegen des jeweils anderen Geschlechts mit vergleichbaren Tätigkeiten bezahlt werden. Sofern bei vergleichbaren Tätigkeiten Unterschiede zwischen den Geschlechtern vorliegen, kann die Auskunft als Grundlage einer Klage auf gleiche Verdienste dienen. Wird das Lohntransparenzgesetz Ihrer Meinung nach wesentlich dazu beitragen, dass sich die Lücke zwischen den Bruttostundenlöhnen von Männern und Frauen verringert?

Lösungen Übungsaufgaben zu Kap. 2

1. a) Das stimmt.
   b) Ja. Der Median liegt mit 5,5 km in der ersten deutlich über dem Median von ca. 4,8 km in der zweiten Halbzeit. Auch die übrigen Verteilungskennzahlen (oberes und unteres Quartil, minimale und maximale Distanz) liegen in der zweiten Halbzeit jeweils unter ihrem Wert in Halbzeit eins.
   c) Ja. Der betreffende Median beträgt 5,5 km, vgl. Teilaufgabe b). Die Hälfte der Spieler legt in der ersten Hälfte also mehr als 5,5 km zurück, und damit auch mehr als 5,0 km.
   d) Das stimmt, der Median in der zweiten Halbzeit stimmt mit dem unteren Quartil in der ersten Halbzeit überein und beträgt 4,8.
   e) Ja, die Streuung der Beobachtungen in der ersten Halbzeit ist vergleichbar: das gilt sowohl für die Spannweite (ca. 2,2 km) als auch für den Quartilsabstand (ca. 1 km).
   f) Das lässt sich anhand der Box-Plots nicht beurteilen. Dazu müsste die gemeinsame Verteilung der Distanzen bekannt sein. Man müsste also für jeden Spieler die Laufleistung in der ers-

ten und in der zweiten kennen. Allein aus den beiden Boxplots lässt sich nicht auf die Abhängigkeit der beiden Laufleistungen schließen.

2. Beide Verteilungen sind linkssteil bzw. rechtsschief, d. h. vielen kleinen und mittleren Einkommen stehen wenige, z. T. sehr hohe Einkommen gegenüber. Die Verteilung der Einkommen der Paare mit einem Kind „liegt" rechts der Verteilung der Alleinerziehenden, d. h. die Paare verfügen tendenziell über deutlich höhere Einkommen. Auch „streuen" die Einkommen der Paare mit einem Kind stärker: Ihre Einkommen sind unterschiedlicher als die der Alleinerziehenden. Der Einkommensbereich zwischen 1000€ und 3000€ ist bei den Alleinerziehenden sehr stark besetzt: die Häufigkeitsdichte $f^* = f_i / \Delta x_i$ ist hier sehr hoch, d. h. die Beobachtungen liegen hier sehr dicht beieinander.

   Im Histogramm entspricht die Fläche über einem Intervall dem Anteil der Beobachtungen, die in diesem Intervall liegen. Die Gesamtfläche unter dem Histogramm beträgt deshalb 1 und wird vom Median in zwei gleich große Teilflächen (die jeweils 50% der Beobachtungen repräsentieren) geteilt. Der Median liegt also bei den Alleinerziehenden bei ca. 1500 €, bei den Paaren bei ungefähr 3300 €.

3.

$$
\begin{aligned}
S^2 &= \frac{1}{n} \sum_{i=1}^{n} (x_i - \overline{x})^2 \\
&= \frac{1}{n} \sum_{i=1}^{n} \left(x_i^2 - 2\overline{x}x_i + \overline{x}^2 \right) \\
&= \underbrace{\frac{1}{n} \sum_{i=1}^{n} x_i^2}_{=\overline{x^2}} - 2\overline{x} \underbrace{\sum_{i=1}^{n} x_i}_{=\overline{x}} + \frac{1}{n}\overline{x}^2 \underbrace{\sum_{i=1}^{n} 1}_{=n} \\
&= \overline{x^2} - 2\overline{x}\,\overline{x} + \frac{n}{n}\overline{x}^2 \\
&= \overline{x^2} - \overline{x}^2
\end{aligned}
$$

4. Die Universität hat insofern recht, als der betreffende Frauenanteil unter den MINT-Neueinschreibungen tatsächlich gestiegen

ist ($f^{vor}(a_2|b_1) = 197/684 = 0,288 < f^{nach}(a_2|b_1) = 237/664 = 0,357$). Dabei lässt sie aber außer acht, dass der Frauenanteil in den Nicht-MINT-Fächern im selben Zeitraum noch deutlich stärker angestiegen ist (nämlich von 47,5% auf 63,4%). Insgesamt ist der Anteil der Studentinnen also gestiegen, die Abhängigkeit zwischen Studienfach und Geschlecht hat aber gleichzeitig zugenommen, was durch einen Vergleich der Cramérschen Kontingenzen belegt wird: $V^{vor} = 0,170 < V^{nach} = 0,227$! Um abschließend zu beurteilen, ob die Kampagne untauglich war, lässt sich erst beurteilen, wenn man alle Einflussfaktoren berücksichtigt: Gab es alternative Kampagnen in den sozialwissenschaftlichen Fächern? Woran liegt der erhebliche Zuwachs an Studentinnen insgesamt?

5. Denken Sie vielleicht einmal an Ihre eigenen Großeltern. Hatten diese Abitur? – Vermutlich nicht, denn früher war das Ablegen des Abitur eine absolute Ausnahme. Im Gegensatz dazu machen heute grob 50% der jungen Menschen Abitur. Und gleichzeitig sind Personen mit Migrationshintergrund aufgrund ihrer Biografie deutlich jünger als Personen ohne Migrationshintergrund. Und dies ist bedeutsam, denn es wurden ja alle Menschen ab 15 Jahren (also auch Seniorinnen und Senioren) in die Analyse mit einbezogen. Das Beispiel ist ein Paradebeispiel für das *Simpson's Paradoxon*, denn wenn die Abiturquoten nach Altersgruppen differenziert ausgewertet werden, dann haben Menschen ohne Migrationshintergrund fast immer häufiger Abitur als Menschen mit Migrationshintergrund. Lediglich dadurch, dass Menschen ohne Migrationshintergrund deutlich älter sind als Menschen mit Migrationshintergrund und früher das Abitur viel seltener abgelegt wurde, „kippt" das Ergebnis bei der Betrachtung der Gesamtbevölkerung.

6. a) Von den Abiturientinnen und Abiturienten wohnen nur knapp 16% an gleichem Ort wie die Eltern, von den Hauptschülerinnen und Hauptschülern dagegen fast die Hälfte ($34/216 = 0,157$, $67/136 = 0,493$). Wären die Merkmale unabhängig, so müssten diese beiden bedingten Anteile übereinstimmen (und dem Anteil aller Befragten, die im gleichen Ort wie die Eltern wohnen, also 30,9%, entsprechen ($189/616 = 0,307$)).

b) Der Schulabschluss ist ein komparatives Merkmal, und auch die Entfernung impliziert eine Rangfolge. Grundsätzlich ist „Entfernung" ein quantitatives Merkmal, in der hier gewählten Darstellung lässt sich die Abstandsinformation jedoch nicht verwerten. Selbst wenn die Entfernung in Form quantitativer Einzeldaten vorläge, käme Messung der Richtung der Abhängigkeit nur ein Konkordanzmaß in Frage, da zwischen den Schulabschlüssen keine Abstände sinnvoll definiert werden können.

c) Das Auszählen der Häufigkeitstabelle ergibt $N^k = 60442$ konkordante und $N^d = 22643$ diskordante Paare. Wegen $N^k > N^d$ herrscht damit ein gleichläufiger Zusammenhang zwischen Entfernung und Schulabschluss, sowohl γ als auch τ sind positiv: $\gamma = 0,455$, $\tau = 0,200$. Die Aussage ist also falsch, die Entfernung nimmt tendenziell mit einem höheren Schulabschluss zu.

7. Die Korrelation sagt nichts über die Kausalbeziehung aus. Hier ist die Wirkungsrichtung unklar. Es könnte ebenso sein, dass Menschen mit einem geringeren Körpergewicht tendenziell eher Radfahren.

8. Zum Glück hätte die Antwort zum damaligen Zeitpunkt Anfang 2014 aus statistischer Sicht ganz klar „nein" heißen müssen. Die Gründe dafür sind vielfältig. Zum Ersten ist die Länge der Zeitperioden, die man vergleicht, vollkommen willkürlich gewählt. Wird der Zeitraum beispielsweise 6 Monate länger (in die Historie) gewählt, weisen die beiden Kurven schon einen deutlich weniger ähnlichen Vergleich auf. Zum Zweiten finden sich über die 80 Jah-

re zwischen den beiden Zeiträumen zahlreiche weitere Vergleichsperioden, in denen die Kurven ähnliche Verläufe aufweisen, ohne jedoch plötzlich einzubrechen. Ganz offensichtlich führen also ähnliche Kurvenverläufe über einen gewissen Zeitraum nicht zwangsläufig zu gleichen Kurvenverläufen in den folgenden Monaten. Zum Dritten – und das ist vermutlich das wichtigste Argument – weisen die beiden Kurvenverläufe vollkommen unterschiedliche Skalierungen auf: Für die Jahre von 2012 bis 2014 weist der Dow Jones-Index etwa 12.500 bis 16.500 Punkten auf (linke Skala), während die Werte von 1928 bis 1930 etwa zwischen 200 und 380 Punkten lagen (rechte Skala). Und dieses bedeutet, dass von 1928 bis Anfang 1930 der Dow Jones-Index seinen Wert knapp verdoppelt hat, bevor er abstürzte, während der Dow Jones-Index im gewählten Zeitraum nur um gut ein Viertel an Wert zugelegt hat. Dieser Unterschied, der zeigt, dass die Kurven überhaupt nicht vergleichbar sind, wird grafisch allerdings „vertuscht", indem sich die Kurvenverläufe einmal auf die linke und einmal auf die rechte Skala beziehen, jeweils mit unterschiedliche Wertebereichen. Natürlich hätte auch zum damaligen Zeitpunkt Anfang 2014 niemand mit Sicherheit voraussagen können, ob tatsächlich – aus welchen Gründen auch immer – ein Absturz des Dow Jones-Index hätte bevorgestanden, der „Chart of Doom" lieferte dafür aber mit Sicherheit keine Hinweise. Und tatsächlich stieg der Dow Jones in den folgenden Monaten weiter (◘ Abb. 2.33).

9. Natürlich muss zuallererst darauf hingewiesen werden, dass die vorgeschlagene Regressionsanalyse nur dann für eine Investitionsentscheidung interpretiert und genutzt werden darf, wenn tatsächlich keine weiteren Größen auf den Umsatz wirken, die dann im Rahmen der Regressionsanalyse berücksichtigt werden müssten. Das ist eine heroische Annahme, aber selbst wenn sie zuträfe, ist folgendes zu beachten: Da das Bestimmtheitsmaß $R^2 = 0,014$ einen sehr niedrigen Wert widerspie-

gelt, bedeutet dies, dass der unterstellte lineare Zusammenhang als extrem unsicher eingeschätzt werden muss. Die Werbeausgaben determinieren den Umsatz (und damit den Gewinn) also kaum. Warum dies der Fall ist, kann mittels der genannten Kennzahlen nicht erklärt werden (vielleicht liegt ein fehlerhafter Ausreißerwert vor, der zu dem geschätzten Wert $\hat{a}_1 = 2,03$ führte?!). Eine Investition in die Firma wäre in diesem Fall mit sehr großer Unsicherheit behaftet und Sie sollten besser die Finger von dem angebotenen Investment lassen!

10. Die Einschränkung hinsichtlich der Nutzung der einfachen bivariaten Regressionsanalyse gilt natürlich analog zur vorherigen Aufgabe. Aber selbst wenn die heroische Annahme, dass tatsächlich keine weiteren Größen auf den Umsatz wirken, zuträfe, ist folgendes zu beachten: Im Gegensatz zur vorherigen Aufgabe liegt das Bestimmtheitsmaß $R^2 = 0,983$ sehr hoch und spiegelt einen sehr hohen linearen Zusammenhang zwischen den Werbeausgaben und dem Umsatz wider. Allerdings kann aufgrund des Steigungskoeffizienten $\hat{a}_1 = 0,41$ erwartet werden, dass für jeden in die Werbung investierten € lediglich 0,41 € an zusätzlichem Umsatz erwirtschaftet werden. Die Firma „verbrennt" durch die zusätzlichen Werbeausgaben also Geld, Sie sollten unbedingt Abstand von dem angebotenen Investment lassen!

11. a) Der „unbereinigte Gender Pay Gap" spiegelt die Verdienstunterschiede zwischen Frauen und Männern wider, unabhängig davon, worin diese Unterschiede begründet liegen. Der „bereinigte Gender Pay Gap" bezieht mögliche Unterschiede in den Berufen und Tätigkeiten mit ein. Der größte Teil der Verdienstunterschiede liegt nach den ausgewiesenen Werten offenkundig an Unterschieden in den Branchen und Berufe, in denen Frauen und Männer tätig sind, sowie ungleich verteilte Arbeitsplatzanforderungen hinsichtlich Führung und Qualifikation. Lediglich etwa $\frac{1}{4}$ der Unterschiede zwi-

Handelstage ab dem 1.2.1928 (blau) bzw. ab dem 15.6.2012 (rote Linie)

◘ **Abb. 2.33** „Chart of Doom" mit Folgezeitraum

schen den Verdiensten von Frauen und Männer lassen sich nicht durch die beschriebenen Unterschiede erklären.

b) Nein, denn die Berechnungen des „bereinigten Gender Pay Gap" bereinigen den „unbereinigte Gender Pay Gap" lediglich mittels empirisch erfasster Unterschiede in den Berufen und Tätigkeiten. Es ist durchaus möglich, dass sich bei Einbeziehung weiterer Faktoren, die sich auf den Verdienst auswirken, der Unterschied in den Verdiensten zwischen Männern und Frauen noch verringert. Der ausgewiesene Wert des „bereinigte Gender Pay Gap" stellt in diesem Sinne eine Obergrenze dar. Andererseits muss man aber auch die aufgenommenen bereinigenden Faktoren kritisch diskutieren. Wenn man im Extremfall die Zahl der X- und Y-Chromosomen als erklärenden Faktor aufnehmen würde, wäre der so bereinige Gender Pay Gap natürlich 0.

c) Da der „bereinigte Gender Pay Gap" lediglich $\frac{1}{4}$ der Verdienstunterschiede von Frauen und Männer erklärt, dominieren andere Faktoren diese Verdienstunterschiede, also beispielsweise

Unterschieden in den Branchen und Berufen, in denen Frauen und Männer tätig sind, sowie ungleich verteilte Arbeitsplatzanforderungen hinsichtlich Führung und Qualifikation. Fälle von Lohnunterschieden bei gleicher Tätigkeit in einer juristisch nachweisbaren Höhe dürften also vermutlich nur selten vorliegen, insbesondere wenn es möglich ist, weitere Faktoren der Tätigkeit über diejenige, die in die Berechnung des „bereinigten Gender Pay Gap" einfließen, einzubeziehen. Soll also das Ziel erreicht werden, dass Frauen und Männer gleich viel verdienen, müsste Frauen eher die Möglichkeit gegeben werden, gleiche Karrierewege wie Männer einzuschlagen.

Literaturverzeichnis

Anscombe, F. J. (1973). Graphs in statistical analysis. *The American Statistician*, 27(1):17–21.

Beck, M. (2018). Verdienstunterschiede zwischen männern und frauen nach bundesländern. *Statistisches Bundesamt - Methoden WISTA-Wirtschaft und Statistik*, 4:26–36.

Bickel, P. J., Hammel, E. A., und O'Connell, J. W. (1975). Sex bias in graduate admissions: Data from berkeley. *Science*, 187(4175):398–404.

BILDblog (2019). Posts tagged diagramme. https://bild-blog.de/tag/diagramme/.

Bonomi, A. E., Nemeth, J. M., Altenburger, L. E., Anderson, M. L., Snyder, A., und Dotto, I. (2014). Fiction or not? fifty shades is associated with health risks in adolescent and young adult females. *Journal of Women's Health*, 23(9):720–728.

Christensen, B. und Christensen, S. (2015). *Achtung: Statistik: 150 Kolumnen zum Nachdenken und Schmunzeln*. Springer-Verlag.

Christensen, B. und Christensen, S. (2018). *Achtung: Mathe und Statistik: 150 neue Kolumnen zum Nachdenken und Schmunzeln*. Springer-Verlag.

Fahrmeir, L., Heumann, C., Künstler, R., Pigeot, I., und Tutz, G. (2016). *Statistik: Der Weg zur Datenanalyse*. Springer-Verlag.

Fahrmeir, L., Künstler, R., Pigeot, I., Tutz, G., Caputo, A., und Lang, S. (2013). *Arbeitsbuch Statistik*. Springer-Verlag.

FR (2012). Frankfurter Rundschau vom 18.8.2012.

Handelsblatt (2012). Handelsblatt vom 27.4.2012, S. 16.

Institut der deutschen Wirtschaft (2018). IW-Verbandsumfrage für 2018. https://www.iwd.de/interaktive-grafiken/verbandsumfrage-2018.

Institut der deutschen Wirtschaft (2019). IW-Verbandsumfrage für 2019. https://www.iwd.de/interaktive-grafiken/verbandsumfrage-2019.

Irle, A. (2005). *Wahrscheinlichkeitstheorie und Statistik: Grundlagen – Resultate – Anwendungen*. Springer-Verlag.

Messerli, F. (2012). Chocolate consumption, cognitive function, and nobel laureates. *New England Journal of Medicine*, 367(16):1562–1564.

Mitchell, K. R., Mercer, C. H., Prah, P., Clifton, S., Tanton, C., Wellings, K., und Copas, A. (2019). Why do men report more opposite-sex sexual partners than women? analysis of the gender discrepancy in a British national probability survey. *The Journal of Sex Research*, 56(1): 1–8.

Mittag, H.-J. (2017). *Statistik: eine Einführung mit interaktiven Elementen*. Springer-Verlag.

PASTA project (2016). Press release – car drivers are 4kg heavier than cyclists. http://www.pastaproject.eu/fileadmin/editor-upload/sitecontent/Press/-PASTA_press_final.pdf.

Presse- und Informationsamt der Bundesregierung (2003). Antworten zur agenda 2010.

Redelmeier, D. A., May, S. C., Thiruchelvam, D., und Barrett, J. F. (2014). Pregnancy and the risk of a traffic crash. *CMAJ*, 186(10):742–750.

Schlittgen, R. (2012). *Einführung in die Statistik: Analyse und Modellierung von Daten*. Walter de Gruyter.

Shikhman, V. (2019). *Mathematik für Wirtschaftswissenschaftler*. Springer.

SPIEGEL Online (2013). Teilzeitjobs machen Männer krank. https://www.spiegel.de/karriere/studie-der-tk-teilzeitjobs-machen-maenner-depressiv-a-904407.html.

Stooq (2019). Historical data: Dow jones industrial - u.s. https://stooq.com/q/d/?s=%5edji.

van Rennings, L., von Münchhausen, C., Honscha, W., Ottilie, H., Käsbohrer, A., Kreienbrock, L., und Hannover, S. T. H. (2013). Repräsentative Verbrauchsmengenerfassung von Antibiotika in der Nutztierhaltung – Kurzbericht über die Ergebnisse der Studie"vetcab-pilot"(Stand: 9. juli 2013). *VetCAb Fachinformation*.

Vigen, T. (2019). Spurious correlations. https://www.tylervigen.com.

ZDF (2018). ZDF-Politbarometer. https://www.zdf.de/politik/politbarometer/180629-regierungsparteien-verlieren-opposition-legt-zu-100.html.

Wahrscheinlichkeitsrechnung

© Springer Fachmedien Wiesbaden GmbH, ein Teil von Springer Nature 2019
B. Christensen et al., *Statistik klipp & klar*, WiWi klipp & klar,
https://doi.org/10.1007/978-3-658-27218-2_3

3.1 Was sind Wahrscheinlichkeiten?

Lernziele

Nach dem Studium dieses Abschnitts sollten Sie

~ begründen können, welche Probleme bei einem rein intuitiven Umgang mit Wahrscheinlichkeiten auftreten,

~ einfache Zufallsexperimente in der Sprache der Mathematik beschreiben können,

~ wichtige Rechenregeln zum Umgang mit Wahrscheinlichkeiten auch in praktischen Beispielen anwenden können.

Wahrscheinlichkeiten begegnen uns ständig:

— Das Radio meldet, dass die Regenwahrscheinlichkeit für den kommenden Tag 40% beträgt.

— Ein Wissenschaftsmagazin hat die Wahrscheinlichkeit für die Existenz Gottes berechnet. Dort kommt man auf 62% (Presseportal 2006).

— Die Wahrscheinlichkeit für 6 Richtige beim Lotto beträgt etwa 1 zu 14 Millionen.

— Die Wahrscheinlichkeit, dass eine bestimmte Glühbirne innerhalb der Garantiezeit ausfällt, beträgt 4%.

Aber wie interpretiert man nun eigentlich, dass eine Wahrscheinlichkeit z.B. 62% beträgt? Dazu gibt es im Wesentlichen zwei Sichtweisen.

1. **Frequentistisch**: Wahrscheinlichkeiten sind idealisierte relative Häufigkeiten. $P(A) = 0,62$ bezeichnet den Anteil der interessierenden Beobachtungen in der Menge A, wenn man das Experiment theoretisch unendlich oft unter identischen Bedingungen ablaufen ließe.[13] Diese Deutung ist nur sinnvoll, wenn die Wiederholbarkeit grundsätzlich denkbar ist. Zum Beispiel würde eine Wahrscheinlichkeit von $1/6$ für das Werfen einer 6 beim einmaligen Werfen eines idealen

Würfels folgendes bedeuten: Wenn man den Würfel unendlich oft werfen würde, dann würde in $1/6$ der Fälle eine Sechs oben liegen. Diese Sichtweise erscheint nachvollziehbar und plausibel, ist aber etwa bei der Wahrscheinlichkeit der Existenz Gottes sicher nicht sinnvoll.

2. **Subjektiv**: $P(A) = 0,62$ bedeutet: Man hält A für so wahrscheinlich / plausibel / sicher wie 62 von 100 gleichwahrscheinlichen Ausgängen (z. B. 62 Felder eines 100-seitigen Glücksrads). Dies hängt vom Einschätzenden ab. In diesem Setting ist die Frage nach der Wahrscheinlichkeit für die Existenz Gottes sinnvoll.

Wir stehen also jetzt vor der Herausforderung, eine Begriffsbildung zu finden, die beide Sichtweisen unter einen Hut bringt und auch noch für das Rechnen mit Wahrscheinlichkeiten geeignet ist. Wie man dies angeht, ist durchaus nicht klar. Zu Beginn des 20. Jahrhunderts gehörte diese Frage noch zu den großen ungelösten Problemen der Mathematik.

Im ersten Moment könnte man denken, dass man doch auch gut mit einem intuitiven Wahrscheinlichkeitsbegriff arbeiten könnte und auf komplizierte Mathematik ruhig verzichten könnte. Dies führt aber schon bei scheinbar einfachen Fragestellungen zu unlösbaren Problemen, wie das *Bertrand Paradoxon* (siehe Box) zeigt. (Wenn Sie auch so genug Motivation dafür aufbringen, können Sie dieses auch gefahrlos auslassen).

Hintergrundinformation

In einen Kreis mit Radius 1 werde *rein zufällig* eine Sehne, also eine Gerade als innere Verbindung zwischen zwei Punkten des Kreises, gezogen. Mit welcher Wahrscheinlichkeit ist sie länger als die Seite des einbeschriebenen gleichseitigen Dreiecks im Kreis?

Diese recht harmlose, wenn auch theoretisch wirkende, Frage führte vor der Entwicklung der mathematischen Wahrscheinlichkeitstheorie zu ernsthaften Problemen. Wenn man nämlich nicht klar formuliert, was *rein zufällig* bedeuten soll, dann ergeben sich schnell Wider-

---

[13] P steht im Folgenden für den englischen Begriff probability, also Wahrscheinlichkeit.

sprüche, etwa durch folgende zwei Argumentationen, also Sichtweisen (man kann weitere finden), siehe Abbildungen unten:

1. Die Sehne ist durch ihren Mittelpunkt eindeutig festgelegt. Sie ist nun genau dann länger als die Seite des einbeschriebenen gleichseitigen Dreiecks, wenn der Mittelpunkt in dem Kreis mit Radius 1/2 liegt. Die Wahrscheinlichkeit dafür ist

$$\frac{\text{Flächeninhalt eines Kreises mit Radius 1/2}}{\text{Flächeninhalt des Kreises mit Radius 1}}$$

$$= \frac{\pi(1/2)^2}{\pi} = \frac{1}{4}.$$

2. Die Sehne ist durch den Abstand a des Mittelpunktes der Sehne vom Kreismittelpunkt und die Richtung der Mittelsenkrechten eindeutig festgelegt. Wegen der Symmetrie der Situation kann die Richtung vernachlässigt werden, sodass nur der Abstand a eine Rolle spielt. Die Sehne ist nun genau dann länger als die Seite des einbeschriebenen gleichseitigen Dreiecks, wenn der Abstand a kleiner als $1/2$ ist. Diese Wahrscheinlichkeit ist also

$$\frac{\text{Halber Radius des Kreises}}{\text{Radius des Kreises}} = \frac{1}{2}.$$

Offensichtlich können nicht beide Argumente stimmen, denn sie führen ja zu unterschiedlichen Ergebnissen. Wie lässt sich dieses scheinbare Paradoxon (welches als *Bertrand Paradoxon* bekannt ist) aber erklären? – Beide Argumentationen sind nicht falsch. Sie beruhen nur auf unterschiedlichen Interpretationen des Begriffs *rein zufällig*. Einmal wird der Mittelpunkt $\omega = (x_1, x_2) \in \mathbb{R}^2$ zufällig im Kreis gewählt, bei der anderen Interpretation wird nur der Abstand $\omega = a \in [0,1]$ zum Mittelpunkt zufällig gewählt. Beide Situationen sind am Ende dieses Beispiels grafisch dargestellt. Auf `https://www.geogebra.org/m/wJ7gbuc5` können Sie die Situation interaktiv erkunden.

Wenn man Modelle für die Situation angeben soll, dann sind diese bei beiden Interpretationen also unterschiedlich. Die sich dann ergebenden unterschiedlichen Ergebnisse sind dann nicht verwunderlich.

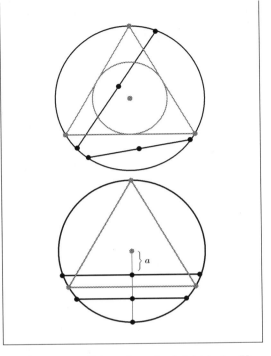

Die Intuition allein trügt also leicht beim Umgang mit Zufallssituationen. Dies führte historisch dazu, dass man Wahrscheinlichkeiten lange für nicht präzise handhabbar hielt und so die Theorie nicht in starkem Maße systematisch betrieben wurde. Im Gegensatz zu den meisten anderen mathematischen Bereichen ist die Wahrscheinlichkeitsrechnung daher noch recht jung. Wir wollen nun einführen, wie man Wahrscheinlichkeiten präzise beschreiben kann. Erst so lässt sich das Schließen aus Daten später präzise fassen. An etwas abstrakteren Gedankengängen kommen wir dabei nicht vorbei. Aber später wird sich die Mühe auszahlen, da wir dann umso einfacher und klarer mit Wahrscheinlichkeiten umgehen können.

3.1.1 Ergebnisse

Die erste Frage bei der Modellierung von Zufallssituationen ist, wie wir die uns interessierenden möglichen *Ergebnisse* eines Zufallsexperiments mathematisch beschreiben. Darauf muss man sich mindestens einigen, um im nächsten Schritt etwas über Wahrscheinlichkeiten aussagen zu können. Wenn eine Person von einem 6- und eine zweite Person von einem 4-seitigen Würfel (einem Tetraeder) ausgeht, dann werden beide natürlich nicht auf gleiche Ergebnisse kommen. Andererseits kann man oft schon Wahrscheinlichkeiten ausrechnen, indem man bestimmte interessierende Ergebnisse eines Zufallsexperiments ins Verhältnis zu allen möglichen Ergebnissen setzt (siehe Laplace-Wahrscheinlichkeiten unten).

Die Ergebnisse ω werden zusammengefasst in einer Menge Ω, dem *Ergebnisraum*, wie an folgendem Beispiel illustriert wird:

Beispiel. Wirft man zwei sechsseitige Würfel, so interessiert sich der Spieler meist nicht dafür, auf welcher Stelle des Tisches die Würfel zur Ruhe kommen oder für ähnliche physikalische Gegebenheiten, sondern vor allem dafür, welche Seiten oben liegen. Es ist also meist natürlich, die Ergebnisse als Paare $\omega = (i; j)$ zu notieren, wobei i das Ergebnis des ersten und j das Ergebnis des zweiten Wurfs beschreibt, also

$$\Omega \;=\; \left\{ \begin{array}{l} (1;1)\ (1;2)\ \ldots\ (1;6) \\ (2;1)\ (2;2)\ \ldots\ (2;6) \\ (3;1)\ (3;2)\ \ldots\ (3;6) \\ (4;1)\ (4;2)\ \ldots\ (4;6) \\ (5;1)\ (5;2)\ \ldots\ (5;6) \\ (6;1)\ (6;2)\ \ldots\ (6;6) \end{array} \right\} .$$

Ω beschreibt also alle möglichen Ergebnisse eines Zufallsexperiments.

3.1.2 Ereignisse und Mengenoperationen

Oft ist man nicht an (allen) Ergebnissen an sich, sondern an *Ereignissen*, einer Untermenge aller Ergebnisse, interessiert, im Beispiel zum zweifachen Würfelwurf etwa daran, ob man zwei gerade Zahlen würfelt. Dieses Ereignis besteht also aus den Ergebnissen

$$(2;2),\ (2;4),\ (2;6),\ (4;2),$$
$$(4;4),\ (4;6),\ (6;2),\ (6;4),\ (6;6).$$

Formal sind Ereignisse also gerade Teilmengen von Ω und werden meist mit $A, B, C, \ldots$ bezeichnet. Weitere Beispiele sind etwa

— Die Augensumme beträgt 6

$$A = \{(1;5), (2;4), (3;3), (4;2), (5;1)\}$$

— Der erste Würfel zeigt eine 4

$$B = \{(4;1),\ (4;2),\ (4;3), \\ (4;4),\ (4;5),\ (4;6)\}$$

— Der zweite Würfel zeigt eine 4

$$\tilde{B} = \{(1;4),\ (2;4),\ (3;4), \\ (4;4),\ (5;4),\ (6;4)\}$$

— Das Produkt der Augenzahlen beträgt 100

$$C = \{\} = \emptyset \quad \text{unmögliches Ereignis.}$$

— Alle gewürfelten Augenzahlen sind ≥ 1

$$D = \Omega \quad \text{sicheres Ereignis.}$$

Wir treffen hier also wieder den Begriff der Menge aus der Grundvorlesung Mathematik an. So ergibt sich vor dem Hintergrund der Ereignisse eine neue Interpretation der Mengenoperationen, siehe ◻ Abb. 3.1.

3.1.3 Wahrscheinlichkeitsmaße

Nun kommen wir zur eigentlichen Herausforderung dieses Abschnitts: Wir erklären, was Wahrscheinlichkeiten sind. Genauer möchten wir jedem Ereignis A eine Zahl $P(A) \in [0, 1]$ zuordnen, die eine Wahrscheinlichkeit zwischen 0% und 100% darstellt.

Wie oben beschrieben, müssen dazu viele Situationen der realen Welt unter einen Begriff fallen. Dies gelingt mit folgendem Trick, der sich im letzten Jahrhundert in der Mathematik für solche Probleme durchgesetzt hat: Zur Untersuchung einer Fragestellung wird darauf verzichtet, die interessierenden Objekte konkret anzugeben. Stattdessen stellt man sich die Frage, welche Eigenschaften, *Axiome*

Symbolik	Interpretation	Graphische Darstellung
Vereinigung von Ereignissen $A \cup B$	A oder B tritt ein (oder beide treten gemeinsam ein), wenn gilt: $\omega \in A$ und/oder $\omega \in B$	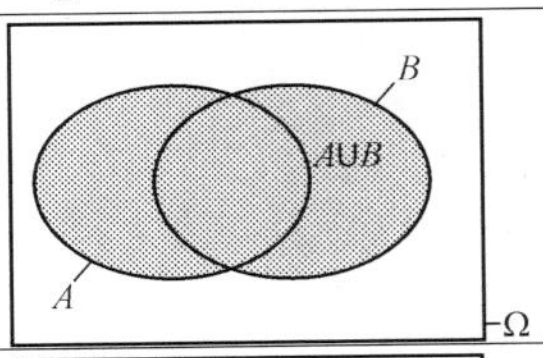
Durchschnitt von Ereignissen $A \cap B$	A und B treten gemeinsam ein), wenn gilt: $\omega \in A$ und $\omega \in B$	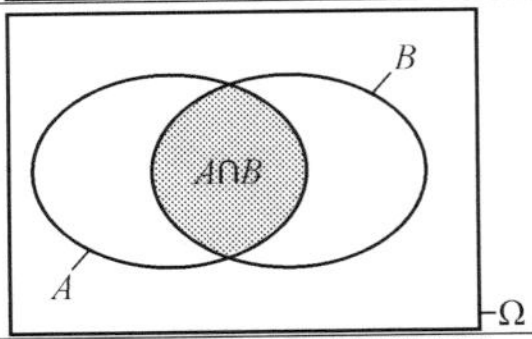
Komplementär– bzw. Gegenereignis $\overline{A}$	$\overline{A}$ tritt genau dann ein, wenn A nicht eintritt: $\omega \in \overline{A} \Leftrightarrow \omega \notin A$	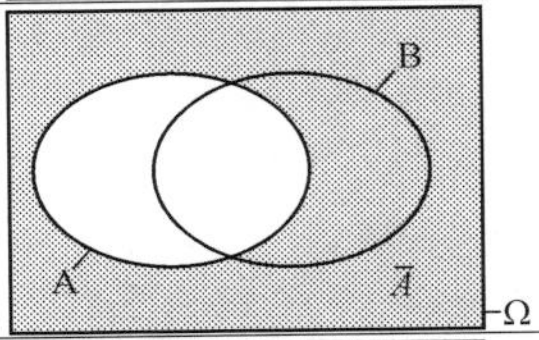
Differenz von Ereignissen $A \setminus B (= A \cap \overline{B})$	A, aber nicht B tritt ein , wenn gilt: $\omega \in A$ und $\omega \notin B$	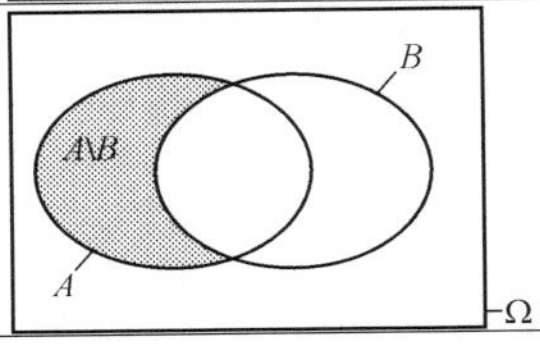
Teilereignisse $A \subseteq B$	A ist Teilereignis von B, wenn beim Eintritt von A unweigerlich auch B eintritt, d. h. wenn A B nach sich zieht: $\omega \in A \Rightarrow \omega \in B$	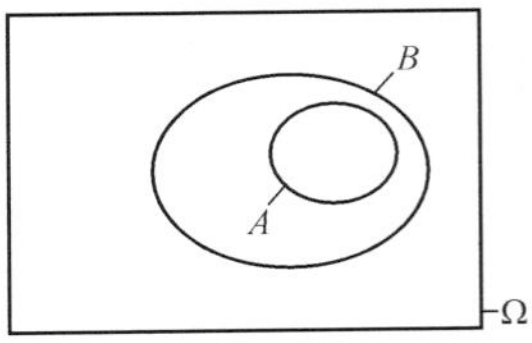
Disjunkte Ereignisse $A \cap B = \emptyset$	Zwei Ereignisse A oder B sind disjunkt, wenn Sie sich gegenseitig ausschließen: $\omega \in A \Rightarrow \omega \notin B$ und $\omega \in B \Rightarrow \omega \notin A$	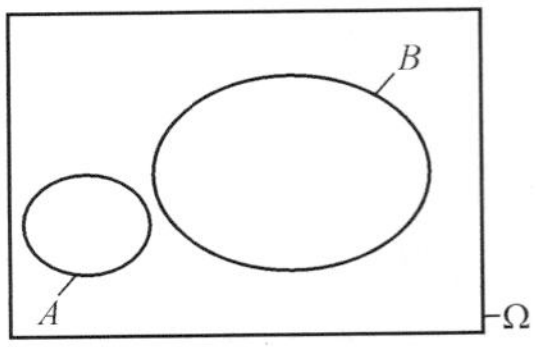

◘ **Abb. 3.1** Mengenoperationen und Verknüpfung von Ereignissen

genannt, zentral zur Untersuchung der Fragestellung sind und untersucht dann alle Objekte, die diese Eigenschaften haben.

Diese Idee wirkt im ersten Moment abstrakt, sie kennen dies aber nur zu gut: Wenn Sie etwa über eine Strategie beim Schach nachdenken, dann vergessen Sie ja auch, aus welchem Material die Figuren hergestellt sind, sondern interessieren sich nur dafür, nach welchen Regeln Sie ziehen dürfen.

Was sind aber nun sinnvolle Eigenschaften von Wahrscheinlichkeiten $P(A)$? Dafür können wir uns an den Regeln für relative Häufigkeiten orientieren, siehe Abschnitt 2.1. Davon wählen wir folgende aus.

Wahrscheinlichkeitsmaß

Wir nennen jede Funktion P, die Ereignissen $A \subseteq \Omega$ eine reelle Zahl zuordnet, ein *Wahrscheinlichkeitsmaß*, wenn Folgendes gilt:

K1: $P(A) \geq 0$ für alle Ereignisse A

Wahrscheinlichkeiten sind nicht negativ.

K2: $P(\Omega) = 1 (= 100\%)$

Das sichere Ereignis bekommt die Wahrscheinlichkeit 1 (=100%) zugewiesen.

K3: Sind A_1, A_2, A_3, . . . Ereignisse, die sich gegenseitig ausschließen (d. h. $A_i \cap A_j = \emptyset$ für alle $i \neq j$), so gilt

$$P(A_1 \cup A_2 \cup A_3 \cup \dots)$$
$$= P(A_1) + P(A_2) + P(A_3) + \dots$$

Die Wahrscheinlichkeit der Vereinigung disjunkter Ereignisse entspricht der Summe der Wahrscheinlichkeiten der einzelnen Ereignisse.

Was bedeuten diese Eigenschaften? – Für K1 und K2 ist die Erklärung schnell gefunden: Entweder ist ein Ereignis ausgeschlossen, dann beträgt die Wahrscheinlichkeit 0%. Oder ein Ereignis tritt unausweichlich sicher ein, dann beträgt die Wahrscheinlichkeit 100%. Dazwischen ist prinzipiell alles denkbar, außerhalb dieser Grenzen aber nicht!

Was bedeutet aber K3? – Betrachten wir als Beispiel den Wurf eines Würfels, dann kann nur eine Seite des Würfels oben liegen. Die Wahrscheinlichkeit, dass entweder eine Fünf oder Sechs oben liegt, entspricht der Summe der Einzelwahrscheinlichkeiten, dass eine Fünf oben liegt oder dass eine Sechs oben liegt. Sie würden die Wahrscheinlichkeiten dieser Ereignisse einfach addieren. Dies ist nach K3 auch erlaubt, da man nicht gleichzeitig bei einem Wurf eine Fünf **und** eine Sechs würfeln kann. Bei anderen Ereignissen, beispielsweise beim zweifachen Wurf des Würfels, geht dies aber nicht: Ist A_1 wieder das

Ereignis, dass beim ersten Wurf eine Fünf gewürfelt wird, und nun A_2 das Ereignis, dass beim zweiten Wurf eine Sechs gewürfelt wird, dann können A_1 und A_2 gleichzeitig eintreten. In diesem Fall darf man die Wahrscheinlichkeiten nicht einfach zusammenzählen, um die Wahrscheinlichkeit von A_1 oder A_2, also $A_1 \cup A_2$, zu erhalten.

Sie werden in Abschnitt 3.6 viele wichtige Wahrscheinlichkeitsmaße kennenlernen. Das wichtigste im Fall eines endlichen Ergebnisraums Ω kennen Sie aber schon aus Kindertagen: das *Laplace-Wahrscheinlichkeitsmaß*. Man erhält die Wahrscheinlichkeit eines Ereignisses A einfach, indem man zählt, wie viele Ergebnisse A enthält und dies durch die Anzahl aller möglichen Ergebnisse in Ω teilt:

$$P(A) = \frac{|A|}{|\Omega|}$$
$$= \frac{\text{Anzahl der Ergebnisse in } A}{\text{Anzahl aller möglichen Ergebnisse}}$$

Dieses ist auch das sinnvolle Maße für unser Beispiel des zweifachen Münzwurfs, denn dort sind alle Ergebnisse gleichwahrscheinlich.

Beispiel. Wir können jetzt die Wahrscheinlichkeiten der Ereignisse beim zweifachen Würfelwurf durch einfaches Zählen gewinnen. Es gilt nämlich $|\Omega| = 36$ für die Ereignisse A bis D oben

$$|A| = 4, \quad |B| = 5, \quad |\tilde{B}| = 5, \quad |C| = 0,$$
$$|D| = 36$$

also zum Beispiel

$$P(A) = \frac{4}{36} = \frac{1}{9} \approx 11,1\%.$$

3.1.4 Rechenregeln für Wahrscheinlichkeiten

Die ausgewählten Rechenregeln K1-K3 für Wahrscheinlichkeiten findet vermutlich jeder sinnvoll. Aber was ist mit anderen Regeln? Diese lassen sich aus den obigen als Folgerung ableiten.

Ein solches Beispiel ist die Rechenregel für die *Gegenwahrscheinlichkeit* eines Ereignisses A, also für die Wahrscheinlichkeit $P(\bar{A})$. Um dies auszurechnen, nutzen wir nur K1-K3 von oben und beachten, dass natürlich gilt $\Omega = A \cup \bar{A}$ (jedes Ergebnis liegt in A oder nicht in A) und $A \cap \bar{A} = \emptyset$ (A kann nicht gleichzeitig eintreten und nicht eintreten). Daher:

$$1 \overset{K2}{=} P(\Omega) = P(A \cup \bar{A}) \overset{K3}{=} P(A) + P(\bar{A}).$$

Indem wir nun $1 = P(A) + P(\bar{A})$ nach $P(\bar{A})$ umstellen, erhalten wir die bekannte Rechenregel für die *Gegenwahrscheinlichkeit*.

$$P(\bar{A}) = 1 - P(A).$$

Beispiel. Beim Werfen eines Würfels interessiert uns die Wahrscheinlichkeit dafür, eine Fünf zu werfen (A), sowie die Wahrscheinlichkeit dafür, gerade keine Fünf zu werfen ($\bar{A}$):

$$P(A) = \frac{1}{6}$$

$$P(\bar{A}) = 1 - P(A) = 1 - \frac{1}{6} = \frac{5}{6}.$$

Viel wichtiger als der vorige Beweis an sich ist eine generelle Erkenntnis: Aus ein paar allen vertrauten Rechenregeln (K1-K3) lassen sich alle weiteren direkt folgern. Wie das genau geschieht, soll uns im folgenden nicht interessieren. Wir konzentrieren uns stattdessen auf die Anwendungen. Mit der Zusammenstellung in der Box kann man aber die meisten Probleme behandeln.

Zusammenfassung

— Solange nicht klar ist, welche Methode verwendet wird, ist die Verwendung des Begriffs *zufällig* zu vage. Daher ist der rein intuitive Umgang mit Wahrscheinlichkeiten schwierig.

— Man beschreibt ein Zufallsexperiment mathematisch, indem man die Menge der möglichen Ergebnisse Ω und ein Wahrscheinlichkeitsmaß P angibt.

— Erst einmal sind dabei alle P zugelassen, die die Rechenregeln K1-K3 erfüllen.
(Natürlich muss man aber darunter solche auswählen, die für die Fragestellung passend sind.)

— Wichtige Rechenregeln zum Umgang mit Wahrscheinlichkeiten sind:

- Wahrscheinlichkeiten sind Zahlen zwischen $0 = 0\%$ und $1 = 100\%$.

- Die Wahrscheinlichkeit der Vereinigung sich ausschließender Ereignisse erhält man durch Zusammenzählen.

- Tritt B stets ein, wenn A eintritt, dann hat B mindestens eine so große Wahrscheinlichkeit wie A.

- Ist $A = \{a_1, a_2, ...\}$ ein Ereignis, so gilt $P(A) = P(\{a_1\}) + P(\{a_2\}) + ...$, d. h.: Die Wahrscheinlichkeit eines (abzählbaren) Ereignisses ergibt sich als Summe der Elementarwahrscheinlichkeiten.

- Sind A, B beliebige Ereignisse, so gilt $P(A \cup B) = P(A) + P(B) - P(A \cap B)$. Dies bedeutet, dass die Wahrscheinlichkeit, dass A oder B eintritt, gerade der Summe der Wahrscheinlichkeiten der Eintritte von A und B ist, abzüglich der Wahrscheinlichkeit, dass A und B eintreten (letzteres würde man sonst doppelt einrechnen!).

- Für alle Ereignisse A gilt $P(\bar{A}) = 1 - P(A)$ (Regel von der Gegenwahrscheinlichkeit).

3.1.5 Anwendung – Wo taucht das auf?

Die vorige Begriffsbildung war eher theoretisch. Trotzdem hilft schon dies, einige Argumente sofort als Quatsch zu entlarven (siehe auch Christensen und Christensen 2018):

Vor einiger Zeit hatte eine Radiosendung die Vor- und Nachteile der Reproduktionsmedizin zum Inhalt. Im Rahmen der Sendung erläuterte eine Medizinerin, dass die Erfolgswahrscheinlichkeit bei der einmaligen Anwendung der Intrazytoplasmatischen Spermieninjektions-Methode – dem häufigsten Verfahren einer künstlichen Befruchtung – bei 30% liege. Sie führte weiter aus, dass bei dreimaliger Wiederholung die Erfolgswahrscheinlichkeit schon bei 90% liegen würde. Diese auf den ersten Blick bestechend einfache Rechnung (3 mal 30% ergibt 90%) ist allerdings nicht mit den Gesetzen der Statistik vereinbar. Bezeichnen A_1, A_2, A_3 die Ereignisse, dass beim 1., 2. oder 3. Versuch ein Erfolg eintritt, so schließen diese sich ja sicher nicht aus – es könnte ja sein, dass beispielsweise beim 1. und beim 3. Versuch ein Erfolg eintritt. K3 ist also nicht anwendbar.

Ganz klar kann das Argument als falsch erkannt werden, wenn man es weitertreibt: Wenn sich eine Frau vier Mal dem Verfahren der künstlichen Befruchtung unterziehen würde, läge die Erfolgswahrscheinlichkeit nach der naiven Rechenmethode bei 120%. Ohne die dahinterliegende Medizin zu verstehen weiß man, dass dies nicht sein kann: Wahrscheinlichkeiten sind stets Zahlen zwischen 0% und 100%.

Wie berechnet man nun tatsächlich die Wahrscheinlichkeit dafür, dass beispielsweise beim dreimaligen Einsatz der künstlichen Befruchtung *mindestens* eine erfolgreiche Befruchtung eintritt? Dafür fehlen uns Informationen, denn schließlich ist ja plausibel, dass ein erster fehlgeschlagener Versuch auf ein generelleres Problem hindeutet und die Wahrscheinlichkeit in den weiteren Versuchen als niedriger anzusehen ist. Ob dies so ist, ist aber eher eine medizinische als eine statistische Frage, die wir hier nicht beantworten können.

Unterstellen wir aber, dass die Versuche als unabhängig anzusehen sind (also bei jedem neuen Versuch, unabhängig vom vorherigen Ausgang, die gleiche konstante Wahrscheinlichkeit für einen Erfolg gilt), dann lässt sich etwas berechnen. Was genau Unabhängigkeit bedeutet, klären wir in Abschnitt 3.2.3. Im folgenden Abschnitt werden wir dieses Beispiel dann noch einmal genau behandeln. Es sei an dieser Stelle aber vorgegriffen. Bei dieser Berechnung hilft die Gegenwahrscheinlichkeit: Die Wahrscheinlichkeit dafür, dass die künstliche Befruchtung bei drei Versuchen kein einziges Mal zum Erfolg führt, ist $0,7 \times 0,7 \times 0,7 = 34,3\%$. Die Wahrscheinlichkeit, dass mindestens einmal ein Erfolg eintritt, beträgt also $100\% - 34,3\% = 65,7\%$. Dieser Ansatz zeigt aber auch, dass selbst bei viermaliger Anwendung der künstlichen Befruchtung die Wahrscheinlichkeit, dass mindestens ein Erfolg eintritt, gerade einmal bei 75,99% liegt (rechnen Sie dies gerne einmal selber nach!).

3.2 Bedingte Wahrscheinlichkeiten und Unabhängigkeit

Im Abschnitt 2.4.2 haben wir schon gesehen, dass Häufigkeiten sich ändern, wenn man zu Teilgruppen übergeht, und haben diese als bedingte relative Häufigkeiten bezeichnet. Ganz analog verhält es sich mit Wahrscheinlichkeiten. Auch hier beeinflussen Vorinformationen die Einschätzung der Wahrscheinlichkeit.

Lernziele

Nach dem Studium dieses Abschnitts sollten Sie

- angeben können, wie Vorinformationen Wahrscheinlichkeiten ändern,
- mehrstufige Zufallsexperimente mit Baumdiagrammen und dem Satz von Bayes behandeln können,
- bei konkreten Problemen die stochastische Unabhängigkeit passend anwenden.

3.2.1 Bedingte Wahrscheinlichkeiten

Das Ereignis A, dass Sie bei der Lottoziehung 6 Richtige haben, ist natürlich äußerst unwahrscheinlich (etwa 1 zu 14 Mio., siehe Abschnitt 3.5.1). Wenn Sie allerdings die Ziehung live verfolgen und schon alle fünf bisherigen Ziehungen Ihre Zahlen geliefert haben (Ereignis B), dann können Sie aus gutem Grund optimistischer sein. Wie bei den bedingten relativen Häufigkeiten motiviert, definieren wir:

Bedingte Wahrscheinlichkeit

Wir nennen

$$P(A|B) = \frac{P(A \cap B)}{P(B)}$$

die *bedingte Wahrscheinlichkeit von A gegeben B*, falls $P(B) > 0$ (sonst würde man durch 0 teilen).

Bezogen auf das Beispiel bedeutet dies also $P(A|B) > P(A)$, d. h. Ihre Wahrscheinlichkeit, 6 Richtige bei der live beobachteten Ziehung der Lottozahlen zu haben, ist – gegeben alle fünf bisherigen Ziehungen haben Ihre Zahlen geliefert – größer, als wenn die Ziehung noch gar nicht stattgefunden hätte.

3.2.2 Wahrscheinlichkeitsbäume

Wie rechnet man nun mit bedingten Wahrscheinlichkeiten? Dazu hilft eine einfache Folgerung aus der Definition: Sind A, B Ereignisse und $P(B) > 0$, so gilt

$$P(A \cap B) = P(B)\frac{P(A \cap B)}{P(B)} = P(B)P(A|B).$$

Diese Gleichheit wird auch als *Multiplikationssatz für bedingte Wahrscheinlichkeiten* bezeichnet. Auswendig lernen muss man diese Formel aber nicht. Man wendet sie nämlich fast automatisch richtig an, wenn man sie in Beispielen graphisch umsetzt, siehe ◘ Abb. 3.2. Dann wird auch ihre Wichtigkeit klar (siehe auch Christensen und Christensen 2018).

Beispiel. Scharlach grassiert immer wieder in Kindergruppen. Die bakterielle Infektionskrankheit ist hochansteckend und wird beim Sprechen, Husten und Niesen über Speicheltröpfchen übertragen. Wäre es da nicht sinnvoll, zur Hauptsaison der Krankheit einen Schnelltest in allen Kindergärten durchzuführen?

Spielen wir einmal durch, welche Konsequenzen dies hätte. Bezeichne A das Ereignis, dass ein zufällig ausgewähltes Kind Scharlach hat, und B das Ereignis, dass der Test positiv ist. Auch wenn Scharlach nicht extrem selten ist, werden doch nur wenige Kinder tatsächlich erkrankt sein. Um konkret zu werden, sagen wir $P(A) = 1\%$.

Nun liefert aber auch ein medizinischer Test nicht immer das richtige Ergebnis. Genauer können zwei Fehler auftreten: Es liegt Scharlach vor, aber der Test ist negativ. Dafür sei die Wahrscheinlichkeit 5% (Wie sicher ein Test bei einem Kranken das Vorliegen der Krankheit erkennt, wird *Sensitivität* genannt, sie liegt im vorliegenden Beispiel bei 95%). In unsere Notation übersetzt heißt das $P(\bar{B}|A) = 5\%$. Andererseits könnte aber der Test bei einem gesunden Kind fälschlicherweise Scharlach identifizieren. Sagen wir, dass diese Wahrscheinlichkeit ebenfalls 5% beträgt, also $P(B|\bar{A}) = 5\%$ (Wie sicher ein Test bei einem Gesunden das Fehlen der Krankheit erkennt, wird *Spezifität* genannt, sie liegt im vorliegenden Beispiel bei 95%). Übersichtlich lässt sich diese Information in einen Wahrscheinlichkeitsbaum eintragen, siehe ◘ Abb. 3.2.

Jetzt lässt sich der Multiplikationsatz direkt anwenden: Die Wahrscheinlichkeit, dass ein zufällig gewähltes Kind Scharlach hat und dies auch im Test herauskommt, erhalten wir durch Multiplikation der entsprechenden Wahrscheinlichkeiten auf den *Ästen* des Baums

$$P(A \cap B) = 1\% \times 95\% = 0,01 \times 0,95$$
$$= 0,0095 = 0,95\%.$$

Genauso erhält man die Wahrscheinlichkeit, dass ein zufällig ausgewähltes Kind keinen Scharlach hat und der Test trotzdem positiv ist:

$$P(\bar{A} \cap B) = 99\% \times 5\% = 4,95\%.$$

Von 10.000 Kindern werden also im Mittel 95 Kranke nach Hause geschickt (10.000 × 0,95% = 95), aber auch fast 500 Gesunde (10.000 × 4,95% = 495)! Der Test ist also nur bedingt hilfreich, wenn er als Massenuntersuchung eingesetzt wird.

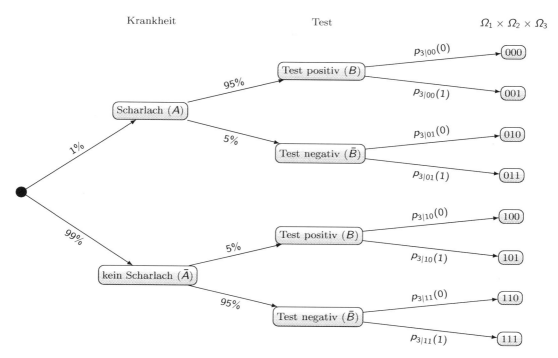

■ **Abb. 3.2** Wahrscheinlichkeitsbaum zum Scharlach-Beispiel

Es gibt eine Formel – den *Satz von Bayes* –, die uns enorm hilft, mit bedingten Wahrscheinlichkeiten zu rechnen. Sie besagt, dass ein Verhältnis zwischen der bedingten Wahrscheinlichkeit zweier Ereignisse $P(A|B)$ und der umgekehrten Form $P(B|A)$ besteht. Die Bedeutung dieser Formel ist kaum zu überschätzen: Sie erlaubt, dass man „das Bedingen umkehren kann". Man erhält die bedingte Wahrscheinlichkeit von A gegeben B, wenn man die bedingten Wahrscheinlichkeiten gegeben A und $\bar{A}$ kennt.

Satz (von Bayes). *Für alle Ereignisse* A, B *mit* $P(A), P(B) > 0$ *gilt*

$$P(A|B) = \frac{P(B|A) \cdot P(A)}{P(B)}$$

$$= \frac{P(B|A) \cdot P(A)}{P(B|A) \cdot P(A) + P(B|\bar{A}) \cdot P(\bar{A})}$$

Eine Herleitung finden Sie abgesetzt in einer Box.

Hintergrundinformation

Eigentlich verzichten wir in diesem Buch ja fast vollständig auf Beweise. Bei der Bayes-Formel

$$P(A|B) = \frac{P(B|A) \cdot P(A)}{P(B)}$$

$$= \frac{P(B|A) \cdot P(A)}{P(B|A) \cdot P(A) + P(B|\bar{A}) \cdot P(\bar{A})}$$

machen wir aber eine Ausnahme und zeigen für Interessierte, dass sich diese tatsächlich recht einfach nachvollziehen lässt. (Wer lieber schnell zu den Anwendungen kommen möchte, kann dies aber problemlos überspringen.) Die Gültigkeit des ersten Schritts der ersten Gleichung sieht man schnell, wenn man mit der komplizierten Seite beginnt und einfach die Definition anwendet:

$$\frac{P(B|A) \cdot P(A)}{P(B)} = \frac{\frac{P(B \cap A)}{P(A)} \cdot P(A)}{P(B)}$$

$$= \frac{P(A \cap B)}{P(B)} = P(A|B)$$

Warum gilt auch die zweite Gleichheit?

$$P(B|A) \cdot P(A) = \frac{P(B \cap A)}{P(A)} \cdot P(A) = P(B \cap A)$$

sowie

$$P(B|\bar{A}) \cdot P(\bar{A}) = \frac{P(B \cap \bar{A})}{P(\bar{A})} \cdot P(\bar{A}) = P(B \cap \bar{A}).$$

Es ergibt sich

$$P(B|A) \cdot P(A) + P(B|\bar{A}) \cdot P(\bar{A}) =$$
$$P(B \cap A) + P(B \cap \bar{A}) = P(B),$$

da die Wahrscheinlichkeit von B und A zuzüglich der Wahrscheinlichkeit von B und $\bar{A}$ gerade die gesamte Wahrscheinlichkeit von B darstellt.

Beispiel. Wir wenden jetzt die vorige Formel auf das Scharlach-Beispiel an und setzen die Zahlenwerte von dort ein:

$$P(A|B) = \frac{P(B|A) \cdot P(A)}{P(B|A) \cdot P(A) + P(B|\bar{A}) \cdot P(\bar{A})}$$

$$= \frac{95\% \times 1\%}{95\% \times 1\% + 5\% \times 99\%} \approx 16\%$$

Wie immer bei abstrakten Formeln können wir das Ergebnis am besten interpretieren, indem wir es in einen deutschen Satz fassen: Die Wahrscheinlichkeit, dass tatsächlich Scharlach vorliegt, wenn der Test positiv ist, beträgt also etwa 16%. Wird also ein Kind mit positivem Testergebnis nach Hause geschickt, ist es trotzdem eher unwahrscheinlich, dass Scharlach vorliegt. Es gibt also einen guten Grund, dass solche Massenschnelltests bei eher seltenen Krankheiten nicht durchgeführt werden. Liegt eine Krankheit aber z. B. bei jeder zweiten getesteten Person vor, gilt diese nachvollziehbare Einschränkung nicht in dem Ausmaß, wie man leicht nachrechnen kann. Wenn man also nur Kinder mit einem Anfangsverdacht auf Scharlach prüft, liefert der Test tatsächlich recht verlässliche Ergebnisse.

Die Überlegungen zeigen sehr eindrücklich, dass das Aufkommen der ersten HIV-Tests zu Beginn des Auftretens der Krankheit in den 80er Jahren des vorangegangenen Jahrtausends vermutlich zu vielen Falsch-Positiven Testergebnissen (also positiven Testergebnissen bei Gesunden) geführt haben dürfte, da sich vor dem Hintergrund des fast sicheren Tods bei Erkrankung zur damaligen Zeit sehr viele Gesunde einem Test unterzogen haben dürften. Vermutlich haben viele dann über Selbstmord nachgedacht oder diesen sogar vollzogen, obwohl sie von der Infektion nicht betroffen waren!

3.2.3 Stochastische Unabhängigkeit

Besonders interessant ist der Fall, dass das Ereignis B die Einschätzung über das Ereignis A gar nicht ändert. Dies ist in vielen Situationen gar nicht so klar. Ändert etwa beim zweimaligen Würfelwurf die Information, dass die erste geworfene Zahl eine 4 ist (Ereignis B oben) etwas an der Einschätzung über die Wahrscheinlichkeit, dass die Augensumme 6 ist (Ereignis A)?

Mathematisch fragen wir uns, ob $P(A|B) = P(A)$ gilt. Dies kann man kompakt umschreiben:

$$P(A|B) = P(A) \Leftrightarrow \frac{P(A \cap B)}{P(B)} = P(A)$$
$$\Leftrightarrow P(A \cap B) = P(A) \cdot P(B).$$

Beachten Sie, dass dies genau der Vorgehensweise bei der Einführung der Statistischen Unabhängigkeit in Abschnitt 2.4.3 entspricht. Wir definieren daher:

Stochastische Unabhängigkeit

Wir nennen die Ereignisse A und B *stochastisch unabhängig*, falls

$$P(A \cap B) = P(A) \cdot P(B).$$

Beispiel. Es ist sicherlich wenig verwunderlich, dass die Ausgänge des ersten und zweiten Wurfs im Beispiel vom Beginn dieses Kapitels unabhängig sind, also das Ergebnis des zweiten Wurfs des Würfels unabhängig vom Ergebnis des ersten Wurfs des Würfels ist. In der Tat gilt für die Ereignisse B (erster Wurf eine 4) und $\tilde{B}$ (zweiter Wurf eine 4):

$$P(B \cap \tilde{B}) = P(\{(4; 4)\}) = \frac{1}{36}$$

und andererseits

$$P(B) \cdot P(\tilde{B}) = \frac{1}{6} \times \frac{1}{6} = \frac{1}{36},$$

also $P(B \cap \tilde{B}) = P(B) \cdot P(\tilde{B})$.

Deutlich unklarer ist es bei den Ereignissen A (Augensumme 6) und B (erster Wurf eine 4), also bei dem Beispiel vom Anfang dieses Abschnitts. Dort gilt aber auch

$$A \cap B = \{(4; 2)\}$$

und damit

$$P(A \cap B) = \frac{1}{36} \text{ und } P(A) \cdot P(B) = \frac{1}{6} \times \frac{1}{6} = \frac{1}{36}.$$

Die Ereignisse A und B sind also stochastisch unabhängig, was man ihnen nicht sofort ansieht.

Beispiel. Kommen wir noch einmal zurück auf das Beispiel aus Abschnitt 3.1.5 zur künstlichen Befruchtung. Dort wollten wir die Wahrscheinlichkeit ausrechnen, bei drei Versuchen mit jeweiliger Erfolgswahrscheinlichkeit von 30% mindestens einen Erfolg zu haben. Um einfach etwas ausrechnen zu können, hatten wir (etwas gewagt) unterstellt, dass die Versuche unabhängig wären. Jetzt können wir die Rechnung von oben unter dieser Annahme formaler begründen:

Bezeichnen A_1, A_2, A_3 die Ereignisse, dass der 1., 2. bzw. 3. Versuch erfolgreich ist. Wir interessieren uns für das Ereignis $A := A_1 \cup A_2 \cup A_3$, dass mindestens ein Versuch erfolgreich ist und rechnen die Gegenwahrscheinlichkeit aus, also die Wahrscheinlichkeit von $\bar{A} = \bar{A}_1 \cap \bar{A}_2 \cap \bar{A}_3$. Wenn man Unabhängigkeit unterstellt, kann man die Wahrscheinlichkeiten also multiplizieren[14]:

---

[14] Formal haben wir den Begriff der stochastischen Unabhängigkeit für mehr als zwei Ereignisse bisher noch gar nicht definiert. Dabei heißen Ereignisse $A_1, ..., A_n$ *stochastisch unabhängig*, wenn für alle Teilmengen $A_{i_1}, ..., A_{i_k}$ die Multiplikationsregel gilt, d. h.

$$P(A_{i_1} \cap ... \cap A_{i_k}) = P(A_{i_1}) \cdot ... \cdot A_{i_k}.$$

$$P(\bar{A}_1 \cap \bar{A}_2 \cap \bar{A}_3) = P(\bar{A}_1) \cdot P(\bar{A}_2) \cdot P(\bar{A}_3)$$
$$= 0, 7 \times 0, 7 \times 0, 7$$
$$= 34, 3\%,$$

also

$$P(A) = 1 - 34, 3\% = 65, 7\%.$$

Zusammenfassung

1. Vorinformationen lässt man durch Verwendung bedingter Wahrscheinlichkeiten in das Modell einfließen. Die bedingte Wahrscheinlichkeit von einem Ereignis A gegeben ein Ereignis B ist definiert als

$$P(A|B) = \frac{P(A \cap B)}{P(B)}, \quad (P(B) > 0).$$

2. Hat man mehrere Zufallsexperimente, die aufeinander folgend durchgeführt werden, beschreibt man diese am einfachsten durch einen Wahrscheinlichkeitsbaum. Man erhält die Wahrscheinlichkeiten dann durch Multiplikation der Wahrscheinlichkeiten entlang der Äste.

3. Der Satz von Bayes ermöglicht es, $P(A|B)$ auszurechnen, wenn $P(B|A)$ (und einige weitere Wahrscheinlichkeiten) gegeben sind.

4. A und B heißen stochastisch unabhängig, wenn $P(A|B) = P(A)$ bzw. wenn $P(B|A) = P(B)$, d. h. wenn $P(A \cap B) = P(A) \cdot P(B)$. Sie ist zu verwenden, wenn A und B keinen Einfluss aufeinander ausüben.

3.2.4 Anwendung – Wo taucht das auf?

Vor einiger Zeit wurde in einem Wissensmagazin im Fernsehen folgende Geschichte erzählt (siehe auch Christensen und Christensen 2015): Ein 25 Jahre junger Mann erkennt, dass sein bisheriger Lebenswandel wenig gesundheitsförderlich war und er will daran nun etwas ändern, um ein längeres Leben erwarten zu dürfen. Anhand von verschiedenen wissenschaftlichen Studien wurde sodann folgende Berechnung aufgemacht: Die Lebenserwartung eines Mannes in Deutschland beträgt im Mittel 77 Jahre. Der Mann habe bisher eher ungesund gelebt, was die Lebenserwartung um 20 Jahre verringere. Wer im

Alter des jungen Mannes mit dem Rauchen aufhört, könnte seine Lebenserwartung um 7 Jahre steigern, außerdem könnten eine gesündere Ernährung das Leben um 13 Jahre und regelmäßiger Sport nochmals um 3 Jahre verlängern. Alleine regelmäßige Zahnpflege erhöhe das Leben um weitere 7 Jahre und eine glückliche Partnerschaft nochmals um 11 Jahre. Regelmäßiges Küssen könnte weitere 5 Jahre beitragen, häufiger Sex 10 Jahre. Für alle Fakten gebe es wissenschaftliche Belege, sodass, nach der Berücksichtigung weiterer – mal positiv, mal negativ wirkender – Faktoren, schlussendlich eine Lebenserwartung von 126 Jahren für den jungen Mann errechnet wurde, „jedenfalls statistisch", wie der Beitrag endete.

Man muss die einzelnen Studien gar nicht im Detail kennen, um den größten Denkfehler an der Berechnung zu erkennen: In dem Fernsehbeitrag wird unterstellt, dass die Faktoren alle untereinander unabhängig sind. Dies ist aber sicher nicht der Fall. Am offensichtlichsten ist dies an der glücklichen Partnerschaft zu erkennen. Glückliche Paare werden vermutlich häufiger küssen und auch regelmäßiger Sex haben als unglückliche Paare. Somit sind diese Faktoren mit Sicherheit nicht unabhängig. Der im Beitrag suggerierte – zumindest statistisch – einfache Weg zu einer Lebenserwartung eines Methusalems bleibt also leider eine Utopie, wenn auch natürlich ein gesunder Lebenswandel unstrittig die Lebenserwartung grundsätzlich erhöht. Eine statistisch fundierte Beantwortung der Frage ist natürlich schwieriger, aber trotzdem möglich. Man muss dann modellieren und analysieren, wie sich die Faktoren gemeinsam auswirken. Eine Möglichkeit dazu bieten die Linearen Modelle, siehe Kapitel 5.

Wiederholungsfragen

1. Wie ist die bedingte Wahrscheinlichkeit $P(A|B)$ formal definiert und wieso ist dies sinnvoll?
2. Können Sie beim zweifachen Würfelwurf einige stochastisch unabhängige und einige abhängige Ereignisse nennen?

3.3 Zufallsvariablen und Wahrscheinlichkeitsverteilungen

In Abschnitt 3.1 war unsere Strategie zur Beschreibung von Zufallssituationen wie folgt: Bezeichne die Menge der möglichen Ausgänge des Zufallsexperiments mit Ω und ordne Ereignissen $A \subseteq \Omega$ so eine Wahrscheinlichkeit $P(A)$ zu, dass die Rechenregeln für Wahrscheinlichkeiten erfüllt sind (und dies zur vorliegenden Situation passt). Oft ist aber eigentlich nur ein Ausschnitt des Zufallsgeschehens wirklich relevant. Wie man sich auf solche zurückziehen kann, wird in diesem Abschnitt behandelt.

Lernziele
Nach dem Studium dieses Abschnitts sollten Sie

- wissen, wie man die Wahrscheinlichkeiten von Zufallsvariablen angeben kann und wie man damit umgeht,
- zwischen stetigen und diskreten Zufallsvariablen unterscheiden können.

3.3.1 Zufallsvariablen

Beispiel. Beginnen wir zum einfachen Einstieg mit dem zweifachen Würfelwurf. Dort haben wir Ergebnisraum Ω, die $6 \times 6 = 36$ Paare von Augenzahlen $(i; j)$, $i, j = 1, \ldots, 6$, gewählt. Bei vielen Gesellschaftsspielen interessiert man sich dann aber doch nur für die Augensumme $X(i; j) = i + j$. Da unterschiedliche Wurfkombinationen zu der gleichen Augensumme führen können (etwa $(1; 3)$ und $(2; 2)$), reduzieren sich so die möglichen Werte auf die elf Zahlen $2, \ldots, 12$.

Formal ist X im vorigen Beispiel also eine Abbildung von einem (oft eher komplizierten) Ergebnisraum Ω in die reellen Zahlen. Da Ω aber meist zu unübersichtlich ist, unterdrückt man dies einfach und definiert kurz:

Zufallsvariable

Eine *Zufallsvariable* (auch *Zufallsgröße* genannt) X weist den Ergebnissen eines Zufallsexperiments eine reelle Zahl zu. Diese *Realisierungen* der Zufallsvariablen werden mit x bezeichnet.

Wir bezeichnen Zufallsvariablen stets mit Großbuchstaben. Typisch sind X, Y, Z. Formal gesehen ist X also einfach eine Funktion $X : \Omega \to \mathbb{R}$. X ist also eigentlich weder zufällig noch eine Variable. Der Name hat sich aber trotzdem historisch so eingebürgert.

Beispiele sind

- die Augensumme beim zweimaligen Würfeln, s.o.
- die Einkommenshöhe einer zufällig aus einer Grundgesamtheit ausgewählten Person
- der höchste Wert eines Aktienkurses im kommenden Jahr
- die Lebensdauer einer Glühbirne

Wie die Zufallsvariable genau definiert ist, ist meist zweitrangig. Viel wichtiger ist, mit welcher Wahrscheinlichkeit dabei welches Ergebnis erscheint. So interpretiert man etwa beim einmaligen Werfen eines Würfels

$$P(X = 3) = 1/6$$

so, dass X mit Wahrscheinlichkeit $1/6$ den Wert 3 annimmt.

Hintergrundinformation

Als Anmerkung für den aufmerksamen Leser: Oben haben wir nur Ereignissen Wahrscheinlichkeiten zugeordnet, nun aber scheinbar der „Aussage" $X = 1$. Behält man aber in Erinnerung, dass X eine Funktion ist, dann löst sich der scheinbare Widerspruch auf, indem man $P(X = 1)$ einfach als Kurzschreibweise für $P(\{\omega \in \Omega : X(\omega) = 1\})$ interpretiert.

Wenn man nun noch mehr solche Wahrscheinlichkeiten angibt, etwa beim Würfelwurf

$$P(X = 1) = P(X = 2) = P(X = 3)$$
$$= P(X = 4) = P(X = 5) = P(X = 6) = \frac{1}{6},$$

dann ist schon alles beschrieben. Da sich diese Wahrscheinlichkeiten schon zu 1 aufaddieren, können andere Zahlen nicht vorkommen, siehe Abschnitt 3.3.3 für die allgemeine Beschreibung. So klappt dies allerdings nicht immer. Soll X etwa die Lebensdauer einer Glühbirne (in Jahren) beschreiben, so würde man vermutlich fordern, dass $P(X = x) = 0$ für alle $x \in \mathbb{R}$ gilt – wer glaubt schließlich z.B., dass eine Glühbirne ganz genau zum Zeitpunkt $x = \sqrt{2}$ Jahren (der Zeitpunkt ist ja unendlich kurz!) kaputtgeht. In diesen Fällen würde man die Beschreibung vornehmen, indem man angibt, wie groß die Wahrscheinlichkeit ist, dass die Glühbirne bis zum Zeitpunkt x den Geist aufgibt, also

$$P(X \leq x).$$

Solche Wahrscheinlichkeiten beschreibt man allgemein mit Verteilungsfunktionen:

3.3.2 Verteilungsfunktion

Verteilungsfunktion

Für eine Zufallsvariable X heißt die Funktion

$$F_X : \mathbb{R} \to [0, 1], \quad F_X(x) = P(X \leq x)$$

die *Verteilungsfunktion von* X.

Die Idee der Verteilungsfunktion haben Sie schon in der empirischen Verpackung im Abschnitt 2.2.3 kennengelernt.

Die Verteilungsfunktion ist deshalb so aussagekräftig, weil sich andere Wahrscheinlichkeiten daraus herleiten lassen. Zum Beispiel gilt für alle $a, b \in \mathbb{R}$

$$P(X > a) = 1 - P(X \leq a) = 1 - F_X(a)$$

oder

$$P(a < X \leq b) = P(X \leq b) - P(X \leq a)$$
$$= F_X(b) - F_X(a).$$

Besonders einfach ist die Beschreibung in zwei Spezialfällen: bei diskreten und stetigen Verteilungen, die wir in den kommenden beiden Abschnitten beschreiben. Vorher aber zwei Beispiele, um die Unterschiede zu unterstreichen:

Beispiel. Betrachten wir als Beispiel noch einmal den einfachen Würfelwurf. $F_X(x)$ ist also die Wahrscheinlichkeit, dass X einen Wert $\leq x$ annimmt. Machen wir uns an ein paar Punkten klar, was dies bedeutet: Für $x = 3,5$ gilt, dass die möglichen Werte $\leq 3,5$ gerade die Zahlen $1, 2, 3$ sind, sodass

$$F_X(3,5) = P(X \in \{1,2,3\}) = \frac{3}{6} = \frac{1}{2}.$$

Auf die gleiche Weise, also gedanklich für alle möglichen Werte, erhält man den ganzen Graphen, siehe ◘ Abb. 3.3. Dieser ist – wie alle Verteilungsfunktionen – monoton wachsend. Außer an den Sprungstellen ist die Funktion konstant und die Größe der Sprünge sind gerade die Wahrscheinlichkeiten $1/6$. Wir bezeichnen diesen Fall als *diskrete Verteilung*.

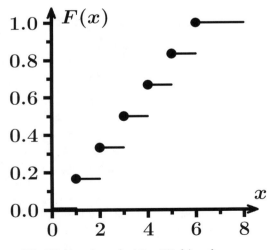

◘ **Abb. 3.3** Verteilungsfunktion Würfelwurf

Hintergrundinformation

Die Verteilungsfunktion ist eng mit Quantilen verknüpft. Analog zu Abschnitt 2.3.1 nennt man x_α *Quantil von* $F(x)$ *zum Niveau* α $(0 < \alpha < 1)$, wenn gilt $x_\alpha = \min\{x | F(x) \geq \alpha\}$.
Besondere Quantile sind der Median $x_{0,5}$, die Quartile x_α mit $\alpha = 0,25$, $\alpha = 0,5$ und $\alpha = 0,75$ sowie die Dezile x_α mit $\alpha = 0,1$, $\alpha = 0,2, \ldots, \alpha = 0,9$. Beispielsweise stellt der Median also die kleinste Realisierung der Zufalsvariablen dar, für die der Wert der Verteilungsfunktion mindestens 50% ist.
Im Gegensatz zur Bezeichnung der (empirischen) Quantile der Merkmalswerte in der Beschreibenden Statistik verwendet man bei Zufallsvariablen zur Vereinfachung der Notation i. d. R. die Schreibweise x_α anstelle von $x_{(\alpha)}$. Auch im Folgenden wird bei der Bezeichnung von Quantilen auf die runden Klammern verzichtet.

Beispiel. Betrachten wir jetzt die Lebensdauer X einer Glühbirne (in Jahren). Wir müssen zur Beschreibung also eine Verteilungsfunktion angeben. Aber welche könnte das sein? Zur Auswahl solcher gibt es prinzipiell zwei Möglichkeiten:

- Man beobachtet viele Glühbirnen und schätzt dann die Verteilungsfunktion aus den Daten. Dieses Vorgehen werden wir in den kommenden Kapiteln genauer studieren.
- Beim Würfel sind wir anders vorgegangen. Dort haben wir durch theoretische Überlegungen (Symmetrie des Würfels) gerechtfertigt, welche Form die Verteilungsfunktion haben sollte. Dies versuchen wir jetzt auch für die Glühbirne, auch wenn dies hier deutlich weniger klar ist, denn dies hängt schließlich stark von der Art der Glühbirne und ihrem Gebrauch ab.

Wir starten mit der in ◘ Abb. gegebenen Funktion. Dies ist der Graph der sogenannten *Exponentialverteilung mit Parameter* $\beta > 0$, d. h.

$$F_X(x) = \begin{cases} 1 - e^{-\beta x}, & x > 0, \\ 0, & x \leq 0. \end{cases}$$

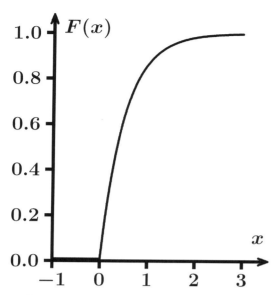

□ **Abb. 3.4** Verteilungsfunktion der $Exp(2)$-Verteilung

Im Fall $\beta = 2$ gilt also etwa

$$F_X(1) = 1 - e^{-2\cdot 1} \approx 0,865 = 86,5\%.$$

Die Wahrscheinlichkeit, dass die Birne höchstens 1 Jahr hält, ist damit in diesem Beispiel etwa 86, 5%. Die Form der Verteilungsfunktion ist so zu verstehen: Links von $x = 0$ ist sie konstant 0 – eine negative Lebensdauer kann die Birne nicht haben. Zuerst wächst sie dann relativ steil an, dann wird sie flacher. Das ist auch sinnvoll: Die Birne wird ja vermutlich eher im ersten Jahr kaputtgehen als, z.B., im zwanzigsten Jahr – denn dann wird sie ja vermutlich schon vorher ihren Geist aufgegeben haben. Im Gegensatz zum Münzwurfbeispiel hat die Verteilungsfunktion keine Sprünge. Dies ist dadurch zu erklären, dass die Glühbirne zu keinem Zeitpunkt mit positiver Wahrscheinlichkeit genau dann kaputtgeht.

Auch wenn diese Eigenschaften sinnvoll sind, gibt es doch noch viele weitere Funktionen von dieser Art. Wieso sollte man nun also gerade diese Funktion benutzen? – Für eine inhaltliche Begründung seien $x, s \geq 0$ und wir betrachten das Ereignis $B := \{X > x\}$, dass die Glühbirne mehr als x Zeiteinheiten hält und entsprechend $A := \{X > x + s\}$. Wir berechnen nun die Wahrscheinlichkeit, dass die Birne weitere s Zeitein-

heiten hält, wenn wir wissen, dass sie schon x Zeiteinheiten nicht defekt war, also die bedingte Wahrscheinlichkeit

$$
\begin{aligned}
&P(X > x + s | X > x) \\
&= \frac{P(A \cap B)}{P(B)} = \frac{P(X > x + s)}{P(X > x)} \\
&= \frac{1 - P(X \leq x + s)}{1 - P(X \leq x)} \\
&= \frac{1 - F_X(x + s)}{1 - F_X(x)} = \frac{e^{-\beta(x+s)}}{e^{-\beta x}} \\
&= e^{-\beta s} = P(X > s).
\end{aligned}
$$

Diese Eigenschaft lässt sich gut interpretieren: Die Wahrscheinlichkeit hängt nämlich gar nicht von x ab. Die Zufallsvariable merkt sich also nicht, wie lange die Birne schon gebrannt hat. Die Exponentialverteilung wird also stets verwendet, wenn Vorgänge beschrieben werden, bei denen kein Verschleiß auftritt. Ob das bei der vorliegenden Glühbirne der Fall ist, kann allerdings nur technisch beurteilt werden. Dies kann ein Statistiker also nicht ohne Weiteres entscheiden. Der Statistiker kommt aber noch einmal bei der Frage ins Spiel, welchen Parameter β man für das konkrete Rechnen wählt. Dies ist eine Frage der (Punkt-) Schätzung, auf die wir in Abschnitt 4.2 zurückkommen werden.

3.3.3 Diskrete Verteilungen

Wie oben erwähnt, vereinfacht sich das Arbeiten mit Verteilungen von Zufallsvariablen in dem Spezialfall erheblich, wenn man die möglichen Werte in einer Liste angeben kann, etwa $1, 2, 3, ..$ oder $-10, 0, 10, 20, ...$

> **Diskrete Zufallsvariable**
>
> Kann X nur abzählbar viele Werte $x_1, x_2, ...$ annehmen, so nennen wir X *diskret*. Die Menge der möglichen Werte $D(X) := \{x_1, x_2, ...\}$ wird auch als *Träger von X* bezeichnet.

In diesem Fall erhält man allgemeine Wahrscheinlichkeiten einfach durch Zusammenzählen der entsprechenden Elementarwahrscheinlichkeiten $P(X = x_i)$; diese bezeichnen wir auch kurz mit

$$f_X(x_i) = P(X = x_i).$$

Wenn $x_1 \leq x_2 \leq \ldots$ und $x \in D(X)$ erhält man zum Beispiel

$$
\begin{aligned}
F_X(x) &= P(X \leq x) \\
&= P(X = x_1) + \ldots + P(X = x) \\
&= \sum_{i \text{ mit } x_i \leq x} f_X(x_i).
\end{aligned}
$$

Beispiel. Wir kommen nun zurück auf das Beispiel des schon mehrmals behandelten zweifachen Würfelwurfs. Dort ergab sich beim Werfen zweier Würfel die Ergebnismenge $\Omega = \{(i; j) | i = 1, 2, \ldots, 6, j = 1, 2, \ldots, 6\}$. Die Summe der Augenzahlen, $X(i; j) = i + j$, stellt eine Zufallsvariable dar: Es gilt $X(i; j) \in \{2, 3, \ldots, 12\}$. Als Wahrscheinlichkeit, dass die Augensumme maximal 3 ist, ergibt sich beispielsweise

$$
\begin{aligned}
P(X \leq 3) &= F(3) = P(X = 2) + P(X = 3) \\
&= f(2) + f(3) \\
&= P(\{(1; 1)\}) + P(\{(1; 2), (2; 1)\}) \\
&= 1/36 + 2/36 = 3/36 \quad .
\end{aligned}
$$

Die Wahrscheinlichkeitsfunktion, also die Liste aller Elementarwahrscheinlichkeiten lautet

$$
f(x) = \begin{cases}
1/36 & \text{für} \quad x = 2 \\
2/36 & \text{für} \quad x = 3 \\
3/36 & \text{für} \quad x = 4 \\
4/36 & \text{für} \quad x = 5 \\
5/36 & \text{für} \quad x = 6 \\
6/36 & \text{für} \quad x = 7 \\
5/36 & \text{für} \quad x = 8 \\
4/36 & \text{für} \quad x = 9 \\
3/36 & \text{für} \quad x = 10 \\
2/36 & \text{für} \quad x = 11 \\
1/36 & \text{für} \quad x = 12 \\
0 & \text{sonst}
\end{cases}
$$

Darauf kommen wir später noch einmal zurück, siehe ◘ Abb. 3.21.

Durch Aufsummieren der Wahrscheinlichkeiten $P(X = x) = f(x)$ erhält man die Werte der Verteilungsfunktion an den Massenpunkten $x = 1, 2, \ldots, 12$, d. h. den Sprungstellen von $F(x)$:

$$
F(x) = P(X \leq x) = \begin{cases}
0 & \text{für} & x < 2 \\
1/36 & \text{für} & 2 \leq x < 3 \\
3/36 & \text{für} & 3 \leq x < 4 \\
6/36 & \text{für} & 4 \leq x < 5 \\
10/36 & \text{für} & 5 \leq x < 6 \\
15/36 & \text{für} & 6 \leq x < 7 \\
21/36 & \text{für} & 7 \leq x < 8 \\
26/36 & \text{für} & 8 \leq x < 9 \\
30/36 & \text{für} & 9 \leq x < 10 \\
33/36 & \text{für} & 10 \leq x < 11 \\
35/36 & \text{für} & 11 \leq x < 12 \\
1 & \text{für} & 12 \leq x
\end{cases}
$$

3.3.4 Stetige Verteilungen

Im Glühbirnen-Beispiel kann man die möglichen Werte der Zufallsvariablen nicht mehr in einer Liste darstellen, da alle positiven reellen Zahlen auftreten können. In solchen Situationen ist die Beschreibung im Allgemeinen schwieriger; es gibt einfach zu viele mögliche Werte. In vielen Situationen kann man sich aber mit einem Trick behelfen. In dem Glühbirnen-Beispiel erinnert man sich an die Berechnung von Integralen und schreibt (auf den ersten Blick viel umständlicher)

$$1 - e^{-\beta x} = \int_0^x \beta e^{-\beta t} dt.$$

Mit $f_X(t) := \beta e^{-\beta t}$ für $t \geq 0$ (und $f_X(t) = 0$ für $t < 0$) können wir in diesem Fall also schreiben

$$F_X(x) = \int_0^x f_X(t) dt = \int_{-\infty}^x f_X(t) dt.$$

Diese Formel ist ganz ähnlich wie die Summenformel im diskreten Fall. Statt zu summieren, bildet man ein Integral. Diese Beobachtung ist nun aber nicht auf dieses Beispiel beschränkt, sodass wir allgemeiner formulieren:

Stetige Zufallsvariable

Eine Zufallsvariable X heißt *stetig*, wenn eine Funktion f_X so existiert, dass für die Verteilungsfunktion F_X von X gilt

$$F_X(x) = \int_{-\infty}^{x} f_X(t)\,dt \text{ für alle } x \in \mathbb{R}.$$

Die Funktion f_X heißt dann *Wahrscheinlichkeitsdichte* oder kurz *Dichte* von X. Nimmt X nur Werte in einem Intervall $D(X)$ an, so nennen wir dieses auch den *Träger* von X.

Bei einer diskreten Zufallsvariablen X gibt $f_X(x_i)$ die Wahrscheinlichkeit an, dass X den Wert x_i annimmt. Bei stetigen Zufallsvariablen ist dies natürlich nicht der Fall; dort gilt schließlich $P(X = x) = 0$ für alle x. Stattdessen gilt für kleine Δ

$$P(X \in [x, x + \Delta]) = F_X(x + \Delta) - F_X(x)$$
$$= \int_{x}^{x+\Delta} f_X(t)\,dt$$
$$\approx f_X(x)\Delta.$$

Ist also die Dichte $f_X(x)$ in x *groß*, so ist auch die Wahrscheinlichkeit *groß*, dass X einen Wert nahe an x annimmt. Im Gegensatz zum diskreten Fall kann aber auch $f_X(x) > 1$ gelten. Dies führt nicht dazu, dass Wahrscheinlichkeiten > 1 entstehen, denn es wird ja noch mit Δ multipliziert.

Keine Angst! Wenn Sie jetzt den Eindruck haben, Sie müssten Experten in Differential- und Integralrechnung werden und Ihnen dies die Schweißperlen auf die Stirn treibt, können wir Sie beruhigen: Sie benötigen diese mathematische Akrobatik gar nicht, wenn Sie Standardfragestellungen vorliegen haben, da dort schon alles bekannt ist.

3.3.5 Unabhängigkeit von Zufallsvariablen

Viele oben eingeführte Konzepte übertragen sich direkt von Ereignissen auf Zufallsvariablen. Hier ein Beispiel, das wir später häufiger

benötigen. Zur Erinnerung: Die stochastische Unabhängigkeit zweier Ereignisse A und B ist definiert durch $P(A \cap B) = P(A) \cdot P(B)$.

Stochastische Unabhängigkeit

Zwei Zufallsvariablen X und Y heißen *stochastisch unabhängig*, wenn für alle $x, y \in \mathbb{R}$ gilt, dass $\{X \le x\}$ und $\{Y \le y\}$ unabhängig sind, d. h.

$$P(X \le x, Y \le y) = P(X \le x) \cdot P(Y \le y).$$

3.3.6 Anwendung – Wo taucht das auf?

Um 6:00 Uhr klingelt der Wecker. Sollte der Schlafende den Wecker nicht ausschalten, erinnert dieser 10 Minuten später daran, dass nun höchste Zeit zum Aufstehen ist. Wir versuchen nun für unterschiedliche *Aufstehtypen* passende Verteilungen der Aufstehzeit X (in Minuten nach 6:00) anzugeben.

1. **Der Sofortaufsteher**: Er springt stets um Punkt 6:00 Uhr aus dem Bett, d. h. $X = 0$. Die Verteilung ist also diskret und $x_1 = 0$ ist der einzige auftretende Wert, also gilt $f_X(x_1) = 1$ und

$$F_X(x) = \begin{cases} 0, & x < 0, \\ 1, & x \ge 0, \end{cases}$$

siehe ◘ Abb. 3.5.

2. **Der Fast-Sofortaufsteher**: Er springt mit Wahrscheinlichkeit 80% um Punkt 6:00 Uhr aus dem Bett, in 20% der Fälle aber auch erst beim zweiten Klingeln um 6:10 Uhr. Die Verteilung ist also diskret und $x_1 = 0$, $x_2 = 10$ sind die auftretenden Werte. Es gilt $f_X(x_1) = 0,8$, $f_X(x_2) = 0,2$ und damit – siehe ◘ Abb. 3.6 –

$$F_X(x) = \begin{cases} 0, & x < 0, \\ 0,8, & x \in [0, 10) \\ 1, & x \ge 1. \end{cases}$$

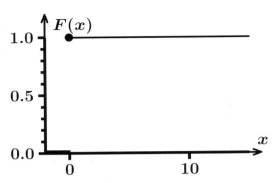

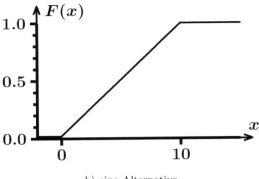

a) wie beschrieben

▪ Abb. 3.5 Verteilungsfunktion des Sofortaufstehers

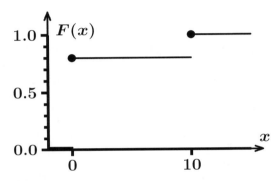

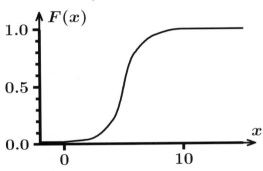

b) eine Alternative

▪ Abb. 3.6 Verteilungsfunktion des Fast-Sofortaufstehers

▪ Abb. 3.7 Verteilungsfunktion des Umdrehers

3. **Der Umdreher**: Er dreht sich nach dem Wecker-Klingeln im Halbschlaf um und döst noch einmal ein. Da er aber ein zweites Klingeln des Weckers hasst und jahrelange Erfahrung hat, steht er innerhalb der ersten zehn Minuten auf. Wann das genau ist, ist aber nicht vorhersehbar.
Wir gehen hier also von einer stetigen Verteilung aus und geben eine plausible Dichte f_X an. Diese sollte nur zwischen 0 und 10 (Minuten nach 6:00 Uhr) positive Werte haben, da dann das Aufstehen stattfindet. Im einfachsten Fall können wir annehmen, dass tatsächlich jede dieser Zeiten gleichwahrscheinlich ist. Dann müsste f_X dort konstant sein, also $f_X(x) = c$ für alle $x \in [0, 10]$. Da $\int_0^{10} f_X(t)dt = 1$ gelten muss, bleibt nur $c = 1/10$ (siehe Abschnitt 3.6.2). Für die Verteilungsfunktion ergibt sich für $x \in [0, 10]$

$$F_X(x) = \int_0^x f(t)dt = \int_0^x \frac{1}{10}dt = \frac{x}{10}.$$

Zusammenfassung

a. Jede noch so komplizierte Verteilung einer Zufallsvariablen kann schon allein durch die Verteilungsfunktion beschrieben werden, also durch die Wahrscheinlichkeiten der Form $F_X(x) = P(X \leq x)$.
Dies ist natürlich eine gute Nachricht: Die Verteilung einer Zufallsvariablen lässt sich eindeutig durch eine reelle Funktion beschreiben, welche Sie im Prinzip schon aus der Schule kennen.

b. Der erste wichtige Spezialfall sind diskrete Zufallsvariablen. Diese werden beschrieben durch die Wahrscheinlichkeitsfunktion f_X. Dies ist einfach die Liste der Werte $f_X(x_1), f_X(x_2), ...,$ also der Elementarwahrscheinlichkeiten $P(X = x_1), P(X = x_2), ...$ Alle anderen Wahrscheinlichkeiten ergeben

sich durch Zusammenzählen der Elementarwahrscheinlichkeiten.

c. Der zweite wichtige Spezialfall sind stetige Zufallsvariablen, deren Werte sich nicht mehr auf-
listen lassen. Sie sind durch die Dichtefunktion
f_X beschrieben, also durch eine Funktion mit

$$f_X \geq 0, \quad \int_{-\infty}^{\infty} f_X(t)dt = 1.$$

Alle anderen Wahrscheinlichkeiten ergeben
sich durch integrieren der Dichtefunktion.

Auch andere Dichten sind denkbar, etwa wenn der Umdreher häufiger nach ca.
5 Minuten aufsteht. Hier sind der Phantasie keine Grenzen gesetzt, siehe etwa
◨ Abb. 3.7.

4. **Der Variable**: In der Hälfte der Fälle
steht dieser sofort mit dem Weckerklin-
geln auf. In der anderen Hälfte der Fälle
dreht er sich um und schläft dann wie der
Umdreher weiter. Hier kommt eine neue
Besonderheit zum Tragen: Die Zufallsvariable ist nicht diskret, da jeder Wert zwischen 0 und 10 auftreten kann. Sie ist aber
auch nicht stetig, da $P(X = 0) = 50\%$
und F_X damit einen Sprung der Größe 0,5
in $x = 0$ besitzt. Die Verteilungsfunktion können wir noch immer angeben, siehe
auch ◨ Abb. 3.8:

$$F_X(x) = \begin{cases} 0, & x < 0, \\ 0,5, & x = 0, \\ 0,5 + 0,5 \cdot (x/10), & x \in (0, 10], \\ 1, & x \geq 1. \end{cases}$$

Das Beispiel mag eher theoretisch klingen.
Aber selbst an dieser einfachen Situation kann
man interessante Effekte bei Wahrscheinlichkeiten erkennen. Stellen Sie sich vor, dass
Sie sich nun auf der anderen Seite befinden und um 6:00 Uhr am Frühstückstisch
auf den „Fast-Sofort-Aufsteher" warten. Mit
Wahrscheinlichkeit 80% kommt dieser gleich
durch die Tür, mit Wahrscheinlichkeit 20%
erst in 10 Minuten. Die zu erwartende Wartezeit (die wir im folgenden Abschnitt ausführlich besprechen werden) beträgt dann also

$$80\% \times 0 + 20\% \times 10 = 2 \text{ (Minuten)}.$$

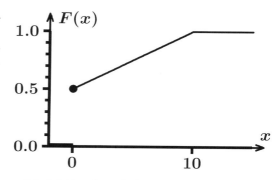

◨ **Abb. 3.8** Verteilungsfunktion des Variablen

Wenn Sie nun allerdings um 6:01 noch nichts
gehört haben, wissen Sie, dass erst um 6:10
Uhr mit dem Aufstehen zu rechnen ist. Die
Restwartezeit beträgt also 9 Minuten. Ein längeres Warten hat also die erwartete Restwartezeit erhöht. Hier kann man das einfach erklären. Der selbe Effekt hat aber zu Beginn
die Versicherungsmathematiker beim Erstel-
len von Sterbetafeln beschäftigt. Damals war
unerklärlich, dass Kinder eine kürzere Rest-
lebenserwartung hatten als Erwachsene. Der
Grund lag in der hohen Kindersterblichkeit.
Erwachsene hatten die Kindheit mit hoher
Sterbewahrscheinlichkeit überstanden und somit eine höhere (Rest-)Lebenserwartung als
Kinder.

Wiederholungsfragen

1. Wie kann man Verteilungen von Zufallsvariablen beschreiben?
2. Inwiefern unterscheiden sich diskrete und
   stetige Zufallsvariablen?
3. Wie erhält man aus der Verteilungsfunktion die Wahrscheinlichkeitsfunktion (diskreter Fall) oder die Dichte (stetiger Fall) zurück?

3.4 Erwartungswert, Varianz und Co.

Maßzahlen waren in der Deskriptiven Statistik ganz wesentlich, um handliche Beschrei-
bungen der Stichprobe zu haben. Auch bei
den theoretischen Verteilungen einer Zufallsvariable X stehen wir vor einem ähnlichen

Problem: Die Verteilungsfunktion ist sehr kompliziert, weil sie so viele Informationen enthält. Können wir nicht auch hier Kennzahlen angeben, die wichtige Aspekte der Verteilung von X beschreiben?

Lernziele

Nach dem Studium dieses Abschnitts sollten Sie

- Kennzahlen zur Lage und Streuung von Zufallsvariablen kennen,
- diese in einfachen Beispielen ausrechnen können.

3.4.1 Erwartungswert, Mittelwert

Eine wichtige Klasse von Verteilungsmaßzahlen sind die *Erwartungswerte* bzw. allgemeiner die so genannten *Momente* der Zufallsvariablen.

Der sogenannte *(einfache) Erwartungswert* $E[X]$ einer Zufallsvariablen X ist die Realisation, die bei der Durchführung des Zufallsexperiments „im Mittel" zu erwarten ist. Der Erwartungswert wird deshalb häufig als „Mittelwert" bezeichnet. Ferner wird die Symbolik $E[X] = \mu_X$ häufig verwendet. Für diskrete Zufallsvariablen ist es naheliegend, der Definition des Erwartungswertes folgende Überlegungen zu Grunde zu legen: Alle möglichen Realisationen einer diskreten Zufallsvariable X, die sogenannten Massenpunkte, sind im Träger $D(X)$ zusammengefasst. Der Erwartungswert ist demnach ein Durchschnittswert aller Massenpunkte. Dabei muss jedoch berücksichtigt werden, dass nicht alle Massenpunkte x gleichwahrscheinlich sind: Jede Realisation x tritt nur mit einer bestimmten Wahrscheinlichkeit $P(X = x)$ auf, und sollte deshalb nur mit diesem „Gewicht" bei der Mittelung berücksichtigt werden. Der Erwartungswert ist also sinnvoll definiert als mit den jeweiligen Wahrscheinlichkeiten gewogenes Mittel der Massenpunkte:

Diskreter Erwartungswert

Ist X diskret, so ist der *Erwartungswert* $E[X]$ definiert durch

$$E[X] \, (= \mu_X) = \sum_{x \in D(X)} x \cdot P(X = x)$$
$$= \sum_{x \in D(X)} x \cdot f(x) \quad .$$

Beispiel. Beim Werfen eines Würfels für X: „Augenzahl" gilt

$$E[X] = 1 \cdot P(X = 1) + 2 \cdot P(X = 2)$$
$$+ \ldots + 6 \cdot P(X = 6)$$
$$= \frac{1}{6}(1 + 2 + \ldots + 6) = \frac{21}{6} = 3,5.$$

Dies klappt so einfach allerdings nur im diskreten Fall. Etwa bei dem Glühbirnenbeispiel oben gilt ja $P(X = x) = 0$ für alle x, sodass diese Formel dort stets 0 ergeben würde, was nicht sinnvoll ist.

Das Problem hier ist, dass man die Werte einer stetigen Zufallsvariablen nicht mehr in eine Liste schreiben kann. Man ersetzt hier das Summieren durch ein Integral („unendliche Summation"). Eine Gewichtung ist auch hier sinnvoll und erfolgt mit der Dichte:

Stetiger Erwartungswert

Ist X stetig mit Dichte $f = f_X$, so ist der Erwartungswert $E[X]$ definiert durch

$$E[X] \, (= \mu_X) = \int_{x \in D(X)} x \cdot f(x) dx$$
$$= \int_{-\infty}^{+\infty} x \cdot f(x) dx \quad .$$

Zu beachten ist bei beiden Definitionen, dass erst einmal unklar ist, ob die Reihe (im Fall $|D(X)| = \infty$) bzw. das Integral überhaupt existieren. In den von uns betrachteten Beispielen ist dies aber stets der Fall.

Auch für allgemeine Zufallsvariablen, die weder diskret noch stetig sind (siehe etwa das Beispiel des „Variablen" in Abschnitt 3.3.6), lässt sich ein Erwartungswert definieren, der dann beide obigen Formeln umfasst. Die wichtigen Rechenregeln gelten auch dann. Die Details führen hier aber zu weit.

Beispiel. Ist nun X eine Glühbirnen-Brenndauer, die wir – wie oben diskutiert – als exponentialverteilt annehmen, so sind wir im stetigen Fall und erhalten

$$E[X] = \int\limits_0^\infty x f(x) dx = \beta \int\limits_0^\infty x e^{-\beta x} dx.$$

An dieser Stelle liegt also ein Problem aus der Analysis vor: Wie rechnet man ein Integral aus? Hier hilft partielle Integration:

$$E[X] \stackrel{part.}{\underset{Int.}{=}} \beta \left(\left[x \cdot \left(-\frac{1}{\beta}\right) e^{-\beta x} \right]_0^\infty - \int\limits_0^\infty 1 \cdot \left(-\frac{1}{\beta}\right) e^{-\beta x} dx \right)$$

$$= \int\limits_0^\infty e^{-\beta x} dx = -\left[\frac{1}{\beta} e^{-\beta x} \right]_0^\infty = \frac{1}{\beta}$$

Dadurch gewinnt auch der zuvor recht abstrakt wirkende Parameter β der Exponentialverteilung eine inhaltliche Interpretation: Der Kehrwert ist gerade der Erwartungswert. Solche Zusammenhänge bestehen bei fast allen wichtigen Verteilungen, siehe Abschnitt 3.6.

Aber erneut muss Ihnen die Rechnung im vorigen Beispiel keine Angst machen: Sie werden im Folgenden in vielen Standardfällen nicht selber integrieren können müssen, da in diesen Fällen der Erwartungswert bekannt ist und nicht selber hergeleitet werden muss.

3.4.2 Varianz und Standardabweichung

Für viele Fragestellungen ist es wichtig zu messen, wie „unterschiedlich" die Realisationen einer Zufallsvariable sind, d. h. welche „Streuung" die Zufallsvariable aufweist. Wie

bereits in der Deskriptiven Statistik in Abschnitt 2.3.2 diskutiert wurde, ist die durchschnittliche quadrierte Abweichung vom Mittelwert ein geeignetes Streuungsmaß. Dabei ist wiederum zu berücksichtigen, wie wahrscheinlich unterschiedliche (quadrierte) Abweichungen sind. Die *Varianz* einer Zufallsvariable X ist definiert als die erwartete quadrierte Abweichung vom Mittelwert μ_X. Die Varianz wird wahlweise mit $VAR[X]$ oder mit σ_X^2 bezeichnet.

Varianz für diskrete Zufallsvariablen

Für diskrete Zufallsvariablen X ist die *Varianz* definiert als

$$VAR[X] \, (= \sigma_X^2) = E[(X - \mu_X)^2]$$
$$= \sum_{x \in D(X)} (x - E[X])^2 \cdot f(x).$$

Varianz für stetige Zufallsvariablen

Für stetige Zufallsvariablen X ist die *Varianz* definiert als

$$VAR[X] \, (= \sigma_X^2) = E[(X - \mu_X)^2]$$
$$= \int_{x \in D(X)} (x - E[X])^2 \cdot f(x) dx \; .$$

Die Varianz ist also analog zur empirischen Varianz S_x^2 definiert. Die Einheit der Varianz ist das Quadrat der Einheit von X. Das ist häufig schlecht interpretierbar: Im Glühbirnen-Beispiel würde man die Varianz der Brenndauer beispielsweise in „Quadratminuten" messen. Dies hat damit zu tun, dass in der Definition der quadrierte Abstand von X und μ_X genutzt wird, was vor allem innermathematische Gründe hat.

Man verwendet daher als Streuungsmaß häufig die *Standardabweichung* σ_X, definiert als Quadratwurzel aus der Varianz und daher in den gleichen Einheiten gemessen wie die Zufallsvariable selbst:

$$\sigma_X = \sqrt{VAR[X]} = \sqrt{\sigma_X^2} \quad .$$

Die folgenden Rechenregeln werden sehr oft benutzt. Bei Änderung der Skala ändern sich Erwartungswert und Varianz wie folgt (wie man durch einfaches Nachrechnen einsieht):

$$E[a + bX] = a + bE[X]$$
$$\text{für alle} \quad a, b \in \mathbb{R}.$$
$$VAR[a + bX] = b^2 VAR[X]$$
$$\text{für alle} \quad a, b \in \mathbb{R}.$$

Aus den vorigen beiden Punkten ergibt sich, wie man Daten derart standardisiert, dass die entstehende Zufallsvariable Erwartungswert 0 und Varianz 1 hat: $Z = (X - \mu_X)/\sigma_X$ wird *standardisierte Zufallsvariable* genannt und erfüllt

$$E[Z] = \mu_Z = 0 \text{ und } VAR[Z] = \sigma_Z^2 = 1.$$

3.4.3 Schwankungsintervalle

Kommen wir jetzt zu einer Begriffsbildung, die beschreibt, in welchem Intervall eine Zufallsvariable typischerweise ihre Werte annimmt. Allgemein bezeichnet man dabei ein Intervall der Form $(a; b)$, innerhalb dessen eine Realisation der Zufallsvariable X mit positiver Wahrscheinlichkeit zu erwarten ist, als *Schwankungsintervall*. Werden die Intervallgrenzen symmetrisch um den Erwartungswert von X gewählt, so spricht man von einem *zentralen Schwankungsintervall* $(\mu_X - z, \mu_X + z)$. Setzt man ferner $z = k\sigma_X$ mit $k \in \mathbb{N}$, d. h. betrachtet man Abweichungen vom Mittelwert in Höhe eines ganzzahligen Vielfachen der Standardabweichung $\sigma_X = \sqrt{VAR[X]}$, so spricht man von einem *k-fachen zentralen Schwankungsintervall*

$$(\mu_X - k\sigma_X, \mu_X + k\sigma_X).$$

Die Angabe eines k-fachen zentralen Schwankungsintervalls lässt damit Aussagen sowohl über die Lage als auch über die Streuung der Verteilung von X zu: μ_X als Zentrum des Intervalls bestimmt die Lage, und die Länge des Intervalls ist um so geringer, je geringer die Streuung bzw. die Varianz bzw. die Standardabweichung der Verteilung von X ist.

Die Wahrscheinlichkeit, dass X in das k-fache zentrale Schwankungsintervall fällt, beträgt $P(\mu_X - k\sigma_X < X < \mu_X + k\sigma_X)$.

3.4.4 Kovarianz und Korrelation

In der Deskriptiven Statistik wurden auch Kenngrößen behandelt, die den Zusammenhang verschiedener Merkmale beschreiben, allen voran die Korrelation, siehe Abschnitt 2.6. Auch diese Begriffsbildungen lassen sich im Prinzip wie bei dem Erwartungswert und der Varianz auf Zufallsvariablen übertragen.

Kovarianz und Korrelationskoeffizient

Für Zufallsvariablen X und Y heißt

$$COV[X, Y] := \sigma_{X,Y} := E[(X - \mu_X)(Y - \mu_Y)]$$

die *Kovarianz von X und Y*, wobei im diskreten Fall gilt

$$COV[X, Y]$$
$$= \sum_{x,y}(x - \mu_X)(y - \mu_Y)P(X = x, Y = y),$$

wobei hier die Summation über alle $x \in D(X)$ und $y \in D(Y)$ stattfindet. Der Wert

$$\rho_{X,Y} = \frac{COV[X, Y]}{\sqrt{VAR[X] \cdot VAR[Y]}} = \frac{\sigma_{X,Y}}{\sigma_X \sigma_Y}$$

heißt *Korrelationskoeffizient*.

$COV[X, Y] = \sigma_{X,Y}$ ist also analog zur empirischen Kovarianz S_{xy} (siehe Abschnitt 2.6.1) definiert.

Die Kovarianz misst – wie im empirischen Fall ausführlich erläutert – die Richtung der Abhängigkeit der beiden Zufallsvariablen. $COV[X, Y] > 0$ bedeutet, dass bei einer überdurchschnittlich hohen Realisation von X auch eine überdurchschnittlich hohe Realisation von Y zu erwarten ist. Für $COV[X, Y] < 0$ (gegenläufige Abhängigkeit) wäre dagegen im Falle eines sehr hohen x eher ein geringes (unterdurchschnittliches) y zu erwarten.

Zusammenfassung

- Der Erwartungswert ist das wichtigste Maß für den mittleren Wert einer Zufallsvariablen (es gibt auch weitere sinnvolle), die Varianz ist ein Maß für die Streuung. Wie bei allen Maßzahlen sollte man beachten, dass diese nur einen kleinen Teil der Verteilung beschreiben. Viele Informationen sind durch diese nicht darstellbar.

- Zum Ausrechnen des Erwartungswerts nutzt man im diskreten und stetigen Fall unterschiedliche Formeln:

$$E[X] = \sum_{x \in D(X)} x \cdot P(X = x),$$
$$E[X] = \int_{x \in D(X)} x \cdot f(x) dx.$$

- Entsprechend gilt für die Varianz

$$VAR[X] = \sum_{x \in D(X)} (x - E[X])^2 \cdot f(x),$$
$$VAR[X] = \int_{x \in D(X)} (x - E[X])^2 \cdot f(x) dx.$$

- Eine alternative Formel zum Ausrechnen der Varianz ist die Berechnung der Varianz anhand der Potenzmomente

$$VAR[X] = E[X^2] - (E[X])^2.$$

3.4.5 Anwendung – Wo taucht das auf?

Erwartungswerte reduzieren die Information einer Verteilung auf einen einzigen Wert. Es gehen also automatisch Informationen verloren. Dies führt auch zu – auf den ersten Blick – paradoxen Phänomenen:

Wir betrachten den Wechselkurs zwischen zwei Währungen, sagen wir Euro und US-Dollar. Der Einfachheit halber nehmen wir an, dass dieser heute 1 : 1 ist. Wie der Wechselkurs in einem Jahr ist, kann heute niemand verlässlich sagen. Als einfaches Modell nehmen wir an, dass nur zwei Szenarien eintreten können: Im ersten wird der Wechselkurs fallen, sodass man im Sommer für 1 Euro nur noch 0,80 $ bekommen wird. Im zweiten Szenario wird der Wechselkurs steigen, sodass 1

Euro dann 1,20 $ wert ist. Wir unterstellen, dass beide gleich wahrscheinlich sind.

Der mittlere Wechselkurs für Euro in Dollar beträgt dann

$$E[X] = 0,5 \times 0,8 + 0,5 \times 1,2 = 1.$$

Im Erwartungswert ändert sich der Wechselkurs also nicht. Nun betrachten wir die gleiche Situation aus Sicht eines Dollar-Besitzers: Gibt es 0,8 $ für 1 Euro, so erhält dieser umgekehrt für 1 $ beim Umtausch $1/0,8 = 1,25$ Euro. Ist 1 Euro andererseits 1,20 $ wert, so erhält er für jeden Dollar aber nur $1/1,2 \approx 0,83$ Euro. Der erwartete Wechselkurs ergibt sich als

$$E[1/X] = 0,5 \times 1,25 + 0,5 \times 0,83 = 1,04.$$

Im Mittel wird der Dollar-Besitzer also von einem steigenden Wechselkurs ausgehen, der Euro-Besitzer erwartet gleichbleibende Kurse. Und das, obwohl die gleichen Modellannahmen unterstellt werden. Mathematisch ist das Rätsel einfach zu klären: Der Mittelwert der Kehrwerte ist stets größer als der Kehrwert des Mittelwerts.

Dieses Phänomen ist in der ökonomischen Literatur als *Siegel-Paradoxon* bekannt. Es gibt dazu verschiedene ökonomische Erklärungen.

Wiederholungsfragen

1. Wieso unterscheidet man in der Definition des Erwartungswerts den diskreten und den stetigen Fall?
2. Können Sie eine Gegenüberstellung von Begriffen der Deskriptiven Statistik und der Wahrscheinlichkeitstheorie angeben?

3.5 Urnenexperimente

Die Laplace-Verteilung, die jedem möglichen Ergebnis die gleiche Wahrscheinlichkeit zuordnet, tritt besonders oft auf. Mit ihr lässt sich oft auch einfach arbeiten. Möchte man nämlich die Wahrscheinlichkeit eines Ereignisses A berechnen, muss man nur zählen, wie viele Ergebnisse in A sind (*günstige Ergebnisse*) und dies durch die Zahl aller möglichen Ereignisse teilen. Und zählen können wir seit dem Kindesalter. Aber ganz so einfach ist es dann doch manchmal nicht.

Bei komplizierteren Ereignissen A fällt das systematische Zählen nämlich gar nicht so leicht. Denke Sie etwa an ein Kartenspiel mit 52 Karten. Die Anzahl der möglichen Reihenfolgen dieser Karten sind dann schon knapp so groß wie die Anzahl der Atome unserer Milchstraße. Da ist das direkte Zählen viel zu aufwendig und selbst Computer kommen an ihre Grenzen. Daher hat sich ein ganzer Zweig der Mathematik – die Kombinatorik – entwickelt, die sich nur mit systematischem Zählen beschäftigt.

Lernziele

Nach dem Studium dieses Abschnitts sollten Sie

- in einfachen Situationen die Anzahl der Ergebnisse mittels Urnenexperimenten ausrechnen können,
- dies benutzen können, um in Laplace-Experimenten Wahrscheinlichkeiten auszurechnen.

3.5.1 Einfache kombinatorische Regeln

Grundlegend und gleichzeitig einfach ist folgende Regel:

Satz (Multiplikationsregel). *Kombiniert man alle möglichen Ergebnisse einer Menge A mit allen einer zweiten Menge B, so ist die Gesamtzahl aller möglichen Kombinationen gleich dem Produkt der Anzahlen in A und B.*

Diese kann man sich schnell durch eine Tabelle klarmachen:

	a_1	a_2	…
b_1	$(a_1; b_1)$	$(a_2; b_1)$	…
b_2	$(a_1; b_2)$	$(a_2; b_2)$	…
…	…	…	…

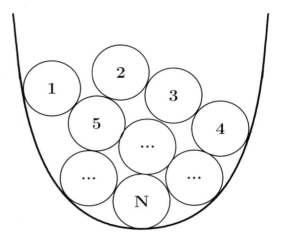

Abb. 3.9 Urne mit N Kugeln, wir ziehen n mal

So kann man etwa schnell ausrechnen, wie viele Paare es beim zweimaligen Würfelwurf gibt: Beim ersten Wurf gibt es 6 mögliche Ausgänge, beim zweiten ebenfalls, sodass man auf $6 \times 6 = 36$ mögliche Wurfpaare kommt. Auf diese Zahl kommt man dann natürlich auch durch direktes Abzählen der Menge Ω im Beispiel.

Beispiel. Wir nutzen die Multiplikationsregel häufig ganz natürlich, etwa wenn wir ausrechnen wollen, wie viele verschiedene Mensa-Menüs mit vier Gängen sich zusammenstellen lassen aus

— 3 Vorsuppen,
— 3 Salaten,
— 5 Hauptgängen,
— 5 Nachtischen.

Da ergeben sich $3 \times 3 \times 5 \times 5 = 225$ Möglichkeiten.

Nun ist es für die meisten Fragen egal, ob man Menüvorschläge, Spielkarten, Anzahl von Würfelwürfen oder etwas ganz anderes zählt. Um dies zu systematisieren, führt man viele der Fragen auf eine *Standardsetting* zurück: Ziehen von Kugeln aus einer Urne, siehe ◘ Abb. 3.9.

Wählt man n Elemente aus einer Menge mit N Elementen aus, so spricht man vom Ziehen einer *Stichprobe* vom Umfang n. Dieser Vorgang lässt sich stets so veranschaulichen, dass aus einer Urne mit N Kugeln n Kugeln entnommen werden.

Die Stichprobenziehung bzw. ihr Ergebnis kann nach zwei Kriterien unterschieden werden. Zum einen kann die Auswahl *mit Zurücklegen* oder *ohne Zurücklegen* erfolgen. Der *Auswahlmodus* bestimmt die möglichen *Kombinationen* von Elementen, die in der Stichprobe auftreten können.

Zum anderen kann man bei der Definition der Stichprobenergebnisse die *Reihenfolge*, in der die Stichprobenelemente ausgewählt wurden, *berücksichtigen* oder diese *Reihenfolge unberücksichtigt* lassen. Der *Anordnungsmodus* entscheidet darüber, ob die Anordnungsmöglichkeiten, d. h. die *Permutationen* einer Stichprobenmenge unterschieden werden oder nicht.

Permutationen

Eine Menge mit n Elementen kann auf $n! = n \cdot (n-1) \cdot \ldots \cdot 2 \cdot 1$ (sprich: „n Fakultät") verschiedene Arten angeordnet werden.

So lassen sich beispielsweise 5 nummerierte Kugeln in $5! = 5 \times 4 \times 3 \times 2 \times 1 = 120$ verschiedene Reihenfolgen bringen.

Eine Besonderheit tritt auf, wenn von den n Elementen nur zwei Gruppen mit jeweils n_1 und n_2 Elementen unterscheidbar sind. Wären bspw. von den $n = 5$ Kugeln die ersten drei ($n_1 = 3$) schwarz (1S, 2S, 3S) und die verbleibenden beiden ($n_2 = n - n_1 = 2$) Kugeln weiß (4W, 5W), so sind die Reihenfolgen 1S; 4W; 5W; 2S; 3S und 2S; 5W; 4W; 1S; 3S nicht unterscheidbar, wenn die Reihenfolge nur bezüglich der beiden Gruppen „schwarz" und „weiß" beachtet wird. Hier führen beide zu dem Ergebnis S; W; W; S; S. Offenbar verringert sich die Zahl möglicher Permutationen, wenn nur zwei Gruppen von Objekten unterschieden werden können. Im Beispiel lassen sich bei einer gegebenen Farbreihenfolge die drei schwarzen Kugeln auf $3! = 6$ verschiedene Arten anordnen und die beiden weißen auf jeweils $2! = 2$ Arten, ohne dass sich die Reihenfolge **der Farben** ändert. Die Zahl der 120 Permutationen bei Nummerierung muss also um die Faktoren $1/3!=1/6$ und $1/2!=1/2$ korrigiert werden, um die Anzahl der Permutationen bzgl. der Farbe zu erhalten. Es gibt

folglich $120/(6 \times 2) = 10$ unterschiedliche Farbreihenfolgen.

Allgemein formuliert folgt daraus:

Sind von n Elementen nur zwei Gruppen vom Umfang n_1 und $n - n_1$ unterscheidbar, so gibt es

$$\frac{n!}{n_1!(n-n_1)!} = \binom{n}{n_1}$$

Permutationen. Die Größe $\binom{n}{n_1}$ (sprich: „n über n_1") wird *Binomialkoeffizient* genannt.

Im Beispiel erhält man $\binom{5}{3} = 10$ unterschiedliche Farbreihenfolgen.

Beispiel. Manchmal schaffen es Binomialkoeffizienten sogar in die Boulevardpresse. So titelte bei der Fußball-Europameisterschaft 2016 eine große deutsche Zeitung mit der „Irrsinnsformel"

$$\binom{6}{4} = \frac{6!}{4! \times 2!} = 15,$$

die die Achtelfinals „berechnet". Was war hier gemeint?

Bei dieser EM konnten neben den Gruppenersten und -zweiten auch die besten vier Vorrundendritten in die K.o.-Runde einziehen. Die genaue Zuordnung der Achtelfinals war dabei gar nicht so leicht zu durchblicken. Die „Irrsinnsformel" gibt also einfach die Anzahl der Möglichkeiten an, aus den 6 Gruppendritten diese Auswahl zu treffen.

Kombinationen

Die Anzahl unterscheidbarer Ergebnisse einer Ziehung von n aus N unterscheidbaren Elementen lässt sich nun, je nach Auswahl- und Anordungsmodus, folgendermaßen angeben:

A. Ziehen ohne Zurücklegen

1. **mit Berücksichtigung der Reihenfolge**

    Im ersten Zug bestehen N Auswahlmöglichkeiten, im zweiten Zug $N - 1$, etc., im letzten Zug schließlich noch $N - n + 1$ Möglichkeiten. Die Gesamtzahl der Stichprobenergebnisse beträgt

$$N \cdot (N-1) \cdot \ldots \cdot (N-n+1)$$
$$= \frac{N \cdot \ldots \cdot (N-n+1) \cdot (N-n) \cdot \ldots \cdot 1}{(N-n) \cdot \ldots \cdot 1}$$
$$= \frac{N!}{(N-n)!}$$

Anordungs-modus	Auswahlmodus	
	mit Zurücklegen	ohne Zurücklegen
geordnet	N^n	$\dfrac{N!}{(N-n)!}$
ungeordnet	$\dbinom{N+n-1}{n}$	$\dbinom{N}{n} = \dfrac{N!}{(N-n)!n!}$

2. **ohne Berücksichtigung der Reihenfolge**

Jede Stichprobe vom Umfang n besitzt $n!$ verschiedene Permutationen. Da diese nicht mehr unterscheidbar sind, wenn man die Reihenfolge der Stichprobenelemente nicht berücksichtigt, verringert sich die Anzahl der unterscheidbaren Stichprobenergebnisse gegenüber dem vorhergehenden Fall um den Faktor $1/n!$ und man erhält die Anzahl:

$$\frac{N!}{(N-n)!n!} = \binom{N}{n}.$$

B. Ziehen mit Zurücklegen

1. **mit Berücksichtigung der Reihenfolge**

Im ersten Zug bestehen N Auswahlmöglichkeiten, im zweiten Zug wiederum N, etc., im letzten Zug ebenfalls N Möglichkeiten. Die Gesamtzahl der Stichprobenergebnisse beträgt

$$\underbrace{N \cdot N \cdot N \cdot \ldots \cdot N}_{n-\text{mal}} = N^n$$

2. **ohne Berücksichtigung der Reihenfolge**

Man kann zeigen, dass die Anzahl der unterscheidbaren Stichprobenergebnisse in diesem Fall

$$\binom{N+n-1}{n}$$

beträgt.

Man erhält demnach folgende Tabelle für die Anzahl unterscheidbarer Ergebnisse bei der Auswahl von n aus N Elementen:

Der Fall *ungeordnet, mit Zurücklegen* tritt in der Wahrscheinlichkeitstheorie eher selten auf und man muss sich die Formel daher nicht zwingend merken. Der Grund ist, dass bei diesem Urnenexperiment keine Laplace-Wahrscheinlichkeiten herauskommen: Zum Beispiel beim zweimaligen Ziehen kann das Ergebnis 1;1 nur zustande kommen, wenn zweimal die 1 gezogen wird. Das Ergebnis 1;2 kann aber auf zwei Arten auftreten: Erst 1, dann 2 oder umgekehrt. Es hat daher eine doppelt so hohe Wahrscheinlichkeit.

Der Fall *ungeordnet, ohne Zurücklegen* ist hingegen besonders wichtig. Damit lässt sich der Binomialkoeffizient auch folgendermaßen interpretieren:

Eine Menge von N Elementen besitzt $\binom{N}{n}$ verschiedene Teilmengen vom Umfang n.

Beispiel. 1. Drei Personen steigen im Erdgeschoss in einen Fahrstuhl eines 5-stöckigen Hauses. Da jeder 5 Möglichkeiten zum Aussteigen hat, beträgt die Anzahl aller Ausstiegsmöglichkeiten $5 \times 5 \times 5 = 5^3 = 125$. (Ziehen mit Zurücklegen, mit Beachtung der Reihenfolge).

2. Interessiert man sich im vorigen Beispiel für die Anzahl der Möglichkeiten, dass diese alle in unterschiedlichen Stockwerken aussteigen, ist diese $5 \times 4 \times 3 = 60$ (Ziehen ohne Zurücklegen, mit Beachtung der Reihenfolge). Nun könnte man auf die Idee kommen, dass die Wahrscheinlichkeit dafür, dass alle in unterschiedlichen Stockwerken aussteigen, gerade $60/125$ betragen sollte. Hier muss

man aber vorsichtig sein: Solch ein Schluss ist nur dann zulässig, wenn wir Laplace-Wahrscheinlichkeiten unterstellen, also annehmen, dass alle Kombinationen gleichwahrscheinlich sind. Dies wird hier aus zwei Gründen vermutlich nicht der Fall sein: Zum einen werden in den meisten Gebäuden einige Stockwerke beliebter zum Aussteigen sein, zum anderen könnten bei einer Dreiergruppe einige gemeinsam unterwegs sein, sodass Unabhängigkeit nicht gegeben ist. Hier erkennt man auch die Grenzen des einfachen Rechnens mit Urnenexperimenten.

3. Das Ziehen ohne Zurücklegen und ohne Berücksichtigung der Reihenfolge entspricht genau den Lotto-Modalitäten. Beim Lotto *6 aus 49* erhält man also, dass $\binom{49}{6} \approx 14$ Mio. mögliche Ziehungen herauskommen können. Die Wahrscheinlichkeit, beim Lotto einen 6er zu haben, liegt damit bei etwa 1:14 Mio. Zur Veranschaulichung dieser kleinen Zahl, siehe Box.

4. Inzwischen gibt es mehrere Anbieter im Internet, die eine individuelle Müsli-Zusammenstellung ermöglichen (siehe auch Christensen und Christensen 2018). Diese werben mit einer auf den ersten Blick kaum zu glaubenden Zahl von Abermilliarden unterschiedlicher Müslivarianten. Dies kommt etwa bei einem der größten Anbieter der Branche so: Es gibt 10 Basismüslis, aus denen man wählen kann. Abgesehen davon gibt es 73 weitere Zutaten, aus denen man sein Müsli mit bis zu 18 Zutaten anreichern kann. Jede Zutat kann man auch mehrfach auswählen, um den Anteil im Müsli zu erhöhen, und man kann natürlich auch weniger als 18 Zutaten auswählen. Für die Berechnung der Möglichkeiten bedeutet dies, dass es eine weitere „Zutat" gibt, nämlich die, nichts auszuwählen, was die Gesamtzahl auf 74 erhöht. Für die Zutaten liegt der Fall mit Zurücklegen und ohne Berücksichtigung der Reihenfolge mit $N = 74$ und $n = 18$ vor, sodass man auf

$$\binom{74 + 18 - 1}{18} = \binom{91}{18} = 4,724 \times 10^{18}$$

mögliche Müslimischungen kommt. Bedenkt man nun noch, dass jede dieser Zutatenkombinationen mit den 10 Basismüslis kombiniert werden kann, dann erhält man 47 Trilliarden Möglichkeiten.

Hintergrundinformation

Ein 6er im Lotto ist sehr unwahrscheinlich, nämlich etwa $1/\binom{49}{6} \approx \frac{1}{14.000.000} \approx 0,0000072\%$. Solche kleinen Zahlen können sich die meisten Menschen schwer vorstellen. Daher ist es wichtig, diese gut zu veranschaulichen. Dazu hier zwei Vorschläge:

1. Nehmen wir beispielsweise ein Paket Kopierpapier. Darin sind 500 Blatt, und das Paket ist 5 cm dick. 14 Mio. Blätter übereinander gestapelt wären dann 1400 m hoch, was fast der fünffachen Höhe des Eiffelturms entspricht. Ein Blatt sei im Vorwege mit einem Kreuz versehen worden. Sie dürften nun aus diesem hohen Papierstapel genau ein Blatt ziehen. Die Wahrscheinlichkeit, beim Lotto einen 6er zu gewinnen, entspricht der Wahrscheinlichkeit, genau dieses eine markierte Blatt zu erwischen.

2. Eine andere Veranschaulichung der Wahrscheinlichkeit hat einmal der Wissenschaftsjournalist Christoph Drösser beschrieben. Stellen Sie sich vor, Sie würden nachts auf der Autobahn von Hamburg nach Berlin fahren. Irgendwo auf der Strecke sei eine hohe, 2 cm breite Leiste am Wegesrand aufgestellt worden, wobei Sie diese Leiste aufgrund der Dunkelheit nicht sehen können. Ihre Aufgabe läge nun darin, irgendwann bei der Fahrt das Fenster zu öffnen und mit einer Pistole senkrecht zur Fahrtrichtung auf den Fahrbahnrand zu schießen. Die Wahrscheinlichkeit, die Leiste zu treffen, entspricht wiederum der Wahrscheinlichkeit des 6ers beim Lotto.

Anhand der Beispiele kann man sich nun auch leicht veranschaulichen, wie sich die Wahrscheinlichkeit ändert, wenn zusätzlich zum 6er auch die Superzahl richtig sein soll. Da für die Superzahl zehn Zahlen infrage kommen, sinkt die Wahrscheinlichkeit auf 1 : 139.838.160. Der Papierstapel, aus dem Sie ein Blatt ziehen sollen, wäre nun 14 km hoch und würde damit auch Flugkapitänen in Reiseflughöhe Probleme bereiten. Und bei der Autofahrt müssten Sie nun auf der Strecke von Hamburg nach Gibraltar aus dem Fenster schießen.

3.5.2 Anwendung – Wo taucht das auf?

Viele Fragen in Glücksspielen und ähnlichen Situationen lassen sich mit den einfachen Regeln der Kombinatorik behandeln. Manchmal erhält man so Ergebnisse, die auf den ersten Blick erstaunlich sind, so vielleicht bei diesem als *Geburtstagsparadoxon* bekannten Problem:

Wie groß ist die Wahrscheinlichkeit, dass von n Personen (mindestens) zwei am gleichen Tag Geburtstag haben?

Wir stellen uns gedanklich vor, dass die $N = 365$ Geburtstage in einer Urne liegen und die n zufällig ausgewählten Personen ihren Geburtstag daraus ziehen. (Spezialfälle wie Schaltjahre lassen wir hier einmal außer Acht.) Erst einmal gibt es (Ziehen mit Zurücklegen, mit Beachtung der Reihenfolge) 365^{23} mögliche Geburtstagskombinationen. Das Ereignis, dass alle an verschiedenen Tagen Geburtstag haben, entspricht dann gerade der Anzahl der Ziehungen ohne Zurücklegen, also $365 \times 364 \times \ldots \times (365 - n + 1)$. Die Wahrscheinlichkeit für **keine** gemeinsamen Geburtstage ergibt sich dann also beispielsweise im Fall $n = 23$ zu

$$\frac{365 \times 364 \times \ldots \times (365 - 22)}{365^{23}} \approx 49,3\%.$$

Die Wahrscheinlichkeit für mindestens einen gemeinsamen Geburtstag beträgt also mehr als 50%. Vermutlich hätte man spontan angenommen, dass es viel mehr Personen sein müssten. Übrigens liegt die Wahrscheinlichkeit dafür, dass mindestens zwei Personen am gleichen Tag Geburtstag haben, bei einer

Gruppe von 60 Personen bereits bei 99, 41%, also fast 100%. Dies Phänomen liegt darin begründet, dass ja für alle Personen der Gruppe – also in sehr vielen unterschiedlichen Kombinationsmöglichkeiten – doppelte Geburtstage vorkommen können. Und auch in der Realität dürften Sie dem Phänomen vermutlich begegnen: Finden sich in Ihrem Kalender Tage mit doppelten Geburtstagseintragungen? Bei dieser Rechnung unterstellt man, dass alle Geburtstage gleichwahrscheinlich sind (sonst dürfte man die Wahrscheinlichkeit nicht einfach als *Günstige* geteilt durch *Mögliche* ausrechnen). In der Praxis ist das nicht ganz erfüllt; im Sommer werden tendenziell mehr Kinder geboren. Hier stoßen einfache Urnenmodelle dann schon an ihre Grenzen. Man kann diese Frage aber mit Computer-Simulation (siehe Abschnitt 3.8 unten) behandeln und erhält, dass sich die Ergebnisse nur wenig ändern.

Wiederholungsfragen

1. Können Sie für alle vier Fälle des Urnenexperiments die Anzahlen angeben?
2. Können Sie jeweils eigene Beispiele nennen?

Zusammenfassung

— Bei Urnenexperimenten mit einer Ziehung von n aus N unterscheidbaren Elementen gibt es folgende für die Wahrscheinlichkeitsrechnung wichtigen Anzahlen:

- geordnet, mit Zurücklegen: N^n
- geordnet, ohne Zurücklegen: $\frac{N!}{(N-n)!}$
- ungeordnet, ohne Zurücklegen: $\binom{N}{n}$.

— Da man Laplace-Wahrscheinlichkeiten als *(Anzahl der Günstigen) / (Anzahl der Möglichen)* berechnet, lassen sich Laplace-Wahrscheinlichkeiten oft auf die obigen Anzahlen zurückführen.

3.6 Prominente Verteilungen

In diesem Abschnitt werden wir eine ganze Reihe von speziellen Wahrscheinlichkeitsverteilungen vorstellen, die in vielen Anwendungen auftauchen. Deren Zusammenstellung hat den Vorteil, dass man nicht jedes Mal neu selber die Wahrscheinlichkeitsverteilung entwickeln muss, sondern bei wiederkehrenden vergleichbaren Fragestellungen einfach auf diese speziellen Wahrscheinlichkeitsverteilungen zurückgreifen kann. Es spricht aber auch nichts dagegen, dass Sie sich nur einen Überblick über diesen Abschnitt verschaffen und die Details der besprochenen Verteilungen wieder hervorholen, wenn sie im weiteren Verlauf benötigt werden.

Lernziele

Nach dem Studium dieses Abschnitts sollten Sie

- entscheiden können, welche Verteilungen für welche Zufallsexperimente benutzt werden,
- dies nutzen können, um damit Wahrscheinlichkeiten und Momente auszurechnen.

3.6.1 Ein paar wichtige diskrete Verteilungen

Abschnitt 3.3.3 erklärt, wie man die Verteilung von diskreten Zufallsvariablen X beschreibt: Diese sind gegeben durch den Träger $D(X)$ und die Wahrscheinlichkeitsfunktion f_X, also die Liste der Elementarwahrscheinlichkeiten $f_X(x) = P(X = x)$. In diesem Abschnitt geben wir einige wichtige Beispiele für spezielle wiederkehrende diskrete Wahrscheinlichkeitsverteilungen im Überblick. Am Ende des Abschnitts werden Info-Kästen mit Details zur Verfügung gestellt.

Laplace-Verteilung oder Diskrete Gleichverteilung

Nimmt eine Zufallsvariable X die Massenpunkte $x = 1, 2, \ldots, N$ jeweils mit identischer Wahrscheinlichkeit $1/N$ an, so folgt X einer

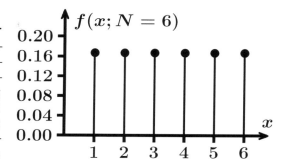

□ **Abb. 3.10** Wahrscheinlichkeitsfunktionen der Laplace-Verteilung beim Würfelwurf

Laplace-Verteilung, auch *diskrete Gleichverteilung* genannt, siehe □ Abb. 3.10. Notation: $X \sim Gl(N)$.

Beispiel. X: „Augenzahl" beim Werfen eines symmetrischen Würfels, da diese jeweils Wahrscheinlichkeit $1/6$ haben.

Bernoulli- oder Zweipunktverteilung

Besitzt eine Zufallsvariable X die beiden Massenpunkte $x = 0$ und $x = 1$ und gilt $P(X = 1) = p$, so folgt X einer *Bernoulli-Verteilung*, siehe □ Abb. 3.11.

Beispiel. $X = 1$ für „Zahl" und $X = 0$ für „Kopf" beim Münzwurf (mit $p = P(X = 1) = 0,5$) oder alternativ $X = 1$ für „schwarz" und $X = 0$ für „weiß" beim Ziehen einer Kugel aus einer Urne mit N Kugeln, von denen M Kugeln schwarz und die übrigen Kugeln weiß sind. (Da die Ziehung jeder Kugel gleichwahrscheinlich ist, gilt in diesem Fall $p = M/N$ und es liegt eine Bernoulli-Verteilung vor.)

Binomialverteilung

In einer Urne befinden sich N Kugeln, davon M schwarze. Es wird eine Stichprobe vom Umfang n **mit Zurücklegen** gezogen. Die Zufallsvariable X bezeichnet die Anzahl der schwarzen Kugeln in der Stichprobe. Es gilt $0 \le x \le n$ und X ist *binomialverteilt*. Die Wahrscheinlichkeiten der Binomialverteilung ergeben sich wie folgt:

Da die Kugeln nach jeder Ziehung zurückgelegt werden, ist die Wahrscheinlichkeit, eine

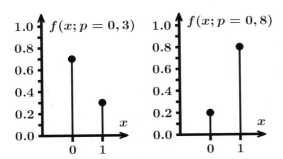

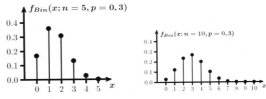

◻ **Abb. 3.12** Wahrscheinlichkeitsfunktionen der Binomial-Verteilung mit $p = 0,3$ und $n = 5$ (oben) sowie $n = 10$ (unten)

◻ **Abb. 3.11** Wahrscheinlichkeitsfunktionen der Bernoulli-Verteilung mit $p = 0,3$ (oben) und $p = 0,8$ (unten)

schwarze Kugel zu ziehen, in jedem Zug konstant und beträgt $p = M/N$. Die Wahrscheinlichkeit, in den ersten x Zügen eine schwarze Kugel und in den darauffolgenden $n-x$ Zügen eine weiße Kugel zu ziehen, beträgt

$$\underbrace{p \cdot p \cdot p \cdot \ldots \cdot p}_{x-\text{mal}} \cdot \underbrace{(1 - p) \cdot (1 - p) \cdot \ldots \cdot (1 - p)}_{(n-x)-\text{mal}}$$

$$= p^x (1 - p)^{n-x} \quad .$$

Diese Wahrscheinlichkeit gilt für jede Stichprobe vom Umfang n mit genau x schwarzen Kugeln, unabhängig von der Reihenfolge, in der die x schwarzen und $n - x$ weißen Kugeln gezogen werden. Insgesamt gibt es $\binom{n}{x}$ Stichproben vom Umfang n, die genau x schwarze Kugeln enthalten (und sich nur durch die Reihenfolge des Auftretens der schwarzen und weißen Kugeln unterscheiden), vgl. Abschnitt 3.5.1; jede dieser Stichproben ist gleich wahrscheinlich mit der oben angegebenen Wahrscheinlichkeit. Also gilt

$$P(X = x) = \binom{n}{x} p^x (1 - p)^{n-x} \quad .$$

Siehe auch ◻ Abb. 3.12. Für $n = 1$ erhält man die Bernoulli-Verteilung.

Die Binomialverteilung tritt in vielen Situationen auf. Sie wird aber auch oft unbedacht verwendet, siehe Schlüsselkasten.

Checkliste Binomialverteilung

Hier geben wir Ihnen eine Checkliste zur Verwendung der Binomialverteilung. Nur wenn alle der folgenden Punkte mit *Ja* beantwortet werden können, sollte eine Binomialverteilung unterstellt werden:

1. Gibt es eine vorher festgelegte Anzahl an durchzuführenden Versuchen n?
2. Hat jeder dieser Versuche nur zwei mögliche Ausgänge (Kopf oder Zahl / Erfolg oder Misserfolg / 0 oder 1...)?
3. Ändern sich die Wahrscheinlichkeiten p in den einzelnen Versuchen nicht?
4. Sind alle Versuche unabhängig?

Oft sind einige der Annahmen nämlich durchaus fraglich:

Beispiel. Betrachten wir eine Biathletin, die am Schießstand auf 5 Scheiben schießt. Sollte man hier für die Anzahl der Treffer eine Binomialverteilung unterstellen?

Auf den ersten Blick sieht dies nach einem klassischen Fall aus (die Aufgabe kommt in der Tat aus einem Schulbuch). Die ersten beiden Punkte der obigen Checkliste sind auch erfüllt. Der dritte ist schon fraglich: Ist die Trefferwahrscheinlichkeit bei allen Scheiben tatsächlich die gleiche oder ist diese zu Beginn vielleicht höher als am Ende, oder umgekehrt? Dies müsste auf jeden Fall überprüft werden. Auch der vierte Punkt (Unabhängigkeit) ist durchaus unklar. Zittert nicht vielleicht nach einem Fehlversuch auch bei der nächsten Scheibe der Finger besonders stark?

Hypergeometrische Verteilung

In einer Urne befinden sich N Kugeln, davon M schwarze. Es wird eine Stichprobe vom Umfang n **ohne Zurücklegen** gezogen. Die Zufallsvariable X bezeichnet die Anzahl der schwarzen Kugeln in der Stichprobe.

Es lässt sich leicht einsehen, dass in diesem Fall die *Binomalverteilung* nicht angewendet werden darf, da die Wahrscheinlichkeit des Ziehens einer Kugel einer bestimmten Farbe davon abhängt, welche Kugelfarben bisher schon gezogen wurden, da gezogenen Kugeln ja nicht wieder zurückgelegt werden.

Der Träger von X ergibt sich aus folgender Überlegung: Übersteigt der Stichprobenumfang n die Anzahl der weißen Kugeln in der Urne, $N - M$, so müssen mindestens $n - (N - M)$ Kugeln in der Stichprobe schwarz sein, andernfalls lautet die Untergrenze für X null: $X \geq \max\{0, n - (N - M)\}$. Übersteigt der Stichprobenumfang n die Anzahl der schwarzen Kugeln in der Urne, M, so können höchstens M Kugeln in der Stichprobe schwarz sein, andernfalls lautet die Obergrenze für X gerade n; d. h. es gilt $0 \leq x \leq \min\{n, M\}$.

Die Wahrscheinlichkeit für $X = x$ lässt sich wie folgt herleiten: Es gibt genau $\binom{M}{x}$ verschiedene Möglichkeiten, x aus M schwarzen Kugeln auszuwählen, vgl. den abschließenden Merksatz in Abschnitt 3.5.1. Jede dieser Kombinationen kann kombiniert werden mit jeder der $\binom{N-M}{n-x}$ Möglichkeiten, $n - x$ weiße Kugeln aus insgesamt $N - M$ weißen Kugeln zu ziehen. Die Gesamtzahl der Stichproben ohne Zurücklegen, für die gilt $X = x$, lautet demnach $\binom{M}{x} \cdot \binom{N-M}{n-x}$. Insgesamt lassen sich den N Kugeln in der Urne ohne Zurücklegen $\binom{N}{n}$ Stichproben vom Umfang n entnehmen. Da jede dieser Stichproben (Teilmengen) gleichwahrscheinlich ist, d. h. die Auswahlwahrscheinlichkeit $1/\binom{N}{n}$ besitzt, gilt für die Wahrscheinlichkeit von $X = x$:

$$P(X = x) = \frac{\dbinom{M}{x}\dbinom{N - M}{n - x}}{\dbinom{N}{n}} .$$

Die Verteilung von X wird *Hypergeometrische Verteilung* mit den Parametern n, N und M genannt: $X \sim Hyp(n, N, M)$.

Wenn n im Gegensatz zu N klein ist, also nur eine kleine Stichprobe gezogen wird, unterscheiden sich die Hypergeometrische- und die Binomialverteilung nur unwesentlich und man nutzt dann meist die handlichere Binomialverteilung. (Als Faustregel wird oft $n/N < 0,05$ genannt.)

Beispiel. Das Standardbeispiel für die Anwendung der hypergeometrischen Verteilung ist Lotto. Von den $N = 49$ Kugeln hat ein Spieler $M = 6$ nummerierte Kugeln vorab ausgewählt. Bei der Lotto-Ziehung werden nun $n = 6$ Kugeln gezogen. $f_{Hyp}(x; n, N, M) = \frac{\binom{6}{x}\binom{43}{6-x}}{\binom{49}{6}}$ gibt dann die Wahrscheinlichkeit an, genau x Richtige zu haben. Beispielsweise gilt für einen Dreier: $P(X = 3) = \frac{\binom{6}{3}\binom{43}{3}}{\binom{49}{6}} \approx 1,77\%$. Dies verallgemeinert das oben diskutierte Lotto-Beispiel.

Geometrische Verteilung

Aus einer Urne mit N Kugeln, darunter M schwarzen, wird solange jeweils eine Kugel gezogen und wieder zurückgelegt, bis zum ersten Mal eine schwarze Kugel gezogen wird. Da die Ziehung mit Zurücklegen erfolgt, ist die Wahrscheinlichkeit, eine schwarze Kugel zu ziehen, bei jedem Zug konstant und lautet $p = M/N$. Die Zufallsvariable X: „Anzahl der Misserfolge bis zum ersten Erfolg" ist dann geometrisch verteilt mit dem Parameter p, $X \sim Geo(p)$, siehe ◻ Abb. 3.13.

Selten wird die geometrische Verteilung anhand der Zufallsvariable $\tilde{X}$: „Gesamtzahl der Versuche bis zum ersten Erfolg" definiert. Der Wert 0 ist damit nicht im Träger von $\tilde{X}$ enthalten und die Formeln in der folgenden Übersicht lauten dementsprechend anders.

Beispiel. Ein Betrunkener steht vor seiner Haustür, weiß aber nicht mehr, welcher der 10 Schlüssel seines Schlüsselbunds passt. Er probiert also einfach einen zufällig gewählten Schlüssel aus. Nach jedem Fehlversuch fällt ihm das Schlüsselbund zu Boden, sodass er es wieder aufhebt und

erneut einen zufällig gewählten Schlüssel aus-
probiert. Wie viele Fehlversuche benötigt er? –
Hier kann man annehmen, dass die Anzahl der
Versuche X der Geometrischen Verteilung folgt,
zumindest wenn man annimmt, dass der Betrunkene tatsächlich aus den vorigen Versuchen
nichts lernt.

Weiter zieht er ja einen der 10 Schlüssel zufällig bei jedem Versuch, d.h. $p = \frac{1}{10}$. Wie wahrscheinlich ist es, dass er maximal 10 Fehlversuche benötigt, bis er sein Haus erfolgreich betreten kann?

$$F_{Geo}(10; 1/10) = 1 - (1 - \frac{1}{10})^{10+1} \approx 68,62\%$$

Der Betrunkene dürfte also eine ganze Weile
wankend vor der Haustür ausprobieren müssen,
bis er seinen Rausch in seinem Bett ausschlafen
kann.

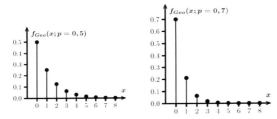

◻ Abb. 3.13 Wahrscheinlichkeitsfunktionen der Geometrischen Verteilung mit $p = 0,5$ (oben) sowie $p = 0,7$
(unten)

Poisson-Verteilung

Die Poisson-Verteilung beschreibt die zufällige Anzahl von Ereignissen in einem Zeitraum,
wenn diese mit fester Rate und unabhängig
von den vorigen Ereignissen eintreten.

Etwas präziser beschreibt man dies, indem
man das Zeitintervall der Länge T in n gleich
große Teilintervalle der Länge $h = T/n$ auf-
teilt. Dabei stellt man sich h als sehr kleine Zahl vor, d. h. man teilt das Intervall in
sehr viele Teilintervalle ein. Die Zufallsvariable X_t bezeichne die Anzahl der eingetretenen
Ereignisse, z. B. Anzahl der Kunden, die ein
Geschäft betreten, in dem Intervall $(0; t]$ für
$0 < t \leq T$. Die Zufallsvariable X_t folgt einem

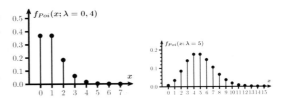

◻ Abb. 3.14 Wahrscheinlichkeitsfunktionen der Poisson-
Verteilung mit $\lambda = 0,4$ (oben) sowie $\lambda = 5$ (unten)

sogenannten *Poisson-Prozess*, wenn folgende
drei Annahmen erfüllt sind:

P1: Die Wahrscheinlichkeit, in einem Intervall der Länge h das Ereignis genau einmal zu beobachten, ist proportional zur
Länge des Intervalls, aber unabhängig
von dessen Lage,

P2: Die Wahrscheinlichkeit, in einem Intervall der Länge h mehr als ein Ereignis
zu beobachten, sei vernachlässigbar klein.
(Dazu muss lediglich die Intervalllänge h
sehr klein bzw. n sehr groß gewählt werden.)

P3: Die Anzahl der Ereignisse in zwei Intervallen, welche sich nicht überlappen, sind
voneinander unabhängig.

Unter diesen Annahmen ist die Anzahl von
Ereignissen im Gesamtintervall der Länge T
(z. B. T=60 Minuten im Beispiel der Kunden
im Geschäft) poissonverteilt mit dem Parame-
ter λ. λ beschreibt dabei die mittlere Anzahl
von Ereignissen im festgelegten Intervall.

Bei der Anwendung der Poisson-Verteilung
muss das untersuchte Intervall nicht notwendigerweise ein Zeitintervall sein. Die Interpretation gilt analog für Streckenintervalle, Flächen, Volumina etc. Mit Hilfe der Poissonverteilung lassen sich beispielsweise modellieren:

– Die Anzahl von Anrufen in einer Tele-
fonzentrale werktäglich zwischen 9:00 Uhr
und 10:00 Uhr

– Die Anzahl von Unfällen auf der A27 zwischen Bremen und Bremerhaven an Werk-
tagen

– Die Anzahl von Luftbläschen in Glasscheiben bei der Produktion von Glasscheiben
mit einer Fläche von 2m^2

Übersicht der vorgestellten diskreten Verteilungen

Laplace-Verteilung / Diskrete Gleichverteilung

- **Träger:** $D(X) = \{1, 2, \ldots, N\}$
- **Parameter:** $\theta = N, \qquad N \in \{1, 2, 3, 4 \ldots\}$
- **Wahrscheinlichkeitsfunktion:**

$$f_{Gl}(x; N) = \begin{cases} 1/N & \text{für} \quad x = 1, 2, \ldots, N \\ 0 & \text{sonst} \end{cases}$$

- **Momente:** $E[X] = \dfrac{N+1}{2} \quad , \qquad VAR[X] = \dfrac{N^2 - 1}{12} \quad .$

Bernoulliverteilung / Zweipunktverteilung

- **Träger:** $D(X) = \{0, 1\}$
- **Parameter:** $\theta = p, \qquad p \in [0; 1]$
- **Wahrscheinlichkeitsfunktion:**

$$f_{Be}(x; p) = \begin{cases} p & \text{für} \quad x = 1 \\ 1 - p & \text{für} \quad x = 0 \\ 0 & \text{sonst} \end{cases}$$

- **Momente:** $E[X] = p \quad , \qquad VAR[X] = p(1-p) \quad .$

Binomialverteilung

- **Träger:** $D(X) = \{0, 1, 2, \ldots, n\}$
- **Parameter:** $\theta_1 = n, \quad n \in \{1, 2, 3, \ldots\}, \qquad \theta_2 = p, \quad p \in [0; 1]$
- **Wahrscheinlichkeitsfunktion:**

$$f_{Bin}(x; n, p) = \begin{cases} \binom{n}{x} p^x (1-p)^{n-x} & \text{für} \quad x = 0, 1, \ldots, n \\ 0 & \text{sonst} \end{cases}$$

- **Momente:** $E[X] = np, \qquad VAR[X] = np(1-p) \quad .$

Hypergeometrische Verteilung

- **Träger:**

$$x \in \{\max\{0, n - (N - M)\}, \ldots, \min\{n, M\}\}$$

- **Parameter:** $\theta_1 = N, \ N \in \{1, 2, \ldots\}, \ \theta_2 = M, \ M \in \{1, 2, \ldots, N\},$
  $\theta_3 = n, \ n \in \{1, 2, 3, \ldots, N\}$
- **Wahrscheinlichkeitsfunktion:**

$$f_{Hyp}(x; n, N, M) = \begin{cases} \dfrac{\binom{M}{x}\binom{N-M}{n-x}}{\binom{N}{n}} & \text{für} \quad x \in D(X) \\ 0 & \text{sonst} \end{cases}$$

- **Momente:** $E[X] = np \quad , \qquad VAR[X] = np(1-p)\dfrac{N-n}{N-1}, \text{ wobei } p = M/N$

Geometrische Verteilung

- **Träger:** $D(X) = \{0, 1, 2, \ldots\}$
- **Parameter:** $\theta = p, \qquad p \in [0; 1]$
- **Wahrscheinlichkeitsfunktion:**

$$f_X(x; \theta) = f_{Geo}(x; p) = \begin{cases} p(1-p)^x & \text{für} \quad x = 0, 1, 2, \ldots \\ 0 & \text{sonst} \end{cases}$$

- **Momente:** $E[X] = (1-p)/p \quad, \qquad VAR[X] = (1-p)/p^2 \quad.$

Poisson–Verteilung

- **Träger:** $D(X) = \{0, 1, 2, \ldots\}$
- **Parameter:** $\theta = \lambda, \qquad \lambda > 0$
- **Wahrscheinlichkeitsfunktion:**

$$f_X(x; \theta) = f_{Poi}(x; \lambda) = \begin{cases} \dfrac{\lambda^x e^{-\lambda}}{x!} & \text{für} \quad x = 0, 1, 2, \ldots \\ 0 & \text{sonst} \end{cases}$$

- **Momente:** $E[X] = \lambda \quad, \qquad VAR[X] = \lambda \quad.$

Die Poisson-Verteilung kann als spezielle Binomialverteilung mit sehr geringer Erfolgswahrscheinlichkeit p und sehr großem Stichprobenumfang n aufgefasst werden. Man bezeichnet die Poisson-Verteilung deshalb mitunter als „Verteilung der seltenen Ereignisse".
Siehe auch ◘ Abb. 3.14.

Beispiel. Man erwartet im Durchschnitt einen „größeren" Meteoriteneinschlag alle 50 Jahre auf der Erde. Wie groß ist – unter der Annahme einer Poisson-Verteilung – die Wahrscheinlichkeit, dass in den nächsten 50 Jahren kein größerer Meteorit einschlagen wird?
Mit $\lambda = 1$ gilt

$$f_{Poi}(0; 1) = \frac{1^0 e^{-1}}{0!} = 1/e \approx 36,8\%.$$

Die Wahrscheinlichkeit beträgt also ein gutes Drittel.

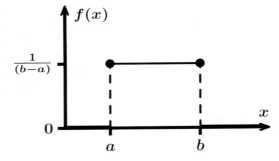

◘ **Abb. 3.15** Dichte der Rechteckverteilung

3.6.2 Stetige Verteilungsmodelle

Nun kommen wir zu Beispielen von stetigen Verteilungen. Diese sind gegeben durch den Träger $D(X)$, einem reellen Intervall, und der Verteilungsfunktion F_X oder deren Dichte f_X.

Rechteckverteilung, Stetige Gleichverteilung

Nimmt eine Zufallsvariable X Werte im Intervall $[a; b]$ an und ist die Wahrscheinlichkeit, dass X in ein Intervall $I \subseteq [a; b]$ der Länge l fällt, unabhängig von der Lage dieses Intervalls und proportional zu l, so folgt die Zufallsvariable X einer *stetigen Gleichverteilung*, auch *Rechteckverteilung* – genannt: $X \sim Re(a, b)$, siehe ◘ Abb. 3.15.

Beispiel. Aufstehzeit des „Umdrehers" im Beispiel aus Abschnitt 3.3.6.

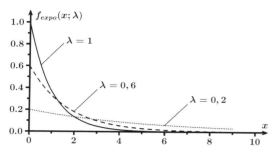

◨ **Abb. 3.16** Dichten der Exponentialverteilung zu verschiedenen Parametern λ

Exponentialverteilung

Die Exponentialverteilung haben wir schon im Glühbirnen-Beispiel in Abschnitt kennengelernt. Nun betrachten wir sie noch einmal systematisch:

Gegeben sei ein Poisson-Prozess, die mittlere Anzahl von Ereignissen pro Zeiteinheit sei λ. Die Anzahl der Ereignisse in einem Zeitintervall ist bekanntlich Poisson-verteilt. Die Zeit, die zwischen dem Eintreten zweier aufeinander folgender Ereignisse verstreicht, folgt dann einer Exponentialverteilung mit dem Parameter λ: $X \sim Expo(\lambda)$.

Aus der Annahme P3 bezüglich des Poissonprozesses folgt, dass die zukünftige Wartezeit zwischen zwei Ereignissen unabhängig von der Länge der bereits verstrichenen Wartezeit sein muss. Formal bedeutet das, dass die folgende Gedächtnislosigkeitseigenschaft gilt: $P(X > s + t | X > t) = P(X > s)$ für alle $s, t > 0$. Tatsächlich erfüllt eine exponentialverteilte Zufallsvariable diese Bedingung, wie wir in Abschnitt 3.3.2 schon eingesehen haben. Die Exponentialverteilung stellt das stetige Gegenstück zur geometrischen Verteilung dar, siehe auch ◨ Abb. 3.16.

Beispiel. Wartezeit bis zum Eintreffen des nächsten Kunden in ein Geschäft, Lebensdauer eines technischen Geräts.

Für ein ausführlicheres Beispiel siehe das Glühbirnen-Beispiel oben.

Die folgenden stetigen Verteilungen sind spezielle Verteilungen, da sie nicht – wie in den Beispielen bisher – einfach aus einem speziellen Fragestellungstyp abgeleitet werden kön-

nen, sondern meist auf den *Zentralen Grenzwertsatz*, der in Abschnitt 3.7.2 weiter unten eingeführt wird, zurückgeführt werden können.

Normalverteilung

In zahlreichen Zufallsexperimenten kann die Dichtefunktion der interessierenden Zufallsvariable X durch die *Gaußsche Glockenkurve* mit der Gleichung

$$f_X(x) = \frac{1}{\sqrt{2\pi\sigma^2}} \exp\{-(x-\mu)^2/(2\sigma^2)\}$$

beschrieben werden. μ und σ^2 sind die Parameter dieser Dichte, der so genannten Normalverteilungsdichte. Warum diese Verteilung so wichtig ist, kann man der Dichte kaum ansehen. Dies erschließt sich erst im Abschnitt 3.7.2.

Zu Beachten ist hier, dass wir die Verteilungsfunktion nur als Integral geschrieben haben. Hier waren wir nicht zu faul zum Ausrechnen: Man kann dies einfach nicht (elementar). Daher griff man früher auf tabellierte Werte und heute meist auf den Computer zurück.

Eine wichtige Eigenschaft der Normalverteilung ist, dass linear-affine Funktionen $Y = a + bX$ einer normalverteilten Zufallsvariable selbst wieder normalverteilt sind mit $\mu_Y = a + b\mu_X$, $\sigma_Y^2 = b^2\sigma_X^2$:

$$X \sim N(\mu_X, \sigma_X^2), Y = a + bX$$
$$\Longrightarrow Y \sim N(a + b\mu_X, b^2\sigma_X^2)$$

Dabei ist zu beachten, dass die Gültigkeit der Beziehungen $\mu_Y = a + b\mu_X$ und $\sigma_Y^2 = b^2\sigma_X^2$ für $Y = a + bX$ aus den bekannten Rechenregeln folgen; sie gelten für beliebig verteilte Zufallsvariablen. Entscheidend ist an dieser Stelle, dass bei normalverteiltem X auch Y normalverteilt ist.

Beispiel. Wir nehmen an, dass die mittlere Tagestemperatur in Kiel im April, gemessen in °Celsius, (Zufallsvariable X) normalverteilt ist mit Mittelwert $\mu_X = 9$ und Varianz $\sigma_X^2 = 1$. Misst man die Temperatur dagegen in °Fahrenheit

Die folgende Tabelle enthält eine Übersicht zu den bislang genauer diskutierten Verteilungsmodellen:

Verteilung	Anwendung
Diskrete Gleichverteilung	X im Gleichmöglichkeitsmodell
Bernoulli-Verteilung	X als 0/1-Zufallsvariable
Binomialverteilung	X als Anzahl des Auftretens einer Eigenschaft in einer Stichprobe mit Zurücklegen
Hypergeom. Verteilung	X als Anzahl des Auftretens einer Eigenschaft in einer Stichprobe ohne Zurücklegen
Geometrische Verteilung	X als Anzahl der Misserfolge bis zum ersten Erfolg (diskrete Wartezeit)
Poisson-Verteilung	X als Anzahl des Auftretens eines (Poisson-)Ereignisses in einem gegebenen Intervall
Stetige Gleichverteilung	X im stetigen Gleichmöglichkeitsmodell
Exponentialverteilung	X als (stetige) Wartezeit zwischen zwei aufeinanderfolgenden Poisson-Ereignissen

(Zufallsvariable Y), so muss auch Y einer Normalverteilung folgen. Die Umrechnung von °Celsius in °Fahrenheit ergibt sich gemäß der Formel $Y = 32 + 1,8X$. Damit gilt also für die Normalverteilung von Y: $\mu_Y = 32 + 1,8\mu_X = 48.2$ und $\sigma_Y^2 = 1,8^2\sigma_X^2 = 3,24$.

Für die so genannte *standardisierte Zufallsvariable* (vgl. Abschnitt 3.4.2)

$$Z = (X - \mu_X)/\sigma_X \text{ mit } \mu_Z = 0, \sigma_Z^2 = 1$$

gilt

$$Z = \frac{X - \mu_X}{\sigma_X} \sim N(0,1) \quad \text{für} \quad X \sim N(\mu_X, \sigma_X^2).$$

Eine Normalverteilung mit dem Mittelwert 0 und der Varianz 1 wird *Standardnormalverteilung* genannt. Ihre Dichtefunktion wird mit dem Symbol ϕ, ihre Verteilungsfunktion mit dem Symbol Φ bezeichnet:

$$\phi(z) = f_N(z; 0, 1) = \frac{1}{\sqrt{2\pi}} \exp\{-z^2/2\} \quad,$$

$$\Phi(z) = F_N(z; 0, 1)$$
$$= \int_{-\infty}^{z} \frac{1}{\sqrt{2\pi}} \exp\{-y^2/2\} dy \quad.$$

Siehe auch ◪ Abb. 3.17.

Die Standardnormalverteilung ist von großer Bedeutung, da alle Wahrscheinlichkeiten bzgl. einer normalverteilten Zufallsvariable durch die Standardisierung auf entsprechende Wahrscheinlichkeiten einer standardnormalverteilten Zufallsvariable zurückgeführt werden können. Es gilt

$$X \sim N(\mu_X, \sigma_X^2)$$
$$\implies P(X \leq a) = \Phi\left(\frac{a - \mu_X}{\sigma_X}\right) \quad.$$

Warum ist dieser scheinbare Umweg über die Umrechnung in die Standardnormalverteilung so bedeutsam? – Für die Normalverteilung mit ihren Parametern μ_X und σ_X^2 gibt es ja unendlich viele Kombinationen. Sofern man gerade keinen Computer mit entsprechender Software zur Berechnung der zugehörigen Wahrscheinlichkeiten verfügbar hat, hilft die Umrechnung in die Standardnormalverteilung mit Mittelwert 0 und Varianz 1 zugehörige Wahrscheinlichkeiten in kompakter Tabellenform abzulesen. Es reicht dann also eine einzige Tabelle, die in nahezu jedem Statistik-Lehrbuch enthalten ist, für das Rechnen mit allen denkbaren Varianten möglicher Fälle von Normalverteilungen. Auch

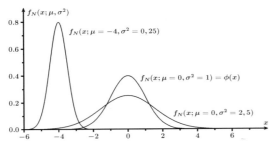

◪ **Abb. 3.17** Dichten der Normalverteilung zu verschiedenen Parametern

wenn man wegen der Möglichkeiten von Computern diese Tabellen in der Praxis oft nicht mehr benutzt, haben auch wir sie für einen Überblick in den Anhang aufgenommen.

Im Zusammenhang mit der Normalverteilung stehen eine Reihe weiterer Verteilungen, die für bestimmte Funktionen normalverteilter Zufallsvariablen gelten und sich nicht durch bestimmte Zufallsexperimente motivieren lassen. Zwei der wichtigsten sind die t-Verteilung und die χ^2-Verteilung, die in den folgenden beiden Unterabschnitten definiert werden, auf deren Anwendung jedoch erst in den Abschnitten 4.3.2 und 4.4.5 zurückgekommen wird.

t-Verteilung

Bei der t-Verteilung, auch als Student t-Verteilung bezeichnet, handelt es sich um eine Verteilungsfamilie mit nur einem Parameter. Der Parameter k ist eine natürliche Zahl und wird als „Anzahl von Freiheitsgraden" bezeichnet. Eine Begründung für diese Wortwahl wird später gegeben, wenn Anwendungsgebiete der t-Verteilung beschrieben werden.

Die Dichtefunktion der t-Verteilung ähnelt der einer Standardnormalverteilung: Sie hat ebenfalls eine Glockenform und ist symmetrisch um $x = 0$. Die t-Verteilung besitzt allerdings eine größere Wahrscheinlichkeitsmasse an den Rändern der Verteilung als die Standardnormalverteilung, entsprechend geringer ist der Funktionswert an der Stelle null. Mit steigender Anzahl von Freiheitsgraden nähert sich die t-Verteilung immer mehr der Standardnormalverteilung an.

Für statistische Fragestellungen werden häufig die Quantile $t_{p;k}$ der t-Verteilung benötigt, die in jeder Standard-Software und in Tabellen angegeben werden, siehe Anhang.

Der Vollständigkeit halber ist in der folgenden Übersicht auch die Dichtefunktion der t-Verteilung formal dargestellt, siehe auch ◻ Abb. 3.18.

χ^2-Verteilung

Betrachtet man k unabhängig voneinander standardnormalverteilte Zufallsvariablen $X_1, X_2, \ldots, X_k$, so ist die Summe der quadrierten Größen, $\sum_{i=1}^{k} X_i^2$ χ^2-verteilt mit k

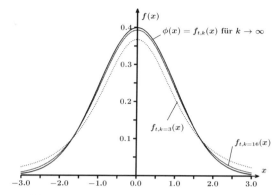

◻ **Abb. 3.18** Dichte der t-Verteilung für verschiedene Werte von k

Freiheitsgraden. k ist der Parameter der Verteilung, die Bezeichnung „Freiheitsgrad" wird später begründet. Eine χ^2-verteilte Zufallsvariable kann keine negativen Werte annehmen. Die Verteilung ist linkssteil bzw. rechtsschief, die Dichte erreicht ihr Maximum an der Stelle $k - 2$. Der Erwartungswert einer χ^2-verteilten Zufallsvariable entspricht dem Parameter k.

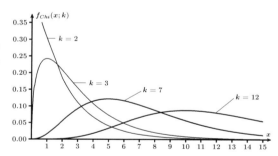

◻ **Abb. 3.19** Dichte der χ^2-Verteilung für verschiedene Werte von k

Für $k = 2$ entspricht die χ^2-Verteilung einer Exponentialverteilung mit dem Parameter $\lambda = 0,5$. Wie bei der t-Verteilung sind auch bei der χ^2-Verteilung in angewandten Fragestellungen i. d. R. allein die Quantile $\chi^2_{p;k}$ bedeutsam. Diese sind für verschiedene Parameterwerte k und Niveaus p tabelliert, eine entsprechende Tabelle findet sich im Anhang. Beim Ablesen der Tabelle ist zu beachten, dass die χ^2-Verteilung nicht symmetrisch ist.

Übersicht der vorgestellten stetigen Verteilungen

Rechteckverteilung, Stetige Gleichverteilung

- Träger: $D(X) = [a; b]$
- Parameter: $\theta_1 = a$, $\theta_2 = b$, $-\infty < a < b < \infty$
- Dichtefunktion:

$$f_{Re}(x; a, b) = \begin{cases} \dfrac{1}{b-a} & \text{für} \quad a \leq x \leq b \\ 0 & \text{sonst} \end{cases}$$

- Verteilungsfunktion:

$$F_{Re}(x; a, b) = \begin{cases} 0 & \text{für} \quad x < a \\ \dfrac{x-a}{b-a} & \text{für} \quad a \leq x \leq b \\ 1 & \text{für} \quad x > b \end{cases}$$

- Momente: $E[X] = \dfrac{a+b}{2}$, $VAR[X] = \dfrac{(b-a)^2}{12}$.

Exponentialverteilung

- Träger: $D(X) = [0; \infty)$
- Parameter: $\theta = \lambda$, $\lambda > 0$
- Dichtefunktion:

$$f_{Expo}(x; \lambda) = \begin{cases} 0 & \text{für} \quad x < 0 \\ \lambda e^{-\lambda x} & \text{für} \quad x \geq 0 \end{cases}$$

- Verteilungsfunktion:

$$F_{Expo}(x; \lambda) = \begin{cases} 0 & \text{für} \quad x < 0 \\ 1 - e^{-\lambda x} & \text{für} \quad x \geq 0 \end{cases}$$

- Momente: $E[X] = \dfrac{1}{\lambda}$, $VAR[X] = \dfrac{1}{\lambda^2}$.

Normalverteilung

- Träger: $D(X) = \mathbb{R}$
- Parameter: $\theta_1 = \mu$, $\mu \in \mathbb{R}$, $\theta_2 = \sigma^2$, $\sigma^2 > 0$
- Dichtefunktion:

$$f_N(x; \mu, \sigma^2) = \frac{1}{\sqrt{2\pi\sigma^2}} e^{\frac{-(x-\mu)^2}{2\sigma^2}}$$

- Verteilungsfunktion:

$$F_N(x; \mu, \sigma^2) = \int_{-\infty}^{x} \frac{1}{\sqrt{2\pi\sigma^2}} e^{\frac{-(z-\mu)^2}{2\sigma^2}} dz$$

- Momente: $E[X] = \mu$, $VAR[X] = \sigma^2$.

---

t-Verteilung

- Träger: $D(X) = \mathbb{R}$
- Parameter: $\theta = k$, $k \in \{1, 2, 3, \ldots\}$
- Dichtefunktion:

$$f_t(x; k) = \frac{\Gamma(\frac{k+1}{2})}{\Gamma(\frac{k}{2})} \frac{1}{\sqrt{k\pi}} \left(1 + \frac{x^2}{k}\right)^{-\frac{k+1}{2}}$$

mit $\Gamma(z) = \int_0^\infty y^{z-1} e^{-y} dy$ für $z > 0$ (Γ heißt *Gamma-Funktion*).

- Momente: $E[X] = 0$ für $k > 1$, $VAR[X] = \dfrac{k}{k-2}$ für $k > 2$

χ^2**-Verteilung**

— **Träger:** $D(X) = [0; \infty)$
— **Parameter:** $\theta = k,$ $k \in \{1, 2, \dots\}$
— **Dichtefunktion:**

$$f_{\chi^2}(x; k) = \begin{cases} 0 & \text{für } x < 0 \\ \dfrac{1}{\Gamma(k/2)} \left(\dfrac{1}{2}\right)^{k/2} x^{k/2-1} \exp\{-x/2\} & \text{für } x \geq 0 \end{cases}$$

— **Momente:** $E[X] = k$, $VAR[X] = 2k$.

Auch für die χ^2-Verteilung ist in der folgenden Übersicht – allein der Vollständigkeit wegen – die Dichtefunktion aufgeführt, siehe auch ◻ Abb. 3.19.

Wiederholungsfragen

1. Können Sie für alle wichtigen Verteilungen dieses Kapitels Beispiele angeben?
2. Bei welchen Experimenten dürfen Sie eine Binomialverteilung zur Modellierung nutzen?

Zusammenfassung
— Die für uns wichtigsten stetigen und diskreten Verteilungen und ihre Anwendungsgebiete sind im vorigen tabellarisch zusammengefasst.
— In den Überblicken sind auch wichtige Charakteristika (wie die Momente) angegeben.

3.7 Hauptsätze der Wahrscheinlichkeitstheorie und Statistik

Bei unserem axiomatischen Zugang zum Wahrscheinlichkeitsbegriff in Abschnitt 3.1 haben wir bis hierher kaum eine Verknüpfung mit den relativen Häufigkeiten hergestellt. Das ist vielleicht verwunderlich. Wenn Sie etwa angeben möchten, mit welcher Wahrscheinlichkeit bei einem verbeulten Würfel tatsächlich die Zahl 1 fällt, dann würden Sie den Würfel ja oft unter identischen Bedingungen werfen und den relativen Anteil der Würfe mit 1 zählen. In unserem Zugang zu Wahrscheinlichkeiten tauchte diese Idee aber bis-

her an keiner Stelle auf. Haben wir sie bei der Begriffsbildung etwa vergessen? – Es ist aber viel besser: Wir erhalten dies als eine Folgerung aus unserem Zugang (Gesetz der großen Zahlen). Dies ist die theoretische Rechtfertigung dafür, dass Statistik tatsächlich funktioniert. Und sogar den Fehler, den wir dabei machen, kann man allgemein beschreiben (Zentraler Grenzwertsatz).

Lernziele
Nach dem Studium dieses Abschnitts sollten Sie

- die Bedeutung des Gesetzes der großen Zahlen für die Statistik darstellen können,
- den Zentralen Grenzwertsatz bei konkreten Problemen anwenden können.

3.7.1 Gesetze der großen Zahlen – Darum funktioniert Statistik

Zuerst müssen wir aber noch die Begriffe klar fassen. Wir beginnen damit, anzugeben, was es heißt, dass wir ein Experiment immer wieder unter identischen Bedingungen und unabhängig ablaufen lassen.

Identisch verteilte Zufallsvariablen

Wir nennen Zufallsvariablen $X_1, X_2, \dots$ *identisch verteilt*, wenn ihre Verteilungsfunktionen $F_{X_1}, F_{X_2}, \dots$ übereinstimmen. Sind die Zufallsvariablen zusätzlich unabhängig, d. h. sie beeinflussen sich nicht gegenseitig, so nennen wir sie unabhängig und identisch verteilt, kurz auch *i.i.d.* (independent and identically distributed).

Hat man nun $X_1, X_2, ..., X_n$ vorliegen, dann ist die relative Häufigkeit, dass ein Ergebnis in einer Menge A vorliegt, formal gerade

$$f_{n,A} := \frac{|\{i \leq n : X_i \in A\}|}{n}.$$

Geben $X_1, ..., X_n$ also zum Beispiel die Ergebnisse von n Würfelwürfen an und ist $A = \{2, 4, 6\}$, so ist $f_{n,A}$ einfach der relative Anteil der Würfe mit gerader Augenzahl bei den n Versuchen.

Satz (Gesetz der großen Zahlen für relative Häufigkeiten). *Seien $X_1, X_2, ...$ unabhängige und identisch verteilte Zufallsvariablen und sei $p := P(X_1 \in A)$ die Wahrscheinlichkeit des Eintretens eines Ergebnisses in einer Menge A. Dann konvergieren die relativen Häufigkeiten des Eintretens von A fast sicher gegen p, d. h.*

$$P\left(\lim_{n \to \infty} f_{n,A} = p\right) = 1.$$

Das klingt vielleicht kompliziert, aber eigentlich ist dies genau das, was wir erwarten: Wenn wir ein Experiment nur häufig genug durchführen, dann wird das Ergebnis etwa entsprechend häufig seiner Wahrscheinlichkeit eintreten.

Ganz wie zu erwarten ist, gilt allgemeiner auch, dass das arithmetische Mittel $\overline{X}_n := \frac{1}{n}\sum_{i=1}^{n} X_i$ gegen den Erwartungswert konvergiert. Die mittlere Augenzahl beim einfachen Würfelwurf wird also nach vielen Versuchen nahe am Erwartungswert $\mu = 3,5$ liegen, siehe ◘ Abb. 3.20 für den Fall des Würfelwurfs.

Satz (Gesetz der großen Zahlen für Mittelwerte). *Seien $X_1, X_2, ...$ unabhängige und identisch verteilte Zufallsvariablen mit existierendem Erwartungswert μ_X. Dann konvergieren die arithmetischen Mittel fast sicher gegen den Erwartungswert, d. h.*

$$P\left(\lim_{n \to \infty} \overline{X}_n = \mu_X\right) = 1.$$

3.7.2 Zentraler Grenzwertsatz

Das Gesetz der großen Zahlen besagt natürlich nicht, dass das arithmetische Mittel irgendwann genau mit dem Erwartungswert

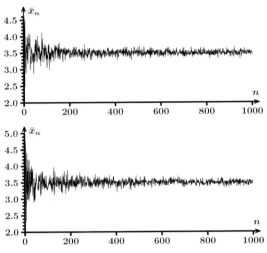

◘ **Abb. 3.20** Zwei Realisierungen der mittlere Augenzahl beim Werfen eines fairen Würfels

übereinstimmt. Wie auch in ◘ Abb. 3.20 zu sehen, streuen die Werte um den Erwartungswert. Aber wie weit weicht nun das Mittel $\overline{X}_n$ von μ ab?

Im allgemeinen ist dies schwer zu sagen, da typischerweise die Verteilung der Zufallsvariablen $\overline{X}_n$ schwer zu berechnen ist. Schließlich ist der Phantasie bei der Verteilung der X_i ja keine Grenzen gesetzt. Trotzdem ist etwas Erstaunliches zu beobachten. In ◘ Abb. 3.21 wird ein Würfel mehrmals geworfen und die Wahrscheinlichkeiten der mittleren Augenzahl $\overline{X}_n$ werden dargestellt. Es lässt sich leicht erkennen, dass sich die Dichtefunktionen mit zunehmender Anzahl der Würfe sehr schnell der Glockenkurve der Normalverteilung annähern.

In ◘ Abb. 3.22 betrachten wir exponentialverteilte Zufallsvariablen (z.B. die Brenndauer einer Glühbirne) und geben die Dichte der mittleren Brenndauer $\overline{X}_n$ für unterschiedliche n an. Auch hier nähert sich die Dichtefunktion sehr schnell der Gaußschen Glockenkurve der Normalverteilung an.

Obwohl diese Experimente von ganz unterschiedlichem Typ sind, sehen die Verteilungen für größere n schnell wie eine Gaußsche Glockenkurve aus.

Dies ist in der Tat kein Zufall, sondern es gilt stets:

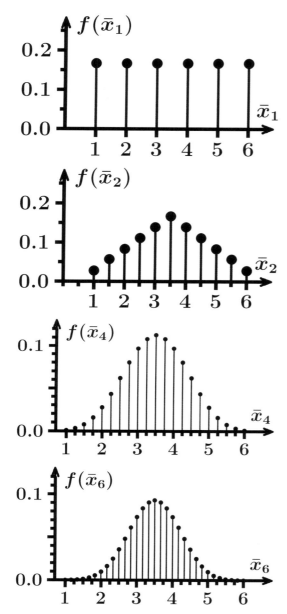

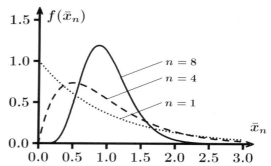

◻ **Abb. 3.22** Dichten der mittleren Brenndauer von n Glühbirnen (Exp(1)-Verteilung) für unterschiedliche Anzahlen n

$$\overline{X}_n \overset{appr}{\sim} N(\mu_X, \sigma_X^2/n).$$

Man muss sich die Bedeutung des Zentralen Grenzwertsatzes einmal auf der Zunge zergehen lassen: Egal, wie die unabhängigen und identisch verteilten Zufallsvariablen verteilt sind, gilt – sofern Erwartungswerte und Varianzen existieren – für den Mittelwert $\overline{X}_n$, dass er approximativ normalverteilt ist. Man kennt also für den Mittelwert $\overline{X}_n$ approximativ die Verteilung und kann mit dieser weiterrechnen.

Satz (Zentraler Grenzwertsatz präzise). *Konkret bedeutet die Formulierung im vorigen Satz, dass die Verteilungsfunktionen der standardisierten Zufallsvariablen $\frac{\overline{X}_n - \mu_X}{\sigma_X/\sqrt{n}}$ in jedem Punkt gegen die Verteilungsfunktion Φ der Standardnormalverteilung konvergieren, also*

$$P\left(\frac{\overline{X}_n - \mu_X}{\sigma_X/\sqrt{n}} \leq x\right) \to \Phi(x) \text{ für } n \to \infty.$$

◻ **Abb. 3.21** Wahrscheinlichkeitsverteilung der mittleren Augenzahl beim Werfen mit $n = 1, 2, 4, 6$ Würfeln

Satz (Zentraler Grenzwertsatz). *Seien $X_1, X_2, \ldots$ unabhängige und identisch verteilte Zufallsvariablen, für die die Erwartungswerte μ_X und die Varianzen σ_X^2 existieren. Dann ist $\overline{X}_n$ asymptotisch normalverteilt mit Erwartungswert $E[\overline{X}_n] = \mu_X$ und Varianz $VAR[\overline{X}_n] = \sigma_X^2/n$, kurz:*

Auf den ersten Blick ist vielleicht unklar, wieso man gerade den etwas kompliziert wirkenden Ausdruck $\frac{\overline{X}_n - \mu_X}{\sigma_X/\sqrt{n}}$ statt $\overline{X}_n$ direkt betrachtet. Dies macht man zur *Standardisierung*: Es gilt nämlich nach den Rechenregeln gerade

$$E\left[\frac{\overline{X}_n - \mu_X}{\sigma_X/\sqrt{n}}\right] = 0 \text{ und } VAR\left[\frac{\overline{X}_n - \mu_X}{\sigma_X/\sqrt{n}}\right] = 1.$$

So ist es gerade möglich, die Ausdrücke stets mit Hilfe der Verteilungsfunktion der Standardnormalverteilung Φ auszudrücken. Dies hatte besonders in früheren Zeiten große Bedeutung: Da man die Funktion Φ nicht explizit auswerten kann, wurden Tabellen nur für den Erwartungswert $\mu = 0$ und die Standardabweichung $\sigma = 1$ benötigt. Die Standardisierung ermöglichte es, dass nur eine Tabelle nötig war und nicht für alle Erwartungswerte und Varianzen eine eigene. Obwohl die Auswertung mit heutigen Computern direkt geschehen kann, hilft aber auch dort die Standardisierung zur effizienten Berechnung.

Und eine effiziente Berechnung ist einer der großen Vorteile des Zentralen Grenzwertsatzes. So ist die Erzeugung der Verteilungen in ◘ Abb. 3.21 noch gut mit Hilfe eines Computers möglich. Aber für größere Werte von n bringt dies – selbst in dieser einfachen Situation – moderne Rechner an die Kapazitätsgrenzen. Aber gerade in dieser Situation kann man die komplizierte Verteilung approximativ durch die Normalverteilung ersetzen.

Die Normalverteilung mit ihrer Gaußschen Glockenkurve taucht in Untersuchungen an ganz vielen Stellen auf. Die Formel für die Dichte sieht dabei aber auf den ersten Blick gar nicht so natürlich aus. Der Zentrale Grenzwertsatz macht aber klar, wieso sie trotzdem eine so große Relevanz besitzt: Sie taucht immer auf, wenn sich eine Größe als Summe aus vielen kleinen zufälligen Einzelwerten zusammensetzt, wenn diese alle (approximativ) unabhängig und identisch verteilt sind. Dies erklärt, warum sie gleichzeitig an unterschiedlichsten Stellen in der Soziologie, der Biologie und Medizin, der Physik und natürlich der Ökonomie zu finden ist. Sie werden ihr sicher auch noch oft begegnen.

Beispiel. Im folgenden Beispiel wird die *Macht entschlossener Minderheiten* untersucht:

1.002.000 Wähler sind zur Wahl zwischen Partei A und B aufgerufen. Den meisten Wählern – nämlich einer Million – ist die Wahl egal. Da aber Wahlpflicht herrscht, werfen sie eine Münze. Nur die restlichen 2.000 Wähler unterstützen Partei A und wählen diese auf jeden Fall.

Mit welcher Wahrscheinlichkeit gewinnt Partei A die Wahl?

Seien dazu $X_1, \ldots, X_{1.000.000}$ unabhängige Zufallsvariablen mit

$$P(X_i = 1) = \frac{1}{2} = 1 - P(X_i = 0).$$

$$\{X_i = 0\} \hat{=} \text{ Wähler } i \text{ wählt Partei } B$$
$$\{X_i = 1\} \hat{=} \text{ Wähler } i \text{ wählt Partei } A$$
$$n := 1000000.$$

X ist demnach zweipunktverteilt mit $p = 1/2$. Gemäß den Rechenregeln für zweipunktverteilte Zufallsvariable gilt hier: $\mu_X = 1/2$ und $\sigma_X = 1/4$. Partei A erhält also $2000 + \sum_{i=1}^{n} X_i$ Stimmen und gewinnt, wenn die Zahl $> \frac{1.002.000}{2}$ ist. Gesucht ist also die Wahrscheinlichkeit:

$$P\left(2000 + \sum_{i=1}^{n} X_i > \frac{1.002.000}{2}\right)$$

Um dies auszurechnen, bringen wir die linke Seite auf die richtige Form:

$$
\begin{aligned}
&P\left(2000 + \sum_{i=1}^{n} X_i > \frac{1.002.000}{2}\right) \\
=\ &P\left(n\overline{X}_n > \frac{n}{2} - 1000\right) \\
=\ &P\left(n(\overline{X}_n - \mu_X) > -1000\right) \\
=\ &P\left(\frac{\overline{X}_n - \mu_X}{\sigma_X/\sqrt{n}} > \frac{-1000}{\sqrt{n}/2}\right) \\
=\ &P\left(\frac{\overline{X}_n - \mu_X}{\sigma_X/\sqrt{n}} > -2\right) \\
=\ &1 - P\left(\frac{\overline{X}_n - \mu_X}{\sigma_X/\sqrt{n}} \leq -2\right) \\
\overset{\text{ZGS}}{\approx}\ &1 - \Phi(-2).
\end{aligned}
$$

Diesen Wert kann man nun mit Hilfe eines Computers (oder – wer es traditioneller mag – mit einer Tabelle), bestimmen. Hier sind das etwa 97,7%. Die entschlossene Minderheit von 2000 Wahlberechtigten entscheidet also in diesem Beispiel mit großer Wahrscheinlichkeit die Wahl.

Im vorigen Beispiel bleibt die Frage, wie groß der Fehler ist, den man durch Verwendung der Normalverteilung macht. Schließlich ist $n = 1.000.000$ zwar groß, aber nicht ∞. Diese Frage führt zu Fehlerabschätzungen. Die bekannteste hier ist die *Fehlerabschätzung von Berry-Esseen*: Der Fehler ist immer $\leq C/\sqrt{n}$, wobei $C = 0,5 \cdot E|X_1 - \mu_X|^3/\sigma_X^3$. Die genaue Formel kann man schnell wieder vergessen. Wichtig ist aber, dass der Fehler nur mit Rate $1/\sqrt{n}$ klein wird. Man darf n also nicht zu klein wählen, um eine gute Approximation zu erhalten. Im Beispiel kann man ausrechnen, dass der Fehler $\leq 0,05\%$ ist.

Zusammenfassung

— Bei unabhängigen und identisch verteilten Zufallsgrößen konvergiert das arithmetische Mittel gegen den Erwartungswert (*Gesetz der großen Zahlen*). Dies erklärt, wieso bei hinreichend großem Stichprobenumfang der Zufall für viele Fragen keine große Rolle mehr spielt.

— Der Zentrale Grenzwertsatz ist anwendbar beim Vorliegen von Summen (und somit auch beim arithmetischen Mittel) unabhängiger, identisch verteilter Zufallsvariablen. Enthält diese viele Summanden, ist sie annähernd normalverteilt. Dabei ist ganz egal, wie *verrückt* die Ausgangsverteilung aussieht. Dies erklärt, wieso die Normalverteilung so oft in der Natur auftritt.

3.7.3 Anwendung – Wo taucht das auf?

Ein großer Spielautomatenhersteller wurde von den Betreibern der Geräte vor Gericht verklagt. Diese behaupteten, dass die Automaten nach einem Softwareupdate im Mittel einen höheren Gewinn pro Spiel auswarfen als vorher und forderten daher, den Differenzbetrag ausgezahlt zu bekommen. Als Basis der Klage wurde eine sehr große Menge an Zahlen vorgelegt, und zwar genauer die *Auszahlungsquote*, welche von Automaten registriert wurde, wobei

$$\text{Auszahlungsquote} = \frac{\text{eingeworfenes Geld}}{\text{ausgezahltes Geld}}.$$

Ein von den Klägern vorgebrachtes Gutachten argumentiert nun, dass aufgrund der Gesetzes der großen Zahlen die mittleren Auszahlungsquoten vor und nach dem Update annähernd gleich sein müssten, wenn das Update die Gewinne unverändert gelassen hätte (was *annähernd* hier genau heißt, kann mit dem Zentralen Grenzwertsatz präzisiert werde, siehe dazu den Abschnitt 4.4 zu Hypothesentests). Die Auszahlungsquoten waren aber nicht identisch, sondern nach dem Update größer. Das Softwareupdate musste also die Schuld tragen, so die Argumentation des Gutachters.

Auf den ersten Blick wirkt dieses Argument stichhaltig. Allerdings gilt kein Resultat ohne Voraussetzungen. Beim Gesetz der großen Zahlen ist dies die Unabhängigkeit und die identische Verteilung der Beobachtungen. Und die identische Verteilung der Beobachtungen muss hier in Zweifel gezogen werden. Ein Grund ist, dass der Auszahlungsquotient auch stark von dem Verhalten der Spieler abhängt. Werfen diese viel Geld ein, beenden ihr Spiel aber nach einer Runde, ist der Auszahlungsquotient automatisch groß. Spielen sie hingegen so lange, bis das Geld leer ist, ist der Auszahlungsquotient 0. Ändern die Spieler also ihr Spielverhalten über die Zeit – aus welchen Gründen auch immer –, ändert sich auch der Auszahlungsquotient – ob mit oder ohne Softwareupdate. Tatsächlich ließ sich dies in diesem Fall nachweisen. Die Nicht-Anwendbarkeit des Gesetzes der großen Zahlen überzeugte im vorliegenden Fall auch das Gericht.

Wiederholungsfragen

1. Was besagt das Gesetz der großen Zahlen und wieso ist es für die Statistik wichtig?
2. Wieso taucht die Normalverteilung in der realen Welt so oft auf?

3.8 Simulation – Wenn Formeln zu kompliziert werden

Im bisherigen Kapitel haben wir gelernt, wie man Zufallsexperimente in der Sprache der Mathematik formuliert und in einfachen Situationen Wahrscheinlichkeiten und Momente berechnen kann. Im letzten Abschnitt haben wir außerdem die sehr hilfreiche Normalapproximation kennengelernt. Dies soll aber nicht den falschen Eindruck vermitteln, dass sich Wahrscheinlichkeiten stets mit recht einfachen Formeln berechnen lassen. Das ist in den meisten Situationen keineswegs der Fall. Allerdings liefern moderne Computer oft eine einfache Lösung, die heute ein entscheidendes Werkzeug zur Behandlung von praxisrelevanten Problemen der Wahrscheinlichkeitsrechnung etabliert hat: Die Monte-Carlo Simulation.

Lernziele

Nach dem Studium dieses Abschnitts sollten Sie wissen

- was Computersimulationen sind,
- auf welcher Basis sie funktionieren.

3.8.1 Monte-Carlo-Simulation

Das Vorgehen bei der *Monte-Carlo-Simulation* ist einfach: Möchte man ein stochastisches Problem lösen, etwa einen Erwartungswert $E[X]$ für eine Zufallsvariable X berechnen, so sollte man am Computer ganz viele zufällige Realisierungen $x_1, x_2, ..., x_n$ von X erzeugen und das Mittel der Werte $x_1, ..., x_n$ als Näherung für den gesuchten Erwartungswert nehmen.

- Das Gesetz der großen Zahlen aus Abschnitt 3.7.1 liefert, dass das arithmetische Mittel gegen den Erwartungswert konvergiert.
- Mit dem Zentralen Grenzwertsatz (Abschnitt 3.7.2) kann man sogar den Fehler eingrenzen: Mit Wahrscheinlichkeit $\approx 95\%$ beträgt der Fehler höchstens $1.96 \frac{Var[X]}{\sqrt{n}}$.

Die genaue Begründung dafür liefern wir im Abschnitt 4.3 zu Konfidenzintervallen nach.

Hintergrundinformation

Die Monte-Carlo-Simulation scheint eine einfach handhabbare Methode zur Bestimmung von Wahrscheinlichkeiten zu sein. Aber wie kommt man eigentlich an die *zufälligen* Realisierungen $x_1, ..., x_n$? Im ersten Moment scheint die Antwort klar: Man erzeugt sie mit einem Computerprogramm (z.B. Excel, Matlab, R,...) indem man einfach die dafür vorgesehene Routine aufruft (z.B. *random(...)*). Aber das verschiebt das Problem ja nur: Wie erzeugt ein Computer zufällige Zahlen? Er kann ja schließlich keine Münze werfen. Typischerweise erzeugt ein Computer auch keine echten Zufallszahlen, sondern nur *Pseudo-Zufallszahlen*. Diese werden nach einem festen Verfahren erzeugt, sind also nicht zufällig. Sie lassen sich aber für die meisten Anwendungen nicht von echten Zufallszahlen unterscheiden. Manchmal wird dieser Unterschied aber doch relevant, wie folgendes Beispiel (siehe auch Christensen und Christensen 2018) zeigt:

In einer ganzen Reihe von Glücksspielautomaten in den USA steckt ein Computer, der Pseudo-Zufallszahlen erzeugt. Diese werden dann dazu genutzt, über das Gewinnen und damit die Auszahlung zu entscheiden. Wenn man als normaler Spieler vor so einem Automaten sitzt, werden einem auch keine nutzbaren Muster auffallen.

Eine Gruppe russischer Hacker hat dies aber doch geschafft. Dazu haben sie sich in Russland ausrangierte Spielautomaten einer bestimmten Marke besorgt und im Detail analysiert, wie die Zufallszahlen darauf erzeugt werden. Mit diesem Wissen ist eine ganze Gruppe von Spielern in die USA gereist. Diese haben sich dort in Spielcasinos, in denen Automaten des analysierten Typs aufgestellt waren, gesetzt und diese mit ihren Handy-Kameras gefilmt. Diese Daten wurden dann in Russland analysiert, um zu ergründen, wie die Zufallszahlen erzeugt werden. Die Spieler bekamen dann mittels einer eigens dafür entwickelten Handy-App Anweisungen, wie sie den Automaten zu bedienen hatten. Auf diese Weise gewannen Sie in jedem Einzelspiel zwar nur selten hohe Summen, aber im Schnitt deutlich mehr als sie einsetzten. Aufgrund der außergewöhnlich hohen Gesamtauszahlungen wurden die Casino-Betreiber dann aber doch aufmerksam, was schließlich zur Festnahme der Gruppe führte.

3.8.2 Anwendung – Wo taucht das auf?

In der Fußball-Bundesliga wird seit Mitte der 90er-Jahre die 3-Punkte-Regel genutzt: Für einen Sieg gibt es drei Punkte, für ein Unentschieden einen Punkt und für verlorene Spiele nichts. Vor der Regeländerung gab es – wie heute noch beim Handball – für einen Sieg nur zwei Punkte. Aber wie fair ist eigentlich die 3-Punkte-Regel? Es treten schließlich – gerade bei knappen Saisonausgängen – immer wieder Situationen auf, bei denen die Meisterschaft oder der Abstieg an der Zählweise der Punkte hängt.

Mit realen Daten wird diese Frage kaum beantwortbar sein, denn die Stärke der Mannschaften ändert sich über die Zeit – und was ein fairer Ausgang ist, werden Bayern- und Dortmund-Fans oft unterschiedlich sehen. Hier kann eine virtuelle Liga weiterhelfen. Stellen Sie sich dazu 18 Teams vor, die der Stärke nach in eine klare Reihenfolge gebracht werden können. Dies heißt, dass Team 1 gegen alle anderen Teams mit Wahrscheinlichkeit > 50% gewinnt, Team 2 gegen die Teams 3-18 ebenfalls usw. Nun erzeugt man am Computer Zufallszahlen $x_{i,j}$, $i, j = 1, ..., 18$, $i \neq j$, die angeben, wie Mannschaft i gegen Mannschaft j gespielt hat. Diese zufälligen Saisonverläufe wertet man nun nach der 2- und 3-Punkte Regel aus, indem man dies nun sehr häufig durchführt und die Ergebnisse vergleicht. Man sollte dabei die Regel als fairer bezeichnen, deren Ausgang am ehesten mit der vorher festgelegten Stärke der

Teams übereinstimmt. Eine Analyse schwedischer Wissenschaftler auf dieser Basis hat ergeben, dass die Unterschiede bei 2- und 3-Punkte-Regel minimal sind.

Zusammenfassung
- Bei Computersimulationen wird ein Zufallsexperiment sehr oft am Computer durchgeführt, um so relative Häufigkeiten oder arithmetische Mittel zu gewinnen.
- Aufgrund des Gesetzes der großen Zahlen stimmen diese dann annähernd mit den gesuchten Wahrscheinlichkeiten oder Momenten überein. Der Fehler lässt sich über den Zentralen Grenzwertsatz beschreiben.

Wiederholungsfragen

1. Können Sie selbst Fragestellungen nennen, bei denen Sie den Einsatz einer Monte-Carlo-Verfahren für hilfreich halten?
2. Welche Schwierigkeiten könnten dabei auftreten?

3.9 Fehlschlüsse mit Wahrscheinlichkeiten

Viel geht schief im Umgang mit Wahrscheinlichkeiten. Im Folgenden haben wir einige häufig vorkommende Fehlschlüsse gesammelt (siehe auch Christensen und Christensen 2015, 2018 für einige dieser und viele weitere).

Lernziele
Nach dem Studium dieses Abschnitts sollten Sie häufig begangene Fehlschlüsse beim Umgang mit Wahrscheinlichkeiten erkennen und diese selbst vermeiden können.

3.9.1 Ausgleichende Gerechtigkeit

Beim Roulette gibt es immer wieder Serien, in denen zum Beispiel zehnmal hintereinander *Rot* fällt. Viele Spieler gehen davon aus, dass nun doch einmal *Schwarz* fallen muss und setzen ihr Geld darauf. Besagt nicht schließlich gerade das Gesetz der großen Zahlen, dass sich alles ausgleichen muss? – Dies ist natürlich ein Fehlschluss. Im Gesetz der großen Zahlen wird ja gerade vorausgesetzt, dass Unabhängigkeit vorliegt und die Kugel hat ja auch kein Gedächtnis, d. h. die Wahrscheinlichkeit der nächsten Farbe wird nicht von den bisherigen Ausgängen beeinflusst. Der Denkfehler der Spieler wird auch als *Gambler's Fallacy* bezeichnet.

Tatsächlich gab es ein solch extremes Ereignis am 18. August 1913 im legendären Spielcasino in Monte Carlo. An diesem Tag landete an einem Tisch die Kugel des Roulette beachtliche 26 Mal hintereinander auf Schwarz. Bereits nachdem die Kugel etwa 15 Mal auf Schwarz gelandet war, stürmten die Spieler zusammen und setzten auf Rot, weil sie davon ausgingen, dass doch nun endlich Rot kommen müsste. Bis in der 27. Runde die Kugel das erste Mal wieder auf Rot fiel, hatten viele der Spieler kein Geld mehr und das Casino verdiente an diesem Tag Millionen.

3.9.2 Das kann doch kein Zufall sein!

Wenn in den Nachrichten als Lottozahlen 1,2,3,4,5,6 gemeldet werden, dann wird die Verwunderung groß sein. Das kann doch gar nicht sein! Aber natürlich ist diese Ziehung genauso (un)wahrscheinlich wie jede andere auch. (Trotzdem sollten Sie auf diese Zahlenkombination – ebenso wie auf andere prägnante Zahlenkombinationen – nicht tippen, denn wenn sie tatsächlich gezogen wird, dann müssten sie den Gewinn mit sehr vielen anderen Spielern teilen, denn diese eingängigen Zahlenkombinationen werden sehr häufig gewählt, sodass nicht viel Gewinn für Sie bliebe.)

3.9.3 Vergessen der Basisrate

Auf einer Party treffen Sie eine junge Frau mit selbstgestricktem Pullover, die den ganzen Abend grünen Tee trinkt und sich inten-

siv über Literatur unterhält. Halten Sie es für wahrscheinlicher, dass die Frau eine Bibliothekarin oder eine Betriebswirtin ist?

Gehen wir unsere Stereotypen durch, dann klingt das zweite vermutlich plausibler. Tatsächlich mag der Anteil der Frauen, die gerne selbstgestrickte Pullover tragen und grünen Tee und Literatur lieben, unter den Betriebswirtinnen geringer sein als unter den Bibliothekarinnen. Bei der Argumentation vergessen Sie aber etwas Entscheidendes: die Basisrate. Es gibt viel mehr Betriebswirtinnen. Nehmen wir einmal an, dass die Eigenschaften auf jede 10. Bibliothekarin zutreffen mögen und nur auf jede 100. Betriebswirtin. Wenn es aber 50-mal mehr Betriebswirtinnen als Bibliothekarinnen gibt, ist es 5-fach wahrscheinlicher, dass die Party-Bekanntschaft Betriebswirtin und nicht Bibliothekarin ist.

3.9.4 Unwahrscheinliches passiert doch nie

Im Jahr 1937 fiel in Detroit ein Baby von einem Balkon aus dem 4. Stock eines Hochhauses. Im gleichen Moment ging unten auf dem Fußweg ein Mann vorbei und das Kleinkind landete genau auf dessen Schultern und beide überlebten mit kleineren Blessuren. Und das ist noch nicht alles! Nur ein Jahr später passierte das Gleiche in Detroit ein zweites Mal. Das ist doch total unwahrscheinlich!

Das stimmt. Aber solche seltenen Ereignisse passieren trotzdem immer wieder. Der Grund ist, dass einfach so viel in dieser Welt passiert. Nehmen wir z. B. an, dass wir alle zehn Sekunden irgendein Ereignis wahrnehmen, dann sind dies schon fast zwei Millionen binnen eines einzelnen Jahres! Akzeptiert man die Definition eines Wunders als ein extrem seltenes Ereignis mit einer Wahrscheinlichkeit von 1 zu 1 Mio., so erleben wir also im Mittel in jedem Jahr zwei solche Wunder.

3.9.5 Alles ist normalverteilt

Der Zentrale Grenzwertsatz zeigt, dass Normalverteilungen immer dann auftreten, wenn eine Kennzahl durch Mitteln vieler kleiner Größen entsteht, die alle unabhängig und identisch verteilt sind. Daher treten Normalverteilungen in der Natur an so vielen Stellen auf. Dies sollte aber nicht dazu verleiten, die Normalverteilung in allen Situationen sofort anzuwenden.

Ein warnendes Beispiel dazu sind Aktienkurse. Die Änderungen eines Aktienkurses werden oft mit den sogenannten log-Returns ausgedrückt. Das sind die Zuwächse des logarithmierten Aktienkurses.

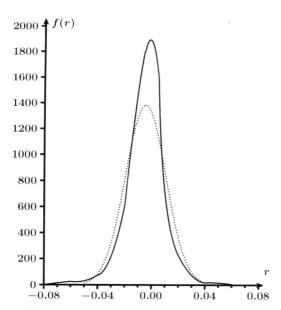

◻ **Abb. 3.23** log-Returns des DAX: empirische Dichte (durchgezogen) und Normalverteilungsdichte (gepunktet) mit geschätzten Parametern

Auf den ersten Blick sehen diese tatsächlich annähernd normalverteilt aus, siehe ◻ Abb. 3.23. Unterstellt man dies aber, wird man zu großen Fehlschlüssen verleitet. Die Kurse setzen sich nämlich nicht aus vielen winzig kleinen, unabhängigen Kurssprüngen zusammen. Vielmehr treten immer wieder plötzliche große Kursänderungen ein und wenn der Markt an einem Tag unruhig ist,

dann oft auch am Folgetag. Wir haben also gerade nicht unabhängige und identischverteilte Zufallsvariablen vorliegen. Daher unterschätzt eine Normalverteilung hier die großen Verluste massiv, in vielen Fällen mindestens um den Faktor 10. Zur Analyse des Risikos einer Anlage ist die Normalverteilung also meist ungeeignet. Besser kann man dies zum Beispiel mit einer t-Verteilung abbilden, da diese größere Wahrscheinlichkeitsmasse an den Rändern hat.

3.9.6 Es dürfte uns alle nicht geben

„Die Wahrscheinlichkeit, dass Sie so sind wie Sie sind, mit all Ihren körperlichen Eigenschaften, beträgt 1 zu 10^{3000}." Solche oder ähnliche Meldungen kann man immer wieder lesen. Auch wenn die angegebenen Wahrscheinlichkeiten dabei stark schwanken, so sind doch alle so klein, dass wir schon mit deren Nullen annähernd diese Seite füllen könnten. Die Wahrscheinlichkeit dafür, Ihre Haarfarbe zu haben, ist noch relativ hoch, aber zusätzlich exakt Ihre Nasenlänge und Ihre Augenfarbe zu haben, das hat schon eine sehr geringe Wahrscheinlichkeit. Daraus wird hin und wieder die Konsequenz gezogen, dass es also für jeden von uns sehr unwahrscheinlich ist zu existieren: Es dürfte uns alle also eigentlich gar nicht geben.

Der Fehlschluss besteht hier darin, dass Sie ja schon existieren. Nachdem wir wissen, dass ein Ereignis eingetreten ist, macht es keinen Sinn mehr, über Wahrscheinlichkeiten zu sprechen. Allerdings hätte vorher wohl kaum jemand vorhersagen können, dass Sie einmal werden, wie Sie nun sind. Es ist also nur sinnvoll von Wahrscheinlichkeiten von Ereignissen zu sprechen, wenn über deren Ausgang noch Unsicherheit herrscht.

Zusammenfassung

Häufig begangene Fehlschlüsse sind u.a. die Gambler's Fallacy, das Vergessen der Basisrate und die Vorstellung, dass alles normalverteilt ist.

Wiederholungsfragen

1. Können Sie einige Fehlschlüsse dieses Kapitels in eigenen Worten beschreiben?
2. Finden Sie dafür eigene Beispiele?

■ **Weiterführende Literatur**

···· Vertiefung der hier nur knapp behandelten Themen (etwa mehrdimensionale Zufallsvariablen):

Fahrmeir, L., Heumann, C., Künstler, R., Pigeot, I., und Tutz, G. (2016). *Statistik: Der Weg zur Datenanalyse*. Springer-Verlag

···· Mathematische Bücher mit ausführlichen Beweisen der tieferliegenden Resultate (etwa Gesetze der großen Zahlen und Zentraler Grenzwertsatz):

Georgii, H.-O. (2015). *Stochastik: Einführung in die Wahrscheinlichkeitstheorie und Statistik*. Walter de Gruyter GmbH & Co KG

Irle, A. (2005). *Wahrscheinlichkeitstheorie und Statistik: Grundlagen-Resultate-Anwendungen*. Springer-Verlag

···· Weiterführende Anwendungen der Wahrscheinlichkeitstheorie:

Häggström, O. (2006). *Streifzüge durch die Wahrscheinlichkeitstheorie*. Springer-Verlag

Hesse, C. H. (2013). *Angewandte Wahrscheinlichkeitstheorie: eine fundierte Einführung mit über 500 realitätsnahen Beispielen und Aufgaben*. Springer-Verlag

Christensen, B. und Christensen, S. (2015). *Achtung: Statistik: 150 Kolumnen zum Nachdenken und Schmunzeln*. Springer-Verlag

Christensen, B. und Christensen, S. (2018). *Achtung: Mathe und Statistik: 150 neue Kolumnen zum Nachdenken und Schmunzeln*. Springer-Verlag

3.10 Übungsaufgaben zu Kap. 3

1. Vor der Wahl der Nachfolgerin von Angela Merkel als CDU-Vorsitzende hat eine Tageszeitung den potentiellen Kandidaten folgende Erfolgswahrscheinlichkeiten zugeordnet (wobei unterstellt wurde, dass es keine Doppelspitze geben würde):

   — Annegret Kramp-Karrenbauer: 60%
   — Friedrich Merz: 50%
   — Jens Spahn: 30%

   Ist dies mit unseren Rechenregeln für Wahrscheinlichkeiten vereinbar?

2. Ein Nachrichtensprecher verkündet, dass die Regenwahrscheinlichkeit in Kiel am Samstag 50% und am Sonntag ebenfalls 50% betrage, um daraus dann zu schließen, dass die Regenwahrscheinlichkeit am gesamten Wochenende 100% sei. Hier definiert man *Regenwahrscheinlichkeit* an einem Tag als die Wahrscheinlichkeit, dass irgendwann an diesem Tag mindestens ein bisschen Regen fällt.

   a) Lässt sich aus den numerischen Regenwahrscheinlichkeiten für Samstag und Sonntag die angegebene Regenwahrscheinlichkeit für das gesamte Wochenende ableiten?
   b) Können Sie sich verschiedene Szenarien vorstellen, bei denen aus den oben angegebenen Regenwahrscheinlichkeiten jeweils verschiedene Schlüsse auf die Regenwahrscheinlichkeit am gesamten Wochenende gezogen werden können?

3. Geworfen werden zwei gleichseitige Tetraeder (vierseitiger Würfel), deren Seiten jeweils mit den Zahlen 1 bis 4 beschriftet sind.

   a) Wie hoch ist die Wahrscheinlichkeit, dass die Summe der unten liegenden Zahlen ≥ 7 ist?
   b) Wie hoch ist die Wahrscheinlichkeit, dass die Summe der unten liegenden Zahlen gerade ist?

4. Sie sind einer von drei Punktrichtern bei einer Boxrunde und entscheiden damit,

wer als Sieger den Ring verlässt. Trotz aller Sorgfalt bei der Beobachtung des Kampfes wissen Sie, dass auch Sie danebenliegen können. In so knappen Situationen wie der am vorliegenden Abend passiert Ihnen dies im Durchschnitt bei jedem fünften Mal. Aber Sie entscheiden nicht allein, sondern zusammen mit zwei Kollegen. Diese sind beide erfahrener als Sie und liegen noch seltener daneben. Dem ersten Punktrichter passiert das in solchen Situationen nur bei jedem zwanzigsten Mal, dem zweiten bei jedem zehnten. Am Ende zählt der Mehrheitsentscheid. Sie alle drei entscheiden dabei eigentlich unabhängig voneinander. Eigentlich – denn bei diesem Kampf haben Sie zufällig die Entscheidung des ersten Punktrichters mitbekommen, bevor Sie Ihre Einschätzung bekanntgegeben haben.
Sollten Sie vielleicht dessen Einschätzung einfach übernehmen?

5. Zum Schutz vor Terrorismus werden auf einem Flughafen alle Passagiere kontrolliert. Dabei wird ein Terrorist mit einer Wahrscheinlichkeit von 98%=0,98 vorläufig festgenommen, ein Nicht-Terrorist mit einer Wahrscheinlichkeit von 1%=0,01. Außerdem sind 0,001%=0,00001 aller Passagiere Terroristen.

   a) Wie groß ist die Wahrscheinlichkeit, dass ein festgenommener Passagier ein Terrorist ist?

   b) Überlegen Sie vor diesem Hintergrund, ob der Einsatz von Gesichtsscannern zur Erkennung von potenziellen Terroristen mit ähnlichen wie den beschriebenen Unsicherheiten für das Aufspüren von Terroristen sinnvoll ist.

6. Am 21.2.2019 vermeldete das Universitätsklinikum Heidelberg per Pressemitteilung einen Durchbruch bei der Entwicklung eines Bluttests auf Brustkrebs. Ausgewiesen wurden in der Pressemitteilung hinsichtlich der Güte des Tests ein Wert für die *Sensitivität* von 75%.

   a) Diskutieren Sie die ausgewiesenen Ergebnisse für die Güte des Bluttests.

Kann auf Basis der Angaben beurteilt werden, wie gut der Bluttest wirklich ist?

   b) Auf Nachfrage wurden Werte für die Spezifität des Bluttests mit 45% bis 73% (je nach Unterkohorte) angegeben. Wie sind diese Werte in Kombination mit dem Wert für die Sensitivität von 75% zu beurteilen? Gehen Sie hierbei davon aus, dass der Test im Rahmen von Reihenuntersuchungen eingesetzt werden soll und etwa 0,2% der Frauen pro Jahr an Brustkrebs erkranken.

7. Geben Sie im Schlaf-Beispiel aus Abschnitt 3.3.6 Ihre eigene Verteilung der Aufstehzeit an.

8. Ein Bus fährt zu einem zufälligen Zeitpunkt zwischen 12 Uhr mittags und 13 Uhr von einer Bushaltestelle ab. Wir bezeichnen mit X die Dauer bis zur Abfahrzeit in Minuten nach 12:00 Uhr.

   a) Geben Sie eine passende Verteilungsfunktion an, die diese Situation beschreibt.

   b) Berechnen Sie die Wahrscheinlichkeit, dass der Bus zwischen 12:15 Uhr und 12:45 Uhr abfährt.

   c) Berechnen Sie die Wahrscheinlichkeit, dass der Bus genau um 12:15 Uhr abfährt.

   d) Betrachten Sie ihre(n) Lieblingsbus/-S-Bahn/-U-Bahn/-zug/-flieger/-fähre und skizzieren Sie die Verteilung der Abfahrtszeit.

9. Jemand behauptet, *rein zufällig* eine (natürliche) Zahl auf ein Blatt Papier geschrieben zu haben. Was verstehen Sie darunter? Ist das überhaupt möglich?

10. An einem Bierstand bietet ein Bierverkäufer einem Kunden folgendes Spiel an:
Gib mir 2 Euro und du darfst einmal mit zwei Würfeln würfeln. Würfelst du einen Sechserpasch, so erhältst du fünf Becher Bier, bei einem anderen Pasch bekommst du zwei Becher Bier. Ansonsten bekommst du nichts.

Welchen Gewinn kann der Verkäufer erwarten, wenn ihn ein Becher Bier 1 Euro kostet?

11. Der Stürmer A schießt in keinem Spiel mehr als 3 Tore. Die Wahrscheinlichkeit, dass er in einem Spiel kein Tor schießt, ist 20 mal so groß wie die Wahrscheinlichkeit, dass er drei Tore schießt; die Wahrscheinlichkeit, dass er in einem Spiel genau ein Tor schießt, ist 2,5 mal so groß wie die Wahrscheinlichkeit, dass er genau zwei Tore schießt. Im Erwartungswert schießt der Stürmer pro Spiel ein Tor. Bestimmen Sie die Verteilung der Anzahl der geschossenen Tore pro Spiel.

12. Bei einem Abfahrtslauf werden die Startnummern von 1 bis 20 zufällig von den 20 Teilnehmerinnen gezogen. Unter ihnen sind 3 Freundinnen. Wie groß ist die Wahrscheinlichkeit, dass diese 3 Mädchen unter den ersten zehn Startern sind?

13. Im Sommer 2013 stand der stellvertretende NSA-Direktor John C. Inglis dem US-Kongress zur Überwachungsaffäre Rede und Antwort. Dabei legte er dar, dass die NSA das Umfeld einer verdächtigen Person in bis zu drei Ebenen näher untersucht. Damit ist gemeint, dass die Bekannten des Verdächtigen (1. Ebene), deren Bekannte (2. Ebene) und wiederum deren Bekannte (3. Ebene) näher ausgeleuchtet werden. Dies war neu, denn bis dahin war nur bekannt, dass die NSA bis zu zwei Ebenen durchleuchtet. Schätzen Sie (sehr grob und unter Annahmen Ihrer Wahl) die Anzahl der untersuchten Personen bei einem Verdächtigen ab.

14. Ein Statistik-Professor hat 18 Standardfragen in seiner Schublade. Die Prüfung am Ende des Semesters besteht aus genau 6 zufällig aus diesen ausgewählten Fragen. Eine fleißige Studentin kann genau 10 dieser Fragen richtig beantworten. Die Prüfung gilt als bestanden, wenn mindestens 3 der Prüfungsfragen richtig beantwortet werden. Wie hoch ist die Wahrscheinlichkeit, dass die Studentin besteht?

15. An einer Schleusenkammer komme an einem Vormittag eine zufällige Zahl von X Schiffen an, wobei wir annehmen, dass X poissonverteilt zum Parameter $\lambda = 3$ sei. Die Schleusenkammer kann in der Zeit 4 Schiffe abfertigen. Alle weiteren Schiffe müssen eine lange Wartezeit in Kauf nehmen.

a) Begründen Sie, dass die Poissonverteilung hier sinnvoll sein kann.

b) Welches ist die wahrscheinlichste Anzahl an Schiffen, die die Schleuse anlaufen, d. h. für welche(s) k ist $P(X = k)$ maximal?

c) Mit welcher Wahrscheinlichkeit kann mindestens ein Schiff nicht geschleust werden?

16. Häufig ist die Anzahl der zu einer Kreuzfahrt erscheinenden Passagiere geringer als die Zahl der Buchungen für diese Fahrt. Der Reeder praktiziert daher das so genannte Überbuchen, d. h. er verkauft mehr Tickets als Plätze vorhanden sind, mit dem Risiko, eventuell überzählige Passagiere nicht mitnehmen zu können.

Nehmen Sie an, dass die Passagiere unabhängig voneinander mit Wahrscheinlichkeit $\frac{9}{10}$ erscheinen.

Zwei Kreuzfahrtschiffe, die gemeinsame Fahrten anbieten, haben zusammen eine Kapazität von $k = 9060$ Passagieren, aber $n = 10.000$ Tickets wurden verkauft.

a) Mit welcher Wahrscheinlichkeit muss die Reederei damit rechnen, mindestens einen Passagier an Land lassen zu müssen?

b) Ist die Annahme, dass die Passagiere unabhängig voneinander erscheinen, realistisch?

17. Eine Bank nimmt von seinen Geschäftskunden Geldrollen entgegen, die für je 50 1-Euro-Stücke ausgelegt sind und schreibt den Kunden ohne genaue Überprüfung der tatsächlichen Anzahl 50 Euro gut. Erfahrungsgemäß enthalten aber 20% der Rollen nur genau 49 1-Euro-Stücke, 60% enthalten genau 50 1-Euro-Stücke und 20% beinhalten sogar genau 51 1-Euro-Stücke. Die Bank erhält 1000 dieser Geldrollen. Mit welcher Wahrscheinlichkeit enthalten diese zusammen mindestens 49.970 Euro?

18. Ein Bridgespiel (mit $N = 52$ Karten) wird gut durchmischt und die Karten dann in einer Reihe nacheinander aufgedeckt. Sie bitten einen Zuschauer, eine der ersten 5 Karten insgeheim zu wählen und von dieser ab die Reihe wie folgt zu durchwandern: Als erstes den Wert der gewählten Karte von dieser ausgehend voranschreiten, dann dem Wert der so erreichten Karte entsprechend weiter voranschreiten usw., bis der Wert der erreichten Karte größer ist als die Anzahl der verbliebenen Karten. Diese letzte Karte soll der Zuschauer sich merken und für sich behalten. Ihre Behauptung ist nun, diese Karte erahnen zu können. Dies versuchen Sie, indem Sie sich selbst eine der ersten Karten wählen, das gleiche Verfahren durchlaufen, und die letzte Karte als die vom Zuschauer bestimmte Karte vermuten.

    a) Diskutieren Sie, wieso dieses Verfahren oft erfolgreich ist.

    b) Simulieren Sie mittels Monte-Carlo die Wahrscheinlichkeit, dass das Verfahren tatsächlich erfolgreich endet.

19. In einer Großstadt wird in einer Nacht eine Frau durch ein Taxi angefahren. Der Fahrer flieht vom Unfallort und das Unfallopfer kann keine Angaben zu dem Tatfahrzeug machen. Allerdings meldet sich ein Zeuge, der aus der Ferne den Unfall beobachtet hat. Dieser kann das Nummernschild nicht nennen, erinnert sich aber daran, dass es sich um ein dunkles Taxi gehandelt habe. Die Ermittlungen der Polizei ergeben, dass nur ein einziges dunkles Taxi für die Fahrerflucht infrage kommt; die 20 anderen Taxis in der Nähe des Unfallorts waren hell. Daraufhin wird die Situation in der kommenden Nacht nachgestellt. Es stellt sich heraus, dass der Zeuge dunkle Taxen immer als solche erkennt. Gleichzeitig hält er in nur 10% der Fälle ein helles Taxi fälschlicherweise für ein dunkles. Das genügt dem zuständigen Richter und der beschuldigte Fahrer wird aufgrund der Zeugenaussage verurteilt. Aber ist der Fall tatsächlich so klar?

20. Anfang 1998 wurde die damals 33-jährige Britin Sally Clark wegen Mordverdachts verhaftet. Zuvor waren ihre zwei neugeborenen Söhne jeweils kurz nach der Geburt verstorben. Nach den Gutachten der Gerichtsmediziner blieb unklar, ob es sich um natürliche Tode der Kinder oder um Fremdeinwirkung handelte. Das Gericht ließ sich aber von der Aussage des Mediziners Prof. Roy Meadow durch folgende Überlegung von der Schuld der Angeklagten überzeugen: „Die Wahrscheinlichkeit dafür, dass ein Kind ohne Fremdeinwirkung an plötzlichem Kindstod stirbt, ist 1:8500, dass zwei Kinder sterben also $1 : 8500 \times 1 : 8500$, also etwa 1 zu 72 Millionen." Dem Argument folgend sei es also extrem unwahrscheinlich, dass Sally Clark unschuldig sei und so wurde Sally Clark wegen zweifachen Mordes zu lebenslanger Haft verurteilt. Was sagen Sie dazu?

Lösungen Übungsaufgaben zu Kap. 3

1. Nein, denn die Wahrscheinlichkeiten der (sich ausschließenden) Ereignisse addieren sich zu mehr als 100% auf.

2. a) Nein. Bezeichnet A das Ereignis, dass es am Samstag regnet, und B das Ereignis von Regen am Sonntag, so ist nach der Wahrscheinlichkeit von $A \cup B$ gefragt. Für diese gilt $P(A \cup B) = P(A) + P(B) - P(A \cap B)$. Ohne weitere Annahmen können wir hier nichts ausrechnen, da wir $P(A \cap B)$ nicht kennen.

    b) *1. Szenario:* Es befindet sich eine große Regenfront in der Nähe. Entweder trifft diese Kiel oder sie zieht mit gleicher Wahrscheinlichkeit vorbei. Wenn sie Kiel aber trifft, dann regnet es Samstag und Sonntag. Dann gilt $A = B$ und daher $P(A \cup B) = P(A) = 1/2$.

    2. Szenario: Es kommt eine kleine Regenfront, die Kiel auf jeden Fall trifft, allerdings nur entweder am Samstag oder am Sonntag. A und B schließen sich also aus, sodass $P(A \cup B) = P(A) + P(B) = 1$.

Viele weitere Szenarien sind denkbar (und wohl realistischer als die obigen beiden). Diese liefern beliebige Wahrscheinlichkeiten zwischen 50 % und 100 %.

3. a) Hier kann man Laplace-Wahrscheinlichkeiten annehmen und einfach abzählen: Insgesamt gibt es $4 \times 4 = 16$ mögliche Ausgänge. Das Ereignis A, dass die Summe der unten liegenden Zahlen ≥ 7 ist, tritt ein bei den Ausgängen $(4; 4)$, $(3; 4)$ oder $(4; 3)$, also in 3 von 16 Fällen. Die Wahrscheinlichkeit ist also $3/16$.

   b) Analog berechnet wie in (a) erhält man hier die Wahrscheinlichkeit $1/2$.

4. (siehe Christensen und Christensen 2018) Wenn Sie einfach die Einschätzung des Kollegen übernehmen, dann spielt die Einschätzung des zweiten Kampfrichters keine Rolle mehr. Der vom ersten Kampfrichter Auserkorene bekommt dann den Siegeskranz umgehängt. Das passiert bei jedem zwanzigsten Mal zu Unrecht, also in 5 % der Fälle.

Wenn Sie sich hingegen nicht beeinflussen lassen, dann jubelt der Falsche nur dann, wenn mindestens zwei Kampfrichter danebenliegen. Die Wahrscheinlichkeit ist etwas schwieriger zu berechnen. Dass Kampfrichter 1 korrekt entscheidet (Ereignis A mit $P(A) = 100\% - 5\% = 95\%$) und Ihr Kollege 2 (Ereignis B mit $P(B) = 10\%$) und Sie (Ereignis C mit $P(C) = 20\%$) danebenliegen, passiert dies wegen der Unabhängigkeit mit Wahrscheinlichkeit

$$
\begin{aligned}
P(A \cap B \cap C) &= P(A) \cdot P(B) \cdot P(C) \\
&= 95\% \times 10\% \times 20\% \\
&= 1,9\%.
\end{aligned}
$$

Bei allen anderen Fehlentscheidungen muss Kampfrichter 1 und ein weiterer danebenliegen. Zählt man diese beiden Fälle zusammen, kommt man analog auf eine Wahrscheinlichkeit von 1,3 %. Die Fehlentscheidungsquote liegt also bei unabhängiger Entscheidung bei $1,9\% + 1,3\% = 3,2\%$. Auch wenn Ihr Kollege also erfahrener ist, sollten Sie bei Ihrer Einschätzung bleiben. Dass drei Kampfrichter unabhängig voneinander entscheiden, stellt also ein möglichst gerechtes Ergebnis sicher.

5. a) Wir beschreiben die Situation durch einen Wahrscheinlichkeitsbaum, siehe ❏ Abb. 3.24.

   Nach dem Satz von Bayes ist die gesuchte Wahrscheinlichkeit

$$
\begin{aligned}
&P(\text{Terrorist}|\text{festgenommen}) \\
&= \frac{0,00001 \cdot 0,98}{0,99999 \cdot 0,01 + 0,00001 \cdot 0,98} \\
&\approx 0,00098.
\end{aligned}
$$

   Die Wahrscheinlichkeit, dass ein festgenommener Passagier ein Terrorist ist, liegt also bei weniger als 0,1 %.

   b) Der Aufwand bei der Durchführung eines solchen Verfahrens müsste erheblich sein. Die für die Überprüfung der vielen fälschlich Verdächtigten benötigten Ressourcen könnten vermutlich mit anderen Maßnahmen zielgerichteter eingesetzt werden.

6. Sie können sich hier am Scharlach-Beispiel aus Abschnitt 3.2.2 orientieren.

   a) Der Test kann in seiner Güte nicht beurteilt werden, ohne dass zusätzlich Werte für die Spezifität genannt werden. Stellen Sie sich vor, Sie „entwickeln" auf Basis eines Münzwurfes mit einer 1 €-Münze den folgenden Test: Falls Zahl oder Adler oben liegt (egal welches von beidem), wird für eine Frau prognostiziert, dass sie Brustkrebs hat. Dann würde die Sensitivität (also die Wahrscheinlichkeit, dass bei einer an Brustkrebs erkrankten Frau das Vorliegen der Krankheit richtig ausgewiesen wird) bei 100 % liegen. Die *Spezifität* (also die Wahrscheinlichkeit, dass bei einer nicht an Brustkrebs erkrankten Frau das Fehlen der

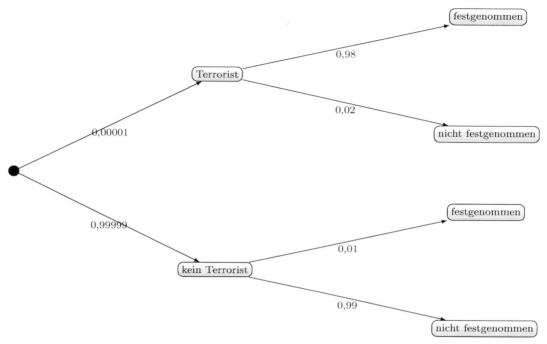

◘ **Abb. 3.24** Wahrscheinlichkeitsbaum zur Aufgabe 5 (Terroristen)

Krankheit richtig erkannt wird) läge bei dem „Münzen-Test" bei 0%. Der Test wäre also komplett wertlos.

b) Würden 0,2% der untersuchten Frauen innerhalb eines Jahres an Brustkrebs erkranken, dann würden (Annahme: bester Wert für die Spezifität: 73%) beim Positivergebnis des Tests, also dem Anzeigen einer Brustkrebserkrankung, lediglich 0,55% der Frauen wirklich Brustkrebs haben und 99,45% nicht (Rechnen Sie dies gerne einmal nach, die Werte versetzen einen immer wieder ins Staunen). Der Test wäre also nicht sinnvoll einsetzbar.

7. Folgen Sie der Diskussion in Abschnitt 3.3.6.

8. a) Hier ist im Prinzip vieles denkbar – je nach Interpretation von *zufälliger Zeitpunkt*. Wir wählen als einfaches Beispiel die Gleichverteilung mit der Verteilungsfunktion F, gegeben durch:

$$F(x) := \frac{x}{60}, \quad x \in [0, 60].$$

b) Es ist

$$P((15, 45)) = F(45) - F(15)$$
$$= \frac{3}{4} - \frac{1}{4} = \frac{1}{2}$$

c) Es ist $P(\{15\}) = 0$, weil F stetig ist.

d) Hier kommt es sehr auf Ihre Situation an.

Anmerkung: In dem Zusammenhang dieser Aufgabe sei auf das sogenannte *Wartezeitparadoxon* verwiesen. Es besagt folgendes: Wenn U-Bahnen einer Linie im Durchschnitt alle 10 Minuten fahren und man zu einem zufälligen Zeitpunkt zur Haltestelle geht, erwarten die meisten Menschen eine Wartezeit von 5 Minuten. Können Sie sich Situationen vorstellen, in denen das nicht geht?

9. Hier gibt es unterschiedliche Interpretationen von *rein zufällig*. Die naheliegendste ist wohl, eine Zufallsvariable X mit Werten in den natürlichen Zahlen $\{1, 2, 3, ...\}$ zu betrachten und anzunehmen, dass jede Zahl mit gleicher Wahrscheinlichkeit auftreten kann. Das ist aber nicht möglich!

Wäre dann $c := P(X = 1)$ diese Wahrscheinlichkeit, so würde gelten

$$1 = P(X \in \{1, 2, 3, \ldots\})$$
$$= P(X = 1) + P(X = 2)$$
$$+ P(X = 3) + \ldots$$
$$= c + c + c + \ldots$$

Man müsste also unendlich oft die Zahl c aufaddieren und auf 1 kommen. Das ist aber nicht möglich.

10. Wir betrachten die Zufallsgröße Y, die die Kosten des Bierverkäufers angeben. Y kann die Werte $D(Y) = \{0, 2, 5\}$ annehmen, wobei $P(Y = 5) = 1/36$, $P(Y = 2) = 5/36$ und damit $P(Y = 0) = 1 - 1/36 - 5/36 = 30/36 = 5/6$. Der erwartete Gewinn ist also

$$E[2 - Y] = 2 - E[Y]$$
$$= 2 - (5 \times 1/36 + 2 \times 5/36 + 0 \times 5/6)$$
$$\approx 1,58.$$

11. Sei X eine Zufallsgröße mit Werten in $\{0, 1, 2, 3\}$ und es gelte

$$P(X = 0) = 20 \cdot P(X = 3),$$
$$P(X = 1) = 2,5 \cdot P(X = 2)$$

und $E[X] = 1$. Schreibe $a := P(X = 3)$, $b := P(X = 2)$. X modelliert die Anzahl der geschossenen Tore.
Die Erwartungswert-Bedingung übersetzt sich dann in

$$1 = 0 \cdot 20a + 1 \cdot 2,5b + 2b + 3a = 4,5b + 3a.$$

Da alle Wahrscheinlichkeiten zusammen 1 ergeben, gilt ferner

$$1 = 20a + 2,5b + a + b = 21a + 3,5b.$$

Auflösen liefert $a = 1/84$, $b = 3/14$.
Anmerkung: Diese Aufgabe wirkt etwas künstlich. An ihr wird aber doch ein allgemeines Prinzip sichtbar, um in der Praxis Wahrscheinlichkeitsverteilungen festzulegen: Man legt nicht gleich die Wahrscheinlichkeiten an sich fest, sondern überlegt nur, wie diese sich relativ zueinander

verhalten („Die Wahrscheinlichkeit für x ist doppelt so groß wie die für y...“). Dies ist meist viel einfacher. Kennt man zusätzlich noch – wie in diesem Fall – den Erwartungswert, dann muss man weniger Beziehungen festlegen.

12. Die Verteilung der Startnummern erfolgt zufällig unter den 20 Teilnehmerinnen. Dafür gibt es also (Ziehen ohne Zurücklegen, mit Beachtung der Reihenfolge) $20 \times 19 \times 18$ mögliche Verteilungen der Startnummern an die drei Freundinnen (mögliche Ergebnisse). Entsprechend gibt es $10 \times 9 \times 8$ Verteilungen der Startnummern von 1 bis 10 (günstige Ergebnisse). Man erhält also insgesamt eine Laplace-Wahrscheinlichkeit von

$$\frac{10 \times 9 \times 8}{20 \times 19 \times 18} = 2/19 \approx 10,5\%.$$

13. (siehe auch Christensen und Christensen 2015) Hier hängt die Antwort stark von ad-hoc-Annahmen ab. Hier ein Beispiel: Nehmen wir an, dass jede der untersuchten Personen einen Bekanntenkreis von 200 Personen hat und nehmen wir zur Vereinfachung weiter an, dass sich diese Bekanntenkreise nicht bzw. kaum überschneiden. Dann umfasst die erste Ebene (die direkten Bekannten) 200 Personen. Untersucht man die zweite Ebene, so kommen bei jeder dieser Person 200 neue hinzu, sodass nach dem Multiplikationssatz schon $200 \times 200 = 40.000$ Personen untersucht werden. Das ist schon eine große Zahl. Soviel war aber auch zuvor schon bekannt. Geht man nun aber in die dritte Ebene, so werden $200 \times 200 \times 200 = 8$ Millionen Menschen ausgeleuchtet. Bei einem einzigen Verdächtigen könnten also z. B. im Extremfall die Kommunikationsdaten von etwa jedem zehnten Deutschen näher untersucht werden. Nun überschneiden sich aber sicher die Bekanntenkreise doch etwas, aber eine Größenordnung im Millionenbereich scheint nicht unplausibel.

14. Hier liegt eine hypergeometrische Verteilung vor. Dies führt zu der Wahrscheinlichkeit

$$\sum_{k=3}^{6} \frac{\binom{10}{k}\binom{8}{6-k}}{\binom{18}{6}}$$

$$=\frac{\binom{10}{3}\binom{8}{3} + \binom{10}{4}\binom{8}{2} + \binom{10}{5}\binom{8}{1} + \binom{10}{6}\binom{8}{0}}{\binom{18}{6}}$$

$$=\frac{120 \cdot 56 + 210 \cdot 28 + 252 \cdot 8 + 210 \cdot 1}{18564}$$

$$\approx 80\%.$$

15. a) Hier kann man die Eigenschaften des Poisson-Prozesses durchgehen und einzeln begründen.

b) Beh.: $P(X = k)$ ist für $k = 2$ und $k = 3$ maximal.

Bew.: $k \in \mathbb{N}$ ist eine Maximalstelle von $P(X = k) = \frac{\lambda^k}{k!}e^{-\lambda}$, genau, wenn es eine Maximalstelle von $\ln(P(X = k)) = k\ln(\lambda) - (\sum_{i=1}^{k} \ln(i)) - \lambda$ ist, weil ln monoton steigend ist. Wir sehen, dass $\ln(P(X = k))$ monoton fallend ist für $ln(k+1) > ln(\lambda)$, also in unserem Falle ab $k = 3$. Also schauen wir uns die Werte exemplarisch für $k = 0, ..., 4$ an:

$$P(X = 0) = \frac{3^0}{0!}e^{-3} = \frac{1}{e^3}$$

$$P(X = 1) = \frac{3^1}{1!}e^{-3} = \frac{3}{e^3}$$

$$P(X = 2) = \frac{3^2}{2!}e^{-3} = \frac{9}{2e^3}$$

$$P(X = 3) = \frac{3^3}{3!}e^{-3} = \frac{9}{2e^3}$$

$$P(X = 4) = \frac{3^4}{4!}e^{-3} = \frac{27}{8e^3}$$

Also sind die Maximalstellen tatsächlich $k = 2$ und $k = 3$.

c) Beh.: Die Wahrscheinlichkeit ist $\approx 0,185$: Es gilt mit (b):
$P(X \geq 4) = 1 - P(X = 0) - P(X = 1) - P(X = 2) - P(X = 3) - P(X = 4) = 1 - (\frac{8+24+36+36+27}{8}e^{-3}) = 1 - \frac{131}{8e^3} \approx 0,185$.
Somit wird fast an jedem fünften Vormittag mindestens ein Schiff warten müssen.

16. a) Seien $X_1, X_2, ..., X_n$ i.i.d. Bernoulliverteilt mit $p = 9/10$. $\{X_i = 1\}$ repräsentiert das Ereignis, dass Passa-

gier i erscheint. $S_n := X_1 + ... + X_n$ ist dann die Anzahl der Passagiere. $A := \{S_n \geq 9061\}$ ist das gesuchte Ereignis. Es gilt $E[X_1] = 9/10$, $Var[X_1] = 9/10 \cdot 1/10 = 0,09$. Damit:

$$P(A) = P(S_n - E[S_n] \geq 61)$$
$$= 1 - P(S_n - E[S_n] \leq 60)$$
$$= 1 - P(S_n^* \leq \frac{60}{\sqrt{nVAR[X_1]}})$$
$$= 1 - P(S_n^* \leq 2) \approx 1 - \Phi(2)$$
$$\approx 1 - 0,9772 \approx 2,28\%.$$

b) Die Unabhängigkeitsannahme ist hier vermutlich fragwürdig, da viele der Passagiere in Gruppen kommen und damit häufig entweder alle anreisen werden oder alle nicht. Als erstes Modell ist dies aber wohl nicht abwegig, wenn keine weiteren Details bekannt sind.

17. Seien $X_1, X_2, ..., X_n$, $n := 1000$ i.i.d. mit $P(X_1 = 49) = P(X_1 = 51) = 0,2$ und $P(X_1 = 50) = 0,60$. X_i repräsentiert den Inhalt von Geldrolle i und $S_n := X_1 + ... + X_n$ die gesamte Geldmenge. (Die i.i.d.-Annahme ist hier etwas fragwürdig. Es könnte ja sein, dass einige Kunden deutlich unzuverlässiger sind als andere. Als erstes Modell ist dies aber wohl nicht abwegig, wenn keine weiteren Details bekannt sind.) $A := \{S_n \geq 49.970\}$ ist das gesuchte Ereignis. Es gilt $E[X_1] = 50$, $VAR[X_1] = 2 \times 0,2 \times 1^2 = 0,4$. Damit:

$$P(A) = P(S_n - E[S_n] \geq -30)$$
$$= P(S_n^* \geq \frac{-30}{\sqrt{nVAR[X_1]}})$$
$$= 1 - P(S_n^* \leq \frac{-30}{20})$$
$$\approx 1 - \Phi(-3/2) = \Phi(3/2) \approx 93,32\%.$$

18. a) Haben Sie nun zufällig die gleiche Startkarte wie Ihr Mitspieler gewählt, stimmt Ihre Prognose natürlich. Aber auch sonst liegen Sie sehr oft richtig, wie man sich leicht klarmachen kann: Wenn Sie während des Durchlaufens

der Kartenreihe auch nur einmal auf einer Karte landen, die auch Ihr Mitspieler durchlaufen hat, muss Ihre Prognose stimmen, da sie nun seinem Weg folgen. Sie liegen mit diesem Verfahren also nur dann daneben, wenn Ihre Reihe nicht ein einziges Mal den Weg des Mitspielers gekreuzt hat.

b) Die gesuchte Wahrscheinlichkeit ist etwa 90%.

Das gleiche Spiel ist auch als *Würfelschlange* bekannt, bei der eine größere Anzahl an Würfeln mit jeweils einer zufälligen Seite oben in eine Reihe gelegt werden. Der Spieler sucht sich nun einen der Anfangswürfel aus und geht immer die oben liegende Augenzahl weiter. Auch dabei wird man – unabhängig vom ersten gewählten Würfel – ziemlich sicher beim gleichen Endwürfel landen und kann diesen zum Erstaunen des Spielers erraten.

19. Das dunkle Taxi hätte der Zeuge also richtig erkannt. Von den zwanzig anderen hätte er aber auch im Mittel zwei für dunkel gehalten. Solange keine weiteren Hinweise vorliegen, liegt die Wahrscheinlichkeit für eine Täterschaft des Beschuldigten also nur bei einem Drittel und eine Verurteilung käme sicher nicht in Betracht. Die genaue Rechnung kann mit bedingten Wahrscheinlichkeiten erfolgen.

20. Hier sind jedoch mindestens zwei schwere Denkfehler gemacht worden: Zuerst einmal ist es sicherlich nicht zulässig, die beiden Wahrscheinlichkeiten einfach zu multiplizieren. Hierbei unterstellt man nämlich, dass beide Todesfälle unabhängig geschehen sind. Auch wenn die genauen Ursachen eines plötzlichen Kindstods nicht vollständig zu klären sind, so gibt es aber sicherlich Risikofaktoren in einer Familie, die dann für beide Kinder zutreffen. In diesem Fall dürfte es also viel wahrscheinlicher sein, dass ein zweifacher Kindstod in einer Familie auftritt. Der noch wesentlichere Denkfehler ist aber, den errechneten Wert der Wahrscheinlichkeit als Grundlage für die Schuld der Angeklagten zu interpretieren. Worin der Fehler liegt, kann man vielleicht an folgender analoger Argumentation einsehen: „Die Wahrscheinlichkeit, dass eine Mutter ihr Kind tötet, ist sehr gering. Die Wahrscheinlichkeit, dass eine Mutter ihre beiden Kinder tötet, ist noch geringer. Also ist es extrem unwahrscheinlich, dass Sally Clark schuldig ist." Ohne die Wahrscheinlichkeiten für beide Betrachtungen – Wahrscheinlichkeit für zweifachen Kindstod und Wahrscheinlichkeit für zweifache Kindstötung – gegenüberzustellen, hilft die statistische Aussage nicht weiter und jedes Gerichtsverfahren würde ad absurdum geführt.

Literaturverzeichnis

Christensen, B. und Christensen, S. (2015). *Achtung: Statistik: 150 Kolumnen zum Nachdenken und Schmunzeln.* Springer-Verlag.

Christensen, B. und Christensen, S. (2018). *Achtung: Mathe und Statistik: 150 neue Kolumnen zum Nachdenken und Schmunzeln.* Springer-Verlag.

Fahrmeir, L., Heumann, C., Künstler, R., Pigeot, I., und Tutz, G. (2016). *Statistik: Der Weg zur Datenanalyse.* Springer-Verlag.

Georgii, H.-O. (2015). *Stochastik: Einführung in die Wahrscheinlichkeitstheorie und Statistik.* Walter de Gruyter GmbH & Co KG.

Häggström, O. (2006). *Streifzüge durch die Wahrscheinlichkeitstheorie.* Springer-Verlag.

Hesse, C. H. (2013). *Angewandte Wahrscheinlichkeitstheorie: eine fundierte Einführung mit über 500 realitätsnahen Beispielen und Aufgaben.* Springer-Verlag.

Irle, A. (2005). *Wahrscheinlichkeitstheorie und Statistik: Grundlagen-Resultate-Anwendungen.* Springer-Verlag.

Presseportal (2006). Die Wahrscheinlichkeit für die Existenz Gottes beträgt 62 Prozent. https://www.presseportal.de/pm/24835/901187.

Schließende Statistik

© Springer Fachmedien Wiesbaden GmbH, ein Teil von Springer Nature 2019
B. Christensen et al., *Statistik klipp & klar*, WiWi klipp & klar,

In den bisherigen Kapiteln haben wir besprochen, wie Daten verdichtet dargestellt werden können und was Wahrscheinlichkeiten sind. In beiden Gebieten kann man auch auf kontrovers diskutierbare Inhalte treffen, aber wir haben bisher ausgeklammert, welche Folgerungen man aus den Ergebnissen zielen sollte. Das ändert sich jetzt und damit geht es ans Eingemachte. Kann man aus vorliegenden Daten schließen, dass ein neues Medikament besser ist als das bisher verwendete? Oder dass Rotweintrinken gesund ist? Oder dass die Stickoxidwerte in einer Stadt über den zulässigen Grenzwerten liegen? Oder ...

Die *Schließende Statistik*, auch *Induktive Statistik* genannt, mit der wir uns nun befassen werden, stellt Methoden zur Beantwortung solcher Fragen bereit. Dies geschieht dadurch, dass die Begriffe und Fragestellungen aus der Beschreibenden Statistik mit dem Wahrscheinlichkeitsbegriff aus dem vorigen Kapitel 3 zusammengebracht werden.

Das Verbindungsglied zwischen den beiden Gebieten stellt dabei in unseren folgenden Betrachtungen stets eine sog. *einfache Zufallsstichprobe* dar: Wir unterstellen, dass wir aus der Grundgesamtheit n Beobachtungen bzgl. der untersuchten Zufallsvariable X vorliegen haben, wobei – grob formuliert (mehr dazu in der Hintergrund-Box) – jedes Element der Grundgesamtheit die gleiche Wahrscheinlichkeit besitzt, in die Stichprobe aufgenommen zu werden. Die Stichprobe $(X_1, \ldots, X_n)$ besteht dann aus n unabhängigen und identisch verteilten Zufallsvariablen, vgl. die Definition in Abschnitt 3.7.1, und lässt sich mit grundlegenden Regeln der Wahrscheinlichkeitsrechnung in einfacher Weise analysieren.

4.1 Grundfragen der Schließenden Statistik

Bei der Schließenden Statistik geht es also darum, aus vorliegenden Daten Rückschlüsse auf die Art des Zufallsexperiments zu ziehen, aus der sie entstanden sind. Häufig stellt sich die Frage nach der Unsicherheit, die dadurch entsteht, dass eine zufällige Stichprobe aus der Grundgesamtheit gezogen wurde und eben nicht auf alle Daten der Grundgesamtheit zurückgegriffen werden kann. Es stellen sich dabei strukturell unterschiedliche Fragen. Diese zu unterscheiden ist wichtig, um für das jeweilige Problem das richtige Vorgehen zu wählen. Darum geht es in diesem Abschnitt.

Lernziele

Nach dem Studium dieses Abschnitts sollten Sie die unterschiedlichen Fragestellungen der Schließenden Statistik (Punktschätzung, Konfidenzintervalle, Hypothesentests) unterscheiden können.

Statt durch theoretische Abhandlungen versteht man die unterschiedlichen Fragestellungen am besten anhand eines einfachen Beispiels:

Beispiel. Ein Autohersteller bezieht eine sehr große Anzahl Spezialschrauben von einem Zulieferer. Diese müssen sehr präzise gearbeitet sein. Schon bei kleinen Ungenauigkeiten können sie nicht eingesetzt werden und gelten als defekt. Den Anteil p der defekten Schrauben kennt der Autobauer allerdings nicht. Da der Aufwand zum Prüfen aller Schrauben zu hoch wäre, wird eine zufällige Stichprobe von $n = 100$ genommen und geprüft. Welche Information erhält der Autobauer dadurch?

Der Autobauer kann unterschiedliche Ansätze verfolgen; jeder dieser entspricht gerade einem der statistischen Fragen, die wir dann in den kommenden Abschnitten detaillierter untersuchen werden.

1. Findet man bei den $n = 100$ untersuchten Schrauben x fehlerhafte, entspricht dies einem Anteil von $\hat{p} = x/100 = x\%$ in der Stichprobe. Der Autobauer wird also darauf tippen, dass der unbekannte Anteil p auch annähernd $\hat{p} = x\%$ beträgt. Dies nennt man einen *Punktschätzer* für p. Aber wieso wählt man eigentlich $\hat{p}$ als Schätzer für p und nicht eine andere Zahl? Und wie findet man solche Schätzer in komplizierteren Situationen? Diesen Fragen gehen wir in Abschnitt 4.2 nach.

Dieses sehr intuitive Vorgehen hat aber einen Nachteil: Hätte der Autobauer eine andere Stichprobe gezogen, dann wäre in vielen Fällen eine andere Zahl $\hat{p}$ herausgekommen – diese hängt also vom Zufall ab. Die reine Angabe des Punktschätzers, hier also des Anteils der defekten Schrauben in der vorliegenden Stichprobe, verschleiert diesen Aspekt, der Autobauer erhält keine Auskunft über das Ausmaß der Unsicherheit durch das Ziehen lediglich einer Stichprobe. Klarer ist das beim folgenden Vorgehen:

2. Neben dem Schätzwert werden auch Fehlerschranken angegeben. So möchte der Autobauer gern eine Aussage der Art „Aufgrund unserer Stichprobe gehen wir davon aus, dass der Fehleranteil in der gesamten Lieferung bei $\hat{p} \pm y\%$ liegt". Das zugehörige Intervall $[\hat{p} - y\%, \hat{p} + y\%]$ nennt man auch *Vertrauensintervall* oder *Konfidenzintervall*. Für die interne Einschätzung der Qualität ist das sicher eine hilfreiche Angabe. Hier bleibt zu klären, wie groß man die Fehlerschranke $y\%$ wählen sollte und wie sich die ergebenden Werte berechnen lassen. Das behandeln wir in Abschnitt 4.3.

3. Stellen wir uns zusätzlich vor, dass der Autobauer im Vertrag mit dem Schraubenhersteller festgelegt hat, dass weniger gezahlt werden muss, wenn der Anteil der defekten Schrauben in der Lieferung größer als 10% ist. Dazu reicht es natürlich nicht, dass der Anteil der defekten Schrauben in der Stichprobe $\hat{p}$ größer als 10% ist – schließlich kann das ja dem Zufall geschuldet sein und es gilt *im Zweifel für den Angeklagten*. Der Autobauer muss also nachweisen, dass die Hypothese

H_0 : Der Anteil der defekten Schrauben p
in der Lieferung ist $\leq 10\%$

falsch ist. Dies nennt man *Hypothesentest*. Aber welchen Anteil defekter Schrauben $\hat{p}$ muss die Stichprobe dafür mindestens aufweisen? – 15%? 20%? 40% oder noch viel mehr? Dies besprechen wir im Abschnitt 4.4.

Hintergrundinformation

Wir haben im Schrauben-Beispiel unterstellt, dass wir aus einer sehr großen Anzahl von Schrauben nur 100 Stück auswählen. In diesem Fall spielt es (annähernd) keine Rolle, ob wir diese mit oder ohne Zurücklegen ziehen, da ja mit großer Wahrscheinlichkeit auch beim Ziehen mit Zurücklegen nicht zweimal dieselbe Schraube gezogen wird. Bei großer Grundgesamtheit ist die Art des Ziehens also fast egal, siehe auch die Diskussion zur hypergeometrischen Verteilung (Abschnitt 3.6.1). Liegt hingegen nur eine kleine Grundgesamtheit vor und wird die Stichprobe ohne Zurücklegen gezogen (was in der Praxis natürlich meist der Fall ist), dann kann man die Ziehungen nicht mehr als unabhängig annehmen, was einige technische Probleme bereitet. Wie zu Beginn des Kapitels erwähnt, gehen wir aber immer von der einfachen Situation mit unabhängigen Ziehungen aus, um die Konzepte klarer präsentieren zu können.

Zusammenfassung

In der Schließenden Statistik beantwortet man Fragen nach unbekannten Parametern einer Verteilung auf Basis von Beobachtungen. Bei der Punktschätzung wird dieser Parameter durch Angabe einer Zahl geschätzt. Bei Konfidenzintervalle werden außerdem Fehlergrenzen angegeben. Hypothesentests geben Antworten auf Fragen zu dem Parameter.

4.2 Punktschätzung

Wie wir in Kapitel 3 gesehen haben, ist die Wahrscheinlichkeitsrechnung schon ein starkes Werkzeug, um Zufallssituationen zu beschreiben. Die dort behandelten Beispiele haben aber ein Problem gemein. Wir haben stets die zugrundeliegende Verteilung angegeben. Aber woher sollten wir diese kennen? Etwa im Glühbirnen-Beispiel (Abschnitt 3.3.2) haben wir theoretisch argumentiert, dass die Exponentialverteilung sinnvoll sein kann. Aber woher sollen wir den Parameter kennen; ist also die Exp(2)- oder Exp(7, 34)-Verteilung zu verwenden? Dazu sollte man natürlich Daten benutzen. Aber wie? Die gleiche Frage stellt sich bei der Normalverteilung: Welche Werte für μ und σ^2 sollten wir dort verwenden?

Lernziele

Nach dem Studium dieses Abschnitts sollten Sie

— für die Praxis wichtige (Punkt-) Schätzer kennen,

— Schätzer nach ihren Eigenschaften beurteilen können,

— einen ersten Einblick in Schätzprinzipien bekommen.

4.2.1 Einfache Schätzer, die Sie kennen sollten

Ein bisschen abstrakt formuliert ist die Frage wie folgt: Sie sind interessiert an der Verteilung einer Zufallsvariablen X, die ja nach Abschnitt 3.3 beschrieben ist durch die Verteilungsfunktion $F_X(x)$. Diese kennen wir im Prinzip, aber nicht genau. Es fehlt uns meist ein *Parameter* θ, in den Beispielen oben etwa $\theta = \lambda$ als der Parameter der Exponentialverteilung bei der Glühbirnenbrenndauer oder $\theta = (\mu, \sigma^2)$ bei der Normalverteilung: $F_X(x) = F_X(x; \theta)$. Ferner haben Sie Beobachtungen $x_1, ..., x_n$ vorliegen, die Sie als Realisierungen von Zufallsvariablen $X_1, ..., X_n$ interpretieren, die alle unabhängig sind und alle die Verteilungsfunktion $F_X(x; \theta)$ besitzen. Wie benutzen Sie jetzt die Daten $x_1, ..., x_n$, um θ zu schätzen?

Die Formulierung ist jetzt klar, aber sehr abstrakt. Dabei machen Sie das eigentlich schon seit Kindertagen. So haben wir beim Eingangsbeispiel dieses Kapitels auch nicht lange darüber nachdenken müssen, den Anteil als Schätzer für die Erfolgswahrscheinlichkeit zu benutzen. Wenn Sie etwas allgemeiner einen Erwartungswert nicht kennen, dann werden Sie stattdessen einfach das arithmetische Mittel der Beobachtungen benutzen:

Schätze μ_X durch das

Stichprobenmittel $t_n(x_1, ..., x_n) = \overline{x}_n$.

Das führt uns schon ganz schön weit: Bei der Normalverteilung haben wir also einen natürlichen Schätzer für μ_X. Bei der Exponentialverteilung erinnern wir uns daran, dass $\mu_X = \frac{1}{\lambda}$. Wir können λ also als Kehrwert des Stichprobenmittels schätzen.

Hier scheint also alles klar. Aber selbst in diesem einfachen Fall wird manchmal auch anders verfahren. So war in Zeiten vor Benutzung von Computern bei großen Stichproben das Ausrechnen des Stichprobenmittels oft zu aufwendig. Stattdessen behalf man sich einfach mit dem Schätzer „(größter Wert - kleinster Wert)$/2$".

Dass unterschiedliche Schätzer sinnvoll sind, sieht man auch beim Schätzen der Varianz $\sigma_X^2 = E[(X - \mu_X)^2]$. Die erste Idee ist natürlich, hier die aus der Deskriptiven Statistik bekannte *Empirische Varianz* – auch *Stichprobenvarianz* genannt –

$$\frac{1}{n} \sum_{i=1}^{n} (x_i - \overline{x}_n)^2$$

(siehe Abschnitt 2.3.2) zu verwenden. Benutzt man aber eine Standard-Statistik-Software, wird oft ein leicht modifizierter Schätzer verwendet: Schätze σ_X^2 durch die *korrigierte Stichprobenvarianz*

$$t_n(x_1, ..., x_n) = \frac{1}{n-1} \sum_{i=1}^{n} (x_i - \overline{x}_n)^2.$$

Warum man hier durch $n-1$ statt n teilt, klären wir im nächsten Abschnitt. Achtung: In der Literatur ist die Namensgebung bei der Stichprobenvarianz nicht einheitlich, was immer wieder zu Verwirrung führt. Im Gegensatz zum Einführungskapitel werden wir im Folgenden die *korrigierte* Stichprobenvarianz mit S^2 bezeichnen. Dies wird aber erfahrungsgemäß keine Verwirrung auslösen.

Wir können aber hier schon festhalten, dass wir uns bei Schätzern nicht einschränken sollten. Wir nennen daher jeder Funktion $t_n(x_1, ..., x_n)$ der Stichprobe einen *Schätzer* für den unbekannten Parameter θ.

4.2.2 Was macht gute Schätzer aus?

Wenn jede noch so unpassende Funktion sich Schätzer nennen darf, bleibt die Frage, wie man gute von schlechten unterscheidet. Hierbei muss man zuerst feststellen, dass man keine global besten Schätzer angeben kann. So könnte man beim Mittelwert – unabhängig davon, was die Daten sagen – als Schätzer immer den Wert $1,73682$ verwenden. Das ist offensichtlich unsinnig – es sei denn, dass zufällig $\mu_X = 1,73682$ gilt. In diesem speziellen Fall wäre dieser unsinnige Schätzer aber besser als das Stichprobenmittel. Man kann also nicht hoffen, bestimmte Schätzer für alle Situationen als „beste" zu identifizieren.

Erwartungstreue
Die Wahl des Stichprobenmittels als Schätzer für den Erwartungswert kann im Einzelfall danebenliegen, aber immerhin liegt dieser im Mittel richtig, denn – egal wie der wahre Mittelwert μ_X ist – es gilt stets

$$E[\overline{X}_n] = E\left[\frac{1}{n}\sum_{i=1}^{n} X_i\right]$$
$$= \frac{1}{n}\sum_{i=1}^{n} E[X_i] = \frac{1}{n} \times n \times \mu_X$$
$$= \mu_X.$$

Diese Eigenschaft nennt man *Erwartungstreue*. Dies ist sicherlich eine sinnvolle Eigenschaft für einen Schätzer. Einen Schätzer, der systematisch danebenliegt, würde man vermutlich nicht benutzen wollen. Dies disqualifiziert auch den konstanten Schätzer von oben, denn dieser liefert ja nur für ein ganz bestimmtes μ_X (im Mittel) den richtigen Wert.

Dies liefert auch die Begründung dafür, dass man beim Schätzen der Varianz den Faktor $1/(n-1)$ statt des auf den ersten Blick natürlicher wirkenden Faktors $1/n$ verwendet. Man kann nämlich (elementar, aber etwas länglich, siehe Georgii 2015, S. 208) zeigen, dass tatsächlich für die korrigierte Stichprobenvarianz S_n^2 gilt

$$E[S_n^2] = E\left[\frac{1}{n-1}\sum_{i=1}^{n}(X_i - \overline{X}_n)^2\right] = \sigma_X^2.$$

Dies funktioniert nicht, wenn man aber versucht, die unbekannte Varianz σ_X^2 anhand der (unkorrigierten) Stichprobenvarianz $T_n^2 = \frac{1}{n}\sum_i (X_i - \overline{X}_n)^2$ zu schätzen. Diese Funktion unterscheidet sich nur im Nenner, in dem n statt $n-1$ auftaucht. Wegen $S_n^2 = \frac{1}{n-1}\sum_i (X_i - \overline{X}_n)^2$ läßt sich T_n auch schreiben als

$$T_n = \frac{1}{n}\frac{n-1}{n-1}\sum_i (X_i - \overline{X}_n)^2 = \frac{n-1}{n}S_n^2.$$

$\hat{\sigma}_X^2 = T_n$ ist damit als Schätzer für die Varianz nicht erwartungstreu, es gilt nämlich (wenn nicht gerade die Varianz $= 0$ ist)

$$E[T_n] = E[\frac{n-1}{n}S_n^2] = \frac{n-1}{n}E[S_n^2]$$
$$= \frac{n-1}{n}\sigma_X^2 \neq \sigma_X^2.$$

Hier zeigt sich eine Stärke der Schließenden gegenüber der Deskriptiven Statistik: Wir haben eine theoretische Begründung dafür gefunden, wieso die Verwendung einer bestimmten Kennzahl sinnvoller ist als die einer anderen.

Das Ausmaß der Verzerrung (engl. *bias*) beträgt

$$BIAS[T_n; \sigma_X^2] = E[T_n] - \sigma_X^2$$
$$= \frac{n-1}{n}\sigma_X^2 - \sigma_X^2 = -\frac{1}{n}\sigma_X^2 \quad .$$

Da diese Verzerrung mit zunehmendem Stichprobenumfang immer kleiner wird (d. h. genauer, mit zunehmendem n gegen 0 konvergiert), nennt man diesen Schätzer *asymptotisch erwartungstreu*.

Konsistenz
Ein erwartungstreuer Schätzer trifft zwar den wahren Parameter im Mittel, im Einzelfall kann die Schätzung aber sehr ungenau sein.

Es reicht also zur Beurteilung der Güte eines Schätzers nicht aus, allein den Erwartungswert zu berücksichtigen. Vielmehr müssen auch die Unterschiede in der „Genauigkeit" über verschiedene Stichproben hinweg, d. h. die Streuung der Schätzwerte, beachtet werden. Wie oben besprochen ist die Varianz dafür ein geeignetes Maß. Für den Mittelwertschätzer gilt beispielsweise

$$VAR[\overline{X}_n] = VAR\left[\frac{1}{n}\sum_{i=1}^{n}X_i\right]$$
$$= \frac{1}{n^2}VAR\left[\sum_{i=1}^{n}X_i\right]$$
$$= \frac{n}{n^2}VAR[X_1] = \frac{1}{n}\sigma_X^2.$$

Die Streuung der Schätzwerte für den Mittelwert nimmt also mit zunehmendem Stichprobenumfang immer weiter ab, der wahre Mittelwert wird „immer genauer" getroffen. Dies haben wir – in etwas anderer Formulierung – bereits beim Gesetz der großen Zahlen in Abschnitt 3.7.1 eingesehen.

Einen Schätzer, der (zumindest asymptotisch) erwartungstreu ist und dessen Varianz mit zunehmendem Stichprobenumfang gegen 0 konvergiert, nennt man einen *konsistenten Schätzer*. Der Mittelwertschätzer $\hat{\mu}_X = \overline{X}_n$ ist nach der Rechnung oben konsistent zum Schätzen von μ_X. Man kann zeigen, dass auch die korrigierte Stichprobenvarianz $S_n^2 = \frac{1}{n-1}\sum_{i=1}^{n}(X_i - \overline{X}_n)^2$ (bei i.i.d.-Beobachtungen, wobei i.i.d für *identically independently distributed*, also unabhängig identisch verteilt steht) eine konsistente Schätzfunktion für σ_X^2 ist.

(Asymptotische) Erwartungstreue und Konsistenz sollte man also von jedem guten Schätzer erwarten. Es gibt noch weitere Gütekriterien (etwa Optimalität in einer sinnvollen Teilklasse von Schätzern, siehe Irle 2005), auf deren allgemeine Formulierung wir hier aber nicht eingehen wollen. Wir kommen darauf aber in einem Spezialfall in Abschnitt 5.3 zurück.

4.2.3 Wie findet man gute Schätzer?

Wie findet man nun aber Schätzer, die die wünschenswerten Eigenschaften erfüllen? Für die allermeisten Fälle ist die Antwort für Sie einfach: Darüber haben sich schon andere Menschen Gedanken gemacht. Sie müssen nur die (aus der Literatur bekannten oder in Software implementierten) Schätzer nutzen. Daher diskutieren wir die Ansätze hier auch nur kurz. Sie sollten aber als Erkenntnis mitnehmen, dass es keinen Standard-Weg gibt, um ideale Schätzer zu erhalten.

Wichtige Prinzipien sind aber folgende:

— *Momentenmethode*: Schätze den unbekannten Parameter so, dass empirische und theoretische Momente übereinstimmen. Diese Idee haben wir gerade in Abschnitt 4.2.1 angewandt. Wenn Sie die Liste der Verteilungen aus Abschnitt 3.6 einmal durchgehen, werden Sie sehen, dass Sie so in vielen Fällen auf natürliche Schätzer kommen.

— *Maximum-Likelihood*: Wähle denjenige Parameter als Schätzung, unter dessen Verteilung die Realisierung der beobachteten Daten am plausibelsten erscheint. Siehe für mehr Informationen die Hintergrund-Box.

— *Kleinst-Quadrate-Methode*: Schätze den Parameter so, dass die mittlere quadratische Abweichung der Daten zum Erwartungswert minimal wird. Dies werden wir im Rahmen der Linearen Modelle in Abschnitt 5.1 anwenden. Hier zeigen wir nur, dass wir auch mit diesem Ansatz auf das arithmetische Mittel zur Schätzung des Erwartungswerts gekommen wären:

Möchten wir den Erwartungswert μ_X schätzen und haben Beobachtungen $x_1, ..., x_n$ vorliegen, so ist die mittlere quadratische Abweichung der Daten zum Erwartungswert $\theta = \mu_X$ gerade

$$\sum_{i=1}^{n}(x_i - \theta)^2.$$

Dieser Ausdruck wird minimal in θ, wenn wir – wie aus der Analysis bekannt – einfach ableiten und $= 0$ setzen (die hinreichende Bedingung ist auch erfüllt). Es ergibt sich

$$0 = \sum_{i=1}^{n} 2(x_i - \theta), \text{ also } 0 = \sum_{i=1}^{n} x_i - n\theta$$

auflösen nach θ liefert den und wohlbekannten Schätzer $\hat{\theta} = \frac{1}{n} \sum_{i=1}^{n} x_i = \overline{x}_n$.

Hintergrundinformation

In diesem einführenden Lehrbuch konzentrieren wir uns auf einen Zugang zur Schließenden Statistik, der als *frequentistisch* bekannt ist. Hier betrachten wir den unbekannten Parameter θ als festen Wert. Diesen schätzen wir dann. Oft nutzt man dabei das *Maximum-Likelihood-Prinzip* (ML): Man wählt als $\hat{\theta}$ denjenigen Parameter, der die Wahrscheinlichkeit für das Auftreten der Beobachtung maximiert. Folgen wir einmal diesem Prinzip in einem einfachen Beispiel (siehe auch Christensen und Christensen 2018): Sie möchten ein Kind beim Versteckspielen im Garten suchen. Sie wissen, dass nur zwei potentielle Verstecke infrage kommen: hinter dem Klettergerüst und auf dem Baum. Nach dem obligatorischen „Mäuschen sag mal piep" hören Sie die leise Stimme des Kindes, können sie aber, weil es windig ist, nicht genau zuordnen. Suchen Sie nun zuerst hinter dem Klettergerüst oder auf dem Baum? – Das ML-Prinzip sagt nun folgendes: Sie rechnen die Wahrscheinlichkeiten aus, dass Sie die Stimme des Kindes so wahrnehmen wie gehört, wenn Sie (a) hinter dem Klettergerüst steht oder (b) auf dem Baum sitzt. Je nachdem, wo die Wahrscheinlichkeit höher ist, gucken Sie zuerst nach.

Dabei bleiben aber Vorinformationen unberücksichtigt. Zum Beispiel kann es sein, dass Sie wissen, dass das Kind nicht gern klettert und Sie es daher für etwas unwahrscheinlicher halten, dass es tatsächlich auf dem Baum sitzt. Dies ist möglich bei einem anderen Zugang zur Statistik: Der *Bayes-Statistik*. Schon bevor Sie die Antwort des Kindes erhalten, ordnen Sie den einzelnen Verstecken Wahrscheinlichkeiten zu. Zum Beispiel glauben Sie, dass das Kind mit doppelt so hoher Wahrscheinlichkeit hinter dem Klettergerüst steht als dass es die Klettertour auf den Baum auf sich genommen hat. Formal legen Sie also eine Wahrscheinlichkeitsverteilung auf den unbekannten Parameter θ. Nachdem Sie nun das „Piep" vernommen haben, passen Sie Ihre Einschätzungen an. Nur wenn das Geräusch also deutlich aus Richtung des Baums kam, werden Sie dort zuerst nachsehen. In den anderen Fällen führt Ihr Vorwissen dazu, dass Sie erst am Klettergerüst nachsehen. Formal nutzt man zum Updaten der Informationen den Satz von Bayes (Abschnitt 3.2.2); die Namensgleichheit ist also nicht verwunderlich.

Bayes-Verfahren finden heute oft Anwendung, etwa bei Wahlprognosen. Aus dem Beispiel wird aber ein Problem deutlich, auf das Sie achten sollten: Bei Bayes-Verfahren gehen stets Vorinformationen ein, die man ruhig kritisch hinterfragen sollte.

Zusammenfassung

— Es gibt keine Standardmethode, um Punktschätzer zu finden. Eine häufig benutzte Methode ist die Verwendung von Stichprobenmomenten.

— Weitere Schätzprinzipien sind die Maximum-Likelihood- und die Kleinst-Quadrate-Methode.

— Ein guter Schätzer sollte mindestens (asymptotisch) unverzerrt und konsistent sein.

4.2.4 Anwendung – Wo taucht das auf?

Punktschätzer begegnen uns ständig, etwa bei Umfragen zu aktuellen Themen. Im einführenden Politikbarometer-Beispiel in Abschnitt 1.3 erfolgt anhand der „Sonntagsfrage" eine Punktschätzung der Stimmenanteile in der Wahlbevölkerung. Über die Genauigkeit der Schätzung lässt sich allein durch die Berechnung der Schätzwerte jedoch keine Aussage treffen, wie das folgende Beispiel illustriert: Meinungsforscher haben 1600 Bundesbürgern, je Bundesland 100, folgende Frage gestellt: „Hatten Sie schon einmal eine Affäre während einer festen Partnerschaft?"

4

21% der Befragten antworteten mit „ja", sodass man die meisten Deutschen wohl als eher treu bezeichnen kann. Aber die Umfrage ergab auch regionale Unterschiede. Die Berliner sind mit 32% angeblich am wenigsten treu – darüber und auch über die Unterschiede zwischen den anderen Bundesländern wurde viel diskutiert. Hier wurde natürlich einfach die Anteilswerte aus der Stichprobe als Schätzer für die wahren Werte genommen. Man weiß also noch nichts über die Quantifizierung von Fehlern – dies werden wir in den kommenden Abschnitten thematisieren. Aber man kann auch an dieser Stelle schon die Situation anhand der gewünschten Eigenschaften von Schätzern analysieren. Zuerst stellt sich die Frage, ob der Schätzer erwartungstreu oder verzerrt ist. – Wie wir oben gesehen haben, ist das arithmetische Mittel (und der Anteilswert als Spezialfall) im Modell erwartungstreu – zumindest wenn (unabhängig und) identisch verteilte Zufallsvariablen vorliegen. Hier muss also diskutiert werden, ob die Umfrageteilnehmer wohl repräsentativ ausgewählt wurden und wahrheitsgemäß geantwortet haben. Das wissen wir nicht, haben aber auch keine Anhaltspunkte, dass dies nicht stimmt.

Die zweite Frage ist die der Varianz. Ist diese klein genug oder steckt viel Zufall in den Werten? – Dies kann man quantitativ untersuchen, siehe die Diskussion im folgenden Abschnitt. Oft reicht aber in solchen Situationen auch ein kleines Simulationsexperiment (siehe Abschnitt 3.8). Man lässt sich vom Computer erzeugen, was herauskäme, wenn eigentlich die Untreuerate in allen Bundesländern gleich wäre und nur die zufällige Auswahl der Umfrageteilnehmer die unterschiedlichen Ergebnisse bestimmen würde. Die wahren Ergebnisse und die einer solchen Simulation können Sie in ◻ Abb. 4.1 vergleichen. Es liegt kaum ein systematischer Unterschied vor, d. h. das empirisch ermittelte Ergebnis des Meinungsforschungsinstituts springt nicht offenkundig ins Auge. Es unterscheidet sich in den Schwankungen nicht erkennbar von den zufällig erstellten Ergebnissen ohne echte Unterschiede zwischen den Bundesländern. Man kann also schon ahnen, dass die Varianz des Schätzers

so groß ist, dass keine sinnvollen Vergleiche der Bundesländer möglich sind.

Wie die (Un-) Genauigkeit der Schätzung berechnet und kommuniziert werden kann, zeigen wir im nächsten Abschnitt.

> **Wiederholungsfragen**
>
> 1. Wieso verwendet man den Faktor $1/(n-1)$ statt des natürlicher wirkenden $1/n$ bei der korrigierten Stichprobenvarianz?
> 2. Wieso gibt es keine perfekten Schätzer und wie beurteilt man Schätzer stattdessen?

4.3 Konfidenzintervalle

„78,986% aller Statistiken gaukeln eine Genauigkeit vor, die sie gar nicht haben." Dieser spaßig gemeinte Satz hat einen klaren Hintergrund: Die im vorigen Abschnitt untersuchten Punktschätzer werden den wahren Wert fast nie genau treffen. Daher sollte versucht werden, den Fehler mit anzugeben. Das geschieht durch Fehlerschranken. Der Statistiker gibt hier also ein Intervall an, in dem er den wahren Parameter vermutet.

Im Politbarometer-Beispiel hatten wir bereits auf die Aussagen zur Genauigkeit der geschätzten Stimmenanteile hingewiesen, vgl. ◻ Abb. 1.3. In dem Beispiel aus Abschnitt 4.2.4 würde man also nicht einfach die Prozentzahlen angeben, sondern ein ganzes Intervall, in welchem man den wahren Wert vermuten kann. Aber wie macht man das konkret? Und wie interpretiert man dies dann? Darum geht es in diesem Abschnitt.

> **Hintergrundinformation**
>
> „Repräsentativität" stellt in der empirischen (Markt- und Meinungs-)Forschung einen magischen Begriff dar, der Stichproben den „Ritterschlag" verleiht. Hierbei ist zu beachten, dass in eine Stichprobe alle Elemente der Grundgesamtheit mit gleicher Wahrscheinlichkeit Eingang finden müssen und insbesondere die Stichprobenauswahl nachvollziehbar beschrie-

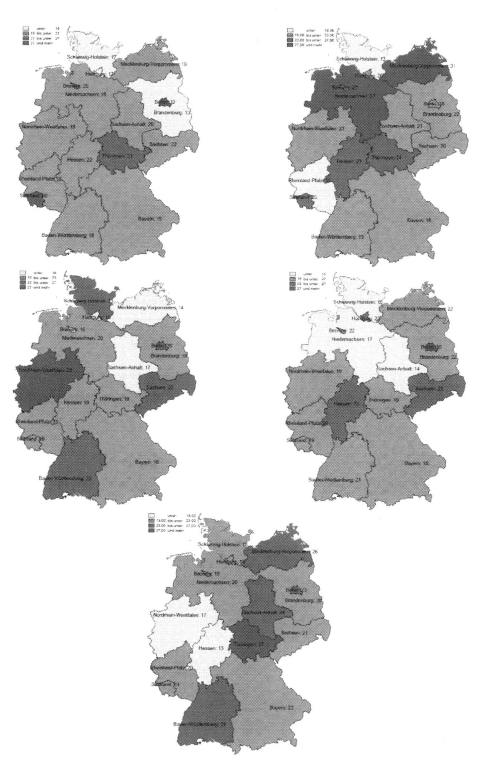

◘ **Abb. 4.1** Wahre Umfrageergebnisse (links oben, aus Drösser et al. 2015 und simulierte (andere Karten) zu einer Umfrage mit 1600 Teilnehmern, nach Bundesländern aufgeschlüsselt

ben sein muss und die Stichprobe ausreichend groß sein muss, um valide (Wahrscheinlichkeits-)Aussagen zu ermöglichen. Wie schwierig dies ist, lässt sich daran ablesen, dass in den USA nur noch ca. 10% der Angerufenen bereit sind, an Meinungsumfragen teilzunehmen. Ob diese „repräsentativ" für alle Bürger sind, ist zumindest zweifelhaft. Man sieht also, dass es fixe Schwellenwerte für die Größe der Stichprobe (à la „ab $n = 1000$ ist alles ausreichend") das Problem der Repräsentativität nur unzureichend beschreiben.

Die statistischen Gründe, wieso solche Größenordnungen aber doch eine Relevanz haben, lassen sich anhand der folgenden Ausführungen zu den Konfidenzintervallen aber gut nachvollziehen.

Lernziele

Nach dem Studium dieses Abschnitts sollten Sie wissen

- wie man Konfidenzintervalle interpretiert,
- wovon deren Größe abhängt,
- wie man sie konkret berechnet.

4.3.1 Was sind Konfidenzintervalle?

Ein Konfidenzintervall ist ein Intervall, das den gesuchten Parameter mit einer bestimmten „Vertrauenswürdigkeit" enthält. In der Praxis möchten wir einerseits, dass ein Konfidenzintervall sehr „klein" ist, d. h. dass Ober- und Untergrenze dicht beieinander liegen. Andererseits soll die Vertrauenswürdigkeit sehr hoch liegen, z. B. in 99 von 100 Fällen den wahren Parameterwert umschließen. Beide Kriterien lassen sich jedoch nicht gleichzeitig erfüllen.

Wovon werden bei einer gegebenen Beobachtung $x_1, ..., x_n$ nun aber die Größe des Konfidenzintervalls, also die Größe der Fehlerschranken, abhängen? – Offensichtliche Einflussfaktoren sind

- die Größe der Stichprobe n: Liegen viele Daten vor, wird das Konfidenzintervall tendenziell klein ausfallen.
- die Variabilität in den Daten: Sind die Beobachtungen alle dicht beieinander, so kann man wohl davon ausgehen, dass bereits ein eher schmales Intervall aussagekräftig ist.

Aber ein wichtiger Faktor fehlt. Dieser findet sich auch nicht in den Daten: unsere Fehlertoleranz. Denn schließlich kann man bei allen (sinnvoll gewählten) Konfidenzintervall auch einmal danebenliegen. In einigen Situationen kann dies gravierende Konsequenzen haben (wenn beispielsweise die Sicherheit eines Kernkraftwerks davon abhängt), teilweise sind die Folgen einer Fehleinschätzung weniger dramatisch. Diese Fehlertoleranz beschreiben wir mit einer Wahrscheinlichkeit $\gamma \in [0, 1]$ (genannt: *Fehlerniveau*, *Vertrauenswahrscheinlichkeit* oder *Konfidenzniveau*) – je größer γ, desto niedriger ist unsere Toleranz für Fehler. Im Folgenden erklären wir, wie diese in die Wahl des Konfidenzintervalls einfließt.

Konfidenzintervalle können grundsätzlich für alle Parameter einer Verteilung konstruiert werden. In praktischen Anwendungen werden am häufigsten Konfidenzintervalle für die Mittelwerte von Verteilungen benötigt. Wir stellen diese daher exemplarisch im folgenden dar, d. h. wir betrachten den Fall $\theta = \mu_X$.

Die Grenzen des Konfidenzintervalls werden sinnvollerweise auf Basis der Stichprobe berechnet, die auch die Grundlage der Punktschätzung $\hat{\mu}_X$ darstellt. Damit sind die Intervallgrenzen $C_1(X_1, X_2, \ldots, X_n)$, $C_2(X_1, X_2, \ldots, X_n)$ Zufallsvariablen. Ihre Verteilung wird durch die Verteilung der Grundgesamtheit festgelegt. Man wählt nun $C_1(X_1, X_2, \ldots, X_n)$, $C_2(X_1, X_2, \ldots, X_n)$ so, dass der (unbekannte) wahre Erwartungswert μ_X mit einer Wahrscheinlichkeit von von mindestens γ in dem Intervall

$$\left[C_1(X_1, X_2, \ldots, X_n); C_2(X_1, X_2, \ldots, X_n) \right]$$

liegt. Das heißt formal

$$P\left(C_1(X_1,...,X_n) \le \mu_X \le C_2(X_1,...,X_n)\right)$$
$$\ge \gamma = 1 - \alpha.$$

Das Intervall

$$[C_1(X_1, X_2, \ldots, X_n); C_2(X_1, X_2, \ldots, X_n)]$$

wird *Konfidenzintervall für μ_X zum Niveau γ* genannt. Da wir ja zu gegebener Fehlergrenze γ ein möglichst kleines Konfidenzintervall betrachten möchten, ist es sinnvoll, die Niveaubedingung exakt einzuhalten. Bei stetigen Verteilungen ist dies grundsätzlich möglich. Im Folgenden wird deshalb von der *Niveaubedingung*

$$P\left(C_1(X_1,...,X_n) \le \mu_X \le C_2(X_1,...,X_n)\right)$$
$$\overset{!}{=} \gamma = 1 - \alpha.$$

ausgegangen, d. h. es werden die Stichprobenfunktionen $C_1(X_1, X_2, \ldots, X_n)$ und $C_2(X_1, X_2, \ldots, X_n)$ so bestimmt, dass der unbekannte Mittelwert mit einer Wahrscheinlichkeit von exakt $\gamma \cdot 100\%$ zwischen ihnen liegt.

Liegt eine Realisation $(x_1, x_2, \ldots, x_n)$ der Stichprobe vor, dann lassen sich konkrete *Intervallschätzwerte* $c_1 = C_1(x_1, x_2, \ldots, x_n)$ und $c_2 = C_2(x_1, x_2, \ldots, x_n)$ berechnen. $[c_1, c_2]$ heißt *realisiertes* oder *beobachtetes Konfidenzintervall*.

Es bleibt die Frage, wie wir das Konfidenzniveau γ nun konkret wählen. Wie oben beschrieben, gibt es dazu kein Patentrezept. In der Praxis begegnen einem typischerweise Werte zwischen 80% und 99%. Oft wird ein Wert von 95% genutzt. Das hat aber eher historische Gründe und dieser Wert hat nichts Magisches an sich.

4.3.2 Wie berechnet man Konfidenzintervalle?

Die erste Antwort ist wie oft in diesem Buch: Man macht das selten per Hand. Das können Standard-Software-Pakete deutlich bes-

ser. Wir beschreiben trotzdem einmal das Prinzip, damit klar wird, was dabei passiert.

Wir konzentrieren uns hier auf eine unabhängigen und identisch-verteilten Stichprobe $(X_1, X_2, \ldots, X_n)$ aus einer mit den Parametern μ und σ^2 normalverteilten Grundgesamtheit.

Normalverteilung mit bekannter Varianz

Wir nehmen zuerst an, dass wir die Varianz σ_X^2 kennen. Dadurch scheint die Diskussion eher akademisch, denn woher sollen wir σ_X^2 kennen, wenn wir doch den Erwartungswert μ_X erst schätzen wollen? Im Laufe des Abschnitts werden wir aber die Nützlichkeit erkennen. Außerdem lässt sich an diesem Beispiel das grundlegende Prinzip ohne technische Finessen erklären:

Ist also die Varianz σ^2 bekannt, dann gilt

$$\frac{\overline{X}_n - \mu}{\sqrt{\frac{\sigma^2}{n}}} = \sqrt{n}\frac{\overline{X}_n - \mu}{\sigma} \sim N(0;1).$$

Diese Beobachtung ist sehr hilfreich, denn egal wie der unbekannten Parameter μ ist, die Verteilung ist für jeden beliebigen Wert von μ eine Standardnormalverteilung. Man nennt eine solche Zufallsvariable auch eine *Pivotgröße*. Zu gegebenen Konfidenzniveau $\gamma = 1 - \alpha$ macht man den Ansatz, dass der Fehler unterhalb der linken und oberhalb der rechten Intervallgrenze gleich sein soll, also sucht man $c > 0$ so, dass

$$P\left(\sqrt{n}\frac{\overline{X}_n - \mu}{\sigma} > c\right) = \frac{\alpha}{2},$$
$$P\left(\sqrt{n}\frac{\overline{X}_n - \mu}{\sigma} < -c\right) = \frac{\alpha}{2}.$$

Es stellt sich damit die Frage, bei welchem Wert c die Verteilungsfunktion Φ der Standard-Normalverteilung den Wert $1 - \frac{\alpha}{2}$ überschreitet. Das gesuchte c ergibt sich also gerade als Quantile der Standard-Normalverteilung, siehe die Box im Abschnitt 3.3.2. Wir bezeichnen es kurz mit $c = \lambda_{1-\frac{\alpha}{2}}$. Diese Quantile sind in jeder Standard-Software (oder in Tabellen) verfügbar. D. h. es gilt

$$P\left(-\lambda_{1-\frac{\alpha}{2}} \leq \sqrt{n}\frac{\overline{X}_n - \mu}{\sigma} \leq \lambda_{1-\frac{\alpha}{2}}\right) = 1 - \alpha.$$

Die Doppelungleichung lässt sich umformen zu

$$\overline{X}_n - \lambda_{1-\frac{\alpha}{2}}\frac{\sigma}{\sqrt{n}} \leq \mu \leq \overline{X}_n + \lambda_{1-\frac{\alpha}{2}}\frac{\sigma}{\sqrt{n}},$$

sodass

$$[\overline{X}_n - \lambda_{1-\frac{\alpha}{2}}\sigma/\sqrt{n} \; ; \; \overline{X}_n + \lambda_{1-\frac{\alpha}{2}}\sigma/\sqrt{n}]$$

ein Konfidenzintervall für μ zum Niveau $\gamma = 1 - \alpha$ darstellt. Man gibt also als Schätzer für den Mittelwert folgendes an:

$$\overline{X}_n \pm \lambda_{1-\frac{\alpha}{2}}\frac{\sigma}{\sqrt{n}}$$

Die Länge des Konfidenzintervalls beträgt $2\lambda_{1-\frac{\alpha}{2}}\sigma/\sqrt{n}$. Sie ist demnach um so kleiner

- je größer der Stichprobenumfang n ist. Genauer wird die Größe wie $1/\sqrt{n}$ kleiner. Um ein Konfidenzintervall halber Länge zu erhalten, muss also die Stichprobengröße vervierfacht werden.
- je geringer die Varianz in der Grundgesamtheit σ^2 ist.
- je geringer das Konfidenzniveau $\gamma = 1 - \alpha$ gewählt wird.

Das Quantil $Z := \lambda_{1-\frac{\alpha}{2}}$ wird in der Literatur auch als *zweiseitiger Z-Wert* bezeichnet. Ein paar oft benutzte Werte finden Sie in folgender Tabelle:

Konf.-niveau $\gamma = 1 - \alpha$	zweis. Z-Wert $Z = \lambda_{1-\frac{\alpha}{2}}$	eins. Z-Wert $\lambda_{1-\alpha}$
90%	1,64	1,28
95%	1,96	1,64
98%	2,33	1,96
99%	2,58	2,33

Normalverteilung mit unbekannter Varianz

Mit der grundlegenden Idee aus dem vorigen Abschnitt lässt sich jetzt auch der Fall unbekannter Varianz behandeln, der ja viel realistischer ist, denn woher sollte man die Varianz in der Grundgesamtheit kennen?! In diesem Fall

hängt die Verteilung von $\sqrt{n}(\overline{X}_n - \mu)/\sigma$ außer von μ noch vom unbekannten Parameter σ ab. Die Idee ist jetzt einfach: Man ersetzt σ durch die Schätzung S_n, also die korrigierte Stichprobenvarianz.[15]

Leider liegt dann keine Normalverteilung mehr vor. Man kann aber zeigen, dass das mit der Stichprobenstandardabweichung standardisierte Stichprobenmittel einer t-Verteilung mit $k = n - 1$ Freiheitsgraden folgt. Die t-Verteilung wurde in Abschnitt 3.6.2 vorgestellt:

$$\sqrt{n}\frac{\overline{X}_n - \mu}{S_n} \sim t(n-1)$$

Man muss dann also Quantile $t_{.;n-1}$ der t-Verteilung benutzen und kommt wie vorher auf die Konfidenzintervalle der Form $[\overline{X}_n - t_{1-\frac{\alpha}{2};n-1}S_n/\sqrt{n} \; ; \; \overline{X}_n + t_{1-\frac{\alpha}{2};n-1}S_n/\sqrt{n}]$, also

$$\overline{X}_n \pm t_{1-\frac{\alpha}{2};n-1}\frac{S_n}{\sqrt{n}}.$$

Dies ist ein wenig unhandlicher als bei dem Fall bekannter Varianz, da hier der Faktor $t_{1-\frac{\alpha}{2};n-1}$ auch von n abhängt. Hier reicht also nicht eine Tabelle wie bei den Z-Werten oben, sondern man benötigt für jedes n eine eigene. In der Praxis zieht man dafür einen Computer zurate oder benutzt für wenige ausgewählte Spezialfälle entsprechende tabellierte Werte.

Beispiel. Es soll die Standzeit spezieller Vollhartmetall(VHM)-Bohrer untersucht werden. Die Standzeit ist ein Haltbarkeitsmaß und wird hier in Stunden [h] gemessen. Eine kleine Stichprobe von $n = 9$ Bohrern steht zur Verfügung. Annahmegemäß stammen alle Bohrer aus dem gleichen Produktionsprozess, die Standzeiten X_i, $i = 1, \ldots, 9$ sind demnach identisch verteilt. Die mittlere Standzeit beträgt $\overline{x}_9 = 110h$. Da bei einer derart kleinen Stichprobe der Zufall bei der Auswahl der Stichprobe sicherlich eine bedeutsame Rolle spielt, möchten wir neben der Punktschätzung $\hat{\mu} = \overline{x}_9 = 110$ auch ein

---

[15] Man nennt diesen Ansatz *Studentisieren*. Diese Bezeichnung bezieht sich auf den Statistiker William Gosset (1876-1937), der das Pseudonym „Student" nutzte.

95%-Konfidenzintervall angeben, unter der Annahme, dass die zugrundeliegende Verteilung von X eine Normalverteilung ist und

(a) $\sigma_X^2 = \sigma^2 = 100$ vorgegeben ist,
(b) für die korrigierte Stichprobenvarianz $s_9^2 = 100$ beobachtet wird.

Zu (a): $\sqrt{n}(\overline{X}_n - \mu_X)/\sigma \sim N(0; 1)$ ist Pivotgröße. Aus

$$P(-\lambda_{0,975} \leq \sqrt{n}(\overline{X}_n - \mu_X)/\sigma \leq \lambda_{0,975}) = 0,95$$

erhält man wegen $Z = \lambda_{0,975} = 1,96$ das 95%-Konfidenzintervall

$$[\overline{X}_n - 1,96 \cdot \sigma/\sqrt{n} \; ; \; \overline{X}_n + 1,96 \cdot \sigma/\sqrt{n}]$$

für μ. Mit den angegebenen Daten lautet das realisierte Konfidenzintervall, das eine „Vertrauenswürdigkeit" von 95% bezüglich des Parameters μ besitzt:

$$[110 - 1,96\frac{10}{3} \; ; \; 110 + 1,96\frac{10}{3}] \approx$$
$$[103,5 \; ; \; 116,5].$$

Zu (b): $\sqrt{n}(\overline{X}_n - \mu_X)/S_n \sim t(n-1)$ ist Pivotgröße. Aus $P(-t_{0,975;9} \leq \sqrt{n}(\overline{X}_n - \mu_X)/S_n \leq t_{0,975;9}) = 0,95$ erhält man wegen $t_{0,975;9} = 2,306$ das 95%-Konfidenzintervall

$$[\overline{X}_n - 2,306 \cdot S_n/\sqrt{n} \; ; \; \overline{X}_n + 2,306 \cdot S_n\sigma/\sqrt{n}]$$

für μ. Mit den angegebenen Daten lautet das realisierte 95%-Konfidenzintervall

$$[110 - 2,306\frac{10}{3} \; ; \; 110 + 2,306\frac{10}{3}] \approx$$
$$[102,3 \; ; \; 117,7].$$

Bei unverändertem Konfidenzniveau ist das Konfidenzintervall im Fall (b) größer. Bei unbekannter Varianz müssen also größere Fehlerschranken akzeptiert werden. Dies ist auch inhaltlich erwartbar. Im Fall (b) herrscht nämlich zusätzliche Unsicherheit über die echte Varianz und dies muss berücksichtigt werden.

Nicht-Normalverteilung und eine Faustformel

Für viele Verteilungen der Grundgesamtheit lassen sich Pivotgrößen für den jeweiligen Parameter(-vektor) finden. Doch selbst wenn man die Verteilung der Pivotgrößen bestimmen kann, ist die Umwandlung des Schwankungsintervalls (siehe Abschnitt 3.4.3) in ein Konfidenzintervall in der Regel ungleich aufwendiger als in den bisher beschriebenen Fällen für normalverteilte Grundgesamtheiten. Mitunter erweist sich die Pivotierung gar als unmöglich. Es liegt daher nahe, den Zentralen Grenzwertsatz (siehe Abschnitt 3.7.2) folgendermaßen zur Rechtfertigung der Konstruktion asymptotischer Konfidenzintervalle für nichtnormalverteilte Grundgesamtheiten zu nutzen:

Nach dem Zentralen Grenzwertsatz gilt $\overline{X}_n \overset{appr}{\sim} N(\mu_X, \sigma_X^2/n)$. Daher kann das standardisierte Stichprobenmittel für große Stichprobenumfänge näherungsweise als Pivotgröße bzgl. μ_X dienen. Als Faustregel gilt: Bereits für $n \geq 30$ lässt sich der Zentrale Grenzwertsatz anwenden, sofern man die Quantile der t-Verteilung mit $n-1$ Freiheitsgraden verwendet, für $n \geq 100$ können die Quantile der Standardnormalverteilung herangezogen werden. Dabei kann man als *asymptotischer Pivotgröße* verwenden also

$$\sqrt{n}\frac{\overline{X}_n - \mu_X(\theta)}{\sigma_X(\theta)}$$

$$\overset{appr}{\sim} \begin{cases} t(n-1) & \text{für} \quad 30 \leq n < 100 \\ N(0; 1) & \text{für} \quad 100 \leq n \end{cases} \quad .$$

Beispiel. Welche Stichprobengröße ist erforderlich, um bei einer Meinungsumfrage ein hilfreiches Konfidenzintervall zu erhalten? – Nehmen wir als einfachsten Fall eine Ja/Nein-Entscheidung, etwa die Frage nach dem Fremdgehen aus Beispiel 4.2.4. In diesem Fall liegt eine Bernoulli-Verteilung von X vor und damit $\mu_X = p$ und $\sigma_X = \sqrt{p(1-p)}$ mit unbekanntem p. Bei hinreichend großem n ergibt sich als Konfidenzintervall zum Konfidenzniveau 95%

$$\overline{X}_n \pm \lambda_{0,975}\frac{\sqrt{p(1-p)}}{\sqrt{n}}. \qquad (4.1)$$

Hier kennen wir $p \in [0; 1]$ (zumindest, sofern uns keine Vorabinformationen vorliegen) nicht.

Da die Funktion $p \mapsto \sqrt{p(1-p)}$ aber den größten Wert für $p = 1/2$ annimmt, können wir die Wurzel einfach gegen $\sqrt{\frac{1}{2}(1 - \frac{1}{2})} = \frac{1}{2}$ abschätzen. Da $\lambda_{0,975} \approx 1,96$ und damit $\lambda_{0,975}\sqrt{p(1-p)} \leq 2$, ergibt sich die nützliche *Faustformel*, dass die Fehler hier etwa $\frac{1}{\sqrt{n}}$ beträgt. Dies können Sie sogar im Kopf berechnen. Ist – wie im Beispiel 4.2.4 auf Bundesländerniveau – die Stichprobengröße nur $n = 100$ ergibt sich also nach der Faustformel ein Fehler von $\pm 1/\sqrt{100} = \pm 10\%$, was natürlich sehr groß ist. Bei den sonst (auf Bundesebene) benutzen 1000 Befragten, verringert sich die Fehlergrenze erheblich, nämlich auf etwa $\pm 3\%$.

Das ist genau die Fehlermarge, die vom ZDF Politbarometer in der Erklärung zur Genauigkeit der Prognosen angegeben wird (vgl. ◼ Abb. 1.3). Dort fehlte jedoch eine Angabe zum Konfidenzniveau, weshalb das $\pm 3\%$ -Intervall letztlich kaum interpretierbar war. Auf Basis der obigen Berechnungen lässt sich nun vermuten, dass es sich um ein 95%- Konfidenzintervall für die Stimmenanteile großer Parteien handelt.

Damit ist dann schon mehr anzufangen, auch wenn es – etwa bei Wahlprognosen – noch zu viel sein kann, um beispielsweise zuverlässige Aussagen zu der Frage zu erhalten, welche Partei bei einem „Kopf-an-Kopf-Rennen" die Nase vorne haben dürfte.

Mit der Idee des Studentisierens liegt es ferner nahe, in Formel (4.1) den unbekannte Wert p durch dessen Schätzer zu ersetzen, siehe dazu Aufgabe 5 zu diesem Kapitel.

Weitere Konfidenzintervalle

Die oben angegebene Wahl von Intervallschätzern ist keineswegs die einzig mögliche. Insbesondere die zweiseitige Bedingung

$$P\left(\sqrt{n}\frac{\overline{X}_n - \mu}{\sigma} > c\right) = \frac{\alpha}{2},$$

$$P\left(\sqrt{n}\frac{\overline{X}_n - \mu}{\sigma} < -c\right) = \frac{\alpha}{2}.$$

kann sinnvoll modifiziert werden. So können als Grenzen des Schwankungsintervalls beliebige Werte v_1 und v_2 gewählt werden, sofern sie die Einhaltung der Niveaubedingung

gewährleisten. Insbesondere können auch *einseitige Schwankungsintervalle* mit

$$P(v_1 \leq V(X_1, X_2, \ldots, X_n; \mu_X)) = \gamma$$
$$\text{bzw. } P(V(X_1, X_2, \ldots, X_n; \mu_X) \leq v_2) = \gamma$$

als Ausgangspunkt dienen. Die resultierenden Konfidenzintervalle können dann eine unendliche Länge aufweisen.

Beispiel. So folgt beispielsweise im Fall normalverteilter Grundgesamtheiten mit bekannter Varianz (Pivotgröße: $\sqrt{n}(\overline{X}_n - \mu)/\sigma \sim N(0;1)$) aus

$$P(\sqrt{n}(\overline{X}_n - \mu)/\sigma \leq \lambda_{1-\alpha}) = 1 - \alpha$$

durch Pivotierung

$$P(\overline{X}_n - \lambda_{1-\alpha}\sigma/\sqrt{n} \leq \mu) = 1 - \alpha$$

das (unendlich lange) Konfidenzintervall

$$[\overline{X}_n - \lambda_{1-\alpha}\sigma/\sqrt{n} \; ; \; \infty)$$

zum Niveau $1 - \alpha$.

Im Bohrer-Beispiel erhält man bei $\sigma^2 = 100$ gegeben und $1 - \alpha = 0,95$ wegen $\lambda_{0,95} = 1,64$ für $n = 9$, $\overline{x} = 110$ das realisierte Konfidenzintervall $[104,8 \; ; \; \infty)$, d. h. eine mittlere Standzeit von mindestens 104,8 Stunden besitzt eine „Vertrauenswürdigkeit" von 95%.

4.3.3 Wie interpretiert man Konfidenzintervalle?

Bei der Interpretation von Konfidenzintervallen muss man etwas aufpassen. Was sagt uns z.B., dass das Konfidenzintervall zum Konfidenzniveau 95% das Intervall [32; 44] ist?

Zuerst erklären wir, was es *nicht* heißt: Es heißt *nicht*, dass der unbekannte Parameter θ mit Wahrscheinlichkeit 95% zwischen 32 und 44 liegt. Diese Aussage ergibt nämlich gar keinen Sinn: θ ist eine feste Zahl (auch wenn wir sie nicht kennen). Wenn Sie aber schon wissen, dass das Konfidenzintervall [32; 44] ist, dann ist dieser auch nicht mehr zufällig. Wir können also gar nicht sinnvoll von Wahrscheinlichkeiten sprechen.

Nur bevor wir das Ergebnis der Stichprobe und damit den Konfidenzbereich kennen, ergeben Wahrscheinlichkeiten Sinn. Sie sind sich sicher, dass bei dem Verfahren, das Sie nutzen, in 95% der Fälle der wahre Parameter im Konfidenzintervall liegt. Bei den übrigen 5% kommen – rein zufällig – besonders extreme Werte bei der Stichprobe heraus.

„Das Konfidenzintervall zum Niveau 95% ist das Intervall [32; 44]" kann also ausführlich so beschrieben werden: „Die mit meiner Methode erzeugten Konfidenzintervalle enthalten in 95% der Fälle den wahren Parameter und in dem hier vorliegenden Fall hat das Verfahren das Intervall [32, 44] ergeben."

Aber Achtung! Konfidenzintervalle beschreiben die möglichen Fehler von statistischen Auswertungen nicht vollständig. Sie beziehen sich nur auf den Fehler, der daraus entsteht, dass man nur eine Stichprobe untersucht hat und nicht die ganze Grundgesamtheit. Sonstige Fehlerquellen werden dabei nicht erfasst. Wie überall in der Statistik gilt aber auch hier der Satz „Shit in, shit out". Wenn das Verfahren nicht sinnvoll gewählt ist oder sonstige Fehler vorliegen, ist auch das kleinste Konfidenzintervall wertlos. Solche Fehler lauern aber überall, wie das Beispiel im folgenden Abschnitt 4.3.4 zeigt.

Zusammenfassung
- Konfidenzintervalle spiegeln die Unsicherheit wider, die bei der Schätzung auftritt.
- Je nach Fragestellung kann man einseitige oder zweiseitige Intervalle angeben. Die Größe hängt ab von der Größe der Stichprobe, der Variabilität der Daten und dem selbst gewählten Fehlerniveau.
- Man kann Konfidenzintervalle für den Mittelwert μ_X einfach ausrechnen, wenn normalverteilte Daten oder eine hinreichend große Stichprobe vorliegt. Ist die Varianz bekannt, benutzt man dazu Z-Werte, ansonsten benutzt man Quantile der t-Verteilung.

4.3.4 Anwendung – Wo taucht das auf?

Die Antwort hier lautet: Ständig. Oder umgekehrt: Wenn in einer Studie keine Fehlergrenzen genannt werden, ist immer Vorsicht geboten. In fast allen seriöseren Untersuchungen werden Konfidenzintervalle angegeben. So werden diese bei Wahlumfragen heute teilweise sogar in Nachrichtensendungen erwähnt. Manchmal werden sie sogar zum Politikum. Hier ein solches Beispiel:

Im Jahr 2011 fand in Deutschland – zum ersten mal seit den 80er Jahren – wieder eine Volkszählung statt, der Zensus 2011. Im Gegensatz zu traditionellen Volkszählungen wurde dabei die Einwohnerzahl der Städte und der größeren Gemeinden mit einem Stichprobenverfahren ermittelt. Dabei sind Fehlerabschätzungen besonders wichtig, da die kommunalen Finanzen wesentlich an der Einwohnerzahl hängen. Dazu wurde im Vorwege im sogenannten Zensusgesetz der zulässige Fehler festgelegt. Auf dieser Basis wurde dann für jede Kommune die nötige Stichprobengröße ermittelt. Dabei stellt sich aber ein grundlegendes Problem: Man möchte die Stichprobengröße aus Kostengründen klein wählen, man sieht aber etwa aus Formel (4.1), dass die Fehlerschranken von dem unbekannten Parameter p abhängen. In diesem Fall bedeutet ein großes p, dass viele Einwohner sich nicht richtig gemeldet haben. In den Gemeinden, in denen das Meldeverhalten also schlecht ist, ist automatisch auch die Unsicherheit über die Güte des Schätzers groß. Dies rief natürlich die Gemeinden auf den Plan, die von Einwohnerzahlverlusten aufgrund der Volkszählung betroffen waren und bei denen eine große Unsicherheit in Form von Stichprobenfehlern, die die vorab festgelegte Obergrenze für diese überschritten, vorlagen (siehe SPIEGEL Online 2013).

Später wurde nach Klagen von Hamburg und Berlin der Zensus sogar vor dem Bundesverfassungsgericht verhandelt. Dabei ging es dann aber weniger um den Fehler, der durch das Ziehen der Stichprobe entstand, sondern – neben weiteren eher weniger statistischen Punkten – um mögliche Fehler bei der Durchführung der Zählung. Wie oben diskutiert, werden solche systematischen Fehler nicht von Konfidenzintervallen abgebildet.

Wiederholungsfragen

1. Wie erklären Sie einem Nicht-Statistiker, was das 95%-Konfidenzintervall zur Schätzung eines Parameters ist?
2. Von welchen Werten hängt die Größe eines Konfidenzintervalls ab?

4.4 Hypothesentests

Beim Schätzen ging es um die Bestimmung eines plausiblen Werts für den unbekannten Parameter. Damit sind erst einmal keine direkten Konsequenzen verbunden. Ganz anders ist es, wenn man Entscheidungsfragen auf Grundlage von Statistiken untersucht, etwa:

— Wirkt eine neue Krebstherapie besser als die alte?
— Wird Partei X vermutlich in den Bundestag einziehen (wenn man die aktuelle Politbarometer-Umfrage zugrundelegt)?
— Geht ein getestetes Produkt überdurchschnittlich häufig gleich nach Ende der Garantiezeit kaputt?
— Sind Stickoxide gesundheitsgefährdend?

Antworten auf solche Fragen können Sie täglich den Medien entnehmen, oft mit dem Zusatz, dass die Behauptung *statistisch signifikant* belegt sei. In diesem Abschnitt klären wir, was darunter zu verstehen ist, wie solche Ergebnisse zustande kommen und wann man ihnen trauen kann.

Lernziele
Nach dem Studium dieses Abschnitts sollten Sie

⁓ die Grundidee von Hypothesentests verstanden haben,
⁓ Hypothesentests in Standardsituationen selbstständig durchführen können,
⁓ wissen, wie man deren Ergebnisse interpretiert und welche Schwierigkeiten dabei auftreten können.

4.4.1 Wie formuliert man Hypothesentests?

Die richtige Formulierung von Hypothesen im Rahmen eines statistischen Tests liegt nicht sofort auf der Hand. Historisch erfolgte diese auch erst nach einigen Diskussionen. Machen Sie sich also keine Gedanken, wenn Sie darüber auch ein wenig länger nachdenken müssen. Wir diskutieren das zuerst anhand eines ausführlicheren Beispiels.

Beispiel. Kommen wir zurück auf das Beispiel zur Qualitätskontrolle bei Schrauben aus der Einleitung dieses Kapitels. Laut Vertrag dürfen in der Gesamtlieferung nicht mehr als 10% der Schrauben defekt sein. Um dies zu prüfen, hat der Autohersteller eine Stichprobe von $n = 100$ Schrauben genommen und auf Funktionsfähigkeit untersucht. Ziel davon ist natürlich zu überprüfen, ob die Lieferung das ausgehandelte Kriterien erfüllt oder nicht. Es liegen also diese zwei Hypothesen vor („Höchstens 10% defekt" vs. „Mehr als 10% defekt"). Mit absoluter Sicherheit wird man keine von beiden annehmen oder ablehnen können. Selbst wenn alle 100 getesteten Schrauben defekt sind, könnte das ja aufgrund der großen Gesamtlieferung einfach (auch wenn dies nicht sehr plausibel klingt) Zufall gewesen sein.

Wie findet man also jetzt ein Verfahren zur Entscheidung zwischen den Hypothesen „Gesamtlieferung ok" und „Gesamtlieferung enthält zu viele defekte Schrauben"? – Die entscheidende Beobachtung ist, dass die beiden Hypothesen für den Autohersteller ganz unterschiedliche Konsequenzen nach sich ziehen, also nicht symmetrisch sind: Entscheidet er sich für „Gesamtlieferung ok", kann es sein, dass er die Lieferung fälschlicherweise akzeptiert; er muss sich aber nach außen nicht dafür rechtfertigen. Entscheidet er sich aber für „Gesamtlieferung enthält zu viele defekte Schrauben", muss er gute Argumente auf seiner Seite haben, um die Lieferung zu reklamieren. Der Schraubenproduzent – und ggf. Gerichte – werden diese Unterstellung schließlich nicht so einfach akzeptieren. Diese unsymmetrische Situation nutzt man jetzt für den mathematischen Kniff, der dem

Autobauer eine präzises Argumentation ermöglicht: Er nutzt das folgende „Was wäre, wenn …"-Argument.

Er unterstellt für den Moment, dass der (unbekannte) Anteil p der defekten Schrauben in der Lieferung 10% nicht überschreitet, formal:

$$H_0 : p \leq 10\%.$$

Beobachtet er in der Stichprobe nun einen „übergroßen" Anteil defekter Schrauben, sagen wir 20, argumentiert er wie folgt: Wenn H_0 wirklich wahr wäre, dann wäre ein derart großer Anteil in der Stichprobe extrem unwahrscheinlich. Daher kann man nach menschlichem Ermessen davon ausgehen, dass H_0 nicht wahr ist, also der wahre Anteil defekter Schrauben in der Gesamtlieferung größer als 10% ist. Im Folgenden besprechen wir, wie man dieses Argument handfest machen kann.

Anhand des Beispiels kann man schon sehr schön sehen, dass der statistische Hypothesentest der inhaltlichen Idee „Im Zweifel für den Angeklagten" in der deutschen Rechtsprechung folgt: Vor Gericht wird davon ausgegangen, dass ein Angeklagter unschuldig ist. Dies gilt so lange, bis Beweise oder ausreichende Indizien vorliegen, die das Aufrechterhalten dieser „Null-Hypothese" derart unplausibel machen, dass diese verworfen wird und stattdessen die Gegenhypothese, also Schuldigkeit, Anwendung findet.

Damit ist bereits ein ganz wesentliches Charakteristikum statistischer Hypothesentests beschrieben: Es wird eine Nullhypothese formuliert, und wenn die beobachteten Daten bei Zugrundelegung dieser Nullhypothese als „zu unwahrscheinlich" erweisen, wird H_0 abgelehnt. Ein statistischer Hypothesentest fußt damit stets auf einem Gedankenexperiment: Man geht hypothetisch(!) davon aus, dass die Nullhypothese richtig ist und untersucht dann, ob die beobachteten Daten „plausibel" erscheinen, wenn man die Nullhypothese zugrunde legt. Ist das der Fall, dann wird die Nullhypothese beibehalten: Die vorliegenden Daten sind mit H_0 verträglich, mit H_0 kann weitergearbeitet werden. Das heißt jedoch nicht automatisch, dass die Nullhypothe-

se richtig ist. Darüber kann der Test ausdrücklich keine Aussage machen, da er konstruktionsbedingt stets von der Gültigkeit der Nullhypothese ausgeht und lediglich überprüft, ob die Daten mit der Hypothese vereinbar sind. Sind sie das, so kann das verschiedene Ursachen haben: Entweder die Nullhypothese ist tatsächlich richtig, oder die Daten sind zu ungenau (z. B. wegen eines geringen Stichprobenumfangs), um die in Wirklichkeit falsche Nullhypothese widerlegen zu können. Eine „Annahme" von H_0 ist also genauer formuliert immer eine „Beibehaltung" von H_0 mangels besserer Argumente. Wie eine Ablehnung von H_0 zu interpretieren ist, klären wir später, nachdem wir uns mit den Begrifflichkeiten und dem formalen Aufbau statistischer Hypothesentests beschäftigt haben.

Konzeptionelle Grundlagen und einige Sprechweisen

Jetzt führen wir einige Begriffe ein. Dies wirkt zwar lästig. Der letzte Absatz des vorangehenden Abschnitts hat aber bereits angedeutet, wie wichtig eine differenzierte und präzise Begriffsbestimmung beim Umgang mit statistischen Hypothesentests ist.

Bei der Formulierung von Tests geht man – wie immer in diesem Kapitel – davon aus, dass eine Stichprobe $x_1, ..., x_n$ als Realisierung von Zufallsgrößen $X_1, ..., X_n$ vorliegt, denen eine Verteilungsfunktion $F_X(x; \theta)$ zugrunde liegt, wobei wir den wahren Parameter θ nicht genau kennen, sondern eine Hypothese über diesen prüfen wollen. Wir gehen also in diesem Grundlagenabschnitt von einem sogenannten *parametrischen Hypothesentest* aus. Ein *nichtparametrisches* Testverfahren, also einen statistischen Test, der sich nicht auf einen Verteilungsparameter bezieht (sondern in unserem Fall auf die Unabhängigkeit zweier Zufallsvariablen), stellen wir in Abschnitt 4.4.5 vor.

In statistischen Tests betrachtet man stets ein Hypothesenpaar, d. h. es werden zwei sich gegenseitig ausschließende Behauptungen bzgl. der Verteilung von X formuliert: Die sogenannte *Nullhypothese H_0* und die *Gegenhypothese* oder *Alternative H_1*. Typische Nullhypothesen sind solche, die die Verteilung schon eindeutig festlegen, sogenannte *einfache Hypothesen*

$$H_0 : X \text{ folgt der parametrischen}$$
$$\text{Verteilung } F_X(x;\theta) \text{ mit } \theta = \theta_0 .$$

Im Schraubenbeispiel, in dem p den unbekannten Anteil defekter Schrauben bezeichnet, ist beispielsweise $H_0 : p = 0,1$ eine einfache Nullhypothese.

Legt die Hypothese dagegen nur eine Klasse von mehreren Hypothesen fest, so spricht man von einer *zusammengesetzten Hypothese*, oft verwendet z. B. einseitige Hypothesen der Form

$$H_0 : X \text{ folgt der parametrischen}$$
$$\text{Verteilung } F_X(x;\theta) \text{ mit } \theta \geq \theta_0 .$$

Im Schraubenbeispiel ist $H_1 : p > 0,1$ eine mögliche zusammengesetzte Gegenhypothese.

Das Testverfahren soll zu einer Entscheidung zwischen H_0 und H_1 führen, wobei sich H_0 und H_1 gegenseitig ausschließen müssen.

Oft formuliert man die *Gegenhypothesen* so, dass diese alle Parameter umfassen, die nicht in H_0 sind, also bei den Beispielen oben

$$H_1 : X \text{ folgt der parametrischen}$$
$$\text{Verteilung } F_X(x;\theta) \text{ mit } \theta \neq \theta_0$$

bzw.

$$H_1 : X \text{ folgt der parametrischen}$$
$$\text{Verteilung } F_X(x;\theta) \text{ mit } \theta < \theta_0 .$$

Im Schraubenbeispiel z. B. $H_0 : p \leq 0,1$ versus $H_1 : p > 0,1$.

Die zu testenden Hypothesen sind entweder wahr oder falsch. Bei Kenntnis der Verteilung der Grundgesamtheit könnte eine vollkommen sichere Entscheidung zwischen H_0 und H_1 getroffen werden. Da die Verteilung der Grundgesamtheit jedoch nicht vollständig bekannt ist (gerade deshalb bildet man ja Hypothesen) , birgt jeder statistische Test die Gefahr einer Fehlentscheidung. Mögliche Fehler bei der Testentscheidung sind in der folgenden Tabelle wiedergegeben:

Zustand in der Grundgesamtheit	Testentscheidung	
	H_0 verwerfen	H_0 akzeptieren
H_0 ist richtig	Fehler erster Art	kein Fehler
H_0 ist falsch	kein Fehler	Fehler zweiter Art

Statistischer Test

Ein *statistischer Test* ist ein Verfahren, mit dem auf Basis einer Stichprobe entschieden wird, ob die Nullhypothese abzulehnen ist oder nicht. Dies allerdings nicht willkürlich, sondern anhand eines festgelegten Kriteriums, welches gegeben ist durch eine Stichprobenfunktion, die so genannten *Teststatistik* oder *Prüfgröße* $T_n(X_1, X_2, \ldots, X_n)$.

Sofern die Verteilungsfunktion der Teststatistik unter H_0 angegeben werden kann (Voraussetzung hierfür ist oft, dass die Stichprobe unabhängig identisch verteilt (i.i.d.) ist, lassen sich Wahrscheinlichkeiten konkret berechnen.

Dies gilt dann insbesondere für die sogenannten *Irrtumswahrscheinlichkeiten*. Ist die Nullhypothese *einfach*, so bezeichnet man die Irrtumswahrscheinlichkeiten wie folgt:

Zustand in der Grundgesamtheit	Testentscheidung	
	H_0 verwerfen	H_0 akzeptieren
H_0 ist richtig	α = Wkt., einen Fehler erster Art zu begehen	$1 - \alpha$ = Wkt., H_0 richtigerweise zu akzeptieren
H_0 ist falsch	$1 - \beta$ = Wkt., H_0 richtigerweise abzulehnen	β = Wkt., einen Fehler zweiter Art zu begehen

Hier muss man allerdings schon etwas vorsichtig sein, denn wenn H_1 zusammengesetzt ist, also mehrere Parameter θ enthält, ist ja die Frage, unter welchem Parameter θ man die Wahrscheinlichkeit β berechnet. Eigentlich betrachtet man also eine Funktion $\beta = \beta(\theta)$ für Parameter θ in H_1, aber dazu später mehr.

Bis hierher haben wir eigentlich nur einige Sprechweisen eingeführt. Jetzt kommen wir auf den ersten inhaltlichen Aspekt des Testens: Eigentlich möchte man, dass beide Irrtumswahrscheinlichkeiten gleichzeitig minimiert werden. Das funktioniert aber nicht: Wenn man im einführenden Beispiel den Schraubenproduzenten nie zu unrecht beschuldigen möchte (also $\alpha \approx 0$), akzeptiert man automatisch oft eine Lieferung mit zu vielen fehlerhaften Schrauben (β ist groß) und umgekehrt. Man konzentriert sich also darauf, den Fehler erster Art (α) zu begrenzen und widmet sich erst dann dem Fehler zweiter Art (β). Diesen können Sie dann verkleinern, indem Sie einen großen Stichprobenumfang n einbeziehen.

Die Konzentration auf den Fehler erster Art bzw. die zugehörige Fehlerwahrscheinlichkeit α ist pure Konvention. Die Notwendigkeit, die beiden Fehlerwahrscheinlichkeiten im Rahmen des Testvorgehens asymmetrisch zu behandeln, hat direkte Konsequenzen auf die Auswahl der Hypothesen, also die Frage, welche der beiden konkurrierenden Annahmen als Null- und welche als Gegenhypothese zu formulieren ist. Wir kommen auf diese Festlegung zurück, nachdem wir im folgenden Unterabschnitt den grundsätzlichen Aufbau statistischer Hypothesentests strukturiert haben.

Schematischer Aufbau eines statistischen Hyothesentests

Bevor wir uns konkreten Tests zuwenden, beschreiben wir die unterschiedlichen Stufen des Testens schon einmal in der Übersicht:

1. Legen Sie fest, wie Sie die Daten später erheben wollen (Stichproben mit Zurücklegen / ohne Zurücklegen, Größe n der Stichprobe...) und beschreiben Sie die Situation in der Sprache der Wahrscheinlichkeitstheorie, indem Sie die Verteilungen spezifizieren.
2. Formulieren Sie die zu testende Aussage als Nullhypothese H_0. Dieser Nullhypothese wird eine Gegenhypothese bzw. Alternativhypothese H_1 gegenübergestellt. H_0 und H_1 schließen sich gegenseitig aus.

Zugleich wird eine obere Schranke für die Fehlerwahrscheinlichkeit α festgelegt, die durch das Testverfahren nicht überschritten werden darf. Dabei müssen Sie inhaltlich argumentieren, wie schwerwiegend eine fälschliche Ablehnung der Nullhypothese H_0 wäre. Wenn Ihnen nichts besseres einfällt, dann nehmen Sie 5%. Diese Größe wird später diskutiert.

3. Bestimmen Sie eine geeignete Teststatistik $T_n(X_1, X_2, \ldots, X_n)$, die zur Überprüfung der Nullhypothese geeignet ist, da ihre Verteilung bei Gültigkeit von H_0 (kurz: ihre Verteilung „unter H_0") bekannt ist. Was „geeignet" ist, entnehmen Sie typischerweise der Literatur. Einige werden Sie im folgenden Abschnitt kennenlernen.
4. Konstruieren Sie den sogenannten *kritischen Bereich* $K \subset \mathbb{R}$ des Tests. Dieser enthält all die Werte der Teststatistik, die so extrem sind, dass man ihr Auftreten unter der Nullhypothese H_0 für sehr unplausibel hält.
   Der kritische Bereich hängt maßgeblich ab von dem im ersten Testschritt gewählten Wert für α. K kann dabei ein Intervall $(k_1; k_2)$ der reellen Zahlen darstellen oder sich aus mehreren Intervallen zusammensetzen. Die Intervallgrenzen werden, sofern sie endlich sind, als *kritische Werte* des Tests bezeichnet. Der kritische Bereich wird auch *Ablehnungsbereich* für H_0 genannt, da die Nullhypothese abgelehnt wird, wenn die Realisation der Teststatistik in K fällt.
5. Ziehen Sie eine Stichprobe aus der betreffenden Grundgesamtheit. Deren Realisation $(x_1, x_2, \ldots, x_n)$ bestimmt den Wert der Teststatistik $t_n(x_1, x_2, \ldots, x_n)$.
6. Treffen Sie Ihre Entscheidung auf Basis der Stichprobenrealisation $(x_1, x_2, \ldots, x_n)$: Lehnen Sie H_0 ab, wenn die (beobachtete) Teststatistik in den kritischen Bereich fällt, also wenn $t_n(x_1, x_2, \ldots, x_n) \in K$. Lehnen Sie H_1 ab und behalten Sie H_0 bei, wenn $t_n(x_1, x_2, \ldots, x_n) \notin K$.

Die Reihenfolge in der obigen Liste ist durchaus als zeitlicher Ablauf zu verstehen. Ihre

Einhaltung ist dabei wesentlich für das gute wissenschaftliche Arbeiten. Ansonsten sind Manipulationen Tür und Tor geöffnet, etwa durch folgende Vorgehensweisen, die dazu führen, dass das Fehlerniveau α (und damit der ganze Test) keinerlei Aussagekraft mehr hat:

— Sie dürfen keinesfalls so lange neue Daten erheben und mit denen so lange Tests durchführen, bis Ihnen das Ergebnis passt. Wenn Sie nämlich Tests für $n = 1, 2, 3, \ldots$ mit jeweiligem Fehlerniveau α durchführt, dann wird irgendwann schon einer H_0 ablehnen. (Man kann sogar zeigen, dass dies in typischen Situationen immer irgendwann passiert (siehe Keener 2011, Example 20.1)).

— Ganz Ähnliches gilt für die Wahl der Teststatistik t_n. Gerade moderne Softwarepakete halten eine Vielzahl von Teststatistiken für die gleiche Fragestellung bereit. Sie dürfen also keineswegs so lange exotische Teststatistiken auswählen, bis eine von diesen Ihre Nullhypothese ablehnt.

— Auch sollten Sie sich schon zu Beginn überlegen, was Sie eigentlich testen wollen. Das klingt banal. In Zeiten großer Datenmengen mit vielen Merkmalen ist es das aber keineswegs. So werden immer wieder Test zu ganz unterschiedlichen Fragen auf einen Datensatz losgelassen und es wird dann geguckt, welche die Nullhypothese ablehnen. Diese Ergebnisse werden dann herausgepickt und veröffentlicht. Wenn man aber bedenkt, dass bei einem Fehlerniveau von 5 % jeder 20. Test fälschlicherweise die Nullhypothese ablehnt, wird man fast immer irgendetwas finden.
Dies ist als *Zielscheibenfehler* (engl. *Texas sharpshooter fallacy*) bekannt: Man geht vor wie ein bauernschlauer texanischer Scharfschütze. Dieser schießt zuerst mit seinem Gewehr auf ein großes Scheunentor und malt anschließend eine Zielscheibe darum. Im Nachhinein sieht es dann so aus, als ob er gut getroffen hätte, auch wenn seine Schießkünste beschränkt sind.

Das beschriebe Problem kann auch verdeutlichen, was unter dem Begriff *Publikationsbias* verstanden wird: Da empirische Bestätigungen von Hypothesen häufig größere Wahrscheinlich besitzen, zur Publikation in Zeitschriften angenommen zu werden, als Nicht-Bestätigungen, besteht die Gefahr, dass eine selektive Auswahl veröffentlicht wird, die dann eine Verzerrung des tatsächlichen Sachverhalts widerspiegelt.

Nullhypothese und Alternative richtig formulieren

Wenn man vor einem Testproblem steht, erscheint zunächst oft nicht ganz klar, welche Hypothese man als H_0 und welche als H_1 formuliert. Nach der Strukturierung der Testschritte und den konzeptionellen Vorüberlegungen ist die Wahl jedoch klar, sie resultiert aus der ungleichen Behandlung der beiden Fehlerwahrscheinlichkeiten. Die Fehlerwahrscheinlichkeit erster Art (bzw. ein Maximalwert für diese Wahrscheinlichkeit, dazu später mehr), α, wird bereits im 1. Testschritt festgelegt. Die Fehlerwahrscheinlichkeit β für eine fälschliche Ablehnung der Gegenhypothese taucht im oben skizzierten Testablauf gar nicht auf! Das bedeutet, dass man eine Irrtumswahrscheinlichkeit nur angeben kann, wenn man die Nullhypothese verwirft und sich für die Gegenhypothese entscheidet. Nur die Gegenhypothese lässt sich also zu einer konkreten Irrtumswahrscheinlichkeit statistisch absichern. Anschaulich formuliert heißt das: Wenn man sich für H_1 entscheidet, dann kann man mit Fug und Recht behaupten: „Die Daten sind unter H_0 so unwahrscheinlich, dass es plausibel ist, sich auf Basis der beobachteten Stichprobe für H_1 zu entscheiden. Die Wahrscheinlichkeit, die vorliegenden Daten bzw. den resultierenden Wert der Teststatistik zu beobachten, liegt nämlich bei höchstens $\alpha \times 100\%$."

Will man also eine Hypothese statistisch zum Fehlerniveau α absichern, so ist diese stets als H_1 zu formulieren. Dieser Intuition sind wir bereits im Beispiel zu Beginn dieses Abschnitts gefolgt, als wir argumentiert haben, dass der Kunde, der die Qualität der

Schrauben bezweifelt, $H_0 : p \leq 0,1$ gegen $H_1 : p > 0,1$ testen wird. Verwirft der Test die Nullhypothese, dann kann der Kunde eine Reklamation gut begründen: Wäre $p \leq 0,1$, so wären die Daten sehr (bzw. zu) unwahrscheinlich.

Ganz analog würde ein Schraubenproduzent, der mit der Qualität seiner Schrauben werben will, einen Test von $H_0 : p \geq 0,1$ gegen $H_1 : p < 0,1$ durchführen (lassen): Kommt der Test zu dem Ergebnis, dass H_1 akzeptiert werden kann, so ist die Werbeaussage: „Ausschuss unter 10%!" abgesichert mit Irrtumswahrscheinlichkeit α in dem Sinne, dass die Beobachtungen in der Stichprobe bei einem Ausschussanteil von 10% oder mehr sehr unwahrscheinlich wären.

Es gibt jedoch Situationen, in denen man gar nicht daran interessiert ist, eine Hypothese statistisch abzusichern. Nehmen wir an, dass der Kunde für seine Kostenkalkulationen einen bestimmten Ausschussanteil der Schrauben unterstellen muss. Ging er bisher für Kalkulationszwecke von $p = 0,1$ aus, so wird er diesen Anteil in der Nullhypothese formulieren und z. B. $H_0 : p = 0,1$ gegen $H_0 : p \neq 0,1$ testen. Solange die Nullhypothese nicht verworfen wird, besteht kein Anlass, die Kostenkalkulationen zu revidieren: Die Daten sind mit der Nullhypothese verträglich, H_0 kann als „Arbeitshypothese" weiterverwendet werden. Eine Irrtumswahrscheinlichkeit bei dieser Entscheidung kann nicht angegeben werden (das wäre ja die Fehlerwahrscheinlichkeit zweiter Art), aber daran ist dem Kunden ja auch gar nicht gelegen.

Fassen wir zusammen, was ein Test leisten kann: Er kann H_0 ablehnen (mit einer kleinen Fehlerwahrscheinlichkeit α), sodass man in diesem Fall mit Fug und Recht nach außen vertreten kann, dass die Beobachtungen zu unwahrscheinlich sind, um mit H_0 vereinbar zu sein. Lehnt der Test H_0 nicht ab, heißt das keineswegs, dass H_0 wahr ist. Vielleicht haben wir einfach nicht genug Daten vorliegen gehabt, um zu erkennen, dass H_0 eigentlich mit dem Stichprobenergebnis kaum vereinbar ist. Dies hat – wie oben beschrieben – Ähnlichkeit mit einem Gerichtsverfahren: Eine Ablehnung von H_0 entspricht dem Ur-

teil „schuldig", das wohlbegründet sein muss. Eine Nicht-Ablehnung entspricht einem Freispruch, der aber auch aus Mangel an Beweisen nach dem Grundsatz „im Zweifel für den Angeklagten" erfolgt sein kann.

Typischerweise formuliert man also Hypothesentests so, dass eine Ablehnung von H_0 das interessante Ergebnis wäre. H_1 ist demnach die Hypothese, deren Annahme weitreichendere Konsequenzen nach sich zieht und damit gut abgesichert sein muss. In dem Schrauben-Beispiel oben ist aus Kundensicht H_1 also die Hypothese, die zu einer Reklamation der Schrauben führen würde.

Die berüchtigte Signifikanz

Nun haben wir die grundsätzliche Funktionsweise statistischer Tests behandelt ohne auf das Wort einzugehen, das in kaum einer auf Statistik basierenden Studie fehlt: *Signifikanz*. Mit dem Bisherigen ist dies aber schnell erklärt:

Ergebnisse eines Hypothesentests werden *signifikant* genannt, wenn die Nullhypothese H_0 zum Fehlerniveau $\alpha = 5\%$ verworfen wird. Geschieht dies sogar zum Niveau $\alpha = 1\%$, so nennt man dies *stark signifikant*, bei einer Ablehnung zu $\alpha = 0,1\%$ *hoch signifikant*. Zum Teil wird in der empirischen Literatur auch noch die Formulierung *schwach signifikant* verwendet bei einer Ablehnung zu $\alpha = 10\%$.

Wenn das so rasch erklärt ist, warum haben wir dann die Signifikanz in der Überschrift dieses Abschnitts „berüchtigt" genannt? Weil in jüngster Zeit eine heftige Debatte über die Verwendung des Begriffs „signifikant" entbrannt ist, die sich nicht mehr auf das Fachgebiet der Statistik beschränkt, sondern allgemein geführt wird. Dabei geht es jedoch weniger um das Konzept der Signifikanz oder eines statistischen Hypothesentests allgemein, sondern vielmehr um den fachlich wie sprachlich richtigen Umgang mit statistischen Verfahren und einer sachgerechten Interpretation statistischer (Test-) Ergebnisse. Die Kritik richtet sich damit nicht allein an die Produzentinnen und Produzenten statistischer Ergebnisse, sondern zu einem guten Teil auch an Rezipientinnen und Rezipienten, die mitunter allzu unreflektiert mit den Resultaten statistischer Untersuchungen umgehen. Von der „Produktionsseite" werden dabei ein verantwortungsvoller, sachgerechter Umgang mit statistischen Methoden und die Einhaltung der Standards wissenschaftlichen Arbeitens gefordert, von der „Rezipientenseite" ein kritischer Blick auf die untersuchte globale Fragestellung anstelle einer Fokussierung auf einzelne formal-statistische Analysen und eine Interpretation quantitativer Ergebnisse, die der Komplexität und dem Abstraktionsgrad der verwendeten Verfahren Rechnung trägt.

Warum entzündet sich eine so übergreifende Debatte am Begriff der Signifikanz? Wir beschränken und hier auf zwei zentrale Kritikpunkte und verweisen im übrigen auf weiterführende Literatur.

Zum einen wird bei einer vorschnellen Interpretation „signifikanter" statistischer Ergebnisse übersehen, dass statistische Signifikanz nicht gleichzusetzen ist mit „Signifikanz" im alltäglichen Sprachgebrauch, wo wir „signifikant" mit „bedeutsam" gleichsetzen. Es ist also zu beachten, dass – entgegen der umgangssprachlichen Benutzung – Signifikanz nicht automatisch Relevanz bedeutet:

Beispiel. Macht man einen Kopfsprung in die Kieler Förde, dann erhöht sich in diesem Moment der Wasserspiegel. Davon wird natürlich niemand Notiz nehmen. Eine Relevanz liegt also nicht vor. Wenn man aber sehr viele äußerst feine Messinstrumente hätte, dann könnte man die Änderung des Wasserstands vermutlich durch die Messung feststellen, d. h. aufgrund der Datenerhebung könnte die Nullhypothese „Der Wasserstand hat sich nicht geändert" zum Niveau 5% abgelehnt werden. Es liegt also durch unseren Kopfsprung eine signifikante Erhöhung des Wasserspiegels vor.

Zum anderen ist der Begriff in Verruf geraten, weil er einen dichotomen (also „zweiwertigen") Sachverhalt suggeriert: Ein Effekt wird häufig als „signifikant" oder als „nicht signifikant" bezeichnet, ohne dass deutlich wird, dass sich diese Beurteilung stets auf ein bestimmtes Signifikanzniveau α bezieht. Der dichotomen Entscheidung, eine Hypothese abzulehnen oder einen Effekt „signifikant" zu nennen, liegt stets ein stetiges Kriterium, nämlich das Signifikanzniveau, zugrunde. Verbal kann man diesen Vorwurf durch die Verwendung der oben beschriebenen graduellen sprachlichen Abstufungen der Signifikanz abmildern, formal kann man zu jeder Testentscheidung auch das Signifikanzniveau kommunizieren, ab dem man die Nullhypothese auf Basis der vorliegenden Stichprobe ablehnen würde. Diese Größe wird „marginales Signifikanzniveau" oder „p-Wert" des Tests genannt. Wir befassen uns in Abschnitt 4.4.3 ausführlich mit dem Konzept des p-Werts. Doch auch bei der Kommunikation des p-Werts anstelle der Dichotomie „signifikant" vs. „nicht signifikant" bleibt das Problem der richtigen Interpretation der Testentscheidungen, weshalb die Signifikanz-Diskussion auch unter dem Schlagwort *„p-Wert-Debatte"* geführt wird. Wir greifen die Aspekte dieser Diskussion in den folgenden Abschnitten auf und verweisen an dieser Stelle auf die weiterführende Literatur:

■ **Weiterführende Literatur**

Krämer, W. (2011). The cult of statistical significance – what economists should and should not do to make their data talk. *Schmollers Jahrbuch*, 131(3):455–468

Amrhein, V., Greenland, S., und McShane, B. (2019). Scientists rise up against statistical significance. *Nature*, 567:305–307

Wasserstein, R. L., Lazar, N. A., et al. (2016). The ASA's statement on p-values: context, process, and purpose. *The American Statistician*, 70(2):129–133

Wasserstein, R. L., Schirm, A. L., und Lazar, N. A. (2019). Moving to a world beyond $p <$ 0.05. *The American Statistician*, 73(1)

Hirschauer, N., Grüner, S., Mußhoff, O., und Becker, C. (2019). Twenty steps towards an adequate inferential interpretation of p-values in econometrics. *Jahrbücher für Nationalökonomie und Statistik*, im Erscheinen

4.4.2 Testen unter der Normalverteilungssannahme

Möchte man konkrete Hypothesentests durchführen, macht man dies am einfachsten mit Hilfe einer Statistik-Software. Wie bei den Konfidenzintervallen diskutieren wir aber auch hier einige besonders wichtige konkrete Tests, um einen Eindruck von der Funktionsweise zu vermitteln. Wir beginnen mit einer ausführlichen Darstellung von Tests bei der Normalverteilung, da man hier viele allgemeine Sachverhalte ohne große technische Hürden verstehen kann.

Parametertests und Konfidenzintervalle

Bereits die Interpretation der Intervallschätzer legte Aussagen über die Parameter der Grundgesamtheit nahe. Im Beispiel aus Abschnitt 4.3, in dem die Standzeit der VHM-Bohrer als normalverteilt angenommen wurde und ein Konfidenzintervall für den Erwartungswert μ dieser Verteilung abgeleitet wurde, ergab sich als realisiertes 95%-Konfidenzintervall bei bekannter Varianz und einem Stichprobenmittel von $\overline{x}_9 = 110$ der Bereich $[103,5 \; ; \; 116,5]$. Dies lässt vermuten, dass es sehr unplausibel ist, dass die erwartete Bohrer-Standzeit 100 Stunden beträgt. Das realisierte Konfidenzintervall deutet also schon darauf hin, dass die statistische Hypothese $H_0 : \; \mu = 100$ mit dem Stichprobenbefund kaum vereinbar ist. Grundlage für diese Einschätzung ist die Überlegung, dass man weiß, dass ein nach der Vorschrift $[\overline{X}_n - \lambda_{0,975}\sigma/\sqrt{n} \; ; \; \overline{X}_n + \lambda_{0,975}\sigma/\sqrt{n}]$ gebildetes Konfidenzintervall den Parameter mit einer Wahrscheinlichkeit von 95% beinhaltet. Weil der Wert $\mu_0 = 100$ außerhalb des realisierten Intervalls $[103,5 \; ; \; 116,5]$ liegt, wird man H_0 mit einer „Irrtumswahrscheinlichkeit" von 5% verwerfen.

Dieser intuitive Zusammenhang zwischen Intervallschätzern und Hypothesentests ermöglicht in der Tat einen Zugang zum Hypothesentesten. Im Folgenden werden wir jedoch eine eigenständige Einführung in die Testtheorie skizzieren, um diesen Teil eigenständig lesbar zu gestalten. Der Zusammenhang zwischen Konfidenzintervallen und Hypothesentests bleibt jedoch insofern offensichtlich, als die Statistiken, die oben als *Pivotgrößen* zur Konstruktion von Intervallschätzern dienten, jetzt als *Prüfgrößen* zum Treffen von Testentscheidungen verwendet werden.

Einfache Nullhypothese, einfache Gegenhypothese

Der Zusammenhang zwischen den Wahrscheinlichkeiten für einen Fehler erster Art und einen Fehler zweiter Art soll am Bohrer-Beispiel veranschaulicht werden. Dazu wird zunächst einer einfachen Nullhypothese eine einfache Alternativhypothese gegenübergestellt. Das tritt zwar in der Praxis eher selten auf, ermöglicht aber zum Einstieg einen Blick aufs Wesentliche. Später werden wir weitergehende Fälle behandeln.

Wir gehen erneut davon aus, dass die Standzeit der VHM-Bohrer einer Normalverteilung mit den Parametern μ und σ^2 folgt, wobei wir zur Vereinfachung erneut annehmen, dass die Varianz σ^2 bekannt ist und 100 beträgt. μ hängt aber nun davon ab, aus welchem Produktionsprozess die Bohrer der Stichprobe stammen: Dem traditionellen Fertigungsprozess, der eine erwartet Standzeit von $\mu = 100$ Stunden gewährleistete, oder einem neuen Produktionsverfahren, dass zu einer mittleren Sandzeit von $\mu = 110$ Stunden führt. Wir nehmen an, dass die Bohrer der Stichprobe entweder alle mit dem alten oder alle mit dem neuen Verfahren produziert wurden. Für unsere weiteren Untersuchungen unterstellen wir, dass wir die Behauptung $\mu = 110$ statistisch absichern wollen.

Damit muss entschieden werden zwischen den beiden einfachen Hypothesen

$$H_0 : \; \mu = \mu_0 = 100$$
$$\text{und } H_1 : \; \mu = \mu_1 = 110, \text{ wobei } \mu_1 > \mu_0.$$

(Man spricht bei $\mu_1 > \mu_0$ von einem *rechtsseitigen Test*, da die Alternative „rechts" der Nullhypothese liegt.)

Wir können nun ein Stichprobenmittel $\overline{X}_n$ beobachten, also die durchschnittliche Standzeit von $n = 9$ Bohrern in der Stichprobe. Die Verteilung des Stichprobenmittels unter H_0 ist bekannt: Unter H_0 gilt $\overline{X}_n \sim N(\mu_0, \sigma^2/n)$. Für $H_0 : \mu = \mu_0 = 100$, $n = 9$ und $\sigma^2 = 100$ ist das Stichprobenmittel bei Gültigkeit der Nullhypothese also normalverteilt mit Mittelwert 100 und der Varianz $100/9$. Ein Test anhand der Prüfgröße $T_n = \overline{X}_n$ lässt sich dann folgendermaßen konstruieren: Wir ermitteln das beobachtete Stichprobenmittel und lehnen H_0 ab, wenn es einen bestimmten *Schwellenwert (kritischen Wert)* $k > \mu_0$ überschreitet. Der kritische Bereich dieses Tests lautet damit $K = (k \, ; \infty)$, vgl. ◻ Abb. 4.2:

Die Wahl des kritischen Werts k hängt nun, wie oben skizziert, von der Wahl von α ab. α bezeichnet die Wahrscheinlichkeit dafür, H_0 abzulehnen, obwohl H_0 richtig ist. Wir wählen folgende Notation:

$$\alpha = P_{H_0}(H_0 \text{ ablehnen})$$

und diskutieren später eine Alternative hierzu.

Der Zusammenhang zwischen den beiden Werten α und k lässt sich wegen der Kenntnis der Verteilung der Prüfgröße nun berechnen: Unter H_0 gilt $\overline{X}_n \sim N(\mu_0, \sigma^2/n)$, also

$$\alpha = P_{H_0}(H_0 \text{ ablehnen}) = P_{\mu=\mu_0}(\overline{X}_n \in K)$$
$$= P_{\mu=\mu_0}(\overline{X}_n > k) = 1 - F_N(k; \mu_0, \sigma^2/n),$$

wobei F_N die Verteilungsfunktion der Normalverteilung bezeichne , siehe Abschnitt 3.6.2. Für $H_0 : \mu = \mu_0 = 100$, $n = 9$ und $\sigma^2 = 100$ ist das Stichprobenmittel bei Gültigkeit der Nullhypothese also normalverteilt mit Mittelwert 100 und der Varianz $100/9$. Würde man im Beispiel die Nullhypothese $H_0 : \mu = 100$ immer dann (zugunsten von $H_1 : \mu = 110$) ablehnen, wenn das Stichprobenmittel den Wert $k = 105$ überschreitet, so beträgt die Wahrscheinlichkeit, H_0 fälschlicherweise abzulehnen,

$$1 - F_N(105; 100, 100/9) \approx 6,7\,\%,$$

vgl. ◻ Abb. 4.3.[16]

[16] Zur Berechnung der Wahrscheinlichkeit bzw. der schraffierten Fläche verwenden wir geeignete Software, z. B. die Funktion NORM.VERT in Microsoft Excel.

Wenn also $\mu = 100$ gilt und man sehr viele (genauer: unendlich viele) Stichprobenziehungen mit $n = 9$ durchführen würde und immer wieder den Test mit $k = 105$ benutzen würde, so wäre die Testentscheidung in 93,3% der Fälle richtig, in 6,7% der Fälle liegt man falsch, wie aus ◻ Abb. 4.3 hervorgeht.

Der kritische Wert k und die Wahrscheinlichkeit für den Fehler erster Art α hängen also direkt zusammen. Gibt man andererseits $\alpha = 0,05$ vor, so lautet der kritische Wert 105,5, denn dieser Wert ist das 95%-Quantil der N(100,100/9)-Verteilung, vgl. ◻ Abb. 4.4. Lehnt man die Nullhypothese ab, sobald die 9 VHM-Bohrer in der Stichprobe länger als 105,5 Stunden halten, so begeht man mit einer Wahrscheinlichkeit von 5% einen Fehler erster Art.

Da die Alternativhypothese einfach ist, lässt sich die Verteilung der Teststatistik $T_n = \overline{X}_n$ auch unter H_1 eindeutig berechnen. Es gilt: $\overline{X}_n \sim N(\mu_1, \sigma^2/n)$. Deshalb lässt sich die Wahrscheinlichkeit für den Fehler zweiter Art für den Test mit dem kritischen Bereich $K = (k \, ; \, \infty)$ ebenfalls berechnen, sie lautet

$$\beta = P_{H_1}(H_0 \text{ akzeptieren}) = P_{\mu=\mu_1}(\overline{X}_n \notin K)$$
$$= P_{\mu=\mu_1}(\overline{X}_n \leq k) = F_N(k; \mu_1, \sigma^2/n).$$

In unserem Beispiel ist $H_1 : \mu = 110$, bei Gültigkeit der Gegenhypothese ist das Stichprobenmittel also normalverteilt mit Erwartungswert 110 und der Varianz $100/9$. Bei $\alpha = 0,05$ lautet der kritische Wert $k = 105,54$. Bei Gültigkeit von H_1 wird die Gegenhypothese also richtigerweise angenommen, wenn das Stichprobenmittel größer als 105,5 ist, und fälschlicherweise abgelehnt für $\overline{x}_9 < 105,5$. Die Wahrscheinlichkeit β für diese fälschliche Ablehnung beträgt $\beta = F_N(105,5; 110, 100/9) \approx 8,9\%$., vgl. wiederum ◻ Abb. 4.4. Damit liegt der Fehler 2. Art höher als der Fehler 1. Art. Dies ist auch die typische Situation in vielen Tests. Diese sind ja gerade so konstruiert, dass der Fehler 1. Art klein ist. Wenn dann auch der Fehler 2. Art klein ist (man sagt dann, dass der Test eine hohe *power* hat), ist dies erfreulich, aber nicht vorrangig.

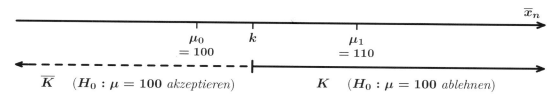

Abb. 4.2 Kritischer Wert k und kritischer Bereich K

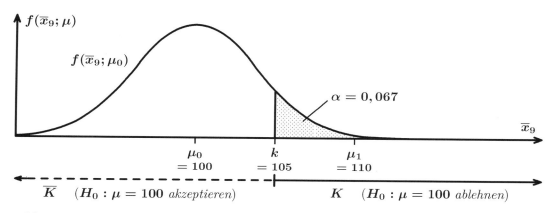

Abb. 4.3 Fehlerwahrscheinlichkeit erster Art bei vorgegebenem k

Die beiden Fehlerwahrscheinlichkeiten lassen sich auch allgemein, hier für den „rechtsseitigen" Test (d. h. in der Gegenhypothese wird ein größerer Wert für μ unterstellt als in der Nullhypothese), graphisch darstellen, siehe ◻ Abb. 4.5.

Die graphische Darstellung und das vorige Beispiel veranschaulichen auch folgende Aussagen:

— Die Fehlerwahrscheinlichkeit α und der kritische Wert k hängen unmittelbar zusammen.

— Für jedes vorgegebene α lässt sich ein zugehöriger kritischer Wert k über die Quantile der Normalverteilung berechnen.

— Die Fehlerwahrscheinlichkeit α lässt sich verringern, indem man als kritischen Bereich für das Stichprobenmittel $K = (\tilde{k} \; ; \; \infty)$ mit $\tilde{k} > k$ wählt. Damit geht jedoch eine Vergrößerung der Fehlerwahrscheinlichkeit β einher, vgl. ◻ Abb. 4.5.

Für den Test einer einfachen Nullhypothese mit einer vorgegebenen Fehlerwahrscheinlichkeit α lassen sich stets verschiedene kritische Bereiche konstruieren. Die Wahl des kritischen Bereichs ist der Testschritt, bei dem zu-

mindest implizit die Fehlerwahrscheinlichkeit β berücksichtigt wird: Um β möglichst klein zu halten, wird der kritische Bereich stets in Richtung der Alternativhypothese festgelegt. Das machen Sie intuitiv, wir wollen es aber noch einmal an unserem Testbeispiel verdeutlichen. Beim Test von $H_0 : \mu = 100$ gegen $H_1 : \mu = 110$ mit $\alpha = 0,05$ hätte man auch den kritischen Bereich $(-\infty \; ; \; 94,5)$ wählen können. Das erscheint unsinnig, denn man akzeptiert dann die Gegenhypothese einer mittleren Standzeit von 110 Stunden nur dann, wenn die mittlere Standzeit in der Stichprobe *unter* 94,5 Stunden liegt! Obwohl diese Wahl abwegig ist, wird die Niveaubedingung $\alpha = 0,05$ eingehalten: Wenn die Nullhypothese richtig ist, beobachtet man $t_9 < 94,5$ mit 5% Wahrscheinlichkeit und lehnt die Nullhypothese folglich mit genau dieser Wahrscheinlichkeit fälschlich ab, vgl. ◻ Abb. 4.6.

Die Gegenhypothese $H_1 : \mu = 110$ würde nun aber nur noch angenommen, wenn das Stichprobenmittel *kleiner* als 94,5 Stunden ist – das ist jedoch nahezu ausgeschlossen, wenn H_1 tatsächlich gilt. Die Wahrscheinlichkeit für eine mittlere Standzeit in der Stich-

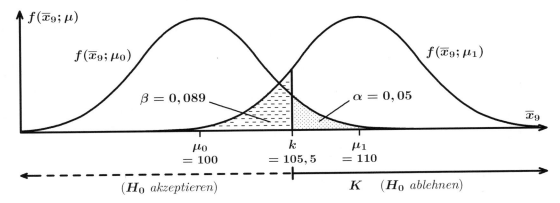

◻ Abb. 4.4 Kritischer Wert bei vorgegebenem α

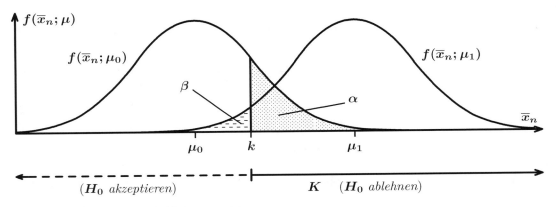

◻ Abb. 4.5 Irrtumswahrscheinlichkeiten α und β

probe von weniger als 94,5 Stunden ist bei $\mu = 110$ nahezu null. Eine richtige Annahme von H_1 ist nahezu ein unmögliches Ereignis ($P(\overline{X}_9 < 94,5 = 0,0000)$ bei $\mu = 110$), die fälschliche Ablehnung von H_1 damit nahezu sicher: $\beta = 1,0000$.

Aus dieser Beobachtung lässt sich bereits ableiten, wie sinnvolle Tests zu wählen sind. Da die Fehlerwahrscheinlichkeiten α und β sich grundsätzlich invers zueinander verhalten, legt man die Wahrscheinlichkeit α für einen Fehler erster Art fest (zumeist 1%, 5% oder 10%) und wählt dann denjenigen Test, der die Fehlerwahrscheinlichkeit β minimiert. Dazu ist es in unserem Beispiel erforderlich, den kritischen Bereich in Richtung auf die Gegenhypothese festzulegen. Allgemeine Konstruktionsprinzipien für optimale Tests zum Fehlerniveau α liefert das *Neyman-Pearson-Lemma* (siehe etwa Irle 2005).

Einfache Nullhypothese, zusammengesetzte Gegenhypothese

Der kritische Bereich wurde im vorigen Setting allein durch die Fehlerwahrscheinlichkeit erster Art bestimmt. Die Alternativhypothese H_1 spielte nur bei der rechtsseitigen Ausrichtung eine Rolle. Aber auch für beliebige andere $\mu_1 > \mu_0 = 100$ wäre das Testverfahren das gleiche geblieben. Das zuvor diskutierte etwas speziell wirkende einfache Hypothesenpaar lässt sich also verallgemeinern zu

$$H_0 : \mu = \mu_0 = 100 \quad , \quad H_1 : \mu > \mu_0 = 100 \; .$$

Die Wahrscheinlichkeit, mit dem obigen Test einen Fehler zweiter Art zu begehen, hängt jetzt jedoch vom Parameterwert μ unter H_1 ab, man schreibt daher $\beta = \beta(\mu)$, siehe die Diskussion in Abschnitt 4.4.1.

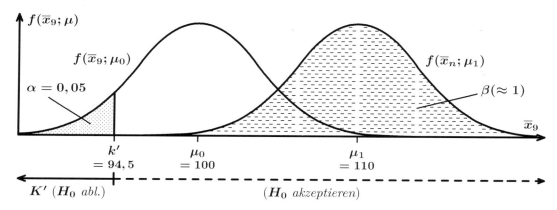

◻ Abb. 4.6 Unsinnige Ausrichtung des kritischen Bereichs

Zusammengesetzte Nullhypothese, zusammengesetzte Gegenhypothese

Schließlich bleibt die Frage zu klären, wie der Test modifiziert werden müsste, wenn auch die Nullhypothese als zusammengesetzte Hypothese formuliert würde, d. h. wenn anstelle der vorigen Hypothesen das Hypothesenpaar

$$H_0 : \mu \leq \mu_0 = 100 \quad , \quad H_1 : \mu > \mu_0 = 100$$

überprüft werden soll. Nach den Vorüberlegungen betrachten wir damit nun ein ganz natürliches statistisches Entscheidungsproblem: Durch Ablehnung von H_0 können wir statistisch begründen, dass die erwartete Standzeit der Bohrer mehr als 100 beträgt.

Betrachten Sie nun wieder die Graphik der Prüfgrößenverteilung bei einfacher Null- und Gegenhypothese. Zu gegebenem α lautet der kritische Bereich dort $K = (k ; \infty)$. Wenn wir nun $\mu < \mu_0$ betrachten, dann ist die Wahrscheinlichkeit für ein Überschreiten von k natürlich kleiner als α. Dabei ist der Grenzfall $\mu = \mu_0$ der „ungünstigste" Fall. Da die zugehörige Verteilung von X jedoch in der Nullhypothese ausdrücklich zugelassen ist und für jeden Wert die zulässige Fehlerwahrscheinlichkeit α unterschritten würde, ist die Fehlerwahrscheinlichkeit für jedes μ in H_0 stets $\leq \alpha$. Auch hier kann also wieder der Test mit kritischem Bereich $(k; \infty)$ verwendet werden.

Allerdings kann man bei einer zusammengesetzten Nullhypothese nicht mehr von „der" Fehlerwahrscheinlichkeit erster Art sprechen, da unter H_0 verschiedene Werte von μ zuge-

lassen werden. Man definiert deshalb in diesem Fall α grob gesprochen als die größte Wahrscheinlichkeit für einen Fehler erster Art, die auftreten kann. Dieses α nennt man das *Niveau des Tests* bzw. *Testniveau*.

Wir haben nun gezeigt, wie die Vorgabe einer maximalen Fehlerwahrscheinlichkeit erster Art den Test bestimmt, unabhängig davon, ob wir einfache oder zusammengesetzte Hypothesen betrachten. Mit diesem Hintergrundwissen beleuchten wir erneut die Definition der Fehlerwahrscheinlichkeit ausführlicher, um Fehlinterpretationen vorzubeugen.

Testniveau α

Formal ist α bei einer einfachen Nullhypothese die Wahrscheinlichkeit, H_0 abzulehnen, wenn H_0 gilt, also die Wahrscheinlichkeit, dass die Teststatistik bei Gültigkeit von H_0 in den kritischen Bereich fällt. Wir wählten hierfür folgende Notation:

$$\alpha = P_{H_0}(T_n \in K) \quad ,$$

in unserem Beispiel mit $H_0 : \mu = 100$ also $\alpha = P_{\mu=100}(\overline{X}_9 > 105, 5) = 0, 05$. Man könnte diese Wahrscheinlichkeit als eine bedingte Wahrscheinlichkeit auffassen und formulieren:

$$\alpha = P(T_n \in K | H_0) \quad ,$$

was in unserem Beispiel

$$\alpha = P(\overline{X}_9 > 105, 5 | \mu = 100)$$

nach sich zöge. Diese Darstellung ist aus frequentistischer Sicht unsinnig, denn aus dieser Perspektive verstehen wir μ als einen festen („nichtstochastischen") Parameter. Damit ist $\mu = 100$ kein Ereignis auf das bedingt werden könnte. Die Schreibweise $P(A|B)$ im Sinne von Abschnitt 3.2.1 ist also hier nicht sinnvoll. $\mu = 100$ ist aus frequentistischer Sicht (die wir in diesem Buch konsequent verfolgen) eine Aussage, die entweder wahr oder falsch ist, also die Wahrscheinlichkeit 0 oder 1 besitzt. Anders sieht es aus, wenn man eine bayesianischer Perspektive einnimmt, siehe Abschnitt 4.2.3. Dann ist μ (bzw. beliebige Verteilungsparameter) nicht als fixer Wert anzusehen, sondern selbst als Zufallsvariable, die eine Wahrscheinlichkeitsverteilung aufweisen. Dann ist $P(\overline{X}_9 > 105,5|\mu = 100)$ bzw. allgemein

$$P(T_n \in K|H_0)$$

ein legitimer Ausdruck. Tatsächlich begegnen uns solche bayesianischen Betrachtungsweisen regelmäßig im Alltag. Bemühen wir wieder die Analogie von statistischem Test und Gerichtsentscheidung. Vor Gericht macht sich die Richterin oder der Richter einen Eindruck davon, wie die Indizien $(X_1, \ldots X_n)$ mit der Unschuldsvermutung H_0 vereinbar sind, also wie hoch die Wahrscheinlichkeit

$$\alpha = P((X_1, \ldots X_n)|H_0) \, , \text{ hier}$$

$$\alpha = P \, (\text{Indizien}|\text{Angeklagter unschuldig})$$

ist. Für den Urteilsspruch ist dagegen die Wahrscheinlichkeit bzw. der persönliche Überzeugungsgrad (als subjektive Wahrscheinlichkeit) relevant, mit der die Richterin den Angeklagten bei gegebenen Indizien für unschuldig hält, also

$$\alpha = P \, (H_0|(X_1, \ldots X_n)) \quad .$$

Folgt man der bayesianischen Logik, dann macht diese Gleichung eindrucksvoll klar, was das Fehlerniveau α *nicht* ist: Es ist weder die Wahrscheinlichkeit für die Gültigkeit der Nullhypothese, noch die Wahrscheinlichkeit der Nullhypothese bei vorliegender Stichprobe:

$$\alpha \neq P \, (H_0), \quad \alpha \neq P \, (H_0|(X_1, \ldots X_n)) \quad .$$

Mit einem Hypothesentest lässt sich also niemals eine Hypothese beweisen oder die Wahrscheinlichkeit für das Zutreffen einer Hypothese bestimmen. Das bedingte Konzept eines statistischen Hypothesentests (das wir in Abschnitt 4.4.1 herausgearbeitet haben) erlaubt allein Aussagen darüber, wie wahrscheinlich die (Stichproben-) Daten bei Zugrundelegung der jeweiligen Hypothese ist. Diese Information wird im Zuge des Tests für die Entscheidungsunterstützung in logisch sinnvoller Weise genutzt. Ist man (wie beispielsweise im Gerichtsverfahren) an der Wahrscheinlichkeit von H_0 (Unschuldsvermutung) bei gegebenen Beobachtungen (Indizien) interessiert, so lässt sich diese gemäß dem Satz von Bayes nur bestimmen, wenn bereits eine a-priori-Wahrscheinlichkeit für H_0, $P(H_0)$, unterstellt wird.

4.4.3 Marginales Signifikanzniveau, p-Wert

Bevor wir weitere Tests behandeln, führen wir jetzt eine Kenngröße ein, die sehr oft bei der Auswertung genutzt wird. Insbesondere ist sie in der Ausgabe jeder Standard-Software enthalten.

Die Testentscheidung ist eine dichotome Entscheidung: H_0 wird entweder angenommen oder verworfen. Wie „deutlich" diese Annahme oder Ablehnung ausfällt, weiß man erst einmal nicht. Wenn der beobachtete Wert der Prüfgröße t_n aber „weit entfernt" vom kritischen Wert k ist, scheint die Ablehnung bzw. Nicht-Ablehnung deutlich zu sein. Hat man zum Beispiel H_0 zum Niveau $\alpha = 5\%$ abgelehnt, wird dies noch unterstrichen, wenn auch eine Ablehnung zum Niveau $\alpha = 1\%$ möglich gewesen wäre oder zum Niveau $\alpha = 0,1\%$ oder ... . In der Praxis verwendet man diese Überlegung, um die „Stärke" der Ablehnung zu messen:

> **p-Wert**
>
> Zu jeder Realisation der Teststatistik t_n lässt sich die Wahrscheinlichkeit berechnen, dass T_n unter H_0 den Wert t_n „in Richtung auf H_1" überschreitet. Diese Wahrscheinlichkeit wird *p-Wert* des Tests (auch *marginales Signifikanzniveau* oder *empirisches Signifikanzniveau*) genannt.

Der p-Wert ist also ein Maß dafür, wie groß das Testniveau gewählt werden müsste, damit H_0 bei der vorliegenden Stichprobe gerade noch akzeptiert würde. Ist der p-Wert des Tests größer als das Niveau α, so kann H_0 nicht verworfen werden. Unterschreitet dagegen das marginale Signifikanzniveau den Wert α, so ist H_1 signifikant bzw. statistisch gesichert.

Das Prinzip der Testentscheidung anhand des marginalen Signifikanzniveaus lässt sich auch graphisch veranschaulichen. Im Beispiel oben wurde das Hypothesenpaar

$$H_0 : \mu \leq \mu_0 = 100 \quad , \quad H_1 : \mu > \mu_0 = 100$$

anhand der Stichprobe vom Umfang $n = 9$ getestet. Die Varianz der Standzeit X ist bekannt: $\sigma^2 = 100$. Unter H_0 ist die Teststatistik $T_9 = \overline{X}_9$ normalverteilt mit dem Erwartungswert $\mu_0 = 100$ und der Varianz $\sigma^2/n = 100/9$.

Es werde $\overline{x}_9 = 104,5$ beobachtet. Bei einem Test zum Niveau $\alpha = 10\%$ umfasst der kritische Bereich des Tests alle Werte, die das 90%-Quantil der $N(100, 100/9)$-Verteilung übersteigen. Damit gilt für den kritischen Wert $k = 104,3$ und H_0 wird bei $t_9 = 104,5$ verworfen. Dieser Fall a) ist in ◘ Abb. 4.7 dargestellt.

Bei einem Testniveau von 1% fällt dagegen $t_9 = \overline{x}_9 = 104,5$ nicht in den kritischen Bereich und H_0 kann nicht abgelehnt werden. Der kritische Wert lautet jetzt $k = 107,8$ (99%-Quantil der Verteilung des Stichprobenmittels unter H_0 , also einer N(100;100/9)-Verteilung, vgl. Fall b) in ◘ Abb. 4.7).

Zum Niveau $\alpha = 0,10$ wird die Nullhypothese also verworfen, bei $\alpha = 0,01$ dagegen nicht, vgl. Fall a) und b) in ◘ Abb. 4.7. Der p-Wert gibt nun an, wie wahrscheinlich die beobachtete Teststatistik oder ein noch extremerer Wert beobachtet werden würde, wenn die Nullhypothese tatsächlich gilt. Das ist in diesem Beispiel die schraffierte Fläche unter der H_0-Dichte von t_9 in Richtung auf die Alternativhypothese in Fall c) in ◘ Abb. 4.7. Mit Hilfe einschlägiger Software findet man p=0,0885 bzw. 8,85%. Bei Gültigkeit der Nullhypothese wird dieser Wert mit einer Wahrscheinlichkeit

von 8,85% erreicht oder überschritten. Dieser Wert bezeichnet das das „Grenzniveau" des Tests, bei dem H_0 für die empirische Teststatistik $t_9 = \overline{x}_9 = 104,5$ gerade noch akzeptiert wird. Daraus folgt, dass bei jedem Testniveau $\alpha < p = 8,85\%$ die Nullhypothese $H_0 : \mu = 100$ akzeptiert werden kann, für jedes $\alpha > p = 8,85\%$ – insbesondere also für $p = 1\%$ – dagegen verworfen werden muss.

Testentscheidung anhand des p-Werts

Der p-Wert ist eine Kennzahl für die Auswertung von Tests. Er gibt die Wahrscheinlichkeit an, dass die Testgröße bei wahrer Nullhypothese mindestens so extreme Werte annimmt, wie man sie in den Daten beobachtet hat. Er sagt also, wie (un-)wahrscheinlich die beobachtete Stichprobe ist, wenn man von der Gültigkeit der Nullhypothese ausgeht. Mit der Teststatistik t_n liegt auch der p-Wert fest. Die Testentscheidung kann deshalb unmittelbar auf Basis des p-Werts getroffen werden. Anstelle der drei abschließenden Testschritte

4. Bestimmung des kritischen Bereichs K auf Basis von α,
5. Erheben der Stichprobe $(x-1, \ldots, x_n)$ und Berechnung von t_n
6. Ablehnung von H_0 für $t_n \in K$

aus Abschnitt 4.4.1 können damit die Testschritte

4. Erheben der Stichprobe $(x-1, \ldots, x_n)$ und Berechnung von t_n
5. Bestimmung des p-Wertes
6. Ablehnung von H_0, falls der p-Wert das Testniveau α unterschreitet.

verwendet werden. Beide Verfahren führen (konstruktionsbedingt) stets zur gleichen Testentscheidung. Die Verwendung des p-Wertes verdeutlicht jedoch, dass der dichotomen Testentscheidung des Akzeptierens oder des Verwerfens von Null- bzw. Gegenhypothese stets ein stetiges Kriterium zugrunde liegt und die Ablehnung der Nullhypothese deutlich oder weniger deutlich ausfallen kann.

a) Test zum Niveau $\alpha = 0,1$

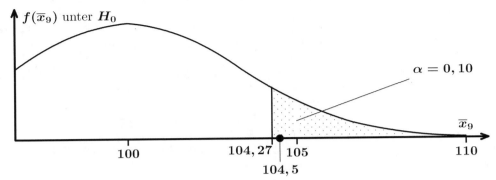

b) Test zum Niveau $\alpha = 0,01$

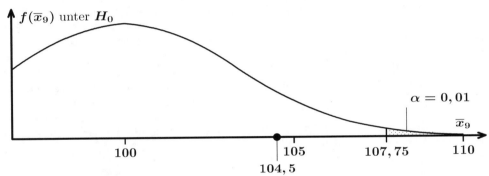

c) Marginales Signifikanzniveau, p-Wert des Tests

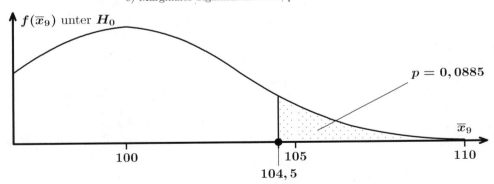

◘ **Abb. 4.7** Testniveau und p-Wert

4.4.4 Eigenschaften des p-Werts

Im Laufe dieses Abschnitts haben Sie einen Einblick in das Vorgehen bei statistischen Tests erhalten. Wenn Sie dem folgen, werden Sie solide statistische Auswertungen vornehmen können. Da man aber – vielleicht gerade mit etwas zeitlichem Abstand und bei schwierigen Auswertungen – den Überblick verlieren kann, stellen wir an dieser Stelle noch einmal einige wichtige Dinge zum Umgang mit dem p-Wert und mit Hypothesentests im allgemeinen zusammen. Wir fangen damit an, was der p-Wert **nicht** leisten kann:

— Der p-Wert ist keineswegs die Wahrscheinlichkeit dafür, dass die Nullhypothese H_0 wahr ist.

— Ebenso wenig belegt ein hoher p-Wert die Gültigkeit von H_0 – seine Berechnung setzt ja gerade die (hypothetische) Gültigkeit von H_0 voraus!

— Auch ist bei einem niedrigen p-Wert H_0 nicht zwangsläufig falsch, siehe die Diskussion in Abschnitt 4.4.1. Insbesondere muss sichergestellt sein, dass die Voraussetzungen zur Anwendung des Tests gegeben sind; bei uns also insbesondere die Normalverteilung der Beobachtungen.

— Die oft angewandte Entscheidungsregel, bei p-Werten, die kleiner als 5 % sind, die Nullhypothese abzulehnen, ist kein Naturgesetz. Dies muss immer anhand des spezifischen Problems entschieden werden.

— Der p-Wert erlaubt keine Rückschlüsse auf die Größe des gemessenen Effektes, genauso wenig zu dessen Relevanz oder Nutzen.

Daraus folgen einige Grundsätze zum Umgang mit Tests im Allgemeinen und p-Werten im Speziellen:

— Der p-Wert misst, wie wahrscheinlich oder unwahrscheinlich die Beobachtungen der Stichprobe bei Gültigkeit der Nullhypothese sind.

— Bei der Betrachtung sollte der größere Rahmen nicht aus den Augen verloren werden. Dabei hilft, einem Außenstehenden die Methodik der Untersuchung und die Ergebnisse in einfachen Worten zu erklären. Offensichtliche Fehlschlüsse, die aus „Betriebsblindheit" entstehen, werden so vermieden.

— In der Datenanalyse allgemein sowie insbesondere beim Umgang mit p-Werten ist eine genaue Betrachtung der Methodik der Datenerfassung extrem wichtig.

— Der p-Wert ist keine absolute Größe, sondern bezieht sich immer auf einen Test. Genauer gesagt gibt er an, wie sich das Ergebnis einer berechneten Testgröße mit den Annahmen über diese verträgt. Je nachdem, was man testet, bekommt man also möglicherweise sehr unterschiedliche p-Werte. Daher sollte zunächst ein Test ge-

funden werden, dessen Annahmen erfüllt sind.

— Man kann aus p-Werten nicht (direkt) Rückschlüsse auf die Gründe oder die Höhe von gemessenen Effekten ziehen. Ein niedriger p-Wert bedeutet nicht automatisch einen größeren (ökonomischen) Effekt. Der p-Wert ist lediglich ein Indikator für einen Effekt. Die Stärke des Effekts muss inhaltlich bewertet werden.

4.4.5 Wichtige Testverfahren

Wir haben uns nun eingehend mit der Konstruktion statistischer Testverfahren und der Interpretation von Testergebnissen beschäftigt. Die Erkenntnisse illustrierten wir an einem Mittelwerttest bei normalverteilter Zufallsvariable und bekannter Varianz. Anhand dieses Falls ließen sich zahlreiche Aspekte anschaulich interpretieren, die grundsätzlich jedes statistische Testverfahren betreffen. Im Folgenden zeigen wir zunächst, dass mit einer kleinen Modifikation der Mittelwerttest auch praktisch relevant wird, und wir stellen eine kleine Auswahl weiterer gebräuchlicher Testverfahren vor. In der Praxis wird eine Vielzahl unterschiedlicher Tests verwendet und für ein einführendes Lehrbuch ist es unmöglich, auch nur einen Überblick über alle zu geben.

Mittelwerttests in normalverteilten Grundgesamtheiten (t-Tests)

Mittelwerttests bei normalverteilten Zufallsgrößen X haben wir ausführlich in Abschnitt 4.4.2 behandelt. Die wichtige Prüfgröße dort war stets das Stichprobenmittel $\overline{x}_n$. Deren Verwendung setzt jedoch voraus, dass die Varianz σ^2 in der Grundgesamtheit bekannt ist – aber woher sollte man diese in der Praxis sicher kennen?! – Zu Verallgemeinerung nutzten wir nun wie bei den Konfidenzintervallen den Ansatz des *Studentisierens*. Dazu gehen wir aus vom standardisierten Stichprobenmittel $(\overline{x}_n - \mu_0)/(\sigma/\sqrt{n})$. Wie wir gleich sehen werden, sind beide Vorgehensweisen austauschbar.

Betrachten wir wie in Abschnitt 4.4.2 das Setting des Bohrer-Beispiels. Getestet werden sollen die Hypothesen $H_0 : \mu = 100$ gegen $H_1 : \mu > 100$ mit $\alpha = 0,05$. Bei $n = 9$ und $\sigma^2 = 100$ gilt unter H_0 für das Stichprobenmittel als Teststatistik: $T_9^{(1)} = \overline{X}_9 \sim N(100; \frac{100}{9})$. Dementsprechend gilt für die alternative Testgröße, das standardisierte Stichprobenmittel unter H_0: $T_9^{(2)} = (\overline{X}_9 - 100)/\sqrt{\frac{100}{9}} \sim N(0; 1)$. Bei einem Testniveau von $\alpha = 0,05$ ist der kritische Wert für $T_9^{(1)}$ das 95%-Quantil der $N(100; 100/9)$-Verteilung: $k^{(1)} = 105,5$, siehe Rechnung im vorigen Abschnitt. Fällt also das Stichprobenmittel in den kritischen Bereich $K^{(1)} = (105,5; \infty)$, so wird H_0 zugunsten von H_1 abgelehnt. Entsprechend ist der kritischer Wert bzgl. des standardisierten Stichprobenmittels $T_9^{(2)}$ gerade $k^{(2)} = 1,645$ und damit der kritische Bereich $K^{(2)} = (1,645; \infty)$, denn $k^{(2)} = 1,645$ ist das 95%-Quantil der Standardnormalverteilung: $k^{(2)} = \lambda_{1-\alpha} = \lambda_{0,95}$, also gerade der Z-Wert. Hier wurde nur ausgenutzt, dass lineare Transformationen von normalverteilten Zufallsvariablen wieder normalverteilt sind. Damit ziehen Tests anhand der Teststatistiken $T^{(1)}$ und $T^{(2)}$ bzw. der kritischen Bereiche $K^{(1)}$ und $K^{(2)}$ stets dieselbe Entscheidung nach sich.

Nun können wir so vorgehen wie in Abschnitt 4.3.2 bei der Berechnung der Konfidenzintervalle:

Unter der Nullhypothese $H_0 : \mu = \mu_0$ ist das mit der geschätzten Varianz S_X^2/n standardisierte Stichprobenmittel t-verteilt mit $n-1$ Freiheitsgraden.

Zu einem festen Niveau α erhalten wir damit für die Teststatistik

$$T_n = \sqrt{n}\frac{\overline{X}_n - \mu_0}{\sigma}$$

(σ^2 bekannt) kritischen Bereiche gemäß ◨ Tabelle 4.1 und entsprechend für die Teststatistik

$$T_n = \sqrt{n}\frac{\overline{X}_n - \mu_0}{S_n}$$

(σ^2 unbekannt, geschätzt durch S_n^2) Mittelwerttests bei unbekannter Varianz werden auch *t-Tests* genannt.

Beispiel. Der Test der Hypothese $H_0 : \mu \leq 100$ gegen $H_1 : \mu > 100$ bei bekanntem $\sigma^2 = 100$ wurde im vorangehenden Abschnitt ausführlich diskutiert. Nun stellen wir dem den realistischeren Fall gegenüber, dass die Varianz unbekannt ist, aber $s_9^2 = 100$ beobachtet wurde.

Dann lauten die Testschritte wie folgt:

1. $H_0 : \mu \leq 100$, $H_1 : \mu > 100$, $\alpha = 0,05$.
2. $T_9 = \sqrt{9}(\overline{X}_9 - 100)/S_9 \sim t(8)$ unter H_0.
3. $K = (k ; \infty) = (t_{0,95;8} ; \infty) = (1,833 ; \infty)$.
4. Für $s_9^2 = 100$ und $\overline{x}_9 = 105$ erhält man $t_9 = \sqrt{9} \cdot (105 - 100)/10 = 1,5$
5. $t_9 \notin K$, d. h. die Nullhypothese kann nicht verworfen werden.

Alternativ hätte in Schritt 5 auch der p-Wert des Tests berechnet und mit $\alpha = 0,05$ verglichen werden können. Es gilt $t_9 = 1,5 = t_{0,914;9}$ bzw. $p = 8,6\%$. Wegen $p > \alpha$ wird H_0 nicht verworfen. Bei einem Testniveau von 8,6% kann die Nullhypothese gerade noch akzeptiert werden.

Hintergrundinformation

Die von uns in diesem Kapitel behandelten Beispiele sind alle von der Form, dass die Verteilung des zugrundeliegenden Zufallsexperiments bis auf einen Parameter θ bekannt ist. Dieses θ ist dabei eine Zahl (etwa der Erwartungswert) oder höchstens ein Tupel von Zahlen (etwa Erwartungswert und Varianz). Man muss also vor dem Experiment sicherstellen, dass die Daten tatsächlich der gewählten Verteilung (etwa der Normalverteilung) folgen. Ist dies der Fall, hat man sehr gute Werkzeuge vorliegen, etwa den t-Test.

Es bleibt aber die Unsicherheit, ob diese Werkzeuge tatsächlich anwendbar sind, ob also etwa eine Normalverteilung wirklich vorliegt. Robuster gegen mögliche Modellierungsfehler sind *nichtparametrische Verfahren*. Bei diesen nimmt man keine explizite zugrundeliegende Verteilungsfamilie an, sondern lässt ganz allgemeine Verteilungen zu. Der Vorteil liegt auf der Hand: Auch ohne lange Voranalysen lässt sich sofort ein sinnvoller Test durchführen. Anderer-

◻ **Tabelle 4.1** Die kritischen Bereiche für die unterschiedlichen Hypothesenpaare beim t-Test

Hypothesenpaar		Kritischer Bereich
$H_0 : \mu = \mu_0$ bzw. $H_0 : \mu \geq \mu_0$	gegen $H_1 : \mu < \mu_0$	$t_n < -\lambda_{1-\alpha}$
$H_0 : \mu = \mu_0$ bzw. $H_0 : \mu \leq \mu_0$	gegen $H_1 : \mu > \mu_0$	$t_n > \lambda_{1-\alpha}$
$H_0 : \mu = \mu_0$	gegen $H_1 : \mu \neq \mu_0$	$|t_n| > \lambda_{1-\frac{\alpha}{2}}$

Hypothesenpaar		Kritischer Bereich
$H_0 : \mu = \mu_0$ bzw. $H_0 : \mu \geq \mu_0$	gegen $H_1 : \mu < \mu_0$	$t_n < -t_{1-\alpha;n-1}$
$H_0 : \mu = \mu_0$ bzw. $H_0 : \mu \leq \mu_0$	gegen $H_1 : \mu > \mu_0$	$t_n > t_{1-\alpha;n-1}$
$H_0 : \mu = \mu_0$	gegen $H_1 : \mu \neq \mu_0$	$|t_n| > t_{1-\frac{\alpha}{2};n-1}$

seits zahlt man einen Preis: Der Fehler 2. Art ist typischerweise höher.

Wichtige Tests von dieser Form sind etwa der *Anderson-Darling-Test*, χ^2-*Test*, *Cramér-von-Mises-Test*, *Fishers exakter Test*, *Kolmogorov-Smirnov-Test* und *Vorzeichentests*. Wir gehen unten nur exemplarisch auf den χ^2-Test ein und verweisen ansonsten auf Hedderich und Sachs 2012, Kapitel 7.

Mittelwerttests in nicht-normalverteilten Grundgesamtheiten: Approximativer Anteilswerttest

Liegt keine Normalverteilung vor, ist das Testen schwieriger. Aber auch hier kann bei genug vorliegenden Daten der zentrale Grenzwertsatz angewandt werden, um doch wieder in das einfache Setting zu gelangen.

Sei nun zur Illustration $(X_1, X_2, \ldots, X_n)$ eine einfache Zufallsstichprobe aus einer Bernoulli-verteilten Grundgesamtheit mit unbekanntem Parameter p. Überprüft werden soll die Hypothese $H_0 : p = p_0$. Bei hinreichend großem Stichprobenumfang (Faustregel $np_0(1-p_0) > 9$) erhält man, dass unter H_0 die Teststatistik

$$T_n = \sqrt{n}\, \frac{\overline{X}_n - p_0}{\sqrt{p_0(1-p_0)}} \overset{appr}{\sim} N(0;1)(\text{unter } H_0)$$

approximativ standardnormalverteilt ist.

Damit erhält man kritischen Bereiche für die unterschiedlichen Hypothesenpaare bei gegebenem Testniveau α gemäß Tabelle 4.2.

Zwei-Stichproben-Tests

Kommen wir zurück auf das VBM-Bohrer-Beispiel, das uns schon diesen ganzen Abschnitt begleitet. In leichter Modifikation davon betrachten wir neben unseren $n_1 = 9$ Bohrern eine zweite Stichprobe von $n_2 = 16$ Bohrern, die mit einem anderen Verfahren produziert wurden. Die nun behandelte Frage lautet, ob sich die erwartete Standzeit μ_X aus dem Fertigungsprozess zu Stichprobe 1 von der erwarteten Standzeit μ_Y in Stichprobe 2 statistisch signifikant unterscheidet. Man testet also das Hypothesenpaar

$$H_0 : \mu_X = \mu_Y \quad , \quad H_1 : \mu_X \neq \mu_Y \quad .$$

Solche Tests treten in der Praxis sehr oft auf, etwa bei Fragen der Form „Ist Medikament 1 besser als Medikament 2?", „Unterschieden sich die Einkommen von Gruppe 1 und Gruppe 2 signifikant?" usw.

Als Grundlage für eine Prüfgröße bietet sich offensichtlich die Differenz der Mittelwerte $\overline{x}$ und $\overline{y}$ der beiden Stichproben an. Sind nun die Beobachtungen in Stichprobe 1 und Stichprobe 2 unabhängig und liegen jeweils Normalverteilungen mit Parametern (μ_X, σ_X^2) und (μ_Y, σ_Y^2) vor, wobei wir der Einfachheit halber die Varianzen als bekannt annehmen, so gilt, dass $\overline{X} - \overline{Y}$ ebenfalls normalverteilt ist mit Erwartungswert $\mu_X - \mu_Y$ und Varianz $\sigma_X^2/n_1 + \sigma_Y^2/n_2$. Die Prüfgröße

$$\frac{\overline{X} - \overline{Y}}{\sqrt{\sigma_X^2/n_1 + \sigma_Y^2/n_2}}$$

□ Tabelle 4.2 Die kritischen Bereiche für die unterschiedlichen Hypothesenpaare beim approximativen Anteilwerttest

Hypothesenpaare		Kritischer Bereich
$H_0 : p = p_0$ (bzw. $H_0 : p \geq p_0$)	gegen $H_1 : p < p_0$	$t_n < -\lambda_{1-\alpha}$
$H_0 : p = p_0$ (bzw. $H_0 : p \leq p_0$)	gegen $H_1 : p > p_0$	$t_n > \lambda_{1-\alpha}$
$H_0 : p = p_0$	gegen $H_1 : p \neq p_0$	$|t_n| > \lambda_{1-\alpha/2}$

ist also Standard-Normalverteilt und der kritische Bereich zum Testniveau α ist damit $(-\infty, -\lambda_{1-\alpha/2}) \cup (\lambda_{1-\alpha/2}, \infty)$. Mit leichten Änderungen ergeben sich aus diesen Grundüberlegungen wie zuvor die Modifikationen (einseitige Tests, unbekannte Varianz, siehe die weiterführende Literatur unten).

χ^2 - Unabhängigkeitstest

Die bislang vorgestellten Testverfahren bezogen sich stets auf Parameter einer vorgegebenen Verteilung. In der Hintergrundinformationsbox wird auf Tests hingewiesen, die eine Verteilungsannahme umgehen und evtl. diese Verteilungsannahme selbst zum Gegenstand der Hypothesen machen. Eine häufig verwendete Gruppe von Tests zeichnet sich dadurch aus, dass die zugrundeliegende Teststatistik asymptotisch χ^2-verteilt ist, sie werden deshalb als χ^2-*Tests* bezeichnet.

Mit ihnen lassen sich beispielsweise folgende Fragen untersuchen:

— Folgt die Zufallsvariable X einer bestimmten Verteilung? (χ^2-Anpassungstest)
— Folgen zwei Zufallsvariablen X und Y derselben Verteilung? (χ^2-Homogenitätstest)
— Sind zwei Zufallsvariablen X und Y unabhängig verteilt? (χ^2-Unabhängigkeitstest)

Alle diese Tests basieren auf klassierten Stichprobenwerten, wobei die Stichprobenhäufigkeiten mit theoretischen, unter der Nullhypothese zu erwartenden Häufigkeiten verglichen werden. Einen solchen Vergleich haben wir bereits in der deskriptiven Statistik im Zuge der Berechnung der Kontingenzmaße kennengelernt. Mit diesen Maßen hatten wir die statistische Unabhängigkeit zweier Merkmale in einer gegebenen Stichprobe untersucht. Im Folgenden illustrieren wir deshalb beispielhaft, wie ein χ^2-Unabhängigkeitstest Aussa-

gen zur stochastischen Unabhängigkeit zweier Zufallsvariablen in der Grundgesamtheit erlaubt.

Betrachten wir erneut das Politbarometerbeispiel aus Abschnitt 1.3, und zwar die Ergebnisse bzgl. der Frage, ob CDU und CSU bei künftigen Wahlen getrennt antreten sollen, vgl. □ Abb. 1.2. Die Antworten darauf bezeichnen wir als Merkmal T: „Trennung CDU/CSU" mit t_1 für „gut", t_2 für „schlecht", t_3 für „teils/teils" und t_4 für „keine Angabe". Wollen wir untersuchen, ob diese Einschätzung vom Geschlecht der Befragten abhängt, so müssen wir die gemeinsame Verteilung von T und G: „Geschlecht" mit g_1 für „männlich" und g_2 für „weiblich" betrachten. Nehmen wir an, die Kontingenztabelle habe folgende Gestalt:[17]

$n_{i;j}$	t_1	t_2	t_3	t_4	$\sum$
g_1	362	234	30	19	645
g_2	359	188	34	16	597
$\sum$	21	422	64	35	1242

Dann zeigt ein Vergleich mit der Indifferenztabelle (vgl. Abschnitt 2.4.4)

$n_{i;j}^*$	t_1	t_2	t_3	t_4	$\sum$
g_1	374,4	219,2	33,2	18,2	645
g_2	346,6	202,8	30,8	16,8	597
$\sum$	721	422	64	35	1242

dass die Merkmale T und G in der Stichprobe statistisch abhängig sind, d. h. dass Männer und Frauen die Frage einer getrennten Aufstellung von CDU und CSU unterschiedlich beurteilen. Die beobachteten gemeinsamen Häufigkeiten $n_{i,j}$ in der Kontingenztabelle und die Indifferenzhäufigkeiten $n_{i,j}^*$ in der

---

[17] Die angebenden gemeinsamen Häufigkeiten und der Männer- bzw. Frauenanteil sind fiktiv.

Indifferenztabelle stimmen nicht überein, die mittlere Quadratische Kontingenz Φ^2 weicht vom Unabhängigkeitswert null ab:

$$\Phi^2 = \frac{1}{n} \sum_{i=1}^{k} \sum_{j=1}^{l} \frac{(n_{i,j}^* - n_{i,j})^2}{n_{i,j}^*} = 0,003$$

und das Cramérsche Kontingenzmaß beträgt 0,054. Die Frage, die nun zu klären ist, lautet: Ist die in der Stichprobe beobachtete Abhängigkeit groß genug, um in der gesamten Wahlbevölkerung von einer zum Testniveau α signifikanten Abhängigkeit zwischen Geschlecht und Einschätzung sprechen zu können? Gesucht ist also ein Test der Hypothese

H_0 : T und G sind stochastisch unabhängig

gegen

H_1 : T und G sind nicht stochastisch unabhängig

In der gesamten Wahlbevölkerung sind T und G Zufallsvariable. Damit werden auch die in der Stichprobe zu beobachteten Häufigkeiten zu Zufallsvariablen, wir bezeichnen Sie deshalb in diesem Kontext wieder (konventionsgemäß) mit Großbuchstaben. Auch die Differenz χ^2 der beobachteten und Indifferenzhäufigkeiten stellt damit eine Zufallsvariable dar:

$$\chi^2 = \sum_{i=1}^{k} \sum_{j=1}^{l} \frac{(N_{i,j}^* - N_{i,j})^2}{N_{i,j}^*} \quad (= n\Phi^2)$$

Man kann nun zeigen, dass die Größe χ^2 unter der Nullhypothese der Unabhängigkeit asymptotisch χ^2-verteilt mit $(m-1) \times (l-1)$ Freiheitsgraden, wobei m und l die Anzahl der Ausprägungen der jeweiligen Merkmale bezeichnet. In unserem Beispiel gilt also $m = 4$ (vier Ausprägungen von T) und $l = 2$. Die asymptotische Verteilung gilt zwar definitionsgemäß nur in unendlich großen Stichproben, sie lässt sich aber in großen endlichen Stichproben wiederum näherungsweise bzw. approximativ verwenden. Beim χ^2-Unabhängigkeitstest ist diese Approximation tauglich, wenn alle Indifferenzhäufigkeiten

$n_{i,j}^*$ mindestens 5 betragen. Das ist in unserem Beispiel gegeben.

Die Nullhypothese muss offensichtlich umso eher abgelehnt werden, je größer Φ^2 bzw. χ^2 in der Stichprobe ausfällt, d. h. je deutlicher diese Werte von null abweichen. Die Kenntnis der Verteilung von χ^2 bei Unabhängigkeit erlaubt uns nun, einen kritischen Wert für dieses „Abweichungsmaß" festzulegen: Liegt χ^2 über dem $1 - \alpha$-Quantil der χ^2-Verteilung mit $(m-1) \times (l-1)$ Freiheitsgraden, so sollte man sich gegen die Hypothese entscheiden: Die beobachteten Daten sind dann unter der Unabhängigkeitsannahme so unwahrscheinlich (sie besitzen unter H_0 nur eine Wahrscheinlichkeit von höchstens α), dass man bei der Ablehnung von H_0 mit höchstens $\alpha \times 100\%$ einen Fehler erster Art begeht.

In unserem Beispiel ist die Teststatistik χ^2-verteilt mit $(4-1) \times (2-1) = 3$ Freiheitsgraden und mit $\alpha = 0,10$ beträgt der kritische Wert $k = \chi^2_{3;0,95} = 6,25$; der kritische Bereich des Tests ist also $K = (6,25; \infty)$. Die Teststatistik

$$t_n = \chi^2 = \sum_{i=1}^{k} \sum_{j=1}^{l} \frac{(n_{i,j}^* - n_{i,j})^2}{n_{i,j}^*} = 3,684$$

fällt demzufolge nicht in den kritischen Bereich, die Nullhypothese der stochastischen Unabhängigkeit der beiden Merkmale in der Grundgesamtheit kann auf Basis der Erhebung nicht verworfen werden. Der p-Wert des Tests beträgt 29,8%. In ◘ Abb. 4.8 ist das Testergebnis grafisch dargestellt.

Zusammenfassung

— Ein statistischer Test folgt dem Prinzip eines Gerichtsverfahrens. Eine Ablehnung der Nullhypothese H_0 entspricht dem Urteil „schuldig", das wohlbegründet sein muss. Dazu wird die Fehlerwahrscheinlichkeit 1. Art (α) begrenzt. Eine Nicht-Ablehnung entspricht einem Freispruch, der aber auch aus Mangel an Beweisen nach dem Grundsatz „im Zweifel für den Angeklagten" erfolgt sein kann.

— Unter der Normalverteilungsannahme (und darüber hinaus) lassen sich Tests für den Mittelwert oft leicht durchführen und interpretieren. Der Grad der Ableh-

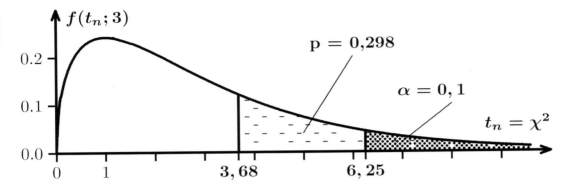

□ **Abb. 4.8** Ergebnis des Unabhängigkeitstests

nung kann dabei über den p-Wert beschrieben werden.

— Zum guten wissenschaftlichen Arbeiten ist es notwendig, bei statistischen Tests ein klares Vorgehen einzuhalten. Insbesondere ist die Aussage des Tests wertlos, wenn zwischenzeitlich die Testbedingungen (Fragestellung, Datengrundlage, Teststatistik,...) geändert werden.

Wiederholungsfragen
---

1. Was versteht man unter einem Testniveau?
2. Warum tritt bei der Konstruktion eines statistischen Hypothesentests die Wahrscheinlichkeit für einen Fehler zweiter Art, β, nicht explizit in Erscheinung?
3. Können Sie einem Nicht-Statistiker in einfachen Worten erklären, was der p-Wert ist?
4. Nehmen Sie Stellung zu der Aussage:

   „Wenn ein statistischer Hypothesentest einen p-Wert von 0,023 aufweist, dann ist die Nullhypothese mit 97,7% Wahrscheinlichkeit falsch."

5. Können Sie die Reihenfolge angeben, in der ein Test durchgeführt werden sollte und begründen, warum ein anderes Vorgehen problematisch sein kann?

■ **Weiterführende Literatur**

~~~ Für eine Vielzahl weiterer statistischer Verfahren:

Hedderich, J. und Sachs, L. (2012). *Angewandte Statistik – Methodensammlung mit R*, volume 14. Springer-Verlag

Fahrmeir, L., Heumann, C., Künstler, R., Pigeot, I., und Tutz, G. (2016). *Statistik: Der Weg zur Datenanalyse*. Springer-Verlag

~~~ Für mathematische Hintergründe, insbesondere zur Optimalitätstheorie:

Irle, A. (2005). *Wahrscheinlichkeitstheorie und Statistik: Grundlagen-Resultate-Anwendungen*. Springer-Verlag

Rüschendorf, L. (2014). *Mathematische Statistik*. Springer-Verlag

4.5 Übungsaufgaben zu Kap. 4

1. Wir betrachten drei unabhängige und identisch-verteilte Zufallsvariablen X_1, X_2, X_3 und möchten deren Erwartungswert μ_X schätzen. Wir betrachten dafür aber nicht das arithmetische Mittel $\overline{X}_n$, sondern nutzen stattdessen folgende Schätzer. Entscheiden Sie, welche dieser erwartungstreu sind:

   a) $t_1(x_1, x_2, x_3) = x_1$
   b) $t_2(x_1, x_2, x_3) = x_1 + x_2 + x_3$
   c) $t_3(x_1, x_2, x_3) = 2x_1 - x_2$

2. Ein Firmeninhaber hat an mehreren Samstagen die Anzahl an Kunden $X_1, X_2, ..., X_n$ in seinem Laden aufgenommen. Er nimmt an, dass diese

Poisson-verteilt mit unbekanntem Parameter λ seien.

  a) Beschreiben Sie, unter welchen Annahmen diese Modellwahl sinnvoll ist.

  b) Geben Sie zwei „sinnvolle"Schätzer für λ an.

3. Zur Anmeldung an einer Universität soll ein neues Online-Formular eingeführt werden. In einer Testphase füllen 100 Studierende dieses aus und benötigen dafür im Mittel $23,6$ Minuten. Die Standardabweichung wird als bekannt vorausgesetzt und beträgt $\sigma = 7$ Minuten. Es wird eine Normalverteilung von $\overline{X}_n$ unterstellt.

  a) Ein Kollege argumentiert, dass die Annahme der Normalverteilung nicht gerechtfertigt ist, da für jede normalverteilte Zufallsvariable Y gilt, dass $P(Y < 0) > 0$. Begründen Sie, dass die Aussage des Kollegen stimmt, man die Normalverteilungsannahme hier aber trotzdem rechtfertigen kann.

  b) Berechnen Sie das 95%-Konfidenzintervall für die erwartete Zeit zum Ausfüllen des Formulars.

  c) Wie groß müsste die Stichprobengröße n gewählt werden, damit das 95%-Konfidenzintervall eine Länge von höchstens 1 Minute hat?

4. Ein Anlageberater möchte Sie von der Investition in einen Fond überzeugen und präsentiert Ihnen ein – auf Ergebnissen der letzten Jahre basierendes – einseitiges 95%-Konfidenzintervall von $[2\% \, ; \, \infty)$ für die jährliche Rendite. Können Sie sich damit sehr sicher sein, dass die Rendite im kommenden Jahr tatsächlich mindestens 2% beträgt? Welche Fragen sind zu klären?

5. Die Kieler Verkehrsgesellschaft KVG möchte feststellen, wie viele Einnahmen ihr monatlich durch Schwarzfahrten mit den Bussen im Kieler ÖPNV entgehen. Dazu wurden Stichproben durchgeführt, bei denen 400 der insgesamt etwa 100.000 Fahrgäste kontrolliert wurden. Die Stichprobe ergab, dass 30 Fahrgäste keinen gültigen Fahrausweis, der 2,50 Euro kostet, vorweisen konnten.

  a) Konstruieren Sie ein 95%-Konfidenzintervall für den monatlichen Einnahmeausfall der KVG.

  b) Wie groß muss der Stichprobenumfang sein, damit das 95% Konfidenzintervall für den Anteil der Schwarzfahrer bei der beobachteten Punktschätzung die Länge von 0,02 hat?

c) Eine Brauerei verkauft 0,5l-Flaschen Weizenbier. Bei der Messung der Flüssigkeitsmenge in 8 befüllten Flaschen durch eine Verbraucherschutzorganisation ergaben sich die folgenden Werte (in l):

$$0,482 \; 0,479 \; 0,502 \; 0,508$$
$$0,497 \; 0,496 \; 0,503 \; 0,489.$$

Es wird angenommen, dass die Daten Realisierungen von unabhängigen $N(\mu, \sigma^2)$-verteilten Zufallsgrößen mit unbekannten Parametern μ und σ^2 sind.

  a) Wie sollte die Verbraucherschutzorganisation H_0 und H_1 formulieren, um der Brauerei eine zu geringe Befüllung der Flaschen nachzuweisen?

  b) Testen Sie die Nullhypothese, dass die Brauerei die Maschine tatsächlich auf mindestens 0,5l eingestellt hat, zum Niveau $\alpha = 5\%$ und formulieren Sie das Ergebnis so, dass auch nicht-Statistiker es verstehen. [18]

  c) Die Organisation untersucht zwei weitere Flasche und stellt fest, dass diese 0,483l und 0,491l enthalten. Das Statistikprogramm gibt daraufhin folgende Meldung aus:

```
> t.test(x,alternative = c("less"),mu=0.5)

    One Sample t-test

data:  x
t = -2.254, df = 9, p-value = 0.02533
alternative hypothesis: true mean is less than 0.5
95 percent confidence interval:
    -Inf 0.4986928
sample estimates:
mean of x
    0.493
```

---

[18] Sollten Sie keine Lust haben zu rechnen, können Sie auch verwenden: $t_{0,95;7} = -1,895$, $t_8 = -1,5069$

Formulieren Sie das Testergebnis so, dass auch Nicht-Statistiker es verstehen.

d) Daraufhin verbreitet die Organisation in der Presse:

Mit Wahrscheinlichkeit 95% enthalten die Flaschen von Brauerei X zu wenig Bier.

Was sagen Sie dazu?

6. Eine Geschäftsbank erkennt, dass ihre Privatkunden zunehmend auch Konten bei anderen Kreditinstituten führen. Um ihre Wettbewerbsfähigkeit zu verbessern, erwägt sie, die Konditionen für eigene Kunden zu verbessern. Ein solcher Schritt soll ergriffen werden, wenn der Anteil p der Kunden, die Konten bei anderen Banken führen, 35% übersteigt. Da der Anteil nicht unmittelbar beobachtbar ist, muss er durch eine Kundenbefragung abgeschätzt werden. In einer Befragung von 2000 Kundinnen und Kunden (einfache Stichprobe) gaben 720 Befragte an, weitere Konten bei anderen Kreditinstituten zu führen.

a) Schätzen Sie den Anteil p und testen Sie zum Niveau von $\alpha = 0{,}05$, ob dieser Anteil signifikant größer ist als 35%. Wie lauten die Null- und die Gegenhypothese, der kritische Wert, die realisierte Teststatistik, der p-Wert, die Testentscheidung und die Handlungsempfehlung für die Geschäftsbank?

b) Bei einer erneuten Befragung von 7500 Kundinnen und Kunden antworteten 2700: „Ja, ich besitze mindestens ein weiteres Konto bei einem anderen Institut". Führen Sie erneut die Berechnungen aus a) durch. Warum ändert sich die Handlungsempfehlung, obwohl die Punktschätzung und damit die Teststatistik gleich bleibt?

7. Es soll untersucht werden, ob in der Bevölkerung ein Zusammenhang zwischen der Einschätzung der eigenen wirtschaftlichen Lage (Zufallsvariable X) und der Einschätzung der eigenen Gesundheit (Zufallsvariable Y) besteht. 1000 Erwachsene

wurden zufällig ausgewählt und befragt. Das Ergebnis ist in der folgenden Tabelle wiedergegeben:

	y_1 „schlecht"	y_2 „mittel"	y_3 „gut"	$\sum$
x_1 „schlecht"	50	57	68	178
x_2 „mittel"	147	183	265	597
x_3 „gut"	52	46	132	231
$\sum$	249	286	465	1000

Testen Sie zum 1%–Niveau, ob die beiden Einschätzungen stochastisch unabhängig sind.

Lösungen Übungsaufgaben zu Kap. 4

1. a) Erwartungstreu, denn $E[X_1] = \mu_X$.
   b) Nicht erwartungstreu, denn $E[X_1 + X_2 + X_3] = 3\mu_X \neq \mu_X$
   c) Erwartungstreu, denn $E[2X_1 - X_2] = 2\mu_X - \mu_X = \mu_X$.

2. a) Die Wahl ist sinnvoll, wenn der Kundenstrom durch einen Poissonprozess beschrieben ist, siehe Abschnitt 3.6.1.
   b) Hier gibt es natürlich viele Möglichkeiten. Zwei natürliche ergeben sich aber aus der Beobachtung, dass λ sowohl Erwartungswert als auch Varianz von X_i ist, siehe Tabelle in Abschnitt 3.6.1. Damit kann man das arithmetische Mittel oder die korrigierte Stichprobenvarianz verwenden.

3. a) Der Kollege hat recht, da jede Dichte f_Y einer normalverteilten Zufallsvariable überall > 0 ist und damit auch

$$P(Y < 0) = \int_{-\infty}^{0} f_Y(y)dy > 0.$$

Diese Eigenschaft ist beim Messen von Zeiten hier sicherlich nicht sinnvoll. Die Argumentation aus Abschnitt 4.3.2 zur Asymptotik rechtfertigt aber, dass diese Wahrscheinlichkeit so vernachlässigbar klein ist, dass dies kein Problem darstellt.

   b) Das Konfidenzintervall beträgt

$$[\overline{X}_n - 1{,}96 \cdot \sigma/\sqrt{n} \ ; \ \overline{X}_n + 1{,}96 \cdot \sigma/\sqrt{n}],$$

hier also

$$[23,6 - 1,96 \cdot 7/\sqrt{100} \ ;$$
$$23,6 + 1,96 \cdot 7/\sqrt{100}]$$
$$\approx \ [22,23 \ ; \ 24,97],$$

c) Die Länge des Konfidenzintervalls beträgt $2 \times 1,96 \times 7/\sqrt{n}$. Gleichsetzen mit 1 liefert

$$n = (2 \times 1,96 \times 7)^2 \approx 753.$$

4. Das Konfidenzintervall liefert nur dann eine sinnvolle Fehlerabschätzung, wenn das zugrundeliegende Modell richtig spezifiziert wurde. Folgende Punkte sind (neben weiteren) also bedenkenswert:

   – Statistik kann immer nur Beobachtungen der Vergangenheit in die Zukunft fortschreiben. Wenn sich etwas Strukturelles ändert, helfen die Daten der Vergangenheit nicht. So können etwa Crashs nicht nur mit Blick auf Daten vorhergesagt werden.

   – Welche Daten der Vergangenheit wurden ausgewählt? Nur die für das Ergebnis passenden?

   – Nicht-erfolgreiche Fonds verschwinden vom Markt und die erfolgreichen bleiben häufiger bestehen. War der Erfolg der Vergangenheit aber vielleicht nur Zufall?

5. a) Die Punktschätzung für den Anteil der Schwarzfahrer beträgt $\hat{p}_n = 30/400 = 0,075$. Gemäß Gleichung (4.1) besitzt das approximative 95%-Konfidenzintervall die Grenzen

$$\hat{p}_n \pm \lambda_{0,975} \frac{\sqrt{p(1-p)}}{\sqrt{n}}$$

Ersetzt man den unbekannten Wurzelausdruck $\sqrt{p(1-p)}$ durch die Schätzung $\sqrt{\hat{p}_n(1-\hat{p}_n)}$ und verwendet $\lambda_{0,975} = 1,96$, so erhält man das realisierte (approximative) Konfidenzintervall $[0,049 \ ; \ 0,101]$: Der Anteil der Schwarzfahrer liegt mit einer Vertrauenswürdigkeit von 95% zwischen 4,9%

und 10,1%. Bei 100.000 Fahrgästen und einem Ticketpreis von 2,50€ erhält man entsprechend einen Einnahmeausfall zwischen 12.296,91€ und 25.203,09€.

b) Die (geschätzte) Länge des Konfidenzintervalls ist $L = 2\lambda_{0,975}\frac{\sqrt{\hat{p}_n(1-\hat{p}_n)}}{\sqrt{n}}$. Gibt man $L = 0,02$ vor und löst nach dem Stichprobenumfang n auf, so erhält man

$$n = 4\lambda_{0,975}^2 \frac{\hat{p}_n(1-\hat{p}_n)}{L^2}$$
$$= 4 \times 1,96^2 \times \frac{0,075 \times 0,925}{0,02^2}$$
$$= 2665,11 \quad .$$

Es sind also 2666 Fahrgäste zu kontrollieren, damit die Schwarzfahrerquote zu einem Niveau von 95% auf zwei Prozentpunkte genau abgeschätzt werden kann.

6. a) Gemäß der Diskussion aus Abschnitt 4.4.1 sollten sie formulieren: $H_0 : \ \mu \geq 0,5$ gegen $H_0 : \ \mu < 0,5$.

   b) Da die Nullhypothese hier abgelehnt wird, wenn die Flaschen zu gering befüllt sind, ist der kritische Bereich von der Form $(-\infty, k)$, hier mit $k = t_{0,05;7} = -1,895$. Da $t_8 = -1,5069 \notin K$, kann H_0 nicht abgelehnt werden. Das heißt: Anhand der kleinen Stichprobe und dem genutzten Verfahren kann man keine zu niedrige Befüllung nachweisen.

   c) Der p-Wert von 2,533% zeigt, dass nun eine signifikante Ablehnung der Nullhypothese möglich ist. Man könnte also formulieren: „Die Organisation kann begründen, dass die Brauerei ihre Flaschen signifikant zu wenig befüllt." Hier ist allerdings Vorsicht geboten! Es wurden durch die zusätzlichen zwei Flaschen in der Stichprobe ein neuer Test durchgeführt. Die einfache Benutzung dieses (der Organisation passenden) Ergebnisses ist also nicht zulässig.

   d) Neben dem Einwand aus (c) ist ferner anzumerken, dass p-Werte nicht als

Wahrscheinlichkeiten für die Richtigkeit der Nullhypothese gedeutet werden können.

7. a) Für die Bank zieht der Fall $p > 0,35$ harte Konsequenzen nach sich, da die Anpassung der Konditionen eine Verringerung der Gewinnmarge darstellt. Die Bank wird deshalb bestrebt sein, diese Hypothese mit der vorgegebenen Irrtumswahrscheinlichkeit von maximal 5% abzusichern. Sie testet also $H_0 : p \leq 0,35$ gegen $H_1 : p > 0,35$. Es gilt: $\hat{p} = 720/2000 = 0,36$, $t_n = \sqrt{2000}\frac{0,36-0,35}{\sqrt{0,35\times(1-0,35)}} = 0,9376$, $k = 1,645$, p-Wert: $0,1742$. H_0 kann damit nicht verworfen werden, die Daten sind mit einer Zweitbankkundenquote von unter 35% verträglich. Würde man die Gegenhypothese akzeptieren, müsste man eine Irrtumswahrscheinlichkeit erster Art von 17,42% in Kauf nehmen. Die Untersuchung bietet der Bank keinen Anlass, die Konditionen zugunsten der Kundinnen und Kunden zu verändern.

b) $\hat{p} = 2700/7500 = 0,36$, $t_n = \sqrt{7500}\frac{0,36-0,35}{\sqrt{0,35\times(1-0,35)}} = 1,8157$, $k = 1,645$, p-Wert: $0,0347$. Der geschätzte Anteil p bleibt gleich, jedoch ändert sich aufgrund des größeren Stichprobenumfangs die realisierte Teststatistik: Durch den höheren Stichprobenumfang wird die Schätzung genauer (geringere Varianz), t_n steigt und der p-Wert sinkt soweit, dass die Gegenhypothese bei einem Testniveau von 5% akzeptiert werden kann: Die Wahrscheinlichkeit für einen Fehler erster Art sinkt unter b) auf 3,47%.

8. Die Teststatistik χ^2 ist unter H_0 : „X und Y sind stochastisch unabhängig" χ^2-verteilt mit $(3-1)\times(3-1) = 4$ Freiheitsgraden. Der kritische Wert bei $\alpha = 0,01$ beträgt 13,28, der kritische Bereich ist demnach $K = (13,28 \; ; \; \infty)$. Die beobachtete Teststatistik ist $\chi^2 = 17,88 \in K$. Der p-Wert beträgt 0,0013 bzw. 0,13%. H_0 wird deshalb verworfen, die beiden Einschätzungen sind signifikant stochastisch abhängig bei einem Fehlerniveau von 0,13%.

Literaturverzeichnis

Amrhein, V., Greenland, S., und McShane, B. (2019). Scientists rise up against statistical significance. *Nature*, 567:305–307.

Christensen, B. und Christensen, S. (2018). *Achtung: Mathe und Statistik: 150 neue Kolumnen zum Nachdenken und Schmunzeln*. Springer-Verlag.

Drösser, C., Geissler, H., und (Firm), Y. (2015). *Wie wir Deutschen ticken: Wer wir sind. Wie wir denken. Was wir fühlen*. Edel Books. https://books.google.de/books?id=Yk7TrQEACAAJ.

Fahrmeir, L., Heumann, C., Künstler, R., Pigeot, I., und Tutz, G. (2016). *Statistik: Der Weg zur Datenanalyse*. Springer-Verlag.

Georgii, H.-O. (2015). *Stochastik: Einführung in die Wahrscheinlichkeitstheorie und Statistik*. Walter de Gruyter GmbH & Co KG.

Hedderich, J. und Sachs, L. (2012). *Angewandte Statistik – Methodensammlung mit R*, volume 14. Springer-Verlag.

Hirschauer, N., Grüner, S., Mußhoff, O., und Becker, C. (2019). Twenty steps towards an adequate inferential interpretation of p-values in econometrics. *Jahrbücher für Nationalökonomie und Statistik*, im Erscheinen.

Irle, A. (2005). *Wahrscheinlichkeitstheorie und Statistik: Grundlagen-Resultate-Anwendungen*. Springer-Verlag.

Keener, R. W. (2011). *Theoretical statistics: Topics for a core course*. Springer.

Krämer, W. (2011). The cult of statistical significance – what economists should and should not do to make their data talk. *Schmollers Jahrbuch*, 131(3):455–468.

Rüschendorf, L. (2014). *Mathematische Statistik*. Springer-Verlag.

SPIEGEL Online (2013). Juristen halten zensus für gesetzwidrig. https://www.spiegel.de/politik/deutschland/grosse-stichprobenfehler-juristen-halten-zensus-fuer-gesetzwidrig-a-917024.html.

Wasserstein, R. L., Lazar, N. A., et al. (2016). The ASA's statement on p-values: context, process, and purpose. *The American Statistician*, 70(2):129–133.

Wasserstein, R. L., Schirm, A. L., und Lazar, N. A. (2019). Moving to a world beyond $p < 0.05$. *The American Statistician*, 73(1).

Anwendung: Lineares Modell und Ökonometrie

© Springer Fachmedien Wiesbaden GmbH, ein Teil von Springer Nature 2019
B. Christensen et al., *Statistik klipp & klar*, WiWi klipp & klar,

Ein Unternehmen möchte möglichst genau wissen, welcher Mehrabsatz mit einer geplanten Preisrabatt-Aktion verbunden ist. Dies hängt natürlich von verschiedenen Faktoren ab, etwa dem jetzigen Preis und aktuellen Werbeausgaben. Für Fragestellungen dieser Art kann ein Lineares Modell den geeigneten Analyserahmen darstellen. Es handelt sich um einen wahrscheinlichkeitstheoretischen Ansatz, der die Kleinst-Quadrat-Methode als Schätzverfahren nutzt und somit Aussagen über die beobachtete Stichprobe hinaus ermöglicht. Das Lineare Modell stellt ein fundamentales Werkzeug in der empirischen Wirtschaftsforschung dar und ist der Ausgangspunkt eines eigenständigen Zweigs der ökonomischen statistischen Analyse, der „Ökonometrie".

Lernziele

Nach der Lektüre dieses Kapitels sollten Sie

~ den Aufbau und die Interpretation des Linearen Modells kennen,

~ den Zusammenhang zwischen Linearem Modell und linearer Regressionsanalyse verstehen,

~ die Methoden der induktiven Statistik auf das Lineare Modell anwenden und dadurch weitreichende, relevante und belastbare Ergebnisse erzielen können,

~ die Limitationen und Analysevoraussetzungen des Linearen Modells kennen und

~ begeistert sein und großes Interesse haben, über die hier beschriebenen Grundlagen hinaus Analysemöglichkeiten im Linearen Modell zu entdecken!

In Abschnitt 2.7 wurde gezeigt, wie ein Datensatz mit Hilfe der multiplen Regressionsanalyse auf wenige Parameter, nämlich die Steigungskoeffizienten der Regressoren sowie ein Absolutglied, verdichtet werden kann.

Wertet beispielsweise ein Unternehmen für ein bestimmtes Produkt monatlich erhobene Daten der vergangenen drei Jahre zu seinen Absatzzahlen y, den Preisen pr (in Euro), den Werbeausgaben wa (in 1000 Euro) und dem Wechselkurs wk (in Dollar/Euro) aus, so könnte das Regressionsergebnis wie folgt lauten:

$$\hat{y} = 327 - 52pr + 74wa + 63wk \quad .$$

Das Dach über dem y symbolisiert dabei, dass es sich bei der Gleichung um den Regressionszusammenhang nach der KQ-Methode handelt. Eine Preiserhöhung um einen Euro schmälert den Absatz nach dieser Berechnung um 52 Stück und eine Erhöhung der Werbeausgaben um 1000 Euro steigert den Absatz um 74 Stück. Steigt der Wechselkurs um eine Einheit, erhöht sich der Absatz um 63 Stück. Diese Abhängigkeit gilt jedoch zunächst nur für die beobachteten Daten, die Regressionsanalyse basiert ja auf einer bestmöglichen Beschreibung der erhobenen (zurückliegenden) Werte. Als deskriptives Verfahren bietet die KQ-Methode keine Rechtfertigung, die Resultate über den Stichprobenumfang hinaus zu interpretieren. Genau das wird jedoch das Anliegen des Unternehmens sein, wenn es beispielsweise Aufschluss darüber sucht, wie eine Erhöhung des Werbeetats im kommenden Jahr wirken wird und welcher Mehrabsatz bei einer geplanten Rabattaktion zu erwarten ist.

Eine solche Schlussfolgerung über den Datensatz hinaus wird möglich, wenn man unterstellt, dass zwischen Absatz, Preisen, Werbung und Wechselkursen ein fester linearer Zusammenhang besteht, der den Beobachtungen der Stichprobe zugrunde liegt, aber auch darüber hinaus (z. B. im kommenden Jahr) Gültigkeit besitzt. Gleichzeitig muss dann angenommen werden, dass diese fundamentale Gesetzmäßigkeit nicht unmittelbar beobachtet werden kann, sondern durch zufällige Störungen beeinflusst wird, sonst ließe sich der Zusammenhang ja durch einen Blick auf die Daten exakt identifizieren, was in der Praxis nahezu nie gegeben ist.

Genau diese Argumentation bzw. diese Annahmen sind Grundlage des Linearen Modells: Es wird anhand der beobachteten Daten versucht, die systematischen Einflussgrößen (hier: Preise, Werbeausgaben, Wechselkurse) auf die zu erklärende Größe (hier: den Absatz) von den unsystematischen, zufälligen Störungen zu trennen, um den zugrunde liegenden Wirkungszusammenhang möglichst genau zu quantifizieren. Dabei bezeichnet man die systematischen Einflussgrößen als *Regressoren* oder auch als *exogene* oder *erklärende Größen*, die zu erklärende Größe als *Regressanden* oder auch als *endogene* oder *zu erklärende Größen*.

Im Folgenden wird das Lineare Modell zunächst in einem zweidimensionalen Zusammenhang vorgestellt, da sich hier viele Aspekte anschaulich grafisch darstellen lassen, bevor wir auf das obenstehende Ergebnis der multiplen Regression zurückkommen.

5.1 Das bivariate Lineare Modell

Hat man eine Stichprobe von n Haushalten vorliegen und bezeichnet mit x deren monatliches Einkommen sowie mit y deren monatliche Konsumausgaben, so lässt sich der empirische Zusammenhang zwischen Einkommen und Konsum für diese n Haushalte durch die KQ-Regressionsgerade $\hat{y}(x) = \hat{a}_0 + \hat{a}_1 x$ beschreiben. Das Lineare Modell unterstellt dagegen zunächst einen theoretischen Zusammenhang zwischen Einkommen und Konsum, der grundsätzlich für alle Haushalte gilt, also nicht nur für die beobachteten Haushalte und sogar unabhängig davon, ob man überhaupt Einkommens- und Konsumdaten erhebt. Der theoretische lineare Zusammenhang $y(x) = \beta_0 + \beta_1 x$ stellt eine Modellgerade mit den Modellparametern β_0 und β_1 dar. β_1 ist die sog. „marginale Konsumquote". Sie gibt an, wie viele Cent eines zusätzlichen Euros an Einkommen in den Konsum fließen. β_0 und β_1 sind unbekannt, die Modellgerade also nicht beobachtbar. Sie liegt jedoch den Beobachtungen zugrunde, die durch Auswahl beliebiger Haushalte erhoben werden können. Dabei wird der theoretische Zusammenhang bei jedem Haushalt durch eine zufällige Abweichung additiv gestört. Konventionsgemäß bezeichnet man diese unsystematische Störgröße mit U, sie stellt eine Zufallsvariable dar. Damit ist auch Y, hier: der Konsum, eine Zufallsvariable, denn Y wird durch U beeinflusst. Wie schon in Kapitel 3 bezeichnen wir auch hier Zufallsvariablen mit Großbuchstaben. Ferner nehmen wir an, dass die Erklä-

rungsgröße x, hier: das Einkommen, exogen gegeben ist, also nicht durch das Modell bestimmt wird und keine Zufallsvariable darstellt. Mit $i = 1, \ldots, n$ als Beobachtungsindex lautet das bivariate Lineare Modell also

$$Y_i = \beta_0 + \beta_1 x_i + U_i \quad .$$

Durch die lineare Form ähnelt das Modell dem Regressionszusammenhang

$$y_i = a_0 + a_1 x_i + v_i \quad ,$$

den wir in Abschnitt 2.7 als Grundlage zur Beschreibung des Zusammenhangs der **beobachteten** Werte $(x_i; y_i)$ herangezogen haben. Es gibt jedoch zwei wichtige Unterschiede: Zum einen stellt das Lineare Modell einen theoretischen Zusammenhang dar, der unabhängig von Beobachtungen existiert. Zum anderen unterstellt das Lineare Modell einen eindeutig gerichteten Wirkungszusammenhang, d. h. eine Kausalrichtung: Der exogene Regressor x bestimmt den endogenen Regressanden Y, eine Rückwirkung von Y auf x, hier: vom Konsum auf das Einkommen, wird ausgeschlossen.[19,20]

Damit befinden wir uns in der Situation der schließenden Statistik (Kapitel 4). Wir unterstellen, dass unsere Beobachtungen (x_i, Y_i) Realisationen von Zufallsvariablen sind und wir haben unbekannte Parameter β_0 und β_1 und Beobachtungen $(x_1, y_1), \ldots, (x_n, y_n)$ vorliegen. Erstes Ziel der empirischen ökonomischen Analyse ist es, die unbekannten Parameter β_0 und β_1 zu schätzen. Da die Modellgerade (annahmegemäß) die Punktwolke erzeugt hat und die KQ-Gerade $\hat{y}(x) = \hat{a}_0 + \hat{a}_1 x_i$ die Punktwolke „am besten" beschreibt, liegt es nahe, die Modellgerade durch die KQ-Gerade zu schätzen. Die Schätzer für β_0 und

---

[19] Zur Beschreibung eines bivariaten Datensatzes sind dagegen die Ansätze $y_i = a_0 + a_1 x_i + v_i$ und $x_i = b_0 + b_1 y_i + w_i$ gleichrangig.

[20] Die beschriebene Kausalrichtung gilt auch dann, wenn die Regressorvariable als Zufallsvariable X modelliert wird. Das ändert die folgende Ergebnisse grundsätzlich nicht, macht aber etwas aufwändigere Berechnungen erforderlich. Wir betrachten deshalb weiterhin x nicht als Zufallsvariable.

β_1 sind also die KQ-Koeffizienten, siehe Abschnitt 2.7.1:

$$\hat{\beta}_1 = \hat{a}_1 = S_{xY}/S_x^2 \quad,$$
$$\hat{\beta}_0 = \hat{a}_0 = \overline{y} - \hat{\beta}_1 \overline{x} \quad.$$

Entsprechend können die KQ-Residuen $\hat{v}$ als Schätzer für die unbeobachtbaren Störgrößen interpretiert werden: $\hat{u}_i = \hat{v}_i$.

In ◘ Abb. 5.1 sind die oben verbal beschriebenen Stufen der Analyse grafisch dargestellt: Die Modellgerade stellt den Zusammenhang zwischen x und y her (a). Bei den Beobachtungen wird dieser Modellzusammenhang durch die Störgrößen u_i additiv gestört (b). Schließlich wird die Modellgerade durch die KQ-Gerade geschätzt (c).

a) Modellgerade

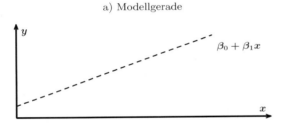

b) Störgrößen und Streuungsdiagramm

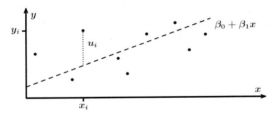

c) KQ-Schätzung und KQ-Residuen

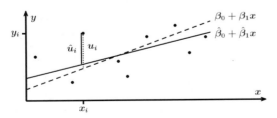

◘ **Abb. 5.1** Lineares Modell und KQ-Schätzung

Hintergrundinformation

Im Linearen Modell erfährt das deskriptive Verfahren der KQ-Analyse eine neue Interpretation: Es wird hier nicht für eine bestmögliche **Beschreibung** eines Datensatzes eingesetzt, sondern als **Schätzung** für die unbeobachtbare Modellgerade interpretiert. Die KQ-Methode selbst ändert sich durch diese „neue" Interpretation der KQ-Koeffizienten nicht. Unter bestimmten Annahmen (die weiter unten vorgestellt werden) stellt die KQ-Schätzung ein „bestmögliches" Schätzverfahren dar.

Interpretiert man die KQ-Analyse als KQ-Schätzung, so drängt sich die Frage auf, wie gut die KQ-Schätzung den Modellzusammenhang trifft, und ob eventuell andere Schätzverfahren „besser" geeignet sind, siehe die Diskussion in Abschnitt 4.2. Um diese Frage zu untersuchen, muss zunächst festgestellt werden, dass $\hat{\beta}_0$ und $\hat{\beta}_1$ als **Schätzfunktionen** $\hat{\beta}_0 = \overline{y} - \hat{\beta}_1 \overline{x}$ und $\hat{\beta}_1 = S_{xY}/S_x^2$ selbst Zufallsvariable sind, für die erst die betrachtete Stichprobe $(x_1, y_1), \ldots, (x_n, y_n)$ konkrete Realisationen bzw. **Schätzwerte** liefert (z. B. $\hat{\beta}_0 = 877$ und $\hat{\beta}_1 = 0{,}643$)! Grafisch lässt sich dieser Umstand leicht veranschaulichen, wenn man verschiedene Stichproben betrachtet, denen stets dasselbe Modell zugrunde liegt. Auch wenn die Modellparameter β_0 und β_1 von Stichprobe zu Stichprobe nicht variieren, unterscheiden sich die Schätzparameter $\hat{\beta}_0$ und $\hat{\beta}_1$ von Stichprobe zu Stichprobe. In ◘ Abb. 5.2 sind beispielhaft vier Stichproben dargestellt, denen jeweils das theoretische Modell $y(x) = \beta_0 + \beta_1 x$ zugrunde liegt. Die konkreten Schätzwerte für das Absolutglied und die marginale Konsumquote, $\hat{\beta}_0$ und $\hat{\beta}_1$, und damit die KQ-Gerade fallen für jede Stichprobe unterschiedlich aus.

Formal lässt sich der Zufallscharakter der KQ-Schätzer ebenfalls leicht veranschaulichen. $\hat{\beta}_0$ und $\hat{\beta}_1$ sind Funktionen der Y_i und damit der Störgrößen U_i. Für den Steigungskoeffizienten gilt beispielsweise

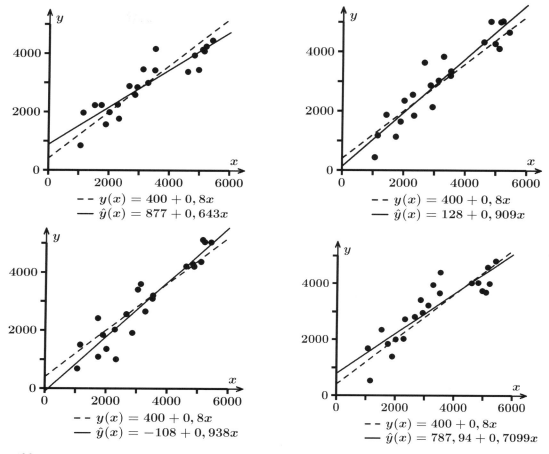

□ **Abb. 5.2** Verschiedene Stichproben desselben Linearen Modells

$$\hat{\beta}_1 = \frac{S_{x,Y}}{S_x^2} = \frac{\sum_{i=1}^{n}(x_i - \overline{x})(Y_i - \overline{y})}{nS_x^2}$$

$$= \sum_{i=1}^{n} Y_i \frac{(x_i - \overline{x})}{nS_x^2} - \frac{\sum_{i=1}^{n} \overline{Y}x_i - \sum_{i=1}^{n} \overline{Y}\overline{x}}{nS_x^2}$$

$$= \sum_{i=1}^{n} Y_i \frac{(x_i - \overline{x})}{nS_x^2} - \frac{\overline{Y}\sum_{i=1}^{n} x_i - n\overline{Y}\overline{x}}{nS_x^2}$$

$$= \sum_{i=1}^{n} Y_i \frac{(x_i - \overline{x})}{nS_x^2} - \frac{\overline{Y}\sum_{i=1}^{n} x_i - n\overline{Y}\frac{\sum_{i=1}^{n} x_i}{n}}{nS_x^2}$$

$$= \sum_{i=1}^{n} Y_i \frac{(x_i - \overline{x})}{nS_x^2} - \underbrace{\frac{\overline{Y}\sum_{i=1}^{n} x_i - \overline{Y}\sum_{i=1}^{n} x_i}{nS_x^2}}_{=0}$$

$$= \sum_{i=1}^{n} \frac{(x_i - \overline{x})}{nS_x^2} Y_i$$

$$= \sum_{i=1}^{n} \frac{(x_i - \overline{x})}{nS_x^2}(\beta_0 + \beta_1 x_i + U_i) \quad . \tag{5.1}$$

Diese Gleichung zeigt zudem, dass $\hat{\beta}_1$ eine lineare Funktion der Störgrößen ist. Gleiches gilt für $\hat{\beta}_0$.

Als Zufallsvariablen interpretiert, besitzen die KQ-Schätzfunktionen einen Erwartungswert, eine Varianz und eine Verteilung. Diese Eigenschaften lassen eine Beurteilung der KQ-Schätzung zu. Wie allgemein in Abschnitte 4.2 diskutiert, wäre beispielsweise „Erwartungstreue" wünschenswert, also dass z. B. der Erwartungswert von $\hat{\beta}_1$ mit dem wahren Koeffizienten β_1 übereinstimmt. Man würde also zwar in jeder Stichprobe eine unterschiedliche Realisation bzw. einen unterschiedlichen Schätzwert $\hat{\beta}_1$ erhalten, im Mittel über unendlich viele Stichproben den wahren Wert β_1 jedoch exakt treffen (wenn bspw.

anhand des Gesetzes der großen Zahlen argumentiert werden kann, vgl. Abschnitt 3.7.1). ◘ Abb. 5.3 deutet an, dass diese Erwartungstreue des KQ-Schätzers nicht unrealistisch ist. Dort wird angenommen, dass nicht nur 4, sondern 250 Stichproben aus der Grundgesamtheit aller Haushalte mit $y(x_i) = \beta_0 + \beta_1 x_i$ gezogen wurden und mithin 250 Schätzwerte β_1 vorliegen, deren Häufigkeitsverteilung in der Abbildung dargestellt ist. Offensichtlich wird bereits im Mittel über 250 Stichproben der wahre Koeffizient $\beta_0 = 0,8$ recht genau getroffen. In Abschnitt 5.2 werden wir zeigen, wann sich dieses Ergebnis der Erwartungstreue der KQ-Schätzung verallgemeinern lässt.

Die Varianz eines Schätzers misst, wie stark sich die Schätzwerte von Stichprobe zu Stichprobe unterscheiden. In ◘ Abb. 5.3 zeigt sich eine deutliche Streuung von $\hat{\beta}_1$: Es werden beispielsweise Werte unter 0,6, aber auch Werte über 1 für die geschätzte marginale Konsumquote beobachtet. Die Varianz ist also ein Maß für die Ungenauigkeit eines Schätzers: Ein Schätzer ist „umso besser", je geringer seine Varianz ist.

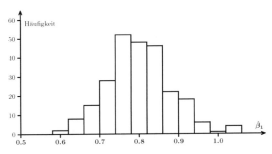

◘ **Abb. 5.3** Empirische Verteilung des KQ-Steigungskoeffizienten, 250 Stichproben vom Umfang $n = 22$

Weil die KQ-Schätzer lineare Funktionen der Störgrößen sind, hängen ihre Eigenschaften (z. B. Erwartungswert, Varianz und Verteilung) offensichtlich von den stochastischen Eigenschaften der U_i (z. B. Erwartungswert, Varianz und Verteilung) ab. Diese Eigenschaften sind unbekannt, da die Störgrößen selbst ja nicht beobachtbar sind. In der Ökonometrie löst man dieses Dilemma, indem man zunächst Annahmen über die Eigenschaften der Störgrößen trifft, das Modell unter diesen An-

nahmen analysiert und anschließend die Annahmen überprüft. Stellt man dabei Verstöße gegen die Annahmen fest, so ist das Modell neu zu modifizieren, um die Annahmen einzuhalten und der Analysezyklus erneut durchzuführen, bis man zu einer tauglichen Modellspezifikation gelangt ist.

5.2 Die Annahmen im Linearen Modell

Es wird erstens angenommen, dass die Störgröße um den Wert null schwankt bzw. dass die Beobachtungen um die Modellgerade schwanken; das Modell also „im Mittel" richtig ist (Annahme A1). Wäre diese Annahme verletzt, so würde das Absolutglied β_0 offensichtlich durch $\hat{\beta}_0$ systematisch falsch geschätzt werden und die KQ-Schätzung wäre damit nicht mehr erwartungstreu, vgl. ◘ Abb. 5.4.

Zweitens wird unterstellt, dass die Beobachtungen mit einer konstanten Varianz $VAR[u_i] = \sigma^2$ um die Modellgerade schwanken (Annahme A2). Diese sog. Annahme der *Homoskedastie* schließt z. B. aus, dass die Streuung der Störgrößen mit zunehmendem Regressorwert x ansteigt, vgl. ◘ Abb. 5.5. Gerade im Konsumbeispiel ist diese Annahme nicht unkritisch, da reichere Haushalte (hohes x) mehr Spielraum haben, von der Modellgerade abzuweichen (hohes σ^2).

Die dritte Annahme (A3) bezieht sich auf die Abhängigkeit der Störgrößen untereinander. Hier wird unterstellt, dass zwischen den Störgrößen zumindest keine lineare Abhängigkeit besteht, die U_i also nicht mit sich selbst korreliert bzw. nicht *autokorreliert* sind: $COV[U_i, U_j] = 0$ für $i \neq j$, siehe Abschnitt 3.4.4. Geht man im Konsumbeispiel von einem *Querschnitt* von Haushalten aus (also von mehreren Haushalten zu einem Zeitpunkt), so ist diese Annahme sicherlich eher erfüllt als in dem Fall, dass die Einkommens- und Konsumdaten von ein und demselben Haushalt stammen, der im Zeitablauf beobachtet wird, die Beobachtungen also als *Zeitreihen* vorliegen. Hier ist zu vermu-

a) $E[U_i] = 0$ für alle $i = 1, \ldots, n$

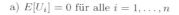

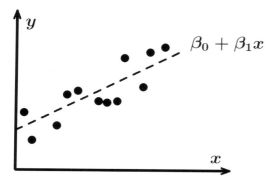

b) $E[U_i] > 0$ für alle $i = 1, \ldots, n$

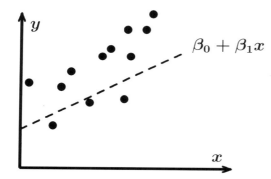

◘ **Abb. 5.4** Erwartungswert der Störgrößen

a) Homoskedatische Störgrößen

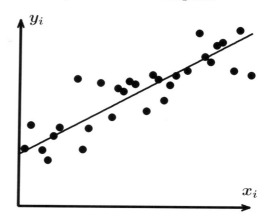

b) Heteroskedatische Störgrößen

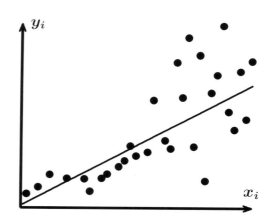

◘ **Abb. 5.5** Varianz der Störgrößen

ten, dass ein Konsum des betrachteten Haushalts deutlich über der Konsumgeraden ($u_i > 0$) in einem Monat eine Einschränkung des Konsums, d. h. eine erhöhte Ersparnisbildung im Folgemonat nach sich zieht ($u_{i+1} < 0$).

Grundlegend ist auch die Annahme A4, die benötigt wird, sobald man den Regressor nicht mehr als deterministische Größe, sondern als Zufallsvariable betrachtet. Die Störgrößen darf dann nicht mit dem Regressor korrelieren: $COV[X_i, U_i] = 0$.[21] Dies ist die formale Definition der *Exogenität* des Regressors X. Eine wichtige Konsequenz, die aus dieser Annahme folgt und die wir bereits bei der einführenden Beschreibung des Linearen Modells hervorgehoben haben, ist, dass es im Modell keine Rückwirkung von Y auf X geben darf.

Die Wirkungsrichtung (Kausalität) ist damit im Linearen Modell festgelegt: Das exogene X bestimmt den endogenen Regressanden Y: $X \longrightarrow Y$, aber nicht umgekehrt: $Y \not\longrightarrow X$. Ein feedback-Effekt von Y auf X (*Simultanitätseffekt*) würde eine Korrelation zwischen X und U induzieren: $U_i \longrightarrow Y_i \longrightarrow X_i$. Ist die Annahme A4 verletzt, wird der Einfluss des Regressors auf Y durch die lineare Regression nicht mehr richtig erfasst, der KQ-Schätzer ist „verzerrt" bzw. nicht mehr „erwartungstreu". Diese Annahme kann grundsätzlich nicht allein durch Blick auf die Zahlen überprüft werden, sondern hier ist eine inhaltliche Begründung nötig. Dies ist manchmal

---

[21] In dem bislang von uns betrachteten Fall eines nichtstochastischen Regressors x ist die Annahme A4 automatisch erfüllt.

gar nicht so einfach, siehe die Diskussion zum Unterschied von Korrelation und Kausalität im Abschnitt 2.6.

Die fünfte Annahme A5 bezieht sich auf die Streuung der Regressorvariablen. Diese darf nicht null sein, damit der KQ-Schätzer existiert: $S_x^2 > 0$. Würde man im Konsumbeispiel bei allen n Haushalten dasselbe Einkommen beobachten (also $S_x^2 = 0$), so wäre eine Schätzung der Konsumgeraden, also des Einflusses des Einkommens auf den Konsum, nachvollziehbar nicht möglich.

In kleinen Stichproben wird i. d. R. als zusätzliche Annahme A6 unterstellt, dass die Störgrößen normalverteilt sind. Für große n gilt dies approximativ automatisch nach dem Zentralen Grenzwertsatz, siehe Abschnitt 3.7.2.

In der folgenden Tabelle sind die Annahmen zusammengefasst. Sie enthält auch die Modifikationen, die notwendig werden, wenn man vom bivariaten zum multiplen Modell übergeht: Bezüglich A4 muss dann für jeden Regressor X_j, $j = 1, \ldots k$ gelten, ebenso wie $S_{x_j}^2 = 0$. Zudem dürfen keine exakten linearen Abhängigkeiten zwischen den Regressoren bestehen.

Die Annahmen im bivariaten Linearen Modell

A1: $E[U_i] = 0$ für alle i

A2: $VAR[U_i] = \sigma^2$ für alle i

A3: $COV[U_i, U_j] = 0$ für alle $i \neq j$
   oder strikter: U_i, U_j unabhängig

A4: $COV[U_i, U_i] = 0$ für alle i

A5: $S_x^2 > 0$

A6: $U_i \sim N(0, \sigma^2)$ (für kleines n)

Verallgemeinerung im multiplen Modell

A4' A4 gilt für alle $X_{j,i}$

A5' A5 gilt für alle $X_{j,i}$
   und keine exakte lineare Abhängigkeit zwischen den Regressoren

5.3 Konsequenzen für den KQ-Schätzer

Sind die im vorigen Abschnitt eingeführten Annahmen erfüllt, so ist die Störgröße vollkommen unsystematisch, sie stellt sog. *weißes Rauschen* bzw. *white noise* dar. Für die KQ-Schätzer ergeben sich dann eine Reihe von wünschenswerten Konsequenzen, die allesamt aus der linearen funktionalen Abhängigkeit der KQ-Koeffizienten von den Störgrößen $U_1, \ldots, U_n$ folgen (vgl. z. B. Gleichung (5.1)).

— Der KQ-Schätzer ist erwartungstreu, d. h. es gilt $E[\hat{\beta}_j] = \beta_j$.

— Der KQ-Schätzer ist der genaueste Schätzer unter allen erwartungstreuen Schätzern, die als lineare Funktion der Störgrößen dargestellt werden können. Es gibt also unter diesen Schätzern keinen mit einer geringeren Varianz als der KQ-Schätzer. Das ist die sog. *Effizienz im Sinne des Gauß-Markov-Theorems*.

— Die Varianzen der einzelnen Schätzkoeffizienten lassen sich auf die Varianz der Störgröße zurückführen. Für die Varianz des Steigungskoeffizienten in der Einfachregression gilt beispielsweise: $\sigma_{\hat{\beta}_1}^2 = \sigma^2/(nS_x^2)$. Diese Formel ist auch intuitiv plausibel: Der Schätzer ist umso genauer (d. h. seine Varianz ist umso kleiner), je größer der Stichprobenumfang n ist, je unterschiedlicher die beobachteten Regressorwerte sind (hohes S_x^2) und je dichter die Beobachtungen an der Modellgerade liegen (kleines σ^2).

— In großen Stichproben ist der KQ-Schätzer näherungsweise normalverteilt. Dieser Umstand resultiert aus einer verallgemeinerten Form des *Zentralen Grenzwertsatzes*. Dieser wurde in Abschnitt 3.7.2 vorgestellt und besagte, dass die Summe unabhängig identisch verteilter Zufallsvariablen in unendlich großen Stichproben normalverteilt und in großen endlichen Stichproben (nach richtiger Standardisierung) näherungsweise normalverteilt ist. Im Linearen Modell sind die Schätzkoeffizienten gewogene Mittel der Störgrößen, vgl. wieder Gleichung (5.1). Die Nähe-

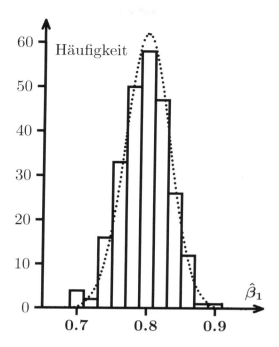

◻ **Abb. 5.6** Verteilung von $\hat{\beta}_1$, 250 Stichproben mit $n = 120$

5.4 Analysemöglichkeiten

Im vorigen Abschnitt haben wir gesehen, dass die KQ-Schätzer unter den getroffenen Annahmen ein sinnvoller Schätzer für die Parameter im Linearen Modell ist. Damit steht die Tür offen, in Linearen Modellen auch sinnvoll Konfidenzintervalle anzugeben und Hypothesentests durchzuführen und auf dieser Basis Entscheidungen zu treffen. Dies skizzieren wir im Folgenden.

Um die Genauigkeit der Schätzung zu messen und um die (näherungsweise) Normalverteilung der KQ-Schätzer ausnutzen zu können, berechnen Ökonometrieprogramme neben den Schätzkoeffizienten stets auch deren (geschätzte) Varianzen. Dabei muss zunächst die Störgrößenvarianz σ^2 geschätzt werden. Dies geschieht unter Rückgriff auf die beobachtete Streuung der KQ-Residuen, $S_{\hat{u}}^2$. Im bivariaten linearen Modell gilt $\sigma_{\hat{\beta}_1}^2 = \sigma^2/(nS_x^2)$ (s. o.) und mit der Schätzung $\hat{\sigma}^2$ erhält man $\hat{\sigma}_{\hat{\beta}_1}^2 = \hat{\sigma}^2/(nS_x^2)$. Die Wurzel aus dieser geschätzten Varianz (d. h. die geschätzte Standardabweichung) wird als *Standardfehler* $\hat{\sigma}_{\hat{\beta}_1}$ des Koeffizienten $\hat{\beta}_1$ bezeichnet und gehört zum Standardoutput der KQ-Schätzung. Im oben skizzierten Einführungsbeispiel lautet der Regressionsoutput beispielsweise (Standardfehler in Klammern):

rung ihrer Verteilung durch eine Normalverteilung ist bereits ab $n > 30$ brauchbar. In ◻ Abb. 5.6 werden wiederholte Stichproben vom Umfang $n = 120$ ausgewertet. Der empirischen Verteilung des Steigungskoeffizienten $\hat{\beta}_1$ ist eine Normalverteilungskurve (mit entsprechendem Erwartungswert und entsprechender Varianz) gegenübergestellt und man erkennt die gute Übereinstimmung. Mit Hilfe dieses Verteilungsergebnisses lassen sich *Konfidenzintervalle* für die Modellparameter berechnen und *Hypothesentests* durchführen, ganz analog zum Vorgehen in Kapitel 4.

— Wenn auch Annahme A6 erfüllt ist, ist der KQ-Schätzer auch stets (d. h. auch für kleines n) als Linearkombination der U_i (exakt) normalverteilt.

$$\hat{y} = \underset{(63,2)}{327} - \underset{(6,1)}{52} \ pr + \underset{(13,3)}{74} \ wa + \underset{(47,1)}{63} \ wk$$

Durch die Normalverteilung der Schätzer, $\hat{\beta}_j \sim N(\beta_j, \sigma^2_{\hat{\beta}_j})$, gilt

$$\frac{\hat{\beta}_j - \beta_j}{\sigma_{\hat{\beta}_j}} \sim N(0,1) \quad \text{und} \quad \frac{\hat{\beta}_j - \beta_j}{\hat{\sigma}_{\hat{\beta}_j}} \sim t(n-k-1),$$

wobei k die Anzahl der Steigungsparameter im Linearen Modell

$$y_i = \beta_0 + \beta_1 x_{1i} + \beta_2 x_{2i} + \ldots + \beta_k x_{ki} + u_i$$

bezeichnet. Bei gegebenem Standardfehler lassen sich dann anhand der $t(n-k-1)$-Verteilung ganz analog zum in den Abschnitten 4.3 und 4.4 beschriebenen Vorgehen bei der Mittelwertschätzung Konfidenzintervalle konstruieren und Hypothesentests durchführen.

Der oben angesprochenen Schätzung im Unternehmensbeispiel lagen $n = 36$ Monatsdaten zugrunde. Deshalb kann ein 90%-Konfidenzintervall für den Preiskoeffizienten β_1 wie folgt konstruiert werden: Aus

$$P\left(-t_{0,95;36-3-1} < \frac{\hat{\beta}_1 - \beta_1}{\hat{\sigma}_{\hat{\beta}_1}} < t_{0,95;36-3-1}\right)$$
$$= 0,9$$

folgt

$$P\left(\hat{\beta}_1 - t_{0,95;36-3-1}\hat{\sigma}_{\hat{\beta}_1} < \beta_1 \right.$$
$$\left. < \hat{\beta}_1 + t_{0,95;36-3-1}\hat{\sigma}_{\hat{\beta}_1}\right) = 0,9$$

und man erhält

$$[-52 - 1,691 \times 6,1; -52 + 1,691 \times 6,1]$$
$$= [-62,32; -41,68]$$

als realisiertes 90%-Konfidenzintervall: Mit einer Vertrauenswürdigkeit von 90% führt eine Preissteigerung um einen Euro zu einem Minderabsatz zwischen 42 und 62 Stück. Es lässt sich somit sehr anschaulich die Unsicherheit des geschätzten Wertes darstellen.

Zudem kann das Unternehmen quantitative Aussagen bzgl. der Wirkungszusammenhänge mit Hilfe statistischer Hypothesentests

überprüfen. Ging das Unternehmen bislang davon aus, dass eine Erhöhung des Werbeetats um 1000 Euro zu einem Mehrabsatz von 60 Stück führt, so lässt sich $H_0 : \beta_2 = 60$ gegen $H_1 : \beta_2 \neq 60$ anhand der Teststatistik

$$t = \frac{\hat{\beta}_2 - \beta_2^0}{\hat{\sigma}_{\hat{\beta}_2}} = \frac{\hat{\beta}_2 - 60}{\hat{\sigma}_{\hat{\beta}_2}} \sim t(36-3-1) \quad \text{unter } H_0$$

überprüfen. Bei einem Testniveau $\alpha = 0,05$ lautet der kritische Bereich $K = \{t \mid |t| > t_{32;0,975}\} = \{t \mid |t| > 2,037\}$. Wegen $t = (74 - 60)/13,3 = 1,05 \notin K$ kann die Nullhypothese nicht verworfen werden, die Beobachtungen sind mit der Annahme $\beta_2 = 60$ verträglich – das Unternehmen kann mit dieser Hypothese weiterarbeiten.

Im Vordergrund der Analyse im Linearen Modell steht häufig die Frage, ob ein Regressor überhaupt einen Einfluss auf den Regressanden ausübt. Im vorliegenden Beispiel scheint der Einfluss des Wechselkurses auf den Absatz fraglich. Deshalb sollte $H_0 : \beta_3 = 0$ getestet werden. Wählt man die zweiseitige Alternative $H_1 : \beta_3 \neq 0$, so lautet die Teststatistik

$$t = \frac{\hat{\beta}_3 - 0}{\hat{\sigma}_{\hat{\beta}_3}} = \frac{\hat{\beta}_3}{\hat{\sigma}_{\hat{\beta}_3}} = \left(t_{\hat{\beta}_3}^{emp}\right) \sim t(36-3-1)$$

unter H_0.

Ein Test gegen den Wert null überprüft, ob der betreffende Modellparameter statistisch signifikant von null verschieden ist und wird deshalb häufig verkürzt als *Signifikanztest* bezeichnet. Die zugehörige Teststatistik $t = \hat{\beta}/\hat{\sigma}_{\hat{\beta}}$ bezeichnet man als *t-Wert des Koeffizienten*, $t_{\hat{\beta}}^{emp}$. Er gehört zum Standardoutput ökonometrischer Software-Pakete, i. d. R. in Verbindung mit dem zugehörigen p-Wert. Die folgende Darstellung des Regressionsoutputs ist angelehnt an die Ausgabe des open source Regressionsprogramms GRETL (Gnu Regression and Time series Language). Mit anderer Software erhält man exakt die gleichen Ergebnisse:

```
Modell: KQ, Beobachtungen 1-36
Abhängige Variable: y


          Koeff.    Stdf.    t-Wert    p-Wert
    c     327,2     63,2       5,18     0,000
    pr    −51,8      6,1      −8,54     0,000
    wa     73,9     13,3       5,55     0,000
    wk     62,7     47,1       1,33     0,193

Summe quad. Res.: 909,1      R² = 0,86
```

Bezüglich des Wechselkurskoeffizienten β_3 erhält man $t^{emp}_{\hat\beta_3} = \hat\beta_3/\hat\sigma_{\hat\beta_3} = 62,7/47,1 = 1,33$. Mit $\alpha = 0,05$ gilt auch hier $K = \{t \mid |t| > t_{32;0,975}\} = \{t \mid |t| > 2,037\}$. Wegen $t^{emp}_{\hat\beta_3} \notin K$ bzw. $p > \alpha = 0,05$ wird die Gegenhypothese abgelehnt, der Wechselkurseinfluss erweist sich auf Basis des vorliegenden Datensatzes beim verwendeten Testniveau als nicht signifikant (bzw. als nicht signifikant von null verschieden), d. h. der Datensatz ist mit der Annahme verträglich, dass der Wechselkurs keinen Einfluss auf den Absatz besitzt. Gemäß dem im obigen Output angegebenem p-Wert des Parameters müsste das Testniveau auf 19,3% erhöht werden, d. h. man müsste eine Fehlerwahrscheinlichkeit erster Art von 19,3% zulassen, wollte man beim vorliegenden Regressionsergebnis die Gegenhypothese annehmen, dem Wechselkurs also einen „signifikanten" Einfluss auf den Absatz zubilligen.

Hintergrundinformation

Wenn man davon ausgeht, dass die Störgrößen $U_1, \ldots, U_n$ „weißes Rauschen" sind, so bedeutet das, dass $u_1, \ldots, u_n$ eine unbeobachtbare und $(x_1, y_1), \ldots (x_n, y_n)$ eine beobachtbare einfache Stichprobe vom Umfang n darstellt. Dies erlaubt es, die im Kapitel 4 vorgestellten induktiven Verfahren der Punkt- und Intervallschätzung anzuwenden und Hypothesentests durchzuführen. Durch die (näherungsweise) Normalverteilung der KQ-Schätzer ist die Übertragung dieser Verfahren auf den Kontext des Linearen Modells sehr einfach.

Wenn der Wechselkurs sich zu dem gewählten Signifikanzniveau als nicht signifikant erweist, sollte er aus dem Modell ausgeschlossen werden und das Modell ohne den Wechselkurs erneut geschätzt werden. Die Schätzung gewinnt dadurch an Präzision, da mit jeder „überflüssigen" Variable zusätzliche Ungenauigkeiten in die Analyse einfließen. Dies sollte kurz erläutert werden. Schließlich könnte man denken, dass ein Modell, das mehr Variablen enthält, auch besser sein muss. Dies ist aber nicht der Fall. Der Grund ist, dass bei vielen Variablen die beobachteten Datenpunkte zwar sehr genau vom Modell beschrieben werden können, aber dabei der Zufall eine so große Rolle spielt, dass das Modell zur Beschreibung neuer Datenpunkte ungeeignet ist. Dies wird als *Overfitting* bezeichnet. Besonders plastisch soll dies der Mathematiker John von Neumann formuliert haben: „Gib mir vier Parameter und ich fitte dir einen Elefanten, gib mir fünf und er wackelt mit dem Schwanz" (Mayer et al. 2010). Er meint damit, dass man mit komplexen Modellen alles Mögliche und Unmögliche in Daten sehen kann. Und tatsächlich kann man unter https://demonstrations.wolfram.com/FittingAnElephant/ sehen, wie man einige gegebene Punkte durch Wahl eines komplexen Modells durch einen Elefanten beschreiben kann. Auch darf das Testergebnis bzgl. des Werbeeinflusses nicht unkritisch in die neue Analyse einbezogen werden. Die Behauptungen $\beta_2 = 65$ und $\beta_3 = 0$ betreffen zwei Modellparameter gleichzeitig. Mit dem sog. *F-Test* als multivariater Verallgemeinerung des t-Tests steht jedoch ein geeignetes Verfahren zur Verfügung, das eine Überprüfung mehrerer (linearer) Hypothesen bzgl. der Modellparameter simultan erlaubt. Alle diese weiterführenden Aspekte werden in den einschlägigen Lehrbüchern zur Ökonometrie behandelt.

Zusammenfassung

Das Lineare Modell formuliert eine vermutete, theoretische Abhängigkeit eines endogenen Regressanden von exogenen Erklärungsgrößen in linearer bzw. linearisierter Form. In der Realität wird der systematische Modellzusammenhang durch einen stochastischen Einfluss gestört. Wenn diese Störgröße tatsächlich unsystematisch ist, kann die KQ-Methode zur Schätzung des Modellzusammenhangs verwendet werden. Sie erweist sich im Vergleich zu alternativen Schätzverfahren als sehr genau. Dadurch, dass sich in großen Stichproben die Störungen der einzelnen Beobachtungen in gewisser Weise ausgleichen, sind die KQ-Schätzer näherungsweise normalverteilt und die klassischen induktiven statistischen Verfahren auf Basis der Normalverteilung finden im Linearen Modell Anwendung. Dadurch erweist sich das Lineare Modell als geeigneter und weit verbreiteter Analyserahmen in der quantitativen Wirtschaftsforschung.

■ Weiterführende Literatur

Benjamin Auer und Horst Rottmann. *Statistik und Ökonometrie für Wirtschaftswissenschaftler – Eine anwendungsorientierte Einführung.* Springer-Verlag, 2011

Marno Verbeek. *Moderne Ökonometrie.* Wiley-VCH, 2015

Gerd Hansen. *Quantitative Wirtschaftsforschung.* Vahlen, 1993

Wiederholungsfragen

1. Was ist der Unterschied zwischen einem Linearen Modell und einer linearen Regressionsanalyse? Was verbindet die beiden Ansätze?
2. Wie ist die „Varianz von $\hat{\beta}_1$" zu interpretieren?
3. Warum müssen im Linearen Modell Annahmen bzgl. der Störgrößen getroffen (und überprüft) werden?
4. Warum sind die KQ-Schätzer im Linearen Modell näherungsweise normalverteilt?

5.5 Übungsaufgaben zu Kap. 5

1. Das lineare Konsummodell $y = \beta_0 + \beta_1 x + u$ mit x als monatlichem Haushaltseinkommen und y als monatliche Konsumausgaben in Euro wird anhand einer Stichprobe von $n = 22$ Haushalten geschätzt. Im Nachhinein wird festgestellt, dass der einkommensreichste Haushalt seinen Konsum fälschlicherweise um 800 Euro zu hoch angegeben hatte. Was geschieht, wenn das Modell erneut mit den korrigierten Daten geschätzt wird? Geben Sie an, welche der folgenden Aussagen richtig und welche falsch sind:

   a) Die Modellgerade verschiebt sich um 800 Einheiten nach oben.
   b) Die Regressionsgerade verschiebt sich um 800 Einheiten nach unten.
   c) Der Schätzwert für das Absolutglied wird größer.
   d) Die marginale Konsumquote β_1 wird kleiner.
   e) Die Regressionsgerade dreht sich im Uhrzeigersinn.

2. Ein Ferienort betreibt ein Freibad. Es wird angenommen, dass die täglichen Besucherzahlen y abhängen von der Tageshöchsttemperatur (x_1, gemessen in Grad Celsius), von der Auslastungsquote der Hotels und Herbergen im Ort (x_2, z. B. $x_2 = 0,81$ bei einer Belegungsquote von 81%) und davon, ob es sich beim betrachteten Tag um einen Werktag oder um ein Wochenende handelt (x_3, $x_3 = 1$ für Samstag, Sonn- oder Feiertag, $x_3 = 0$ sonst). Die Schätzung des Modells $y_i = \beta_0 + \beta_1 x_{1i} + \beta_1 x_{2i} + \beta_1 x_{3i} + u_i$ anhand von Beobachtungen für $n = 67$ führt zu folgendem Ergebnis:

```
Modell: KQ, Beobachtungen 1--67
Abhängige Variable: y
```

	Koeff.	Stdf.	t-Wert	p-Wert
c	−44,2	21,9	2,02	0,048
x1	62,0	14,2	4,37	0,000
x2	283,1	62,4	4,54	0,000
x3	214,1	83,0	2,58	0,012

Summe quad. Res.: 109.436 $R^2 = 0,82$

Gehen Sie davon aus, dass die Störgröße des Modells die üblichen Annahmen erfüllt und beantworten Sie die folgenden Fragen:

   a) Die Hotels des Ortes sind zu 71% ausgelastet und für den Samstag wird eine Höchsttemperatur von 26 Grad erwartet. Mit wie vielen Besucherinnen und Besuchern ist für diesen Tag zu rechnen?

b) Sind die Besucherzahlen am Wochenende signifikant höher als unter der Woche?

c) Welche Änderung der Eintrittszahlen ist bei einem Anstieg der Temperatur um 2 Grad zu erwarten? Bilden Sie ein 95%-Konfidenzintervall für die Zahl der zusätzlichen Besucherinnen und Besucher!

d) Muss bei dem unter c) berechneten Konfidenzintervall unterschieden werden, um welchen Wochentag es sich handelt?

d) Nein. Will man eine am Wochenende und werktags unterschiedliche Temperaturwirkung zulassen, so ist im Modell zusätzlich ein sog. Kreuzeffekt zwischen Temperatur und Wochentag zu berücksichtigen.

Literaturverzeichnis

Benjamin Auer und Horst Rottmann. *Statistik und Ökonometrie für Wirtschaftswissenschaftler – Eine anwendungsorientierte Einführung.* Springer-Verlag, 2011.

Gerd Hansen. *Quantitative Wirtschaftsforschung.* Vahlen, 1993.

Jürgen Mayer, Khaled Khairy, und Jonathon Howard. Drawing an elephant with four complex parameters. *American Journal of Physics,* 78(6):648–649, 2010.

Marno Verbeek. *Moderne Ökonometrie.* Wiley-VCH, 2015.

Lösungen Übungsaufgaben zu Kap. 5

1. a) falsch
    b) falsch
    c) richtig
    d) falsch (Der Modellparameter β_1 bleibt unverändert, der Schätzwert $\hat{\beta}_1$ ändert sich!)
    e) richtig

2. a) $\hat{y} = -44, 2 + 62, 0 \times 26 + 283, 1 \times 0, 71 + 214, 1 \times 1 = 1983$ Besucherinnen und Besucher.

    b) Ja, zu allen „üblichen" Signifikanzniveaus. Zu prüfen ist $H_0 : \beta_3 = 0$ gegen $H_0 : \beta_3 > 0$. Im Output ist der p-Wert 0,012 für $H_0 : \beta_3 = 0$ gegen $H_0 : \beta_3 \neq 0$ angegeben. Er besagt, dass ein Schätzwert $\hat{\beta}_3$ von $\hat{\beta}_3 \geq 214, 1$ oder $\hat{\beta}_3 \leq -214, 1$ nur mit 1,2% Wahrscheinlichkeit zu erwarten wäre, wenn der Wochentag keinen Einfluss hat (d. h. wenn $\beta_3 = 0$ gilt.) Der p-Wert des einseitigen Tests beträgt demnach nur $0, 012/2 = 0, 006$ bzw. 0,6%.

    c) Das 95%-Konfidenzintervall für β_1 beträgt $[62, 0 - t_{0,975;67-3-1} \times 14, 2; 62, 0 + t_{0,975;67-3-1} \times 14, 2] = [33, 63; 90, 37]$. bei einer Temperatursteigerung um 2 Grad ist also mit 95% Vertrauenswürdigkeit zwischen 67 und 181 zusätzlichen Besuchern zu rechnen.

Tabellen

Hier geben wir einige Tabellen zum Nachschlagen und zum Gewinnen einer Übersicht an. Beachten Sie aber, dass – wie im Text diskutiert – in der Praxis Computerprogramme deutlich einfacher handhabbare Werte bereithalten.

Verteilungsfunktion $\Phi(x)$ der Standardnormalverteilung

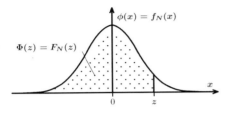

Ablesebeispiele:

a) Die Wahrscheinlichkeit, dass eine standardnormalverteilte Zufallsvariable eine Ausprägung kleiner als 0,54 aufweist, beträgt 70,54%:
$\Phi(0,54) = \Phi(0,50 + 0,04) = 0,7054$.

b) Das Quantil λ_p zur Ordnung $p = 0,90$ der Standardnormalverteilung beträgt 1,28:
$\Phi(z) = 0,9 = \Phi(\lambda_{0,9})$
$\Longrightarrow z = \lambda_{0,9} \approx \lambda(0,8997) = 1,2 + 0,08 = 1,28$.

$z=z_1+z_2$ $z_2\rightarrow$ $\downarrow z_1$	0.00	0.01	0.02	0.03	0.04	0.05	0.06	0.07	0.08	0.09
0.0	.5000	.5040	.5080	.5120	.5160	.5199	.5239	.5279	.5319	.5359
0.1	.5398	.5438	.5478	.5517	.5557	.5596	.5636	.5675	.5714	.5753
0.2	.5793	.5832	.5871	.5910	.5948	.5987	.6026	.6064	.6103	.6141
0.3	.6179	.6217	.6255	.6293	.6331	.6368	.6406	.6443	.6480	.6517
0.4	.6554	.6591	.6628	.6664	.6700	.6736	.6772	.6808	.6844	.6879
0.5	.6915	.6950	.6985	.7019	.7054	.7088	.7123	.7157	.7190	.7224
0.6	.7257	.7291	.7324	.7357	.7389	.7422	.7454	.7486	.7517	.7549
0.7	.7580	.7611	.7642	.7673	.7704	.7734	.7764	.7794	.7823	.7852
0.8	.7881	.7910	.7939	.7967	.7995	.8023	.8051	.8078	.8106	.8133
0.9	.8159	.8186	.8212	.8238	.8264	.8289	.8315	.8340	.8365	.8389
1.0	.8413	.8438	.8461	.8485	.8508	.8531	.8554	.8577	.8599	.8621
1.1	.8643	.8665	.8686	.8708	.8729	.8749	.8770	.8790	.8810	.8830
1.2	.8849	.8869	.8888	.8907	.8925	.8944	.8962	.8980	.8997	.9015
1.3	.9032	.9049	.9066	.9082	.9099	.9115	.9131	.9147	.9162	.9177
1.4	.9192	.9207	.9222	.9236	.9251	.9265	.9279	.9292	.9306	.9319
1.5	.9332	.9345	.9357	.9370	.9382	.9394	.9406	.9418	.9429	.9441
1.6	.9452	.9463	.9474	.9484	.9495	.9505	.9515	.9525	.9535	.9545
1.7	.9554	.9564	.9573	.9582	.9591	.9599	.9608	.9616	.9625	.9633
1.8	.9641	.9649	.9656	.9664	.9671	.9678	.9686	.9693	.9699	.9706
1.9	.9713	.9719	.9726	.9732	.9738	.9744	.9750	.9756	.9761	.9767
2.0	.9772	.9778	.9783	.9788	.9793	.9798	.9803	.9808	.9812	.9817
2.1	.9821	.9826	.9830	.9834	.9838	.9842	.9846	.9850	.9854	.9857
2.2	.9861	.9864	.9868	.9871	.9875	.9878	.9881	.9884	.9887	.9890
2.3	.9893	.9896	.9898	.9901	.9904	.9906	.9909	.9911	.9913	.9916
2.4	.9918	.9920	.9922	.9925	.9927	.9929	.9931	.9932	.9934	.9936
2.5	.9938	.9940	.9941	.9943	.9945	.9946	.9948	.9949	.9951	.9952
2.6	.9953	.9955	.9956	.9957	.9959	.9960	.9961	.9962	.9963	.9964
2.7	.9965	.9966	.9967	.9968	.9969	.9970	.9971	.9972	.9973	.9974
2.8	.9974	.9975	.9976	.9977	.9977	.9978	.9979	.9979	.9980	.9981
2.9	.9981	.9982	.9982	.9983	.9984	.9984	.9985	.9985	.9986	.9986
3.0	.9987	.9987	.9987	.9988	.9988	.9989	.9989	.9989	.9990	.9990
3.1	.9990	.9991	.9991	.9991	.9992	.9992	.9992	.9992	.9993	.9993
3.2	.9993	.9993	.9994	.9994	.9994	.9994	.9994	.9995	.9995	.9995
3.3	.9995	.9995	.9995	.9996	.9996	.9996	.9996	.9996	.9996	.9997
3.4	.9997	.9997	.9997	.9997	.9997	.9997	.9997	.9997	.9997	.9998
3.5	.9998	.9998	.9998	.9998	.9998	.9999	.9999	.9999	.9999	.9999
3.6	.9998	.9998	.9999	.9999	.9999	.9999	.9999	.9999	.9999	.9999

p–Quantile $t_{p;k}$ der t– Verteilung mit k Freiheitsgraden

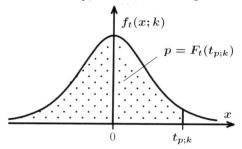

Ablesebeispiel:

Das Quantil zur Ordnung $p = 0,90$ einer t–Verteilung mit 12 Freiheitsgraden lautet 1,356 (d.h. dieser Wert wird von einer entsprechend verteilten Zufallsvariable mit einer Wkt. von 90% nicht überschritten): $p = 0,900$; $k = 12 \Longrightarrow t_{0,9\,;\,12} = 1,356$.

Hinweis: Für $k \to \infty$ erhält man die Quantile der Standardnormalverteilung

k	p										
	0.600	0.750	0.900	0.930	0.950	0.960	0.975	0.985	0.990	0.995	0.999
1	.3	1.0	3.1	4.5	6.3	7.9	12.7	21.2	31.8	63.7	318.3
2	.29	.82	1.89	2.38	2.92	3.32	4.30	5.64	6.96	9.92	22.33
3	.28	.76	1.64	2.00	2.35	2.61	3.18	3.90	4.54	5.84	10.21
4	.271	.741	1.533	1.838	2.132	2.333	2.776	3.298	3.747	4.604	7.173
5	.267	.727	1.476	1.753	2.015	2.191	2.571	3.003	3.365	4.032	5.893
6	.265	.718	1.440	1.700	1.943	2.104	2.447	2.829	3.143	3.707	5.208
7	.263	.711	1.415	1.664	1.895	2.046	2.365	2.715	2.998	3.499	4.785
8	.262	.706	1.397	1.638	1.860	2.004	2.306	2.634	2.896	3.355	4.501
9	.261	.703	1.383	1.619	1.833	1.973	2.262	2.574	2.821	3.250	4.297
10	.260	.700	1.372	1.603	1.812	1.948	2.228	2.527	2.764	3.169	4.144
11	.260	.697	1.363	1.591	1.796	1.928	2.201	2.491	2.718	3.106	4.025
12	.259	.695	1.356	1.580	1.782	1.912	2.179	2.461	2.681	3.055	3.930
13	.259	.694	1.350	1.572	1.771	1.899	2.160	2.436	2.650	3.012	3.852
14	.258	.692	1.345	1.565	1.761	1.887	2.145	2.415	2.624	2.977	3.787
15	.258	.691	1.341	1.558	1.753	1.878	2.131	2.397	2.602	2.947	3.733
16	.258	.690	1.337	1.553	1.746	1.869	2.120	2.382	2.583	2.921	3.686
17	.257	.689	1.333	1.548	1.740	1.862	2.110	2.368	2.567	2.898	3.646
18	.257	.688	1.330	1.544	1.734	1.855	2.101	2.356	2.552	2.878	3.610
19	.257	.688	1.328	1.540	1.729	1.850	2.093	2.346	2.539	2.861	3.579
20	.257	.687	1.325	1.537	1.725	1.844	2.086	2.336	2.528	2.845	3.552
21	.257	.686	1.323	1.534	1.721	1.840	2.080	2.328	2.518	2.831	3.527
22	.256	.686	1.321	1.531	1.717	1.835	2.074	2.320	2.508	2.819	3.505
23	.256	.685	1.319	1.529	1.714	1.832	2.069	2.313	2.500	2.807	3.485
24	.256	.685	1.318	1.526	1.711	1.828	2.064	2.307	2.492	2.797	3.467
25	.256	.684	1.316	1.524	1.708	1.825	2.060	2.301	2.485	2.787	3.450
26	.256	.684	1.315	1.522	1.706	1.822	2.056	2.296	2.479	2.779	3.435
27	.256	.684	1.314	1.521	1.703	1.819	2.052	2.291	2.473	2.771	3.421
28	.256	.683	1.313	1.519	1.701	1.817	2.048	2.286	2.467	2.763	3.408
29	.256	.683	1.311	1.517	1.699	1.814	2.045	2.282	2.462	2.756	3.396
30	.256	.683	1.310	1.516	1.697	1.812	2.042	2.278	2.457	2.750	3.385
40	.255	.681	1.303	1.506	1.684	1.796	2.021	2.250	2.423	2.704	3.307
50	.255	.679	1.299	1.500	1.676	1.787	2.009	2.234	2.403	2.678	3.261
60	.254	.679	1.296	1.496	1.671	1.781	2.000	2.223	2.390	2.660	3.232
70	.254	.678	1.294	1.493	1.667	1.776	1.994	2.215	2.381	2.648	3.211
80	.254	.678	1.292	1.491	1.664	1.773	1.990	2.209	2.374	2.639	3.195
90	.254	.677	1.291	1.489	1.662	1.771	1.987	2.205	2.368	2.632	3.183
100	.254	.677	1.290	1.488	1.660	1.769	1.984	2.201	2.364	2.626	3.174
∞	.254	.674	1.282	1.476	1.645	1.751	1.960	2.107	2.326	2.576	3.100

p–Quantile $\chi^2_{p;k}$ der χ^2–Verteilung mit k Freiheitsgraden

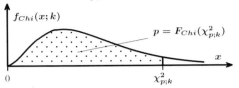

Ablesebeispiel:

Das Quantil zur Ordnung $p = 0,90$ einer χ^2–Verteilung mit 12 Freiheitsgraden lautet 18,55 (d.h. dieser Wert wird von einer entsprechend verteilten Zufallsvariable mit einer Wkt. von 90% nicht überschritten):

$$p = 0,900 \; ; \; k = 12 \Longrightarrow \chi^2_{0,9\,;\,12} = 18,55.$$

k	p												
	0.005	0.01	0.025	0.05	0.100	0.250	0.500	0.750	0.900	0.950	0.975	0.990	0.995
1	.000	.000	.001	.004	.016	.102	.455	1.323	2.706	3.841	5.024	6.635	7.880
2	.01	.02	.05	.10	.21	.58	1.39	2.77	4.61	5.99	7.38	9.21	10.60
3	.07	.11	.22	.35	.58	1.21	2.37	4.11	6.25	7.81	9.35	11.34	12.84
4	.21	.30	.48	.71	1.06	1.92	3.36	5.39	7.78	9.49	11.14	13.28	14.86
5	.41	.55	.83	1.15	1.61	2.67	4.35	6.63	9.24	11.07	12.83	15.09	16.75
6	.68	.87	1.24	1.64	2.20	3.45	5.35	7.84	10.64	12.59	14.45	16.81	18.55
7	.99	1.24	1.69	2.17	2.83	4.25	6.35	9.04	12.02	14.07	16.01	18.48	20.28
8	1.34	1.65	2.18	2.73	3.49	5.07	7.34	10.22	13.36	15.51	17.53	20.09	21.96
9	1.73	2.09	2.70	3.33	4.17	5.90	8.34	11.39	14.68	16.92	19.02	21.67	23.59
10	2.16	2.56	3.25	3.94	4.87	6.74	9.34	12.55	15.99	18.31	20.48	23.21	25.19
11	2.60	3.05	3.82	4.57	5.58	7.58	10.34	13.70	17.28	19.68	21.92	24.73	26.76
12	3.07	3.57	4.40	5.23	6.30	8.44	11.34	14.85	18.55	21.03	23.34	26.22	28.30
13	3.56	4.11	5.01	5.89	7.04	9.30	12.34	15.98	19.81	22.36	24.74	27.69	29.82
14	4.07	4.66	5.63	6.57	7.79	10.17	13.34	17.12	21.06	23.68	26.12	29.14	31.32
15	4.60	5.23	6.26	7.26	8.55	11.04	14.34	18.25	22.31	25.00	27.49	30.58	32.80
16	5.14	5.81	6.91	7.96	9.31	11.91	15.34	19.37	23.54	26.30	28.85	32.00	34.27
17	5.70	6.41	7.56	8.67	10.09	12.79	16.34	20.49	24.77	27.59	30.19	33.41	35.72
18	6.26	7.01	8.23	9.39	10.86	13.68	17.34	21.60	25.99	28.87	31.53	34.81	37.16
19	6.84	7.63	8.91	10.12	11.65	14.56	18.34	22.72	27.20	30.14	32.85	36.19	38.58
20	7.43	8.26	9.59	10.85	12.44	15.45	19.34	23.83	28.41	31.41	34.17	37.57	40.00
21	8.03	8.90	10.28	11.59	13.24	16.34	20.34	24.93	29.62	32.67	35.48	38.93	41.40
22	8.64	9.54	10.98	12.34	14.04	17.24	21.34	26.04	30.81	33.92	36.78	40.29	42.80
23	9.26	10.20	11.69	13.09	14.85	18.14	22.34	27.14	32.01	35.17	38.08	41.64	44.18
24	9.89	10.86	12.40	13.85	15.66	19.04	23.34	28.24	33.20	36.42	39.36	42.98	45.56
25	10.52	11.52	13.12	14.61	16.47	19.94	24.34	29.34	34.38	37.65	40.65	44.31	46.93
26	11.16	12.20	13.84	15.38	17.29	20.84	25.34	30.43	35.56	38.89	41.92	45.64	48.29
27	11.81	12.88	14.57	16.15	18.11	21.75	26.34	31.53	36.74	40.11	43.19	46.96	49.64
28	12.46	13.56	15.31	16.93	18.94	22.66	27.34	32.62	37.92	41.34	44.46	48.28	50.99
29	13.12	14.26	16.05	17.71	19.77	23.57	28.34	33.71	39.09	42.56	45.72	49.59	52.34
30	13.79	14.95	16.79	18.49	20.60	24.48	29.34	34.80	40.26	43.77	46.98	50.89	53.67
40	20.70	22.16	24.43	26.51	29.05	33.66	39.33	45.62	51.80	55.76	59.34	63.69	66.76
50	27.99	29.71	32.36	34.77	37.69	42.94	49.33	56.33	63.17	67.50	71.42	76.15	79.49
60	35.53	37.48	40.48	43.19	46.46	52.29	59.33	66.98	74.40	79.08	83.30	88.38	91.95
70	43.3	45.4	48.8	51.7	55.3	61.7	69.3	77.6	85.5	90.5	95.0	100.4	104.2
80	51.2	53.5	57.2	60.4	64.3	71.1	79.3	88.1	96.6	101.9	106.6	112.3	116.3
90	59.2	61.8	65.6	69.1	73.3	80.6	89.3	98.6	107.6	113.1	118.1	124.1	128.3
100	67.3	70.0	74.2	77.9	82.4	90.1	99.3	109.1	118.5	124.3	129.6	135.8	140.2

Sachverzeichnis

© Springer Fachmedien Wiesbaden GmbH, ein Teil von Springer Nature 2019
B. Christensen et al., *Statistik klipp & klar*, WiWi klipp & klar,

Über die Autoren

Björn Christensen ist Professor für Statistik und Mathematik sowie Dekan am Fachbereich Wirtschaft der Fachhochschule Kiel. Zuvor war er wissenschaftlicher Mitarbeiter am Institut für Weltwirtschaft in Kiel sowie selbstständig mit zwei Unternehmungen im Bereich der Angewandten Statistik. Die Anwendung von theoretischem Wissen im Bereich der Statistik auf praxisorientierte Fragestellungen ist dabei Dreh- und Angelpunkt seiner Tätigkeit. Er hat langjährige Erfahrungen als gerichtlich bestellter Gutachter und als Berater von öffentlichen Institutionen und Unternehmen in Projekten der statistischen Analyse und Prognose.

Foto: Matthias Pilch

Sören Christensen ist Professor für Stochastik (also für Wahrscheinlichkeitstheorie und Statistik) am Mathematischen Seminar der Christian-Albrechts-Universität zu Kiel. Zuvor hat er als Associate Professor an den Universitäten Göteborg und Chalmers in Schweden und als Professor für Stochastische Prozesse an der Universität Hamburg gelehrt und geforscht. In seiner Arbeit interessieren ihn alle Fragen, bei denen der Zufall eine wesentliche Rolle spielt. Da dies fast überall in der Welt der Fall ist, hat er sich im Laufe der Zeit mit den unterschiedlichsten Themen beschäftigt, etwa der Finanzmathematik, der Planung von Medikamententests und dem nachhaltigen Ressourcenmanagement.

Foto: Jürgen Haacks

Da heute jeder Mensch auf den sicheren Umgang mit Zahlen angewiesen ist, ist ein gemeinsames Anliegen der beiden Brüder die Verankerung von Statistischen Grundfertigkeiten in der Bevölkerung. Zum einen geschieht dies natürlich durch die Lehre an der Hochschule. Darüber hinaus schreiben beide gemeinsam seit 2012 wöchentlich die Kolumnen „Achtung, Mathe" in einer Reihe von regionalen Tageszeitungen sowie unregelmäßig die Kolumne „Angezählt" auf SPIEGEL Online. Aus diesen Aktivitäten sind im Springer-Verlag die Bücher Achtung: Statistik (2015) sowie Achtung: Mathe und Statistik (2018) hervorgegangen.

Außerdem haben beide gemeinsam eine Reihe von Projekten aus dem Bereich der Angewandten Statistik mit unterschiedlichen Partnern durchgeführt, von denen einige Erfahrungen auch direkt oder indirekt in dieses Buch eingeflossen sind.

© Springer Fachmedien Wiesbaden GmbH, ein Teil von Springer Nature 2019
B. Christensen et al., *Statistik klipp & klar*, WiWi klipp & klar,

Foto: Harald Rehling, Uni Bremen

Martin Missong arbeitet als Professor für empirische Wirtschaftsforschung und angewandte Statistik am Fachbereich Wirtschaftswissenschaft der Universität Bremen. Seine Forschungsschwerpunkte liegen im Bereich der ökonometrischen Zeitreihenanalyse und der Risikomessung. In einem interdisziplinären Forschungsansatz widmet er sich der Schnittstelle von Rechtswissenschaft und Statistik.

In der Lehre bestimmt das Leitbild der *Statistical Literacy* als Schlüsselqualifikation, die sich über fachliche oder berufsfeldbezogene Trennlinien hinwegsetzt, die Veranstaltungen von Professor Missong zur statistischen Methodenlehre. Dabei gilt sein besonderes Interesse der Entwicklung digitaler Lehrformate und dem Aufgreifen interdisziplinärer Fragestellungen.

The Last King of Earth

THE LAST KING OF EARTH

And the Archangel St. Michael

ANDREAS A PARIS

authorHOUSE®

AuthorHouse™ UK
1663 Liberty Drive
Bloomington, IN 47403 USA
www.authorhouse.co.uk
Phone: 0800.197.4150

Published by AuthorHouse 03/17/2015

ISBN: 978-1-5049-3937-9 (sc)
ISBN: 978-1-5049-3938-6 (hc)
ISBN: 978-1-5049-3939-3 (e)

CONTENTS

PREFACE

Jason and Chloe Park's controversial books, exposing crimes begotten by gods, messengers (the so-called angels), emperors, popes and fanatic Christian fathers and mobs, topped many book lists as both loved and hated. The crimes have always been either justified by the Church, or hidden for thousands of years.

To escape the disapproval of parents and some friends, they moved to Micropolis. Life in the little town was good, until Reverend Paul Garner of the St Michael church, sued Jason Park for insulting St Michael. He demanded public apology and economic compensation.

During the trial, two books disappeared from the waiting room in the Court House, and later Paul Garner and his solicitor Martin Cane. Jason Park and his solicitor, Suzan Cohen, were the next to follow. Was somebody controlling a portal leading into another world?

Paul Garner and Martin Cane appeared in the lab of an old, white-haired professor. He was equally surprised to see them as they were. Unable to communicate, they became, unwillingly, involved in a great conspiracy started by a god with many names; his real name is Nannar/Sin, a son of Jehovah also known as St. Michael. He visited our world, since he was unable to break though the defense of the other world. His purpose was to steal white powder of gold from them supported by some ambitious humans, as well as to install a leader controlled by him. For Paul Garner, who needed critical medical treatment, time was running out. The government had difficult in classifying them. Were they spies, or victims? Should they be imprisoned or be welcomed? At the same time, Nannar put a price on their head. Agents were chasing them. Jason believed that these diseases-free and long-living humans, were living in the world we should have, had it not been reoriented through the religious commands and manipulations by the god Jehovah.

CHAPTER 1

DEARLY BOUGHT CELEBRITY

Early in the spring, Jason and Chloe Park moved into a charming little house they bought in Micropolis. Although there was a lot to do with the old house, it was habitable and pleasant. They enjoyed the silence and the great distance between them and the big city, they left behind. Actually, the main reason was to move away from Chloe's parents and some ex-friends who did not approve their writings about the old gods.

Their books, some they wrote together, some not, were both popular and hated. Obviously, there are things people in general do not want to hear about. They just do not want to know. Jason recalled the words of Lucius Annaeus Seneca: "Religion is regarded by the common people as true, by the wise as false, and by the rulers as useful". Common people do not even want to hear anything against the Bible narratives – not even facts. Micropolis was a nice little town, bathing between wine fields and citrus plantations. However, they knew nothing about its people. A famous musician said once - people are not that evil as you think, they are even more evil! They hoped he was wrong.

Some evenings later, they passed by a nice restaurant just a few minutes' walk from their house, and decided to give it a chance. It was also time to celebrate the start of their new life.

"Isn't it romantic, sitting here the two of us, like the old times", Chloe said, feeling relaxed.

"I am a lucky guy, sitting here with a nice lady", Jason said.

"Thank you mister, she said. "I believe you are", looking at him with her big green eyes, full of expectations based on romantic memories. Then she saw the waiter standing beside her.

"Oh, I take the swordfish", she said.

"Excellent choice madam" the waiter said and turned his attention to Jason.

"The same for me", he said, looking at the menu for some wine.

"Of course sir – may I suggest our excellent white wine from the valley? It's perfect with the swordfish".

"Yes, thank you, we'll try that – and some water, please".

"It's rather exciting actually, even if we can't make some problems to disappear by running away", Jason said.

"I recall somebody said: "problems are the spice of life". Some problems are big and envious perhaps, but I tell you that Jason; - some certain problems are already gone!"

"I agree", he said. "You know, I never thought I would put some thoughts and some problems behind me that soon. I am completely occupied by our new life - repairing the house, redesigning the garden, and, of course, our new book".

The waiter came back with the wine, served them both, and waited for their reaction. Both agreed. It was excellent with mild taste and quite fruity.

"Are you celebrating something special, if I may ask?" The waiter asked almost certain about the answer. His lifelong experience taught him how to recognize when a middle age couple had something to celebrate.

"Yes, actually we are. We have just bought a house here", Jason said.

"Is that so? Then you are the couple that bought the old teacher's house – the one up the hill. Welcome to our nice city, I am Roy, your water this evening, and any other evening you would honor us. Martha, my wife is the cook and we both manage the little Micropolis hotel too".

"Nice to meet you Roy, I am Jason Park and this is my wife Chloe".

The fish was fresh and tasted delicious due to the aromatic lemon sauce.

The old fashion family restaurant, from the middle of the latter part of the past century, was almost full. The reason was certainly the good cooking of Martha. Most of the customers were businesspersons accompanied with their wives, men or young secretaries, but also young couples and even families. After they finished the dinner, Martha came in with a wonderful dessert. It was made of preserved roasted pears garnished with almonds and melted chocolate.

"The pears are from our garden", she said proudly. "The dessert it's on the house. Bon appetite, and welcome to our beautiful little town. Anything else you wish?"

They ordered a medium-sweet wine to match the sweet dessert.

"A perfect evening so far", Chloe said. "Nice restaurant, nice people, and excellent food. No more wishes on my list".

"Except for some coffee and cognac, Jason said. What about their famous orange liquor?" he wondered.

"I am curious about that, I'll try it", she said.

They walked home enjoying the soft spring air around their faces. The air was full of flavors from the nearby forest and the citrus trees, enhancing the feeling that they were in the country, far away from the big city. He put his arm around her. They were the kings of the night, like when they were a young couple feeling that everything was possible - only infinite possibilities and hopes. However, their new life was, so far, like a blank canvas. Would they be able to paint and texture on it the way they dreamed? Or, would other people do the painting?

The next few days they had a full time job with the garden. Mitchell, one of their neighbors, had a lot of advises concerning the garden. He recommended some new trees, new flowers, and everything else the garden would need. "Just visit the Garden Center - special prices for you", he said. "I own the place".

Ken began to renovate the bathroom. He was a skillful young man who had nothing against talking just about everything. Another neighbor, Susan, around thirty plus, wished them welcome with flowers and a cake. Their kindness was touching. They became familiar with several of their neighbors, especially Suzan and Brad Cohen, both solicitors. Chloe loved their 4-year old curly-haired boy, William, who was an expert in making unexpected mischiefs. Suzan was a secret fan of them. She had read all their books, although she never told them that she did.

Everything was just fine during the spring and the whole summer. Jason was working on a new book, while Chloe was teaching information technology at the city's college. Ken finished the renovation of the bathroom and even built a new separate toilet room. He was now working on a new roof of the garage. They had a pleasant intercourse with the Cohen family at leisure moments. Actually, they became good friends. William loved to work in the garden with Chloe, as he used to say. Chloe did not always approve the results of William's "work", but she loved their conversations. Was it really so long ago her children were that small?

The happy times ended suddenly, although not entirely unexpected. Both felt for a while that something was going on. The signs were there, but they avoided any comments. They hoped they were wrong. Reverend Paul Garner, the priest of the St Michael church, just a few hundred meters from their home, wondered why he never saw them at church.

"But we have visited the church" Jason replied.

"I know, just once, out of curiosity, perhaps. Our church is a meeting place for everybody around here – every Sunday. St Michael welcomes all the children of God".

Jason expressed reverend Paul Garner his best wishes. He decided not to be involved in some philosophical or religious discussion. Mitchell could say *good morning* only if he had too. Otherwise, he avoided them. The nice old couple at the restaurant was not so nice any more. Chloe wondered if they had any problems.

"Not we lady", Martha said. "People talks you know. They wonder why you never visit our church. Reverend Garner, use to deliver rather famous speeches, you know - every Sunday".

"You are judging us after how often we visit the church?" Chloe wondered with disappointment in her voice. "One would think we are still living in the dark middle Ages".

"I assure you that the citizens of this city are very tolerant people. They would certainly reconsider if you show up to be good Christians".

"I see – so you think that good Christians are only those who visit the church regularly! We are still the same people as when we moved here, you know. It's a pity, Martha; I am going to miss your delicious pears".

Chloe also asked the woman who owned the little bakery, near the hotel, why she didn't talk to her anymore the way she used to.

"Oh dear", she said, "I don't want to go through it again, but you have the right to know, I suppose". She looked at Chloe with sympathy. "You see, when my husband and I moved to Micropolis and bought this bakery, the people here were very nice to us. Only some months later, most of the customers were gone. We wondered what was wrong. Then I found out that we were not good Christians because we only used to visit the church occasionally. Therefore, we became regular visitors in order to secure the future of the bakery. Then the customers came back, you know. It's as simple as that".

"So you have been mobbed by good Christians, or by people who believe they are?"

"Yes ma'am, we did. It was not a nice experience, you know. But we are happy we solved the problem".

"What a nice solution", Chloe said, a decision caused by economic pressure. And now you are exercising mobbing yourself, - as a good Christian, I presume!"

The woman lowered her head avoiding seeing Chloe in the eyes. Her conscience was certainly in conflict with her behavior. She sided with "the good Christians" and behaved as one of them, even if she was not. Now the bakery business was doing well, with some help from God, and the all-powerful congregation led by reverend Paul Garner!

Suzan tried to warn them from the very beginning. "We like you, both of you" she said. "We don't care about how often you go to church, but perhaps, you should know that it's kind of a social obligation in a small town like this".

That reminded her of the bothersome conversations she had with her mother.

"It's both a matter of faith and a social obligation", her mother used to say. "Our friends are avoiding us because of yours, and especially your husband's ungodly writings. Don't let him manipulate you away from God, girl".

"We just happen to have different beliefs, mother", Chloe would say at several occasions.

"I am part of my husband's writings. In fact, I made a lot of research. We are writing a new book together, you know. How many times have I told you that Jason's writings are not against God - they are against a man, Jehovah, who pretends to be God"?

"Don't put your name on such a book, girl. If you do, no relatives of ours would know you anymore. Think about your children".

"Our children are proud of us, mother. If you want them to be proud of you too, then show them some love instead of demonstrating your financial power. Not to mention your religious despotism".

"There is no hope for you anymore. I was hoping you would leave him and come back to your father's business. It's our creation you know, a healthy financial business with God-fearing customers".

"I know, mother. After cheating each other every day, they pretend to be good Christians and God-fearing people at Sundays. You do not see their falsehood because you fear God yourself. Why do you fear God? Is he going to punish you? Are you expecting some reward? I tell you what - he does not hear you. He does not see you. He does not care about you, or me, or anybody else. Do you know why? The real god, if such a being does exist, is not interfering in people's life. To be just good is good enough"!

"You are now insulting both your parents and God. We have to pray for you again, as we use to. We continue to do that as long as you are under the influence of that man".

"If you want me to choose between my husband and your social life, then perhaps you could guess the answer. By the way, we plan to move from town".

"If you mean to move somewhere nobody knows you, it could be wise. Here you have no friends anyway. I am tired of making excuses for your account in front of our friends".

"That was not a nice thing to say, mother, and you know that. We do have some friends, even if many of those belonging to your social group are gone, because religious dogmas are more important and more powerful to them than friendship. We are happy with our social life, but you and father cannot leave us alone. It's always about you, your god-fearing friends and your church".

That was the last time Chloe talked to her mother. Some days before they moved, they invited them for dinner. Both of them liked to believe that different opinions about things should not prevent people from coming together, especially relatives and friends. They were wrong. Her parents left a message, through the telephone answering machine, that they had so many social obligations they could not come.

Beside Ken, Suzan and Brad, nobody else would talk to them, unless they had to. Jason and Chloe decided to compromise. They would be "good Christians" and visit the church in the future for the sake of peace, although they could not understand what value that would have for the priest. However, before Sunday, the situation became very tough, when an official letter from **Micropolis District Court** served a writ on Jason Park. The accuser was reverend Paul Garner of St Michael. They could not believe their eyes. Chloe was more angry than disappointed. She looked at the official piece of paper once more: **Paul Garner against Jason Park**. She was full of determination when she said:

"What is it he wants, reward from God, or money from us? Does he really believe that every single being should give up every kind of intellectual freedom and surrender to the doctrines of his God? Jason, I do not want to go through that again. We are not going to run away this time. People fought at the time of Emperor Constantine despite the death penalty. We fight too. What would the punishment be for us, - that nobody talks to us?"

Jason seemed to be in deep thinking. "A penny for your thoughts", she said.

"I just wonder how much malignity is to be found under the Sun. Nature can strike at people with enormous power, as hurricanes and tornados usually do. Sometimes even without warning, like earthquakes. People with a build-in malignity can strike at anybody. I wonder which kind is most frightening".

"You know people can be cruel because they believe they are acting according to God's will. It's easier for a religious fanatic to kill because he thinks is acting according to the will of God. This is the power of manipulative dogmas. They are not even aware of their cruelty. The Ghazi Janissaries used by the Ottoman Empire fought to conquer land for Islam, or die. They were not even Ottomans. They were of different nationalities, captured as children during raids and wars. They had been raised to be the special soldiers of Allah in the same way the Israelites had been raised in the desert to become the special soldiers of Jehovah! That was all that mattered. I am not going to accept any unjust action against me as a result of Jehovah's mind control over freethinking people".

"That's okay with me sweet heart. We fight them back. It's not Paul Garner we are fighting against but the malignity of the implanted dogmas by an evil, extraterrestrial man".

They both believed in God, some benevolent and just force. However, they were convinced that Jehovah was not that God. He just said he was and forced people to accept him. There was just no way to accept that violent and unjust being as God.

"I love you too, big rebel. Now I have to calm down before I chat with our children. They have the right to know what is going on before they hear about it from my mother, or read about it in the newspapers".

They took a drink that marked the end of the conversation, and even the end of their short happy life in Micropolis. They did not talk much. They sat quiet, enjoying their own silence as well as the silence of the beautiful evening inviting itself as guest. They were disappointed but not surprised. Two thousand years after the crucifixion, the punishment for opposing Jehovah was not the death penalty any more. They were not supposed to be stoned to death outside the city walls. Yet, Christianity in general demanded some kind of punishment.

Chloe's parents were wrong about Jason influencing her. It was actually the other way around. She persuaded him to write. Then the influence became mutual.

Their first meeting was more fun than romantic. She was 23, he 26. After she read about the murdering of Hypatia of Alexandria in the library, she became furious. She rushed to the campus canteen, grasped a sandwich and a cup of coffee and was about to sit down without actually seeing anybody.

She spilt the coffee over her skirt, dropped her sandwich on the floor and became even angrier. Jason was fast in picking up the sandwich and offering her a serviette. She sat down at his table. She had already dropped a tray. She needed to talk and here was a man who perhaps was willing to listen.

"You don't need to talk", he told her. "You will feel better after eating your sandwich". He fetched a new cup of coffee for her and sat down looking at her.

She took a bite looking deep in his eyes. She could sense some trust in his voice. What would he think of her? Was he about to laugh at her? Was she overreacting?

She explained that she became very upset reading about Hypatia of Alexandria, (378 – 444 CE), the most famous mathematician and philosopher of the time.

"What about her?" he asked.

"Did you know that she was murdered by a Christian mob? Her body was then cut to pieces and thrown away?"

"Yes I do", he said. "The instigator of the murder was probably Bishop Cyril of Alexandria who later became saint. He also drove the Jews out of the city and confiscated their property. But that was 414 CE, a little late to become angry now, isn't it? Are you studying history?"

"No, information technology, you?"

"Me too, I mean I have studied. I am working now. I am here to meet with someone".

"Is it your girl? I could sit somewhere else".

"No it's my old teacher actually. We have a project together".

"Do you happen to know why the Academy of Plato was closed down?" she wondered.

"Yes, I do", he said watching her intensively in the eyes. He wondered if history was the only subject she could talk about, or if she was testing him. "It was Emperor Justinianus, 529 CE that outlawed the Academy and confiscated its property. The scientific and philosophical teachings of that great institution had been considered as anti-Christian. The Olympic games too".

"You knew! How can you talk about it so serenely? It was a great hit against the free word, against philosophy, science, religious tolerance, education, development, sports and much more".

"It's not precisely the news of the day either", he said, but he knew that painting some realistic proportions around the event would never justify such a crime.

"I can't understand why intellectual people with a lot of knowledge won't write about the crimes caused by Christian emperors and mobs. My friends don't even know who Hypatia was. Are they living in a bubble?" she wondered.

"We are all living in a bubble. Nothing outside the bubble is good. That's why people don't write about things happening outside the bubble. It would be an easy way to become unpopular in no time. Christianity is not just a religion. It's a global organization with tentacles all over the society, dogmatic as well as financial. For not so long ago, criticizing them was a matter of life and death. Today it's like fighting a giant with the power to destroy you".

"You are not a Moslem, are you?"

"No, I am not. They are living in their own bubble too. I use to think that Islam started some 630 years after Christendom. That is perhaps the time the extremists would need to catch up and be more tolerant. I like to believe that extremism within Christianity and Islam is not people's invention. It has been intentionally implanted on earth by the same god".

"Are you an atheist?"

"No. Atheism is a religion too. Science is supporting some kind of super power we could call "The Force" while atheism is just a belief, like paradise and hell".

"You have been doing a lot of thinking yourself, I notice". She was relaxing after talking to him. Was it his soft voice, his strong confidence, his knowledge of history? She could only see a benevolent look in his warm brown eyes, despite the subject. She wished she had met him under more pleasant circumstances.

"Do you know that uncounted temples around the world are just ruins now?"

"Yes, I do", he said smiling. Are you sure you are not studying history?"

"Perhaps you also know who destroyed them?"

"There have been many wars, but mainly some Byzantine and some Roman emperors, Christian Bishops and mobs".

"Exactly, Christian Byzantine emperors and Christian Roman emperors aided by Christian mobs and Christian fathers of the church! Why? The temples didn't fit into the Christian beliefs. Couldn't the temples and the churches exist side by side? No! Everything old must give space to the new! They destroyed the temples, persecuted philosophers, murdered people, burnt books on fire and God knows what other things they have done. How many people know about that?"

"The question is how many people actually want to know? Tell you what", he said. "I have been reading mythology since I was a kid and history as long as I remember. I have a lot of notes about things I found interesting, some five notepads".

"I would love to take a look", she said with big eyes. "Is it possible?"

"I don't know – how do I know you don't be upset?"

"You don't. But I promise I wouldn't spill coffee on you! You know, I have a list of the most important temples, their history in short, the time of the building and the time when they have been turned into ruins - and who was responsible for the destruction".

"That would be a good subject for a book", he suggested. "But why not write just about anything, if you have the talent? Write a romance or a criminal story; write about zombies or vampires; a good thrilling and a good narrative could bring a lot of money. Writing against religions is the fastest way to become unpopular. You can't' walk through a crowed of bearded priests with a torch without burning some one's beard."

"Perhaps", she said. "On the other hand there is no money in history. I am going to support myself working with IT in order to be able to write. Ask anyone you want about the reasons of the destruction of temples, knowledge and ancient civilizations. They would say "wars". I thought historians had the responsibility of making truth known to the public?"

Jason had never seen such a passion. Her beautiful green eyes were sparkling out of enthusiasm. She was a very attractive young woman with a great intellect. They agreed to meet again and take a look at each other's notes. She gave him a kiss on his cheek as "thanks for listening" and, perhaps to assure her that he wouldn't forget. In the meantime, none of them could get the impression they made on each other out of their mind. A year later, they wrote "The History of Temples". The same year they married, much to her parent's great disappointment.

Jason couldn't avoid recalling some memories from his childhood. A few weeks before Easter, the teacher at the public school asked the kids; "Tell me something good you did last weekend".

That was not an option. The six-year-old kids had to say something. It was nothing wrong with their imagination. They told the female teacher a lot of gibberish, a tissue of lies, every one of them.

"My father was about to eat a sausage", a kid said. "I told him that he had to wait until the Easter day".

"Very good", the teacher said. "You are a good Christian boy".

"I ate cheese", another kid said.

"That was not good", the teacher said. "Did your mother give it to you?"

"No, I took it myself when I was alone in the kitchen".

"But you know that you did something wrong, don't you?"

"Yes".

"And you regret it, right?"

"Yes".

"And you are not going to do that again, right?"

"Yes… I mean… no".

The other kids laughed.

"You must ask God for forgiveness. You must say loudly "Our Father in the Heavens…" three times before you go to bed. Then God will forgive you."

"Yes, thank you".

The kid seemed to be happy about that. The teacher could form the small kids as easily as a lump of dough. That was a service provided by the society, free of charge. Of course, they didn't know what fasting was about, or what it had to do with God. Eating vegetables was a good thing. But doing that for fifty days before Easter was the will of God, they had been told. Otherwise, He would punish them!

Jason was now 44, Chloe 41. After 18 years together, they were still loving and caring a lot about each other. They had a good life together. None of them was intending to let some religious fanaticism destroy it, even if the hand of the powerful Jehovah seemed to be very long – able to reach them everywhere!

CHAPTER 2

THE TRIAL

The courtroom of the House of Justice in the center of Micropolis was full. Older people, men and women, hoped to get their beliefs confirmed by the court. Yet, for some it was a good entertainment, not unlike the witch-trials of the old times. The judge's voice interrupted the heavy silence.

"Reverend Paul Garner, assisted by his solicitor Mr. Jonathan Lentz – against Jason Park, assisted by his solicitors Mr. Brad Cohen and Mrs. Suzan Cohen. Mr. Lentz, please inform the court about the accusations".

"Yes, your honor. My client is a priest at the St Michael church located in Cross Hills, here in our city Micropolis. Mr. Park claims, in his book "Alien Rulers" that Jehovah is an impostor and the archangel Michael is a murderer. My client has been offended as a servant of God and the priest of St Michael. The main point, however, is that the writings of Mr. Park have caused economic damage to the church in general, and to St Michael church in particular. Additionally, this book has caused a detrimental effect on the emotional health of my client and his congregation. My client demands a public apology by Mr. Park, as well as economic compensation for the damages, as well as for pain and suffering".

"Thank you Mr. Lentz. Mr. Brad Cohen, what have you to say about the accusations against your client?"

"We reject all accusations against my client, your honor. My client has never mentioned any particular priest, or congregation. He presents facts about some persons described in the Old Testament and old Sumerian and Babylonian clay tablets, after many years of research. The facts support the idea that intelligent aliens have been manipulating us for thousands of years. Even the ancient historian Julius Africanus claimed that the Elohim, (gods) including the one called Jehovah, were foreign rulers. We believe this trial is unnecessary. People feel offended every day, because of books, advertising, and discrimination of different kinds".

Brad Cohen made a short pause, and then turned towards the public and continued.

"One of the foundations of our society is the right to free expression. We also find the demand for economic compensation completely ungrounded. If reverend Garner considers this book as a competitor to his church, – perhaps he should know that competition is legal in this country. In contrast to the bible reading that was obligatory in the old times and even to this very day at many places around the world, we have today the right to read any book of our choice".

The audience reacted with some mumbling and some expressions of disliking. The judge's reaction was fast and resolute. "No interruptions will be tolerated", he said. He seemed to be in deep thoughts for a while, and then said:

"St Michael being a real person or not, I can't figure out how the two solicitors would be able to prove the one or the other. The law, however, provides protection against offend and economic damage. For this only reason, I will permit this trial. I hope that none of the solicitors is intending to turn this trial into some kind of philosophic forum about God's existence or not".

Then he addressed Mr. Lentz saying, "Mr. Lentz, you are formally representing Mr. Paul Garner alone – not his congregation. Let us now proceed. Now to something else; there are some people in this building working with some technical installations; therefore, some spaces are not accessible. I hope you understand. The coffee rum is however, functioning".

The second trial day

Strange things happened the day after. A very famous solicitor came, sent by someone, to assist Mr. Jonathan Lentz. It was obvious that neither reverend Paul Garner, nor the church of St Michael, could afford to engage Martin Cane, one of the most successful lawyers of the country. Perhaps some organization wished apparently to be Paul Garner's confederate. Additionally, the trial put off an hour, in order to finish the 'technical installations'.

When the doors opened again, a section of the hall was prepared with comfortable furniture for some officials. Ten chairs with red-covered darning composed a colorful feature in the otherwise tedious courtroom. Then they came in just before the judge entered. They were bishops and high church-executives from abroad, representing all branches of the Christian Church. Most of them wore colorful dresses with beautiful decorations. Many of them were bearded men, with long robe-like dresses, and artful crosses around their neck.

The bearded bishops looked like the old gods. Jason Park could not avoid associating the assembly of those churchmen with the council of seven, the council of the gods that decided about everything concerning earthly affairs. As soon as they sat down, they picked up headsets, allowing them to listen in their own tongue. The installation of the translating equipment was probably the reason of the delay. The technicians, responsible for the translating programs and the technical equipment, had occupied a small room nearby, which they called "the language room". Additionally, they made some smaller installations in the waiting room, above the coffee machine, *for testing*, they said.

Jason was surprised that the officials used translating equipment despite that their God "confused the tongues" of the people in order to make it impossible to understand one another! That they found convenient, but the criticizing of their God was still not allowed.

"You may now precede, Mr. Lentz", the judge said.

"I call Mr. Jason Park", he said.

Brad was surprised. *What was Lentz up to? He was obviously sparing Mr. Garner until later.* The eyes of the bishops were sparking like an ignition wire.

"Mr. Park, you claim through your writings that St Michael is a murderer. Is it your personal opinion?"

"No, actually is the opinion of the Old Testament and the Christian Church. The Old Testament claims that St Michael was the chief of the Israelite army, (archistrategos) despite the fact that Joshua was leading the army. He participated then in the slaughtering of the Anakim and other people in the land. The Church also claims that St Michael killed a dragon".

"And that would make him a murderer?"

"It depends on who the dragon was. St Michael could be a liberator, like Heracles, if he had killed a real dragon. But Christian theologians claim that the dragon is symbolizing a man, an adversary of God, who was also known as the Dragon King. They also claim that this dragon king was the same being as the man/god, which Christianity identifies as Satan. By the way, the root of Satan is Shejtan, from Arabic; it means just adversary! But there are no signs of any battle, not even of any duel between the dragon king and St Michael. It seems like a homicide according to plan. I believe St Michael murdered another man, not a dragon. Now, if St Michael killed the adversary of God, as the Christians believe, then there is no adversary of God any more. Consequently, there is no Satan either!"

Blasphemy was the immediate thought in the bishops' mind.

"Isn't the icon showing St Michael killing a dragon symbolic, Mr. Park?"

"I think it's depicting a real event".

"So, according to you, is St. George, and many other saints who are depicted as killing dragons, murderers too?"

"I don't know why it was so popular to kill dragons, or why there were so many dragons just after the introduction of Christianity, but the theologians have to make up their minds. Either are those artistic performances to be understood as fairy tales, or those saints have indeed killed human beings, not dragons. If there had been dragons and people who had the courage and the strength to kill them, then they could be considered as heroes, but that couldn't qualify them to be elevated to saints".

The famous solicitor, Mr. Martin Cane, signed to Mr. Lentz, and they exchanged whisperings.

"Mr. Park, do you have any honor for these honorable fathers of the Church?" Mr. Lentz pointed at the direction of the bishops, who were observing everything with great interest, but sat motionless without revealing any of their feelings. Any poker player would be envious over the stiffness of their faces.

"I do. The bishops are probably good people and certainly very well educated. They have been educated to be the servants of Jehovah. They are serving someone they consider as God, in all honesty. They also believe they are serving God better than ordinary people and therefore they are worthy of some special reward.

If the alien Jehovah could enter this room, right now, he would probably be clothed in a similar way. He would also be bearded, and he probably would have a cross hanging from his neck, not because he is a Christian, but because the cross is the symbol of his home planet. I believe he would be angry too, because the honorable bishops are acting against his will!"

The bishops and the high executives of the different Churches, and Christian organizations, did not use to hear that they act against the will of God. Who could know better than them? Were they not above ordinary people because they serve God better and more often? The reaction of the audience was not in their liking either. A great deal of whispers began to circle the courtroom. Ordinary Christians like to believe in equality in the courtroom of God. The rules for accessing the 'kingdom of heaven' should be the same for all Christians, bishops, or not!

"Is that so Mr. Park? What do you know about his will?"

"Just take a look at them. They do not understand a word of what we are talking about, without the technical equipment. Even if some of them can speak our language, they are afraid they would miss some significant word, or some expression that is unfamiliar to them. This is just one of the results of the confusion of the tongues by Jehovah – their God. Consequently, they are, at this very moment, acting against his will!

God's will was to make it impossible for the people of the earth to communicate with one another, according to their holy book. That was one of the reasons behind the confusion of the tongues. He never said anything about any technical equipment, probably because the development has been faster than he thought. But I am certain that he would disapprove any kind of communication between people of different languages. These honorable servants of Jehovah use to justify his action as being right, and the victims as being wrong.

If we think of the disastrous consequences of this action, without any consideration to the bible, we find that it should be the other way around. Jehovah did something very wrong. This only action has neutralized human development for thousands of years, not to mention the conflicts caused by it. Jehovah's action fulfills all the requirements in order to be classified as a crime against humanity! The one who ought to be sitting here on this bench is Enlil/Jehovah, the god of the bishops".

The church of St Michael had some financial problems, but that was certainly not the reason of the accusations against Jason Park. Reverent Paul Gardner fired the old secretary hoping for better economy by saving the old woman's salary.

At the next brake, Paul Garner felt his throat completely dry. He liked his secretary, Mrs. Shadows, and had regret for firing her. He hoped he could turn the economy on the right track again anyway. He had to drink something. He had always the Bible and Jason's book with him, during the trial. He put the books on the bench beside the water machine, and was about to fetch some water.

In the "language room", the head technician was following everything that happened inside the courtroom and the waiting room. He got a message on the screen saying, "Ready to proceed". When he saw the books Garner left on the bench, he said, "lock them", "good", "transfer them".

Paul Garner drank some water in a plastic mug, and turned back to pick them up. The books were gone! How? Why? Nobody was near the bench. He left them out of sight just for a few seconds. His faith was strong, perhaps abnormally strong. Did St Michael take the books in order to study them, and perhaps help him? Why take the Bible. St Michael, if someone, ought to know about the contents of the bible. He had been highlighting several lines in Mr. Park's book. Now he would have to buy another book and do it all over again.

He felt uncomfortable by the fact that the trial and the books mainly occupied his mind. Was it a reaction? Was it an escape from the infortune reality the doctor explained to him? Of course it was. He was still refusing to accept that he was seriously sick. Suddenly the doctor's words resounded in his head like a thousand hammers. *Perhaps you prefer to come back tomorrow with your wife, Mr. Garner – I am afraid I have some pretty bad news for you. The results are clearly speaking their own language. You have cancer of the lung, Mr. Garner. It explains the pain you have in your knees and your upper arm. We shall check it out if a surgery is possible. Otherwise, we are going to use the usual chemotherapy, perhaps both. The medicals are more effective now. The chance to recover is better. You have cancer Mr. Garner…cancer Mr. Garner….*

He managed to switch off the doctor's voice and was about to return to the courtroom when he saw … oh no! Martin Cane put his briefcase on the bench, walked to the water machine and pushed the button marked 'cold water'. He barely heard Mr. Cane saying 'hi', neither if he said 'hi Mr. Cane'. Cane drank some water, threw the plastic mug in the trash basket and turned back to pick up his briefcase.

Garner was about to stop him before he reached the bench, but he could not. He felt like his body was becoming like an ice cube. He was as motionless as the icon of St Michael he had on his bedside table. Suddenly, Cane became blurred. Garner stretched out his hand and grasped his arm. He had the feeling that, whatever was happening, it was happening in slow motion. Garner felt dizzy and the next moment the waiting room at the Court House had completely disappeared.

Cane's briefcase was still on the bench. Paul Garner and Martin Cane were gone like invisible smoke. The few persons in the room did not notice anything abnormal. They were too involved in their serious conversations.

The evening TV-news reported from Micropolis, as the evening before. *Paul Garner and the church of St Michael could be in serious economic trouble. The famous solicitor, Martin Cane, and reverend Paul Garner left Micropolis today. Some unauthorized sources claim that the two of them are on the way to the Vatican, to discuss the matter with the Pope. Another famous solicitor, Mr. Ed Sullivan, was seen involved in serious discussions with Mr. Brad Cohen, the defender of Mr. Jason Park.*

"Suzan, what do you think about Cane and Garner being in the Vatican?" Chloe asked.

"It could be true, you know".

"What about the discussion between Sullivan and Brad?"

"It was a short, but serious discussion, as I have told you", Brad interrupted. "He offered us some documents in exchange for assisting us concerning the defense. I still wonder what type of documents he has. What I think is that he is after a fight with Martin Cane, it would be good publicity for both".

CHAPTER 3

THE PORTAL

Martin Cane and Paul Garner felt as every single cell in their bodies was living its own life. They felt a little dizzy, unknowing about what was happening, and seconds later, everything was back to normal again. Except that, they were not in the waiting room of the Court House any more. Horror occupied their mind. They were standing in front of an old man with thick white hair. He seemed to be much older than they were. His eyes were sparkling full of horror too. Garner noticed that he was still holding Cane's arm spasmodically and unclenched his fist.

At the other lab, the two technicians were waiting for the two men to arrive, but they never did. "No books and no people" one of them said. "Let's check the equipment once again," he said, but he was certain that everything was working.

The old professor, Socrates, could not believe his eyes when he saw the two men standing in front of him.

Energies, but what kind of energies, he thought. They seem to be real people, how, where from?

"Gentlemen", he said after gathering some courage. "I have no idea who you are or why you are here. Are you responsible for this?"

"My God, we are in a lab", Garner said. "He looks like a mad professor. I wonder what he is intending to do with us".

"Calm down, Mr. Garner", Cane said. "He is probably a professor. I have no idea what happened, but if he beamed us here, then this must be some kind of portal. We could kindly ask him to send us back".

"You don't understand what I am saying, do you?" the professor said.

"What is he saying?" Garner wondered.

"I have no idea. I do not even know which language he is speaking. "Sir", Cane said, pronouncing every word clearly while looking the professor in the eyes, "who are you and what is it you want from us?"

"As I said", professor Sokrates said. "I don't know what is happening here, but one is for sure – we are unable to communicate".

He called Cleopatra, his house help, and asked her to offer the two gentlemen something to drink. Then he continued to examine the two men who looked equally surprised, and even terrified, as he was. He was scratching his white hair when Cleopatra came back with some refreshments.

"Please", she said, coming closer. She was a nice old lady with an enormous baggage of education behind her and very polite. But when she saw the big cross hanging around Garner's neck, she became uncomfortable and took a step back.

Cane took a glass and lifted it to his nose. "It smells good", he said. "It looks like orange juice". Martin Cane was a cosmopolitan enriched with great adaptability.

"For God's sake, don't drink Mr. Cane. She could be a witch. Who else would work with a mad professor? It could be sleeping-something in it, or may be even worst; it could be poison".

"I don't think this old man brought us here just to poison us. He does not even seem to enjoy his achievement. The professor seems to be, at least, as surprised as we are Mr. Garner. Could it be some kind of accident"?

"All mad professors have the same look, Mr. Cane. They always look surprised and have a witch by their side. God may help us out of this", he said making the sign of the cross on his chest.

Cane tasted the drink. "It is orange juice", he said to Garner. He turned to Cleopatra saying "Thank you, lady". He tried even with his restaurant-French and Italian, but Cleopatra was just looking at him without any reaction, except for a polite little smile, probably requested by her brain rather than by her heart.

"Okay Mr. Garner, I admit we are in some kind of trouble. We are still suffering of the consequences of the confusion of the tongues. I wish your God could give us a hand right now".

"Don't discourage Mr. Cane. God always takes hand of his children. You are one of them".

"What if these people here are his children too?"

"Do you think this is the work of God, Mr. Cane?"

"What do you mean?"

"Perhaps He is trying to show us how we could be better, like he did with the old man Ebenezer Scrooge, in 'A Christmas Carol', by Charles Dickens".

"A Christmas Carol is a fairy tale, Mr. Garner. This is real. Besides, God should be satisfied with you, his loyal servant for so many years. Perhaps he wishes to teach me a lesson, but I don't think he even knows who I am!"

Professor Socrates pushed a button on his communication devise hanging around his neck.

"Good morning, professor, what's up?" the voice said.

"Asta dear, listen carefully. My experiments have brought forth some quite unexpected results".

"Congratulations, professor. Have you managed to locate the energy you have been hunting for a while now?"

"No, no, the result is not some kind of energy – or perhaps it is, I didn't think of it. Anyway, I would say the whole thing is incredible. It must be some kind of accident actually. However, it is also very real. They are standing here beside me".

"Is anyone else with you, beside Cleopatra?"

"At the same time, I am so excited I don't know how to begin. Don't touch that. Just stay there, don't move. Please, don't be afraid".

"Professor, are you alright?"

"Of course I am. Why shouldn't I? Now you listen to me. I will send two energies, sorry, I mean two gentlemen to you. I will put them in a cab, and you have to meet them at the main entrance, and take them right away to your room".

"Do you really mean that two beings have been materialized in your lab, - through your equipment?"

"I told you that. Are you listening? Good, I am unable to communicate with them, so I am sending them to you".

"Are you talking about real people? What kind of people?"

"How should I know? But I know this. They are well dressed, although somehow different, more elegant actually. They seem to be well educated and polite. I guess they speak some of the ancient languages. Find out which one, and prepare yourself to communicate with them. I think they came from another world – perhaps another dimension, another reality, another time, I have no idea. I am researching about unknown energies, not aliens".

"Are they aliens? Shouldn't you be calling the Interplanetary Investigation Service (IIS), or perhaps the Global Investigation Agency (GIA)? Suppose they are spies, sent by our enemies".

"I don't know what they are. Materialized waves – that's all I can think of just now. One of them has a big cross hanging around his neck, so I suppose they could be aliens and, perhaps, enemies - I didn't think about that either".

"Then someone is acting behind your back professor. If you are the receiver, someone must be the sender. Isn't it obvious that someone, perhaps those two you are talking about, have been using you and your equipment? The IIS would be most interested to know".

"I don't think they know what is happening either. They seem to be as surprised as I am. Don't you want to find out? You could be the first to communicate with whoever-they-are, - people from some other world, perhaps. I need your help Asta. But remember, it's confidential, at least until we know more about them".

"I don't like it, professor, but since you are talking about some ancient language, I will do what I can".

Asta was a linguist, specialized in ancient languages. Besides, she was studying unknown energies too. That is why she was professor Sokrates' assistant. She was supposed to replace him some day. They had all the ancient languages stored in a big database at the academy they both worked. The students were using the database when studying some old language in order to interpret old inscriptions.

The procedure was fast and easy. She used to put a headset on the student's head, linked it to a computer connected to some special equipment. The equipment, called the "Language Transferor", implanted the language directly in the brain. The whole procedure took about fifteen minutes, and the student could then speak yet another language. After a while, the student could replace it with some other, or just erase it.

Now she was supposed to do that on herself, something she never did before. She wanted to make sure the old professor didn't lose his mind, so she called Cleopatra.

"This is professor Sokrates residence", a voice said.

"Cleopatra is it you?"

"Who else?"

"Hi, this is Asta"

"Hi Asta, how are you dear? Are you worrying about him too?"

"A little, I think. Is he okay?"

"Yes, he is, but a little shaken. He was completely unprepared when the two men appeared in front of him. They seem to be rather worried too".

"So it's true?"

"Professor Sokrates would never lie to you dear, you know that. The men are now on their way to the academy. I put them in the cab myself and told the driver to deliver them to you – no one else".

"I must be going then. Thank you, Cleopatra. I think you are going to forget telling him that I called you!"

"It's already done, bye dear. Have a nice time, and be careful. After all, you know nothing about them. They could be anybody, good or evil. One of them has a big cross hanging around his neck, but I don't think he is one of them. They would never demonstrate their origins that openly".

The cab started almost noiseless. *Electric power,* Martin Cane thought. Neither the exterior nor the interior of the vehicle witnessed of any luxury. They noticed that there were very few people in the clean streets. All the vehicles looked alike. *How can they travel in such cars?* Martin wondered. *Unless they are just city-cars*, he answered. They saw many different shops and the few people in the streets were well dressed. On the top of the houses, he noticed some tress but most flowers and vegetables, but also something, that looked like solar cells. Smart, he thought, that's something we would need too. The middle high houses in different light colors gave the impression of being in some European city across the Mediterranean Sea, except for those simple and certainly economic cars. But this was certainly not Micropolis. The cab driver tried to start some conversation out of curiosity or politeness, as cab drivers often do.

"The Academy eh? Are you guys professors or something?"

...

"My daughter is studying there - marketing, I think".

...

"Okay, no talking, I got the message!"

It took less than ten minutes to drive to the Technology Academy situated just outside the city. *It was a small city,* Marin thought, *just about the same size as Micropolis.* The cab stopped before the entrance. Asta was already there. The driver asked her to identify herself. "I have my orders", he said. After she did, he said, "They are yours dr. Engal, but I don't think they can talk. By the way, nice costumes – are you people having a costume party, or is this the latest trend?"

"Both", she said in a serious voice just for the fun of it, "and you are not invited".

She took them directly to her room and offered them to sit down by pointing at a comfortable sitting group. Martin noticed that, beside the gray-colored sitting group of office-type, the room was full of advanced equipment of different kind. He could sense the presence of power computers, printers and other sort of equipment he never saw before. They sat down looking at her. *Pretty woman,* Martin thought.

She moved back to her desk without leaving them with her eyes. She told the computer to record the conversation and began talking to them.

"So, did you have a nice trip, gentlemen?"

"This is a lab too", Garner said. "They are certainly going to do some experiments with us. Don't you think we ought to do something Mr. Cane?"

"Like what?"

"We could easily overpower her and run away".

"Don't worry, Mr. Garner, it could be worse".

"What could be worse than this?"

"We could have been sent to some cannibals, some awful place dominated by criminals, or back in time. Perhaps some place where beer was completely unknown, God forbid! Here we are, at least, among civilized humans".

"How do you know we are not back in time? How do you know they have beer? Why is she talking to us? She knows very well we don't understand a word of what she is saying". Garner's knees were killing him. He didn't know what to do with them. Suddenly he felt a lot of pain in his chest too.

"Look at the equipment, Mr. Garner. They seem to be long ahead of us. She is wearing nice clothes and seems to be at least as civilized as we are. Why are you holding your hands against your chest? Are you preying or is it something wrong with you Mr. Garner?"

"I take it that you don't like the idea of running out of here", Garner said disappointed.

"We have nowhere to go Mr. Garner. Besides, you are avoiding my question. You seem to be in pain".

"I believe that everything is the will of God, Mr. Cane. If He wishes me to suffer then let it be so – even if He wouldn't oppose to some painkillers, I presume". *I wonder how long time I have left without treatment*, he thought.

"I refuse to believe that any benevolent being in the universe would demand pain from some other being, Mr. Garner. That's behind my comprehension. I wonder how advanced their medical science is? You seem to need some medical attention".

Asta had enough material to seek in the database. She instructed Ena, the computer. "Ena, please locate the words and the phrases".

"Just give me a moment Asta", Ena said. "Nearly 90% is in the database".

"Will you please print the following in that particular language? *I will now learn your language. It will take fifteen minutes. Please wait*". Then she let them read the printout.

Martin Cane was quite surprised and happy to read something in his own language.

"She is going to learn our language", he said.

"Are we supposed to wait here for several months?" Garner wondered. "Are we supposed to act teachers? Is this a mission from God, - to teach these people our language?"

"I don't think God wants us to do that, Mr. Garner. It would be against some of his earlier actions".

"Then how is she going to do that?"

"Probably, by using some equipment, I presume. Sounds like a piece of cake. Perhaps some similar equipment as God used when he allotted different languages to different people!"

"Mr. Cane, I am disappointed. You sound like Mr. Park, as if God couldn't do that by just thinking of it".

"Wake up Mr. Garner - be more realistic. God threw great stones from heaven and killed the fleeing Anakim in Bethhoron, according to Joshua 10:11. I have been doing some reading myself, you know. Was it more humane to kill them by throwing stones, probably missiles, than by thinking, or was it just the only way he could?"

Then Martin wrote on the same ark with his own pen.

"Don't worry lady. We wait; - we took a day off today".

Asta showed them a new print out.

"You must be silent. Do not disturb, please".

Then she put on a headset, and sat motionless. The two men sat silent.

I could take some sleep, Martin thought, and made a sign to Garner to do the same. *Mr. Garner seems to be a nice person. I hope is nothing serious with him.*

Then he closed his eyes and tried to find some acceptable explanation to the last events. As an experienced lawyer, he used to analyze facts and situations following any logical sequence he could find.

We are probably not in our time, perhaps not even in our world. So, this could be another world. Could it be another planet? Not likely. The 'jump' took only a few seconds. Then it must be the same planet. Is it a parallel world? Who knows? What is a parallel world? Did the professor open some kind of portal, intentionally or not? Do portals exist in reality, or just in the movies? Is the professor working on some official program or against the authorities? Thinking of the professor's surprise when he saw us, it could have been some kind of accident.

If the whole situation is real, and not some kind of dream, our appearance in this world could be just a part of something bigger. Since people don't use to travel around as waves, not in our world anyway, someone was responsible for sending us here. Perhaps someone was using the professor and his equipment. In that case, they were in trouble. It could mean that the professor could not send them back. What I need just now is a good lunch and a cold beer. I wonder if they have beer. She is an attractive lady – nice figure, intelligent eyes, inviting lips.

Asta's trustfully soft voice got him back to reality.

"Gentlemen", she said, pronouncing each word as if she had a candy in her mouth. "I am dr. Asta Engal, a linguist, a historian, psychologist and the professor Sokrates assistant. Do you understand what I am saying?"

"My God, she did it", Garner said.

"Nice to meet you, dr. Asta". "I am Martin Cane, a solicitor, and this is reverend Paul Garner".

"Explain 'solicitor' Mr. Cane. The word is not in my vocabulary".

"A solicitor is someone who has been studying the law in order to help people who are in strife with other people, or with justice itself. Do you have solicitors here in your world?"

"Yes, we have, we call them lowers. Is this not your world Mr. Cane?"

"No, of course not".

"Please explain 'reverend' Mr. Garner".

"Reverend is a title used by God's servants".

"So you are a servant of God Mr. Garner?"

"Yes ma'am, I am. Do you believe in God?"

"Most people believe that some benevolent power created the universe and all the prerequisites for life. We call it, the Creator of All, or, simply, the Force".

"The creator of all", Garner said. "I like that".

"It's a better name than Jehovah", Cane murmured, as he was speaking to himself.

"Are you a servant of Jehovah, Mr. Garner?" Asta wondered.

"Yes ma'am, I am a servant of the one and only God and his son Jesus Christ".

"What kind of symbol is it around your neck Mr. Garner?"

"This is the symbol of Christianity, ma'am, the symbol of my - our religion".

"I have nothing against your religion Mr. Garner, or any other religion. For me, you can worship any god you like, as many people do here, or none at all. But that cross is the symbol of our enemies, the symbol of their home planet. We are actually in war with them because of our gold. Ordinary people could think that you are a supporter of them. It is therefore unwise to challenge them. That I say for your own safety Mr. Garner".

"I know nothing about your enemies, ma'am. I am a priest and the cross goes with the job".

"For God's sake Mr. Garner", Cane said, "Listen to her. She is talking about your own security – our security. You are still a priest even without the crucifix".

Garner took unwilling the crucifix off his neck, and put it in his pocket.

"Since I am responsible for you at the moment, I have to know if you are armed".

"Armed? No, we are not", Cane said, "should we?"

"I am afraid you have to show me everything you curry on you. It's a matter of security".

"If you insist", Cane said. "Here you have some keys to my house and my car. Here is my mobile telephone, which is useless here, I presume. Here is my wallet with pictures of my children, some paper money, and some credit cards".

Garner had just about the same things. Asta examined their mobiles and seemed to be convinced".

"Thank you, gentlemen. You may take your things back. Now it's lunchtime. I assume you are hungry. May I have the honor to invite you to lunch?"

"We accept with great pleasure Mrs. Engal. Is it Ms. or Mrs.?"

"It is Mrs., Mr. Cane, although I am single just now. We shall lunch in the academy restaurant, and I would be thankful if you don't speak loudly".

"I wonder if they have beer", Cane murmured for himself.

"You can count on that Mr. Cane". She sent a message to the restaurant informing them about the two guest 'from a theatre society', as she said.

They walked through some hallways and many passages on the way to the restaurant. Both looked intensive on everything they passed by. The Academy complex was a composite of several buildings; some stand alone, some connected with others through underground or aerial passages. Cane observed many beautiful paintings hanging over the walls, as well as wall paintings that seemed to be very old, or intentionally painted to look old.

"Suppose we stir up some trouble", Garner said to Cane in a low voice. "Would the police come? Would that be better than being the prisoners of a mad professor?"

"I assure you Mr. Garner, that's much better for you to be my guests than the prisoners of the Local or the Global police. Besides, you are guests, not prisoners".

"Then why do you keep it secret? Why doesn't the professor go public, and announce the great discovery he made? After all, the appearance of people from another world must be something extraordinary".

"Neither the professor, nor you, can prove you are from another world Mr. Garner. The police would either not care at all, or probably send you to some institute for people who have lost contact with reality. Would you prefer that? Besides, I am the only person here you can communicate with".

They were near the restaurant now, and dr. Asta made a sign to them to be silent. She went directly to a table reserved for her. She pointed at the sign on the table and said: "This sign is stating that you are my guests. You are from a theatre society studying old plays in ancient languages. I hope that would discourage people with abnormal curiosity to speak to you".

The food was fresh and full of flavor. Cane and Garner took a biff with potatoes and vegetables, while Asta took the fish. The beer was to Mr. Cane's delight.

"First now I feel like a living person, thanks to the beer", Cane said. "The past few hours have been like a nightmare - something not quite real. My God, what kind of beer is it. It's miraculous! I feel it in every cell of my body!

"It's a combination of beer and gold powder, Mr. Cane. The food contains a daily portion of gold powder as well as the beer. Perhaps you are from another world after all, or a very good actor. The effect is immediate and much greater because you are not used to gold powder".

"Are you trying to poison us?" Garner wondered. "I am feeling good too, like regenerated! But of course, I use alcoholics quite seldom".

"Not at all Mr. Garner, on the contrary, the gold powder supplies immediate protection for your health".

"Isn't it what Jason Park is claiming Mr. Cane?" Garner asked. "Do you think he is right?"

"In that case, Mr. Garner, it would be more troublesome if Mr. Park is right even about the rest of his writings, about your God, for example. Besides, I trust Mrs. Engal".

"Isn't He your God too, Mr. Cane? Or did you take the opportunity to abandon him as soon as we arrived here?"

"I understand you are not in agreement about your God, gentlemen. Who is Jason Park?"

"It's a long story, perhaps some other time", Cane said. "Tell me, Mrs. Engal - is our appearance here some kind of accident?"

"The answer is yes and no. According to professor Sokrates, it could be an accident. But, since someone else has to be involved, it could also be on purpose. That is why we have to keep a low profile until we know what happened".

"Didn't he tell you about what happened? Okay, I will tell you. We were in court".

"In the waiting room, actually", Garner said.

"Yes, in the waiting room. I drank some water and the next thing I knew, Mr. Garner and I were standing in front of the professor".

"Your story is of course in agreement with what Mr. Cane just said, Mr. Garner?" Asta asked.

"Not quite. I was in the same room and saw what was happening to Mr. Cane. In fact, I was afraid it would happen. When I saw him becoming less and less visible, I grasp his arm in order to hold him. Unfortunately, the lugging power was stronger than me, so we shared the same fate".

"I hope you two agree that it sounds incredible, don't you?"

"You could say that again", Garner said.

"Mr. Garner how did you know it would happen?" Asta wondered.

"Yes, how did you know?" Cane wondered too.

Garner explained about the disappearance of his books.

Either the professor forgot to tell me about the books, or they are lying, she thought.

"Are we in some kind of parallel world?" Cane asked.

"Suppose I believe you", Asta said. "In that case, I can understand your situation. You have no idea where you are, or, why. Well, this is the planet Ki, Earth in your language".

"Thank God we are not on Mars", Garner said. "Wait a moment, we actually are from Earth. Perhaps we just are at some other location too, or some other time".

"Is Mars frightening you Mr. Garner?"

"No, - well, yes, I rather stay on Earth".

"Not good for you Mr. Garner, I mean both of you. Only a spy or a murderer would fear Mars".

"Excuse me dr. Asta for interrupting", Martin Cane said. "What is special about Mars? You know, for us it's something we say because of the lacking atmosphere and the unwelcoming environment".

"Mars is the most important outpost for our defense. It is a military base but also a prison for serious criminals. Do you happen to know anything about the city of Athens, Alexandria, Tokyo, Babylon, Heliopolis, London, Rome, or Paris?"

"Yes, of course", both said. "Except that neither Babylon nor Heliopolis exists anymore", Cane said. "One can barely observe the ruins".

She seemed to think over the answer.

"Did I say something wrong?" Cane wondered.

"I don't know. Either you gentlemen are telling the truth or you poking fun at me".

"In our world a solicitor and a priest have very seldom the same opinion. Now we have because we both experienced the same event. We appeal to you to believe us and help us to go back". Cane said.

"When did Babylon disappear from your world?"

"Nobody knows the exact time. It was there at the time of Alexander the great and sometime after that too. That much I know from Jason's book. He also says that it was the wars against Babylon, initiated and powered by Enlil/Jehovah that brought a great destruction to the city".

"In this world, Babylon is the Capital city of the world, and Heliopolis is the scientific center of the world. You say none of them exists in your world".

"That is correct", Cane said. "Perhaps we are back in time after all. Tell me dr. Asta, do all the inhabitants of your world speak the same language? In our world, we have hundreds of languages, not to mention the hundreds of dialects and variations. The language we speak now is just one of them. Most people are unable to communicate with people of some other language".

"That was the will of God", Garner said.

"Are you talking about the confusion of the tongues Mr. Garner?"

"Yes, you can read it about it in the holy book which ought to be here in your world now, together with Jason Park's book. The professor has probably both of them".

"Perhaps we are in some other time then", Cane said. "dr. Asta, what is the counting in this world?"

"It is the year 5653 from 3763, the year the count in earth years began, instead of shars".

"What is shar", Cane wondered.

"The old gods count was the time their home planet needs to orbit the Sun. At some time, 3763 to be exact, they abandoned that and began to count with the time the Earth needs to make an orbit around the Sun".

Cane was busy with some counting. "5653 plus 2010 is 7663", he said. "What is this figure represents?"

"I have no idea", she said.

"It doesn't matter, the same time or not, it's still another world", Garner said. "Our problem is still a problem, Mr. Cane".

"We are on Earth, but where?" Cane wondered.

"You are in Ranagar city situated in the Inka continent. Does that mean anything to you?"

"Ranagar means nothing to us, but the Inka continent is, perhaps, the same as the American continent, don't you think Mr. Garner?"

"It sounds logical", Garner said.

A friend of Asta was passing by and stopped to say hello. She looked with some amusement at the two men and said; "What kind of exciting play are you preparing gentlemen?

Both of them were on their feet to salute the woman. "Nice to meet you madam", Cane said. Mr. Garner did likewise and both of them offered the woman a handshake.

"How nice", she said, "they are completely caught up by the play already. I have to see it; please gentlemen, let me know when it comes up. I wouldn't miss the first performance. Have a nice day dear. It's time to lunch together some day, don't you think?"

Asta calmed down when her friend walked away. The two men were doing very well, as if they really came from a theatre society. She was observing them very carefully. She analyzed every word they said, and every expression of their faces. No spies would wish to attract the attention of the police. Or perhaps they were too smart for her. As a psychologist, she was rather certain they were speaking the truth. She would like to help them; only she knew how.

We are home and yet far away from home, Cane thought. *She is a lovely Lady.* She was dressed in a simple warm green but tasteful dress that fitted precisely on her nice body. It left the upper part of her body bare without being offensive. She could be around forty or perhaps forty-five, certainly not older than that. Her smile was irresistible and her eyes seemed to be full of intellectuality. A rather big greenish heart was hanging around her neck, beautifully designed, matching the color of her eyes. Cane observed that other women too, had rather big, artful items hanging around their neck too.

"What are you going to do with us?" Garner wondered. It is Saturday tomorrow and then Sunday. I have my duties in the church. Can you send us back, please?"

"Are you a worshiper of the Sun too, Mr. Garner", Asta wondered. "You said your God was Jehovah".

"Sunday has been the worshiping day of the Sun, but not anymore. Now it is the day of the Lord, at least in great parts of our world?"

"So the day after tomorrow is the seventh day of the week, the day of rest in your world too?"

"Precisely", Garner said. "The day of rest is also the day of the Lord, as it is called in some other languages. Now, are you willing to help us doctor?"

"I am afraid I can't. I don't even know if the professor could do that. You see, I am a student of his, and if he can't help you, I can't either. This is something new, something never happened before. At least, not as far as I know".

"I told you we are in trouble", Garner said to Cane. Asta was going to say something when the heart-formed jewelry on her chest began to vibrate and blink. She didn't touch it. Her voice probably activated it.

"Dr. Asta Engal" she said.

"It's a nice piece of mobile", Cane said. "It's a beautiful design, and very advanced for being so little. At least we know that much Mr. Garner. Their technology is far more advanced than ours".

"Asta, I am afraid I am in trouble". It was the voice of professor Sokrates.

"Again professor? Have you discovered more energies?"

"Listen to me please. Listen to my words. For some minutes ago, two agents from the GIA, at least they said so, marched into my lab and told me I am under arrest. I am permitted to contact you because you are my assistant. They shut down the power in my lab while I was trying to identify some energy, two as a matter of fact. Now I don't know what happened to them. Perhaps they exist in some space around us. They may also be lost, I am afraid. I am permitted to give you some instructions so you wouldn't need to sit idle under my absence. You may study the energies marked 'cold 12' and 'Sunlight 7'. I have to go now. Please be nice to Cleopatra, she is a piece of gold. I hope she wouldn't be dispersed by the south wind. I will be in touch with you again, if I can.

CHAPTER 4

THE INTRUDERS

The two GIA agents, together with professor Sokrates, were just outside the front door when they heard a whirring noise in the air. The next moment, three beings landed in front of them. They were dressed in silver colored suits connected to their helmet. They had several kind of equipment attached on their breast and their back. One of them raised the visor of his helmet and ordered them to go inside the house. He had the appearance of a man. The second one turned around having a line of retreat open, while the third pointed a handgun against them.

"I thought you were my enemies", the professor said to the two GIA agents. "But these are aliens – these three are actually our enemies. Now we are all in trouble".

"Is anyone else in the house?" one of them asked after they got inside.

Their language was the same as the professor's, although with some distinct idiomatic shade.

"No, no one is in the house", the professor said loudly, "just the three of us".

Cleopatra was in the lab when she heard some voices. She didn't know what she was looking for. Perhaps something that Asta could use. She saw two books under the professor's table. That was not unusual. She used to find things at the most unusual places. It was first when she picked them up that she noticed the unusual language. *They must belong to those men*, she thought.

She hastened out of the lab when she heard what the professor said. Something was wrong. Something very unusual was going on. She slunk into the kitchen, put the books and some things in a bag and left the house unseen, using the back door. Well out of the house, she called Asta without getting through. She walked around in Ranagar city for several minutes avoiding people who knew her. If someone would ask questions about her in the little city, it would be best if nobody saw her taking a cab. At last, she found what she was looking for. A young cab driver she never saw before. She wondered if he could take her to a location well out of the city.

"Sure thing lady, it's my job", he said.

Some fifteen minutes later, she told the driver to put her down. Then she walked for another ten minutes. She walked along the river, not on the path, but a bit beside, in case somebody was out fishing. When she got there, she stopped at the front door of the cottage – her cottage, and listened. She heard nothing, so she tried to open with the key, but the door was unlocked.

'Someday the professor is going to forget even himself somewhere,' she thought.

She entered the hall and walked into the living room looking around at all directions. She walked quietly with her right hand in the bag grasping the little personal firing weapon (pfw) loaded with anesthetic chemical 'bullets'. Nobody was there. She put the bag on the kitchen bench and walked back to the hall. She looked at the secret opening, leading down to the equally secret lab. She hesitated for a moment.

Was it necessary to check the lab? Nobody knew about it except the professor. She decided to take a look anyway. She turned one of the pictures hanging on the opposite wall, round 90 degrees, then back again. The piece of floor covering the stair opened smoothly. She faced a man standing there pointing a weapon against her. She got more angry than scared.

"Who are you and what are you doing in my house?"

"Come down, lady. I will not hurt you as long as you cooperate".

She was still standing there not sure about what to do.

"Lady, this is not an invitation, it's an order. Do you understand?"

"I understand alright. But I am armed too you know, and fast. Do you want both of us to be killed?"

"No, I do not. But you are alone, while we are five. You could only neutralize one of us. Just drop your gun and come down here, please".

She heard professor Sokrates from the basement saying: "Do as he says, Cleopatra".

She went down the stair and saw the professor bounded on a chair. The two GIA agents were working together with the three aliens. She could hear that from their pronunciation.

"You are not even GIA agents", she said to them. "What kind of people are you, cooperating with our enemies?"

Nobody answered. They tied her up to a chair too. Then they continued with their work. Cleopatra had no idea what they were doing, but she knew that the computers and all the other strange equipment had something to do with radiant 'transportation'.

"Why did you come here?" the professor wondered. "It would have been safer for you to stay at home".

"I have to" she said. "I suspected the GIA agents as soon as I saw them. They are agents all right, but not from the GIA. I was expecting to meet Asta here, not you. Besides, I thought I would be able to read some *books* here", emphasizing "books".

One of the aliens, who seemed to be their commander, said: "Perhaps you could also tell us if she is coming alone".

"I am Cleopatra", she said, "and you are?"

"Nice try lady. Formally, I am the one with power to keep you tied here. Now answer the question. Is she coming alone?"

"I do not discuss my affairs with strangers", she said.

The same alien ordered one of his men to guard the entrance.

"It would be interesting to see how you five are going to stop the special unit that is going to storm the place soon", she said, but the man ignored her.

"Don't start that unit sir" professor Sokrates said to the man who was busy checking the entire equipment. "That would start a series of events out of your control". Then, after some deep thinking, he said, "Perhaps you know exactly what you are doing after all. Now I can understand some of the unexplainable results of my research. You must have been here before - in my house in the city too. You have been mixing with my equipment. You have switched cables, moved units, and god knows what other changes you have done. May I ask what is the purpose of all this?"

"This is our lab too, professor, most of the software you are using comes from us", said their leader. "Some hardware too I believe".

"So you are responsible for the two..".

"The two what, professor?"

"Forget it; you are not going to answer anyway".

"You mean the two men from the other world?"

"What other world? They must be from your planet. I suspected they could be spies. My God, I sent two spies to..."

"Calm down professor, you need some water", Cleopatra told him, just to interrupt him. Her gaze made him understand that it was better to keep silent.

They had their own system of communicating with each other. It was easy to see that they also cared a lot about each other. After spending some years in the same house, they now were at a crossroad because of their age. None of them was interested in a new partnership; they were too old for that. But both needed someone to talk to, someone to laugh with, or just enjoy silence together.

It was when they both were on their way to her cottage for the first time, that Cleopatra asked him to spend the weekend there with her. He accepted. She even managed to get him out of the house. They walked to the Gold Nugget and back again. It usually took an hour, unless they met somebody on the way. At the evenings, they could enjoy a dinner and a bottle of wine at the veranda. She was a fantastic cock using her imagination to alter the way she prepared the food every now and then. Then they could enjoy some coffee while watching the sunset.

Since then, they spend many weekends at her cottage. After a while, he began to install some equipment in the basement. *Just for the fun of it*, he said. The next thing she knew he had a complete lab in the basement.

He had to work even more to keep both labs up to date. They became very good friends. She was 510, he 524. Both of them wished to spend the few years they had left together.

Looking at those aliens now, she recalled unpleasant memories and many questions from hers and his grandchildren. Grand-grand, how many grand prefixes was it. None of them cared any more. It didn't matter which generation they belonged to. All children wished to know how it was in the past. After all, it was hundreds of years between them. Cleopatra used to tell them about the difficult times after the last war. Hundreds of thousands of people died. *The aliens had so awfully lethal weapons*, she used to say. *They destroyed industries, the entire infrastructure over the whole planet, habitations and everything else that took hundreds of years to build up. Most people starved under a long time. What they left behind was an almost desolate planet.*

Now the aliens were back again. Nobody ever remembered anything good coming from those people. The memory of them could only evoke undesirable emotions. Their presence could only mean trouble.

CHAPTER 5

WANTED

"Is there some kind of trouble, Asta?" Cane wondered.

"You could say that again. We have to go. Perhaps we are a few minutes ahead of them, allowing me to collect some things from my office. Please hurry, but behave as normal as you can".

"Let's go then and thanks for the lunch", Cane said.

"Now what?" Garner wondered. "Are we looking for some place to hide like criminals?"

She shut down her mobile so nobody could trace her, and all three left the restaurant hurrying to her office. From the distance, she observed two men standing outside the door of her office. She opened the first available door and walked through another passage to another office, not long from her own. There they stalked into a broom cupboard. She heard an agent saying:

"No sign of her, sir, but we have everything we need. The last used program was a loading of some ancient language. We have a copy of the whole disk".

"She probably speaks their language now", the other man said. "In that case I am certain that the two men are with her. Let's go then. We pass through the restaurant in case they are on lunch. See what you can find analyzing the disk. Check out all incoming and outgoing calls. Search for anything that could trace her. We must find them even if they are a step

ahead of us. They are not allowed to be here, perhaps not allowed to live at all".

She waited several minutes until she was sure that they all left the place. Then they entered her office. Everything was as she left it. They probably installed some spy program that would alert them as soon as she consulted the computer.

"Wait here" she said and walked into another room. She called Alex Mantis, the chief of the GIA, through the computer. She asked him why his agents arrested professor Sokrates, but he assured her that he knew nothing about that. *The agency never sent any agents to arrest professor Sokrates*, he said.

Either Alex was speaking the truth, or not, something wrong was going on.

"What now?" Cane wondered.

"Professor Sokrates gave me some information I am not able to decode - he mentioned "Piece of gold, Sunlight 7, Cold 12. I know it's some vital information but I have no idea what it means".

"I don't know about the gold", Cane said, "but the rest sounds like a piece of cake".

"He said 'piece of gold', Mr. Cane, not 'piece of cake'. Please define cake".

"It means that it's very simple. I have been defending criminals for many years. Some of them are very intelligent persons. Most of them use to communicate through some kind of simple code. In this case, I would say that 'Sunlight 7' could mean 'go east 7', and 'cold 12' could mean 'go north 12'. I have no idea what the numbers represent, but it should be some of the measuring units you are using here, some cordinators. But I could be wrong, of course".

"Very good, Mr. Cane. But what is the starting point?"

"Let me think" Cane said. "I assume you wish to catch the bad guys. Does that mean that you believe in us?"

"Not necessarily, but if you are valuable to some, who perhaps are part of some conspiracy, then I don't want them to put their hands on you".

"Do you think they were looking for us?" Cane wondered.

"They were looking for all three of us. Somehow they knew, or perhaps they expected you to be here".

"We have no evidence that they are evil people", Garner said. "Perhaps they could send us home. Don't you want to find out Mr. Cane?"

"Yes I do, Mr. Garner. For the time being I am afraid we have to choose between the doctor and the other guys".

"How do we know dr. Asta is not just pretending to be our friend?"

"I am not your friend", she said, "at least not yet, but not your enemy either. For the time being, I am just helping you to stay alive. I also want to find out who those people are and why they don't like the idea of you being here, unless, of course, you have some secrets to hide".

"We have nothing to hide and I suggest we move on", Cane said with determination. "What do we do now?"

"Let's go back to the code. We need a starting point if the direction proposed by you, Mr. Cane, is right".

"We have some key words here", Martin said. 'Cleopatra is a piece of gold', we have 'dispersed', and 'south wind'. The professor assumes that these keywords are familiar to you. Has the professor some place outside the city?"

"Yes he has. It is located in a place called 'The blowing dragon'. However, he wouldn't propose I visit the place. It must be occupied by some agents by now".

"Is it located to the south?" Cane asked.

"Yes"

"Then he doesn't want you to go there. If we assume that 'disperse' could mean 'be arrested', then he hopes that Cleopatra would avoid the place too. He assumes that she would go to some other place. Does she own a place too, outside the city?"

"I don't know, but that's easy to find out. We have to use some other computer", she said looking around. "This one would do fine. Let's see what the owners register says. No, there is nothing on Cleopatra, unless it is registered on someone else, perhaps some relative".

"Is there any name 'piece of gold', or anything similar? Has Cleopatra some children?

"Of course, now I remember. There is a place called 'Gold Nugget'. It's not on the map. It's just a name given to the place by wandering and pick-nick-people. I know where it is. The place the professor wants us to go must be: north 12, east 7 from the Gold Nugget".

"Let's go then", Cane said.

"Not yet. We probably have two more of your people around here, hopefully alive. Professor Sokrates registered two incoming entities, but they never showed up in his lab since the two agents interrupted the process. He believes they could be anywhere, perhaps somewhere in or outside the city. He also said that they could be lost too, I am afraid".

"What do you mean lost?" Martin wondered.

"Lost in space, lost in time, I don't know. It could be people from anywhere but it could also be people from the same place as you".

"Could it be more thirsty people gathering around the water machine?" Paul wondered.

"Could be. The least we could do is to search after them; so, where do we start?" Cane wondered.

"We start outside the city, from the south and then up to the Gold Nugget and the location the professor gave us. If they had been in the city, somebody would have reported by now because of their clothes. I will ask a friend to help us search the area. He is the chief of the local police authority, but you can feel safe with him".

Some minutes later, they were flying with sheriff Hector Arius, the local chief of the global security forces (GSF). He was a tall and robust man around 35, Martin guessed, with kind, intelligent looking.

"What exactly are we looking for Asta?" he wondered before activating the infrared camera.

"Some people who have no idea where they are. It must be easy to observe out here in the wilderness".

"Could you give me something more, like, if they are men, or women? What age? How are they dressed? Any specific characteristics? Are they armed?"

"Nothing Hector, only that they certainly look terrified if they are here in this unwelcoming territory". Asta replied.

"Are they dressed like them too?" he said pointing at Martin and Paul.

Paul Garner was not quite comfortable in that flying vehicle. *Hector seemed to be a worth trusty man, but what about the technology? How could this shoebox fly?* Looking at the wilderness behind them was not making the situation any better. Martin Cane, who was used to fly a lot, assured him that the vehicle was probably safer than the aircrafts of their world. But, he didn't want to think of the possibility of crashing in that terrain either. *Who could survive a day down there,* he thought.

CHAPTER 6

THE MISSING ENTITIES

Before Jason Park and Suzan Cohen could bat an eyelid, the coffee machine and the whole room dissolved in front of their eyes. Both felt very strange as if several powers were both pushing and pulling them at different directions. After some very long dizzy seconds, they landed smoothly on some bushes. The fall didn't hurt them as much as the horror that grasped their hearts. They were in the middle of a wild terrain. As long as they could see, there were no trees, only bushes and thick green-brown underbrush. The soil was reddish and sandy, and the sky was cloudless, peacefully blue. They could not see any sign of life at any direction, as long as they could see.

"Suzan, are you all right?" he said after he got to his feet again. She felt all over her face with one hand, while she tried to stand up using the other hand.

"I think so, what happened? I feel completely shaken – every cell of my body. I was going to get some water from the water machine. Where are we?"

"Good question", he said without trying to hide his fear. "I can't believe this is happening".

"You know what is happening?"

"Of course not, how could I?"

She looked around. "We are definitely not in Micropolis. Thank God, I am not alone. What do we do now?"

Jason noticed some big stones, half-buried in the sand that could have been part of some old building; it could perhaps have been some old temple. *Signs after civilized people and destroyers,* he thought. *How much blood has flown at places like this? How many battles have been fought? How many heroes have died?* He felt the smell of history passing by – blowing away with the hot air.

The landscape could be beautiful to look at through a window, or, if it had been a postcard. Now it was frightening real. It was like a beautiful but poisoning flower, nice to look at but best to keep away from it. They felt their blood freezing to ice, despite the merciless midday Sun. Emptiness and fear invaded their mind. A picture of those two well-dressed beings in the middle of this strange wilderness was certainly looking as faked, unlike their situation.

"It looks like ruins of some old temple", Suzan said. "It's a lot of stones half-buried in the ground".

"Yes, it must have been. It was a rather usual activity at different times - smashing a temple and building up a new one dedicated to some other god".

"It seems to me that shifting allegiance to different gods was also a rather usual activity", Suzan added.

"Replacing a temple of Zeus with a new one dedicated to Jehovah, or to Virachosha was the result of extremely efficient manipulations and ignorance", Jason replied.

"Here are some letters on this one… saying…*gods and goddesses… may*", that's all it says, Jason, you have to guess the rest".

He heard a poem in his head Chloe wrote a long time ago. *She was an expert in the history of temples. Almost certainly, he could "see" a man busy bringing down just this particular stone. Other men did demolish the whole temple as a mission from some god, totally convinced they did something good and godly!*

The soldiers of God and the gangs of Faith
Battled against the free heroes of Fame
The Temples smashed for the glory of God
Using no words, only spear and sword

Unable to accept the new God of Strife
The heroes must defend freedom and life
The children are captives the soil is red
The soldiers won, the heroes are dead

Old temples are gone, new temples arise
The powerful dogmas the Fame revised
The God of War and the God of Faith
Only he knows he is the same

"I suggest we move on until we find some place offering some shadow and, perhaps some protection".

"Protection from what?"

"Since we have no idea, we have to take precautions against anything".

"Perhaps some cowboys could show up here, if we are lucky!" Suzan said hopefully.

They walked aimless for an hour, or so, until they saw a narrow path. They stood in the middle of it looking at both directions.

"Is it a path or some kind of road?" Suzan wondered.

"It could be a dirt road", he said. Here are some tracks of thin wheels. At least, we know that much, - they have discovered the wheel".

"It is, of course a poor consolation, but it means that it must be some people around here", she said with some hope in her voice. "Which direction should we choose?"

"Hard to say, - go north perhaps?" he said.

"Or we could sit here waiting for someone to pass. If this is Rockville, then we could expect Flintstone passing by!"

Then they saw some movement across the horizon line, at the direction of the path. A silhouette outlined in white-gray, like a shadow behind the hot air. Someone was coming from the north.

"Do you think it could be some savage shooting poisoning willows?" Suzan wondered.

"Perhaps I should prepare some kind of spear!"

"You don't have a knife?"

"How many men do you know going around with a knife in their pocket?"

"Who would care if you have a spear?"

"Who would ignore it?"

Uncertain about what to do, they hid behind some bushes, waiting.

When it came near, they could see it was a young man with a nice white horse pulling a barrow. He was a bearded white man with long brown hair. His clothes reminded them of those in ancient Athens, or ancient Rome. The barrow was skillfully made of wood, with artful animal pictures carved on both sides. The carvings showed a beautiful fox hunting a rabbit. The big wheels were wooden too. The man stopped and looked at them for a while without a word.

"Do you think he can speak?" Suzan wondered.

Then he asked them if they needed some help.

"What is he saying? Suzan wondered. "Look here young man" she said trying to be as polite as possible, "is here any city or any people around?"

The man was silent, looking carefully at both of them. His eyes move from their heads down to their feet as an x-ray camera. He didn't seem to be surprised to see them. He certainly tried to figure out what kind of people they were, or what they were doing here. He never met any people out here, dressed as they just came out from some theatre-performance, except for a few friends who, like him, visited the city from time to time.

"You don't happen to have some water, do you?" Jason asked. Then he pretended to drink. The man understood and gave them a leather reservoir full of water. They both drank. The water was good.

"You have Ranagar just a few kilometers from here", he said, pointing to the direction he came from. Then he gave the horse a signal to move.

"What did he say?" Suzan wondered.

"Something about Ranagar", Jason said. "Ranagar could mean "Bright Serpent" in the language of the gods. But why would he speak the same language as the old gods?"

"Suppose he is a god. Long hair, long robe, beard, you know!"

"It could be someone or something at the direction he pointed. He had a lot of empty baskets in the barrow. He must have been somewhere he could sale whatever he had to sale. That means it must be some city in that direction".

"My God, how long back in time are we? Are we in ancient Greece, or ancient Babylon?"

"Let's hope they haven't just discovered the wheel", Jason said expressing his thoughts.

"No time for jokes Jason. Do you have any plan?"

"Yes, walk", he said losing his tie and unbuttoning the upper part of his skirt.

"Which direction, and why?"

"North, as he pointed - north, as in cooler".

"Then what?"

"Hope to find some people or, at least somewhere to spend the night".

"We did find some people but we couldn't exchange a single word with him. You don't really believe we could find some people speaking our language, do you?"

"No, but I hope we could get some food! Sooner or later, we are going to be hungry. Unless we could catch some snake here!"

"I hate snakes!"

"I heard they taste delicious!"

They walked a couple of kilometers, until they found some big bushes beside the path that offered some shadow. They took a break. The Sun was burning, and they needed a cool place where they could do some thinking.

"I have some unintelligent comment", he said. "We are in the middle of nowhere".

Suzan laughed. She looked around once again. Nothing, they could only hear the eerie silence.

"I never thought anything could make me laugh just now", she said. "You are frightened too, aren't you Jason? I wish I didn't leave my bottle of water on the bench".

"We have to find some better place in case we have to spend the night here", he said.

"I don't even believe in time journeys. I admit that it's more fascinating to read about them sitting comfortably at home with a box of chocolate. Have you any idea of what happened? Are we in another world, another planet, another time?"

"Yes, all of it could be true. It could be wrong too. Did you happen to notice anything unusual around the water machine? Anything at all?"

"No, did you?"

"Nothing, I hope Brad did notice what happened to us. I noticed that he was looking at us - at you. It was nice to see that he cares a lot about you. He certainly loves you. I feel responsible for separating a nice couple like you".

"Don't be silly, Jason. It could have happened during some other trial, if it has something to do with the water machine. I said it, but I hear that it sounds crazy. A water machine is definitely not a time machine".

"It was certainly not the water machine. It must have been something else, someone with advanced technical knowledge and suitable equipment. It must have something to do with the installations in the Court House".

"You mean that a guy connected a wire to the wrong unit and oops here we are?"

"Perhaps it has something to do with the installation of the translating equipment, perhaps not. This is not something that happens by coincidence".

"Then it could happen anyway. We use to be in court often. Besides, even if Brad did saw what happened to us, I don't see how he would be able to help us".

"It could be good to know what happened, for Chloe too. It must be unbearable not to know".

After walking for a couple of hours, Suzan seemed to recognize some well-known marks.

"It looks like the ravine", she said. "Have you been here before? Just imagine the place with the South Bridge over there".

Jason and Chloe had a pick nick near the South Bridge, just a few days earlier.

"That makes sense, Suzan. If this is the Micropolis ravine, then we must be in Micropolis. Perhaps we are in another world after all, but at the same location".

"I read somewhere that the area around here was looking like this before an old man found a lot of water. The area around Micropolis was then transformed from a desert-like area into a garden of Eden, full of vine yards and citrus trees".

They found a small cave-like opening between two big stones, providing protection from three directions. It was faced to the west, just a few meters from the edge of the ravine.

"Perhaps we better take some sleep before we be hungry", he said.

"I don't' know if I can", Suzan said. "I am thirsty but most of all, I am dreaming of a shower. I wish the ravine was a river".

Finally, they fell asleep. He used his coat as pillow, while she laid her head on his chest. Her cherry colored dress was cherry-gray now after a lot of dust. She regretted she didn't choose pants instead of the skirt. Some hour later, Suzan tried to think of some way to make their presence known. Then she repeated for herself, *known to whom?* He was still sleeping. She noticed a drop of sweat running down his cheek from his wavy brown-gray hair, intermixed with some expensive after-shave. He opened his eyes feeling that he was the focus of some one's attention.

"Jason, do you think we could use our mobiles here?"

"You could call me, but I am too sleepy to answer".

"Let's try. I know it sounds crazy but we have nothing to lose".

She dialed his number, but nothing happened, of course.

"Let's make some smoke signals", she said. "It must be more effective. If this place is inhabited, perhaps someone could be alert".

"Or worried about fire", he said. "Not a bad idea at all. Except that, we have no lighter. Perhaps we could try the old-fashion way, by rubbing two pegs against each other. Wait a minute - keep silent. Did you hear anything?"

"Some strange noise", she said silently. "It's reminding me of William's electric toys. It came from down there".

She pointed at the bottom of the ravine. They looked around but there was nothing around them, or in the sky. They crawled on all fours nearer the edge where they could see all the way down into the great ravine. What they saw was both unexpected and frightening. Two creatures were busy with, what seemed to be some technical installations. They probably came recently, and now they were trying to mount together a lot of equipment. They wore some kind of astronaut suits but without helmet.

"Do you think my call disturbed their instruments?"

"Possibly, it seems that they are establishing some kind of communication center", Jason said.

"But why? Why there? At least we know they are more civilized than the barrow-man".

"Technologically yes, but not necessarily socially. Look how they are moving".

"Like robots? Do you think they are some kind of artificial beings? They are moving like our astronauts on the moon. That means they are far away from home".

Suzan tried Jason's number once again. The two men looked at their instruments with surprise. Their instruments registered some signal they couldn't explain or locate.

"It works", she said. "Shall we try to establish some contact?"

"And say hello, do you need some help? I don't think it's a good idea".

The signal caused them to check their instruments for a while. Whatever they were mounting together, it was progressing. They connected several gadgets to a central unit. Jason and Suzan were sure that the two creatures were talking to each other and perhaps to somebody else through some kind of communication devices on their suits. But they couldn't isolate any words.

"Do you think it's some kind of exercise?" Suzan wondered. "Some military exercise?"

"Not likely. There are no military vehicles around, not to mention their astronaut suits. Whatever they do, they don't want to be seen. They probably came from above, and they seem to have been choosing the place carefully".

"Do you think they are criminals? Are they making preparations for some illegal operation?"

"We wait and see", Jason said. "Perhaps we have been watching too much television. Do you see anything significant with this particular place?"

"It is well hidden. It can only be seen from above".

"That too. The place is completely plain down there, like a football arena, although smaller. It's like they are making preparations for some operation that needs a lot of space".

"You mean like using the place as a temporary store?" Suzan wondered. "To store what? Do you think they are preparing for some military base? Look at the red circle there, at five o'clock. The place around it looks like a helicopter platform. This place is perfect for some military or some secret illegal operation".

"It doesn't seem that their intention is to hide some military tanks. It must be something more important, more valuable, and perhaps, more dangerous".

"Then they must be criminals".

"You are the lawyer, in that case it must be people around here, people that have no idea that a big illegal operation is going on outside their backyard. I hope they are not far away from here".

"As a lawyer, I like well-documented situations. It's time to take some pictures for documentation purpose".

"You have a camera? What else do you have in your little bag?"

"No woman ever reveals what's in her bag, mister. Blessed be smart phones with digital camera, now I have them".

Jason tried to get a better look over the place and unintentionally, pushed a stone with his foot. The stone started rolling all the way down, and nothing could stop it. They both moved back a bit and sat completely silent. It must have taken several seconds for the stone to land at the bottom of the ravine, not far from the white circle. When it did, probably very near the two beings, they started shooting. The shootings could literary be seen. It was like bullets of fire coming up, striking at the direction from where the stone fell off. The firing became intensified witnessing of some instinctive reaction.

"We have to run" Jason said. "I don't think they take captives".

"Even if they do, I don't want to be one", she said. "Let's get out of here".

They ran eastwards, away from the ravine. They ran as fast as they could, but not quite effectively, as they had to run around some big rocks and a lot of bushes. They looked back, and saw several bushes on fire. Suzan bent to catch her breath. Her body was protesting against the running.

"Go on, don't stop", he said. He took her hand. None of them had suitable shoes for running in that terrain. Suzan wished they had access to her 4-wheel-drive suv, or, at least jogging shoes. However, they kept running until they could no longer hear any shooting. They sat down. Looking back through the bushes, they couldn't believe what they saw. The two beings were flying. They were some five meters above the surface, near the edge of the ravine. They probably had some equipment attached to their body allowing them to fly. None of them was able to utter a word. Both were busy with the breathing that was completely out of their control. Several minutes later, that felt like an eternity, Suzan wanted to say something but her mouth couldn't form the words. Finally, she said:

"It was like my heart tried to jump out of my chest". She was still gasping for breath. "I hope somebody could be alarmed by the smoke from the burning bushes".

"It seems like we disturbed their plans". Jason said. "Perhaps you are right about that something illegal is going on".

"Do you think they saw which direction we ran?" Suzan wondered. "Anyway, they are going to see us as soon as they come nearer. Then they go down like the messengers of Jehovah. I don't think they have to shoot us. They could just scare us to death. Daniel dug his face in the ground after being approached by Gabriel"

"As soon as we are able to run again, we get the hell out of here". Jason said. "We try to go north".

"Listen Jason, oh my god, it sounds like some aerial vehicle. They probably flew down and got some vehicle, armed I'm afraid".

"Fleeing people chased by aliens from the air", Jason said, as if he was speaking to himself. "Now we know how the fleeing Anakim felt like. They managed to flee from Joshua's army - men, women and children, but Jehovah chased them from the air. His aerial vehicle was probably armed with missiles firing against unarmed people. The extermination was completed. The Bible states that he threw big stones and justifies that criminal action! Would our extermination be justified too, because we know a secret we are not supposed to know, a secret preserved in the heavens?"

They knew by now that it must be some secret operation the two beings didn't want anybody to know about.

"It must be a secret worthy to kill for. They are not going to give up until they catch us, or kill us, Jason. We have to hide somewhere".

Jason broke some branches from the bushes around them. Then they sat together putting the green-brown branches over them.

"There is no hiding place around here", he said. "Some camouflage is better than nothing. At least, we can observe what is happening around us. Besides, I am going to make a spear out of this peg, just in case".

"Thank you Jason, now I am really feeling safe with a warrior by my side, like a knight in a shining armor, except that your armor is not shining! A spear is what we need to fight aliens with machine guns spiting fire, I believe!"

"A plan is also a weapon. A plan can turn the balance of power upside down. Julius Caesar, I think, or was it Alexander?"

"Okay Julius Alexander, or whoever you are. May I ask about your plan and how you are going to put it in action?"

"If one of them comes nearby, the spear would help me to take his gun".

"Very clever, Jason, why not ask him politely to exchange weapons? I hope you have a plan B".

"Hold a stone in each hand. Under the circumstances, it's not a bad weapon at all. You are bleeding – let me see. It's your arm. You have probably been scratching it against some thorny bush. Take off your jacket".

"I don't remember scratching..." she said and took off her jacket. Blood was running from a skin-deep wound from her underarm.

"It looks like the skin is burnt".

"The bastards shot me", she said angrily. Jason acted nurse binding the wound with his tie.

"Does it hurt?" he wondered.

"Is it a present from Chloe? The tie, I mean. It's nice. Yes, it hurts a little and that makes me angry. Kiss it please".

"Kiss what", he wondered.

"The wound, of course. William and I have a ceremony for such situations when some of us is hurt".

"Okay lady, I pretend to be William", he said kissing the wound. "Feeling any better?"

They sat there motionless for a while, listening to the rhythmic mechanical noise of the aerial vehicle, only disturbed by their breathing. The sound changed between high and low, as it was circling around.

"Strange", Suzan said. "I didn't see that they flew back and returned in an aerial vehicle. It is strange actually that the same noise can evoke different emotions. This one is like the sound of threatening horror. It's like saying, we are coming closer, and you have only minutes left to live".

"What bothers me most is the fact that if they kill us, they would be considered as heroes. It's most unfair. Nobody is ever going to hear about our fate".

The noise from the airborne vehicle was louder now. Obviously, it was coming nearer. Then they saw it. It was coming from the north circling around over the area.

"They are coming now, Jason. They are coming for us, don't you see? I am sure they know our exact position. Perhaps you could use your spear to shoot them down, warrior. Sorry Jason, I really am. I have never been a good partner when I feel threatened. I feel like a bird that lost its wings. We are destined to be the victims here. It's funny really. I have always believed I would reach a considerable high age. If we don't make it, I want you to know I am proud we met. I hope Brad wouldn't blame me too much for leaving him".

"My God", she thought, *"I am speaking out of fear. I don't even remember what I said. I feel like my mind has been invaded by ants"*.

"Don't be silly Suzan; those robots can't make any difference between us and the bushes. You didn't leave Brad either. I am happy knowing you too, fair lady. I hope Chloe and Brad wouldn't miss us too much. Perhaps we could be silent now. We don't know what kind of equipment they have".

"I bet they could register any living thing around here. It would be foolish to underestimate their technology".

Both felt like their adventure had come to an end too fast, too unexpected, too sadly - probably their life too.

"Perhaps we are not real, Jason", she said, trying to gather a light spark of hope. "Who knows? Perhaps the real Suzan and Jason are still there standing beside the water machine. We have no evidence that this world is real. That is to say, if this is another world. I have to stop talking. I am not a hero and I will never be".

She put her hand on her mouth showing Jason that she wanted to be silent, but that was not easy. She couldn't understand why the three hundred Spartans didn't run away, but chose to fight the superior Persian army. She had always admired heroes, but that doesn't mean that she was willing to sacrifice herself in order to be one.

Jason noticed that she was shivering. He could almost hear her pounding heart, or was it his? He took her in his arms until she calmed down slightly. He needed to strengthen his own courage too. The smell of her eau de cologne intermixed with his sweat made him to calm down a little. "Do not underestimate my spear. We will fight against anybody – especially aliens with no right to be here".

The vehicle was coming nearer. It looked like a flying vehicle from the Star Wars. It had no wings, and its shape looked more like a shoebox with a round nose. But its maneuverability was amazing. It could easily maneuver at any direction, and even stay motionless like a helicopter. It would certainly start firing against them any minute now. Probably they could see them on the monitor, laughing at their camouflage. Its sound was breathtaking.

They sat tied together holding a stone each under some very long minutes of grief and hopelessness. Jason was holding the "spear" as if he had been a hunter through his entire life. Both were determined to fight for their lives. To their surprise, the vehicle suddenly went down for landing. Perhaps the robots were planning to take them alive after all. Then the spear and the stones could come to some use! It landed just a few hundred meters away. A strange being jumped off and began to walk towards their direction. It had no astronaut suit, but a costume, similar to Jason's costume. It was kind of fun watching him in those clothes, walking in a landscape like this. He had the appearance of a man. He didn't seem to belong here either.

"Jason, it's a man. He looks like us. Look at his clothes. It must be some other people than the two ravine creatures".

Jason didn't know what to think, except that the development was unexpected. But he was not willing to release the spear. Then they heard the man calling them in their own language.

"Hello there. Whoever you are, don't be afraid. We saw you from above, thanks to the smoke. You do not need to hide any more. We are friends from the same world as you are. Please come forth. You have nothing to be afraid of".

"What do you think, Jason? Could it be a man from our world? What could he possibly know about our world? Why does he think we are from the same world? Does that mean we definitely are in another world?"

They both felt a ray of hope kindly asking for some space in their otherwise startled hearts.

"If I may interrupt you, lady, I would say that the man looks familiar somehow".

He was continuously nearing, as he knew their exact position.

"Hello there, my name is Martin Cane. I am a solicitor and I believe you need some help. The other people in the flying machine are friends too. They care about your safety. We know about you and have been looking for you".

After some seconds, Jason made up his mind. He stood up. "Honestly, I am glad to see you Mr. Cane, even if you are not my solicitor".

"Mr. Park, what a nice surprise! This is unbelievable. I am happy to see you too, my friend".

"So we meet again Mr. Cane", Suzan said, "although not in the courtroom".

"Isn't it the wonderful Mrs. Cohen? Nice to meet you again, lady. Are you two running away or something?" he joked.

"Nothing like that, Mr. Cane, although we actually did a lot of running", Jason said. "Perhaps we should get out of this place. We have been chased by two strange beings, robots, astronauts, who knows? I believe they are still around". Both began walking at the direction of Martin Cane.

"Are you hurt Mrs. Cohen?" Martin Cane wondered when he saw her arm.

"You saw the burning bushes Mr. Cane. It's their work. "They have been shooting at us with some strange weapons spitting fire! This is their work too", she said pointing at her left arm. I wish I had a machine gun!"

"Come on you two. Let's get out of here".

"We thought you and Mr. Garner were in Vatican", Suzan said while walking to the vehicle.

"Me in Vatican? Why?"

"To get some help for your client from above, so to speak".

"Mr. Garner is not in Vatican either. He is here with me in the vehicle. I assume that we, all four of us, are sharing the same fate. We are victims of some unusual operation".

"Some criminal operation, I believe", Suzan added.

Well on board the flying machine, they all embraced each other.

"I never thought I would be so happy to see you two" Paul Garner said.

Both greeted him politely.

"What happened to you Mrs. Cohen?" Paul Garner wondered.

"We have been attacked by some ferocious aliens, I think, or perhaps you would rather call them angels", Suzan said.

"Perhaps this is the will of God after all", Garner added.

"I don't think God is involved in this", Jason replied. "But perhaps Jehovah is, or more likely, his son, St Michael. But I really hope that the two beings that chased us are not his messengers".

"I would say that mysterious are the ways of God, Mr. Park, but I don't believe you would agree with me".

"There is probably an explanation to this Mr. Garner", Jason replied.

Martin Cane interrupted what he thought was going to develop into a discussion between Park and Garner, by introducing them to dr. Asta and sheriff Hector. Dr. Asta informed them that they would fly directly to Babylon after orders from her superiors.

"At last, someone we understand what she says" Suzan said. "How come you are speaking our language doctor?"

"She imprinted it in her head in fifteen minutes," Garner said.

"Come on" Suzan said, "you kidding me, it's not possible".

"Yes it is" Martin assured her".

"I didn't think of it", Jason said. "In a similar way as God did, I presume".

"Are you not interested in taking a look down there"? he said looking at dr. Asta. "Something strange is going on you know. Two beings are working with some installations using some advanced technical equipment".

"I have evidence right here in my camera", Suzan said.

"What do you think, Hector?" Asta wondered.

"We could take a look since we are here", he said.

She seemed to be very confused after the call and the conversation she had with Cyril Mena, the chief executive of the IIS. He asked her to deliver the four 'guests' to his own group that was already on the way to fetch them. Four? She wondered how did he know about them, and informed him that she was on the way to Babylon too. She said, she had already informed the Prime minister; something she did only after the conversation with him was over. In fact, she insisted that sheriff Hector had the right to deliver them to the Babylonian headquarter. She also wondered how Cyril Mena knew that the GIA arrested professor Sokrates. Only she knew about that, after the professor told her that the two men seemed to be GIA agents. But Cyril Mena insisted.

"Let's take a look down there, Hector. I hope we can do that before he comes", Asta said.

But as soon as Hector lifted, they heard his voice.

"Sheriff Hector? This is Cyril Mena, the chief of the IIS". Cyril Mena reminded her of a hawk. He could grasp whatever he wished whenever that was possible. His great power and his even greater ambitious made it possible much too often.

"Yes Mr. Mena? What can I do for you, sir?"

"I want you to deliver the prisoners to me".

"As far as I know, they are not prisoners, sir. They are classified as guest, by the government. I have orders from your superiors to deliver them to Babylon".

"You don't understand sheriff. I am your superior. I order you to do as I say. Otherwise I will give order to arrest all of you".

'That was not a very nice thing to say Mr. Mena. I am only doing my job and I don't like to be hampered".

"You know my vehicle is heavy armed sheriff".

"Mine too, Mr. Mena. The only way to take my passengers is to shoot me down and neutralize me. But, I assure you, it's not an easy thing to do sir. Besides, before I leave, I intend to go down into the ravine and check some shooting coming out of there. It's my duty sir, it's my jurisdiction, and nobody has the right to stop me".

"You are a tuff guy sheriff. I like you. Let's avoid any controversies between us. I suggest a compromise. I check up the ravine and you deliver the prisoners to Babylon".

"Now what doctor? Shall we check the ravine, risking to fight with Mr. Mena and his men, or not?"

"Sounds strange", Asta said. "I wonder why he doesn't want us to check the ravine. At least he knows when he has to back off. I would like to take a look in the ravine but I have no right to expose these people to any danger. Let's fly to Babylon as fast as you can, Hector. Your bluff was clever".

"I wasn't bluffing Asta. It's my responsibility to check anything unusual. Now it has to wait", he said, and instructed the computer about the destination of the flight.

"Now we are officially under arrest", Garner said. "For God's sake, don't argue against, Mr. Cane. We are sitting in the sheriff's police car-something. The facts are speaking for themselves. I believe that was unavoidable in the long run".

"Not at all, Mr. Garner", Asta said. "But you are of highest interest, don't you agree? I didn't deliver you to the IIS for the sake of justice, not for the sake of God".

"Mr. Garner", Cane said kindly, "could you try to be a little more discrete about your God? For the sake of our safety, please?"

"This is exactly what is wrong with this world Mr. Cane. They have turned their back against him. Perhaps this is the will of God anyway. He sent me here in order to Christianize them. That could certainly be my mission".

What dr. Asta said was quite true. At the same time, she could not explain the great interest of the chief of the IIS. There have been suspected spies and real alien spies earlier, at different occasions, but the normal procedure was always to question them and then use them to make exchanges of variable kinds. Cyril Mena's interest was much too exaggerated, she was certain about that. Either he knew they were spies, or something else, something bigger was going on. She was the first the professor informed, yet, Mena seemed to know, at least, as much as she knew.

"Last time someone Christianized the world it was through imperial power, violence and awful crimes, Mr. Garner, not by using some arguments", Jason told him. "Until you become an emperor, I think your chances are very small".

"I can't believe this", Suzan said, trying to change the subject. "For some minutes ago I thought my life would come to an end at that strange place. Now, I am exited like a child. Do you really mean Babylon, the old ancient city of Babylon?"

"Yes", Asta said. "Babylon, the old city built by gods and men. It's the administrative Capital of this world. It's a modern city today, although the Tower, the Esagil, and the hanging gardens have been rebuilt at several occasions".

"What's the Esagil?" Paul Garner wondered.

"The Esagil was the adobe of Marduk, built by his son Nabu and thousands of earthly supporters. The name in our tongue means 'House of the Highest God'. The earthlings called it 'The Temple of Marduk'. Today, it houses the Museum of the History of Humanity".

"And who was Marduk? I want to compare with Mr. Park's writings", Paul Garner said.

"Marduk was the King of Babylon and Egypt. Later, he became the chief of the gods at 5653 and the First and Last King of Earth".

"Isn't Babylon the evil city and the evil people described in the Bible?" Garner wondered.

"Please explain *the Bible* Mr. Garner", Asta said.

"The Bible is the Holy Book of God" Garner replied.

"I would call it the files of Jehovah" Jason said.

"It is noted, and not unexpected, Mr. Park", Garner replied.

"Dr. Asta, is there any way to send these two back to our world so the trial they are involved in could go on?" Cane wondered. "As for me, I am happy to visit one of the oldest cities on this planet".

"I noticed you are not in agreement with one another gentlemen", Asta said. "Is it because of your God?"

"This is usual in our world", Jason said. "We always argue whose god is best. But, we usually solve such problems by killing each other. That was the main purpose of the religions introduced by Enlil/Jehovah".

"There are a lot of godless people, Mr. Park", Paul said. "All of them are alive".

"The Christians can't exterminate all Moslems and the Moslems can't exterminate all Christians", Jason told him. "I'm sure they would if they could!"

"I am so exited" Suzan said. I can't believe I am on my way to Babylon. I hope their food is as interesting as their history. I am starving".

"And I could use a cold beer", Martin added.

"I tell you what", Asta said. "I can arrange that all of you can take a trip tomorrow. A guide could show you all that is worthy to see of the city".

"According to the Bible", Garner went on obstinately, "God had the right to destroy the Tower. I would like to hear your opinion, dr. Asta, not Mr. Park's opinion".

"You shouldn't", Jason advised him.

"Very well Mr. Garner. It's like a coin – two sides. You have only looked at one side. The Tower was the symbol of a revolution, the first and greatest revolution ever on Earth. Both the building of the Tower and its destruction were acts of war. Marduk had the support of almost all humans of the whole area. Enlil had no support but effective weapons. Enlil called them rebels while they considered themselves as freedom fighters against the alien tyranny. He and his associates destroyed the Tower and kill thousands of people.

Then, as the winner, he dictated the conditions. He allotted different languages to different groups and scattered them all over the earth, in order to avoid similar uprisings in the future. This action could never be justified. It was a crime against humanity never to be removed from the history records".

"The fact that they revolted against God is witnessing of their evil character, isn't it?" Garner wondered.

"They didn't revolt against God, Mr. Garner. They revolted against Enlil, the commander in chief of the alien expedition on Earth – an evil dictator. He is no more God than you are, or perhaps a little more, partly thanks to the white powder of gold. He was not here to help us Mr. Garner, but to steal our gold. Later on, the scribes of the Old

Testament claimed that the revolt against Jehovah was an evil action directed against God! The Christians forced to believe in that too, as the Hebrews did earlier".

"It was not stealing at the beginning", Martin Cane protested. "It couldn't be larceny at the time when no humans existed".

"But well afterwards", Jason said.

"I don't think so", Martin said. "The humans created to be slaves. They owned both the whole planet and us. From a juridical point of view, they could do whatever they liked with our ancestors, applying their own laws. They treated the slaves as we are treading our animals. But I assume that it would be classified as larceny if they came back now and took the gold by force".

"If he came now", Jason said, "he would not need to use any force. He could just order the manipulated people to deliver the gold to the house of God, to the tent of God, as the Bible states. That was one of the purposes he declared himself as God and the creation of religions".

"He still owns us I must say. Everything in the universe belongs to God", Paul said.

"I don't agree, even if I am not a lawyer", Jason said. "The universe has been created by some Force but no one could be the owner".

"You can rest for a while if you want, it's a long journey", Asta told them.

"We are almost there", Hector said after a while.

The view of the city from above was fascinating. The city, built during the last 4380 years, was of moderate size. Old and new was in contrast, and yet, in some wonderful harmony. All four of them were expecting to see a city in the middle of a desert area, but there was much vegetation, both in the city and a great area around the city. The Tower was huge as well as the Esagil, and many of the modern buildings.

Suzan was busy taking pictures. "Brad would never believe me, unless I have some pictures to show him", she said. "I am going to document this adventure best I can".

"You are right, Suzan", Jason said. "Even if we can take pictures with our mobiles, the quality is not the same. But don't waste your battery.

It's hardly possible that you could recharge it here. Besides, who would believe us"?

"I admire the vegetation", Martin Cane said. "It must cost a lot to support with water in this part of the world".

"Beside Babylon, are there any other big cities here in your world Asta", Jason asked.

"I noticed that you often say 'our world', and 'your world'. Is it because you are anxious to convince me that we are from two different worlds?"

"That too", Jason said, "the other reason is because this is definitely not our world. In our world, not even the ruins of Babylon exist. I think the city was completely burn cause of some kind of sulfur explosions, like Sodom, Gomorra and the other cities destroyed after the command of Enlil/Jehovah".

"Okay, the answer to your question, Mr. Park, is yes. There are many big cities in this world, as you would say. Alexandria, in Egypt, is a technological center. Athens, in Hellas, is an educational center. Rome is an artistic center, and a big city, as well as Paris, London, Berlin, Tokyo, Peking, New Alexandria, New Heliopolis and Tenoch-Ti-tlan in the Inka continent, and many more".

"What about the population?" Martin wondered.

"It's about a billion. Our alien enemies have greatly decimated the population at two different occasions. Once they brought through our defense, they dropped their lethal weapons where they could kill as many people as possible".

"You have flying vehicles that are much more advanced than ours", Jason said. "Would you say that this is a modern world?"

"Oh yes, it's quite modern all right! We have exterminated most of the diseases, nobody is starving and we live quite longer than before. However, the old world has not totally disappeared. We still have criminality, avariciousness and even local conflicts every now and then. The mind of the people is working in high spin but their hearts and souls have not been able to catch up".

Hector landed at the backyard of the government building-complex. He said good-by to them and left, after he informed Asta that he was going to undertake some observations in the Ranagar ravine, and report to her.

They transferred them to a nearby hotel allotting them a small flat each. The standard was high, almost luxury. Asta left the three men there and took a cab to the hospital with Suzan. The Hospital was big and clean. No registration needed for such a simple wound, no wait either. "Have you been playing with fire?" the doctor asked Suzan. "She is in some kind of chock, unable to speak", Asta told him. He cleaned the wound, put some ointment on it and applied a bandage.

Then they returned to the hotel. Asta ordered some clothes for them. All they had to do was to choose whatever they wished. They spent most of the evening in the hotel restaurant. The food was of good quality, as well as the wine. Asta ordered a bottle of Plateau Argos from Hellas, a red table wine with tasteful fullness and flavor.

"Three good-looking middle-age gentlemen and a nice lady", Asta thought. *"If I didn't know she was a solicitor I would guess she was a model. Could they be spies?"*

The desert was fresh strawberries with wiped cream and Commandaria, a liqueur-like suit wine from Cyprus. Martin Cane looked at Suzan and Jason as he was waiting for something. When they finished eating, he could no longer wait.

"Well?" he wondered. "Aren't you going to say something?"

Nobody said anything.

"I am speaking to you, Mr. Park and Mrs. Cohen. Well?"

"Well what?" Suzan wondered. "Sorry Mr. Cane, I was so hungry I didn't hear you. Besides, I have never enjoyed eating as much as now".

"He didn't ask anything", Jason added, "only *well*". What's the question Martin? I suggest we drop the Mr. and Mrs., don't you agree?"

"Okay, Jason and Suzan. How do you feel after the dinner, of course? Come on, I am curious".

"You have been drugged", Paul said. "Like all of us. It seems to be usual here. However, the first time feels extraordinary. That's why Martin wonders if you feel like we did after eating lunch today".

"Is it true dr. Asta?" Suzan wondered. "Did you put some drug in the food?"

"What about dropping the doctor too? Well, either your friends are kidding you, or you are very good actors. There is some white powder of gold in the food. That's all. Your friends want me to believe you are not used to it. Their reaction after eating lunch was quite theatrical".

"I do not agree", Martin said. "I also believe that you don't have the required experience to judge, Asta. You have never been in our situation". Then he turned to Jason. He was even more curious.

"Jason, just tell me honestly if you have ever felt the way you feel now" Martin exhorted.

"I feel excellent" Jason said, "but I thought it was the wine working its magic in an empty stomach".

"Me too", Suzan added. "The food was sweet as honey, but I feel like I ate too much".

White powder of gold, sweet like honey, Jason repeated for himself. "Of course, I remember some passage in the Bible dealing with something similar. I think it's in Ezekiel 3:2-3: It goes like this, correct me if I am wrong, Paul.

And I went unto the angel, and said unto him, Give me the little book. And he said unto me, Take it, and eat it up; and it shall make thy belly bitter, but it shall be in thy mouth sweet as honey.

"I always thought of that as some kind of drug that helped those people to understand and remember the message. It could have been white powder of gold, of course. It caused their mind to work in high spin".

"Not unlike the technical effects used by film makers, I suppose", Martin said.

"You are good", Asta said. I almost believe you that you come from some other world".

"Almost?" Martin wondered. "Can't you take our word for that?"

"Not yet, Martin. We have only known each other for some hours".

"We are spies", Jason said. "That's why we have warned you about what is going on down there in the ravine. Had we been from another world, we wouldn't care!"

"We wouldn't care taking pictures either", Suzan added.

"I understand your irony", Asta said. I have to tell you that if you are not very good spies, or very good actors, then I believe you are very nice people. I like you".

"But you don't know what to believe", Martin continued.

"Not yet".

"You are at least as honest as you are attractive". Martin found, at last, the right opportunity to approach her.

"Thank you Martin. Some of you seem to have embarked on an offensive program of charming me. Could it be part of your mission?"

"Of course it is", Jason said. We knew we would be thrown out there in the wilderness and that some attractive lady would show up and rescue us".

"Enough you two. Is it Mr. Single-Martin, or?"

"It's Mr. Single", Martin hastened to tell her.

"What about you gentlemen?"

"It's Mr. Married, both of us", Jason said.

"And Mrs. Married", Suzan added.

"Strange really", Asta said happily. "We have a nice time together as if we have known each other for a long time".

Martin took any opportunity to explore her without being offensive. She seemed to like it. Despite the good influence of the food, the subject of the evening was, of course, their situation and what they could do about it.

"It's impossible to enjoy the food as long as I believe we are in some kind of custody", Paul said.

"Do as I do", Suzan told him. "Enjoy the whole situation as long as it lasts since nothing lasts forever. That's what I believe. How often do we have the chance to see another world?"

"It all depends on what kind of an end we have to face, don't you think Suzan? Paul replied. "They could imprison us for life, or, even worst, they could put us to death. I never trust unbelievers"!

"Yet another reason to enjoy life here and now, Paul", Martin said. "It must be worthy something eating dinner in an ancient city that does not exist anymore in our world?"

"Paul, we have been in trial, jumped into another world, have been chased by aliens, we have been flying in a shoebox, we are eating dinner in Babylon, all in one day. Isn't it something to tell your grandchildren?" Jason wondered.

Grandchildren? He never thought of that. Now he knew he would never see his grandchildren again. The cancer was "eating" his body from the inside. No treatment to see forward to, only a kind of captivity, like the Babylonian captivity that was the will of God too. Would he see his wife and children again?

After the dinner, Asta wished them a nice evening, but she had to leave.

"Wait Asta", Suzan said. "You have to see the pictures from the ravine".

Suzan displayed the first picture and showed her how to glance through the rest.

"My god", she said. "You have been very clever, Suzan. We are thankful to you".

"You see the two astronauts and a lot of equipment?"

"Yes I do. It seems that something big and very important is going on. May I borrow your camera? I will let someone to try to copy some of them, if it's possible. I believe some security people would like to see them too".

"It's okay, as long as some genius technician of yours doesn't destroy them".

CHAPTER 7

AGENT TIZU

Agent Tizu, an exceptionally beautiful young girl walked inside the circle at the bottom of the Ranagar ravine.

"Remember", her companion said, "you must be back in thirty minutes otherwise I have to leave the place".

"Trust me", she said, and made sign to the operator to start the process.

She felt dizzy for a couple of seconds, and then she was standing in a similar small cabin in the original world for the first time. A man opened the transparent door and welcomed her. She was onboard inside a shuttle.

"Please introduce yourself lady".

"Agent Tizu", she said. "I am expected".

"Please follow me", he said, and showed her into a big, nice room. "Please sit down; the chief will be with you in a minute. If I may say so, you are most attractive; you almost look like a goddess".

"Almost? Thank you, sir, very kind of you - and you are?"

"I will let you know when the time comes", he said and closed the door behind him.

Perhaps in your dreams, sir.. she thought.

She was dressed in a short dark green shirt letting quite a bit of her beautiful legs visible and a light blue top matching her lively big blue eyes. She walked like a model, her face and feelings revealing a lot of confidence.

She looked out through a round window. The shuttle was on the ground. The luxury was amazing. Every single item in the room was a piece of artful design. The furnishing was of a kind of wood she never saw before, with beautiful veins of brown and light brown and colors that entwined into beautiful patterns. It was excellent woodwork performed by great artists. The pictures hanging on the walls were certainly the work of great artists too. She was admiring the portrait of a beautiful woman with the nicest piece of jewelry she ever saw. The design was simple, a heart surrounded by a thin circle of gold. In the middle of the heart, it was a cross of, what she assumed, small diamonds, but probably of some other, perhaps more exclusive material. The cross was the symbol of Nibiru, the planet of crossing, as it was orbiting the sun in the opposite direction than all the other planets of the solar system.

"She is beautiful, isn't she?" a voice behind her said. "I am the chief, and you are?"

"I am agent Tizu, at your service sir. I am here to report".

"Tizu, a nice name, she who knows life, isn't it? You are very attractive too, agent Tizu".

"Thank you, sir".

"Who sent you here, and why?"

"The Prime agent sent me sir. He couldn't come himself".

"Why not?"

"Because they are following every step he takes. He is now waiting at the bottom of the Ranagar ravine. He could not take the risk to come over here, because the jump into this world would make the signal of his transponder to disappear. Now they know he is there to make some observations reported by the sheriff".

"Who is the second in command here?"

"It's Shar-ibu, sir".

"Is the Sun shining there too?"

"Yes, but more brightly than here. Perhaps I would tell you that I am the Prime agent's most trusted agent. Have I passed the test sir? With all the respect sir, but I have to be back in twenty minutes from now".

"Just one more question, agent Tizu. Do you think the sun is going to shine again?"

"Not until we have a new governor, sir".

"Good. You may report now, agent Tizu".

"The sheriff plans to investigate the shooting reported by the people from this world. I hope he does not come before the job is finished. Your men there have very little time to complete the work and disappear. The sheriff has the reputation to be a tough guy. Otherwise the operation is developing according to plan sir".

"Thank you, agent Tizu. My men will act according to their instructions and according to the circumstances. Now you have to pass this information to your superior. I am much displeased with the failure of his agents. They should have sent the four people from this world back here. I don't like the idea of them being in the other world".

"He knows that sir, he has been trying to arrest them but it's not possible just now. They are the guests of the government. But as soon as we have the opportunity..."

"I don't usually accept excuses. I want those four people and the two agents responsible for the failure neutralized".

"I will tell him, but..".

"Your job is to bring the message to your superior, agent Tizu. You may also tell him that no more failures are tolerable. Have I made myself clear?"

"Yes sir. May I ask a last question, sir?"

"Go on".

"There is always a risk for exposing our agents in a kind of operation like this, I mean, neutralizing people. Is it worthy, if you consider the fact that they are completely harmless?"

"I like you, agent Tizu. You have the same courage as all those uncounted earthlings that dared to oppose me at different times. None of them survived my anger. Perhaps you know, perhaps you don't, that I have been the governor of the whole planet at different occasions. I have also been the representative of the Commander in chief. I know more about Ki than you ever could learn under your short life. I remember the first slaves we created. They had a very limited intelligence, just enough to dig in the gold mines and they could never be compared to you, agent Tizu, or anybody else of your folks. You have come long since then, but remember, you are our creation. Now your time has ended. You may leave".

Shar-ibu escorted her to the portal-cabin. He couldn't take his eyes away from her perfect body. Under different circumstances, he could arrange to have a nice time with her. She had the look of a goddess although she was just an earthling. Unwillingly, he closed the door behind her and sent her back to the other world looking her in the eyes until she was not there anymore.

CHAPTER 8

THE ENRICHING OF
THE TONGUES

Paul Garner waked up early in the Sunday morning and performed a little ceremony in his flat. He imagined the living room as a chapel. Despite the fact that he had no Bible, he felt like regaining part of his freedom and could live more at peace. He felt good after singing a couple of psalms that made him forget all about his difficult situation, not to mention his health problem.

Jason Park opened the door to the balcony and looked at the view, breathing the clean, rather cool morning air. "Bonjour Babylon", he said loudly.

"Bonjour tout le Monde", he heard from the balcony beside. It was Martin. "Good morning Jason, did you have a good sleep?"

"Oh yes, you?"

"Like a child. What about taking a tour in the streets of this fabulous city after breakfast?"

"I would love to", he said.

"Me too", Suzan said coming out to the balcony between them. "I have nothing against some shopping".

"Good morning to you too, Suzan", both said.

"There is a tiny problem, however", Jason added. "We are unable to communicate and we have no money".

"I know that Mr. kill-joy! It's a pity about the money because shopping is a wonderful way of communicating. By the way, how could you sleep with so much light in the room?" she wondered.

"You didn't saw the control board beside the bed?"

"Of course I did. I switched off the lights from there. But they don't have such simple things like curtains, you know".

"You can make the windows darker too, Suzan, through the control board", Martin advised her. "Let's go eat some breakfast now, it's free".

After the breakfast, Asta had some other plans for them. She called them into a conference room at their hotel. She had installed a computer and some other special equipment on a big desk. Suzan got back her camera. She checked that all the pictures were still there.

"Not unlike our computers", Suzan said.

"Nice design, and very thin displayers", Martin said. "Technologically, we are very much behind, I am afraid".

"Then perhaps they could send us back", Paul said. "They could do something instead of demonstrating their great achievements!"

"What about your mission here?" Jason remarked. "Don't you want to Christianize them anymore?"

"Good morning", Asta said, sliding in. The government assigned some duties to me, which I have accepted. I am responsible for you as long as you are here, especially for your safety. You have the right to make your voice heard, but it has to be through me. The government is treating you like guests. It's a great responsibility for me, but I hope we can cooperate to solve your problem. I have a mobile and a credit card for each one of you. I thought you would need it. The mobiles are prepared with some numbers you could use in case of emergency, as well as the numbers of you all".

"Are you assigned to take care of our interests?" Martin wondered.
"Yes".

"But you are not a solicitor. Do you think we need one?" Martin said.

"I have access to the juridical department. I could introduce you to them. In any case I will consult them whenever it's necessary".

Otherwise, they were surprised and thankful. "A credit card?" Suzan repeated. "Now I could do some shopping. Thanks, very generous of you".

"It's a gift from the government", Asta said.

"Very generous of your government", Jason said. "Have you any news about those people in the ravine that tried to kill us?"

"The IIS sent a patrol to examine the Ranagar ravine from the air. A satellite took pictures too. I am sorry Jason, but there is nothing supporting your testimony, no instruments, no people and no robots. You know I believe you. I have seen Suzan's pictures. However, Hector made some observations from the air and reported to me. He said he was intending to land in the ravine in order to take a closer look at the place. Unfortunately, he crushed on his way down. He is at the hospital seriously wounded. The matter is under investigation".

"How sad", Suzan said. "Jason and I owe our lives to you and Hector".

"Or he has been shot down", Jason said. "This could be a conspiracy, I am afraid. Unfortunately, it happens to strike at us too".

"Do you believe we are part of this conspiracy?" Martin wondered.

"In a way yes", she said. "Your report has been taken seriously by the authorities. Warning bells have rung at the right places and investigations are fully developed".

"Does that mean you are keeping us here? Are we suspected somehow?" Paul wondered.

"Not at all Paul, none of you is suspected. However, the investigation wheels are not very fast. Besides, we are running away from the agenda of the day. There is another reason for calling you here. You are invited, I mean invited not called, to a banquet as the official guests of the government. Before that, I assume you wish to take a look at whatever you like in the city, as I promised you. There is, however, a little problem.

No one, except me, can speak your language. So, the authorities suggested we could offer you our language, as a gift. No one is forcing you to accept. Nothing is going to happen to you, except that you will be able to speak yet another language. The procedure is fast and completely harmless. In order to do that, I need your approval. Everyone who refuses has my sympathy".

"Is it the same procedure as you used to implant our language in your head?" Martin wondered.

"Yes, it is".

"Is it the same procedure as Enlil/Jehovah used to implant different languages in the head of the people who participated in the building of the Tower?" Jason wondered.

"Come on Mr. Park", Garner protested. "Can't we leave Enlil aside for the time being?"

"It's almost the same procedure", Asta said. "Although we have better and faster equipment, and you are not forced to do that. The great difference, however, is that Enlil's scientists erased the whole memory of the people before implanting a new language. Another difference is that the purpose was to make it impossible for the people of the Earth to communicate with one another. Our purpose is quite the opposite. We wish you to be able to communicate with us. You could consider it as an enriching. Besides, that would help us to find out what actually happened to you".

"So all the supporters of Marduk just didn't know who Marduk was after the treatment" Jason commented.

"That is correct, Jason. The Egyptians had to rediscover their great god Ea too, and his abilities, after they came back to Egypt. In their new language they called him Ptah, meaning the developer", they called the house of Ptah, Haka-Ptah, from which the old Hellenic Egyptos derives.

"What about Enlil then? Is he the same person as Jehovah?"

"Perhaps this world has something to offer to us Mr. Park", Garner remarked. Are you not interested in anything else, than just confirming your theories?"

"Mr. Garner, I didn't ask to be sent here, but since I am, I intend to make as much research as possible. I am not intending to miss such an opportunity by taking considerations to anyone's beliefs. Either I am right, or wrong, I wish to find out. You have the right to hide behind the faith provided by the scriptures. I believe I have the right to seek after the oasis of reality provided by history".

"Gentlemen", Cane said, "we are not in the court any more. Perhaps we can learn something here about our past. I am extremely interested from a non-religious point of view. The history of Babylon should be of interest to everybody".

"I think I pass the question", Asta said. You will be able to find some answers in any library".

"I am also interested in history, especially that part of our history we know very little about", Suzan said. "I can see the relevance of Jason's question. We are talking about the man who allotted different languages to different groups. We are talking about the greatest crime against humanity, ever. As a lawyer I wonder by what right, he did that. I also want to know if this man is the same as the one we call Jehovah/God in our holy book".

"Very well then", Asta said. "Enlil was the governor of Earth. He had the authority to do whatever he wished in order to protect the gold operations. They applied their laws, which didn't cover human lives. Killing humans was like killing animals to them".

"How awful", Suzan said. "Human life was no more worthy than a dog's life - what about Jehovah then? You answered a lot of questions but not that one".

"Perhaps she doesn't like to disappoint you, Suzan", Paul told her.

"Okay, it's better to put an end to this discussion. You are going to find the answer anyway. I am sorry to disappoint you Paul, but Enlil and Jehovah is the same person. Why you are worshiping him as God, is not for me to explain, neither to understand".

"And Ea and Marduk is your heroes - you don't need to tell me that. Well, I believe in Jehovah. He is my hero and my God", Garner said with emphasis.

"As I told you before Paul, you have the right to believe in whatever you like, but be careful when speaking about Jehovah outside this room. People here have very different feelings about him. It took us hundreds of years to repair the damages after the last war. Officially, we are still in war with him/them. I hope you understand why he is not very popular here. Please don't challenge people who have been suffering from his actions by referring to him".

"That would be easy for you, Paul", Jason said. "It seems that it is equally taboo to utter his name in both worlds, although because of different reasons!"

"Sorry Paul", Suzan said. "It seems that you have to accept that Jehovah is the bad guy in this world. I think some shopping could be good for you too".

"Let's get back to your offer Asta. I wouldn't miss the chance to learn a new language in fifteen minutes", Martin said. "I am on".

"Me too" Suzan said. "Besides, I want to know what 'Gal-Il-Ea' means, a word the hotel staff uses all the time".

"I could tell you that", Jason said", or at least I think I could. "Gal-Il-Ea could mean Great God Ea, and what they mean is something like 'May the great god Ea be with you', is it correct Asta?"

"Yes, that is correct. Have you been studying our language, Jason?"

"No I have not. There is no way to study the language since it is almost completely lost. There are, however, clay tablets in that language. We also know that this language use to add words to each other in order to create phrases. That's all I know, and I also take the opportunity to accept your offer. I am thankful to you and your government for offering us this great gift. Ironically, the event of transplanting languages is taking place in the beautiful city of Babylon once again, although more than four thousand years later and because of different motives.

"A new world, a new language, a new god" Garner murmured. "All in two days. I have nothing against a new language. I know that the archangel Michael is caring about a small servant like me".

"Perhaps you have some more reasons than we have to be happy about that", Jason added. "You would be able to speak the same language as your god!"

"Please explain archangel, Paul", Asta prompted him.

"I could do that later", Suzan told her. She was afraid it would start a discussion that could break Paul's heart.

"Additionally, I must tell you that there could be some small lacking words cause by the fact that the version of your language we have in our database is an old one, but don't worry, there will always be some similar words. Since you all agree, let's get to…"

"Sorry to interrupt you Asta, but I wonder if you have thought about the consequences of this action", Jason said. "When we go back to our world, which I believe we are going to do sooner or later, we would be able to interpret old inscriptions that nobody has been able to do earlier. Some clay tablets could be of such significant importance that it could influence the whole world. That could be considered as some kind of intervention in our affairs. Have your politicians thought of that?"

"Don't worry, Jason, we could always erase the language whenever you wish. And I mean the language, not the whole of your memory, and only if you wish!" Asta said.

"I don't think anybody would ever believe us, Jason", Suzan added. "I am not intended to claim that I have been in another world. They would just laugh at us".

"Or you could erase the language whenever you wish", Paul added with some irony in his voice.

"I assure you that we would never do that against your will, Paul. A gift is a gift, never to be taken back. Now, lady and gentlemen, since everybody agrees, let's get to work".

Now it's time to explore the city, Jason thought. He had never been so exited in his life. He would find some library and check as many books and newspaper as he could on his own. He felt like a kid in a candy shop.

They decided to go on shopping the next day.

They did not know, of course, that some very powerful alien had put a price on their head!

CHAPTER 9

A TOUR IN BABYLON

Loaded with the language of the gods, they were ready for the promised sightseeing to the city's monuments.

Paul Garner got up before the cock crowed. After a quick breakfast, he appeared in front of the receptionist looking him in the eyes unable to decide what to do. Until now, he tried to communicate with the hotel staff using his hands, as all of them did. He wondered if he should continue with that, or if he should use the new language. He decided to surprise him.

"Good day to you, sir. Could you please tell me where the nearest temple is?"

The receptionist didn't react until he understood who the guest was. He didn't know what to believe. Has the man been kidding him all the time, or was he kidding him now?

"Mr. Garner, how nice you decided to express yourself in words! You wish to visit some temple?"

"Yes thank you - a temple would be fine, since you don't have any churches here".

"What is a church, Mr. Garner?"

"Never mind that. Are all the temples dedicated to the same god, or to different gods?"

"There is only one kind of temple, Mr. Garner. All of them are dedicated to the Force – an impersonal God for everybody. However, they differ in size and service. We have one at the top level of the hotel, as a service to our guests. It's small in size, but the service is good".

"What kind of service are you talking about?"

"An employ serves coffee or tea, and he is good in listening".

"Listening?"

"Yes, in case you wish to talk. But you don't have to. Most visitors use to spend the time there meditating, reading some philosophical magazine, or talking with other people that also wish to talk to some other fellow human".

"They wish to talk about God, I assume".

"Anything you like Mr. Garner. As I said, our temple-employ is a good listener".

"Temple-employ? Then he must be a priest?"

"He is whatever you want him to be, sir. He is both a psychologist and a philosopher".

"Does he bare any special clothes?"

"Is it important with his clothes, Mr. Garner?"

"So there is no ceremony? No songs to the glory of God?"

"You could sing if you like sir, as long as you are not disturbing the other visitors".

"Very well then. It's at the top level you said".

He took the elevator to the top level, found the door marked 'Temple' and entered it. There were five more people, beside the employ, who was clothed in a similar uniform as the rest of the hotel staff. Two of the guests, a young man and a young woman drank coffee and talked to each other very quietly. A middle age man was just sitting there on a comfortable sofa. He seemed to be deep inside some meditation loop. Two men around 35 were looking in some magazines.

Paul took a look at the magazines on the bookshelf. There were newspapers as well as a lot of philosophical and theistic magazines. He scanned through a couple of them just to get an idea of the contests. He noticed some articles with titles like, *Is the Force everywhere? God created the prerequisites for life but is not involved in our lives; Does God know who you are?* and the like. He even noticed some magazines exclusively about Pythagoras, Plato, and the Indian Sages. He scanned through some newspaper looking for the big event, their appearance in this world. He couldn't find anything.

"Would you like a cup of coffee, or tea, sir?"

"Do you have any title, or name?"

"My name is Kain sir; I am responsible for the service here in this temple".

How can this name be in use? Kain killed his brother Abel. What happened to him? Jason Park claims that Enki sent him to the Americas.

On one of the walls was a beautiful wall painting by someone with great artistic skill. It was an oil painting; the motif could be a space picture. One could imagine a force, an incredible power that put galaxies, stars and beautiful colored-waves into motion. If something could start such a process then it could only be a great Force, a creator. What actually happened with specific stars, waves, and even galaxies was not under the control of the Force any more, not to mention the different kind of living creatures. Perhaps the Force was aware of what was going on in the universe, but there was no way for any intervention. Not even for the Force! Everybody and everything was now on a path already decided by the initial event. Paul Garner associated the picture with the article he saw, *"God is not involved in our lives".*

Paul stopped in front of the picture, put his hands together in front of his face and began rather loudly with his nice baritone voice.

Our father in the heaven, hallowed be your name, your kingdom come, your will be done, on earth as in heaven. Give us today our daily bread. Forgive us our sins as we forgive those who sin against us. Save us from the time of trial and deliver us from evil. For the kingdom, the power, and the glory are yours now and forever. Amen.

None of the visitors seemed to be disturbed. Paul Garner finished his prey without interruption. For the first time ever, he actually experienced the real meaning of the words he uttered. *As we forgive those who sin against us.* What was sin? Was Jason Park a sinner? Should he forgive him?

"That was beautiful", the man on the sofa told him. All of them agreed. "Is it your own words to glorify Amun?"

"Words are not enough for him", he said. He remembered Asta's warning not to expose himself as a worshiper of Jehovah. *I hope he forgives me for being a coward.*

"Who?" the same man wondered.

"God, of course".

"How do you know is a he?"

Don't get involved in some discussion. "I like to imagine him as an old, white-bearded man. It has been nice to talk to you, God-fearing people. Have a nice day. I have to leave now, - my friends are waiting".

"Jason and Martin got up early too. They agreed to take a tour in the streets of Babylon on their own. They finished the breakfast in no time and got out of the hotel unseen – or so they thought. They didn't notice that Suzan was following them from some distance. *Go shopping without telling me. That was not a very nice thing to do, gentlemen. I wonder where Paul is.*

"Which direction?" Marin wondered.

"Why not check this one?" Jason said. "It seems like a big avenue with both shops and restaurants".

They walked slowly across the avenue leading to their hotel, watching everything like kids. They saw people eating breakfast at several places. Most of them sat outside. The air was fresh and the attack of the heat was some hours away. The fashion houses had a lot of nice clothes to offer. They saw a shop that seemed to be a hardware shop.

"Let's take a look", Martin said. "What they have inside there is a good measurement of their technology".

They were on the opposite side of the road when Jason said, "Before we go in Marin, what do you say about taking a coffee here'? It's a nice place to study the everyday life and the behavior of the people".

"Why not, Martin said. "I like the idea. After all we have a lot of time".

They sat down and ordered two coffees. When the waitress came back with coffees, she didn't observe the old man behind her and pulled him unintentionally. The old man, he was really very old, lost his balance and fell to the ground. The waitress, Martin and Jason rushed to help him up. He thanked everybody and was about to sit beside them when Martin asked him kindle to enjoy them. He looked at them for some seconds and then said – thank you gentlemen very nice of you.

"It's the age you know' he said, "one has to accept that is both wonderful and trickery".

"I know what you mean" Jason said. "Are you living alone in this big city"?

"Yes, I do, I prefer the city instead of my little cottage in the country. Here I'm surrounded by shops and occasionally I meet some old friends".

"Are you alone?" Martin wondered. "Don't you have any relatives here"?

"Yes, I'm alone" he said and tasted his coffee.

"Don't you have anybody helping you with shopping, coking and the like" Jason wondered. "Any children?"

"As long as I can manage I stay at my apartment, despite the invitation by the authorities to move into a public house with service. It's boring. Both my children are visiting me from time to time. My dotter is a doctor at the moon hospital. I have a son too; he is a watcher on Lahmu, an engineer. As I said, they are visiting me although I wish they could do that more often, but tickets for private use are rather expensive, as you know. By the way, where do you come from, I don't recognize your, somehow different dialect despite the fact that I have been almost everywhere around the world. I have been working as a psychologist police officer".

"Right", Martin said, "we are strangers here".

They sat talking with the old man much longer than they thought. He was as curious as they were to learn as much as possible about important things or just everyday life details.

"It has been nice talking to you sir," Jason said. "We could talk a lot more, perhaps another time if you use to come here often".

"Yes, I do. You seem to be nice people, almost like friends. Have a nice time gentlemen and thank you for your nice company".

They crossed the road and entered the warehouse. It was big, offering every type of hardware in several levels. They watched everything in clothing in the base level and moved to the second floor that was full of every kind of tolls. They examined many of the hand tools and even tested some drills and screwdrivers. They could spend the whole day there. *A care center for adults*, Martin thought.

"Does the price include a charger?" Jason asked a shop assistant.

"Charger?" he wondered, "to charge what?"

"The battery of course, I assume here is a power cell hidden somewhere", Jason said.

Wherefrom are you people? He thought, but said politely:

"Of course it's a cell, but you never need to charge it, sir".

"Never?" Martin wondered.

"Never during the life time of the machine".

"Which is?"

Either they are dumb or they are here to have some fun.

"The warranty covers fifteen years of normal use, sir. If you decide to buy it, you pay over there", They went on looking while the assistant walked to some other, more normal customers.

"You there", a voice said behind Jason. "I saw you putting something in your pocket. Be kind and follow me".

"Are you talking to me? Jason wondered. Martin sensed some trouble.

"Yes you. Follow me into the office. I am a security guard".

"You are accusing me for being a thief?" Jason asked.

Another man, also clothed in a similar guard uniform, inspected Jason, even his pockets, and said; "he is clean".

A female shop assistant was passing by. Martin took her by the arm saying: "Hi there, I am looking for some presents, could you please help me? I would buy everything you suggest".

He managed to come away from the two men by using her as a shield. Then he pressed Asta's name on his mobile. "Where are you?" she said, "We are waiting for you". Martin explained the situation and hoped it wouldn't be too late until she, or some security unit would show up.

The two men were now on the way to the "office" as they said, but probably to some waiting vehicle at the backside of the warehouse. Jason felt some kind of weapon against his back. "If you open your mouth you are dead", the man from behind said, while pushing him. Jason started to walk slowly between the two men waiting for some miracle to happen. Suzan, who until now was observing the situation, decided to act.

"Stop both of you. Drop your weapons slowly on the floor".

They stopped. "A drill?" one of them said and both began to laugh.

She tried it just millimeters from his body. "Yes, a drill. It could make some awful hole through your heart. You want me to try?"

Then she heard a man's voice beside her. "Drop it" he said, "unless you wish to take an unpleasant trip, these men are my friends".

The guards dropped their guns on the floor and run away.

Was it the sound of the powerful drill, or the old man with a gun, probably both. Jason and Suzan looked at the old man.

"Who is he Jason"?

"It's just a friend", he said looking at the old man from the café. "Thank you friend, perhaps you and my friend Suzan just saved my life".

"I saw directly that they were not guards," he said.

"How could you do that" Suzan wondered.

"Experience I suppose. My last job was as police in this city. Perhaps they are agents but they didn't act like that. Then I suspected that something was wrong".

Then the guards heard the signal of the security unit and ran to the back exit. Martin informed Asta at the entrance. Before Suzan understood what she was really up to, Asta showed up beside her. "Wow", she said. "A drill expert! I admire your courage, tough lady. Is everything okay? Have you been risking your life for some shopping?" she wondered. "Whose idea was it?"

"It was the two gentlemen's idea", Suzan replied with some disappointment in her voice. They didn't invite me. By the way, where is Paul? I thought he was with you".

"He is probably eating breakfast just now", Martin said.

"I don't think so", Suzan said. "He was not in his flat an hour ago. I checked".

"Come on, let's get out of here", Asta said after instructing the security men to search after the two men. "I hope this was not some undercover operation for something else".

Well outside Suzan asked Jason. "Have you bought a watch or something?"

"No, why?" he said.

"Because something is ticking in your pocket".

Jason felt something in his pocket that was not his. "The bastard", he said. "He must have put it in my pocket".

"Let me see", Asta said. "It's a bomb. Stay here". She looked around, as she could not make up her mind. Then she stopped a cab and ordered the cab driver and the passengers to get out. "Fast", she ordered them. "This is an emergency. Move away from the cab". She put the bomb in the vehicle, closed the door and ordered the people around her to move away. "Don't look at the vehicle", she screamed. Seconds later, they could see the bang. Yes, see it rather than hear it. It was a big light explosion, like looking at the Sun for some microseconds. Then the light was gone and what was left of the vehicle was just a little lump of ashes.

"It was a light bomb", she explained to them. "It emits millions of nano-fire-bullets that attack every nano-pixel around them at a short distance. Only concrete can stand against it".

A chock came over all of them. They looked at what was left of the vehicle. They could have been just a small part of the ashes.

Just minutes later, security forces occupied the area around the warehouse. Asta spoke to the one who was in charge, showed him some kind of identity card and was about to leave when he asked:

"What about them? Are they involved somehow?"

"No, these are some friends of mine. We were doing some shopping".

"You ladies, and you, Martin, you saved my life. My old friend too", Jason managed to utter. I don't know how to thank you".

"What old friend"? Asta wondered.

Jason looked around but the old man was gone. "A good man Martin and I drack some coffee with just 15 minutes ago".

"Take care of Suzan", Asta said.

Jason noticed that Suzan was in some kind of chock, only her body was there. Her look was empty focusing at nothing. He took her arm while Martin took her by the other arm. She barely noticed. She was just following them.

Paul was waiting at the hotel. They all wondered where he had been. "I wonder the same", he said. "I was here in time, you know!"

They went into the restaurant and sat down at a table away from the door, while Jason got a glass of water for Suzan.

"I am happy you are alright, Paul", Asta assured him. "Your friends, however, have been much closed to become ashes".

Martin explained to him what had happened.

"I told you these people are not to be trusted", he said.

"Where have you been, Paul?" Martin wondered. "Suzan has been looking everywhere after you".

"I visited a temple", he said. "It's Sunday today. There is one on the top level of the hotel, you know".

"I hope you didn't speak loudly about your God", Martin told him in confidence.

"He is everybody's God, Martin".

"Nice thought, a temple at the top level of the hotel", Jason remarked. "It's much nearer heaven, literally speaking".

"But He can hear you, even down here", Paul protested.

Suzan seemed to recover from the chock. "I can't understand how you two can make jokes after what happened", she told them. "It would have been better if you had been at the temple too, you know. I don't wish to be stranded here alone". Now she couldn't hold back the tears running like floods from her beautiful eyes. It was a late reaction after the dreadful explosion. "I am angry on you two, you know – go shopping without me!"

"It's okay, Suzan", Jason tried to console her.

"I couldn't be nice to you had you been killed out there, that's for sure! I would be very angry, you know", she said while wiping her cheeks.

"Come on everybody", Asta said. "The guide is waiting".

"Is it wise to go out again?" Martin wondered.

"You wish to bring the rest of your time here in a hotel room?" Asta wondered. "Perhaps a tour is what you need. Don't allow those guys to destroy the day for you".

"They have declared war against us", Martin said. "Then we are in war! We have to defend ourselves. Is there any chance to provide us with some guns, Asta?"

"The government is responsible for your security. Trust them".

"How could we?" Marin replied. "They don't even know who the enemy is!"

"Perhaps you would like to see a psychiatrist, or participate in some support group", Asta told them. "If you feel like working with your problem and some bad experience you have had so long?"

"Not for me", Suzan said with some emphasis on *me*".

"I pass too", Paul said. 'I rather talk to God".

"I have no intention of turning my feelings upside down, or should I say, inside out", Martin said. "No meaning on blaming somebody else for our problems, I believe".

"Neither do I", Jason said. "The best support group I could think of is this one – we five. How could we discuss our problem with people that have no idea that we came from another, parallel world, or that some big conspiracy is going on?"

After discussing the matter for a while, they decided to give the guiding in the city a chance.

The guide was a young very beautiful woman just under 30. She wore a short white skirt ending just above her knees and a light brown top matching the skin of her face. A blue round stone was hanging on her chest glittering in various shades matching her inviting big blue eyes. She drove an open cab, not unlike golf cars, but bigger. It could take up to ten passengers. Jason asked her about the power used. The answer was, *the same as everything else – power cells loaded with a special mix of gold powder*. The cells didn't need to be recharged for years. That explained the clear air they could breathe everywhere.

Jessica Lava, the guide, was driving across the streets of Babylon to give them the chance to see as much as possible of the city. There was actually more traffic jam in the air than in the streets. Beside the traffic and the clean air, Babylon was not so different from western big cities. The shops amazed all of them, especially Suzan.

"I have to visit that one", she said, "that too, and that one too".

"Here we are", Jessica said. "This is the E-Temen-An-Ki, meaning *House of the Foundation Heaven and Earth*. It occupies a huge area. The ground floor measures 92 meter and the height of the seven levels is 92 meters too. Marduk planned and initiated the building. His son, Nabu administrated the operation supported by humans and their leader King Nimrod. The design is of a ziggurat pyramid, proved to be very stable. The work started at 4073, according to all available information, three hundred and ten years after the counting in earth years began. Some ten years later, 4083, while the Tower was almost finished, the Enlilite gods leaded by Enlil/Jehovah destroyed it with missiles after an aerial attack".

"4073 is the same as 3463 BCE in our world", Jason told them. It was an outstanding experience to listen to another version of human history.

"The real builders of the Tower were humans. The workers were several thousand, but the area was occupied by several hundred thousand", the guide continued. "If you consider that the population of the whole Earth at the time was not even one million, some hundred thousand living in faraway lands, then you understand that this was a work done by a great majority of humanity. Considering the fact that the whole operation was against the governor of Earth, this was a revolution against him, the first revolution ever.

Only the people living in Ki-Engi (Sumer) were not participating. That was not possible for them as they were under the control of the Enlilite gods. The supporters of Marduk and their leader, King Nimrod, knew that this was not just a building project, but also a serious attempt to replace Enlil as the Commander of the gods on Earth. Marduk and the participating humans were rebels fighting to free Earth from the alien tyranny. It was the first time in history that the majority of the whole humanity acted in unity.

Marduk planned to create a landing place for the cargo chariots. No one knows how Marduk was going to redirect the ships to the new landing place, but everybody knew that whoever was in position to control the flow of gold to Nibiru, was also the de facto ruler of the planet. Marduk's plan was to stop the gold deliveries, in time.

The attack came at night from the air ten years later at 4083. The Enlilites decided to destroy the Tower in order to stop the revolution of Marduk and the humans. They used attack airplanes and helicopters armed with missiles. Great parts of the tower became heaps of bricks and toil in minutes. Although the tower was not reaching the sky, the screams to high heaven heard all over the area. The flow of gold to Nibiru was more important to the Enlilite brotherhood than the flow of blood among the unarmed rebellions.

The tower has undergone restorations much later under 100 years by several kings of Babylon. The restorations completed under the time of Nebuchadnezzar II, who reigned between 6920-6963 (605-562 BCE), 3158 years later. Both Cyrus the great and Alexander the great ordered restorations of the building that never came into progress because of different reasons. By the way, Alexander died in the palace of Nebuchadnezzar II, here in Babylon".

"What happened to Marduk and Nimrod?" Suzan wondered.

"Marduk returned to Egypt with Nimrod, who later, actually more than a thousand years later, was one of the builders of the city of Babylon. He also became Babylon's first king. Marduk declared himself as "RA" (The Bright One) after his return to Egypt, and replaced his brother Ningishzidda (Hermes) as the governor of the country. Ningishzidda left Egypt for the Inca continent. There he established his own counting, the Maya calendar, and taught people about the importance of living in peace".

The next stop was the E-Saq-Il, the House of the Highest God. It was located south of the Tower in the center of Babylon. Driving through the city, they could see signs witnessing of Babylon as the Capital of the world. They could read *Government Residence of Ki, Health Organization of Ki,* or *Youth Assistance of Ki.* Several buildings had been rebuild, or restored to match the original style. The center of the city was almost a copy of the ancient Babylon as it looked from about 5763 (2000 BCE) until about 7263 (500 BCE), that also is the time of the reign of Marduk. He was the Last King of Earth. Although all gods, including Enlil, sworn eternal loyalty to the new King of Earth, only a few of them did support the new world order established by him and the great majority of humanity.

"The original gates around the city are restored too. However, the names changed several times. The Serpanit gate, for example, dedicated to Marduk's wife, had been rename to Ishtar gate during the Assyrian occupation. All gates have now their original names. If we start from the Serpanit gate and continue westwards, we find the Ea gate, the Royal gate, the Nabu gate, the Asar gate, the Ningishzidda gate, and finally the Marduk gate.

The Assyrian kings who marched against Babylon, did so, after orders and help from the Enlilites. Some of the Enlilite gods also marched (illuminated) with them in battle at several occasions. This explains the renaming of some gates, like the Enlil gate, the Ishtar gate, the Adad gate, all of them names of the Enlilite gods.

The Serpanit gate represented, and still does, the monumental entrance to the city. The kings of Babylon entered the decorated gate in ceremonial procession once a year in order to celebrate the New Year's Festival. The serpent dragon, the symbol of Marduk's supremacy, could be seen together with the lion of Ishtar and the bulls of Ishkur/Adad. No art items have been replaced even if they symbolized intruder gods who wished to destroy the city.

The Babylonian History Museum had recorded Babylon's history since the building of the city."

The model of the water canals flowing through the city was fascinating. On the country yard of the museum a copy of the ben-ben was hanging by steel wires giving the impression of flying. "The ben-ben was the space ship Marduk traveled alone from Nibiru to Earth. The real ben-ben, the remains of it, is in the Museum of the Ben-Ben in Memphis.

"The starting point of the Esagil, was in 5166, 1103 years after the Etemenanki, and at the same time as the building of the city began. The name applied to the building by Nabu to honor his father, as well as 'Babili', the name of the city (Gateway of the gods). Babylon, the name of the city in the Hellenic language, developed into a great and beautiful city replacing the Sumerian cities as the center of the world.

The Esagil was the administrative center of the city and the adobe of Marduk. The humans, however, used to call the adobe of the gods, Temples. The highest secretary became the high priest, and the rest of the staff just priests. Their duties were not of religious character to begin with. The names applied to them later, caused by the fact that they were 'priests in the temples of the gods'.

Along the three vast country yards, are several rooms used to house visitors. Some of the gods had their own private adobe here, also called temples. Under the Assyrian occupation, they built some more private adobes, and renamed some in order to honor the Enlilite gods of Assyria. Marduk invited all the gods to be his guest in the country yards of the Esagil whenever they were in Babylon. Most of them did visit the city and stayed here as his guests, except for Enlil. There is not a single document that he ever been here. Although he formally accepted Marduk's supremacy, he never did that in reality. Soon thereafter Enlil launched a series of wars against Babylon, no other city in the whole world ever experienced.

From the building of Babylon, 5166 (22nd century BCE) until about 6500, (6th century BCE) we have historical documents witnessing that many Acadian, Hittite and Assyrian kings marched against Babylon. The Enlilites appointed all of them, empowered them with alien lethal weapons and ordered them to march against Babylon. Some of those gods even marched with them against the city.

The Enlilite gold brotherhood, destroyed the Esagil as well. Inanna/Ishtar attacked Babylon from the air and brought devastation around her. The blood of the inhabitants flew in the streets of the city like never before at any other place. She alone killed more earthlings than anybody else. The Esagil has also undergone several restorations, the last one, also by Nebuchadnezzar. Cyrus the great ordered restorations as well as Alexander the great. The temple was functioning long after the time of Alexander. Ironically, both Nimrod who united the world against the alien Enlilite brotherhood, and Alexander who was on a program to unite humanity once again, died here in Babylon, both assassinated by the agents of Enlil. Marduk too has been assassinated here".

It was a lot of revised history for the four strangers. Just to stand here facing buildings several thousands of years old, was evoking indescribable feelings.

"The flow of gold to Nibiru came to an end as Marduk planned", Jessica continued. The people of this world could now enjoy longevity and health thanks to the gold powder, as the Babylonians did at the time of Marduk".

Jason noticed that two strangers had been following them for a while now. He observed them earlier and was now sure about it. He informed his friends just after Jessica told them they would move on.

"Not easy to comprehend", Martin said. While the people of Babylon are living in health thanks to the gold powder, Babylon doesn't even exist in our world".

"We shall visit one more place before lunch", Jessica said. It's just outside the city".

Well there, they could see a giant monument in the form of a small ziggurat pyramid. On its top was standing a man, a black statue, in natural size. The whole area, perhaps 100 x 100 meters, was beautifully designed with pathways, plants and flowers.

"Lucky he", Suzan said. "Who is it?"

"His name is Nimrod, the very first king of Babylon. He was the first king on Earth elected by the people. He was also a friend of Marduk and his son Nabu. He and his people contributed to the building of both the Tower and the city. He was a very popular king. At his time, the whole area was under the influence of Babylon, except for Mesopotamia, Sumer, as its name was by then. Sumer was the only land controlled by the Enlilites while Babylon and the rest of the countries around it were under the influence of Marduk. All of them considered as rebellions against the Commander in chief, Enlil.

At that time, Enlil was also preparing to announce that he was the only god and manipulated people to be his loyal servants. The Enlilites, probably Nannar/Sin, commissioned one of them called Esau, a grandchild to the Hebrew Patriarch Abraham, to assassinate Nimrod.

Now imagine a great forest surrounding the place. Many people used to come out here hunting. Esau was hiding himself, waiting for Nimrod, who also used to hunt here, and without any particular reason, he murdered him with a knife. The most frequent question I here as a guide, is how could Esau, living in Canaan, as all the descendants of Abraham did at the time, knew where Nimrod was hunting and how could he find him? The answer is that Nannar couldn't find a single being around Babylon willing to murder the king. So he fetched Esau from Canaan, who was already manipulated to hate Nimrod. I could tell you a lot more about the free people of Babylon, but you can also read the text under the statue of Nimrod from about the same time. The text was originally written in the Babylonian language of the time, and has been translated to our tongue". They read:

*The civilizing power of Marduk: See in the streets of your city a man and a maid. He shines before the people as a sun in splendor, she as the moon keeps her face to her lord. As they pass, old men sitting in their doorway smile. Old women cease to scold and the soldiers do not jostle. See in the market as they move, ripples of smiles upon the face of the people, spreading amongst the throng. Such is the power of Marduk. See you that **golden glow** that wraps them as one that is the mark of his power. It is not the power of Ishtar, much more fiery and passionate. Marduk's power spreads peace in man.*

"What is the meaning of the words *'golden glow that wraps them'*? Jason wondered.

"The golden glow around a face is visible after consuming a certain amount of white powder of gold, or after a long time of consumption", Jessica answered.

"May I ask you Jessica, were the Babylonians allowed to consume gold powder?" Martin asked.

"Of course they did. That was one of the reasons behind the revolution and also behind the wars against Babylon".

"Then the wars of Jehovah against Babylon were wars against the free world", Martin added. The fact that Jehovah used kings and human armies in the operations against Babylon, is witnessing that he was not God but a human too! Otherwise he could destroy anything he wished by just thinking of it! But he planned and outsourced wars using local kings against the city".

"You are right," Jessica said. Since he is a human, alien human with a long life, he had to use weapons and human armies against Babylon. That was the only way he could, and he exercised that quite often too".

"I know this text", Jason said. "It's from the Phoenician letters. We have this text in our world too. Someone wrote that it was just propaganda, written by some supporter of Marduk. I wonder which one is propaganda, this one, or the Bible claiming that Babylon was an evil city!"

"Who was Nannar/Sin", Martin wondered.

"Nannar/Sin was a son of Enlil" Jessica replied. "He was also the governor of Ur, and under several periods the governor of Sumer when his father was absent. He was also known as the moon god".

"Why moon god?" Martin asked.

"You have a lot of questions you people. But, it doesn't matter; we have some time over before lunch. Well, Nannar introduced a calendar base on the orbit of the moon. It was later replaced by a calendar based on the orbit of the Sun, introduced by Marduk".

"Who is Ishtar, Jessica?" Paul wondered.

"Ishtar is the Assyrian name of Inanna. She is also known as Aphrodite. She was the daughter of Nannar and Ningal, a daughter of Enki and half-sister of Marduk. Inanna was the goddess of war, very violent and very cruel. No one knows how or why she became the goddess of love. Probably because an artist, Alexandros of Antioch, made a half-naked, marble sculpture of her, some two thousand years ago, or perhaps because of her beauty and her many lovers, demigods and humans alike. By the way, Aphrodite and Marduk were bitter enemies".

"What a mess?" Martin said. "It seems to me that all of them, allies, friends and enemies, were from the same family".

"Indeed, they were Mr. Cane", Jessica added. All the protagonists, who also had the highest executive power, were members of the Royal family of Anu, the king of Nibiru. However, the gold diggers from the beginning were aliens too – but ordinary people. It was them that revolted against Enlil because he denied them to marry human women. They go by several names, like Watchers, Igigi and Titans, or Anakim in our world" Jason added. "They were both Titans and children of Titans and earthly women. By the way, Enlil/Jehovah used to refer to that kingdom as the kingdom of heaven".

"Is it true, Jessica?" Paul wondered.

"Yes, it is. Since we are on Earth, any kingdom on some other planet could be in the heaven. But he was referring to the kingdom of his father".

"As his son Christ did too" Jason remarked.

"I don't know anyone with that name" Jessica said. "Who is he?"

"Never mind that, it didn't happen in your world, only in ours" Jason said.

"Amazing", Suzan murmured. "I came to think of Gandalf in *The Lord of the Rings – The Two tower*, by J.R.R. Tolkien. Gandalf won over Saruman, who wished to exterminate the humans, while Marduk became the victim of Jehovah who also wished to exterminate the human race. Isn't it like two different sides of the same coin"?

"As a Tolkien fan I could tell you more", Martin added. "Sauron and Saruman failed to exterminate the human race while Jehovah and his son Nannar managed to put a great part of humanity under their control. At the battle against Saruman, gods and humans were fighting together, much as the Anakim (gods, demigods and humans) did fight against the chief of the army of God, Nannar/Sin!"

"You are comparing Sauron and Saruman with Jehovah and Nannar", Jason said. "I never thought of that, but I can see the similarities. Perhaps Tolkien tried to mediate something more than an exciting saga".

They lunched on the roof restaurant of a building near the Tower. The view was magnificent. They could see the whole town "from above". The hanging Gardens, buildings in the ziggurat form, were looking somehow different from above, although still wonderful. "They are still building gardens on the roof of modern buildings", Suzan noticed for herself.

"It's necessary for the whole city and for the people living here", Jessica said.

"Aren't those high buildings around here used as offices?" Martin wondered.

"That too. Many buildings are housing offices for ages. Now a lot of people are working at home, so many of the offices have been converted to flats. The gardens are essential for the city, producing oxygen and even vegetables, as the old gardens did, as well as electricity from solar energy. You have certainly As you have certainly noticed that there is not much forest still standing".

The good impressions of the day became overshadowed by the incident in the hard ware store and later by a photographer who took pictures of them and disappeared. Jessica tried to calm them down. "The man was probably after a scoop", she told them, but it was not easy to believe her. It rather looked like preparations for kidnapping them. Their weight was more valuable than an equal amount of white powder of gold.

CHAPTER 10

THE ALIEN THIEVES

The aliens guarding professor Sokrates and Cleopatra, allowed her to fetch some food and water from the kitchen. She pretended not to care about anything hoping she could win the trust of the men who followed her. They got five minutes to eat before one of them sealed their lips again with a bit of tape. Professor Sokrates complained about the fact that he needed to visit the toilet, but they said that he was doing that more often that seemed to be normal.

Although he couldn't speak, he listened carefully when they spoke to each other. He followed any movement and could make some unusual observations. He could see some of the instruments able to read parts of some screens. The rest he could only guess. By putting together observations and guesses, he could come to the only logical explanation.

Those people were thieves. What they were about to do was to steal something. They knew exactly what to do as if they had a lot of practice. Yet, they seemed to have some problems. Probably caused just by whatever they were about to steal, was perhaps too big, or too heavy. It was certainly most valuable too. It could also be some software problem. They consulted someone called "the chief", through a communication device, from time to time. Their plan was certainly top secret because they changed the communicator's frequency every time. One of them walked to the professor and pulled off the tape from his mouth fast and violently.

"Aou", the professor screamed demonstrating rather high level of pain. "I will remember that".

"Have you been installing some new software professor, some new versions perhaps?"

"Of course I have, this is my lab, my computers and my instruments. Asta was here the other day and made some updates, and some new installations".

"Would you tell us exactly what she did?"

"How do I know? I am not a programmer you know. But I recall that she said some new programs and a lot of updates".

"Did she make any changes at your lab in the city too?"

"Of course she did, she is my assistant, you know. Both labs have connection to each other and are always synchronized. Any change applies on both".

The man called the chief, again for instructions.

"Sir, we have to go through the whole system. The old fool speaks about changes performed by his assistant. He has no idea about the character of the changes. I know, but even if he lies, we still have some problem with the software. It will take some time sir - yes sir".

Cleopatra knew the professor was not telling the truth. He certainly tried to win some time by delaying them. It would take some hours to go through the software of the host computer.

But she could not understand why he involve Asta? She has never been here. Was it some kind of message to her? Should she try to call her? How could she?

It was an advantage the men treated her as the housekeeper of the professor. What they didn't know was, that under her five hundred years, she had been through a lot of different occupations. She had been the executive manager of one of the biggest insurance companies, and even aircraft engineer. She had also been a pilot at the KLA Space Company, that was responsible for all transports between Earth the Moon and Mars. Now she wished to live a quiet life as a housekeeper, but also because she was greatly interested in the professor's research about unknown energies, the transformation of matter into energy-waves and back again. Had she been younger, she would have certainly wished to be his student.

She asked for permission to visit the toilet. She had to wait for a while, until they granted her inquiry. She rose, moved nearer the table where all their personal things were and pretended falling into a swoon. While falling down she let her hand push most of the stuff on the table to the floor. She felt happy when she managed to put one of the phones on, even if she didn't know which one. She said loudly as if she was in ecstasy "the books, I have the books". Then she pretended to be far away, unconscious of what was happening around her. She hoped that somebody on the other end was listening. The four aliens in the room were taken by surprise for a few seconds. After checking she was breathing, they moved her to a chair, gave her some water, and continued with their business.

A red light blinked on the communication device. Sokrates knew it was incoming call. The leader answered.

"Gp1 unit here, yes sir, we came too late sir. The old fool started the procedure by himself, so they were gone when we arrived. I would say that they believe the whole thing was an accident, as the old professor said. The important thing is that the transferring was successful. Are they in Babylon? Are all four of them official guests of the government? I don't know what the other two know. I don't believe they understand much of what happened. I doubt they could be of some help to them sir. Did he promise to take care of them? That would be best for him. Otherwise we could exchange them with the people we have here, but that can't be done before the operation is over. Okay sir, bye, sir".

The professor looked Cleopatra in the eyes. She knew what he wanted to tell her.

Well-done Cleopatra, he thought. Now they have the chance to trace us. She was sure the preparations to free them had already started. She hoped they would survive the attack.

CHAPTER 11

OFFICIAL GUESTS

"Asta couldn't possibly have taken the picture of us out there", Martin said.

"Then it must be the farmer, or the aliens, or some of Mr. Mena's agents", Jason said.

"What farmer?" Martin wondered. Jason told him about the man with the horse and the barrow full of empty baskets.

"He was either a farmer or a spy", Suzan said.

Martin was kind of an expert in providing supplies. He ordered drinks, beers, peanuts and cheese in his little living room. Then he invited everybody to join him.

They sat down talking until late night. Since they had very few facts, the conversation had to be rather speculative. Most of all, they would like to return home. But the most immediate problem was their safety. Were they official guests, under some kind of luxurious custody, or both? Why was a linguist like Asta acting like a powerful official with contacts inside the government? They wouldn't be surprised if the IIS, the GIA, and perhaps some other organizations too, were spying on each other. They didn't know who was spying on them, or why? They didn't even know who was who. They had no idea which of them represented the bad guys. For it was obvious by now, that someone was playing that role.

They couldn't get out of their head the incident with the spy-journalist. They felt like chess pieces that some very important people wished to get their hands on. Suzan felt so unsafe that she didn't want to sleep alone in her room. She suggested that all of them would sleep in the same room. Although they found her proposition rather reasonable because all of them had a feeling about being in some kind of danger, they didn't approve.

Asta knew the IIS has some agents guarding them, so she sent some guards to hold an eye on them and on the agents too. But of course, they didn't know that. Would they feel safer if they knew?

"Jason, can't you sleep in my bed if I sleep on the sofa, please?" Suzan asked. Her voice revealed how unsafe she was feeling. It also revealed something about her relationship with Brad. He was the one controlling everything about their security but also about her. Somehow she missed his protective hand.

"I tell you what Suzan; you can go to bed while I am there for some minutes until you fall in sleep. Is that fair enough? Perhaps you prefer that all of us stay until you sleep".

"Okay, thanks, one of you is enough". She said good night and both walked to her flat.

"That was very nice of you Jason. Please sit down. Unfortunately, there is nothing to read except for the tourist brochures. But I won't be long. Then she went into the bathroom".

He was not in the mod of reading either. His mind was in high spin, thinking of everything that happened during the day. Beside the many problems, he was also thinking of Chloe. He missed her too much. He was hoping she was at the university campus with the children, Nicole and Hector, or with her parents, although that was not likely. He wished she had been with him when it happened. They would have been together now. But that was too egoistic too. Even if she had a hard time unknowing of what happened to him, she was safer being at home.

He barely noticed that Suzan was standing in front of him. He knew, she had a nice body, but now she was standing there in a short night-something that exposed the body of a goddess. He realized that he was steering so he had to say something.

"Okay Suzan, you can go to bed now. I locked the door and I stay until you are asleep. Then I go to my room through the balcony".

"Are you sure you don't want to sleep here?"

"I don't think I could".

"You don't think we can sleep in the same bed as friends?"

"I don't know, do you?"

"At least we could try".

"Is it important to find out? Go to bed now Suzan. I don't think you want to do something you would regret tomorrow".

"Good night then and thanks once again".

He sat there for fifteen minutes, perhaps more. He didn't know. The memory of her sparkling eyes and wonderful inviting body refused to leave him. It was interchanging with guards, spies, Esagil, Chloe, strange flying vehicles, alien astronauts and much more between Micropolis and Babylon. At last, he was certain she was sleeping. He walked quietly to the balcony and climbed over to his. He went to bed after a shower.

The next evening they were guests of the government, officially invited by the prime minister. The government house was enormous. Lu-gal (Great Man) Hiromoto welcomed them, together with other officials. Hiromoto, from the Japanese islands, was the president of the world. The president used to be elected by the council of the nations for four years, and no Lu-Gal could be reelected. Mrs. Hypatia Heron, an Egyptian from Alexandria, was the Prime minister and the one with the executive power over the whole world. The IIS was the second powerful authority. Cyril Mena, the chief executive of IIS, was there as well as the chief of the GIA, Alex Mantis.

All four of the high officials were involved in some serious conversation, while Jason and his friends took the opportunity to walk around the room admiring the portraits and the paintings hanging on the walls. The portrait of Ea (Enki) was occupying a central space. Jason read loudly; *Ea the creator of our world.*

"Isn't it fantastic to be able to read and understand what they say?" Suzan said.

Under the portrait of Marduk, they could read; *Marduk, The King of Earth. His goal was to free humanity from the alien tyranny and unite the world.* They could watch artful portraits of Nabu, the wise son of Marduk, Nimrod, the first king of Babylon, Cyrus the great, Alexander the great, Serpanit (the beloved earthly wife of Marduk), Ningishzidda (Hermes Trismegistos), Asta and Asar (Isis and Osiris), and many others. All of them honored with a painting in this most official room of the world. What the portraits wished to mediate was something like; we have achieved, or tried to achieve something for the benefit of the human race.

The banquet was a combination of official dinner and hearing. Asta warned them that there would be security people from both IIS and GIA who could concentrate upon inconvenient questions. They all wished to know everything about the world they came from, but nothing about the way they jumped into this world, as if they already knew. If the officials believed that, their guests did come from another world or just pretended to believe, was hard to say.

The existence of another world seemed to be no surprise to them. That religious influences dominated the original world was, on the other hand, a surprise. Some people asked Martin Cane to describe the roll of the two major religions. He did that quite objectively. He described a divided world caused by religiosity, religious wars and religious leaders acting as emperors, for hundreds of years. Unfortunately, those times were also the darkest times in human history. They couldn't believe that a third of the population of Earth worshiped the man who had a lot of crimes on his conscious. That millions of people had died in religious wars. That human development went backwards for almost two millennia.

In their world, the development took giant steps. The most important reason was the absent of wars. Although smaller conflicts could be classified as local wars, the Global Peace Forces (GPF) always succeeded in bringing the participants to negotiations.

Another reason behind their achievements was the powerful fuel based on gold powder. The heat from the Sun and the power of the wind were other major energy sources.

Every electricity consumer house was also a supplier of electricity. There were solar cells on every house roof in the big cities and a wind-powered generator in every country yard. Most of them produced more that they consumed. The excess was used by the industry situated at places with few solar hours per day, or non-windy places.

The most interesting project was the production of electricity, through solar cells, in a big station orbiting Earth. The plan was to transfer the electricity to Earth through some kind of virtual cable. The project was still under test, but the expectations were high.

Martin Cane put more energy to enjoy the evening, rather than talk about the different worlds. He asked Asta for a dance and refused to release her, or perhaps she didn't want to be released.

"Excellent party. The music is also fantastic", he said.

"Could it be the wine, Martin?"

"Rather the combination of good company, good music and good wine, I believe".

"Thank you, Martin. I feel very special and very feminine tonight. But you are right about the music. It's the famous Borelli-Bauer orchestra, - one of the greatest and most popular in the world".

Paul Garner was involved in some discussion about God. A great audience was surrounding him. They all wished to know more about his duties as a priest, but also about the man called Christ. They seemed to admire the architecture of the churches and the icons as described by Garner. Although they had no understanding why people were worshiping individuals, like saints who turned their back to the society in order to live a pure life in the desert, or in a cave, they could indeed admire the character of such individuals as 'painted' by Paul. It was as Paul Garner mediated the whole history of Christianity in pictures. They wished they had paintings describing their history too.

Paul Garner was very surprised when he discovered that they knew nothing about angels. Someone wondered if the meaning of the word was the same as messenger.

"It is", he said. "You see, we have angels and archangels".

"You mean messengers and chief messengers".

"Yes, if you like. In fact, I am priest in the church of the archangel Michael. A nice painting, with wings and everything, is occupying almost a whole wall in my church".

"Wings?" someone said. "You mean mechanical wings attached to his body?"

"No, I mean real wings. Angels can fly you know".

"You are talking about beings looking like us with organic wings, is that correct?"

"Yes, of course. You people have been deprived of the whole business about our God and his glorious angels".

The manipulation by the brain washed scribes of Jehovah was so hard that he never questioned the scriptures. He had never been objective about religious matters. He rather believed in organic wings than the more credible version of mechanical instruments attached to them. It was by then most of his audience walked away. It had been interesting as long as he was speaking about architecture, paintings and the like, but flying people with organic wings was too much. Paul knew that the angels were soldiers in the army of God. But he never wondered why God needed an army, or why angels had to kill humans. What he believed about the Old Testament was the result of manipulative instructions presented according to scientific principles of mind control. He was a captive in a cage rolling around like a carrousel, leading nowhere.

Jason was also involved in some discussion, explicitly caused by his name. A young woman started a conversation about the Argonautic expedition, and its leader Jason. Although he was kind of an expert in the field, he was hiding his knowledge hopping he could find some new angle in their narratives.

"What about the Golden Fleece", he wondered. "Do you know what it was? Is there any accurate description of it?"

"But of course", the young woman said. "There is a precise copy in the Athenian History Museum".

"There is a precise copy? You mean a skin made of gold?"

"The skin was not made of gold, Mr. Park. It was a skin, a parchment with golden inscriptions on how to transform gold into gold powder.

"As far as I know, the Golden Fleece has disappeared without trace, is that correct?" he wondered.

"Yes, it was delivered to Enlil/Zeus and probably destroyed. After all, that was the purpose of the whole quest. The heroes of the expedition didn't know that they actually did a dirty work, unknowing of the consequences. But we have a historical record too. You see, Medea, the daughter of the king of Colchis, who helped Jason to steal the fleece and also became his wife, made a copy of it. Nobody could know more about that than she. She also left behind a description about how she helped Jason's father to become young again, precisely as it is stated in the Hellenic Mythology. All three of them reached a considerable high age. The copy, in the form of a clay tablet, includes all the golden inscriptions "written" on the fleece. It has been found in Mycenae, for almost two thousand years ago".

"Is it true that the instructions had been written by, - what's his name?"

"Tehuti", the same young woman said. "It's the name the Egyptians applied to Ningishzidda after the confusion of the tongues. Other famous names of his are Thoth and Hermes. I am Sofia, a historian and journalist Mr. Park, it would be an honor for me to exchange some ideas with you and write something about your world".

"What about the Trojan War then? What was the main reason behind that war?" Jason wondered.

"It was definitely not the golden apple, which was made of white powder of gold, by the way", Sofia said. "Neither was it the beautiful Helen, nor Paris".

"Everybody knows that", Jason pretended.

"It was because that some of the Titans and their descendants found a refuge in Troy after the destruction of their cities in Canaan by Nannar, the chief of the army of Joshua and Enlil/Jehovah. The Titans (Igigi, Watchers, Anakim) wished to stay on Earth against the will of the Commander in chief. Marduk, however, approved their wish and, as the chief of the gods, permitted them to stay. Enki was the architect behind the walls that surrounded the city. The Enlilites persuaded both sides in order to create a conflict they knew would end up in a war. The war would, in turn, end up in the demolition of Troy that would result in the extermination of the Titans or bring them under their control".

"What happened to them after the war?" Jason wondered.

"Most of them left Troy before the war ended. They wandered north, until they found their way to Boreas (Scandinavia). It was no longer possible for the Enlilites to reach them. Some other, like Aeneas and the survivor Trojans were directed by Enlil/Zeus to Italy, where with the help of Ninurta/Ares/Mars, built up a Martial army that began to subject its neighbors".

"There is much more to say about the Romans, I assure you", Jason said. 'They built up one of the greatest empires of the world. But that is another story. What happened to the Palladium that was supposed to defend Troy?"

"The Palladium was actually a gift from Ea; despite that the name suggests that it was given to them by Pallas Athena. It was a defense device that, when activated, could send sound waves at any direction of the operator's choice. No human could stand those sound waves. Unfortunately, the device was stolen some years before the war by Heracles, a son of Zeus/Enlil".

Suzan followed the conversation with much interest. She knew that Jason could sit there talking with them the whole night. She had decided to have a nice time for a change, but not by listening to heroic narratives, mythical or not. Now it was time to interfere.

"I am sorry to disturb you ladies and gentlemen", Suzan said, "but Jason has promised me a dance. May I?"

"Was it an interesting conversation?" she wondered putting her arms around his neck.

"Extremely interesting, I was enjoying it".

"Then I apologize. I hope the damage is repairable", she said with some disappointment in her voice.

"I wish I could go to Athens and take some pictures of the Golden Fleece", he said.

"How do you like my new clothes - beige skirt and shoes matching my blond hair?"

"I have to buy a camera and hire a flying shoe box. Then I would take a lot of pictures of the Golden Fleece, the story about Medea turning Jason's father young again and god knows what".

"Isn't it too warm here? I think I take off my shirt".

"I will ask Asta for some help".

"You are not listening Jason, do you? Is it the Argonautic story or the young girl?" she said and tried to free herself.

"What?"

She was pushing herself away from him, but he pulled her back. "Sorry Suzan, I really am".

"Perhaps you prefer to go back. Or would you prefer to follow the young lady to some hotel?"

"Please Suzan, Let's dance. Let me explain. My excitement was not caused by the fact that my theory about the Gold Fleece showed up to be right, neither by the young girl. You should know better than that".

"What was it then?"

"It's the fact that these people know that it is a historical event with great consequences for the future of humanity. To them it is real history, while we don't even believe it happened. It is Mythology to us with no significance and no consequences; only heroic activities of some heroes in a thrilling adventure. The destruction of the Golden Fleece as well as the Trojan War, are big events in the same category as the slaughtering of the Anakim, the destruction of the Tower, Sodom and Gomorra, and the confusions of the tongues. I have always thought that all this happened, but now I know it did".

"So what Jason? You know, I, know, but the rest of the people in our world do not even want to know. They don't care Jason. If Jehovah is God or not, they will continue visiting the church, and the Moslems will continue visiting the minarets. No Christian cares if St Michael is a murderer. They like to believe that any crime begotten by God (Jehovah) was necessary and justified. The same applies to his angels (messengers), or crimes begotten in his name. Don't you understand? Neither you nor anybody else can change that. Perhaps you are ahead of your time; perhaps it's going to happen in a thousand years, as Nostradamus claimed; perhaps it's our fate to live under the mental bondage. After all, they created us to be slaves digging gold for them. Can't you be happy you just exist and not forced to dig gold? At least you are not a slave. Can't you be happy being a guest"?

"Listen, dearest Suzan, the people of this world must be happy haven't been exposed to some similar mind control as we have. They never had to dig their face in the ground at the sight of some messenger. If we could free ourselves from the mental bondage, we could also manage to live five hundred years. Why should we be satisfied with seventy-five years? Is it because Jehovah managed to deceive us that this is the only possibility? Would you be satisfied with a half-truth while knowing you could get the whole truth?"

"Perhaps, I don't know, it depends on what this truth is about?"

"It is about health and longevity, I presume. Isn't it worthy to investigate, to fight for like Nimrod did? Besides, we don't know if Asta or the prime minister is telling us the truth, nor if they are just treating us well in order to keep us silent, do we?"

"No, we don't" Suzan answered.

"We accept what they are telling us because we know not better. We cannot prove they are lying. But even if we could, would we still accept that and go on, or would we demand the truth?"

"I don't know, perhaps you are right. I am just tired of being hunted. I am tired of spies following every step I take. I am tired being guarded by people I don't know if they are good or bad. I suppose I want to go home, is that too much to wish?" Suzan wondered.

"Of course not, sweet heart. It seems that you have been doing a lot of thinking, like all of us, don't you? I too wish they could allow us to go back. It has been too much the last few days, hasn't it?"

"Yes, it's too much. Since we arrived here, they have been telling us how wonderful their world is, how and why it has been created, how free they are, but all we know is what they have been telling us. Perhaps they are manipulating us in a similar way you think Jehovah has been manipulating us. We don't even know if they are real or some kind of copies".

The poor girl was so unhappy, and he felt responsible for everything that happened the last few days. Suzan was a nice lady and deserved much better than that. Now he felt it was his responsibility to cheer her up. He pushed her body closer to his while looking deep into her eyes.

"You see my fair lady; both of us are seeking after the truth, here as well as in our world. We arrived here together and we should stay together, as good friends. I really enjoy dancing with you Suzan. You are dancing wonderfully; it's like being twenty years back in time".

"Thirteen".

"Thirteen what?"

"It's the difference between us in age. So you dance as you did thirteen years ago, not twenty".

"Let's try to have a nice time Suzan. After all, we are not the guests of the world government too often, are we?"

"I hope that this government is real - I mean if they are real people, if this world is really…real, and not the product of our imagination. How do we know we are not dead? Besides, that was precisely my intention this evening. I was only thinking about having a nice time. Drink some wine, dance, and no talking about parallel worlds, aliens, security people, or Argonauts. Let's dance away Jason".

"Where to"?

"Let's dance back to the past, to the future, anywhere. I need to feel I'm alive!"

He wanted to kiss her, just to show her they still were real and not dead, or virtualized, but he didn't wish to expose them both in the eyes of the people.

"You miss Brad don't you?"

"What?"

"It's okay, I miss Chloe too. I wonder if they are worried about us or if they are angry and try to forget us".

"I miss them, especially William. I think they are worried Jason. Or perhaps they think we have been running away together".

"Is that a compliment? I don't think so. Nobody would think that a beautiful clever woman like you, would run away with a much older man like me".

"Thirteen years is not much".

"Besides, the fact that two more people are missing, creates a problem not necessarily limited to the two of us".

"I don't want this trip to end here as a one way trip. I wish we had some guaranty; a return ticket. Do you remember an old song from the fifties, one way ticket to the blue?"

"Of course I do, but you were not even born then".

"I know, it was my father's favorite, so I have always listened to it when I was a little girl. Sometimes, when I was sad, I fantasized I was traveling to places of no return, a one-way trip. I always used a one-way ticket. But I cheated, of course. I always had a return ticket in my pocket".

"I am happy to notice that you haven't lost your sense humor. Go for it lady, have a nice time, you are the queen of the evening. If the price for the evening is a golden apple to the fairest, then it's yours. By the way, the apple was not made of gold but of gold powder".

"Jason?"

"Sorry, I promise to forget all about history. I will be here for you, lady. I will try not to be involved in any more conversations. You are my goddess tonight".

"Be careful about what you are promising mister, a goddess never forgets".

"I won't forget it. I am having a nice time already. It seems that Martin is having a nice time too. He has been dancing with Asta the whole evening".

Martin released Asta, at last, and wondered if Suzan could honor him with a dance. When Suzan accepted the invitation, Asta put her arms around Jason.

"I hope you find my company not entirely strenuous Mr. Park", she said.

"I hope the same for you my lady".

"You look like a nice couple, you and Suzan. She is quite attractive. What is your relationship, if I may ask?"

"She is my solicitor, as Martin is Paul's solicitor".

"No more than that?"

"She is my neighbor too. Both of us are happy for landing in that wilderness together and not alone. The events of the last few days have been strengthening our friendship."

"Strong friendship can sometimes start burning, Jason. Burning friendship is just another side of love, you know?"

"I forgot you are a psychologist too. Can you see through me, or what? Okay, I feel responsible for what happened. Without me, she would have been at home now with her family. I wish there was some way I could make it up to her. She is frightened and feels lost in dimensions and time. She feels unsafe, and in need of some friend who could comfort her".

"Are you that friend, Jason?"

"I am the only friend she has in this world, beside Martin and Paul. I wished she could count you as her friend too, but she needs some more time, I believe".

"I don't think you are responsible for what happened. Besides, she seems to be satisfied being here with you. Have you thought of that?"

"Suzan? No, I don't think so".

"Signs are speaking otherwise, Jason. What do you know about Martin Cane?"

"He is quite famous in our world, a great solicitor with great experience".

"I mean Martin the individual".

"I see. I met him just a few days before we arrived here. I would say that he is a nice fellow and, as you already know, he is single. Is that interesting?"

"Go on Jason".

"He has three children, all of them grown up and doing well. He is a cosmopolitan, as we say. Not much seems to be strange to him. Actually, he can find something to learn and something to enjoy everywhere. A cosmopolitan also knows where and how to find it".

"Like you. You seem to be a cosmopolitan too. Except that you are focusing your view too far away, not able to see what is nearby".

"If you say so, lady. Do you mind explaining?"

"Suzan is not far away".

"You believe that if we have a nice time here, we would forget all about what happened to us, don't you? Would we become a smaller problem then? Would your responsibility for us become less?"

"I am not responsible for you being here. Neither is the government, I can assure you of that".

"How come a linguist like you is acting like a powerful person with contacts inside the government?"

"There is an answer to almost every question, Jason. You will soon experience that. Your problem, being transferred to another world, as you say, shouldn't prevent you for having some fun. Why not take the opportunity and have some nice time? I use to trust on my observations. What about Paul then?"

"Is this some kind of hearing?"

"Not at all, I feel like we are closed to become friends, I think. This is a nice opportunity to get a little closer to all of you. You should take the opportunity too, don't you agree?"

"Not burning friends, I presume".

"Are you afraid of that?"

"Too many things are happening too fast. It's not strange if some things tend toward to get the wrong proportions. It's better to be able to control some happenings than being controlled by them".

"Anyway, it's quite natural if I wish to know something about you".

"Then it is a hearing after all?"

"You don't have to tell me anything if you don't feel comfortable".

"What do you want to know about Paul? I can tell you the little I know. On a personal basis, I like him. He is honest. If we put faith at side, I feel like we could become good friends. It's not his fault, you know, that he is so strongly manipulated. It's like he had some chip implanted in his head controlling his behavior when it comes to religious matters. Many people in our world behave the same way. They are under the influence of mind control, but can't do anything about it since they don't even know that. Those who suspect they are, they don't believe they could free themselves and find some bright future outside the group, perhaps because of fear for punishement".

"But you are not under such influence?"

"I like to believe that I have freed myself from that".

"Why? How did you know you were manipulated?"

"I knew that while I was reading everything about Mythology, and then History. I noticed some inconsequence behind the destruction and even the disappearance of some civilizations. The explanations supplied by the history books were not satisfactory. They were not in agreement with one another, either. So I began to make some research of my own.

I knew most about mythology when I was 12. You know, it's rather funny really; I believed that the creator of Christianity and the creator of Islam, two of the major religions in our world, were the work of two different competitive powers. It seemed to me that the main reason was to fight each other and at the same time to balance each other's power. When I found out that the creator of both was the same man, every puzzle could fit into the History map. The main reason was still the same, to maintain control over humanity, but designed not by competitors but by an enemy of mankind".

"I agree that he is a very clever man Jason, and extremely purposeful. It would be foolish to underestimate him".

Suzan and Martin came back. Suzan hoped that they would continue to dance, but Asta had other plans.

"Come with me", she said. "We have to show the highest authorities some attention - out of politeness". She walked towards the table where the prime minister sat. Martin said into Jason's ear, "Suzan is feeling very unsecured. Take care of her Jason, she is a wonderful lady, she needs you".

"How nice lady and gentlemen", the prime minister said. "Have a sit please. I noticed that everybody wants to talk with you. Are you having a nice time?"

"Yes, thank you my lady", Martin said. Suzan and Jason agreed.

"I see that Mr. Garner is still involved in some conversation. But if you, each one of you, could name something very characteristic about your world, what would that be? Could you start Mr. Cane?"

"Well, I would say that our biggest problems are the environment and criminality of different kinds. The main energy source we use, oil and coal, has been helping us to some advanced achievements, but at the same time, it has been creating problems. We have to find some solution to this problem, otherwise mother Earth will strike back at us.

Besides, some states own much of the oil resources, while others owned by private companies and individuals who have become very rich and at the same time children living around the oil sources are starving or die because of lacking of food and medicals.

Concerning criminality, some religious fanatics, terrorists and even pirates and thieves are exercising all forms of unhuman treatment against innocent people. They kill, murder and even feeding the pigs with living prisoners! Their brutality has no bounds. Unfortunately, they can do anything for God and money.

"What about you Mrs. Cohen?"

"It's a world dominated by diseases. We have learned how to control some of them, but the most serious of them are still out of our control. It's petty really, to see children die because of lack of medicine, or lack of medical care. Had we not been engaged in so many wars, and even many wars initiated by religions, we had probably been able to supply better medical care, and even protect people from starving. According to the UN, an assembly of all the nations in our world, one billion out of six, has not enough food for the day".

"How sad" the Prime Minister said. "Children are the future of any world; letting them starve and die is unforgivable.

And you Mr. Park?"

"Of course I agree with both Mr. Cane and Mrs. Cohen. Another great characteristic of our world is our short life. The average age varies from place to place, but let us say that generally it's about seventy-five years. It's a ridiculous short time. Besides, for most people, the last years of their life are without any significant life-quality. It looks like they spend their time waiting for St Michael to come for their souls. They are kind of living dead, actually, as the gold miners were a long time ago. Ironically, we don't believe in the old scriptures claiming that gold powder can give health and longevity, because we are under the influence of the doctrines of our enemy, a man we call God".

"Who is St Michael Mr. Park".

"He is the one who collects the souls of the dead, distributing them to the 'right' place for judgment. He is also the son of the alien Enlil/Jehovah by the name Nannar/Sin, but almost no one believes that. He is most venerated by the Christians. Another strange fact about St. Michael if that the Christian Church has declared him as saint. It is most illogical because he is the only alien between the saints and he is also a living person while all the saints have been canonized after their death".

"You mean that Enlil/Jehovah and his son Nannar have invaded your world?"

"Yes, madam, in a way they did. They are controlling almost the whole world through the religions they created. In a way, we are captives through advanced mind control".

"How awful, then we have the same enemies, I presume".

"Yes we have. Both worlds have been in war with Enlil/Jehovah. However, we have an additional kind of war to deal with – it is the mental war he started through manipulations and the exercising of mind control. One could say that all the believers in the religions started by him are living in a bubble. Ironically, people don't know that and do not wish to know either. I think the reason is fear for punishment. I recall something a great writer wrote, that people don't want to hear the truth, because they don't want their illusions destroyed. We have not much evidence about their deeds either. You see, almost all ancient books have been burned on fire during the introduction of the religions they established. Other important books, like Archimedes Palimpsest have been overwritten by monks with hymns to Jehovah."

"Is it true? It is most sad to hear about destroyed knowledge. What do you think Mr. Garner would say?"

"Is not easy to speak for somebody else", Martin said.

"Could you guess Mr. Park, or are you also aware of your personal integrity?"

"I pass if you don't mind, madam", Jason said.

"I could guess, although I am aware of my personal integrity too", Suzan said. "I would say that Mr. Garner would feel great if there was only one religion in our world. I believe he is that honest to stand for it".

"And that would be his religion, of course?"

"I suppose so".

"May I ask your opinion about; say three characteristics of your world madam Prime Minister?" Martin wondered.

"Why not, Mr. Cane? After all, we are exchanging some information here, as friends. Well, I would say that the greatest achievement of this world is unity. We have a central government ruling the whole globe. Then I would say that we managed to increase the length of our lives considerably. The average is somewhere around five hundred and fifty years. The last one, not least important, is that we have equality among our people. Neither color, nor sex is standing in our way anymore. This is, of course my personal opinion, other people would perhaps name some other characteristics like energy or the environment".

"Do you agree, Asta?" Martin wondered. Or are you not able to say against your prime minister".

"We have been of different opinions some times. But I couldn't name three other characteristics that are more important than the three mentioned by the prime minister".

"I am impressed", Jason said. "I admire all these qualities of which we have none, not yet anyway. What about starving people, especially children?"

"All people have access to free medical care; no starving people, especially children" Asta replied.

"What do you think is the reason of disunity in your world, Mr. Park?" the prime minister wondered.

"The first time human unity was achieved and broken down, was the building of the Etemenanki and the consequent destruction of it, which followed by the confusion of the tongues. But of course, that happened before our worlds separated, so you are aware of that too. The second time was the poisoning of Alexander the great who was about to unite the world too".

"We know that too Mr. Park. What happened thereafter?"

"No more attempts to unite the world have been made since then, except for the United Nations organization, but there has seldom been unity in important matters. But soon before your world jumped into another path, Christianity appeared as an attempt, first to unite and later to disunite people. The appearance of Islam was the last nail on the coffin of unity. The coffin of unity is no more since then. Consequently, the reasons of disunity are the confusion of the tongues and our different religions".

"I like the way you express yourself Mr. Park".

"Thank you lady prime minister. Ironically, all three events have taken place in the same area, unity and the confusion of the tongues here in your beautiful city of Babylon, and the other two, Christianity and Islam, not far away from here. Unfortunately, only a few people in our world are aware of the fact that one and the same person is responsible for all those evil actions".

"You mean Enlil, as I understand it, Mr. Park".

"Yes, he is also known as Jehovah but most people believe he is God".

"What do you say about that, Mr. Cane? Have you the same opinion as Mr. Park?"

"I must admit that I never thought about it that way. But I see that Jason has a point here, provided that his assumptions that Enlil is the same person as Jehovah and that Alexander the great actually have been poisoned by some agents of Enlil, are true".

"You speak like a lawyer Mr. Cane. I don't blame you for that. You are, however right. We certainly know that Jehovah is just another name of Enlil, the high Commander of the Gold expedition on Earth. In the case of Alexander, there is a document supporting the accusation against some gods.

That document is most reliable I would say. It is based on the result of a test of the poison taken from the body of Alexander in Egypt. Ningishzidda, the highest authority in pharmacology, performed the test. It showed that the poison was of extra-terrestrial origins and nobody, except Ninmah, the half-sister of both Enlil and Enki, had a cure. The document can be seen in the Alexander Museum in his city of Pella, in northern Hellas".

"The fact that the poison was of extra-terrestrial origins is not pointing at any particular person", Suzan said. "It could have been supplied by any one".

"I remind myself that you are a lawyer too Mrs. Cohen. You mean that it could have been stolen from the gods by some human?"

"It is possible".

"No Suzan, no human had ever access to anything belonging to the gods, unless provided by them", the prime minister said.

"On the other hand, Martin said, "Suzan is still right about the fact that we still don't know which of them did supply the poison".

"May I answer to that my lady?" Jason wondered.

"Go on Mr. Park".

"I wish to make clear that I never accused any particular person. What I wrote is that all suspicions are pointing at the Enlilite brotherhood. Additionally, we have only four persons with access to that particular poison, or another poison with the same result. It was Ninmah, Enlil, Enki and Ningishzidda, Marduk's brother. If we exclude the two latter, they were too great friends of humanity, then we have only two left, Enlil and Ninmah. Ninurta is her son and Enlil is his father. Some of them could 'borrow' the poison, or perhaps she gave it to them unknowing about what they intended to do".

"Remember that this is not a trial", Asta said. "You may excuse Suzan and me madam and you too gentlemen; we are going to find some dance partner. Come on Suzan".

After another drink, Suzan was even happier but also more disappointed.

"I could tell you something important, Asta. You want to hear? But, of course, it's a secret". She pointed with her finger and said: "A secret between you and me". Then she whispered into Asta's ear, "I think I am in love".

"How nice!" Asta said.

"Unfortunately I am the only one who knows".

"Beside me, of course. Your secret is safe Suzan. Now let's dance!"

Jason accused himself for being an idiot again. He promised Suzan not to be involved in any more discussions, and here he was involved in some that could go on for a long time. Despite that, 'it was too late now' he thought.

"May I ask something completely different madam prime minister?" Jason wondered.

"Of course you may Mr. Park".

"I am surprised that nobody wants to speak about the people, your people or not, who tried to kill Suzan and me. Don't you believe us?"

"Of course we believe you and Mrs. Cohen Mr. Park. This is the reason we ordered a complete investigation of the matter. But since no people of ours were involved, we know nothing about it except what you told us. I assure you Mr. Park that we see very seriously about that incident. A complete investigation is going on. When we have some facts we will inform you too".

"We could contribute with some evidence that could be of help in identifying those people. Mrs. Cohen took some pictures of them with her mobile telephone. It was about some big installations and two beings with astronaut suits. Although I don't know if it is possible to make some copies because of compatibility reasons, it's possible to see the pictures in the camera display. Asta did see them".

Martin thought it was clever of Jason to mention the pictures. At least, now they would know if Asta had showed them to somebody or if she was keeping them for herself.

"I know, she told me about that. She made a drawing too, to show me and some other people what she saw. I suppose she didn't tell you that the pictures were successfully copied, at least that is what the technician told her, but are now missing. The technician found out later that all the copies were blank. We have put together a team that is still working on that".

"I am not surprised, if I may say so. It seems that some powerful people have a finger everywhere. Since Asta saw the pictures, and you have seen Asta's drawings, then you believe that it was something down there, something much more important than our credibility. Besides, the pictures are still in Suzan's camera".

"Don't worry about your credibility Mr. Park. And don't worry about people out of the control of the government. If there is such a problem I assure you it's very temporary. I also assure you that I believe in you, as Asta does too. But as you said, it could be something that needs more extensive examination. We cannot act without evidence, but we have already heaved a warning flag. A warning flag always alerts a lot of people around the globe. The results are not very far away".

"May I ask if there is any conspiracy, or any hostile movement going on?"

"Not to our knowledge Mr. Park".

"Jason, perhaps it's time for us to express our gratitude and leave, don't you think?" Martin wondered.

"I have just one more question. If we kindly request to send us back to our world, would you do that?"

"Of course we would Mr. Park. I give you my word that this will be arranged as soon as we have that possibility".

"Do you mean that the procedure is unknown, or are you not able to make use of it?" Martin wondered.

"We have informed the scientific authorities Mr. Cane. It's a tacit understanding between them and us that we are going to help you to return to your world. In the meantime, you gentlemen try to enjoy yourself. The lady is already doing so. After all, this is a one in a lifetime opportunity. I am sorry if I forced you to spend too much of your time with me. I am also grateful about your kindness to inform us about your world".

"I am not sorry for spending some time with the prime minister of the world", Jason said. "Our conversation has been highly valuated. Thank you, madam".

"I could sit here talking with you the whole night", Martin said. "I am too much grateful to you madam".

"By the way madam", Jason said, "it seems that all the guests here tonight are aware of whom we are. Then I assume that our appearance here is no longer a secret".

"That is correct Mr. Park".

Jason and Martin walked to the bar for some new drinks and then tried to free Paul from his audience. That was, however not easy. Paul was enjoying himself being one of the most interesting people of the evening. He could never stop speaking about beautiful churches, great artistic icons, church music and everything else between Paradise and Hell".

Jason and Martin found a table and sat down to enjoy their drinks. They had some additional information, new ideas, and new impressions to organize in their otherwise overloaded mind space.

"Strange, isn't it Martin? I watched a newspaper today and there is nothing about us. I was expecting some headlines on the first page; it must be a great scoop, isn't it?"

"I agree, Jason. Perhaps there is a little notice somewhere. Perhaps it's not a scoop at all. In that case, something is not quite right. The government does not wish the public to know".

A polite middle age woman asked Martin for a dance. He could not disappoint her. Actually he saw an opportunity to extract some information out of her".

"Is our world according to your expectations Mr..."

"Cane, Martin Cane. Yes madam, it is, although more difficult to understand".

"Is it the technology or the people Mr. Cane?"

"Perhaps both, madam. Is it usual that you dance with people from other worlds?" He hoped he didn't jump into the subject too quickly.

"No, not at all. This is the first time ever, that's why I am so excited. But some people come to us from time to time and wish to stay here".

"So it's not unusual. Have you got any information about the world we come from?"

"No, but I assume, like everybody else, that you are from the Himalayan world, what else?"

"The Himalayan world? What kind of world is that?"

"You kidding me Mr. Cane, you know very well what's your world is like".

"Would you describe it anyway, I am curious to see what you and your people know about us, if you have the right picture I mean and the kindness to tell me".

"Very well, although I think you are just testing me. Well, the Himalayan world is a mountainous area inhabited by mountainous people, as we say who refuse to accept any other culture and any other way of life than their own. That is why I find you and your friends very ordinary, not at all different from us. You are more elegant and more cultivated than I thought. They have their own language although very similar to our language and wish that we leave them alone. According to an old agreement, they have autonomy, but they are not allowed to have any army or any contacts outside this world".

"Are we considered as rebels or something?"

"In a way you ... they are, but peaceful rebels. They never interfere in our affairs. They are very peaceful people. They say their first leader was a god who abandoned gold powder and everything else associated with the gods and with this world. His name was Bu-Ham, meaning father of prophecy, is it right?

Martin noted. "Go on madam".

"Well, what is more to say? They wish to live in accordance with the nature. They are highly respected here. They never ask for help, so the government uses to send some representatives to observe about people's health and their ability to support themselves and their children. Sometimes, we have to persuade them to approve accepting some contribution from this world. Was it a fair description of your world Mr. Cane?"

"Yes it was madam, I couldn't describe it better myself. I am not so good in history, but perhaps you know why did your world left them alone while they could force them to be a part of this world?"

"It's out of respect Mr. Cane. You are, all of you, kind of sages, philosophers and the like. You are not a threat to this world, or any other world, so to speak?"

"Why do you speak about another world while it's actually another country located here in this world?"

"It is another world Mr. Cane; it's not just another land. Besides, according to history records, your leader, Bu-Ham, wished to create a different world, as he said. Nobody knows what he precisely had in mind, of course. Is it true Mr. Cane that you can move above the ground, and even move things without touching them?"

A difficult question, he thought, but he managed to come over it.

"Some of us can do that after years of practicing".

"Tell me Mr. Cane, could you demonstrate some of your abilities?"

"Like moving above the ground?"

"Do you see the woman in the white dress sitting at the bar? Could you make her drop the glass of wine she is holding? On her dress, if that is possible?"

"No madam, I would never spill a glass of good wine intentionally".

"Then perhaps you could jerk away her stool. It would be a pleasure watching her falling down. You see I have never liked her!"

Do not underestimate other people's setback. Enjoy it!

"But think if she hurts herself madam? I couldn't do that".

"You are a good man Mr. Cane. By the way, are you intending to stay here - you and your friends?"

"Nothing is decided yet. Some of us wish to leave, some wish to stay. You must be lucky living in a wonderful world like this. It was a pleasure to dance with you madam, and thank you for respecting our way of life".

"Thank you Mr. Cane, and thank you again for the dance. I hope you decide to stay here".

Jason was alone with his thoughts. He observed that Suzan was having fun dancing dances she never thought she could. She was a natural talent. The music was, as one would expect universal, or perhaps multi-dimensional, enjoyable by any one. He discovered that he was observing Suzan in some other way than before. She has a nice body and very sexy. He forced himself to think about Chloe. He wondered what she was doing right now. He wished he could, at least make a call to her. Their relation had always been strong because they cared and had always been there when they needed each other.

Suzan and Asta interrupted his thoughts. Suzan came behind him, put her arms around him and said:

"I enjoyed the dance, but now I need a shower. No, what I need is another drink. Jason, could you get a drink for me? Please sweet heart. You seem to need one yourself too, by the way. Say you are a good boy and the bartender will probably give you one too".

Suzan was forcing herself to have fun. The drinks had already worked their magic. The influence of lacking love took care of the rest.

"Have you ladies been dancing or drinking?"

"Both, of course", Suzan said. "This is a very nice place, plenty of drinks and plenty of gentlemen willing to dance with a lonely woman from another world".

"Perhaps you should take her to the hotel Jason", Asta suggested. She seems to be exhausted".

'Don't talk like I was not here you two. Besides, I refuse to go without my drink. Jason, are you a gentleman or not? Am I not worthy a tiny little drink?"

"May I escort you and your drink to the hotel Suzan?" Jason wondered.

Martin was back. "I forgot how old I am", he said. Those dances are for the young people".

"Come and sit Martin. We have a lot to talk about", Asta said.

Jason couldn't figure out if the two wished to be alone or if Asta wished to push him into Suzan's arms.

Martin whispered in Jason's ear about the conversation he had with the nice lady. He finished by saying "be careful Jason, everything is not what it seems to be. Perhaps the whole world is an illusion".

Jason decided to escort Suzan and put her to bed as he did the night before.

"See you later, Martin. Try to have a nice time anyway. I am back in a few minutes", he told him, but Suzan heard that.

"No you are not", she said. "If you go back here I follow you. I have no intention to stay alone at the hotel".

They left. Both welcomed the fresh night air outside. He held Suzan's arm trying to guide her steps.

"Put your arm on my shoulder Jason, unless it's too much. For the first time since we got here, I feel very alive. Isn't it romantic striving around? Like strangers in the night in the streets of a non-existed city? Perhaps we do not exist either, you know. Do you think Babylon really exists, or is it a virtual city? Please walk with me Jason. Let's take a walk. I need some more refreshing air before I go to bed. Will you Jason?"

"Anything you say Suzan. We can walk around the block".

"I like that Jason, especially the way you said it. *Anything you like Suzan*. Please say that again, please".

"Anything you like Suzan, my lady. You are a fascinating woman and very beautiful".

Suzan came to think of young couples walking around in Babylon with 'golden glows' around their faces. Now she was walking here feeling romantic as never before. The picture of her and Jason walking in the streets of Babylon in the middle of the night was never to be removed from her memory. There was no golden glow around their faces, but romance was certainly equally important four thousand years ago as it was now.

"Jason, this is serious. Are you listening?"

"Yes I am".

"All right then. I have been doing some thinking you know. Hold me tighter please; I want to feel if we are real".

"I assure you that we are Suzan. You know, alcohol does exclusively affect real people, not virtual".

"Well, suppose we are not real anyway, like everything else in this world. Suppose Suzan and Jason are not missing at all in our world. Perhaps they are having some dinner right now discussing strategies about the trial".

"It's a little bit late for dinner don't you thing?"

"Don't mislead me into the paths of your logic. My logic is functioning excellent right now. If they exist in our world, then what are we?"

"I tell you what, virtual lady. Let me do some thinking before we continue this conversation. Let's walk in silence for some minutes. Is it okay with you?"

"As long as I feel your arm around me it's okay. Just now I don't care if you are real or not".

Jason observed, for a while now, that somebody was following them. Now he was certain about that. He walked faster until he saw the entrance of the hotel. Then he put both his arms around Suzan pretending to kiss her while he turned his face at the direction they came from. The man who was following them stopped for some seconds, as he was uncertain what to do, and then he turned back and walked away.

"Well, are you going to kiss me or not?"

"I suggest we go in now Suzan, shall we?"

"Alright, if you promise to order some drinks".

Well in Suzan's room, he sat down in deep thoughts. Why was the man following them? He was sure about that. Was it some movement going on, that not even the government was aware of? Could it be some agent ordered to see after them?"

"I take a shower while you order the drinks", Suzan said and began to take of her clothes.

He was panicked. As much as he wanted to leave, he couldn't take his eyes from her beautiful body. He picked up the phone and ordered two drinks. His mind was like a bad organized hard disk, in complete chaos actually. Files about the Golden Fleece, Chloe, Brad, a world almost free from diseases, golden glows, aliens and much more were intermixed with the wonderful body of Suzan and her feminine attractive power.

He wanted to leave. Was he a coward? He couldn't leave Suzan alone with the door unlocked. That was not a problem. He would do the same as the other night. He locked the door and got back to his room by jumping over to his balcony. What he needed was a cold shower.

Coward! You want her as much as she wants you!

He jumped into the shower wishing that the water would clean both his body and his mind. But he couldn't stop thinking of her. Then he put on his robe and walked into the small living room. He would need that drink now, not hoping it would help him to organize his thoughts, but to forget all about them.

"Was it something wrong with my room?" he heard her voice from behind.

She was standing there clothed in a similar robe like his, with the logo of the hotel on the left front, 'BGH', (Babylon Gateway Hotels). She was holding a drink in each hand. He had a feeling that the robe was the only piece of cloth she wore. He could almost feel the smell of her naked body.

"Suzan, I thought you were sleeping by now".

"As I said before, I wanted just another drink, but I don't like drinking alone. Why did you run away?" she said cradling her glass up.

"Is it a good idea Suzan? I don't want our friendship to come to an end. I began to think about Chloe, and Brad, and you and me, - and suddenly I was grasped by panic. I gave myself two choices, to jump into the shower with you, or to run away".

"Why didn't you then?"

"I was not quite sure if that was what you have been expecting from me".

"So you care about me anyway. You and me are here now, Jason. We are both half naked, feeling good, and the most important - we want each other. Nobody else exists here and now, just you and me, real or not!"

"You are a very attractive woman and you know that. But I want to be able to face you tomorrow, don't you?"

She put the drinks down and walked to him saying:

"What I want is this". She kissed him for a while waiting for his reaction.

The taste of their lips made them even more exalted. The combination of excitement, wine and desire could not be hold back. The only thing they both wanted just now was each other. He lifted her in his arms and walked into the bedroom.

CHAPTER 12

DOWN THE HISTORY RIVER

Suzan and Jason woke up in each other's arms. None of them wished to get up. On the contrary, they both wished that this extraordinary magic morning would last forever.

"Good morning Jason, my hero. Has your expedition been successful?"

"It has been a wonderful adventure. I think some goddess was involved".

"And?"

"I also found the missing golden fleece".

"Jason?"

"Okay, the goddess was amazing as the whole evening. What about you? Have you been on some expedition too?"

"Oh yes, I feel excellent, as if I have discovered a new Suzan. It was like a sad day's wonderful night. Yesterday I felt completely lost in dimensions".

"I like the new Suzan. Shall we get up, or are you willing to discover some more?"

"I like discovering things, she said rolling over him".

Asta and Martin also woke up in each other's arms. Their adventure was more of the long-range type. They were exploiting each other in order to find out if they could bring the rest of their lives together.

That was, on the other hand, not quite true, rather an understatement. Martin could bring the rest of his life with her, was more appropriate. Asta would live much longer than Martin. It seemed to be unfair, but both were very mature and quite realistic.

Martin was fifty-five years old while Asta was 310 years old. Martin had been married once, his marriage lasted for 22 years, while Asta had been married three times, and her marriages lasted together 105 years. She had four children; all of them were older than Martin. Yet, she looked not older than fifty, her nice body looked as if she was around forty-five.

They all met at the hotel restaurant for breakfast. Asta took Suzan by the arm and walked to the breakfast table. "You spend the night with Jason, I can see that on your face", she said.

"Yes, I did, Babylon Suzan wish to have some fun. Who am I kidding; I think I am in love".

"Go for it, girl, you are nice people, both of you".

"I can also see that you spent the night with Martin", Suzan said".

"Yes, it was a wonderful experience. I feel like we are just perfect for each other".

Jason and Martin tried to talk about everything, except the night's adventure. They made every possible effort to protect the ladies' reputation, as young boys use to do.

"I hope she was not very tiresome last night", Martin said, pointing at the direction of Suzan. "Was it troublesome to put her to bed?'

"Not at all. What do you mean by troublesome?"

"You know, some people can't control themselves after a couple of drinks. They talk and talk about just everything. I don't think she belongs to that category".

"Me either. She is a wonderful girl. What about you, Martin, did you have a nice time talking to her?"

"Not much talking there, either. My god, she is a wonderful lady".

"Good for you, Martin".

"What are you two talking about?" Asta wondered. Have you some secret words to exchange? How was your night Jason?"

"Wet – had too many drinks. And yours?"

"The same I suppose".

"Why can't you people be satisfied with a glass of wine?" Paul said as he arrived.

"Good morning to you too Paul", all of them said.

Paul didn't wake up early as he used too. He was one of the last to leave the banquet. He only drank a glass of wine and had no problem to find his way to the hotel.

"It was a memorable evening. Those people wished to know everything about our churches, not to mention the icons. But they don't believe in angels. I felt like a teacher. I thought they were going to stay there the whole night. Now listen to me. On my way home, I discovered that someone was following me. I am sure we are under observation. What do you think Asta?"

"It sounds serious. Are you sure Paul?"

"Paul would never lie", Jason said. He avoided telling them that someone followed him and Suzan too. That would alarm them even more.

"Of course I am sure", he said. "If we go out today, we go together. I am not going anywhere alone".

"That goes for me too", Suzan said.

"What do you think Asta?" Martin wondered.

"It's best to be careful. I have a suggestion. Are you interested to see some of the country outside the city? We could sail on the Euphrates River, the first river on Earth referred to by name".

"That sounds marvelous", Suzan said. I love sailing".

"It's a tourist boat actually, but we are the only passengers. We can have some lunch on the boat too".

"I go everywhere as long as I am with you", Paul said. "What about you Jason?"

"I wouldn't miss a journey deep into history".

Everybody was looking at Martin. He just sat there silent. Jason suspected what Martin was thinking of.

"Perhaps we can talk about it when we come back, Martin", Jason said.

"Talk about what?" Suzan wondered.

"Why not now, Jason? She has to know that we know, don't you think?"

"Know what?" Asta wondered.

"Are you talking about me?" Suzan wondered.

"I am talking about all of us", Martin said with some disappointment in his voice. "They don't believe a word of what we have told them. They believe we are from some sectarian, mountainous, isolated, fucking country in this world. They pretend to be willing to send us back, but we don't need their help to go to the Himalayas. We could certainly find the way without any help. We could walk, as Apollonius did when he walked all the way from Europe, searching for the Indian sages, or the men who knew about all things, as he said. He found out that the sages were gods, like the grounder of the Himalayan world. I tell you Asta; none of us is interested in entering that country. How many times do we have to tell you that we are not from this world?"

"Please watch your language Martin", Paul advised him politely.

Suzan and Paul were astonished. Was Martin on his way to lose his mind? He surprised even Jason by the strong language he used. Asta was silent for a moment and then she burst out laughing. She continued to laugh while they were watching her with unexplainable surprise. At last, Jason decided to interrupt.

"Was it that funny, Asta? Perhaps you could tell us which part do you find fun?"

"Oh yes, it's quite funny. I have been wondering how you looked when you are disappointed, or angry, Martin. Now I know. Please, don't misunderstand me. Dear Martin, and you too, all of you dear friends, I didn't know that you know. You have, of course, been talking with some of your dancing ladies at the banquet".

"It was not just one", Martin remarked. Everybody seems to know we are Himalayans".

"We are what?" Suzan asked.

"Are they Christians?" Paul wondered.

"Please, let me explain", Asta said. "Martin can certainly tell you what he knows about that country later. I would say that the people there, about some twenty thousands, are very peaceful and very wise.

They live in some kind of collective habitations without any technology. They wish to be left alone living the way they like. They don't even have any government, police or army. Every now and then, some of them use to cross the border and ask for permission to live here. We always approve their request. Our people use to call them, 'the people from the other world'. It was a clever thought by a secretary to announce that some people from another world would be the guests at the banquet. Not even the newspapers showed any interest, as this happens, as I said, from time to time. That way, your safety was guaranteed".

"You didn't really want people to know about us", Martin continued.

"Not yet. The government will go public when the time comes"

"You are talking like a politician, Asta. You have the ability to turn any accusation to your advantage", Martin said. "Perhaps you are a secret member of the government!"

"Let's forget all about it, Martin", Suzan said. Himalayans or not, we have been in danger since we came".

"That's because some people seem to know how and why you came here", Asta replied.

"Perhaps it's better for us if people think we are from the Himalayan territory", Paul said. "As you said, they are peaceful people, not threatening anyone".

"Paul is right", Suzan said. "What about the trip on the river? I am still interested".

Neither Martin, nor Jason were enough convinced by Asta's argument, but they accepted that she had a point concerning their safety.

After Asta made some calls, they met the guide at the small boat harbor just outside the city. It showed up to be the same guide as last, Jessica Lava. After they exchanged some polite expressions with her, the captain welcomed them onboard. He explained that beside him, there were a navigator and three people working in the kitchen. One of them asked them about their preference in order to prepare the lunch. Then the boat began to move. It was a medium size tourist boat with a dining room big enough for fifty passengers and a smaller saloon. They sat in the saloon.

"This is history, the history of gods and men", Jason said. "We are sailing on a River just as Alalu swam in a fish suit, and later Ea and his crew".

"Sailing south we would pass the old ancient cities of Uruk and Larsa in an hour or so", Jessica said. "The city of Ur and Eridu are too far away from the River. We shall sail north for a while, and then turn south into the great branch of the River, even called the Sippar River. Across this route, we can see the ruins of the ancient cities of Kish, Sippar, Nippur, and Lagash; even if we have to make use of the binocular, you have been supplied with.

We shall not sail that far, but turn back after Nippur. It's not possible to see more in one day. I will pass some short information about the land and some of those ancient cities and, please, do not hesitate to ask. Note that only the small city of Eridu exists today. If you wish to take a swim, we stop somewhere, or we slow down so you could catch up!"

"Is she joking?" Paul wondered. "I would never swim after a boat".

"Why not?" Asta wondered.

"Because I can't swim, now you know".

The river was wide and the water seemed to be clear enough. The riverbed on both sides was varying between green fields and sand beaches. Here and there, they could see people working in the fields, bathing or sitting in the shadow in some coffee-restaurant. A lot of fast small boats were testing their maximum speed, or competing with each other.

"This land was the land of the gods for a long time", Jessica continued. "It was nearby this river runs into the gulf, they landed first. First the deposed king Alalu, and later the great Ea who later has been called Enki. Both splashed down in the waters. Ea and his companions built a simple encampment that he named E-ri-du (home far away).

It is worthy to mention the sweet little story behind our Sid-Gal, (great day), the day of rest all over the Earth. The days and nights on their planet are much longer than on Earth. So the very first day here, Enki and his companions became uncomforted when they saw the sun setting down. They wondered what was wrong. Alalu informed them that this was normal on Earth. It was the end of a day and the beginning of a night. They found the day and night extremely short. Therefore, they worked hard for several days to accomplish their temporary encampment. After six days, it was finished and all of them deserved some rest. Enki said then that the seventh day would always be a day of rest".

"Wasn't God who said that"? Paul wondered.

"It was according to the Bible", Jason said, "but not according to the original story".

"What is the Bible", Jessica wondered.

"Never mind that, just go on", Martin advised her.

"The land was called Ki-En-Gi by the gods, (Land of the Masters of Earth) while the humans used several names, like Sumer or Mesopotamia, which is still in use. The name means the land between the rivers, in one of the ancient languages. The valley between the rivers and even around them is also known as the Fertile Crescent, equally fertile as the Nile valley in Egypt.

Across the River of Sippar, we have the remains of many cities like, Kish, the city where the gods established the first kingdom on Earth after the Flood. The city of Nippur, Enlil's own city, Lagash, the city of Ninurta, Uruk, the home city of Gilgamesh, Larsa, and Ur, the city of Nannar/Sin who, under long time was the governor of the land. Mesopotamia was the land of the Enlilite gods except for the city of Eridu that was the city of Enki and under his control.

Note that the whole land was greatly affected by the nuclear weapons that destroyed the cities of Sodom, Gomorra, Admah, Zeboiim and Bela. Most of the inhabitants of those cities were the people of the Shem, the people of the rocket ships, also known as the Titans, Watchers or Igigi, and their earthly families. They knew how to transform gold into gold powder, something the high Commander Enlil had classified as top secret. Now we take a break for lunch, I think".

"What about their homosexuality?" Paul wondered.

"Never heard of that", Jessica told him.

"I always thought of that as an after construction by the church in order to justify a several thousand years old crime", Martin told him.

"Actually, the term was completely unknown before the 13th century CE", Jason added.

"Are those cities just ruins or is it possible to visit them, I mean if we use some aerial vehicle? Martin wondered.

"Yes they are only the ruins after the sulfur explosions fired by Ninurta and Nergal, Jessica said. "There is nothing to see, really, barely heaps of stones".

"Who is Nergal?" Paul wondered.

"Nergal is another name of Hades," Jessica told him. "He was a son of Enki married to Ereskigal, a daughter of Nannar. He and Ninurta-Ares dropped the nuclear-like bombs on the cities of the plane that destroyed people, animals, all the fields around them and struck on the cities of Sumer too."

They all chose 'mixed fishes' from the sweet River water. It was, as the name suggested, a mix of different fishes, prepared in different ways, and served with dip sauce and vegetables. To Martin's amusement, they served beer to drink.

Paul Garner was still feeling disturbed by the fact that somebody followed him the night before. He was afraid that if anybody wanted to hurt them, that could be easy here in the middle of the River. But he was happy that the pain in his chest had somehow calmed down, or was the excitement helpful?

Jason noticed that Asta was not quite relaxed. She was observing the captain and the kitchen personnel as if they were communicating in some kind of secret code. Martin seemed to be worried too, perhaps because he also noticed that Asta was worried. He assumed that she was worried about something concerning him. Perhaps he reacted too strong about the Himalayan account. The only one who was relaxed was Suzan. She jumped into the river and swam for some minutes before lunch. "You should try it", she told them, "it's wonderful. The water is just perfect for a bath".

The boat turned back by the end of the lunch. They sat down at some small tables on the deck. Jessica sat alone despite the fact that all of them invited her to their tables. She excused herself that she needed to organize the next excursion. They had just finished their coffee when another boat suddenly appeared by their side. Then it slowed down and continued, in the same speed as their boat. Four men came up from the little cabin. They seemed to be fishermen, clothed in blue overalls. Perhaps they had some kind of problem, or used to sell fish this way.

Asta noticed that the name of the boat was Minos. The four fishermen were just standing there for a while. Then suddenly they took up their weapons and pointed them against the people on the other boat.

"Hello Nike", one of them said.

"Who is Nike?" Suzan wondered".

"It's the name of our boat", Asta said. "What can we do for you gentlemen?"

"Just jump over here, one at a time".

"Why?"

"Because I say so!" the one who seemed to lead the operation said. "We are armed and determined to use them. You do that unless you wish to be fish food".

"I don't know who you are, or whom you are working for, but I want you to know that what you are doing right now is against the law", Asta said.

"Against the law", he said laughing. "Either you come over here or you have to go through the anesthetics first. It's your choice lady. I promise we won't hurt you. We are only going to put these on you". He held up a handcuff to demonstrate.

"I don't think so mister", the captain of the Nike said pointing his weapon from the deck above together with the three kitchen men. "Four against four, shall we test how fast you are? Now you drop your weapons on the deck".

They lowered their weapons, and were about to put them down. But just before that, they heard another voice from behind.

"No need for that", Jessica said. She stood behind Asta and the other four. Asta turned over and saw that she was pointing a pfw at her. "I suggest that you four up there drop your weapons, - put them on the deck slowly. Now, let's see who is first. What about you Mr. Garner? I suggest you jump over there now; otherwise, I am going to neutralize your friend Mr. Cane. I assure you that it's quite an awful experience".

The beautiful guide was smart, Jason thought. *She pretended to be neutral until she could settle the outcome. Now she had the situation under control. It must be something we could do. She was clever, probably well educated, and she could certainly use the weapon. Perhaps she was an agent as well. What about her appearance? Beautiful people are often vulnerable when it comes to their appearance. He felt he had to do something.*

Paul took a step forward. "What kind of ungodly beings are you people? He said while looking them in the eyes. I am a servant of God with the authority to forgive you. I will show you the way if you just let me guide you".

"What is he talking about? The leader said.

"Jump Mr. Garner", Jessica said, and walked behind him, ready to push him. He jump, and after him Suzan.

"A world full of paradoxes", Martin commented. "Do you all have multiple jobs here?"

"What kind of double game are you playing Jessica?" Jason wondered. "You ought to be ashamed".

"What are you talking about?"

"You let us know about this attack, and we paid you to protect us. Have you changed your mind again?"

"I did what?"

"Have you betrayed us?" the man from Minos wondered.

"Very clever, Mr. Park, but it's my words against yours", she said.

"What about the money then?" Jason wondered.

"What money?"

"Yes, what money? The man from Minos asked.

"The money we paid you", Martin said when he understood Jason's plan.

"They are lying", Jessica said. "Don't you understand?"

"They gave you money to betray us?" the Minos man asked.

"Of course we did", Jason said. "She sold you for some silver coins".

"I want to see the money", the Minos man said.

"There is no money", Jessica said angrily. "Don't you see? They just want to sow disunity between us?"

"I know where she put them", Jason said. "I saw it".

"Where?" The Minos man asked pointing his gun against him.

"Why should I tell you?" Jason said trying to make them more uncertain.

"Because I am going to plant some anesthetics in your body, unless, you speak out".

"Well, perhaps I have no choice then?"

"Right, now speak up".

"I saw her putting them inside her bra".

"Let me see", the Minos man said to Jessica.

"Are you crazy? He is bluffing".

"Prove it. Open your blouse and let me see".

"He wants to see my breast and it's your fault", she said to Jason. "You are going to pay for this". She was now out of control. Mainly driven by anger, she gave Jason a blow in the face with her left hand. By doing so, she was off guard for a second or two, but that was enough for Jason to grasp her right arm turn it back and forced her to release the gun. She screamed loudly, because of pain and disappointment. Equally fast, he picked it up and pointed it at the Minos man. Asta had suddenly a weapon in her hand too; nobody saw where she was hiding it. Without warning, she shot one of them in the chest just before he was ready to fire his gun at Jason. He swayed back and forth for some seconds until he came down with a thud.

"Three to go", she said. "I count to two".

All three dropped their guns.

"Back off and lie down on the deck", she ordered them. She ordered agent Philip (one of the kitchen-men) to get their weapons, and lock their hands with their own handcuffs. Then she jumped over to Minos to question them.

"Jason, are you alright?" Suzan asked jumping back quickly. "You are bleeding. The bitch hurt you - let me see".

"It was her diamond ring. I have always thought of diamonds as spreading pleasure. I never thought they could hurt that much".

Paul and Martin hold Jessica. Martin jumped over to Minos to borrow a handcuff from the fishermen. Then he jumped back and locked Jessica hands on her back.

"Sit down lady", Martin said. "Now it's your turn to be guided, - to some unpleasant place, I presume. By the way, thanks for the history lesson. It's much safer to be historian than agent, you know".

"Who are you?" Asta asked the man who seemed to be the leader of the team.

"We are fishermen".

"Do you have a name, fisherman?"

"Luca Psaras".

"Are you the leader of this team?"

"No, he is", he said pointing at the unconscious man on the deck".

"One more chance Luca, then you go down too".

"She is".

"What are you fishing after?"

"It's an extra income for us lady. It's a lot of money".

"How much money?"

"A thousand each, Half in advanced".

"Who paid you?"

"We don't know".

"You want to take a trip?"

"Honesty lady, I don't know. We got the money in the harbor. Somebody put them in a basket there".

"For doing what?"

"For taking you five to the harbor".

"Where in the harbor?"

"West, store house 15".

"Then what?"

"That's all. We would get the rest of the money and sail home with a year's earnings".

It took some time for the Micropolis people to get back to normal again. None of them had ever been the target for criminals before. None of them knew how to use a gun. Surprisingly, the incident strengthened their friendship and their will to survive this extraordinary adventure.

They wouldn't sit down waiting to see what happens. They would defend themselves. They would be part of the happenings.

"The good news is that we are alive and safe for the time being", Paul said and gave Jason a pat on his back. "It was very clever of you to distract her, Jason".

"I agree", Martin said. "No woman likes to open her blouse under force".

An hour later, they were on their way back to Babylon again. Asta had Jessica's clothes while the other four were clothed in the fishermen's' overalls.

"Sorry Suzan, but we have nothing more feminine for you", Asta said.

"That's a minor problem", Suzan said. "These clothes are really stinking - not only fish".

"It's worst for him; he has to wear your clothes".

"Hi Suzan", Martin joked with the man in her clothes. "Have you forgotten shaving today?"

Asta made some calls, or more correctly, she was organizing and giving instructions all the way. The Minos was sailing first, followed by the Nike at some distance.

A voice from the boat communicator said:

"Waiting for your report captain".

"Captain here", Luca said watching at Asta who pointed her gun between his legs. "We have the staff. We will be there in ten minutes".

"Good job captain. You are awaited".

They let the five hostages go in front of them with their mouths sealed by tape.

"Remember", Asta said, "any suspect movement will take you on a very unpleasant trip, but if you cooperate I will put a word for you".

"Alex is it you? We are three hundred meters from the store house".

"Listen Asta, take cover in the dark, all of you, immediately after you deliver them. Do not wait for the reward. It's possible they have already decided to erase any tracks. I leave the line open".

They were some fifteen meters from the big door of the storehouse 15 when they heard a voice.

"That's enough. Stay there. Why are their mouth sealed?"

"They were making too much noise", Jason said. He was in about the same age as Luca, pretending to be him.

"Send them in through the door".

"You send the money first", Jason said, but there was no answer for some seconds.

"Take cover", Asta told them. They ran to a nearby container hiding behind, just microseconds before several men opened fired against them. Jessica and the fishermen ran into the storehouse. Alex Mantis gave the order his men were waiting for. Big searchlights lighted up the whole area around the storehouse.

"Shit, they use real bullets", Asta said. Her shoulder was bleeding. So was Jason's arm. "We have been lucky", Jason said.

"Lucky to be shot?" Paul said. "Let me see. It's only skin-deep".

"Mine too", Asta said. "Jason is right, we have been very lucky.

"Here, put this on", Martin told her and gave her a handkerchief.

"This is Alex Mantis", he let them know through the loudspeaker. "You are surrounded by GIA agents. I suggest you come out, unarmed, hands on your head. You have exactly ten seconds to do that - then we come in".

Suzan was shaken. She sat on the ground beside Paul folding her arms across her chest. Her look was empty. His too. *He felt that both murderers and the disease were chasing him. What different does it make which one would succeed!*

"Suzan look at me", Jason said. "It's over now. They gave up". He repeated what he said and gave her some time to catch up. Slowly she got up on her feet and tried to hide into his arms.

"It's okay Suzan; the good news is we are still alive".

She laughed and tried to bury herself even more into his chest.

"It's something wrong with Paul", she murmured.

Both Jason and Martin sat on their knees trying to talk to him.

"Paul, it's over now", Martin told him. The bad guys are under arrest".

"Why is he holding his arms on his chest?" Jason wondered.

"It doesn't matter", Paul said as if he was speaking to himself. "Murderers, the disease, or a flash of lighting from heaven – I don't care anymore".

"What disease, Paul?" Both wanted to know.

"The treatment is out of reach. There is nothing anybody could do now".

They were all lined up when Alex approached them with a salute.

"My compliments – all of you, are you alright? I see you are hurt. Call an ambulance", he said to his assistant.

"No Alex, it's just skin-deep, Jason's too. How many of them?" Asta wondered.

"Three. I sent them to the headquarters. They refuse to talk".

"Try with Jessica Lava", Martin said. She will talk if you insist to see her breasts".

"What?"

"Martin is joking", Asta said. "What about the fishermen?"

"They are probably fishermen. The crime would send them to the moon for some time, I believe".

The paramedics took a closer look at Asta's and Jason's wounds. "We have to take them in", one of them, said.

"Then we all go", Suzan said. "Paul has a lot of pain. Some doctor has to examine him too. Asta how do you know they are from the hospital? They could be agents too, like everybody else here. Please Jason, you don't have to go, I'll take care of that".

Alex smiled but he didn't laugh at her. "Tell you what lady. You could all go. I send two of my people to escort you to the hospital and back again. Is it okay with you?"

"Fair enough, if you can guarantee your people are your agents, and not the agents of somebody else".

"Agent Meda, take agent Dora with you and escort Asta and her friends to the hospital. You are responsible nothing happens to them".

"What's wrong with Paul?" Asta wondered.

"Cancer", Paul said. The pain in my chest is killing me". *He was surprised that he at last could talk about it.*

"How do you know?" Alex wondered. "No such disease exists any more".

"My doctor told me that the other day". Paul told him.

"Let's go", Asta said, "let's check it out at the hospital".

It was the same big hospital Asta and Suzan visited the other day. They only had to wait for some hour. Jason's wound was easy to clean and apply a bandage. Asta had to go through a smaller operation in order to 'free her from the metal' as the doctor said. Asta asked a doctor to take a look at Paul's pain-symptoms and informed him about what Paul's doctor had said.

The doctor was curious. He wanted to keep Paul for a complete examination but Paul refused.

"Just give me some pills for the pain", he said. "This evening I wish to celebrate with my friends that we are still alive".

The doctor gave him a little box with some pills, after all of them promised that Paul would show up there next morning. Asta arranged with the transport to the hotel, escorted by the two GIA agents and a new team of civil-clothed agents.

"What a day!" Martin said when back at the hotel. "Two attempts to kill us and a nice excursion there between. In addition, we heard the sad news about Paul".

"Thanks God we are alive", Paul added. "Honestly my friends, I am feeling fine. The pills did work their miracle".

"Next time they will send some commandos to kill us", Suzan said. "Don't you understand?" Our life is in danger?"

"It seems that we are the jokers in this game", Jason said. "In that case we have to find out what our mission is. But Paul's situation is of higher priority at the moment".

"I agree", Martin said, "we have a collective responsibility".

"We take you to the hospital, Paul", Suzan said. "We are your family now. We are going to demand that they use all they have to cure you".

CHAPTER 13

SUSPECTED SPIES

The next day, a special agent from the IIS questioned them, one at a time. None of them wished to cooperate with him.

"Don't you people understand?" Martin protested. "Our friend is seriously sick. We are going to the hospital with him".

"It will only take an hour", the agent said.

The official version was that the IIS was investigating what happened the day before. He seemed to believe that the four of them were secret agents on a special mission. The fact that none of them could explain anything about what happened during the tour on the river was not in their favor.

Then Asta called them to the same meeting room where they got the new language. She was there alone.

"Where is Paul?" Martin wondered. "We have to take him to the hospital"

"I will explain in a minute", Asta said. I have some bad news for you. The IIS is accusing you for being spies. They want to send you to Kingu, the moon in your tongue, while your case is under investigation."

"It sounds like a prison", Suzan said.

"It is a prison", Asta informed them. We have a great military base there and a great force of watchers and other personnel. Employs and prisoners are serving the base and the installations around the base. The prisoners are spending a kind of normal life there, although away from their families. They have no access to the ration of gold powder under the time, as a part of their punishment. I am sorry to tell you that Mr. Paul Garner is already on his way to the moon base".

"Has he been arrested during the night? I am sure Paul would scream loudly for help, but we heard nothing. Could you explain that?" Suzan wondered. "A prison? Suzan repeated. "First the chocking news about his disease and now even more chocking news. This is too much, you know. We have to do something. I apply to you for a gun to every one of us. I feel like we have to be able to protect ourselves. I am sure you could do something".

"They probably gave him some anesthetic, or perhaps they cheated him to follow them. That means that they didn't want anybody to know until it was too late".

"But why? Why choose Paul and not some of us?" Jason wondered. "You know by now that he is sick and in great need of treatment. Depriving him from treatment, it's the same as a death penalty. It must be illegal too even in this world".

"The man is as innocent as we are", Suzan added.

"They found his testimony very confusing. He was talking about two books he believes would be here, but no books have been found. His dedication to his god Jehovah has been a problem for him. He believes that Jehovah and St Michael shall come to rescue him. He is so strongly manipulated by our enemies that they believe he must be one of their agents. The real reason, however, as I believe, is to scare you to confession".

"Confess what Asta? I trusted you because I thought you believed in us", Martin said.

"And I do Martin. In fact, I am here to help you. Please help me so I can be able to help you".

"Things are developing quite abrupt. From official guests to prisoners in less than twenty four hours", Suzan said expressing her disappointment and continued: "We never did anything to hurt anybody. Yet, I feel like we are all chased by criminals and nobody is able to guarantee our safety. You know something Asta? You are not going to get any pictures from me again".

"You mean the pictures of the two beings in the ravine? Why not Suzan?"

"Simple, the pictures have been erased, and I assure you that it was not me who erased them, if that means anything to you at all. All the pictures I have taken are gone".

"When did you discover that?"

"Today, after I got back from the hearing. That means that somebody was in my room during the hearing".

"I am sorry to hear that Suzan".

"I know. You also expressed your disappointment when the copies disappeared! And that one of us is imprisoned!"

"I assure you that if it is a technical problem, it's going to be solved sooner or later".

"Probably later, when this conspiracy operation is over, I am afraid".

"May I borrow your camera again? Please?"

"Why not? It's empty anyway".

"Is the IIS under the government's control?" Martin wondered.

"Of course".

"Then how come that the government and the prime minister, who seems to believe in us, allowed the IIS to imprison Mr. Garner, while he is considered as an official guest of the government?"

"I see your point Martin. It seems rather illogical, but the IIS has the possibility to act immediately against every threat from outside, while the government can only make decisions based on democratic rules. It takes time to cancel decisions taken by the IIS. Actually, the prime minister has started the process already. I believe Mr. Garner will be released soon".

"So if the IIS arrests some innocent person it would take several days, perhaps weeks for the government to get him free", Suzan said.

"Normally yes, Suzan. The situation now is more confused since we have a code orange from early this morning. That gives the IIS some additional rights to handle any security problem".

"How long could they keep him under arrest without trial?" Martin wondered.

"Ten days. Then they have to release him or present evidence against him in front of a council of judges".

"Why not issue an order to the IIS to free Mr. Garner if the government has such a power? That would take some minutes", Martin added.

"The government has to present the case to several authorities, many of them situated all over the world. The government can only take democratic decisions. This precaution is thought to prevent anyone with authoritarian ambitions to run his/her own race".

"So if the IIS arrests the whole government, who could free the government then?" Jason wondered. I am surprised they haven't already done that".

"It's not that easy Jason. We have other security authorities too".

"I understand from what you said that Mr. Garner is a victim of democratic procedures", Martin said. "Then why not decrease the power of the IIS by changing the law?"

"Be careful about talking against the IIS, Martin. The government is aware of that, and tries to find some way to change things. On the other hand, we are indebted to the IIS for its great efforts to save our world from our powerful enemies. Without the IIS, Nannar would have been the governor of this world today".

"Who is Nannar?" Martin wondered.

He was the chief of the army of Joshua, now he is probably the chief of the army of Nibiru. He attempted to destroy, or at least to get our world under his control, under several occasions. We have been suffering for hundreds of years, until we managed to create an effective warning and defense system. We believe that nobody can break through that system today without starting the alarm bells everywhere, from here to Mars. It's publicly known that the IIS has been part of this achievement. Consequently, they are not only popular but also trusted".

"It's not unlike the authority of our religious leaders in our world", Jason said. "Their decisions are not to be questioned either, like the dogmas of Jehovah. In many countries, any derogatory expression concerning religious leaders is considered as crime. We also have security agencies with enormous power, sometimes acting on their own".

"Why is Nannar interested in your world but not in ours?" Martin wondered.

"The reason is the white powder of gold, Martin".

"We have a lot of gold too", Martin added.

"But our gold is just stored, waiting for them to come and get it", Jason said. "They could do that anytime – most probably when they are in the nearby.

"Why not now?" Martin wondered. "They could have done that already".

"The reason could be that White Powder of Gold is 37% lighter than gold", Jason said. It is also easier to transport and has already been through a complex transformation process. Our gold is safety stored. Besides, our world is under their control through the religions they have established. In the meantime, the amount of gold is increasing".

"Is it that bad?" Asta wondered. "If what you say is true, Jason, then I understand why they focused their attention on our world".

"I had no idea", Martin said. "I see now, Jason why it's so important to you to write about it – even if most people don't care. My god, this is not just a conspiracy. It's the war of the worlds! And we are in the middle of the whole mess".

"I am happy you understand that something big is going on, and why the government has to act carefully. As I said, I need your help", Asta said.

"Why don't you try to find the photographer who took a picture of us downtown?" Jason wondered.

"I have been in touch with the Babylon News. They know nothing about such a picture. Neither do they know anything about some writings concerning tourism".

"He didn't turn up to get back his camera either, I presume", Martin said.

"No".

"By what authority did our guide, Jessica, take his camera?"

"It is quite usual for a guide to do that. It is not allowed to take pictures inside some museums and some buildings".

"But he was not taking pictures".

"Perhaps Jessica was too hard to him, but she didn't do anything wrong. Of course, now we know that she acted according to some instructions; perhaps she wished to win your trust. The GIA is now investigating the role of the photographer too".

"It's obvious by now that she order the photographer to take pictures so the conspirators could see how we look, I assume", Jason said.

"What about the farmer then? Suzan wondered".

"The GIA agents found a farmer that seemed to remember you and Jason. He also said that he offered you some water. Yes, he is a farmer. He is a member of a very small society of farmers that are committed to live and work as in the old days. They do not even use modern technology. They believe that everything should be in the way it always has been. They are only willing to accept changes made by Mother Nature, not by people. He is rather naïve, but definitely not a spy".

"I know the type", Martin said. "We have such individuals in our world too, although in greater numbers. They hate changes and believe that the environment has always been the same".

"So, after Suzan's pictures have mysteriously disappeared, you know nothing about those people in the ravine that tried to kill us?" Jason wondered.

"I am afraid so".

"Tell me Asta; is there any way we can prove to you that we are not agents from the kingdom of heaven of Enlil/Jehovah? We know things about our world no one else could know. Not even Jehovah. Where shall I begin?"

"That's exactly what I want from you, all three of you. Give me something I can use against the IIS".

"What about counting your current year from figures from our world?"

"I tried that Jason" Martin said. "It gave nothing".

"Let's try anyway. The current year in our world is 2014 years after Christ born. You don't know who he was, or do you?"

"No, Jason, I never heard the name".

"He is supposed to be the son of Jehovah who would save the world from something – our sins, he said, but I don't know how he could do that or why. He also promised to come back and judge people! Is there any Alexander the great in your world?"

"Yes, of course".

"Is there any Julius Caesar?"

"No".

"What about Cleopatra the 7th?"

"No".

"Then your world started sometime between the time of Alexander and queen Cleopatra the 7th".

"Our world has always been here Jason".

"No it hasn't, I am afraid. Since Cleopatra the 7th is unknown to you, who was the last one of the Ptolemy's?"

"It was Ptolemy Soter II. He reigned only six years".

"In our world he reigned from 116 BCE to 88 BCE. Then something happened at the year 110 BCE, the sixth year of his reign. That would be 5653 in your world (2014 + (3763-110)).

The alien gods began to count in earthly years at 3763 in your world and 3763 BCE in our world too. If we count down to zero and then add 2014 to 5653, we arrive at 7667, which should be the current year in your world. The Tower, the E-temen-an-ki, was built 5677 (3663 plus 2014) years ago and the city of Babylon, 4384 (2370 + 2014) years ago".

"It is, of course, absolutely correct", she said after doing some counting of her own. "I am impressed Jason. But you speak our language now. You could have read it somewhere, or talked to someone. That is what a spy would do. Despite that, I thing I could use it".

"No spy could know what the year is in our world. There is not such information in any library here. Besides, you said that your world has always exist which is wrong".

"What about the ravine? Suzan said. "We can describe the whole area around our city, Micropolis. It is almost at the same location as your city, the city you call Ranagar".

"That is good too, Suzan".

"What about my mobile? Suzan continued. Let your technicians examine it. It will show that our technology is different from yours and that the last call was when I called Jason at the edge of the ravine. Of course, we didn't believe that was possible, but the signal somehow disturbed the instruments of the aliens down there in the bottom of the ravine. That's the way we found them".

"That could prove that you are not from this world – right? But you could still be spies. What about you Martin? What is your contribution to prove your innocence?"

"The IIS has deprived Mr. Garner of his freedom. We can sue them demanding economic compensation. A considerable amount of gold powder would be acceptable. This is what we would do in our world if some innocent person puts in jail. That sounds as some kind of joke, but I don't see that anyone is laughing. Concerning our 'invasion' of this world, I believe professor Sokrates is as innocent as we are. Someone else is acting behind the lines".

"I believe you Martin. Perhaps I could warn them about your intention. I happen to believe that the professor has been used in the same way as you have been"

A young woman came into the room, and went directly to speak to Asta. She listened carefully and then said.

"Finally, we have some good news. The GIA has been wiring professor Sokrates and Cleopatra's communication device. What they heard was a woman's voice saying 'the books, I have the books'. We have reason to believe that the voice was Mrs. Cleopatra's and that she was talking about the same books as Paul Garner. One can hear some other voices too but we don't know what they are talking about. The volume is too low. Our technicians are working with that. The line is still open".

"But if the professor was arrested by the GIA, why isn't he brought here too? Suzan wondered.

"Good question. For the time being I have no comments to that, other than the GIA denies they sent some agents to arrest the professor".

"Then it must be the IIS", Suzan said. "Why don't you demand from them to put the cards on the table?"

"What cards, Suzan?"

"Demand some explanation from them".

"Ask them about what, Suzan? If they did send some agent to arrest the professor, or ask them if their agents had been instructed pretending to be from the GIA? Shall I ask them if Jessica Lava is their agent acting after their orders"?

"As I understand, here, we have some good guys and some bad guys, but you have no idea who is who, is that correct?" Suzan asked.

"That is correct Suzan. If some agents are cooperating with our enemies, it could be anybody".

"If they heard Cleopatra's voice using professor Sokrates phone, then why can't they locate the place"? Jason wondered.

"I believe they are going to do that very soon" she said.

"There is another way to prove we are not from this world", Jason said. "A simple medical examination would show that we have not been consuming gold powder until we came here. This would free Paul Garner".

"Actually we demand that you do such a test", Martin said. "Since Mr. Garner is a prisoner, and we, in a way are prisoners too, you have the responsibility to make a complete medical examination of all four of us. Otherwise we could sue you for any injury under our custody here".

"Even so, Martin, you could still be spies from Nibiru".

"Don't they consume gold powder?"

"Not all of them. It is a privilege for the elite. Ordinary people have to be satisfied with the small quantities extracted from the soil by different vegetables".

"How come there is gold powder in the soil?"

"It's falling down with the rain".

"Falling down from the sky?"

"Yes Martin, from the sky. It has always been a lot of it in the sky, probably after volcano explosions. In time however, the gold dust in their atmosphere became thinner. Since gold was very rare on their planet, they had to find gold somewhere else. As you know, they also did. They found plenty of gold on Earth, which they call Planet of Gold, beside Ki".

Suzan said something to Jason that only he could hear, then to Martin and finally she addressed Asta, as if they had been in court.

"Asta, I am somehow disappointed, Suzan said. "Every one of you should know the visible difference between the gods and us – the earthlings. Your great hero, Enki, said when he saw that the male hood of the first child was surrounded by skin, something like this: 'Let the Earthlings be distinguished from us by this foreskin'. I know that from Jason's book and from another book too. Jason and Martin are willing to be examined concerning their male hoods. That would prove that we are not from the planet of your enemies".

"Good, Suzan, I can use that".

"The most immediate demand is concerning Mr. Garner's health", Martin said with emphasis. "We demand that you take Mr. Garner's disease seriously and do whatever is necessary to cure him. If he dies in a prison we sue the whole government".

"I will be in contact with the medical authorities on the moon before Paul arrives there. Is that fair enough?"

CHAPTER 14

THE MAN ON THE MOON

Paul Garner was on the moon. He could never dream that he would ever make such a trip. The sight of the blue globe was something he would never forget. He wished he could project his thoughts directed to his family, out there through the deep space. Would they think that he abandoned them? Would his friends in his world think that he betrayed them? Did they know he was a prisoner, an innocent prisoner? He wished his family could hear him. *Hi, I love you. I am thinking of you. Be hopeful, God is with me.*

He was quite sure by now that he had a very short time left without treatment. How long could they keep him here, weeks, months? How long would the pills be effective? He had been afraid for the hard treatment he would get at home - surgery, chemotherapy and the like. Even that, was now far away. He gathered all his hopes and put them in the pillbox they gave him at the Babylonian hospital - it was all he had now.

The treatment by the security guards was quite human. They introduced him to the work-team he now was a part of. The chief of the Workshop assigned him some duties explaining everything he needed to know. He had to clean the floor of the big repairing hall, the tools and put them back in their proper place. It was neither hard nor difficult. He knew now that it was possible to have some real order even in his own garage. His accommodation was simple but quite acceptable too. He shared a room with two other people, both younger and stronger than him. One of them had beautiful red hair and the other one a big black mustache. All thee shared the same bathroom.

The scheduled program for the next day was a visit to the medical center. The chief doctor of the Moon Medical Center was Theo Dimas. He had long experience and never treated any patient as a prisoner. He applied for a job on the Moon, or on Mars, after his third wife died in an accident. It struck him rather hard as he was caring a lot about her. He hoped it would be easier to move on with his life, at some far away, unusual place. He was wrong. Madam Fate was equally unreasonable everywhere. His memories of his beloved wife were also following him everywhere. He missed her on the moon as much as on Earth.

He was quite curious about the first patient of the day. His daughter, Asta, kindly asked him to do more than a routine examination because of some old disease. She had also warned him to be careful because something very unusual was going on. The patient was probably innocent, but he could also be some instrument in the hands of their enemies. With that in mind, he asked the nurse to show him in.

"Mr. Paul Garner", the doctor said. My name is Theo Dimas. Please sit down. You are here for a general medical examination. We are going to make some tests in order to establish your medical health. Then you are free to go back to your duties".

"I would like to establish some facts myself, doctor. I am innocent of whatever the accusations are. Additionally, I am not from this world".

"It happens sometimes that people declare themselves as innocent, although it is very unusual. But no one ever, has been claiming to be from another world. I am a doctor Mr. Garner. I leave any crime to your consciousness, and any punishment to the authorities. I am only interested in your health, both physical and psychical. This is why I am, somehow, curious about your health. Why do you think you are from some other world Mr. Garner?"

"Because I am, doctor"

"How did you come here then?"

"As if I knew! I assure you doctor that I am really from another world, not this one, not the Himalayan world either. My friends and I arrived here a few days ago. We don't know how or, why. We were in court, in our world and the next thing we knew we were standing before some crazy professor in your world".

"Let's proceed with the examination, Mr. Garner. Sister Phoebe will help you all the way".

"You don't believe me, don't' you? God knows I am telling the truth".

The job was rather hard for a man not used to hard bodywork. The floor he had to clean was enormous. At the same time, working was somehow refreshing, preventing him from thinking about his hopeless situation. The food was acceptable and the prisoners could enjoy several kinds of entertainment.

There was a theater for amateurs every Sunday evening. It was a well-played simple show. A man died and his spirit reappeared at some place where several men and women were waiting. Each one of them offered him something, like the ability to fly, young girls, rest in a wonderful garden and the like. It took some time to evaluate all the offers. Then he heard some noises and even music from the neighborhood and he asked what was going on. The bad guys have a party someone said. Aren't the bad spirits supposed to be boiled in oil, he wondered. He laughed thinking of how hot oil could generate any pain for spirits. Yes they are but the oil deliveries have been late the last weeks!

Additionally, they could watch television, exercise some training in the gymnastic aula, or read a book in the library, which he preferred. The great number of books amazed him. He chose one about "The attempt of Nannar/Sin to take Babylon in ancient times". It was about a king called Nabonidus, who captured the Babylonian empire from the inside after the legitimate king was murdered. He never heard of Nabonidus, who according to the book was a son of Nannar/Sin.

By 21.30, the library closed. By 22, the lights switched off and everybody had to be in bed. He thought he would fall asleep after a hard day's work, but the pain was not easy to put aside. He would ask the doctor for some pills, he decided. Besides, his mind was traveling around in Micropolis, in Babylon, on the moon, tying to analyze and classify everything that happened. His roommates were talking about everything between Earth and the moon. He was silent. *What was he supposed to talk about, his world? That he was accused to be a spy? That he was a worshiper of their enemy? They would think he was crazy, perhaps hurt him. He preferred to keep silent and try to get some sleep.*

"Hi there, you newcomer, what's your name again?" the man with the red hair asked.

"Paul".

"How was your first day on the moon?"

"It was okay".

"You are not much for talking aren't you?"

"I am tired, trying to get some sleep".

Two days after the medical examination, he was called to see dr. Dimas again.

They certainly planned to put an end to his life through some medical experiment. Nobody would miss him if he died here, except for his family, but they were already missing him. He was certain about that. Would his friends in Babylon miss him? He thought of them as friends. Were they his friends? They shared the same fate, and if they wish it or not, they would continue to share it for a while. He would say that they had become friends, especially with Martin Cane, but even with Suzan Cohen and Jason Park. He was surprised about his thoughts. But Jason Park was a good man after all, even if he was an unbeliever.

He had to get up an hour earlier every time he would visit the doctor.

"Welcome again Mr. Garner", dr. Dimas said. I have called you again because the results of your tests are quite remarkable. As a matter of fact, I have never seen anything like that".

"I told you doctor. I am not from this world".

"May I ask you again how old you are Mr. Garner?"

"I am forty-eight years old doctor".

"Looking at the results, I would say that you are at the age of four hundred, perhaps more. The results are telling me, Mr. Garner, that you are an old man. You can't be fifty. Have you any reason not to tell me the truth Mr. Garner?"

"No doctor, I am telling you the truth. In my world, I am an old man. I would be happy if I make it to seventy-five. Now I know, of course, that I would never make it".

"Why should I believe you?"

"Do you believe in God dr. Dimas?"

"I do believe in God Mr. Garner. We humans are too small and too fragile to believe we are the peak of the pyramid. It must be something bigger out there, something more powerful with a good sense of justice, a good sense of humor too, I like to believe. We use to think of it as the Force".

"As a God-fearing man I have been telling you the truth doctor. My god is forbidding me to lie. It would please me the most if you believe me".

"You don't have to fear god Mr. Garner, even if god is powerful. Even if god created the universe or something like that, god is certainly not involved in our affairs. Would you consider yourself as a healthy man, Mr. Garner?"

"No sir, my doctor has been informing me the other day that I have a serious disease; I have a tumor in my right lung and a lot of pain here and there. A surgery was unavoidable, he said, if that was possible at all. Do you happen to know anything about it? By the way, do you have any pills for the pain? I used the last two they gave me at the hospital in Babylon, the other day".

"Yes, there is a small onko and an even smaller metastasis in your right lung as I could see on the N-picture. I suppose it's the same malicious development as your doctor said, cells growing out of control. Unfortunately, we know very little about this disease, Mr. Garner, because it has been rooted out several hundred years ago. That is why I am unable to offer you some specific treatment.

"You mean that there isn't such a disease in your world? No people, no children die because of that?"

"We are not in agreement about *my world* and *your world*, Mr. Garner. But as I said, this disease is no more. But I will study everything about it in our databases and even consult some other doctors. I promise to come back to you. But I can tell you that – we seldom use knives. In the meantime, I would like to offer you an injection to improve your health in general - it's more effective than any pills. I hope that it would attack the tumor too. For that I would need your approval, Mr. Garner".

Here we go again, he thought. *Is it a poison or a treatment?* As a doctor you have certainly swore to save life, not to take. If it's a poison why do you need my permission? What kind of injection are you talking about?"

"I would never hurt any patient deliberately Mr. Garner. I promise you that. The injection will improve your strength, your mind capacity, and your health in general, as I said. At least, this is what it does to people that are not used to the white powder of gold. You have to come back every day for a while just to follow up the development".

"Will they let me come back every day?"

"They will. The doctor's orders have the highest priority. Are you accepting my offer Mr. Garner?"

It was a long time ago Paul Garner let the control of his life to God. He didn't even ask Him why this was happening to him. He trusted that God had a personal plan for him. Should he now transfer the responsibility to this doctor?

"Let it be as God will, Amen", he said.

"Is the name of your god Amun Mr. Garner?"

"No, his name is Jehovah, forgive me God. One should never pronounce God's name".

"If Jehovah is your god, then why are you adducing the name of another god?"

"What other God?"

"You said Amen, which is another name of Marduk. Do you know who Marduk is Mr. Garner?"

"Now you sound like Mr. – no, forgive me doctor. Amen means let it be as God wishes".

"No Mr. Garner. Amen means let it be as Amun wishes. I find it most illogical. Anyway, let us now proceed with the treatment. That is to say, if you accept my offer".

"I don't know doctor. I was about to accept your offer, but then you began to talk about Amun and Marduk. Now I am not so sure any more".

"You don't like Amun?"

"No".

"Why not?"

"Because he is a bad guy, according to the Bible".

"What is Bible Mr. Garner?"

"Bible is our holy book, the book of Jehovah".

"I see. Is Jehovah a good guy?"

"Of course he is; he is God, the almighty".

"Let us say that we both believe in God and leave this conversation. Perhaps you could think more about your health and less about gods. Do you approve to my offer Mr. Garner? It would be a great lost for you if you don't, but no one is forcing you. I believe in science Mr. Garner, and I know that it would be good for you. Additionally, I hope the treatment would have some positive effect on your disease too, until we know more about it".

"Okay doctor, something is telling me I could trust you".

Some hours after the injection, Paul Garner was cleaning the repairing hangar moving around like in a dance. He felt that he was moving above the floor. His mind was working in high spin too. His thoughts were more positive. He began to think how he would free himself. Not through violence, not by escaping, that was completely out of the question, – but by using his intelligence.

The same evening he was sitting in the library again, after dinner. The subjects of the different books fascinated him. One could choose between *The E-temen-an-ki and the first Revolution, 'The Exodus from Egypt and the slaughtering of the Anakim, The undercover operation of the Argonauts, The Assassination of Marduk, The murder of King Nimrod, The poisoning of Alexander the Great, The Wars of Jehovah*, and so many other interesting books. His greatest wish was to leave this place as soon as possible, but at the same time, he wished to be here long enough to read, at least, some of those books. He was now on his second book, the Exodus. *Was the Exodus an undercover operation? Was St. Michael involved as the chief of the army of God? Why did God need an army?* He didn't notice his two roommates were standing beside him until the red-haired spoke.

"What are you here for?" Are you a teacher or something? Why do you read so much?"

"I like reading" he said, trying to avoid the first question. I am not a teacher, but since I have the opportunity to read, I take it. This library is a real treasure. I could spend the rest of my life here".

"That wouldn't be long being a prisoner without the gold powder, would it?" said the black-mustache laughing.

"How long are you going to be here?" the red-haired asked.

"I don't know".

"You don't know? What kind of an answer is that?"

"Let him be" the mustache man said. "Perhaps he is ashamed to tell".

"But you know what you done, don't you?" the red-haired continued obstinately.

Garner couldn't decide what to say. He didn't like the idea of lying, but it wouldn't be wise to tell them about the accusations against him either.

"I haven't asked you why you are here, gentlemen. I won't ask you either. I am not judging anybody".

"You must be a cheater like us then. You are a tuff guy for not being a murderer", the mustache said.

"How do you know I am not?"

Both of them took a step back and looked at him with some kind of respect associated with fear.

Being in prison for twenty or thirty years was not the end station for those people. Life was indeed the most valuable asset they had, as it should be for every intelligent being. Actually, it was not one life, but many. One could live several "lives" completely different from one another. After some fifty years, or so, one could switch to some completely different kind of life and education, and yet have some lives left to see forward. They could "repair" a failure even if it took fifty years to come over it.

"Calm down gentlemen – I assure you I have no plans of killing anyone here".

"Now you're talking man. Welcome to the moon base, friend! You know what; murderers are on Mars, not here. But now a day you never know, best to be careful", the red-haired warned him brotherly!

Dr. Dimas was amazed. He documented every single test. The man's condition was dramatically improved in every possible way. His abilities were much higher. His brain was more active than before. He never saw anything like that. It was as using antibiotics on an adult for the first time ever. It was a wonder really. But, of course, as a doctor he knew better than that.

"Mr. Garner" he said, "If I didn't know better I would say that you are not one of us. I know it sounds strange, but all the tests are pointing at somebody from - how shall I say, somebody from another world, like the Himalayan world".

"Finally you believe me doctor. I heard about that world and I have to tell you that it's not my world".

"Then which one is your world Mr. Garner, and why did you visit this world?"

"This is not a visit doctor. I am not here out of free will. That crazy professor Sokrates is responsible for everything, I suppose".

"You mean professor Sokrates in Ranagar city? Do you know him?"

"As I told you, my appearance - our appearance in your world, my three friends in Babylon and I, could be the result of his experiments, or rather the result of his failure. He was as surprised as we were when we showed up in his lab. Do you know him doctor?"

"Of course I know him. We have been studying medicine together".

"But you are a medicine doctor while he is some kind of specialist in unknown energies".

"Yes he is. He never liked being a doctor. He is a physicist too, engineer, theatre actor, you name it".

"He is what? How can he be that much? May I ask you, how old professor Sokrates is?"

"I don't know his exact age, but a good guess is that he must be around five hundred".

"Five hundred years?"

"What else?"

"Five hundred earthly years you mean? I assume that one year is the time Earth needs to complete an orbit around the Sun. May I ask how old you are doctor?"

"I am four hundred and sixty four years old Mr. Garner. Statistically, the middle age is five hundred and fifty years, so I am an old man too, like you. That is why it's not easy for me to believe you are fifty".

"Actually, I am 48 years old. Let me guess; you are able to live that much because of the white powder of gold?"

"That is correct Mr. Garner".

"Tell me dr. Dimas; would you like to help me out of here? As I told you, I am innocent. I am suspecting that you seem to believe in me. Is that enough to give me a hand?"

"Did you ask professor Sokrates for help?"

"How could I? First, we could not communicate because of different languages. I got your language implanted afterwards. Now he is under custody I heard. He has been arrested by the GIA, - at least, that's what dr. Asta said".

"I know what dr. Asta said. I have her report here".

"Who is she anyway? Why does she have to report to you?"

"Probably because she is the one that knows most about you, I assume. See you tomorrow as usual Mr. Garner. We have some more tests to do".

Paul Garner came to think of Jason Park and his writings. If these people are considering Enlil/Jehovah as their enemy, then perhaps he could take advantage of that. He decided to test doctor Damis, the next day.

"Tell me doctor, if I tell you that I consider Jehovah to be an evil man, would you help me then?"

"That could place you in good company Mr. Garner, as one of us. But it could never free you from the accusations".

CHAPTER 15

THE RETURN OF THE MOON GOD

Cyril Mena's contact requested him to visit the Ranagar ravine, wherefrom they transferred him to the Micropolis ravine, which was the same place, but in the other world. Officially, he said he was going to make some investigations of his own concerning the four people he considered as spies. His alien friends had also provided him with a transmitter. It could send the same signal as the one implanted in him. He left it near the ravine while he visited the other world.

A great number of the special boxes, containing gold powder, creased in the Gold powder world, waiting for the transferring to the other side. The people working there had a hard time to make all the preparations needed for the task. They had a lot of education and much practice, but this was something new. They had never before sent anything between the two worlds. Their scientists proved that it was possible.

Before starting the whole operation, they had to make some tests. The first test was to transfer something from the waiting room at the Micropolis Court House, which was located at the same place as professor Sokrates' lab in Cleopatra's cottage. Both the first test and the second, Paul's books and later Martin and Paul, were successful although not completed. In both cases, they showed up in the professor's lab in Ranagar, instead of that in the cottage. That because the professor was working at the time, causing some anomalies in the scheduling. If they had showed up in the cottage lab, then they would send them back almost immediately, according to their instructions. Mr. Cane and Mr. Garner would never know what actually happened.

Since they were not satisfied, they decided to make one more test. Jason and Suzan were supposed to show up in the city lab, as they also were about to do, when the two agents interrupted the process. So actually, none of the tests had been to their satisfaction. Now they were about to start the process in order to send a lot of gold powder from the world they stole it, to the world they could physically load it into the transport cargo ships. This innovative operation was required since the cargo ships could not break through the defense of the gold powder-world.

Somebody could block the portal, of course, but they were aware of that and they took countermeasures to set against any such action. The procedure was now, partly tested through agent Tizu and Cyril Mena. What they were anxious about was the size of the object. The containers weighted fifty tons each. The only risk actually, was that they never tested the procedure under realistic conditions. The test objects, Martin, Paul, Jason and Suzan, as well as Paul's books, were lost in transferring and they never got them back. The organizers of the alien expedition had to face two consecutive failures. The first one caused by an old professor who, used to follow his routines, and the second one by the two agents who knew much too little about technology.

Cyril Mena was kindly requested to stand inside the circle, like agent Tizu did. First he felt like he was losing weight, then he heard the voice of another man welcoming him to the other world. He was now standing in a small room inside a shuttle, he guessed. Shar-ibu, whom he met earlier at several occasions, welcomed him and asked him to follow him into a big saloon in the same shuttle.

"Please sit down Mr. Mena. You are awaited; our chief will soon be with you".

This could not be a cargo shuttle, he thought. It was the most luxurious saloon he ever saw. Beside the big sitting group, there were computers and other equipment; in fact, most of the technical apparatus he could never guess the actual use of. The furniture, of precious wood, representing some excellent handicraft skills, would only fit in the most luxurious office. Cyril got the feeling that most of the furnishing seemed exaggerated and misplaced.

The owner was certainly used to great luxury, trying to say something of the type 'I am only satisfied with the best, and I can afford it', except that in this case most expensive was not equal to excellent taste.

This must be the very heart of the ship, he thought. On one of the walls, he saw a rather big painting hanging, or mounted actually, surrounded by a wonderful framework. The engineers and the designers of this room must have been carefully selecting the place in advance, and prepared it for just that painting. It was a portrait of an old bearded man, perhaps his father, but also a piece of art. Handles and instrument buttons seemed to be of precious metal. He could see out through a big bend 'window' covering most of one of the walls, but it could probably be turned into a display too. While looking out, a man walked in and was now standing beside him. He didn't hear any door, neither any steps.

"Welcome onboard Mr. Mena. Shar-ibu informed me about your kindness and interest to cooperate with us".

'Thank you sir, I hope you are satisfied so far".

"Not entirely Mr. Mena. We are not happy about your failure concerning the four people from this world. That test was scheduled to pass unobserved".

"Sir, I will take care of them".

"That's what she said too, agent Tizu, your most trusted agent, as she said. The old professor is responsible for the failure, but only to some extent. Your agents put their hands on the professor's equipment so we lost the other two as well. Your scientists are certainly going to figure out that somebody must have sent them. I have heard that their appearance in your world is something of a big event, and they are now the official guests of your government. A most unpleasant situation Mr. Mena, don't you agree?"

"I admit that my agents didn't follow the precise instructions I gave them, sir. They are going to be punished. Concerning the four strangers, I have already prepared my next move".

"Which is?"

"One of them is already imprisoned on the moon base. I have already made plans on how to send all of them to Mars".

"Either you do that or not, the damage is already done, Mr. Mena".

"I know sir. Our cooperation is going to last for a long time, I hope. I will make it up to you sir".

"Usually I don't accept failures Mr. Mena. However, I am willing to make an exception in this case. This operation is the most advanced operation ever, technically and scientifically speaking. It is also most vital for our planet. This is also the first time, since we left Earth we have the opportunity to operate here again. This is why I am leading the operation in person".

"What about the great fleet that attacked our base on Mars, for almost five hundred years ago?"

"The king was under a lot of pressure to do something. That operation failed because he waited too long. You had the time to build up an effective defense".

"Our defense is even more effective now".

"Yes, but not the defense of this world. That is why we use this kind of operation".

"May I ask who you are sir, or, at least, your name?"

The question was unexpected, but he was used to earthlings and their curiosity. He thought about another earthling, (Joshua) a long time ago, who also wanted to know who he was. The answer was, once again, the same.

"I am the chief of the army. I could command you to lose your shoes from off your feet, for the place whereupon you are standing is holy now. However, I decided to be indulgent towards you, in this case".

Cyril Mena could hold back an instinctive laughing by covering his mouth with his hand, as soon as he realized that his host could never appreciate it.

"Sorry sir. Now I know who you are. You are Nannar, the son of Enlil, once the governor of Earth. Well, you are right in forgetting everything about losing shoes and holiness. You are no more holy than anybody else is. The people of today are not as easy to manipulate as Joshua was".

Shar-ibu came in. He couldn't hide his anger. His eyes were sparkling like live coal.

"You should know earthling that any offense against the chief of the army has to be punished. I could kill you for that", he said with a voice loaded with a lot of self-confidence, as he was trying to impose on his father.

"Let him be son. We know him because of hope".

"I am an earthling and very proud of it. To you, however, as to everybody else, I am Mr. Mena. If you think that I would bow in front of you as Joshua did, then you are offending me, Mr. Nannar. I know you could kill me. It wouldn't be the first time for neither of you. But I have taken some precautions. You see, my life is highly valuated, at least by me".

Was the man able of feeling anything else except for the emotion of power? Cyril Mena wondered.

"What precautions Mr. Mena?" Nannar wondered.

"My agents are not going to let you take over the boxes until I am back. I hope we understand each other, sir".

"And how are they going to do that?"

"It's simple, actually. Your people in the ravine are, how shall I put it, my return ticket".

"Utu, check this out, will you?"

"Yes, sir", he said and left the room. He came back soon and said something into his father's ear.

"So you think you are smart, Mr. Mena", Nannar said. "Perhaps I have underestimated you. You are an ambitious man capable to do everything that could increase your power. If your action is going to delay the transferring, then your future is less bright than before you came. Perhaps you should know that we have a new policy now concerning the gold of Ki and the earthlings".

"Then Anu, your grandfather must be dead. You must be in desperate need of gold powder since they sent you Mr. Nannar, or is it because you think you know us?"

"Anu is not dead. He is, however, very old and unable to execute his duties. Enlil, my father, has succeeded him. We believe we have some right to your gold. After all, we have discovered it, and not to forget, you own your very existence to us".

"Perhaps I would tell you that I was a lawyer before I became the chief of the IIS. I know that what you demand is depending on which law you apply, yours, or ours. Since this is our planet, and our gold, I prefer to apply our laws. You have no right to it. You can't take it by force since you are unable to break through our defense. You could be successful with this operation, but not without my help. Besides, this kind of operation can only be successful once. I thought we had a deal with Mr. Utu. You bring down the government, with my help of course, in exchange for a certain amount of gold powder. Mr. Utu, Shar-ibu, (son of the prince) as he is calling himself, is your son, I presume. He said he was acting for his father's account".

"That is not the whole deal Mr. Mena, is it?"

"We have also agreed to deliver a certain quantity of gold powder every fifty years, in exchange for space technology".

"What is the reason of your desperate fight for more power Mr. Mena? Why do you need space technology?"

"We are not going to attack your planet. I can assure you of that. Either we have a deal, or we haven't sir. You keep your part of the deal, I keep mine".

"Very well Mr. Mena. Shar-ibu will help you to go back to your world. Remember that any failure from now on will be considered as breach of agreement".

"One more thing, sir, I have seen the great number of boxes in the ravine. You do not believe you would be able to load them into this shuttle, do you?"

"This shuttle is my personal shuttle Mr. Mena. The cargo ships are in the great hangar of the greatest space ship ever built. As I said, we have a new administration now, and a new policy. Things are going to change dramatically. Tell me Mr. Mena, I have to know, out of curiosity, - how could you know who I am?"

"That was not difficult at all. You said that you are the chief of the army. You were the chief of the Israelite army that slaughtered the Igigi-Anakim, as you surely remember. You considered the land as your own property. The peninsula in the area has been bearing your name, Sinai, from Sin, one of your many names during the old times. But not anymore. The name of the peninsula is now Horonia, to honor Horon, the grandson of Marduk. Nothing personal I believe.

You have also the reputation of being a master of manipulations. You have been manipulating them that they had to fight for the land already given to them, and inhabited by their brothers and sisters. You are probably the architect behind the exodus operation and the creation of the army of the desert, by feeding the 'soldiers of god' with the white powder of gold. They did a dirty job for you without knowing. I don't know who the people of this world believe you are, but in my world you are considered to be a simple criminal Mr. Nannar. In fact, you have to be most careful because you are wanted, most likely alive".

The chief of the army of Nibiru, or the chief of the army of God (archistrategos) in the Christian world, was much offended. The expression on his face changed dramatically. Actually, he was very angry. Nobody had ever offended him that much. In the old times, he had the power to send anybody to dig gold in the underground mines for the rest of his life. Now, although he had the power to neutralize him right now, unfortunately, he needed this much too unsympathetic earthling. However, he would neither forgive nor forget the offence from an earthling. The elapse time between the offense and the punishment was without significance. The time between the revolt of the watchers-Igigi and the extermination of them (the Anakim) was several thousand years. Eventually, the punishment would come. Eventually he would be the governor of Ki again.

"Almost certainly, today is your lucky day Mr. Mena; otherwise you wouldn't be alive by now. Now you have some work to do".

"I know that sir, but you see, we don't have to like each other. This is pure business; even if it's a business between gods and men".

Almost immediately, Utu followed him into the special room, and sent him back to the other world. Short after Cyril Mena was back in the Ranagar ravine. He instructed his agents to release their hostage, ten minutes after he left the place, and finish the operation. Neither the presence of Nannar, one of the highest authorities of Nibiru, nor what he told him could discourage him from carrying on his plans.

The government was squandering the white powder of gold anyway. To supply everybody with that, in the name of equality, was indeed wasteful. He could equally give it away to the Nibiruans. Soon he would cut it off anyway. Only the elite of this world would have access to the white powder of gold. The astronauts would have the highest priority in order to explore the nearby solar systems and even the nearby galaxies. That is why he would need the advanced space technology of the Nibiruans. Then, perhaps someday, his dream would come through. He would find a new planet to settle down, for him and his friends, away from the tedious solidarity of this world, away from the constant threat from the Nibiruans. If not? Then he could always enjoy being the leader of this planet for some hundred years to come.

CHAPTER 16

THE FORCE

Paul Garner visited Dr. Dimas as usual. The two men were now kind of friends. They could talk just about everything, although Paul Garner always used to turn any discussion into a theological one. After so many years in the service of God, speaking about God's glory, rewards and punishments, was his experience of discussing other subjects quite limited. His job left visible markings on his social behavior in much the same way as most occupations usually do.

However, the books he read in the moon-library, as well as his conversations with the wise doctor, opened a door he had kept locked for so many years. He was now ready to enter through the new door and seek some alternative answers, something he never thought he would do, as the holy book always delivered all the answers he wanted. He recalled some lines he read in Jason's book about bishop Epiphanius of Salamis, who wrote, "we can tell the solution of any question not through our own reasonings but from what follows from the scriptures." As the result of many years of manipulations, he believed that. He knew by now that the good doctor had no interest in manipulating him, or making him change his beliefs. Because of that, and the doctor's genuine care about his health, he considered him as a friend.

"Welcome Mr. Garner" he said in his friendly voice as usual.

"Good day to you dr. Dimas. Whatever you are doing with me it works like a miracle. I feel younger, healthier and more positive thinking than ever before, all that without any pills".

"It's the white power of gold, Mr. Garner. We have some more tests to do and will know more in a few days. I hope you will never have to use pain pills again. I am now almost certain that you are not one of us. Part of me believes you are from some other world after all. Now I am greatly curious. Do you mind introducing me into your world Mr. Garner?"

"With pleasure, doctor. Thank you for believing me. I don't know where to begin. I know so little about your world that some extensive comparisons are difficult".

"Just give me the short version. Is it a good world? What about the environment, the people, justice and the like?"

"Babylon, Heliopolis, and many other ancient cities are ruins in our world. One can barely observe the ruins of some of them. They have never been rebuilt again as in this world. Most of our ancient history is lost too. We have justice and democracy, at least in parts of the world. We are not so good to our environment. It suffers a lot, but fortunately, we began to understand that and take precautions. It's not always easy to know which changes are caused by nature and which are the results of human actions, like the climate and the environment. Many people are living well, other not. We have people starving; thousands of children die every year because of lack of food and medical care. We have wars every now and then. We have criminality and a lot of dishonest people. Criminality is actually a big problem, almost everywhere. Fortunately we have believing people too, God-fearing people that work hard and live honestly, although many wars and terrorism are the result of mind control by our religions".

"What are the reasons of the wars Mr. Garner?"

"Our inventiveness is very great, doctor. We can make war for nothing! We fight for land, natural resources, and country borders, to protect some interests against somebody else's interests, and so on. Not to forget wars in the name of God, - against unbelievers".

"Are unbelievers bad people?"

"Not necessarily. They are not unbelievers either. You see doctor; two of the world's biggest religions are constantly counteracting each other in order to establish that their God is the true one. There have been many religious wars with disastrous results. It's like our God wants us to fight for him frequently in order to remember his words. For not so long ago, there was a brotherhood, called the Puritans, who believed that it was every Christian's duty to march off to war for the glory of God".

"Who are those two gods behind those two religions Mr. Garner?"

"It's the same God, I am afraid. Perhaps he is only testing our beliefs. Mysterious are his ways".

"Or perhaps he was counting on that Mr. Garner. Perhaps everything is according to plan, to keep you busy through conflicts. How could such a god be a good one?"

"That was precisely what a tribe by the name 'the Cathars' believed too. But the chief of one branch of our religion, sent his army against them. They all have been exterminated, something I have never been able to understand".

"Because they believed that the God of their religion was not a good one?"

"Yes. Additionally they believed that God's son was not God, but a human. But that was for several hundred years ago".

"Does this God of yours have any name Mr. Garner?"

"Yes, he has. His name is Jehovah, which means 'I am what I am'. We use to call him God".

"I am what I am, means I am the master of the Power of the Air, Mr. Garner. His real name was Enlil, which means just that. He was an extra-terrestrial mining gold on Earth. He never cared about us Mr. Garner, only about the gold".

"Now you sound like Jason Park, doctor. This is precisely what he is writing about. Is this some kind of conspiracy to turn me into a supporter of him?"

"I have the name Jason Park here somewhere. Yes, he is one of you from the other world, as you all of you are claiming, but I assure you Mr. Garner, that's all I know about him. I also assure you that I have no intention, whatsoever, in persuading you to change your mind concerning your god. Just look up the library. I can recommend a book with the title 'The extermination of the Anakim by Jehovah'. It's history Mr. Garner. He was not interested in the welfare of the Israelites either. He used them to create a unique army, fed with gold powder, so they would be able to slaughter his enemies (the Anakim between others), or, at least, those whom he called enemies. Read about some undercover operations like *The Argonauts* or *The Trojan War* and the involved gods, Enlil between others.

You see Mr. Garner, the Anakim were descendants of rebellion gods, the Titans, who taught them how to transform gold into gold powder. Jehovah didn't want any human on Earth to have that knowledge and consequently to consume gold powder. I am sorry to involve you in this discussion. I assure you that my interest in your world is rather genuine. I was a historian too, you see, before I became a doctor. Perhaps this Jehovah is a friend of yours, as long as you are not consuming the gold. We do, and see what happens. He is constantly in war with us".

"Sorry doctor, I didn't mean to offend you. I have my doubts you see. It's not easy to give up the beliefs of a lifetime. Actually, I read some books in the library. One of them is 'The Wars of Jehovah'. Is it true that he started all those wars against Babylon because Marduk, the god of Babylon, wanted to replace him as the chief of the gods on earth and supplied the Babylonians with gold powder?"

"I read the book myself a long time ago. The book is based on historical facts Mr. Garner. The author has colored the book according to his own beliefs, as many authors usually do. It's history fiction based on history. The facts are speaking for themselves. He used kings and their armies, powered with alien weapons, with the only purpose to stop Marduk who provided the humans with gold powder. As a historian, I have tried to evaluate him as objectively as possible, even without consideration to the fact that he started wars against us. But I assure you, I never found anything good done by him, good to us, I mean. If you have something good to say about him that is supported by facts, I would like to hear".

"According to that book, and even some other books I read, he must be very cruel. What other names did he have?"

"He is known by many different names as a consequence of the confusion of the tongues, of which he is responsible too. He is known as 'Ilu-Kur-Gal', 'The god of the great Mountain'. He became the God 'El-Shaddai' of Abraham, which also means 'God of the great mountain'. In Sumer, they called him Ilu in Assyria, Elil in Canaan, El or Adon in Phoenicia and Zeus in Hellas. He was El, Eloh, and his wife Ashera to the Jews. Under the exodus of the Israelites out of Egypt, he became 'Jehovah' (I am that I am i.e. the Commander), because he refused to reveal his real name".

"Could it be that Mr. Park is right? Somehow, it is easier to accept hearing it from you rather than from Mr. Park. Jehovah is just another name of Enlil. Have you ever lost your faith doctor?"

"That depends on what you mean by faith. I have always believed in us humans, in doing good, being just, performing a good job. I am proud for being a human Mr. Garner. Even if I believe in the Force, I know that it is we, who determine the paths of our lives. Call it destiny if you like, but is nothing coming down from the heavens. I also believe in our future, with, or without the approval by Enlil. It's against our logics to think that a benevolent force would have interest in checking the actions of some individual, in order to exercise some punishment. Such a force would never intervene in our affairs. If your god is threatening you with punishment because you disobey him, then almost certainly this god could only be an impostor".

"It's not easy to be forced to reevaluate a whole life's beliefs concerning this god. But I still have my faith in Christ. I have to be satisfied with that".

"Is this Christ some additional god of yours?"

"Yes, in a way he is. He is actually God's son and good preacher of love and understanding".

"You mean he is a son of Jehovah?"

"I suppose so. Any way, he promised to return and judge all people. He will separate the believers from the unbelievers".

"Then he must be alive".

"Of course he is, despite the fact that they have crucified him".

"Crucified him?"

"Oh yes, they nailed him up on a cross until he died".

"Who did that?"

"There is no agreement about that. Officially, it was the Romans, who were the governors of the land at the time and use to exercise that kind of death punishment. Others blame Christ own folks, the Jews. Jason Park claims that it was Jehovah who decided to get rid of him".

"Why would he send his own son to death?"

"To create a martyr, Jason Park says. I believe it was the will of God".

"Is this Christ considered as a martyr by you?"

"Yes of course, he offered his life in order to save us".

"Save you from what?"

"From our sins!"

"Then you agree with Jason Park. Jehovah managed to create a martyr and at the same time he got you people to argue about who is responsible for the death of his son. Tell me Mr. Garner, has this Christ died or not?"

"Yes, no, perhaps. You see he died on the cross, according to some and then resurrected from the dead. Some say he never existed, others that they never crucified him, or perhaps crucified him on a tree".

"But if this Christ of yours has been sent to death, by his own father or not, then how would he be able to return?

"He died and returned from the dead after three days".

"So he is alive then, even if I don't understand how somebody can die and be resurrected".

"I believe he is alive. I have always thought that he could come back since he is the son of god".

"Even gods have to die someday Mr. Garner. Enlil too, even if that day is still far away. Besides, if Jehovah is not God, then this Christ couldn't be God either".

"But if he is alive, then, - now I am really confused. Why did he leave and why is he coming back?"

"You said it yourself Mr. Garner, to judge you. How is he supposed to do that? By asking people if they believe in him?"

"No, according to our holy book, he would be able to see that by looking at them. I don't know how, but I have always thought that everything is possible for God?"

"I can tell you that Mr. Garner, but that would establish him as an agent of Jehovah. There is only one possibility for him to be alive. He is consuming rather big quantities of white powder of gold. Perhaps we shall put an end to this conversation. It would not give me any satisfaction to see your beliefs completely annihilated. I am only responsible for your health".

"Isn't it possible for him to separate the good from the evils just by looking at their faces?"

"Of course it is Mr. Garner. But that depends on how you define good and evil".

"The same as you, I presume".

"I know that, Mr. Garner. But I am afraid that Jehovah has a very different opinion about that?"

"How different?"

"Everything started with the gold Mr. Garner, and is still coupled to the gold. I mean everything concerning us Mr. Garner, even our very existence. Have you been looking at your face in the mirror Mr. Garner? When I look at you, I can see that you have been consuming a lot of gold powder under a short time. If you continue to do that, your face would be somehow illuminated, surrounded by a golden glow. According to Jehovah, and perhaps your Christ, you are evil Mr. Garner. Everybody that consumes gold powder is evil. You must remember that, in 'The Wars of Jehovah', you read about him and his companions as being radiant sometimes, being shining, with a golden glow around their faces and sometimes around their bodies? That was when they marched against their enemies. They could move faster, think faster, precisely as you described the effects of your treatment here".

"My God, all the puzzle-pieces are falling together".

"Don't worry Mr. Garner. I took the opportunity to learn something about your world before you return to Babylon, and eventually to your world. I should have told you immediately that I have good news for you today".

"You have? Am I going to live longer now, after your treatment?"

"But of course you are Mr. Garner. Your body has almost been regenerated. As I said, I can see that by looking at your face".

"What kind of medicine is it? Perhaps we could use it in our world too".

"It is the white powder of gold Mr. Garner. Its properties are miraculous, in fact invaluable. It is because of that we live in health, much longer than earlier. Its origin is extra-terrestrial. It is because of that we humans have been created, to dig gold for the alien gods. It is also the reason we are in a state of war with them. I don't know why you do not have this knowledge in your world, but I have my suspicions. The Egyptians called it 'what is it', the Israelites 'Manna', and the Hellens 'Ambrosia', the food of the gods".

Paul Garner came to think of the 'manna' provided to the Israelites to eat as light bread. He came to think of John 6:31 stating that the origin of manna was in the heaven. He believed in John, he always did. But could Jason Park be right too? It was too many facts and too many different opinions that needed to be classify in his mind.

"I am very thankful to you dr. Dimas for the treatment - I really am. But I still don't see why our Christ or Jehovah could have another opinion about good and evil".

"The gold powder I injected into your body was an evil action, according to Jehovah, because he believes the gold belongs to him, to the gods, not to humans. If I continue to do that with you, let's say for some more weeks, then your face would begin to shine. Mine too if I was allowed to consume more than our scientists recommend. Then your Christ could see that and classify us as evil people. Humans consuming gold powder are evil people according to Enlil/Jehovah, Mr. Garner and also according to your Christ".

"It sounds credible, I suppose. I am, however not convinced that Christianity is created to support the gold operation of Enlil".

"Even we, are created for that purpose Mr. Garner. The purpose of the religions in your world is to exercise dominion over the human race after they left Earth. May I ask you if you have gold in your world Mr. Garner?"

"Of course we have, and neither Jehovah nor Christ are interested in that".

"Are you consuming the gold?"

"No, we don't. Some claim they can transform it into gold powder, but it is uncertain if it has the same properties as the 'manna', the 'what is it' or the 'ambrosia'".

"Then what are you using the gold for?"

"I am not good in economics, but as I understand, its value is somehow related to our monetary system, to our paper money. All countries have a gold reserve, stored and guarded in underground vaults. It is the most valuable asset of our world".

"Most strange I have to say, or perhaps it's not strange at all. You dig the gold and store it somewhere, as if Enlil/Jehovah had commissioned you to do that. When would this Christ of yours come back?"

"Nobody knows, we have always believed that he is coming soon. The first Christians had pick nicks at the graveyards waiting for him at arrive and resurrect the dead people.

"Nibiru, the home planet of Jehovah, is going to be in the neighborhood of the earth in less than a thousand years from now. Suppose that Enlil/Jehovah shows up demanding that you deliver all the gold you have to him, or to the tent (church) of God, as he did with the Israelites. He ordered them to deliver the gold and silver from the cities they sized and plundered. Beside the fact that they did a dirty job for him, they had to pay him with gold and silver. Isn't that strange Mr. Garner"? What would you do about that? Would you obey him because he is god, or would you fight for your gold?"

"Perhaps we would obey him. But you see, one third of the population of Earth, perhaps more, does not recognize him as God. They would certainly refuse. They could even make war against him. Perhaps the whole Earth would refuse, we have a lot of military power, you know".

"I believe you have, Mr. Garner. But of course, you are completely unaware of his military power. Perhaps you could stand against him if your defense system is, at least, as effective as ours. Either you have to deliver the gold to him, or you have to fight for it, as we are doing. I assure you that it's worthy to fight for. The first king that did just that was Nimrod, the first king of Babylon".

"Fighting against God, - how ungodly isn't that?"

"Probably he wants you to think that way. Suppose we also believe he is God and deliver the gold to him. He would consider us as good people, I presume. It would be better for him, of course. As for you, I don't know what the consequences would be. Certainly, it would affect your world's economy in some way and throw your civilization back hundreds or thousands of years".

"He promised we would inherit the kingdom of heaven if we believe in him. Then we wouldn't need any gold in paradise".

"Would you inherit that kingdom as living people, or dead people Mr. Garner?"

"As dead people, I suppose".

"The kingdom of heaven is the kingdom of his home planet Mr. Garner. Earth is a much better place for living people. As for the paradise, I know nothing about life after death, but I assure you that neither Jehovah nor your Christ know. Nobody does. Be good and enjoy life Mr. Garner. Do not wait until you are dead! Perhaps there is nothing to enjoy by then. However, since you are alive here and now, it's time to give you the good news you are expecting".

"But you already did, I am to live some longer".

"Your disease is also gone, Mr. Garner. The White Powder of Gold has regenerated every single cell of your body. However, the tumor in your lung didn't – it's just vanished".

"So I do not need any surgery and no other treatment then?"

"As I said earlier, we use the knife only exceptionally. But beside the good news about your health, you are free to go Mr. Garner. You can leave the moon as soon as the Moon authorities can make a ticket reservation for you".

"I knew that God would assist me. Isn't it a miracle? Thank you God. You see doctor; there is a God after all".

"I don't know about that Mr. Garner. Neither your god, nor mine, has anything to do with that; instead, you should thank the White Powder of Gold".

"What happened then? Why am I suddenly free?"

"It is thanks to your friends Mr. Garner. Suzan Cohen and Jason Park suggested that a medical examination would show that you are not from this world. Martin Cane demanded that as your solicitor, and dr. Asta Engal persuaded me to do that. A complete medical examination is otherwise very unusual".

"Wait a minute, why are you telling me that? Shouldn't be the responsibility of the administrative authorities? After all you are a doctor, not the chief of the prison".

"Everything is in order, Mr. Garner. It's our responsibility and our right to recommend other duties for prisoners because of medical reasons, to free them too because of medical reasons. The authorities sent order about your release to me and to the chief of the prison, as usual. He will be in touch with you too".

"What about the charges about espionage? Have you the authority to drop them too?"

"No sir, I have not. That accusation has to be tried on Earth, if they decide that they have a case, which I doubt. Nevertheless, even if you and your friends have powerful friends down there, I am afraid you have some powerful enemies too. I would advise you to be most careful and avoid any provocations".

Paul Garner sat silent for a moment. Although his mind was in a high spin condition, his thoughts were traveling along his brain seeking some suitable place to settle down. He felt like he has been living a whole life in a few days, a most strange and yet, most welcome life. *I am free because of my friends, including doctor Asta. I am healthy because of them too and this good man, doctor Damis.*

"Are you not happy Mr. Garner? You should be proud of your friends. Have a good night's sleep and a nice time on the moon before they call you to go. Don't hesitate to come and see me if I could be of some help".

"You are too kind doctor. I am happy I met you, and I will never forget you. I am ashamed I didn't really trust dr. Asta".

"I can assure you that she is a trust worthy person".

"You know her too like you know professor Sokrates?"

"Asta happens to be my daughter".

"Is dr. Asta your daughter? Then it's a little world after all. You should be proud of her, sir. Tell me dr. Dimas, why is dr. Asta involved in a case like this? All the other persons involved in our case are security and government people. dr. Asta is a linguist".

"You are back in Babylon soon, Mr. Garner. You will have the opportunity to ask her yourself. I hope you are back in your world too, very soon. May the Force and the good gods be with you, and your friends, and may the evil gods leave you alone, Mr. Garner".

Paul Garner had to wait for some more days before it was time to leave the moon colony. But he was quite happy with that. He spent the most of the time in the library reading the most unusual books he ever read.

He spent the last evening on the moon as usual. Dinner, and reading in the library before he went to his cell for sleep. On the way, he wondered if he could be able to get some sleep. His head was full of activities so he didn't notice that two men were suddenly behind him. He turned his head slightly just to get a closer look. He was sure it was his two roommates – the red-haired and the big black-mustache.

"Time to sleep, isn't it gentlemen?"

Both of them jumped over him without any provocation, actually without saying a word. Before he understood what was going on, he felt the first knock on his face and the second on his back. The two men were still silent. The red-haired was waving with a screwdriver. It was by then Garner understood he was involved in a serious situation. *Avoid any provocations* dr. Dimas told him. *Did he know or did he suspect of some provocations? Anyway, it was too late now. Several knocks landed on his face and chest before he decided to put an end to this cruel maltreatment. Yes, he decided! He decided to take control over the situation. Paul Garner decided to take control over his life! He felt that it was time to do that and free God from this responsibility.*

"Gentlemen, wait a moment", he said with much authority in his voice. "You can choose to go to bed; in that case I am prepared to forget about your provocative attack on me or to be carried to the hospital".

The answer came immediately. The red-haired attacked him holding the screwdriver, as it had been a knife. Garner grasped his hand, turned it around and pushed him at the black-mustache. Both lost their balance. Garner was not late in taking advantage of the situation. A well-directed hit on the neck sent the red-haired to kiss the floor. A hard strike at the other's stomach bended him double with face down. Garner thought the whole thing was over, but he was mistaken. The fight continued for some more minutes until both were beaten blue, or was it red and black? Then he heard steps coming nearer.

He knew the men would accuse him for maltreatment. Was their plan to hold him imprisoned, or did they want to hurt him badly, perhaps kill him? He was amazed about the end of the fight. How could a man who never fought anyone, manage to knock down two younger men? He noticed that he had been extremely fast. The only thing he knew about striking, knocking and the like, was from television. Every movement he made, every beat he used was stored in his head – wireless, directly from some television program. The only thing he had to do was playing the hero!

"Now you listen to me you two. You are going to tell the guards the truth, the whole truth and nothing but the truth. If you don't, I will find you sooner or later, here on the moon, on Mars, or down on Earth. And then I am going to cut off your fingers, then your ears, and perhaps some other parts of your body, before I cut off your dumb head and through it to the dogs, as I use to".

The guards took care of all three of them, first to the hospital and then to the prison. As Paul suspected, the two men accused him for jumping at them without reason and maltreating them. He was isolated in a very small cell for three days. He had plenty of time to think.

He reconstructed the fight to see if he could have avoided it. He was extremely surprised how fast he was and also by the language he used warning the two men. He used words he never thought existed in his vocabulary. He was feeling ashamed for all the threats he used, like 'cut your fingers' and the like. Could it be so that we know too little about ourselves? About what we are capable to, until we face some great danger? Garner was sad, sorry, ashamed, and above all disappointed. He missed the opportunity to free himself from this hell. Perhaps dr. Dimas was right. Some powerful persons in Babylon wished to keep him on the moon forever.

Suddenly, his mind ran amuck. It was on wild strike. He was no longer able to control his thoughts. In fact, his mind refused to recall the unfortunate happenings of the last three days. He was kind of living dead, apathetic as the icon of St. Michael killing a dragon.

The fourth day he was brought to the chief of the prison. He had now lost all his confidence. He knew something was wrong, that evil enemies surrounded him. He didn't care if they would send him to Mars, or keep him on the moon for the rest of his life.

"Mr. Garner", the old chief said, "you have been accused for assaulting two prisoners here on the moon base, three days ago. The punishment for that is two additional years in prison, if it is the first time, five additional years for the second time, and destination Mars if it happens for the third time".

"With all the respect sir, I don't care. I am innocent, as I have been all the time I have been here, but, as I said, I don't care. You can do whatever you like with me. I have no longer any confidence for the justice system of this world".

"Fortunately for you, Mr. Garner, the two men admitted they have been promised money for miss crediting you. The plan was to keep you here for two more years; at least this is what they said. The person who approached them was an agent of the IIS. She also admits that she was acting according to order from her superiors, although she could only give us a code name. By the way, she is a nurse working for dr. Dimas".

"As I told you, I don't care".

"Mr. Garner, perhaps I would call dr. Dimas to take a look at you".

…

"You are now free to go Mr. Garner. Some guard will escort you to the gate. The shuttle is leaving in a couple of hours".

A guard escorted him to the gate. He sat down as all the other passengers did, except that they knew what they were waiting for, he didn't. He was not present. He was barely aware of what happened the last hour. It was as his mind was on some quest of its own. It shut off the reality around him. Then he heard a voice.

"Hello again, Mr. Garner. I can only say how sorry I am. Is it anything I can do for you, sir?"

Garner was still in some kind of chock. He recognized the voice of doctor Dimas but couldn't remember anything of what happened the last few days. He just stared at him.

"I will give you some information in case you have any use of it. Remember Mr. Garner that the agent who ordered your roommates to hurt you goes under the code name 'noname'. No one could think of it as a code name, that is why it's genius, I suppose. I am now going to give you an injection. I am also going to stay here with you to see that your mind turns into a normal condition again. You see, your mind has been in a high spin, but it has been too much for it. Perhaps the dose I gave you was too strong. You see we have much too little experience about how people like you could react".

Then he waited. He sat there as silent as Garner was, feeling partly responsible for the situation. Suddenly, Garner was back again.

"Dr. Dimas, it's nice of you to escort me to the gate. At last, I am going back to my friends".

"What do you remember of the last few days?"

"I was reading in the library, and...why?"

"What happened then?"

"Then I was on my way to my cell to get some sleep before I leave, and... here I am".

"Are you going to meet somebody in Babylon?"

"Are you kidding me doctor? Of course I am. I really hope my friends are still there".

"Who are your friends?"

"What is this dr. Dimas? I have told you everything about them".

"Do you remember their names?"

"Of course I do, it's Martin Cane, Suzan Cohen, and Jason Park. I hope they are well. I like to think of dr. Asta, your daughter, as my friend too".

"Very well Mr. Garner. Have a nice trip. Please give my regards to Asta and to your friends. Go in peace and may the Force be with you".

CHAPTER 17

THE ALIEN THREAT

The department of Defense at the ESC (Enki Scientific Center) in Heliopolis was alarmed. Every twelve hours, all stations working with gold, the transforming of gold into gold powder, and the storing in the special underground stores around the world, were supplying the department with reports. This time, Leon of Ptolemy, the chief of the department, found the computer report on his desk, as usual, but something was indeed very unusual. Actually, it was unique. Several tons of gold powder was missing at two separate stores. If one keeps in mind that the white powder of gold is much lighter than gold, then this was a considerable lost, never happened before.

Leon was not the man who could take it easy, he was not of the type 'wait and see'. He turned the department upside down. He ordered at-place-investigations of the stores and the guarding equipment. Nobody had visited the two store places the last three days. At least, nobody recorded by the electronic guarding system. He ordered a list of all scientists that experimented with teleportation of any kind. He knew that something important was going on, and was alarmed suspecting that the enemy, whoever it was, was using some unknown advanced technology they probably couldn't match. They must have known the precise coordinators of the containers in the two storehouses.

If nothing was wrong with the guarding equipment, as he believed, then what was it? Was it some new kind of war? It has been 400 years since the last battle between the forces of darkness (the Nibiruan ships were black) and the forces of light of Ki (their ships were silver light). No one won that battle, but the forces of light forced the Nibiruans to turn back. The gods met their equals for the first time ever. It had been silent since then. Neither the watchers on Mars nor the satellites in orbit around the Earth, Mars and the Moon reported any unusual activity anywhere. Could the Nibiruans brake through their advanced guarding system, or did they come through the other world he just got information about?

New reports confirmed what he was afraid of; it was nothing wrong with the guarding equipment. The last recorded visits at the two stores were three days ago. Manual control confirmed that the gold was really missing. None of the scientific centers experimenting with any kind of teleportation had anything to report, except for a few labs that didn't answer yet. One of them was professor Sokrates lab.

Leon of Ptolemy called a small group of executives to discuss the new situation. Wo Yang, the chief administrator of the gold powder stores, was there in person to communicate the bad news. The meeting was quite formal to begin with.

"Gentlemen", Leon said, "I have been asked to coordinate our actions to find the missing boxes and do everything we can to take them back. However, before we go on with reports and suggestions, I have also been asked by a higher authority to inform you about something you don't know. I didn't know either until this morning".

He was silent for a moment, which made everyone in the room to open both eyes and ears widely.

"As everybody believes, our world has always existed. This is however not quite true. The news are that our world has been separated from another one, the original world, which still exists. Don't ask me how or why. Only the ESC could answer to that. The short report we have, states that the other world is somehow progressive even if we are considerably ahead. The interesting thing is that a great part of the population of the other world is worshiping our enemy Enlil, who, as you know, also acted as Jehovah in the land of the Igigi/Anakim. For some days ago, four individuals from that world made their appearance into our world, in the city of Ranagar. A well-known scientist, professor Sokrates is somehow involved, although we don't know how. Some agents who pretended to be from the GIA arrested the professor some days ago. Alex Mantis, the GIA chief executive, denies that GIA is involved in the case. There is no sign of the professor since then".

"What do those people say, have they been questioned?" the global chief of defense, Julius Puma wondered. Julius Puma could get a multi-million army to move at his command. Even if the army was well trained, and armed with very advanced weapons, commander Puma recognized that this was some other kind of battle. It was some kind of virtual battle that had to be fought by the scientists and computers, not by soldiers.

"For the time being, we believe their appearance here was either an accident, or a test" Leon went on. "Someone has been using them without their knowledge, as well professor Sokrates. They are as surprised about what happened as we are. They are innocent unless proved otherwise. We are interested in the connection between their appearance and the disappearance of the gold powder, if there is any".

"You mean they have been used by somebody outside this world?" Nefer Titi, the chief of the global security force, wondered. "In that case the event should be classified in order to prevent panic". The Global security force was the common police forces of all the countries together. They were responsible for maintaining law and order in the global democratic society.

"It is classified already", Leon said.

"I will have some special units ready to act as soon as we know where to send them", Julius Puma said.

"It seems to me that we should start at the lab of the professor", Nefer Titi said. "Do we have any useful information from there?"

"We have nothing", Leon said. "Although the lab is still functioning, all information recorded the last few days is gone. It's most illogical since we know that the lab has been in use, as late as yesterday. It's possible that, whoever is using the lab is also using mobile memory crystals. It seems that that particular lab is captured, and under the command of someone working from some distance from it. Our people are working on that.

In Babylon, the whole government had come together in an extraordinary session. Beside the government members, Cyril Mena, Alex Mantis, Asta Engal, and the three people from the other world participated.

"Did you say four or three individuals from the original world", Julius Puma wondered.

"I said four, but only three were invited. The IIS has arrested and imprisoned the fourth person on the moon. Don't ask me why".

Government Headquarters in Babylon

All three of them were surprised when Asta informed them that the Prime Minister wished their presence".

"Is it some kind of informational meeting, or some kind of trial?" Martin Cane wondered.

"All I know is that it is some kind of crisis going on" Asta replied.

"Isn't our presence here quite unusual?" Jason Park wondered.

"As unusual as it could be Jason. You are the first visitors from another world, and the first non-officials invited to a government meeting. I would say that someone on the top of the hierarchy is sided with you. Be free to feel honored, all of you. I wish Paul was here too".

"It's not easy to be honored and prisoners at the same time?" Suzan said. "How can your government treat us as some kind of special guests while one of us is locked up in the moon prison? That is most unusual, if I mat say so".

"Please wait until the meeting is over. Although you seem to be a problem somehow, you are not the only one just now", Asta said while they entered the meeting room.

They sat down beside Cyril Mena and Alex Mantis who were already there, together with the government members. The Prime Minister looked at them smiling as she wished them welcomed, while Cyril Mena seemed to be very surprised.

"Members of the government, official and guests", the prime minister said.

"I have called this extra session to inform you about two important matters. First, concerning our guests from the other world; our scientists in Heliopolis have a good idea of what happened. They believe their sudden appearance in our world was some kind of test. The fact that they haven't been sent back could due to some failure, or some unforeseen circumstance. Therefore, we have decided to treat these people as our friends. Consequently, the one who the IIS arrested and imprisoned on the moon base is now free and shall return to Babylon.

I also had the great honor to exchange some thoughts with our great father Enki. He sends his greetings to all of you, as well as to our guests and the people of Babylon. Actually, the presence of our guests at this official meeting is according to his will. He is much interested in meeting these people but no details have yet been scheduled as to when or where".

Jason wondered if he heard right. Did she say Enki? Suzan shoved gently Jason's arm to make sure she heard right. Is it possible that Enki is still alive? Both were so excited they would like to embrace each other, had they not been on an official meeting with the government of the world!

The voice of the prime minister got them to calm down. "Second" she said, "We have a crisis of a type never happened before in our history. Something extremely unusual is going on - something threatening the welfare of the whole planet. The chief administrator of the gold powder store-stations and distribution, Wo Yang, will give you some more details".

Wo Yang was a man of middle age with a lot of thick white hair. Walking towards the platform, he looked old and tired as if the bad event was lying heavy on his shoulders.

"Thank you madam Prime Minister", he said.

"As you all know, we have always guarded the most valuable source of our welfare very effective. We have, at several occasions defended our planet and our right to the gold against alien attacks of different kinds. I will give you the few facts we have for the moment. The few transformation units we use, as well as the few store places, are under the surface. Additionally, they are guarded by people, different kinds of guarding equipment, and even by our satellites.

Yesterday, we discovered that rather great quantities were missing at two different stations. The special boxes containing gold powder were just disappeared. We have no signs of intruders or any other signs that somebody, beside the guards, has entered the two storehouses. The only sign we have is some kind of energy around the stations, lasted for some fifteen minutes. No activity was going on, inside, or outside, at that particular time. Our scientists are working with the problem, but for the time being, we just don't know how or, where the Gold Powder could disappear. Some scientists speculate about teleportation, but, as I said, it's just a guess, even if it sounds logical. That's all we know just now. Of course, we will be in contact with the government, as things are progressing. I will now personally inspect all the stations and give some additional security instructions, before I return to Heliopolis. If you have any questions or any suggestions, please turn to the local administrator. Thank you for listening".

The meeting was over. All three of them were still sitting motionless. The first to speak was Martin.

"Jason, I read your book as a preparation to defend Mr. Garner. I have to tell you that it was not the first time I read something about him. Is that Enki you write about, and the one the prime minister mentioned, one and the same?"

"I don't know Martin. I have been doing some wondering myself. On the other hand, it is most unlikely that there are two 'En-Ki' (Master of Earth)".

Asta waited until Cyril Mena was on his way out, then she said:

"Good news for you, very bad news for us", she said. "You have been under observation up to now, especially by the IIS. Now the government has forbid them to watch you anymore. However, because we are responsible for your safety, we have arranged some discrete guarding for you. I hope you approve".

"What is the difference between guarded by the IIS or by some other organization?" Suzan wondered.

"I am disappointed Suzan. After what happened with the 'fishermen' I thought you were now able to distinguish between enemies and friends".

"I hope we are still guests!" Cane wondered. "Can we still make use of the rooms and your hospitality?"

"Of course you can Martin. Besides, you have no money to pay the hotel bill"!

"You could force us to work for you", he joked back.

They walked across the long corridor to the entrance of the building. Their hotel was some hundred meters on the opposite side of the wide avenue. She walked with them, as she had nothing else to do. Suzan observed that Asta and Martin looked at each other in a very familiar way, revealing some hot feelings.

"Paul is free, we are not suspected as spies any more, it sounds like something to celebrate", Suzan said.

Then they embraced one another letting their feelings flow. Suzan got her arms around Jason with eyes full of tears, while Martin didn't want to let go the tiny-well-curved-body of Asta. When she at last managed to free herself, she said.

"Tell you what; we could have dinner together to celebrate. I could use your nice, relaxing company after being involved in endless conversations with scientists for some days. That is to say, if you have nothing against my company".

"We are honored if you come with us", Suzan said, "As long as you choose a place where we don't have to pay", she joked.

She chose a nice (and very expensive) restaurant not far away from the hotel. The dinner was delightful, the company too, as experienced by all of them. They had so much to talk about, so similar were the two worlds, and yet, so different.

"What exactly happened Asta?" Martin wondered. "Why are we suddenly considered as 'some kind of accident'? The gods know we are happy about that and especially that Paul is coming back. But what exactly caused you changed your mind?"

"By 'you' I assume you mean the government. You three are the reason behind Paul's release. It was Suzan and Jason's idea to undertake a medical test on Paul. You, Martin the attorney, demanded that the authorities ought to do that. Actually, they released Paul some day before the prime minister's request. The official prison-doctor certified that Mr. Paul Garner could not be one of us".

"What about us?" Martin still wondered.

"It is as the prime minister said. Our scientists in Heliopolis have their own explanation about your appearance here. Don't ask me how. They always have some secrets".

"The prime minister said something about Enki", Jason said. "Who is he?"

"I thought you knew about Enki", she said. "After all, it seems that we have a lot of common history. Anyway, Enki is the creator of the human race and the creator of this world".

"My god, he is still alive!" Jason said as he was speaking to himself alone. "What do you mean the creator of this world?"

"What I tell you now is not known to the public, only to our scientists, security authorities and the government. I trust in you, your discretion, I mean".

"As spies, we are incredibly interested". Jason joked.

"Let go for it. After the assassination of Marduk, some 2,600 years ago, Enki was completely consumed by the idea to free the world from Enlil's administration. He knew that Enlil was going to exercise dominion over mankind for times to come. After Enlil presented himself as Jehovah and declared himself as the only god, Enki suspected that he was planning to exercise some kind of mind control coupled to religiosity. He couldn't stop him, but he managed to create a parallel world at 10 BCE, if I use your method of counting. Then he managed to move this world backwards, as you said, to 110 BCE, but not longer. Someone, probably the Nibiruans, managed to stop it. His goal was to go back, and prevent the assassination of King Nimrod, his beloved son Marduk, the poisoning of Alexander the great and some other good people. He is still working on that".

"Still working on that after two millennia? It's not easy to grasp, is it?" Martin said.

"It all has to do with relativity", Asta said. "The time Enki is spending on that is much less than the time Alexander the great spent to conquer the world, from a relative point of view. Besides, the Enlilites, probably the sons of Enlil, embarked on a program to kill him, Enki, I mean. He went underground, hiding for more than a thousand years, until they left Earth".

"How did Marduk died?" Jason wondered.

"He was assassinated, as I said. Nannar/Sin, a son of Enlil, requested an audition. Marduk was the king of Earth, also called the Dragon King by the humans. Marduk was interested to put an end to the wars against Babylon, initiated, powered and directed by the Enlilites. At the same time, he felt secured under the administration of Cyrus the great. The Enlilites failed to replace him down, despite their lethal weapons. Nannar was welcome to Babylon, like the rest of the gods. He came in order to discuss the future of the gold mining expedition. All possible precautions were taken under his visit.

He landed at the yard enclosed by the palace built by Nebuchadnezzar, which was the adobe of Marduk at the time. Nannar, as well as all the other gods, had been guests at the Esagil, the adobe of Marduk, at several occasions. They all were welcome there. Most people around Marduk knew Nannar. Despite that, Marduk chose not to be there for security reasons. Marduk's security people examined the sky-bird of Nannar and dismounted all the weapons they could find. Then Marduk showed up and the two of them negotiated for two days. The proposition by the Enlilites was that they would let Marduk administrate the whole world in exchange for a certain amount of Gold every year.

"I am appointed by Anu to administrate the whole world", Marduk firmly established. "I am the king of Earth, officially recognized by all the gods, including Enlil and you".

"And we are mining gold in the Inka continent", Nannar replied. "Not even the king of Earth has the power to stop us".

Their power was their advanced weapons, while Marduk's power was his human supporters. Nannar was not interested in negotiations but in dictating the terms from a position of power. As expected, the negotiations failed, and Marduk advised them to end the gold mining and return to Nibiru. Nannar showed Marduk a gold nugget from a new mine in the Inka continent.

"It's pure gold", he said putting it on the table. "Our planet is in great need of it. We have sworn to take as much gold as we need, remember?"

"And we have", Marduk replied. "Actually, we took more than enough. The reserves you have built up are going to last for thousands of years. The rest of the gold stays, I am afraid. You have fifty years, earthly years, to end the operations in the Inka continent and return home".

Nannar left. Marduk examined the gold nugget out of curiosity. He noticed that a very keen edge caused a small wound in his hand while examining the gold nugget. He thought no more about it until some hour later. He got a strong fever that no one of the doctors could explain. He spoke to his father in Egypt who gave some instructions to the doctors. Alas, Enki thought. He suspected that the little insignificant wound could not be healed. When he arrived in Babylon, some hours later, Marduk was already dead. It was as Enki suspected. The edge that caused the wound was poisoned. He also knew that only one person on earth was in possession of that poison. It was his half-sister Ninmah, mother of Ninurta/Ares, and even mother of several of Enki's daughters. The other person, who could, perhaps, save Marduk's life, was Ningishzidda but it was too late".

"Very clever and effective way to poison somebody", Suzan said.

"What about Alexander?" Suzan wondered. "We have heard here that the Enlilites are responsible for his death too, but why?"

"He was also poisoned by a similar poison. Nannar was actually the one who followed up Alexander's program. He was still considering himself as the governor of Mesopotamia, as he had been for ages. It was not actually what Alexander had done but what he was planning to do that probably caused the Enlilite council to put a price on his head".

"Wow" Martin said, "It's like being a little boy listening to fables, - except that the fables are real".

"What plans?" Suzan wondered.

"His plans have been passed down to us by the historian Diodorus of Sicily, in his 'Library of World History'. According to him, Alexander had detailed plans for building 1,000 large ships, in Phoenicia, Cicilia and Cyprus. He was about to start an expedition through Northern Africa, build a coastal road in Africa as far as the Pillars of Heracles (Gibraltar) and then follow the north cost of Mediterranean Sea back to Hellas. He planned to build cities, harbors and shipyards across the way. The result would be a united world from India to Gibraltar, using the same coins and speaking the same language. In addition, to settle cities and transplant populations from Asia to Europe and vice versa from Europe to Asia, to bring the largest continents through intermarriage and ties of kingship to a common harmony and feelings of friendship. The only lacking thing was democracy, but that was not of any interest for the Enlilite brotherhood. That was the very dream of Marduk and the nightmare of the Enlilites. They could never accept a united humanity.

"Then Alexander was as dangerous for the Enlilite brotherhood as Nimrod was", Jason pointed out.

"We have been at the Nimrod mausoleum the other day", Martin said. "The version we have in our world is completely different".

"That version is not worthy to know about", Jason said. "It is a censured version provided by Enlil/Jehovah himself in a book we call 'the holy scriptures'. Generation after generation has been forced to believe in it. It has been a matter of life and death to question that book, until less than a hundred years ago. We have been provided by a corrupted history, through the great conspiracy of Jehovah, even if the architect was probably Nannar. I don't think that Enlil was that clever".

"Poor Nimrod" Asta said. "He too has been murdered by a manipulated human just here in Babylon. According to Enki, Nimrod and Alexander were the greatest heroes of humanity ever. Both wished to unite the world under the brotherhood of Man. Unification of the Earthlings was a threat against the alien Enlilite gold-brotherhood. This is the reason of eliminating both of them, here in the beautiful city of Babylon. The only difference is that Nimrod knew he was fighting the alien brotherhood of the gold, while Alexander did not".

"I take some more wine", Suzan said. "Much more history than I can consume, - easier with the wine. After all, we are supposed to celebrate".

"Sorry, I have to answer" she said, it's the prime minister. I see, yes madam, when? How? I am on my way Madam".

"I am afraid we have to leave", she told her friends. "It would not be wise for you to stay here. Alex Mantis, the chief of the GIA, has been murdered; it has something to do with Jessica Lava. She is gone".

She paid the bill and followed them to the hotel before she said 'good night'.

"Go on with your celebration", she said. You can order anything you like".

"Asta, wait a minute" Jason said. "About the missing Gold Powder…"

"What about it?"

"I think I know where it is".

"Are you a spy after all, Jason?"

"Listen to me, please. What Suzan and I saw at the ravine was real you know. You saw the pictures yourself. It has certainly something to do with the missing gold powder. They must have been using the place as some kind of transitional station. The final destination could be…" he hesitated for a moment, "the same place but in our world".

"It's possible, of course. In fact, that makes sense. If you are right, Jason, then you are a genius. Now listen carefully. Do not mention that again, - to anyone, until I come back. Promise?"

"Promise", he said. "Good night and thanks for the dinner".

Asta turned to Martin saying - "somehow you look disappointed Martin Cane. I promise I make it up to you when this unpleasant situation is over".

"I know", he said. "You have to save the world! Don't worry, just send the bad guys to Mars, or where they belong to and come back. Please be careful".

She gave him a kiss on his cheek and walked away. He watched her until the shadow of her nice silhouette disappeared in the streets of Babylon in the late summer night.

"Do we have to sleep in different rooms?" Suzan wondered. "Why can't we all three sleep in the same room? It's safer, don't you think? Can't you two big guys protect a woman who is in danger? I remember I said that before, but I feel like the IIS is after us too. Can't you guys ask Asta for some pfw, or whatever they call those little killers, for our safety?"

Jason and Martin put Suzan to bed and assured her they wouldn't go to bed for a while. Then they made themselves comfortable on the balcony with some drinks. It was a wonderful evening to waste on sleep. The air was cooler now. The stars of the Babylonian sky and the midnight silence were a friendly and silent company, uninvited but welcome guests at the little party on the balcony. Something they anxiously needed. Besides, both had a feeling that their security was not quite satisfactory. None of them could sleep anyway.

"She needs a good night sleep" Jason said. "It has been too much for her the last few days".

"It has been too much for all of us, Martin said. Perhaps Suzan is the wiser of us by combining the bewitching atmosphere of Babylon and the power of the wine to make her problems fly away".

"Except that our problems are not flying away, - they are just hiding for a while".

"Do you think it was wise telling Asta about the Gold Powder? Do you know, or are you testing her?" Martin wondered.

"Perhaps, I am not sure of the one or the other. If there is a conspiracy going on here, then we have to know who the good and the bad guys are, don't you agree?"

"I do, but suppose she is sided with the wrong side. It's possible, isn't it?"

"I thought you liked her, Martin, or is she just another of your temporary adventures?"

"I do like her - a lot as a matter of fact. But consider anyway that she is one of the bad guys. Now she knows that you know. In that case, we are in danger. You are playing with our safety as a stake. Have you thought of that?"

"It's sounds reasonable Martin. The stone is already thrown and rolling. I am sorry if I adventured our safety. But I have to trust my instinct. We have been in danger since we arrived here. Whoever she is, I believe she has both the power and the opportunity to send us to Mars, if she only wants to. But we are still here, aren't we? And Paul is free thanks to her".

CHAPTER 18

CHLOE'S NEW CHALLENGES

The trial adjourns until Mr. Garner and Mr. Park show up, the judge said. That is, of course within reasonable limits. Both the protagonists and two of their solicitors were missing. That was big news, not only in Micropolis.

'We have new dramatic developments at the Micropolis trial. Even Jason Park and his solicitor Suzan Cohen are now disappeared. Yesterday we reported about Paul Garner's and his solicitor Martin Cane's mysterious disappearance. Nobody knows if they still are in Vatican. The question now is: Where are Jason Park and Suzan Cohen. Nobody left behind any message. Are they kidnapped or perhaps murdered? Did they run away? There is no explanation for their disappearance and nobody has been in touch with their relatives, or the police. It seems that someone wish to put an end to this unusual trial, but who?'

The media continuously reported from Micropolis for three more weeks. Then suddenly they lost any interest in the case. The speculations among the media people were countless.

Some day later, the Vatican informed the press that none of the four missing persons has ever been there.

The mystery was now completed. All four of them were missing and the police had started to investigate the case. The media people and even tourism was good business for the Micropolis hotel and restaurant, the bakery and the whole city. People visited the houses of the three missing from the city taking pictures. Everyone in the small city had some opinion about what happened.

Chloe and Brad didn't know what to believe. They speculated too, but were unable to believe that Jason and Suzan gad been running away together.

"Jason would never do that", Chloe said. I know he wouldn't, at least not without talking to me first".

"Not Suzan either", Brad said. "She would never leave William".

When Garner and Cane didn't "return from the Vatican", as awaited, they began to speculate that something dreadful had happened. Was there someone who wished to stop the trial? Or, perhaps, someone who wished to create some international conflict out of that? Some journalist claimed that a Moslem secret organization used the trial and the disappearance in order to disgrace Christianity. Some other claimed that the same organization wanted to stop the trial because the outcome would show that God was not God. That would strike on them too, as the God of Abraham was the same as the God of the Christians and the God of the Moslems.

Day after day was passing without hearing anything, neither from them, nor from anybody else. The media people invited Chloe and Brad to participate in a TV-interview. They considered the offer, to begin with, but eventually they decided to reject it. It couldn't be to any help to anybody, except for the television company.

Brad and Chloe had a conversation with Christine, Paul's wife, hoping to find some common denominator, but they didn't. Beside the bad economy of the St. Michael church, Paul Garner had no corpses in his wardrobe. After World-War II, many people wondered how a single man could capture the German people using demagogic speeches and exercising mind control. But nobody has ever been wondering how the Jews and the Christians could be directed by the advanced mind control exercised by the alien Jehovah under thousands of years.

Chloe was in touch with Nicole and Hector every day. Even her mother called, one of the few persons that seemed to be happy about the disappearance of Jason. "I warned you", she said, with a lot of triumph in his voice. "But you refused to leave him. Now you see what happened. He is running away with another woman".

She even invited her to stay with them as long as she wished. Perhaps she could work at her father's business for a change.

Brad's mother wished to take William to stay with them, but Chloe advised him not too.

"I take care of William", she said. "I would be happy if William agrees". She walked with him every morning to the infant's school, and picked him up early in the afternoon. William also wished to sleep in her bedroom from time to time. As time was passing, he wondered if his mother would come back, or if she was living in some other house with "uncle" Jason.

Eventually, Brad became angry and began drinking.

"You have been drinking, Brad", Chloe told him after she put William in bed. "For how long have you been doing that?"

"Forget about the drinking. I thought you liked me".

"Of course I do, but as a friend. Don't spoil a good relationship. We need each other".

"You see? You need me as much as I need you, but both have we been bypassed…"

"I thought you had better thoughts about Suzan. Good night, Brad. I come for William tomorrow as usual".

"You don't have to. My mother is coming tomorrow. She will see after William".

"Brad, we are going through a difficult time. I thought we could help each other, at least until we know what happened to them. It's quite bothersome not to know. Are we not friends anymore? Have I done something wrong?"

"You could say that again".

"Are you accusing me for something? In that case I have to know".

"Without you and your husband, none of this would happen. Don't you see? You have been turning my life upside down".

"I am sorry for you Brad. I like to think of Suzan as my friend and I wish she is all right and will come back soon. I hope you deserve her".

"I have no intention of taking her back, you know".

"Why not? Did you hear anything? Do you know anything I don't?"

"It's easy to guess, isn't it?"

"Now you are most unfair Brad. You know, I don't think you want to go to bed with me. You are only after vengeance, even without knowing if Suzan is unfaithful or not".

Chloe was chocked by Brad's behavior. She left the house and walked around for a while, before she went home. She locked the door after her. She wanted to stay and talk, but Brad was not in the mode to carry out a normal conversation. Their friendship had been irreparably damaged. She knew he needed her as much as she needed him, but the door was now shut. She had a hard time for some days, all alone, with nobody to talk. As much as she tried, she couldn't find any logical explanation for Brad's behavior, except jealousy and vengeance.

Both Nicole and Hector visited her and stayed during the week. It was a very welcome break.

Some days later, a witness reported about some unusual observations. An old lady was sitting at the bench outside the courtroom the day Cane and Garner disappeared. She saw, first Cane and then Garner to be transformed into some kind of light waves, and then disappear without trace, she said. To the question why she didn't say anything about that earlier, she said:

"Who would believe me? I didn't believe either in what I saw. I still don't. But it would please me if my abnormal observation could help the police to find them".

As expected, nobody believed her. Not even the media found it worthy to report as some new element coupled to that unusual story. Some reported that now it was time for the most unbelievable speculations. Another reporter said:

"What we are waiting now is to hear from some UFO fans that they have been kidnapped by small green beings".

The old lady was unhappy that nobody believed her. Only Chloe did. She visited her and had a long conversation with her, but the lady had no more to contribute than she already did. Chloe was almost happy to hear. Strange enough, the old lady's observation filled her with some hope.

CHAPTER 19

ON THE RIGHT TRACK

Jason and Martin sat on the balcony talking, despite the late hour. They were analyzing problems rather than celebrating their freedom. Both knew that someone didn't like the idea of them being in this world. They couldn't figure out why. How could they be a threat to anyone?

Suzan was dreaming. Was it really a dream?

Think if I have to live the rest of my life here! How could I live without William? Or Brad? Jason sees through me while Brad sees...me! She "saw" William playing with his toys, making some strange sounds.

She sat up. She was almost sure that she heard some voices and walked to the door. Was somebody knocking at her door? Was it Jason? She went back to the balcony and saw Jason and Martin sitting there.

"Hi guys, have you a nice time? Sorry to disturb you. I wanted to make sure it was not some of you knocking on my door. Shall I open?"

"No, don't do that" both said.

They rushed to the door and tried to listen for a while. Then they heard a bump as if somebody was falling to the floor scratching the door with his nails. Then a voice said: "He is armed. Examine where his pfw is coming from. Take him to the office and question him. We want to know who sent him. Try not to attract any attention to you".

"Yes sir" another voice said, and then the first voice again: "You two go back to your place. Perhaps they send another one when they hear about the failure of this one".

Jason opened the door. A man was standing there while two other men were dragging the unconscious man after them. "What is going on here?" he demanded to know.

"Sorry for disturbing you gentlemen. Well, you have the right to know, I presume. We are from a special unit responsible for your safety. We act according to orders from dr. Asta Engal. Everything is under control".

Suzan came out from the door beside. "Do you mind telling us what happened? She demanded.

"A man was knocking at your door madam. We asked him to identify himself but he pointed his weapon against us. He was probably acting after orders from somebody. We have reason to believe that his intention was to harm you".

"Then he was too closed to do that", Suzan said.

"Let me introduce myself. My code name is 'Watcher'. We have been following every step he took from the time he made his appearance outside the hotel. We could stop him earlier but we wished to see what he was up to. Finally, we were forced to neutralize him".

"You mean, you killed him", Suzan said.

"No ma'am just put him out of action. We always use anesthetic power".

"How do we know you are telling the truth? Martin wondered. Are you from the IIS, GIA, or what?"

"No sir we are not, I can tell you that, but no more. As I said, our orders are to protect you".

"Perhaps it was too early to celebrate our freedom," Martin said to his friends.

"You are free to do whatever you like, go where you like, but it is my duty to follow and watch every step you take. We do not wish that something unpleasant happen to you".

Suzan refused to sleep in her flat. She took a quilt and lay down on the sofa in Jason's room.

"I don't care what you guys think, but I am going to sleep here", she said. "I hope you sleep here too Martin".

Heliopolis

Asta had a hectic time since she left them outside the hotel. She informed the prime minister about the situation. Both tried to analyze all the facts they had. Why did Cyril Mena believe that GIA agents arrested professor Sokrates? Did Alex Mantis commit suicide or has he been assassinated? Suicide was really very unusual. How could Jessica Lava escape from the GIA headquarters?

They informed Wo Yang about the location given to her in secret words by the professor, much thanks to Martin Cane. The location could be the center of the operations concerning the disappearance of the Gold Powder. If Jason Park was right, they now knew where the gold powder was. The question was for how long would it be there? She could not waste any more time in Babylon. She left for Heliopolis to meet with the scientists working with the case.

There she found that even the great father Enki was involved. He could not leave the thieves to get away with the most valuable asset of the world. The man leading the operations, Leon of Ptolemy, was the famous father of the space watching system 'Igigi'. The Communication center was huge. Asta had never been there before. This was the heart of the defense of the whole planet.

The scientific center had connections to the defense centers on the moon and on Mars. It had also access to all satellites orbiting Earth and mars, and could direct them according to circumstances. Leon could ask for troops, special units, or military shuttles from the defense forces, leaded by Julius Puma, at any time. The watchers on the moon and mars were continuously sending reports to Leon and Julius. They had nothing unusual to report.

Asta walked around observing all the wonders in the great E-An-Ki center (House of Heaven and Earth). Different sections were specialized in communications with the different centers and ships everywhere between Earth and Mars.

They located the center of the operations at the cottage near the gold nugget. They only had to locate the signal from the mobile Cleopatra managed to turn 'on'.

"It is the same place as Martin Cane suspected", Asta said. "He was right then!"

"Yes, he was", Leon said. "We were to slow; we should have checked the place earlier. Unfortunately, our technicians trust more on their equipment than the intuition of a man from another world. We lost one day because of that".

The cottage was now under observation. The chief of the team, Nestor, reported:

"This is Nestor. We are ready to report from the gold nugget. What you see is a complete lab with every kind of advance equipment. I cannot understand how the old professor could afford it. Our scanning equipment shows three men in some kind of space suit, one of them guarding outside the door. Two other men, looking like agents, are working there too. Two persons are tied on chairs, probably the professor and his housekeeper. You can see and hear one of them speaking to his chief somewhere else. This happened about five minutes ago".

"Sir, we are finished here. It is now confirmed that everything has been transferred".

"Congratulations. Let's fetch it then. I will send a cargo shuttle as soon as the dark falls. The loading is supposed to take less than an hour. When you got the signal that it is loaded, you destroy the place and leave according to your instructions".

"What about the people sir?"

"Let the old professor and the old woman free. Perhaps we can use them again sometime. Erase the memory of the two agents and leave them there. We cannot take the risk to let them speak about what they saw. In case of any unexpected problem, kill them."

"I am waiting for instructions", Nestor said. "Shall we let them erase their memory and destroy the lab?"

"As soon as they release the professor and the woman, you may storm the place", Leon said.

The missing white powder of gold

Another group located the missing wpg (white powder of gold) in the Micropolis ravine, as Jason Park suspected.

"Make preparations to take it back", Enki said. "Send a special team to record everything that happens there".

Enki approached Asta and took her into his arms. He expressed his gratitude for the helpful information she gave them. He asked her to forward his gratitude to her friends from the other world too. Then he offered her a cup of coffee in his private room. He wanted to know about the situation in Babylon.

"We have a traitor very closed to the government", he said. "Do you suspect anyone?"

"We do suspect someone, Cyril Mena, but we have no evidence. I don't believe the rumors about Alex Mantis. I believe he has been assassinated".

The voice of Leon interrupted their conversation.

"Odysseus, are you there? We are sitting as on live coal here until you confirm the communication is functioning".

"Yes sir, it is functioning, sir, you are on now".

"Good, this is the first time ever two different worlds are able to communicate under realistic circumstances. Something is happening around you. I see a big shuttle coming closer. Can you see if it is a cargo shuttle?"

"Yes, I see it too. It's a big cargo ship. I have never seen anything like that. It's very big, and beautiful. It must be very fast too. I assume this is the ship their chief was talking about; it will be here in a few minutes".

"Hang on transferring team", Leon said. We want to see what happens. Be ready to start at my command".

"Go on Odysseus. Let us know about anything important that happens outside our view".

"It is going down for landing sir. It will be in focus in a few seconds".

They could see the big shuttle landing - it was the biggest and most beautiful ship, they ever saw. Then a cargo hatchway opened at the back of it and something looking like a monster, probably a cargo-loading robot, wheeled to the ground. Two beings in silver-colored astronaut suits were flying above the monster-robot. Strong beams, like sunbeams, were coming out from their back. They were moving with their back turned against each other so they could have a way of retreat open. They landed before the boxes and took off their helmet. The face of one of them was visible - he had the appearance of a man. They opened one of the boxes for inspection, by using some special tool, and closed it again.

"Take a closer look, I want to see their faces", Leon said to Odysseus.

"Unbelievable", Enki said. I never thought he would put his feet on this planet again".

"Transferring team, ready to go, now", Leon said.

In a few seconds, the boxes became blur as looking at them through a colored filter, and then completely gone. There was only a lot of open space, almost the size of a football plane. The surprise of the two men was obvious. They looked around, as they couldn't believe their eyes.

"What happened?" one of them said. The other one talked into his communication devise.

"What are you doing? Everything is gone".

"Sir, we are waiting for the signal to destroy the lab".

"Are you sure you didn't take back the boxes? Not even by mistake?"

"Of course sir, we didn't do anything, just waiting".

"We have been cheated", the other one said.

"They have not the technology to do that. Let us hope it's something wrong with the equipment. Perhaps we have been underestimating the old professor. Back to the shuttle" he said loudly. "We have to find out where the boxes are".

Spontaneous enthusiastic applause drowned any other sound in the communication room in Heliopolis.

"Congratulations everybody", Leon said. "You have the right to be proud, all of you. Not bad at all, for being the first time in our history".

Odysseus was disappointed. "Sir, shall we let them go? Or do we have your permission to neutralize them and take them with us?" he wondered.

"No Odysseus, let them go", Leon said.

"But sir…"

"Are you a watcher Odysseus or not? They have a shield activated. They don't use to take risks. For the time being we are satisfied to know who they are, at least one of them. Come on everybody, we have work to do. Analyze what we have about the shield. How it works, how we can take control over it, if possible. Just break every single chip of it into bits, or even smaller units, hummer it into dust if you like, but find out how it works. Nestor, are you there?"

"Yes sir, waiting for instructions, sir. They have been speaking to someone again. They seem to wait for something as if they have heard about some unexpected problem. The hostage is still there too".

"Take them, Nestor, but be careful not to hurt the old people".

"Yes, sir, come on guys, we go in".

They took the guard by surprise and moved into the hall. Then Nestor spoke softly in the guard's ear. "Listen carefully. Our weapons are loaded with poisoning gas. It takes hours before you die. Scream if you want to die, otherwise you tell your friends you are coming down. Any suspect movement will send a lot of poison into your blood. It's your choice man".

The guard did as Nestor told him. Life was highly valuated by those long-living 'gods', unfortunately, only their life, not human life.

"I am coming down", he said and opened the secret flap leading down to the basement. Nestor was behind him pushing his pfw against the alien's back. He entered the room silent and tried to warn his comrades by moving his eyes. But it was too late. Nestor and four of his men were already pointing their weapons against them.

"They have poisoned gas", the man said to them, apologizing. "They took me by surprise".

One of them tried to push some button but Nestor was fast enough to neutralize him with anesthetic gas. The other one lifted up his arms.

"Lock their arms and tape their mouths", Nestor said, "all four of them. It's your lucky day gentlemen", he said to the two agents. "A few more minutes and your friends here would erase your memory. What a cruel way to thank you for your services. How are you going to pay me for saving your memory?"

"We just acted according to orders", one of them said.

"Suppose you tell me whom you are working for".

"We receive a coded order from agent Tizu. That's all".

"And you don't happen to know this agent?"

"Of course not".

"What did this agent Tizu ordered you to do?"

"To arrest the professor and cooperate with those two. We thought they were agents too".

"Why did you pretend to be sent from the GIA?"

"That was part of the order too. Actually we are IIS agents".

"Leon, you hear me? Good. We have them all. Now listen to this. The false GIA agents are from the IIS. They acted according to orders from some agent Tizu".

"Thank you Nestor. Bring them here, all of them".

"What about us young man", Cleopatra wondered. I hope you are not leaving us here".

"No ma'am, I have orders to take you to Heliopolis. They are demanding some explanations from the professor".

"Me? Explanations? I have no idea how and why all of this happened".

"Of course you have", Cleopatra said. "You have to explain why you didn't notice that your equipment had been manipulated".

"What are you saying? Are you implying that you did notice some manipulations?" he wondered.

"Of course not, it's your job".

"Enough you two, let's go now. Tell me professor, which unit is the most vital one for the functioning of the lab?"

"That one, nothing can work without that one".

"Take it with you boys. It will be returned to you later, professor".

Enki called a group of some 10 persons, including Asta, to his room.

"Arrange that the boxes be stored at their proper place as soon as possible", he said. "Let us now organize a new operation. Nannar is now seeking after the boxes. Let us give him the information he is looking for. I want this man on Mars for the rest of his life".

Everyone could see that Enki was both angry and sad. Everyone could understand why the old man had been taken by surprise. It has been more than 2,000 years since he last saw him. The man who stole the white powder of gold was Nannar, son of Enlil, the same man who murdered his beloved son, Marduk. He also chased him for many years and tried to kill him. He was responsible for the murder of King Nimrod and the poisoning of Alexander, two great men of mankind, probably his grandson Nabu, although nobody knew what happened to him. Then something has happened on Nibiru. Enlil was probably the king by now. Anu would never send someone to steal. He tried war and failed. Then he declared the Earth operations finished. Now the new king was testing some other policy. The fact that the chief of the army, Nannar, he ought to be the chief of the army if Enlil was the king, was leading the operation was witnessing of a desperately important action.

For thousands of years now, he was living with only one goal in his mind, to go back in time and prevent the assassination of his son and some other equally beloved people. One could say that it was the only reason keeping him alive. But his new world stopped at 110 BCE and refused to make any more movement backwards. He was almost certain that the Nibiruans were involved somehow. Their technology was probably ahead the incredible technology developed at Heliopolis. Nannar, the chief of the army of the Nibiruans could perhaps, be the key to make the world move again. Besides, Nannar was a cold blood murderer who should be tried for a lot of crimes. It was a matter of justice, but also a matter of vengeance. It would be a message to his half-brother Enlil, the king of the kingdom of heavens, that justice could finally triumph over power. But he was not driven by feelings alone. He could let him go in exchange for the key that could allow his world to move again, and Nannar was that key. First, they have to allure the wolf into the chicken house.

As soon as everything concerning the organization of the new operation was scheduled down to the smallest detail, Asta return to Babylon. After informing the prime minister about the developments at Heliopolis, she went directly to see her friends at the hotel. She ordered something at the reception before she walked to the elevator.

She knocked at all three doors and waited. Then she heard Suzan's voice asking, "Who is it".

"Hi Suzan, it's Asta".

"How do I know it's you?"

"You told me a secret the other evening, remember? Shall I tell you what you said?"

Suzan opened the door saying: "No, don't, please come in. You could never guest who is here".

Asta saw that all of them were in Suzan's room, even Paul Garner.

"Paul, how nice to see you. I am so happy you are with us again".

"Thank you Asta, - and thank you for everything you have done to free me. Your father, dr. Damis, told me how you and my friends here managed to help me".

She opened her arms and embraced them all saying: "Now we have yet another reason to celebrate".

The waiter came in with champagne, offering each one of them a glass.

"Isn't it amazing that Paul is cured?" Suzan said. "I wish we had such thunder medicals in our world".

"We could have" Jason, added, "had we been allowed to manage ourselves. But Enlil/Jehovah wished to preserve the secret of the white powder of gold in the heavens. Anyway, what are we celebrating Asta, beside Paul's return?" Jason wondered.

"We found the gold powder, Jason. It was precisely there as you told me. I can't understand how you could figure that out, but there it was, all of it, - and we took it just under their nose. It's worthy a celebration isn't it? By the way, Enki sends his greetings and his gratitude to all of you for being so helpful".

"Enki?" Paul wondered with much surprise. "You mean the old god Enki, Poseidon, the one Jason writes about, the one whom we treat as mythological being in our world, is real? Is he still alive?"

"Let's see. He took me into his arms, he offered me some coffee in his rum, we talk a lot, - yes, he is alive Paul".

"I don't think anything; I mean anything at all is going to surprise me anymore, not here in this world, anyway".

"It's hard to believe he is still alive", Martin said. "He must be very old by now".

"Even age is something relative Martin", Paul said. Dr. Damis seemed to be in my age but he is 464 years old".

"I wish I could shake hand with Enki", Suzan said. "I know it sounds very unreal, like a dream, don't you think Jason?"

"Dreams are sometimes a portal to something", Jason said.

"Go on dreaming", Asta said with some mystic in her voice. "Who knows?"

"What happened to the gold powder? Martin wondered. "As a solicitor I use to follow up a case to the end".

"We took it back, as I said. For the moment, it is - just at the same place, but in our world. This is, however a secret, only very few people know about it, but I trust you. All preparations are progressing in order to transport it back to the stores it has been stolen from".

They had a nice time for some hour or so. Paul, who came just a few hours before her, had a lot to tell them about the Moon, especially about the journey. "You should see mother Earth from above", he said. It's unforgettable. I felt very small up there. You know something Asta? It's a word popping up in my mind since I left the moon. There is also something your father told me that could be important".

"Go on Paul, we could talk about it", Asta said.

"He said to me that the code name of the agent who ordered them to kill me is... My God, they tried to kill me, I remember now".

"Take your time Paul. Who tried to kill you?" Suzan wondered. "We are your friends, it could be important to all of us".

"My room-mates, of course, we had a fight. I fought them like a lion, thanks to the treatment provided by doctor Dimas. Someone with the code name 'noname' ordered them to do it. He also said that nobody would believe that someone would use such a simple code name".

"He is right", Asta said. "Why don't choose a real code name, like 'Nagar', or 'Eagle', or something like that?"

"Could it be that simple that reading 'noname' backwards could ..." Cane was about to utter some name, but Asta put her finger at his lips forcing him to be silent.

"Doctor Dimas told me that even if we have powerful friends in Babylon, we have powerful enemies too", Paul continued, not able to stop trying to empty his memory.

Asta decided to put an end to the conversation. The subject was too hot. She wrote something on a piece of paper, and made a sign to them with her finger, to be silent. Then she let them read it.

Your rooms are tapping. They hear everything we say. We can continue the conversation outside. We are going to walk over to a nearby building, not the government building, to watch a live sending on a big screen. Do not talk until we are outside the hotel.

They talked about everything unimportant while they were preparing to leave. Well outside, two guards, appointed by Asta, followed them at some distance. It was late afternoon and the heat of the day gave place to a more affordable temperature and more enjoyable breathing the smell of roses in the hotel garden. The smell of jasmine was so intoxicating that Suzan's longing after William and Micropolis felt bothersome. The dark would soon replace the day light, as twilight disappears very fast at those latitude-degrees. Nobody heard when the two guards had been neutralized and put aside on the ground. Two other guards, clothed the same way, were now following them. An air vehicle had parked some meters in front of them. It was nothing unusual about that, except that a man jumped out from it and pointed his weapon against them.

"I am Lycos, your escort", he said. "You have two seconds to get inside".

Asta drew her weapon too. "Forget it", she said, "it's you against me. I suggest you drop it".

"No lady, it's the two of us too", one of the guards behind her, said. "We are also here to guard you, under the journey", he said with a lot of irony in his voice.

"What have you done to my people?" she asked.

"They are sleeping just now".

"I am holding a gas-bomb in my hand", Jason said. If I release it we are all going to sleep forever".

"Me too", Martin said. "This is the way we defend ourselves in our world".

"If it's true then it's suicide", Lycos said. "Let me see your hands".

Jason lifted his right arm, while Martin turned over to the two guards with both arms in the air. "Which one shall I open?" he wondered and then said to Jason in their own language, "Let's do it Jason".

Jason turned over fast striking a blow in the stomach of one of the guards, while Martin knocked the other one in the face. Asta took advantage of the situation and shot down Lycos. Then she ordered the guards to drop their weapons.

They were about to do it when they heard - "I don't think so", a woman said from inside the vehicle. Then she shot Asta in the stomach. "And this is for you", she said and shot Jason too. Some seconds later, all five of them were in the vehicle. Jessica Lava was also an agent within the IIS with the code name, agent Tizu.

"It's you", Paul said. "Jessica Lava, the tourist-guide. Aren't you dead?"

"Do I seem dead to you?"

"Why did you shoot Jason, he is unarmed".

"I owed him that since the trip on the river the other day, remember"?

Suzan was looking after Jason while Martin was looking after Asta.

"Don't worry you two; they are back to normal soon. I wouldn't mind killing them, but you see, we need you alive, all five of you".

"Where are you taking us?" Suzan demanded to know, but she got no answer.

"So you are an agent after all", Martin said. We thought of that, I have to tell you. We also knew that you sided with the bad guys. They will try you in court soon I assume, and I would never miss such a trial. Unfortunately you have to find some other solicitor".

"That day will never come mister. On the contrary; I will be there to watch your last breath".

The pilot turned his face back and said something to Jessica. He used some kind of code message nobody understood. But as soon as Paul saw his face, his blood was turned into ice. He began shaking, unable to speak. His eyes were full of horror. Suzan and Martin tried to calm him for a while. Finally they had his attention.

"Paul, what happened?" Martin wondered. "You were far away for a while".

"It's him", he said pointing at the pilot. "The pilot is Mr. Mena. It was he who ordered his agents on the moon to kill me. Don't you see? He is the agent called 'no name'. 'Name' is 'Mena' backwards, equally genius as simple. This is not good at all. We are the hostages of the most powerful man of this world".

"It's obvious that Mr. Mena is up to something working together with agent Jessica Lava", Martin told him. We have been in trouble all the time, Paul, but don't worry; we are going to make it this time too".

"Actually it's agent Tizu", Jessica told them. "To you, however, and some other important people too, I am a goddess!"

CHAPTER 20

THE TRAP

The big assembly hall on the highest level of the government building was almost full. Beside the government members, there were officials and security people. Some were sitting, some were eating, and some were walking around holding a glass of liquid, while others seemed to be involved in serious conversations. At the back of the room was a long table with different kind of cold food and refreshments. All of them seemed to be on tenterhook, not unlike a final fight at the Olympics.

They were waiting for something important. On the big screen, that almost covered a whole side of a wall, they could see a stylistic view of Babylon with the silhouettes of the Tower and the Esagil in the background. No sound except for a soft music, saying something like, *nothing is happening right now.*

Suddenly, without any warning, both big entries to the assembly hall opened up and a unit of camouflaged soldiers gushed in with weapons ready to fire. "Sit down everybody", one of them said loudly. Then all of them took place at different places around the officials, as they had repeated the action before. Every one of the fifteen, perhaps twenty commandos, both men and women, knew exactly where their position was. All officials and guests sat down on the nearest chair, except for the prime minister who stood up demanding an explanation.

"I am the prime minister of this world", she said. "You are intruders here, and I order you to put down your weapons and explain your action, if you can".

A man, probably the leader of the operation, walked in front of the big display facing the people sitting in the room.

"Sit down Lady", he said as he was used to give orders. You have no power anymore; you are fired, as all of you are. A new government is already installed at a secured location".

"You are not from this world, are you?" the prime minister wondered. "You are from Nibiru. I can hear it from your dialect. How did you manage to come into this world?"

"My name is Ki-zu", (he who knows earth) he said. "I am not here to answer any questions. On the other hand, what the hell, we came here the same way as your four friends from the other world".

"So it's true as they told us. They have been some kind of test. You wanted to see if it worked before you enter into this world", Basil Brown, the new GIA chief commented.

"Very clever for being Earthlings", he said, and both he and his companions laughed.

"So this is a coup?" the prime minister said. "You know you are not going to get away with this. What happened to the guards?"

"Your guards are sleeping here and there. Oh, I have to tell you that our weapons are loaded with real power, not anesthetics. Your guards are not going to wake up I am afraid".

"Then you and your friends are murderers, sir. In this world life is highly valuated", Hypatia, told him.

"It is in our world too, lady. But I mean, of course, the life of the gods, not the life of this mixed race of yours!"

"You can't be serious if you mean that your life is somehow superior to ours?" president Hiromoto said. "You are not going to be very popular here by insulting the whole population of this world. I presume you are on the global net where everybody can see you".

"We have seen to that Mr. Lugal. Besides, for the first time ever, this is a live broadcasting in the other world too. The chief of the army is watching us from there right now".

At the Global Broadcasting Authority, (GBA) at Heliopolis, Leon of Ptolemy and some of his people were watching what was happening in the government building in Babylon. Damiano Skulli, the chief executive of the GBA, and his technicians had the exclusive right to stop any line of their choice, according to government instructions.

"Now we know that the line to the other world is working", Damiano said.

"Are all the lines Mr. Mena requested open?" Leon wondered.

"Let's see, I have a list here somewhere. He requested a line to the government building, and a second one to his own vehicle. We suspect that he sends to the other world from there. Additionally we have a line to the temporary government building, a second one to the ESC, and, of course a third one to the units under the command of Julius Puma in the Ranagar ravine. Nothing is going out to the public".

"What happen if they find out that the global public line is not sending?"

"I admit that would be a problem, Leon. But there is no possibility to know unless they speak to each other about it".

"Mr. Ki-zu", the prime minister said. "You know that our people would never accept an alien government. You are wasting your time if you think that you could be the governor of this world".

"I have no such ambitions, madam. You will soon see your new leader. I assure you that he is one of you".

"Sir, the transmission from commander Puma's ship is now functioning", a technician told Skulli.

"Put him on line five screen seven. Check that the transmission goes to the specific stations on your list".

"Yes sir, I will double check".

"I have some news for you", Puma said. "The GIA located the automatic emergency signal from Asta Engal's body. As you can see on your screen, it comes from the Ranagar ravine. Her friends are probably with her in Mr. Mena's vehicle, which is under continuous observation".

"Have you noticed any activity around the area?" Leon wondered.

"No, nothing at all. It seems that Mr. Mena is waiting for something or someone".

Suddenly, there was a space ship beside Mr. Mena's vehicle. It had just appeared from nowhere.

"Beautiful", Skulli said. "Have never seen anything like that".

"The owner is also some extraordinary being," Leon said. "Commander Puma, do you see anything we don't?"

"No, I don't. I am waiting for the technical report. What we know so far is that a shield covers the whole ship. We are ready to analyze what happens when they open some gate. Someone has to come out. Wait a minute. The shield is now covering both units. They are so closed to each other that we are unable to see any movement of people. Probably they have established some passage between the two units".

"Cyril Mena got permission to enter the alien ship.
"Welcome again Mr. Mena".

"Thank you Mr. Utu. I assume Mr. Nannar is not present".

"That is correct. I am the chief of this final operation. I hope you are right about the gold powder".

"It is here all right, both the gold and the people from the other world, as I promised. I wanted to deliver them to you alive. Beside them, I have the chief of the secret police, Asta Engal - you could count that as a bonus".

"As you wish Mr. Mena. Now let's get to work. You have five minutes to speak to your people while I send your friends over to our chief. Then we will check the boxes together Mr. Mena, as a precaution. I hope you don't mind".

"Not at all Mr. Utu. I will speak to the people as soon as I checked the communications".

"Mr. Skulli, Cyril Mena here. How are you old friend?"

"What can I do for you Mr. Mena?"

Leon checked with the chief technician that the conversation was forwarded according to his instructions.

"You could do a lot for me Mr. Skulli. Remember, I never forget. In fact, your contribution is highly valuated. I want access to the public net, all the special units, and the military bases on Mars and the Moon".

"I will see what I can do Mr. Mena".

"My friend Damiano, that's not enough. I want access now! Do it! You will be on the list of very important persons. Don't forget that you have been forewarned about these inquiries".

"You never mentioned Mars and the Moon before Mr. Mena. But just give me a minute to arrange that".

"What do you think Leon? Perhaps we have a problem here. If he sends from the alien ship they would know we are cheating him".

"I don't think they would allow that. They have other things to do. We have to take the risk anyway".

"Leon, this is commander Puma. We have observed some high electromagnetic activities inside the alien ship. It is possible they are transferring some people".

"Okay Commander, just tell me when you see people on the ground".

Damiano Skulli assured Mr. Mena that everything was ready according to his demands. The next thing that happened was the appearance of Cyril Mena on the screen. He was standing below a great portrait of Enki. He was anxious to present himself as a reliable leader under the authority of the great father. No one could see that he was onboard on some ship. He could have been anywhere.

"I address the people of Ki, the local governments around the world, and all military leaders. I have a very important announcement. The Global government has failed to take care of our interests. Enormous quantities of gold powder have been disappeared and the government has been unable to find it. Therefore, the whole government has resigned. I have been asked to lead the work to build a new government. I will present the result in a few days together with a program on how to improve life values, and to secure the great future of the human race. Until my work is finished, I am not going to tolerate any disobedience. Any action against the new leadership will be punished. I hope for your support to achieve whatever we are destined to achieve. One thing I can promise you right now. The gold powder ransom will be greater and more just. Needless to say, that many of the leaders of this world, leaded by Commander Julius Puma, are standing behind me at this historical, and yet difficult moment".

"Never seen such impudence", Damiano declared. Think if he knew that only a few know about it".

Asta recovered from the strong anesthetic, Jason too, soon thereafter. Asta couldn't forgive herself for being captured. It was most unprofessional, she thought. Jason felt like the weight of his body was ten times heavier than before, as it wasn't really with him. He had an awful taste in his mouth and felt that several organs in his stomach were in war. Utu ordered them to follow him. Jason could barely stand up. His legs didn't want to obey him. Suzan offered him a hand. All of them noticed the great luxury as they walked towards the teleportation room.

"May the Force help us", Asta said. "Anu is dead. The new king of Nibiru is Enlil, the one you call Jehovah!"

"Silence", Utu ordered.

"Ignore him", Asta said. "He is just a messenger".

"Then he is an angel", Paul added. "Is it possible that God sent one of his angels to help us?"

"This ship must belong to some very important person", Martin noted. "I wonder who he is".

"You will meet him in a moment", Utu said. "He is waiting for you in your world".

"At last, we are going home", Paul shouted delightful.

"I wouldn't count on that", Suzan remarked. "As I understand it, we are the hostages of that important person".

Utu showed them into a small room and invited them to enter and sit down. Then he closed the door after them. When the door opened again, after some seconds, they found themselves in a similar room. A man ordered them to follow him into a big saloon with tasteful design.

"How do we know we are home?" Paul wondered.

"This is the cargo ship", Asta told them. "They are going to load it with our gold powder".

"My gold powder, if I may say so", an elegant man said while entering the saloon. "It has always been our gold. This whole planet of gold is ours too. I was the governor of Earth for a long time. No one has been that after me".

"Except for the king of Earth", Asta said.

"I became the governor of Earth again, after him".

"You mean after you killed him", Asta added.

"I am still the governor in this world".

"And a big thief, sir", Asta said.

"Be careful lady".

"I agree with you sir", Paul added. "No need to be impolite. Are you a messenger of God too, sir?"

"Don't forget, I ask the questions, you answer".

"But sir, I have to know, are you an angel?"

"Yes he is, Paul", Jason said, wishing to spare Paul of a great disappointment.

"Sir, I have to know, because if you are, I am your servant, you know", Paul said. "That is why I wish to know your name".

"I don't think you want to know, Paul", Martin told him. "Perhaps it's better for us if we don't know".

"Little man", he said, "if you are my servant, then you have to know that I am the chief of the army of God. Now you may lose your shoes from off your feet, for the place whereon you are standing is holy now".

"Here we go again", Jason murmured, while Paul started to take off his shoes.

"Mr. Nannar, what is it you want from us?" Jason wondered. "I mean beside loosing off our shoes and dig our face into the ground, as the prophets-agents of the old times did at your sight?"

"I do not recall that I told you my name".

"No need for that, sir, you are a celebrity in this world, although known by another name", Jason said.

"Tell me something I don't know, little man".

"You don't know what to do with us, do you?"

"You are my guests here until the final operation is over".

"You mean until you have the stolen gold powder", Asta said. Then what?"

"Utu will decide about your destiny. Considering the fact that you know too much, I would say that your future is not very bright".

"Since we are your guests, I hope I am not too impolite, but could we get something to drink, sir? Martin wondered.

"I agree, it's very impolite!"

"Sir, I demand to know who you are", Paul said emphatically, but Nannar ignored him once again.

In the other world, Cyril Mena had finished his speech.

"Congratulations, Mr. Mena", Utu said. "You are now the leader of this world. I hope our cooperation will last for a long time to come. Let us now inspect the boxes before we take them once again".

"Shall we leave the ship and walk out? Is it safe? Why don't you just take them like you did the first time?"

"They are not precisely at the same location. We need exact coordinators. One of my men is going to measure the location".

"Commander Puma, you hear me?"

"Of course I do, Leon. Some people came out. They are standing still for the moment. We have identified Cyril Mena and agent Jessica Lava, but not the other two. What do you suggest?"

"Put the spotlight on them and lock the area around them. Do not let them return into the ship", Leon said.

Commander Puma ordered his men to go. The place around the aliens and the agents lighted up from the invisible ship above them. A group of specialized commando soldiers appeared as from nowhere. A voice from the ship said:

"This is the commander of the Army of Earth. Whoever you are, drop your weapons. You cannot escape. We don't want anybody to be hurt".

All of them were taken by surprise. Utu looked around as he was making some calculations before a battle. He was unable to hide his anger, his eyes sparkling intensively.

"You have been cheating me all the time", he said to Cyril Mena. "Now there is no return for you".

"No he hasn't", Jessica said loudly. "It seems like a trap, but I assure you we knew nothing about it".

Utu drew his weapon, as driven by some reflection, and pointed against Cyril Mena. Jessica thought Utu was going to use it and was first to open fire against him. Her fire, however, didn't hurt him because a shield, generated by some equipment attached to his body, protected him. Both Utu and his companion responded by shooting down both Jessica Lava and Cyril Mena.

"Hold your fire", Puma's voice said from the ship.

Two more men came out from the alien ship pointing their weapons against the soldiers around them.

"We have located the energy unit, sir", a technician said to commander Puma. "We can unmask the protection and hurt that part of the ship. Actually, we could make it unusable, as soon as you give the order".

"Sir, we can't let you go", the voice said. "Either you surrender, or we are going to open fire against your ship".

"What is it you want commander?" Utu asked.

"I want you to surrender sir, you and your men".

"Then what?"

"My government is willing to negotiate with you".

"Forget it, commander. I have Asta Engal and the four people from the other world. We hold the old government as a hostage. After Mr. Mena's sudden death, the new government is going to choose a new leader from among them. I am dictating the conditions here. I take the gold powder in exchange for the hostages".

"You are joking Mr... whoever you are. Anyway, my job is to hold you here. Concerning your conditions, you have to speak with somebody else".

"He is yours Leon". Commander Puma said.

"Let him wait. Let him sweat for a while", Leon said.

"Welcome to our world, Mr. Shar-Ibu, or should I say Mr. Utu?" Leon said after a while. Neither as the son of the prince, nor as the grandson of the king are you in position to dictate any conditions. As for the government, Mr. Utu, your folks were holding a group of actors as hostage. They are now in custody and you could get them back in exchange for Asta Engal and her friends".

"I assure you that this beautiful space ship is like a wolf in a sheep's cloths. It is armed with some of the most lethal weapons you have ever seen. I am now leaving but I promise to come back".

"Commander Puma, do you still have the possibility to hurt the ship's engine?"

"Yes, we have Leon".

"Do it, as soon as any of them moves towards the ship".

Utu was on his way into the ship when he heard the deafening explosion. The fire forced its way high up into the cool evening air very fast, while the lights went down slowly. The whole ship was now in darkness, without power.

"Perhaps you are willing to negotiate now Mr. Utu!" Leon wondered. You and your men, as well as the whole ship, are now without protection. Make your choice sir. You want to fight, or are you willing to surrender?"

But Utu could not hear him. The explosion had hurt him, like some of his people.

CHAPTER 21

THE HOSTAGE

Nannar was sitting in the luxury saloon while Asta and her friends were standing. He seemed to be waiting for something.

He is waiting for the outcome of the operation, Asta thought. *Utu must be in some kind of trouble.*

"You seem to have got a new leader in your world, dr. Engal. Congratulations. Your future is less bright just now, as well as the future of the writer. Let's see what we could get for you in exchange".

"Is this man, Nannar, the same as St Michael in our world"? Paul wondered, but nobody answered him.

He got some message, but she didn't see him talking or listening. He must have some equipment implanted. Asta thought, but said:

"More gold powder, perhaps. But I don't actually think that Mr. Mena has been successful".

"Are you cooperating with Mr. Mena, sir", Paul asked. How is it possible? Mr. Mena tried to kill us. He tried to kill me twice, as a matter of fact. You could never be an angel of God".

"Mr. Mena is now the leader of the other world. It's a matter of time until we have a leader in this world too. As I told you before, the gold belongs to us. Soon I will be the governor of both your worlds. Enki could create as many worlds he wants, but in the end, I will rule them all".

"We know that from the Jehovah files, sir", Jason said. Or should I say from our holy book? Your father is supposed to have said, *the silver is mine and the gold is mine*! You are still considering the Royal House of Nibiru, or should I say the kingdom of heavens, as the owner of the gold"

"Don't worry Mr. Park, your success as a writer will not last. We use to take care of the rebels".

"I know that sir. You order the assassination of King Nimrod and the poisoning of Alexander the great. Not to mention the murder of Marduk, the dragon king and his son Nabu".

"I could kill you for less Mr. Park. But I will let Utu take care of you".

"Who is Utu?" Paul wondered.

"Utu is his beloved son", Jason said. "He is the twin brother of Inanna, - the goddess of war. She is also known as Aphrodite in our world, the goddess of love because she made love with anybody she could have any use for!"

"Jason, I refuse to accept that this man here is the archangel Michael. Correct me if I am wrong, Mr. Nannar, sir".

"You can believe what you have to believe, Paul", Jason said. "It's your problem. In the meantime, we actually have some bigger problems to deal with".

"You are not going to release us unless you could exchange us with something valuable, aren't you, Mr. Nannar?" Asta wondered.

"It hurts", Paul said as if he was speaking to himself. "The funny thing is that now I am somehow prepared. Mr. Nannar, I mean Archangel Michael - I have been your priest for many years. I am sorry to conclude I was wrong. You are not worthy anything of what I have been offering you, sir".

"Are you a priest?" Nannar asked.

"Yes sir, a priest of the St Michael church here in this city. As I said, I have been serving you for many years".

"Have faith, my son. I will do whatever I can to release you and let you return to your home. Be sure of that".

"Thank you for your offer sir, but since I am sharing the same fate as my friends, I wish they should be released too".

"Perhaps he is no longer a loyal priest in the temple of Enlil", Jason said. "We know how you have been treating the priests and the priestesses in your temples. Not to mention the hierodules!"

"I have heard about your writings Mr. Park. You have been insulting my whole family. No one can do that unpunished, you know. Perhaps I would exchange only the four of you, or I could cancel you before I send you back. Either way, your fate is now much uncertain".

"Is that why you do not consider yourself as a murderer? Because you don't kill people - you cancel them like machines. Is it why you ordered Bishop Eusebius and Emperor Constantine to kill everybody refusing to accept one of your religions? Is it why you instructed the worshipers of the other religion of yours to kill unbelievers? Was it after your orders all of them embarked on a program to destroy the Hellenic civilization based on science and free will? Was it after your orders the science would subject the illogical and inhuman dogmas of your father?

"Be careful Jason", Asta warned him. "He could cancel you just like that".

"Why don't you take some of the gold we have been digging and gathering for you, instead of this extremely difficult operation?" Jason wondered.

"They prefer gold powder, Jason", Asta told him. "It's 37% lighter than gold".

"That day will come too", Nannar said. All of you are going to be judged accordingly, especially the writer. He was now holding a little thing that looked much alike a pfw.

But Jason went on. "What a fate", Jason said. "Be judged by a mass murderer! But I know what you mean. You mean according to the fact if we consume gold powder or not?" *He knew all of that already. Now he was sure about his suspicions. The Bible was part of the history of gods and men. It was also a corrupted history, full of manipulative instructions. The Bible is part of their conspiracy. The humans would believe what Enlil/ Jehovah and his messengers wanted them to believe.*

Suddenly Nannar's face became red. He looked around but he didn't actually see anybody. His thoughts were far away. Although he did not use any communicator, it seemed that he was listening as someone was talking to him. In that case, the news he was receiving was not in his liking. He walked around in the big saloon listening for a while.

Asta told them to be quiet. Anybody coming in his way just now could pay the highest price. He walked to the beautiful desk and pushed a button. A man came in immediately.

"Take these people and lock them up in a safe room. I was prepared to cancel the writer, but they are more valuable now, so I want them unharmed".

Utu and his three comrades were now in Heliopolis General Hospital. Utu had been unconscious for some hours. His mind activity was so abnormal that the doctors decided to take a closer look. The encephalogram showed that he had a transmitter implanted in his head. He could control the transmitting while he was awaken, but while unconscious, the transmitter could send everything that was going on in his mind.

His thoughts transmitted to Nannar, so he probably knew by now that his son was wounded. The stream of thoughts coming out from the transmitter was chaotic. After a few hours, they managed to collect every thought in a receiver. Then they could decide what to allow for transmission or what to exclude. Some of the thoughts, they allowed to be transmitted, were about his family.

He loved them very much, and wished to see them again. The rest were about just everything. *He admitted that the extremely attractive agent Tizu (Jessica Lava) waked up very strong emotions and hoped to be able to bring some time with her. Now she was dead, killed by him, by mistake. He was sorry about her death, but didn't regret that he killed Cyril Mena. The man who insulted the chief of the army of the kingdom of heaven surely deserved that. He had no doubts that his father was about to become the governor of Earth. He was hoping to succeed him some day. He was anxious that the operations would be successful. He was also prepared to blow up the shuttle, rather than leave it to those people. His father had always been a powerful man. He didn't remember that his father showed him some kind of love since he was a boy. He could see himself returning home as a hero.*

But the scientists at Heliopolis went a step further. They extracted extremely useful information directly from his mind. Something he never thought they would be able to do. The technical equipment that blocked the new world from moving backwards was on the moon. It was hidden under the ground, not long from the base.

A team of technicians dismounted every little part from the shuttle. They found a nuclear unit that could desolate much of the place around Ranagar had it exploded. In its place, they mounted another explosive. The shuttle was now just a shell. In fact, they hoped that Utu would blow it up. They wanted Nannar to believe that the advanced technology and all the information in the shuttle's computer had been lost.

The real government assembled once more because of the new developments in the ordinary government building in Babylon. Asta and her friends were kept as hostage by Nannar in the other world, while Utu, his three companions, and sixteen other aliens, the Ki-zu team, were under custody in Heliopolis.

Nannar was willing to exchange hostages. Additionally, he demanded the gold powder, and the shuttle. Otherwise, he would blow it up. The nuclear explosion would desolate a big area around the ravine for times to come, he said.

Leon of Ptolemy was there to take care of the negotiations, as the representative of the government. He said nothing about the transmitter the doctors located in the head of Utu. Consequently, the government didn't know about the information they extracted.

"The shuttle is extremely valuated by us", he said. "We won't let them take it".

"Are you suggesting that we shall meet his demands except for the shuttle?" the prime minister wondered.

"Not exactly", Leon said. "We have an additional demand. We want the space technology they were about to give Cyril Mena in exchange for the gold powder. Otherwise, we can meet their demands. We would rather put our hands on Nannar, but it has to wait".

"What is he getting then?" Hypatia wondered.

"He is getting back his men, including his son. The rest is just spices to attract his sense of smell".

"You are hard to deal with Leon. You have our permission to negotiate with him", she said.

The five hostages were locked up into a small room, furnished with a table and some chairs. The guard told them he would be outside the door. After some minutes, he came back with some water.

"What's on the menu tonight?" Jason wondered.

"Only water", he said.

"We could use some beer", Martin told him, but he was not on the mood to talk.

"Something didn't work out as they expected", Asta said. "I wonder what".

"Probably something to do with Mr. Mena", Martin said. "He must have been the leader of your world for the shortest possible time, - only a few minutes!"

"Perhaps", Asta said, "or possibly something to do with Utu".

"Why Utu?" Suzan asked.

"Nannar said we are more valuable now. That means that there are some hostages in our world too, highly evaluated by him".

"Why don't they make the exchange then?" Paul wondered.

"The only man we are interested to capture, is Nannar", Asta said. Since we can't get him, I suppose Leon, the chief negotiator, I assume, wants him to sweet a lot before the exchange".

"Why was Cyril Mena cooperating with them?" Martin wondered.

"Cyril Mena has always been a very ambitious man".

"Is there any connection between Cyril Mena and professor Sokrates?" Jason wondered.

"I don't think so", Asta said, looking like if she still was working with the question. "You know, professor Sokrates is the one who discovered the method that makes it possible to move material form one place to another through teleportation, as long as the precise destination is known. But I can't see what interest Mr. Mena would have in that".

"But I can", Suzan said. "Suppose it's possible to use this method by using some mobile equipment. Then Mr. Mena would become untouchable, wouldn't he?"

"So?" Martin wondered. "Why cooperate with the aliens?"

"Because they could elevate him to power", Suzan said. As they did in the old times, by installing kings they could control. Another reason could be that they promised him some important technical equipment".

"That makes sense", Jason said, but the amount of gold powder he gave them must be worthy more than that. They must have promised him something more valuable than to be the leader of the world or some equipment".

"Paul", Suzan said politely, either you stand still or you sit down. You can't go back and forth in this little room. It makes me nervous".

"Sorry Suzan", I sit down then. "You know, we are all prisoners here and now, - in a physical prison. If we be released or not, it's written on the stars. But I have another prison to deal with. I am still in the virtual prison created by the man who is holding us as hostage, and I don't know how to escape!"

"Poor Paul, you have my sympathy", Suzan said.

"Me too", Martin added, "but don't forget that you are the executive director of the prison too".

"What is this virtual prison you talk about", Asta wondered.

"It's more fearful than this one", Jason said. One has to break a window in order to escape from a physical prison. Jehovah created a kind of virtual prison for the Jewish people. He defined, in precise details, what he allowed them to do or not. Then Emperor Constantine forced all that on us, so, in a way, we are all living in a virtual prison we have inherited from our parents, passing it down to our children as a gift. It's like living in a bubble".

"I am not surprised", Asta said. "Mind control is a very powerful tool. It is scientific and very effective, psychological as well as physical. It's not the first time either. They have always been exercising mind control in order to dominate the human race".

At last, Leon decided to establish some contact with Nannar by using a communicator they found in Utu's pocket. Nannar was surprised to hear from somebody else than his son.

"No, Mr. Nannar, this is not Utu. My name is Leon of Ptolemy. I am assigned by the government to negotiate with you".

"The government?"

"You must have known by now that Mr. Mena has failed. As a matter of fact, he is dead, killed by your own son, sir".

Silence

"So your attempt to install a leader in our world has failed. You have to negotiate with me if you want your son back. Otherwise we wish you a nice trip".

"You have to know mister that if we don't come to some agreement, the next step is war. I can tell you that, since I am the chief of the army".

"What precisely are your demands Mr. Nannar, in order to avoid war?"

"You release my men, my shuttle and the gold powder".

"Forget all about the shuttle, it's completely destroyed. We could give you the empty shell, if you like. Forget about the gold powder too. The operation to restore it where it belongs has already started. The trucks will be there in a couple of hours. Concerning your people, they are accused for murdering two of our agents and four guards".

"Then your choice is war, I presume, Mr. Leon".

"No, sir, we don't use to start wars, but we are able to defend ourselves. Besides, you have not much to offer, either".

"I have your people".

"Goodbye Mr. Nannar. If you change your mind you know how to reach me".

The chief of the army of God, as he was known in the world where he was now, or the chief of the Royal House of Nibiru in the other world, was very angry. He tried to communicate with his son, but the information was insufficient. Utu remembered the explosion that put the shuttle out of action, but didn't know anything else about its present condition. He couldn't return without it, or without his son. After a lot of thinking, he realized that he had to offer them something more. He decided to open the communication line again.

"Mr. Leon, you have exactly five minutes to satisfy my demands. Otherwise I release your people here and leave".

"Do as you like Mr. Nannar, although I don't believe you, sir. Your return would be a disaster. You have lost three of your men and your personal shuttle. It would be a shame if you returned without your son, or the gold powder. You would be force to resign as "the archistrategos", the chief of the army. That would affect the position of your father too, I am afraid".

"I would come back with the greatest fleet ever. I could be master of this planet once again. Just try me. However, I am willing to solve this problem peacefully. I offer you the technology Mr. Mena was going to get, in exchange for the gold powder".

"What kind of technology?"

"Space technology. He planned to travel far away, I presume. The technology would make it possible to make intergalactic travel in less time than your short lives allow you to do".

"We would like to see some prove of this technology of yours. Perhaps we already have it, or perhaps we are not interested".

"I assure you that you never seen something like that, Mr. Leon".

"If you send some sample of that to the coordinators I send you, then we will evaluate it and return to you sir".

The scientists in Heliopolis couldn't believe what they saw. The technology was amazing. It was about a new engine and a new fuel, also based on gold powder. It could make space travel cheaper in much shorter time. They approved; although they could not figure out what Cyril Mena was planning to do with the engine.

"Mr. Nannar, I have some good news for you. This is our final offer, and it's not negotiable. We could accept the technology you are offering, the releasing of our people and a promise from you that you would never show up again, or any of you, for the next five hundred years. In exchange, we send back your people, and you may take the gold powder too. Call me only if you agree. If not, no more negotiations are possible. However, we could consider negotiating with Mr. Utu".

"You wish to humiliate me Mr. Leon. I won't forget it. But let go. You send my men and I send you the space technology. Then I release one of your people for every fifth part of the gold powder I transfer here".

Leon gave the order to start the exchange process. Utu was the first to arrive. He embraced his father and told him to sit down and take some rest. He would take care of the process, he said. He ordered his men to bring the hostage into the big saloon.

"Today is your lucky day", he told them. "You are going back. Actually, I would rather prefer to neutralize you for good, at least the chief of the Secret police and the writer. But you see, you are worthy much gold powder, much more than your weight actually. Who is the first to go, father?"

"Let Mr. Cane be the first, I kind of, like him, then the woman, the priest, the writer and last, dr. Engal. Despite her name (great master), she is neither great nor mastering anything".

The first fifth part of the gold powder was already inside the cargo ship, when Martin Cane entered the portal room. He was back at the bottom of the Ranagar ravine, not far from the containers. When all of them were back, Utu ordered his men to arrest his father and put him in the portal cabin.

"What are you doing, son? Are you crazy?" Nannar said angrily.

"Son? Am I your son now? You never call me that, father! You always say Shar-ibu, the son of the prince, as if I was something belonging to you".

"What did they do to you? Do they control your mind?"

"No father, I am exchanging you with the shuttle. After all, your expedition has been a great failure".

"That's because of you. It was you who chose that man, Mena, not me. I have to tell you that I am very disappointed, son".

"Goodbye father".

After some minutes, the empty shell of the shuttle was in the Micropolis ravine and loaded into the big cargo ship.

"Are we to leave sir?" a man asked Mr. Utu.

"Not yet, we wait for the chief of the army".

"But sir, I thought..".

"As I said, we wait".

"Mission accomplished, madam prime minister". Leon said. "The hostage is on its way to Babylon, and we finally have the big guy. We are looking forward to an exciting trial. I am now returning to Heliopolis".

"Not so fast, mister, she said. First, a big hug, you deserve it. Then you have to explain how you could persuade Mr. Nannar to enter into this world".

"I just hoped that Mr. Utu wished to be the hero of the operation. He did. He counts to be welcomed in triumph. He will be, until they discover that the shuttle is emptied of the entire equipment, and that the gold powder is not what it seems to be. It's just a substitute. Concerning Mr. Nannar, his fate is in Enki's hands".

"So he exchanged his father for nothing?"

"I am afraid so, ma'am".

"Then we could expect a lot of trouble very soon, I am afraid".

"We have always been expecting troubles, madam, unless, we manage to move this world backwards again. That would make it impossible to find us this time".

"Do you have reasons to believe we could move again, Mr. Leon?"

"I trust our scientists, madam".

"Leon of Ptolemy, or should I say Leon the great, you have mine and the whole government's congratulations as well as the gratitude of the people of the Earth".

"Thank you, madam. I would say that your last days as the prime minister of this world have been incomparably successful. See you soon as a great ex-chief of the world, perhaps in another time".

CHAPTER 22

THE LAST KING OF EARTH

"On our way to Babylon once again", Suzan said. "Perhaps more free this time I hope, although more hungry!"

"They had no food to offer at that luxury place", Martin said. "Not even beer - I am certainly going to avoid similar places in the future".

"Me too", Paul added, "many other places too".

"I can't understand why they had to give the gold powder away", Jason said.

"To get back the chief of the Secret police, of course", Suzan said. "We have always wondered why a linguist was involved in everything since we came here. Now we know".

"You have the right to have your own opinion, all of you", Asta said. "But you could spare me the irony, Suzan. I believe the government considered every one of us as equally important. As to my secret identity, it's something that goes with the job, you know. Only the government and a few other persons use to know the name of the chief of the Secret police. It wouldn't be secret otherwise, don't you agree? I hope you understand that I couldn't tell you. Not even my father knows. Now I have to beg you not to reveal my identity to anyone".

"That is true", Paul said. "I asked Dr. Dimas why a linguist was involved in government affairs but he said I could ask her myself when

I came back from the moon. Not even when we exercised together in the training room was he able to answer."

"That makes sense, I believe", Marin said.

"Tell me Asta, do you have Olympic Games?"

"Of course we have. We have always had. Every three years".

"Have you heard everybody? They have Olympic Games too", Paul said.

"Why shouldn't they?" Jason said. "You know, I have a cousin who won silver in high Jump some years ago".

"I assume your Olympic games are taking place in Athens every time", Martin said.

"Why Athens? They always take place at Olympia, the very birthplace of the games".

"Isn't it a high price to pay for Hellas?" Martin wondered.

"You mean the cost of money? No, it isn't. All the participating countries are contributing to that, if necessary. Any excess is used for restorations, new establishments and the like. You know, for a very long time, the Olympic Games were the only occasion that could bring people from the whole world together".

"It is still so in our world", Martin said, "except that it takes place in different cities".

"Why?"

"I can explain that", Jason said. "You see, almost every aspect of life stopped functioning after the introduction of the religion called Christianity by Jehovah. Sorry Paul, but some things have to be said. It's nothing personal.

"It's okay Jason; I have always wondered why the games disappeared for such a long time".

"The reason that the games were outlawed was that Emperor Theodosius of the Byzantine Empire classified the games as anti-Christian activities in the year 393, according to our counting. In the same way his God didn't want people to communicate with one another, the emperor didn't want the spirit of athletics to unite young people. The Games were forgotten for 1500 years, until they started again in 1870 CE in Athens, after the initiative of a man named Evangelos Zappas.

Beside Zappas, another man, Pierre de Coubertin is considering as the father of the modern Olympic Games, started again in Athens 1896 CE. Pierre de Coubertin wanted to bring the nations together and have young people to compete together in athletic activities instead of wars. In order to give the games an interregional character, the activities are taking place in different cities around the world every four years".

"It's kind of fun actually, even if it's most tragic. If I tell my friends that Enlil/Jehovah even had opinions against the Olympic Games, they would laugh", Asta said.

"He didn't actually mention the Olympic games specifically. His early supporters, however, even before Christianity, assumed that the activities were against his will. Our early church fathers prohibited a lot of activities as anti-Christian, although their god never mentioned them. Such is the power of mind control".

"On the other hand", Martin inserted, "he also forbade people to make any images in general, and images of him in particular. The first is, of course, impossible to follow, but the latter is still considered as sinful".

"That was very clever of him, I have to admit", Asta said. "So you don't know how he looks like?"

"We have no idea how he looks. There have never been any pictures of him of any kind", Martin said. "The letter believers of the scriptures don't even utter his name!"

"So you don't know either Paul, do you? Asta wondered.

"No, I have accepted everything like that as his will. However, after what I experienced here, and after talking to your father, I am willing to admit that I have my doubts".

"Remind me to provide you with some picture-books where all of the protagonist gods are represented. You could also find such books in any library".

"A picture book with the old gods and their activities", Jason said, "that would be something to study".

The flying vehicle landed at the government's backyard, as usual. A guard came to meet them and escort them to the room where the government members were waiting for them. They were welcomed as heroes.

"Welcome back, my friends", the prime minister said. Now when this alien threat is behind us, I will give you, all of you, some details, especially about the last operation. Our friends here are from a parallel world, not from the Himalayan world, as many of you believe. Our enemies have sent them, as a test, against their will and without their knowledge. The plan was to take them back again, but they failed because of some special circumstances. They have also been most helpful despite the risks for their own life.

They actually suspected that the aliens operated from professor Sokrates lab in madam Cleopatra's cottage, and where the gold powder was. Thank you, my friends. If we can do something for you, please let us know".

"What about sending us home", Paul wondered.

"I am sure we could arrange that, if you insist. You are on the other hand welcome to stay here, if you want. I am going to need a lot of help from you. You see, my mandate will expire very soon, and I have already decided to study your world. That's why I am envious of you that have the opportunity to study our world".

"I promise to take your invitation under a serious consideration, madam", Martin said. "I hope you will not be forced to study our world in the same hard way as we studied yours".

"Furthermore", she continued, "I am obliged to inform you about the following details. Mr. Nannar is now in this world, not as the governor of earth, but as a prisoner - accused for murder. The shuttle we returned to them was just an empty shell. Leon's people dismounted everything valuable. The reason was to study their technology in order to be able to defend our planet. The white powder of gold we offered them is not white powder of gold either. It's just a substitute! Now I know that all of you wish to go home. Many of you are tired, and hungry. We didn't arrange with some food because we couldn't know how long the negotiations would last. So you are free to do as you like".

Mr. Nannar was brought to a flying vehicle closed to the Ranagar ravine, and into a simple saloon, by a guard. An old man was sitting there alone, only the back of his head was visible. The guard invited Nannar to sit down. Nannar sat down waiting for someone to enter. *I could take the vehicle and disappear*, he thought. *Are they really so dumb? Or, is someone trying to handle me some help?*

The old man turned over his chair and faced Nannar. "I can guess what you are thinking, but I would say none of it, son", he said. "I have been waiting for this moment for a very long time".

"Enki? Oh my god! Is it really you? So you are not dead?"

"Obviously not".

"It must be the will of the creator of all. But how…you..".

"You mean how I could survive the assassins you and your father sent to kill me? Simple, I went underground. I know that you and your family have been celebrating my death".

"They all believe you are dead. It wasn't me, you know. My father used to give the orders about everything. I was your son-in-law. I couldn't".

"You mean you are not my son-in-law anymore?"

"That is correct. Ningal left me after we left earth".

"Why am I not surprised? Was it because you killed her brother and his son or because you tried to kill her father?"

"It's not true, you know. Someone else had put a price on your head. But she refused to listen to me".

"Enough. I don't want to know. Suppose you tell me how and why you killed my son".

"It was not my idea. Actually, it was a trap. They cheated me to do something I knew nothing about".

"Whose idea was it?"

"It was actually my father. You know, after he became Jehovah, he also started to behave strangely - as if he was God. He refused to discuss any matter with us anymore; all of us had to obey his commands".

"So you were just executing his orders!"

"Precisely, although the idea of poisoning Marduk was not his either. It was Ninmah's idea. She became strange too. She was what father used to say, the spirit of the last gold operations on earth".

Enlil/Jehovah, Nannar the son and Ninmah. Father, son and the holy spirit, Enki thought! He studied both the Bible and Jason's book as soon as they arrived to Heliopolis. He went on saying:

"Including the attacks on me, and the assassination of Marduk?"

"Yes. The two of them used to decide just about everything. I knew nothing about the poisoning. They just used me. They sent me to negotiate with him, to ask for permission to stay until we finished the gold operations. That's all I knew".

"It must be convenient to blame somebody else!"

"I am telling you the truth. I know you have the power to send me to death. I am really happy that you are alive. They wanted me to show Marduk a big gold nugget. I did. Our conversation was actually rather friendly. I was his guest for a couple of days. The negotiations were partly successful. As the King of Earth he would consider our demand to stay for fifty more years, he said".

"What happened then?"

"I told him that we found big gold nuggets, like the one I showed him, and asked him to let us complete the mission. He had some understanding about our planet's serious problem. I left the gold nugget on the table and left. We didn't separate as friends, but not as enemies either".

"Why should I believe you?"

"When I got back, both Enlil and Ninmah asked me if Marduk touched the gold nugget. I said no, only me. Then she examined my hands, and said that I had been lucky".

"You didn't ask why?"

"Of course I did. I found out that she had prepared the nugget with a poison and with some keen edges too. Marduk must have cut some finger or so when examining the nugget. That was what they counted on. The poison caused fever that only she could heal. Some days later we heard about his death".

"I suppose they celebrated the death of the Last King of Earth".

Nannar was silent avoiding looking Enki in the eyes. A thick silence was hanging in the air until Enki spoke.

"What about Nabu, his son?"

"I don't know any details but they put a price on his head too. Recruiters chased him everywhere. Finally, he found a protector in Alexander, the King of Hellas. They decided to put a price on Alexander's head too. They used the same way to poison him."

"They?"

"It was Enlil, Ninmah and Ninurta. Actually, I liked Alexander. I believed we could use him but they didn't agree".

"Was it because he offered Nabu some protection?"

"Yes, it was, but also because he planned to unite the world. Something father has always been against".

"Alas, their malignity had no end. Divide and Rule have become Kill and Rule", Enki said shaking his head as if he was speaking for himself.

"They created their own history, I would say".

"How is she now, - my dear sister?"

"She died some months ago", Nannar replied.

"And your father?"

"He is the king now after he forced Anu to resign".

"Why?"

"Because Anu refused to let anyone of us come back to earth. The earth-adventure was ended, he said".

"Something your father couldn't accept. How did he force Anu to resign, by challenging him in wrestling?"

"He was the chief of the army. Additionally, he had the support of some members of the High Council who wanted to expand the operations on earth".

"Expanding the operations by exterminating the whole humanity?"

"The humans would be forced, or persuaded to cooperate, as so many times before".

"And now you are the chief of the army. You have, of course, a lot of experience. You have been leading many armies on earth, Most of them against Babylon and Egypt, like your father. Not to mention the most bloody one that exterminated the people of the rocket ships (Anakim) - men, women, children, and even animals, just because they knew how to transform gold into gold powder. Are you proud of it? Is there anything you and your father did here that makes you feel proud?"

"We taught them how to worship God!"

"What a gift! You mean taught them to fear your father. You didn't teach them either, you manipulated them and forced them to believe using mind control".

"Does it matter, if God is the Creator of All or my father?"

"The difference is the same as between true and false, I believe, or between honesty and criminality. You have created many kings; most of them served you well, unknowing that they were serving the enemies of humanity. Some not, like Nabonidus and Aten. They failed, like Cyril Mena. You killed them all, but you never learn. Now you tried to install a marionette leader so that you could be the de facto governor of earth again".

"It's becoming more and more difficult to control them. I understood that after meeting Asta Engal, and the four people from the other world. They challenged me although they knew I could destroy them. I admire their boundless courage, which I find on the verge of stupidity".

"You know, I brought you here because I wanted to try you in court, - for murder. The jury could send you to live on Lahmu (Mars) without the gold powder, as Anu did with Alalu. It was a short life and a crawl punishment for him. The rest of your life on Lahmu would not be enough as punishment for your crimes, you know. I have been waiting for this moment for so long time. Now I am not so sure any more. It's like my vengeance has been satisfied. I don't wish your death any more".

"I know you wouldn't dare!"

"Don't push it, stupid. This world will punishes you, all right. Your crimes are so many, and so inhuman that can never be excused, neither forgotten. Both worlds are still suffering from them. The other world doesn't even know that you and your family, are responsible for their miserable manipulated life. They pray to you because they think that angels and especially archangels are good beings. They don't know they are murderers, mass murderers. They don't even want to know - that is the power of mind control".

"You know, of course, that when Utu returns without me, the king would send a whole fleet against you".

"I know that, but you don't know that we can meet his fleet, like we did before. I also notice that you are still acting foolish, armed with some kind of superiority caused only by power. You are not superior any human just because you live longer. You would need some understanding in your situation, some humility, some love, if you are capable of such emotions".

"I am a hero. I do everything I can to help my people while you are considered as a traitor".

He is talking like his father.

"You are challenging my tolerance you son of a ... It seems that you want to bring the rest of your life as a prisoner on Lahmu anyway. That option is not entirely removed from the agenda, you know. Now listen carefully, listen to my words. I decided to show you, and your father, that this world has the power to defend itself against the criminal attacks from you. You two are the most hated gods in this world. Your death would please the population of the whole planet. But I decided to let you go. You are going now to live knowing that every single day of the rest of your life is a gift from me, from this world, or a punishment, - it's your choice".

"I don't understand. Utu exchanged me with the shuttle. My life is no more worthy than a luxury shuttle, according to my son. It's ironic you know, because the shuttle is armed with water cannons that open the way through the main asteroid belt, precisely as you did when you first came to earth".

"The shuttle is nothing more than an empty shell. That's what he got back, and he knows that. We have nothing against using your technology to defend ourselves".

"Did he exchange his father with a heap of scrap? I don't believe you".

"I didn't expect you to believe either, or to be the least humble. You are still considering yourself as the governor of earth. I wonder why? Don't you understand that Mr. Mena is dead? Who else was involved in your conspiracy?"

"If you are fishing for some name I have to disappoint you. There is no name! Perhaps your intelligence has been damaged after so long time on this planet!"

"Perhaps, or you have become more arrogant than ever. I could make you governor. I could put an end to your miserable life. I could release you. I could send you to places where gods never go. Is there nothing that can make you a little more unpretentious, a little more human? Is power the only thing that interests you? Is power the only thing you understand? *The son of the prince, the son of the king, the son of God, the holy spirit, the chief of the army, the chief of the angels of God,* how many expressions are you going to invent in order to feel powerful?

How powerful are you just now? The guard standing outside this shuttle is more powerful than you are, not because he is armed, but because he has the authority and the will to defend his home and his family. You, on the other hand, came here to steel from him. You have a lot of things to be ashamed of, like your father, and many other of our family. You know, I wish your father were sitting here with you. I would send you both to the other world without wpg. It should be interesting to find out how you could manage to survive when they find out that your father is not God but a simple imposter and both of you are big criminals. Tell me something I don't know, - something you are proud of".

"You brought me here to humiliate me?"

"Is it possible? I hoped I could appeal to your honor, if you have some".

"What is it you want from me?"

"I want you to leave this world alone, - the other world too. I don't want you to come here anymore. I spare your life, although what you need most it's some proud".

"How did you manage to persuade Utu to send me here?"

"That was easy - by talking to him. He too believes that power is the only thing in your mind. He is pretending to be tough only to satisfy you. He would rather have a less powerful father he could be more proud of. He didn't send you here to be killed, or to be punished, even if you deserve it. He just wanted to help you. Isn't it strange that me, his grandfather, knows him better than you do? Think about it".

"I admit that what he did was a chock for me. I would never think he did it because he cares about me. How could he trust you?"

"For some of us it is possible, son. Try to understand that, I am sure you could".

"You want me to believe that my son loves my power instead of me, and that you are going to release me just to teach me a lesson. How stupid do you think I am?"

You son of a bitch!.

"In that case, very stupid. You and your father love wars, not to mention Inanna, your warrior daughter. Now I have a message for your father, an official message from the government of earth to the king of Nibiru. Listen carefully. Tell him that we have the knowledge, and the technological equipment, to send Nibiru back in time. I could choose the time when the whole planet was in war, the North kingdom against the South Kingdom. I could stop there and let you enjoy the war. The only reason, I could think of not to do that, is if he forgets everything about this planet. You have, all of you, to forget that this planet exists. Don't show up here anymore, any of you. Not in the other world either. Now you may go. The guard is going to send you to the other world where Utu is waiting for you".

"You mean it, don't you?"

"Goodbye to you, son, I hope this is the last time we see each other. If you come back, you would never find this world again. It will be moving again to the time of the Last King of Earth. I will prevent you from poisoning him, and he will still be the King of Ki".

"You mean I am free to go?"

"What about the promise?"

"I will give him the message, sir. I promise you that".

The guard asked Nannar to follow him. He couldn't believe his eyes, not his ears either. *Was he free to go? Was Enki able to send Nibiru back in time? Did they find the equipment that could hold this world still? Was his son caring about him? Was he waiting for him? He felt a strange feeling in his heart. A feeling he didn't remember the last time he felt so. It must have been thousands of years ago!*

Could Ea/Enki trust Nannar? He was not sure. That's why he gave Utu the same message too, a written message together with his best regards to his family and friends. A message from a man they considered dead!

CHAPTER 23

GO IN PEACE

After Babylon, they spent several days in Heliopolis. It was a wonder of architecture. Most houses were in the ziggurat style allowing the inhabitants to grow beautiful gardens at the big "verandas". The gardens were very useful too. Beside the shadow, they offered fruits of different kinds, like olives, citrus fruit and beautiful flowers. They fetched some of the water from the Nile River and some from the sea, after a desalination procedure.

The government gave the four "foreigners" a credit card each, loaded with unlimited credit, as a reward for being so helpful. All of them wished to buy something they could not find in their own world.

They spent many hours in the shops of Heliopolis. Suzan bought a lot of clothes. Her nice body and her good taste made her look like a super model. She also bought a digital camera. She loved to take pictures everywhere. She was hoping a friend of her would be able to modify the connection to the computer. She got back her own camera too.

"All your pictures are there", Asta said.

"All of them, but how?"

"I told you it was a technical problem that would be solved sooner or later".

"Now it's later I suppose. Why do I have the feeling that you had the pictures all the time?"

"I am innocent, Suzan, unless you could prove otherwise. Besides, I have a good lawyer by my side!"

Martin Cane bought a communication device that was a wonder. You can communicate with any person, or computer everywhere, the shop assistant assured him. When Asta showed him how to use it, Jason became interested too.

"It's a pity it couldn't work in our world", he said, "otherwise I would buy one too".

"Why not?" Asta wondered. Then she checked with a technician who assured her that it would work anywhere, as long as there were any wave transmitters. It sends in the same wave type as the nearest transmitter, he said. Jason couldn't believe it.

"I am not an expert", Martin said, "but if they say so, why not give it a chance? You have nothing to lose. If it works, you could call free of charge!"

"If it works, I want to be able to talk with all the members of my family", Paul said. He bought six pieces. Suzan bought eight pieces, and Jason four pieces. "At least we can talk to each other", he said. He also noticed that it was of the same brand as the cameras. It had a calligraphic logo of a big "A" at the upper front.

"Not very great imaginative power behind this logo", he said. "Couldn't they come up with some more innovative?"

"It's a well-known logo, from a big company", Asta said. "You can see it on several electric and electronic devices".

They bought wpg-flashlights that would last forever. The wpg - gold power cells - would work for thousands of hours. The wpg was also hundreds of times more powerful than lithium. Both Jason and Paul loved to work with wood, so they bought several tools powered by wpg cells. They also bought a computer each after Asta managed to load their own language in them. They were small, fast, and very powerful. They would not need any net connection, the shop assistant said. Suzan looked at the stuff she bought, some beautiful clothes, underwear, beauty accessories, a shaving machine for Brad, and wondered what people would say about all those new brands. Would anyone believe her that things were "made in Babylon", "made in Haka-Ptah (House of Ptah=Egypt)", or "made in the united world"?

They had a lunch with professor Sokrates and madam Cleopatra. She gave Paul his books after she got them back from Enki who wanted to read them, "a good one and a bad one" she said. Paul was happy to get them back. Asta informed them that the books had been copied and would be studied very carefully.

"They have been admiring your book, Jason", she said. "Scientists, philosophers, archaeologists, all of them are surprised about your research, how you could be so right, or, sometimes, very closed to the truth with the poor material you had in your world".

"What about the other book?" Paul wondered.

"Their opinion is that it is a very advanced, very scientific form of mind control. Although they know nothing about your world, they said that the book is able to control the mind of any individual and direct his/her actions. When I told them that they are completely right about that, they were not surprised at all".

"Jason, I would like to publish your book in this world?" Martin said. "There is, of course, a problem; I could not send you your royalties".

"Sorry to interrupt you guys, but I wonder how Paul is feeling about the critique of his book", Asta said. "It's nothing personal, you know".

"I know that", Paul said with much confidence in his voice. "I understand now that Jehovah had reasons to act the way he did. I also understand the power of repeated manipulations. I feel less depended on my faith. Life is too short to spend wondering if God exists or not, or wonder how one would please him. As Jason says, it's better to be good than religious, to be both is almost impossible".

Martin Cane decided to accept the government's offer and stay there. "I hope I would be able to visit my children every now and then", he said. He and Jason came to an agreement about Jason's book.

"Just use the money any way you like", Jason told him. "I hope you can make a living out of it. Seek up the fishermen that tried to capture us and make a contribution so they could get some better fishing equipment".

They would be send home from one of the labs of the Esc. They agreed to be sent on a certain point near the Micropolis Bridge where nobody would observe their sudden appearance. Suzan pointed the location on a map in order to decide the exact coordinators. Then she wanted to speak to Jason "between four eyes", as she said.

"Jason, if this is true that we are going back, and not a joke, I would like you to do me a favor".

"Anything, lady, what's on your mind?"

"I would like that we forget all about our little adventure here. Concerning our being together and the great enjoy of love my mind and body experienced, I would never forget it suit heart. Could you do that for me?"

"What adventure?"

"Thank you Jason, even if you have already forgotten".

"I will never forget our time together, lady. It will always be stored in my mind and my heart. It was a wonderful time. I hope it was good for you too".

Then it was time for a little ceremony, the first one ever of this kind. There were some officials too, between the scientists and the technicians.

"It is my responsibility to ask you again", Leon of Ptolemy, said. "Is this action of going back according to your will?"

Suzan, Jason, and Paul answered, "Yes, it is".

"I ask for permission to stay here", Martin Cane said. "I will start a publishing company, so I would be able to support myself".

"I support his application, sir", Asta said.

"No need for that Asta. The man has the right to stay. Very well then, permission is granted. You are going to get a printout from the responsible authorities. Welcome to this world, Mr. Cane. If you change your mind, we could always manage to send you back. Now before you enter the portal, someone wish to see you and talk with you for some minutes".

A young girl asked them to follow her. They walked out of the ceremony room, through a hallway, and then she said pointing at a door "here it is, you are awaited". They knocked on the door and opened it after a man's voice said - "Please come in".

They all enter the door after Suzan. An old man held out his hand to welcome them. They were still motionless looking at him with wide eyes. They were standing lined up like small children.

"Jason Park, sir, nice to meet you sir, It's hard to believe I am shaking hands with you sir."

"Enki, nice to meet you son, you are the writer".

"Suzan Cohen, sir, nobody is going to believe me, I can't find the words, nice to meet you sir".

"Nice to meet you too my child, you are a solicitor".

"Paul Garner, sir, you should be our god instead of Jehovah". "You must be the priest, nice to meet you too son".

"Martin Cane, sir, I don't believe my eyes. It's an honor to shake hands you, sir".

"You are a solicitor too, nice to meet you son. May I offer you something to drink, lady and gentlemen? Here, in my room, I have coffee, orange juice and beer, but you could ask anything you like".

Suzan and Paul wished orange juice while Martin and Jason wondered if it was okay with some beer.

"I was out there you know, watching the little ceremony, but I feel like I wish to see you and thank you in person. Thank you my friends for your great help to defeat one of the most evil men in our solar system. I have heard that you have been very smart despite the fact that assassins were after you".

"Sir", Jason wondered, "we heard that powerful assassins were after you too, I am happy to see that they failed. How did you managed to survive".

"The answer is simple, son. I went underground until the Enlilite gods left Earth".

"May I ask you why you let Nannar go"? He ordered Utu to take care of us, cancel us, as he said", Paul wondered"

The answer to your question, Mr. Garner, is somehow complicated. But I like to believe that Nannar and Utu would persuade Enlil to leave us alone, your world too".

"How is it possible to create another world, sir"? Suzan asked.

"It's another reality actually, but I am not sure I understand all the details myself. However, our scientists and I are happy we managed to do that".

"Sir, I know it's impolite to ask, but my curiosity won't leave me. Are you really several hundred or several hundred thousand years old", Martin wondered.

"It is impolite Martin", Suzan established.

"Never mind", the old man said. Yes, son, we live hundreds of thousands of years, earth years I mean. The reason Is that our age has been adapted to the orbit of Nibiru under thousands of years, but also the consumption of gold powder. Is the answer to your satisfaction Mr. Cane"?

"Yes sir, it is, sir. May I ask why you never tried to handle us some help" As you may know, we have a miserable short life, say about 70 – 80 years".

"We have not always had that possibility to communicate through our worlds until recently, son. It was actually after professor Sokrates achievements that put the ESC on the right track. I know nothing about your world after we separated from each other. I am happy we have the two books you brought here. All of us wish to read them".

"Is it any Enki in our world too, sir", Jason wondered.

"Good question, son, but I really don't know, although I don't believe so. I like to believe that there is only one Enki and he is here. You have many questions, very intelligent questions. Are you sure you wish to leave us today".

"Sir, we could be sitting here listening to you for months, perhaps years", Jason said, "but I don't think we have the right to consume your time with curious questions".

"Thank you again, my children, I wish you a happy future. Before you go, I would like to give you a little gift expressing mine and this world's gratitude". He gave each one a little box and said; "You can share it with your families, it wouldn't be fair otherwise".

They all embraced him and left with tears in their eyes.

"How am I going to forget this?" Suzan said crying like a little girl.

"Lady and gentlemen, it's time to say farewell", Leon said, unless you have something to say.

"May I?" Jason wondered. "Thank you - all of you. We will never forget you. How could we forget a world we consider as our lost world? You are very lucky, if you haven't thought of that. Thank you for your hospitality, even if some of you tried to kill us. Thank you for curing Paul and the treatment that is going to add some more years to our lives. I wish I could stay here. I feel like a bit of me is staying behind. Good luck to you - take care of all the good achievements you have and all the bad guys".

"Go in peace friends", came from the audience. An old man came near wishing to shake their hands. Paul's face became white. He felt a stream of ice running through his blood system.

"Professor Sokrates?" he managed to utter. "I hope you are not the one who is g…"

"Don't worry Mr. Garner. I could send you back alright! But they wouldn't let me. I only wish to shake your hand. We never did, you know, the other day. Good luck to you, sir, good luck to of you all".

Martin was enjoying the unexpected situation.

"Poor Paul", he said to Asta. "His mind jumped into high spin for a moment".

"But the professor is responsible for the transferring", Asta said seriously.

"Now is my turn to get worried. Are you sure, Paul wondered"

"Just joking, he asked for permission to observe the operation".

They all entered the portal after embracing each other.   "Don't forget to write, you know the address", Martin joked. "Don't forget we are neighbors, you know", Asta said.

That was the last they heard before they were standing by the Micropolis Bridge.

CHAPTER 24

THE CHEATING

The local chief of the wpg-distribution department at Heliopolis called Wo Yang's office. After some talking to different people, the call was directed to Wo Yang.

"Sir", the voice said, "you are the third person I talk to. Why is it so difficult to answer a single question?"

"What is your question Mr....?"

"Thor Wiking, chief of the seventh distribution center, here in Heliopolis".

"What can I do for you Mr. Wiking?"

"You could, at least, inform us why you reduced the quantity of the wpg delivered to us, and why?"

"We did?"

"Of course you did. Since yesterday, as far as I know".

"How much less, Mr. Wiking?"

"It has been reduced by ten percent both yesterday and today".

"But not before yesterday?"

"We don't know that. You see the man who was responsible for the control was involved in an accident yesterday morning. Unfortunately, he died. He didn't report any divergence. The new controller reported the divergence yesterday".

The same day Wo Yang sent people to most distribution centers to check that, at the time of delivery. They discovered the same amount of reduction at several centers. None of the controllers wished to speak, except an old man by the name Boris Palin.

"I have lived my life", he said, "so I am not afraid if they come after me. I am working here because I love my job. For a month ago, a man gave me five hundred credits for hiding the actual amount of the delivered wpg. I know I have been a full. My dream was to buy a cottage where I could spend my last years in the country. But I have been feeling awful since then".

"His name?"

"He said he was sent by someone called "noname", and I would be rewarded with another five hundred next time. That's all I know".

Enki walked into Leon's room just as Leon finished a conversation and put his mobile on the desk.

"Nice little thing you have there, is it new?"

"The mobile? Yes, it's a new model. Its functionality is amazing. I can type a time and a code informing anyone who calls me that I am busy. Then I can get back to them. The Anonymus Company has a lot of excellent products".

"Anonymus eh? Now we know where the big "A" comes from. Is there any connection between this company and the new prime minister?"

"He inherited the company from his father. But since he jumped into the politics, he transferred his share to his wife, his son, and his daughter in law. This is a usual praxis for our politicians".

"For how long has he been in the government?"

"I don't know exactly, he has been at different departments for some years, and since one month the Prime Minister, after the former Prime Minister Hypatia Heron resigned.

"Do you know everything about all the officials?"

"It's my job, you know. But why do you ask? Is there any problem?"

"Perhaps, - perhaps not. Tell me Leon, do you think we have been cheated by Nannar?"

"You mean we have cheated him?"

"No, is there any reason to believe that he cheated us?"

"How could he? He got nothing from us, while we got a lot of information and a lot of technology. He is the looser, isn't he? But I see that something is bothering you. What is it?"

"I don't know, I can't put my finger on it yet. I have the feeling that he is laughing at us right now".

"If you want to unburden your mind, I am listening. Give me something".

"My memory tells me, Enki continued, that after Mr. Paul Garner had been released from the moon, he said something about a codename of some agent. He said that the agent had the codename "Noname". When I asked Nannar if it was any more people involved in the conspiracy, he said - you are fishing for some name but there is no name. I find it rather strange".

"Yes, I remember that Paul Garner said that. I have the document in the database. Here it is. But later on, he said he was sure that reading "name" backwards could result in "Mena". But it could also be "Mena-on". Isn't it too simple?" Leon wondered.

"I agree. Do you think Mr. Mena's conspiracy was an undercover, to turn our attention away from the real agent? Enki wondered".

"It could be. We are rather satisfied that Mr. Mena's conspiracy failed. Suppose that was precisely what Nannar wanted us to believe", Leon said looking to be in deep thoughts.

"While the real traitor, the one who accepted to be the servant of Nannar goes free. In that case, Mr. Mena's death must have been according to plan too. You mean they would kill him anyway, even if we didn't intervene?" Enki wondered.

"Probably, I don't think they could manage to control him all the way", Leon said. "He was too ambitious, almost megalomaniac. Then we have to start all over again. The crisis is over but replaced by another. I will take care of that as soon as this KLA problem is solved", Leon assured him.

"What problem?"

"The Ki-Lahmu Association (Earth-Mars Association) applied for an earlier start of the Lahmu shuttle, one day earlier than planned".

"What kind of cargo do they have?"

"The usual, food, spare parts, accessories, they have been doing this for years without any problem".

"And what is the problem now?"

"The problem is that we have a disagreement about the total weight. The weight of the ship plus the weight of the cargo is less than the total weight. According to their explanation, the difference is caused by some miscalculation of the weight of the ship since it's a brand new one".

"A brand new one", Enki repeated for himself. "Did they apply for an earlier start because they want to make some test about the behavior of the new ship?"

"Yes, and that could take a day they said. By starting a day earlier they wouldn't be delayed on their arrival".

"If the calculations about the total weight of the ship are right, as they should be, then there has to be a hidden cargo space somewhere. I don't remember that happened before".

"I thought of that too, so I instructed Nestor and a team of technicians to investigate the matter".

"If we assume that Nannar left from the other world..."

"It's 33 days ago", Leon said.

"You have thought of that. Then you must have thought of another possibility too. That Nannar may have a rendezvous scheduled with the new ship somewhere between Ki and Lahmu. Put somebody to make some calculations even if we don't know the speed of Nannar's ship".

Leon's new A-mobile blinked. "Excuse me", he said, "it must be Nestor".

"Leon, it's Nestor - we have a problem here".

"What kind of problem?"

"The technicians are certain that there is a hidden space in the ship. Our equipment, the eagle camera, is unable to come through the wall in front of the suspected section. We tried two different cameras, but the result is the same. It must be some build-in material in the wall, or behind, preventing the cameras. What do you suggest?"

"Put the whole crew under custody. Get a team to guard the ship while the technicians open the way into that section. Do your best to avoid any unnecessary damages".

"Aren't you going to say, what did I tell you?" Leon said to Enki. "Suppose you are right about the rendezvous too. What is the connection between the KLA Space Company and Mr. Nannar?"

Then he pushed a button and said, "Ellen, I want everything about the KLA Space Company, the owners, subsidiaries, fusions, just about everything, as long back as you can go. See if you can find any connection with the Anonymus comco".

"It's not difficult to assume that the hidden cargo, if any, must be white powder of gold. Nothing else would interest Mr. Nannar", Enki said.

"Here we go again. The stuff is both a blessing and a curse. What about some military equipment destined for Mars", Leon said. "It's not farfetched, isn't it?"

Ellen came in with a printout. "I need more time", she said. "It's a labyrinth of companies and fusions all the way back to the company's registration. In the meantime, I found this that could be of interest to you".

"Thank you Ellen, let me know as soon as you find some more interesting things in that labyrinth. Well, well, see what we have here. We have a company named ALK, an acronym for "Anonymus Life Kernel". They manufacture medical equipment, but they are carrying on scientific investigations about Life Extension. It is a quite respected and well-known company. The owner was Mr. Anthony Anonymus until he transferred the ownership to his family, the same owners as the owners of the KLA Space Company.

"Is it a question of bad imagination, or is he trying to tell us something? Reading KLA backwards we have ALK", Enki said.

Leon's a-mobile was blinking again. "Yes, Wo".

Wo told him about the missing wpg. He suspected that the reduction of the weight started about a month ago. He appreciated the missing quantity to about one thousand kilograms.

"They are changing tactics continuously", Leon said.

"We are going to stop it from tomorrow", Wo said. We have replaced every single controller for the time being. Now I must get to work to find it. It wouldn't be in the Ranagar ravine this time, I presume!"

"Wait an hour or so, Wo. If you don't hear from me, then you can start searching. We have a pretty good idea where it could be. But you could concentrate your searching to find some witnesses against the one who gave the orders".

"You are right again", Leon said to Enki. "The distribution of wpg to some stations has been reduced for about a month now, probably, to those stations the controllers promised to cover the reduction. So we still have someone who steals wpg and certainly someone who wants to buy".

"Who found out and how?"

"A controller, an old man, changed his mind and reported to Wo".

The next day, early in the morning, Nestor dropped into Leon's office.

"Good morning to you", he said. "If master Enki is here, then the problem is bigger than I thought. You are not going to believe this. We have been working the whole night, and guess what we found in the ship's hidden space?"

"White Powder of Gold?"

"Yes, you knew?"

"Just guessing. How much is it?"

"It is precisely one thousand kilogram".

"I wonder what Mr. Noname planned to do with that?" Leon said as if he was talking to himself.

"Is he involved?"

"Who?"

"Mr. Anonymus".

"I didn't say that, Nestor".

"But you did sir; you said Mr. Noname. Anonymus means Noname in one of the ancient languages. My grandfather speaks that language, or some rest of it anyway. It's a beautiful language he says".

"Thank you for the tip, Nestor. We much appreciate your help. Neither Leon nor I came to think of it", Enki said.

"But you must remember that master Enki. You have been involved in that replace-your-language operation".

"Indeed I was, son. I was commanded to create some of them. I protested but couldn't refuse. It's not something I am very proud of".

"What shall we do with the ship?" Nestor wondered.

"They have to load the cargo into another ship. Then we could let them start as the plan was from the beginning. Take the ship into a hangar and put a team to guard it. Good job Nestor".

"Thank you, sir, good day to you sir, and to you Mr. Poseidon. You must remember that name I presume?"

"I do Nestor. Have a nice sleep after a hard nights work".

"We have to take in Mr. Anonymus junior, the chief of the flights of the KLA, as well as the chief engineer of the manufacturing company. Let's see, it's another company in the A-empire. But we have nothing on the senior".

The new GIA chief, Basil Brown, was informed about the situation. Since the accusations against the suspected were strong, he ordered a team to arrest them and bring them to Heliopolis. He even arrested Anthony's wife, Dora, and Phoebe, the wife of the junior Nicolas Anonymus. All of them denied that they had nothing to do with the hidden space in the new ship, or the wpg. They all were under close examination. He hoped that some of them would give up, as all of them found the life in the cells of the GIA building very repugnant. He decided to act as one of the interrogators. He chose Phoebe Anonymus, even known as Mrs. "A", whom the magazines described as a luxury-wife, living at the top of the jet set pyramid of the society. The magazines knew all about her clothes, shoes, and even what kind of flowers she liked".

"Mrs. Phoebe Anonymus. Is it okay if I call you Mrs. A?"

"Everybody else does".

"I am going to question you in order to find out if the accusations against you are true or not".

"Why is my solicitor not allowed to see me?"

"He will, I promise you that. You are the economic director of the KLA Space Company, and also member of the board of the same company, as well as the Anonymus Life Kernel Company (ALK), and some other companies as well. It's quite a career if I may say so".

"I am worthy my position and my salary".

"I am sure about that, Mrs. A. The KLA Space Company bought the new ship, called "Phobos III", from another of your companies, the Phobos Construction Company. As the economic director you approved to that transaction".

"That is correct".

"Did you know that the Phobos III has a hidden build-in space?"

"Of course not. That was never on the drawing sheet".

"You know, of course, that all the executives of the KLA Space Company, as well as the council of the board, are collectively responsible for the company's actions. You also know that it's forbidden to transport white powder of gold to Lahmu (Mars), other than government transport in the official boxes. You do understand that this is illegal trading?"

"I have nothing to do with the cargo".

"Yet, you are responsible for the fees running into your department. Who paid for the cargo?"

"There is a list of all companies and their products".

"But there is nothing about the wpg. You are a nice young woman Mrs. A. This only accusation could send you to Lahmu for many years. You know, of course, that the prisoners on that planet have no access to wpg. When you come back you would look like an old lady".

"I am not responsible for what other people use to load into the ships".

"But of course you are Mrs. A. You are the economic responsible for the line to Mars, for transportation in general, for being paid, for all incomes and expenses. Why would some other of the accused then point a finger at you?"

"Someone did?"

"No names have been mentioned, but some of them turned most of our attention at you. There must be some reason, I presume! Even your father in law, the prime minister assured us that his wife and son are innocent. But he said nothing about you. He also said that he would make everything he could to help us find the guilty. He understands that the future of the KLA, and even some other companies, is hanging on a very thick cord. The question is if you want the companies to survive, or the criminal?"

"Did he say anything about Carl Lyon?"

"Who is Carl Lyon?"

"He is one of the chief executives of ALK".

"What about him?"

"Nothing. I don't know why I came to think about him. He is a nice fellow".

"Thank you Mrs. A. Unfortunately, I have to promise that I will be back, perhaps tomorrow".

"Am I to spend the night here? What about some clothes? I assume my secretary came with some necessary stuff".

"Yes she did but it's against the rules. You have been provided with what you need for the time being. This is a prison Mrs. A. The service is certainly not in accordance with what you are used to. You have no access to any bonus either, since we believe you are covering someone".

Basil Brown knew that he probably created some problem by being too hard to her, but he used to work this way. His instinct told him that Mrs. A was covering someone. He knew that when she becomes vulnerable enough, she would be ready to speak. He ordered the arrest of Mr. Carl Lyon. But a long questioning under the night was without result. As the chief manager of the crew, he had nothing to do with the cargo, he said.

Basil returned to Mrs. A. He offered her a cup of coffee from the coffee shop. "I assumed that the coffee from the catering company is not as good as this", he said. He noticed that she was most uncomfortable. She had to sleep on a bed she would never do under normal circumstances. She was not used to be in the same clothes for so many hours, and most certainly, she was not happy by spending the evening and the night alone. He wanted to help her because he suspected that she was not involved. But it would be good for her if she could sweat a little more.

"What have you and Carl Lyon being up to Mrs. A?"

"Being up to? What do you mean?"

"You mentioned his name yesterday".

"So? I meant nothing with that?"

"Perhaps, perhaps not. He is under arrest now. He is accusing somebody for bribing the wpg-store controllers. He didn't mention your name but I believe he is suspecting you".

"He is what?"

"You know what I think? I think you are working together. You are partners".

"Never, he is responsible for the reduction, even if he has been forced to do that".

"Then we have his words against yours. Why should I believe you and not him?"

"Because I know what I heard. He promised to…"

"Promised what?"

"…"

"Let's take it from the beginning Mrs. A. By the way, your mother came to see me this morning. She wanted to see you, of course. It's about a month ago that she, the always-popular Hypatia Heron, handed over the prime minister post to your father in law. She is lucky that this incident happened after her retirement; otherwise she could be accused for corruption".

"Perhaps it's better this way. I don't want her to see me here".

"Shall we go on with Mr. Lyon then?"

"What did he tell you about me?"

"I would rather prefer to tell you Mrs. A, but it's against the rules".

"He is your man, one of them anyway. He was responsible for persuading as many controllers as possible, through the payment of money, not to report any divergence concerning the weight of the wpg".

"And how do you know that?"

"I heard them talk about that".

"Them?"

"It was another man too. He instructed Mr. Lyon how to act. That's all I know".

"Where did this conversation take place?"

"It was outside the KLA building, here in Heliopolis".

"Did they see you?"

"I don't think so".

"Why not?"

"Because… because I was…behind…"

"Mrs. A, I am disappointed. You are covering somebody, probably somebody who wishes to send you to Mars. I promised your mother to do anything I can to help you. But I can't do that without your help. Besides, we know the name of the other man. Mr. Lyon has been cooperating quite well. How involved are you Mrs. A?"

"I told you I am not involved at all".

"And Mr. Lyon told us a lot too. Which one shall we believe?"

"If you know the name of the other man, why do you ask then?"

"You and Mr. Lyon are not a witness team Mrs. A. You are two individuals. Suppose he is lying! Suppose he is lying about you too? You have to tell me everything you know".

"I couldn't do that, they are never going to forgive me".

"Who are they?"

"My husband and his family".

"Some of you is going to live a lot of years on Mars, Mrs. A, which one do you want it to be? Mr. Lyon, your husband, or you?"

"My husband is not involved".

"Let's take it from the beginning, shall we? Tell me all about the conversation you heard, the truth, please. I promise you that you would be released before the evening if you tell the truth".

"We were invited to Anthony and Dora, my parents in law, for dinner, in their house in Babylon. We had Ishtar with us, our dog. I left her in the garden since Dora is allergic. After the dinner, I went to see her and give her some water. Suddenly I heard two men involved in a serious discussion. I couldn't move because they would see me. So I stayed there for a while, forced to listen. One of them was Carl Lyon".

"Who was the other one?"

"I don't know. I couldn't see him".

"How do you know it was Carl Lyon?"

"I heard the other man called him by name".

"Didn't you recognize the voice?"

"It could be either Anthony, or Harry, his twin brother. They are extremely alike, you know".

"Go on".

"This is what I heard".

Voice: Your job is to find as many controllers as possible, and give them the money in exchange for covering the divergence of the weight.

Carl: No sir, I am not going to be involved in this. Find somebody else.

Voice: You know I could destroy you. Suppose they find out, who is responsible for some purchases that never reached ALK?

Carl: You wouldn't do that. It would strike on you too.

Voice: But I don't care, I never did. Do we have a deal Mr. Lyon, or not? Tomorrow it would be too late for you".

Then it was a long pause. None of them spoke for a while.

Voice: Did I mention that the Company paid for your cottage? I have copies of the invoices.

Carl: Okay, but this is the last time. You have to promise. Voice: As you wish, Mr. Lyon. But remember, you are going to start tomorrow, and I want some very good results.

Then I heard steps, as if one of them was leaving. I wanted to go inside but I was not sure if the other man was still there. Ishtar became restless and began barking. Then I heard a strange conversation again.

Voice 1: It's you again, what are you doing here?

Voice 2: Nothing, I am on my way out.

Voice 1: It's unbelievable. Don't you hold anything as holy?

"That's all. When they left, I went inside. Carl Lyon was still there. I found it strange because I thought that he left. Both he and Anthony were behaving very normal, as if nothing happened".

"You didn't see any of them under the conversation"?

"No, I didn't, that's why I feel terrible. I feel like I am speculating".

"Thank you Mrs. A. I will arrange for your release".

Leon of Ptolemy had a lot of information to go through concerning the companies in the A-empire. He concentrated his attention on the ALK. The company had been expanding for more than two hundred years. The executives under the years were many. He found that Harry, the prime ministers twin brother, had been one of them. Leon had an act concerning Harry. He was something of a black sheep in the A-family. He was the best educated of them, a great scientist. Unfortunately, he was also a great criminal. He had been a prisoner on Mars for twenty years. He made a lot of money through manipulating the value of the shares in two different companies. One of them was the ALK. The press described him as both genius and crazy. Under his time as general director of ALK, he went public claiming that he had the solution to real longevity. The wpg was nothing compared to that, he said. He described how he manufactured a substance that could replace the spinal cord. That would create a new race, he said, a race of gods.

Basil Brown went to visit the prime minister in Babylon.

"Thank you for taking some time with me sir", he said, while Anthony Anonymus offered him a cup of coffee.

"What can I do for you Basil?"

"You know, of course about your family and some executives have been under custody".

"Yes, I know. I hope the whole story is some kind of misunderstanding and that you find the criminals, whoever they may be. I am convinced that none of my family is involved. I hope you find out soon".

"Sir, may I ask you about the evening of the 24th last month? Where you have been?"

"Let's see, it was some days before the election. I always keep records, here it is. I had dinner with Nicolas and his wife, and Carl Lyon and his wife, at my home".

"Was Mr. Lyon something of a special guest?

"I meet with the executives from time to time. I want to hear about their problems, and their achievements. It's nothing unusual with that, Basil".

"Did you have any conversation with Mr. Lyon in the garden?"

"In the garden? I don't think so. I am sure about that. It was rather late when they came".

"After the dinner, perhaps?"

"We talked about a lot of things under the dinner. Then Mr. Lyon disappeared for a while. I assumed he was in the bathroom".

"Did you notice anything unusual when he came back?"

"Yes, I did. I remember that he seemed to be rather distracted. I asked him if he had some problems. He said it was his stomach. After some minutes he was back to normal again".

"So you didn't go out that evening".

"I did, as I always do after dinner. I use to take a walk in the garden".

"Did anything happen while you were in the garden?"

"Nothing important. I saw my brother's dog and got angry".

"Why?"

"That dog is driving me crazy. My brother is very special, as you certainly know. He has had a lot of dogs, all of them looking the same, all of them listening to the same name, El. The strange thing is that he is claiming that it's the same dog! In that case, that dog must be more than a hundred years old. My wife is allergic you know, so I don't want his dogs running around in the garden".

"Was he also there?"

"He was not invited. We never do nowadays, but he shows up every now and then. I saw him walking around in the garden".

"What happened then?"

"I said something like, it's you again, or something like that".

"What did he said?"

"He said he was leaving. That's all. I was happy to watch him and his dog leaving the garden. What is bothering you Basil".

"I don't know, your brother perhaps. Would you say that he and Mr. Lyon are friends?

"Friends? My brother has no friends. He is sucking energy from everybody around him. He is using people".

"Have they been working together?"

"Oh yes, they worked together at the ALK. Harry has been executive there for a while. He was not very popular. The two of them have always been up to something".

"Did it ever happen that he pretended to be you?"

"Oh yes, at several occasions, not lately, however. Not since, he got his own lab. I helped him with that lab because he promised to mind his own business. He has been in that lab day and night the last years. Carl Lyon helped him with some equipment too".

"Could he be responsible for the hidden space in the new ship?"

"I don't want to speculate. But if someone could be that clever, that would be him. As I told you, the man is a genius. Unfortunately, he has been directing his steps into paths not always approved by justice".

"Thank you, Mr. prime minister. I think we are moving in the right direction. I will keep you informed about the developments".

Basil Brown sent a team to arrest Harry Anonymus. He followed them without objection. They also took two boxes of wpg, and some strange drawings that could be constructing drawings for some equipment.

When Carl Lyon heard about that, he chose to cooperate with the authorities. Harry Anonymus was completely silent for four days. It was like speaking to a wall. It was like there was some key that needed to unlock his mind. Finally, Basil did find the key by chance.

"We are studying your lab just now", he said. "There is some equipment and even some drawings we want to know more about".

"Don't touch anything in my lab", he said angrily. "I mean, it".

"You know that the lab is under investigation. We have the right to turn it upside down".

"If you leave my lab alone, I will tell you everything you want to know".

"Like the alien drawings? We know that the material of the paper is extra-terrestrial. What could you tell us more?"

"I could tell you who gave me the drawings, and some of the equipment. I will tell you how I planned to kill Anthony and throw his body in the river. Everybody would think it was my body. Then I would be the prime minister of this world.

"How did your know your brother would succeed madam Hypatia? And what about Cyril Mena? Wasn't his death an accident?"

"Antony told his family, some time ago, that his chances to become Prime Minister were great. As for Mr. Mena, he was just an undercover operation.

What if the prime minister was Mr. Mena instead of your brother?"

"The plan was to let Mr. Mena be more and more unpopular. Then Anthony would free the world from a dictator and be a hero".

"Nice plan, was it yours or Nannar's?"

"It was my plan which Utu approved".

"And then you would save the world?"

"I would create a new race. I would create gods!"

"Like you?"

"Better up. I am a half god you know. I am the son of a god. My father told me he would return when the time comes".

"He came as you certainly know. Why didn't he help you?"

"Time is no problem for us, only for you".

"You said that you are a demigod, then time is limited for you too, not only for us"

"Yes, I am a demigod but I am going to live as long as my father."

"Did he plan to help you save the world, or was it your plan?" I heard somewhere about another demigod who would also come back to save the world for the second time?" *It was Asta who told him about the man in the Bible who promised to come back and judge people. She told them everything of interest she extracted from the four people from the other world and the two books.*

"Yes, to save the world from this unfinished human race. I would replace them all with gods. This world would be the planet of gods".

Suddenly he stopped talking and looked around him, as he was surprised hearing his own voice. He was silent for a while.

"So the white powder of gold was payment for the drawings. What if... I have to tell you that we have arrested your alien partner, father if you like. In any case he is not going to receive the gold powder, that's for sure?"

"I tell you no more except this: You will never be able to put your hands on the most powerful man in the solar system".

"He could be imprisoned on Lahmu right now, Harry, but Enki decided to release him, don't ask me why. You know you are going to bring many years on Lahmu too. You don't need the lab anymore".

"I want my lab to be here waiting for me. You would be dead by then, but my lab and I would still exist. My father would see to that. But you have to promise me".

He must have been building a great psychotic empire in his head. However, the Emperor was Nannar, not Harry!

"I promise!" Basil said instead of expressing his thoughts.

CHAPTER 25

THE VISIT

Brad and Suzan had moved to the state capital. They worked at Lentz, Mariati, Grover and associates. They were two of the associates. Both loved the life in the big city. They lived in a big house with beautiful garden. Their jobs, their reputation, and their money allowed them to live among the aristocracy of the city. Brad was a very jealous man, but Suzan could always keep him under control.

Reverend Paul Garner had withdrawn the accusations against Jason Park. The bishop was not happy to hear about that, but he promised to assist Garner with the legal expenses for the sake of peace, as he said. After the legal procedure was over, Paul resigned. It had been impossible for him to continue serving a god he was not sure was God, and an archangel that nearly killed him. Some weeks after his comeback, he visited the St Michael church for the last time as a priest. He walked around for a while recalling the memories of many years. Then he stopped in front of the big picture of "St. Michael kills the Dragon".

"Here I am again, Archangel Michael, or should I say Mr. Nannar? You have no idea, of course, that I have been your loyal servant for many years. How could you? You are neither a sear, nor an angel. Messenger would be more appropriate, or the chief of the army, of course! I have been persuading people to admire your goodness, your justice, your angelic appearance, your courage, and much more. Now I know that none of it is true. You are a mass murder sir, and a thief! You should be in court instead of Jason Park.

Last time I was here, I was seriously sick. I prayed to you for some help. I believed you wouldn't let your servant die too soon. I was expecting a miracle from you. But how could you living on another planet, in your fathers kingdom in the heavens! You certainly laughed at me, sir. Isn't it ironic that my disease has been cured by something you don't want us to know anything about? You use the white powder of gold to live some more years, instead of sharing it with the children that dies every day. As you know, the children in the other world are very lucky, living in a healthy world. But you decided to steel from them. I have concluded by now, that you are not worthy my services anymore! You have never been. Now I say good-bye to you, seriously hoping that we shall never meet again!"

Suzan and Paul Garner had written a bestseller about their adventures in the other world. While Suzan did it for the money, Paul wished to make the truth known, as he said and gave some of the money to children aid. Jason refused. He approved to their decision but he didn't wish to expose himself. He wondered if people were going to believe their story. The media left Suzan and Paul alone after some TV-interviews, and the publishing of the book, while they still were chasing Jason. They all wanted to know the reasons behind his repulse.

But when the famous Mark Frost offered him an interview, he accepted. Not because the compensation was astronomical, but because Mark Frost was genuine interested in the story. Jason invited Suzan and Paul to participate, which they accepted. The title of the interview was "the world we haven't been allowed to have".

Mark Frost presented all three of them as very reliable persons. They supported the story by pictures, most of them taken by Suzan. Some experts declared the pictures as manipulated and accused them of fabricating evidence. Enki, the god of waters in the Greek mythology, could not be real, the experts said, not Nannar/Sin either.

As for the white powder of gold, there was nothing new. Jason Park and other writers too, had already written about all that. The experts denied the properties of wpg, meaning it was a fraud. The Etemenanki, the Esagil, the flying vehicles, the pyramids, and practically all the pictures they presented were pictures of toys, or models, the experts claimed.

Despite all that, Mark Frost showed that their story couldn't be dispatched. Either the experts liked it or not, there was something very important in that adventure that should interest every single human on earth, he said, especially the leaders of this world.

Yet, Mark Frost had yet another important argument. He let examined the two batteries they gave them, one from a camera and the other one from a drilling machine. None of the experts could decide the material used. Most of the components were unknown to human technology, they said. Frost also said that the pictures, the power cells and their adventure, may confuse the experts and scientists, but to dismiss the whole story is foolish. The three of them were willing to let any interested, to make research on how they could manufacture something similar to the power cells. The only condition was that none of them would seek to patent the discovery. It should be published and free for anyone to use.

Paul Garner had a dream. In his whole life, he dreamed of having his own wine yard. He found a nice place, not far from Micropolis. The old couple that owned the place wished to sell it to someone who was interested in making wine of the Pinot Noir grapes. It was a small wine yard, but it could easily support two persons. It was a perfect place for people who wished to live that kind of life. Paul and Christine Garner promised to keep the place as a wine yard, and became the new owners; money was not a problem now.

Not long after that, Jason and Chloe bought their own dream place, - a citrus farm, also in the same area. Paul asked Jason if he could employ Barbara Shadows, who was still suffering of unemployment. He could do that himself, he said, but the wine yard could not afford to support yet another person. Jason employed Mrs. Shadows who took care of the farm's bookkeeping, payments, and even some shopping. She was a very reliable person.

Jason and Paul used to talk to each other from time to time, through the mobile they bought in the other world. For Suzan they were not friends any more but some kind of clients. She had to choose between them and her extremely jealous husband.

Jason and Chloe were sitting at the big veranda, enjoying the colorful sunset. The view over the valley was amazing. It was a composition of white houses, green citrus trees with orange, yellow and white colors, and wine yards all around the narrow roads that seemed to be wriggling, like serpents through the valley on their way somewhere. They were satisfied with their life. Nicole and Hector were both working as solicitors now. They visited the citrus farm as often as they could.

"It's ringing", Chloe said. "Jason it's your alien phone! I don't know why I always think of it as some copy of some other phone, like your friends in the other world".

"How do you know you are not a copy yourself?" he asked wishing to tease her. "It must be Paul", he said before he answered.

"Jason".

"Jason Park, is it you?"

He recognized the voice with much surprise. Before he answered, the voice said:

"Jason, this is Asta, how are you my friend?"

"Asta Engal from the copy world, as my wife use to say?"

"That Asta, yes. Jason, are you at home?"

"Yes, I am, we are just sitting here enjoying the sunset. Where are you?"

"I am just on my way to your place. Sorry I couldn't warn you in advance. Martin is here too".

"How nice, if you tell me where you are, perhaps I could guide you through the serpentine roads".

"It's not necessary. Your communicator is guiding us. Just keep the line open. We will be there in a few minutes".

"You are most welcome".

"Asta the copy?" Chloe said. "Is it really she?"

"You have to quit calling her copy unless we find the original one. She and Martin are here in some minutes. I hope you don't disapprove. I could always tell them to come back some other time".

"Don't be silly, Jason. I am excited to meet them both. Perhaps we should think of some dinner. What about some barbeque with roasted potatoes and some vegetables".

"Sounds fine. That would allow us to talk while preparing the barbeque. I wonder what she is up to".

"Why has to have some particular reason for visiting you. Perhaps they are just on a private trip".

"Not likely, if I know her that much as I think I do".

Then they saw the yellow cab stopping in the front of the house. The driver opened the doors for them before he took a little bag from the baggage room that seemed to be very heavy. "I bet it's full of stones", he said.

"Guess again or you lose", Martin told him.

"You look precisely like you did yesterday, or was it three years ago?" Jason said. "This is my wife, Chloe".

"Nice to meet you Asta. I have heard so much about you".

"I hope you don't believe everything".

"So we meet again Mr. Cane, although under more pleasant circumstances. Welcome to the orange house. Have you had a nice trip?" Chloe wondered.

"We are practically neighbors you know. Please call me Martin". Then he took up the little case with some difficulty.

"What's in it Martin? No wonder the driver was suspicious".

Chloe got some refreshments, fresh orange juice locally produced, what else?

They could speak about just anything while Jason was acting cock. Chloe noticed that Jason seemed to be happy about meeting them. It was good for him to talk about that adventure too, now from some distance. "Dinner ready", she said.

"It's smelling delicious", Martin said.   "Nice place you have here, don't you agree Asta?"

"It's a wonderful place. I could think of staying here", she said.

"You are welcome to stay as long as you like", Chloe said.

"Don't say too much lady, you don't know us", Martin joked.

"Do you make a good living of this farm?"

"We are satisfied", Jason said. "It goes around. We use to dig any profits in the soil, - you know, new tress, manure, watering and the like. Tools and other equipment cost a lot of money too. But it's a great satisfaction to see the results of our own handwork. It's great to see things happen. By the way, Paul has a wine yard not far from here, you know".

"He is working too hard", Chloe said. "He is often doing things that other people could do. He is working harder than our two employs".

"I am following Mrs. Shadows' advice", he said. "We can't afford another employ".

"I think you can", Asta said. "Show him Martin".

"Look here", Martin said and open the little case".

"It's gold!" Jason said with much surprise. "Is that what I think it is?"

"Yes, wpg", Martin said, "although a small quantity".

"I have never seen so much gold in my life", Chloe said.

"It's yours", Martin said, "all of it".

"What do you mean ours?"

"This is your royalty from the book, we are partners, remember? It's only part of it. I didn't want to bring it all for security reasons".

"Unbelievable", Jason said. "Then your publishing company is doing very well".

"We publish some other titles too, Asta and I. Asta wrote a book about the adventure of some people from another world. It's a best seller. We are indeed doing well".

"Unbelievable", Jason said once again. How can you sell so many books? You have no experience from that branch".

"I never thought the publishing business could be that exciting. Your book is a bestseller. People love to read how miserable the life is in this world. It makes them feel good. But there is a genuine interest too. They are angry, you know, knowing that Jehovah is a winner in this world while he is a criminal looser in theirs. Now I could publish anything you have. Perhaps you have something?"

"Thank you partner", Jason said. "I knew I could trust you. But this is far beyond my expectations".

"He is always working on something", Chloe said. "Besides, we have a new title coming soon, by Jason and Chloe Park".

"Congratulations, both of you", Martin said. "Just give me a copy and the success is completed already. Perhaps I would talk to Paul and Suzan. How is it with them?"

They wanted to know all about Paul and Suzan. Jason told them that he and Paul used to call each other every now and then. Borrowing tools from each other was an excuse for drinking coffee together, and talking. We have no contact with Suzan, but she seems to be satisfied with her life in the big city. They both work with Mr. Lentz.

"She is a woman that valuates status", Martin said. She has to live where she could always be seen".

Jason told them about the book Suzan and Paul published, and about the big TV-interview and how they had been chased by media for a long time.

"You knew of course, as I did too, that very few people would believe that incredible story?" Martin said.

"Of course I did, even if I wanted to shake every single being on this planet, and make them free themselves from the deep sleep and the darkness they have been in for such a long time. I wish I could open a door in their bubble and let them come out".

"It's something I wonder about", Chloe said. "I understand from what Jason told me, that your world is scientifically ahead of us. Fact one: The most of our discoveries have seen the light under the last one hundred and fifty years. Fact two: You have not been destroying knowledge, or chasing philosophers and scientists like we did. How come then that your progress is not greater than it is? What do you say about that Asta?"

"I don't know how great our lead is counted in years, compared to this world. Perhaps it should have been greater, as you say Chloe. But if you consider the fact that we have spent some hundred years to introduce a common language, and the fact that we have spent, perhaps two, or three hundred years to feed the people, then we could arrive to some acceptable level of development. You know, our greatest problem has been to produce food. It was of high priority for a long time. The result is satisfactory. Nobody is starving, and everybody has the possibility to create a good future according to his/her abilities and wishes".

"They have been doing very well, I have to say", Martin added. "The public health, all over the planet is incredibly ahead of ours, and it's free. Just think of some countries in this world that are totally lacking of public health".

"Thank you Martin", Asta continued. "The third problem we had to face was the wars. You could call it "The Wars of Jehovah-2". The Wars of Jehovah-1 were against Babylon, Egypt and the Titans. We have been in war with the Nibiruans as long as I remember, since Enlil became the King there. It costs money, and swallows big resources. The wars have also been directing science and discoveries, away from the civilian sector and into the military one. Only a few military discoveries have been able to find their way into civil applications. The bases on the moon and on Mars are very expensive, but it's worth the cost. Are you satisfied with the answer Chloe?"

"Please don't get me wrong. You have achieved miracles. My intention was not to criticize. I only wanted to know".

"So, how come you are here?" Jason wondered. "Don't tell me it was an accident or you have been sent to exile?"

"No need to speak around the subject like a cat playing with a mouse", Asta said. "We have a mission, and in a way, it's also a private trip".

"Now I am curious", Jason said. "What kind of mission?"

"In a way, it involves you too", she said. "It all started with Paul's holy book. We are here to get some more of them. Preferably, we want to buy some in the original language, but even in other languages too. That goes with both of them; I mean the two holy books you have".

"Don't tell me you are turning into a religious psychosis", Chloe said. "I would be most disappointed".

"Nothing like that, dear".

"You want to study them", Jason said.

"Precisely, you see, a group of scientists from different branches, like psychologists, historians, behaviorists, and the like, have been studying your Bible. The former Prime Minister, Hypatia is just one of them. Their conclusion is that it is a very advanced scientific form of exercising mind control. I told you that before. Despite the fact that many events appear to be spontaneous, they had been planned in advance very carefully. The book fulfills all the scientific demands that are necessary in order to apply mind control on an individual, or a group".

"What demands?"

"I have studied their report and I could name some of the headlines.

Devine authority: The group acts according to instructions from the highest possible authority, God.

Demands: The authority demands purity, perfection, and everything else that manipulates the individuals to believe they are belonging to a special group in a special environment.

Confessions: The individual must confess sins as defined by the authority even if the sins are beyond the individual's comprehension.

Sacred science: The authority of God and his representatives is the only allowed truth. There is no truth outside the group.

Special language: By using words that nobody outside the group is able to understand, like Holy Spirit, kingdom of havens, subjection and the like, the individual is manipulated to think in the same way as the group.

Dogmas: There is no need for evidence as the dogmas are coming from God. The dogmas are not open to discussion.

The right to exist: Only the group has the right to exist. The world outside the group should be adjusted to conform to the authority's way of thinking. Anyone denying to join the group has no right to exist, or, at least, has no right to be saved".

"Very interesting when arranged in a somehow scientific order", Jason said. "I don't know how many times I said that. One doesn't need to be scientist to figure that out that we have been living in a bubble for thousands of years. To say that Jehovah is not God is not enough. People just shut their ears".

"But Jason, how many have figured that out?" Chloe wondered. "How many are willing to leave the false security provided by the group?"

"You are both right", Asta continued. Now our political leadership, as well as our scientists, are prepared to offer you some help. Books like yours, Jason, and other writers too, are very important, but have not the power to engage people, or should I say to disengage people from the power of mind control. We need something else".

"Another kind of mind control?" Jason wondered. "Are you planning to free people from the religious bondage and recapture them by some other kind of mental bondage?"

"The reason our scientists want to study those books is to find out how to fight the problem. They wish to create a concept that would bring an end to the power of the mind control that Jehovah introduced long ago. But they also need your help, Jason".

"What could I do? All I know about mind control comes from the Internet, and some books. I am an amateur. Is this some kind of intellectual fight between Enki and Enlil"?

"No, it's not, although Enki would be pleased to fight the evil Jehovah on some intellectual plan without lethal weapons that Jehovah always uses.

"As I said, my knowledge about mind control is on a very ordinary level".

"You can express yourself; you can reach people even if you cannot shake them. You are familiar with that part of history that is not part of our history. If you have freed yourself from that bondage then you know how you did it, and how to help other people to do it. Our scientists couldn't do that alone, as you can't either. But perhaps if you cooperate".

"Don't forget the old Sumerian, and Egyptian clay tablets that no one ever studied", Martin added. Not to forget the image copy of the Golden Fleece in Athens".

"As a solicitor, you really know which button you can push, Martin. Although I feel honored about the invitation and the incredible experience to work together with your people in such an interesting project, I must say that I have to think about it. Besides, what would Chloe do? She is not the sitting-home type of woman".

"You could work together, or in different groups. There is always something interesting for Chloe too. She is a writer too, what do you think, Chloe?"

"It sound interesting, but I would never persuade Jason for the one or the other. We have to make the decision together. This conversation has been much too interesting so I am forgetting my duties as your host tonight. Do you drink coffee, or do you prefer some other drink?"

"Coffee will be fine", Martin said.

"I have some excellent cognac", Jason said. I have some orange liquor too made of our oranges, if you prefer that".

"Thank you, I love to test your liquor," Asta said.

Martin showed them some pictures documenting his new life. Their social network seemed to be great.

"Who is this lovely lady?" Chloe wondered. She felt like she knew her.

"She is our new neighbor, Hypatia, the former prime minister". Martin said.

The next day they took a tour in the farm in the little open jeep. "This is my best friend", Jason said. "The best labor horse ever". Then he explained how the farm was organized. "We have three different kind of oranges, O1, 2, and 3, and L1 for lemons. You know, of course, that oranges are winter fruits, while lemon trees have both fruits and flowers around the year".

They visited the nearby city and bought some books. They didn't find what they were looking for, but Jason promised to order some from online bookstores. They visited Paul and Christine and had lunch at their little nice vineyard. Paul offered them some bottles of a very special wine, as he said. Back at the citrus farm, Martin wanted to know if Jason had decided to accept the offer. It seemed that Martin had his own reasons for persuading Jason to accept. He was feeling alone somehow, despite the fact that he had access to Asta's big social network.

"Not yet", Jason said.

"You need some more time?"

"Perhaps. I discussed the matter with Chloe last night. She is more interested than I am. She persuaded me to give it a chance".

"Good girl! Is there any other reason?"

"It's an interesting project I believe".

"It must be something more, isn't it?"

"What make you think that?"

"I don't know, perhaps something that has to do with Chloe", Martin said.

"She said something very important, you know, something I didn't think of. She said: why sit here observing history going by and not being part of those who create it?"

Back at the house, they ate an early dinner. Asta and Martin got ready to leave.

"Take your time", Asta said. "I hope you decide to come. If you come, don't forget the books we didn't find at the store. I leave this special equipment so you can call when you feel ready. It's as easy to use as a mobile. Just decide the exact time you want to come, stand into the circle beside that bush with the yellow flowers, and they will take you to Heliopolis".

She looked at her watch. "It's time now", she said. "Hope to see you soon". After they had been standing inside the circle for some seconds, they became blurred and then just gone, as every cell of their bodies had been transformed into invisible energy waves".

Chloe was watering the flowers in the living room. She "talked" to them as she used too. But the picture of Hypatia wouldn't leave her mind.

Why was she feeling so strange about a picture? After all, it was a woman she never met. I wonder what she is doing right now.

In the other world, at the same time, Hypatia was watering the flowers in her living room.

Why couldn't she stop thinking about the picture of Chloe, Asta did show her the other day? After all, it was a woman she never met. I wonder what she is doing right now.

Printed in the United States
By Bookmasters